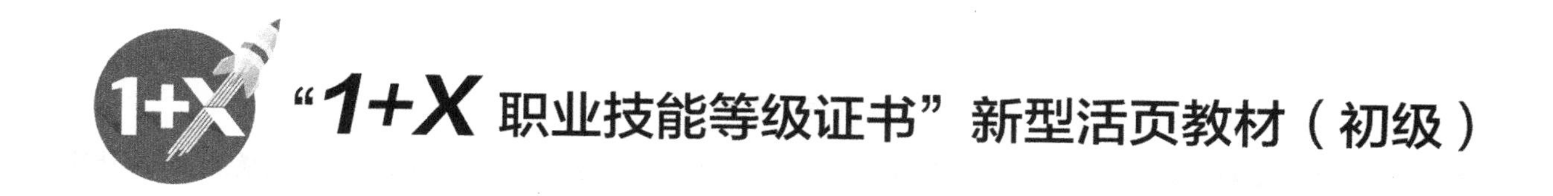

机械数字化设计与制造实例教程（Inventor 2022）

◎主编　殷海丽

◎主审　陈道斌

電子工業出版社

Publishing House of Electronics Industry

北京 · BEIJING

内 容 简 介

本书是针对“1+X 机械数字化设计与制造职业技能等级证书”的初级要求，依托 Autodesk 公司的最新三维设计软件 Inventor 2022 编写的培训教材，采用实例的形式对职业技能等级的考核项目进行详细介绍，每个实例均包含任务导入、知识准备、任务流程、任务实施等内容，详细介绍了 Inventor 2022 软件的基本应用，同时对每章的知识点以思维导图的形式进行总结，让读者学习起来更加得心应手。

本书所选实例具有较强的实用性，可操作性强，特别适合作为“1+X 机械数字化设计与制造职业技能等级证书（初级）”的培训教材，也可作为中、高职院校的教材和参考用书，同时适合工程技术人员学习和参考使用。

图书在版编目（CIP）数据

机械数字化设计与制造实例教程：Inventor 2022 / 殷海丽主编. —北京：电子工业出版社，2022.10

ISBN 978-7-121-44432-6

Ⅰ. ①机… Ⅱ. ①殷… Ⅲ. ①机械设计—计算机辅助设计—应用软件—职业技能—鉴定—教材 Ⅳ. ①TH122

中国版本图书馆 CIP 数据核字（2022）第 193639 号

责任编辑：张　凌　　特约编辑：田学清
印　　刷：北京盛通数码印刷有限公司
装　　订：北京盛通数码印刷有限公司
出版发行：电子工业出版社
　　　　　北京市海淀区万寿路 173 信箱　邮编　100036
开　　本：880×1 230　1/16　印张：18.75　字数：432 千字
版　　次：2022 年 10 月第 1 版
印　　次：2024 年 9 月第 4 次印刷
定　　价：58.00 元

凡所购买电子工业出版社图书有缺损问题，请向购买书店调换。若书店售缺，请与本社发行部联系，联系及邮购电话：（010）88254888，88258888。

质量投诉请发邮件至zlts@phei.com.cn，盗版侵权举报请发邮件至dbqq@phei.com.cn。

本书咨询联系方式：（010）88254583，zling@phei.com.cn。

PREFACE

前　言

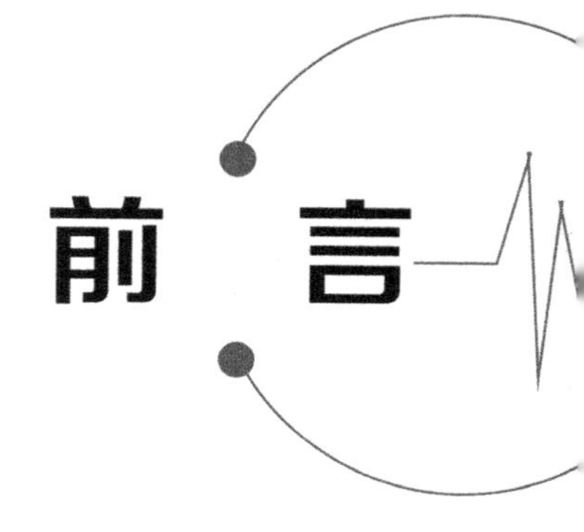

“1+X 证书制度”是国家职业教育制度建设的一项基本制度，也是构建中国特色职教发展模式的一项重大制度创新。该项制度于 2019 年在《国家职业教育改革实施方案》中首次被提及时，就在职业教育领域引起了极大的反响。迄今为止，国家已经公布了四批“1+X 证书制度”培训评价组织。

本书内容紧扣“1+X 机械数字化设计与制造职业技能等级证书（初级）”的考核要求，以及机械设计业对智能设计方面的工程技术人员的技术要求。本书包含产品建模、设计表达、数字制造三方面的内容。

本书重点突出，易读性强，并且采用任务式教学，针对任务学习知识点，摒弃了传统的单纯知识点讲授的方法，真正做到学以致用。另外，本书中的每个实例、练习都配有视频，重点、难点都配有微课，同时配有教案和课件，很适合中、高职院校作为教材使用，同时，行业工程人员自学起来也很方便。本书配套数字化资源可登录华信教育资源网下载使用。

本书由殷海丽主编。由于时间仓促，加之编者水平有限，书中难免有不足之处，恳请读者能够将对本书的意见和建议发送至邮箱 213587050@qq.com，以便交流。

编　者

CONTENTS

目录

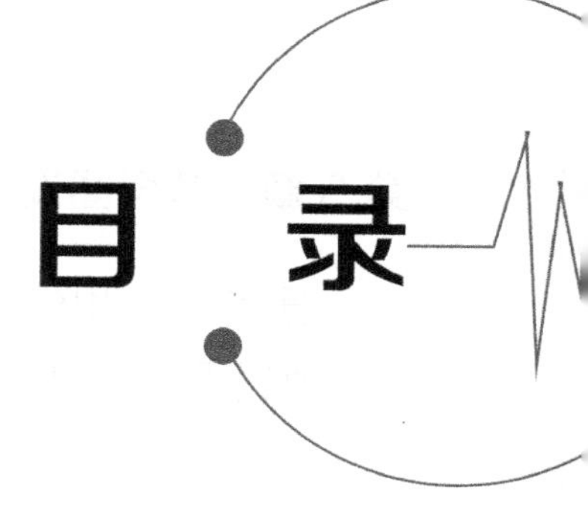

模块1 产品建模

模块2 设计表达

模块3 数字制造

模块 1 产品建模

产品是社会发展的重要部分，也是社会进步的体现。高速发展的计算机技术、信息技术为产品数字化设计提供了技术支持，产品数字化设计的第一步就是产品建模。

产品建模是为产品零部件建立数字化实体模型的过程，是数字化设计与制造的基础。本模块主要介绍数字化建模的方法，并分别采用自下而上、自上而下两种思路阐述产品建模的方法与步骤。

第 1 章　零件建模

学习目标

- ◆ 掌握 Inventor 2022 环境中鼠标交互操作的方法。
- ◆ 掌握 Inventor 2022 的草图绘制方法。
- ◆ 掌握 Inventor 2022 的基本建模方法。
- ◆ 能够应用塑料零件工具创建塑料零件。

所谓零件建模，就是指按照一定的方法为工业产品零件建立三维实体模型的过程。所有的产品都是由一个或多个零件组成的，因此，零件建模是设计的基础，为以后的装配、表达视图、工程图、渲染等提供了重要的数据。

使用 Inventor 建模可描述为创建草图和添加特征的过程，整体过程可概括为三个步骤，即形体分析、创建草图、添加特征，如图 1-1 所示。本章知识点思维导图如图 1-2 所示。

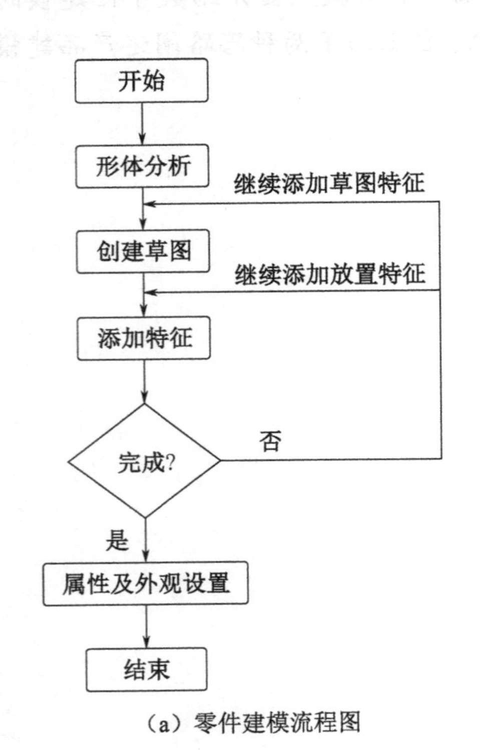

（a）零件建模流程图　　（b）轴钉形体分析

图 1-1　零件建模整体过程分析

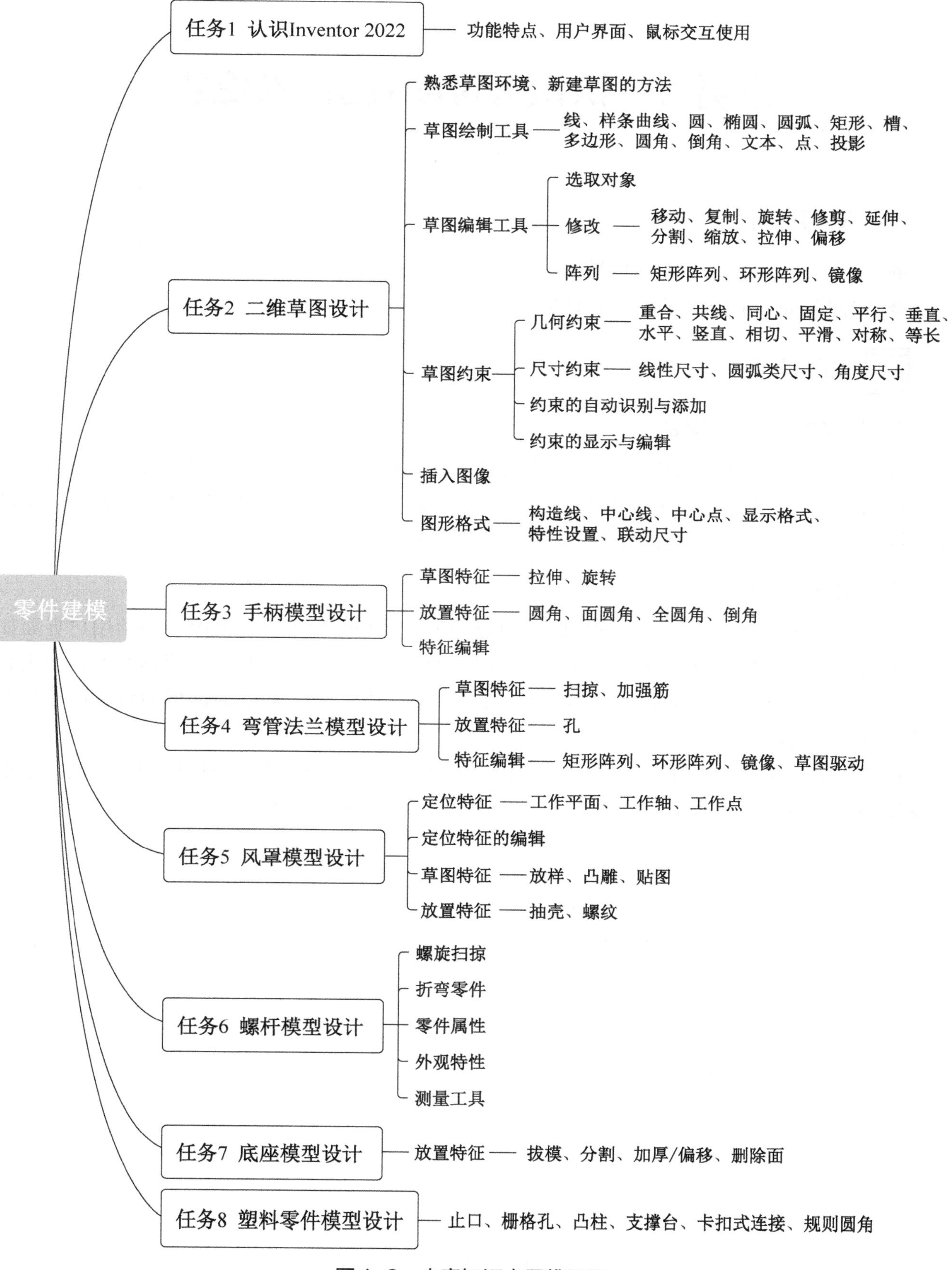

图 1-2 本章知识点思维导图

任务 1　认识 Inventor 2022

学习目标

- ◆ 熟悉 Inventor 2022 的用户界面。
- ◆ 掌握 Inventor 2022 的基本操作方法。

知识准备

1. Inventor 2022

Inventor 是美国 Autodesk 公司的三维设计软件，具有强大的三维造型能力，一经面世就广受市场关注，主要包含零件、部件、工程图、表达视图、钣金、焊接等基本功能模块，以及三维布线、三维布管、运动仿真、应力分析等专业模块。

2. 用户界面

启动 Inventor 2022 后，先对配置默认模板的单位及绘图标准进行修改，初始用户界面如图 1-3（a）所示。用户可通过“快速入门”选项卡下的“帮助”工具，快速熟悉如何使用软件、了解软件新版本的新特性及新功能等。另外，用户还可通过 Autodesk 的教育社区获得所需的资源或与其他用户进行交流。

在“新建”区域［见图 1-3（a）］单击相应的文件类型，即可进入不同的用户环境。这里以零件环境下的用户界面［见图 1-3（b）］为例来介绍 Inventor 2022 的使用环境。

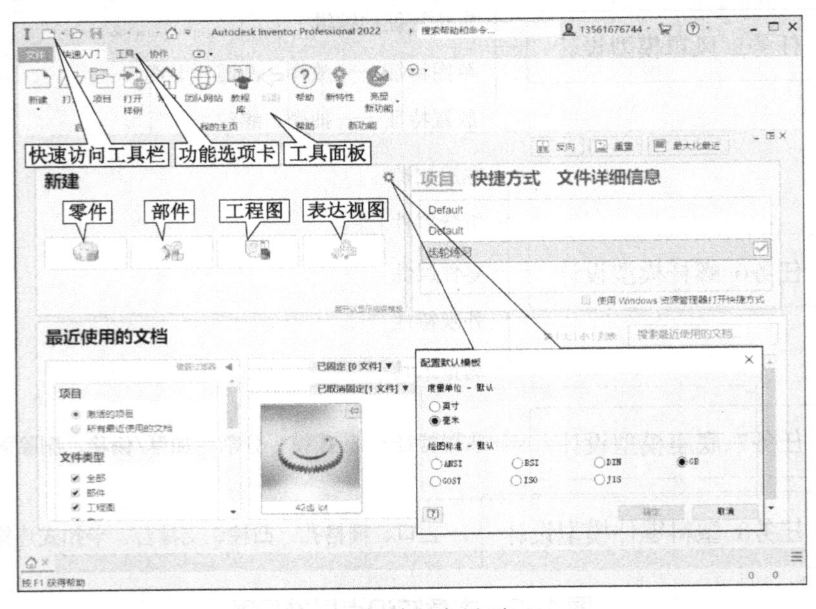

（a）初始用户界面

图 1-3　Inventor 2022 用户界面

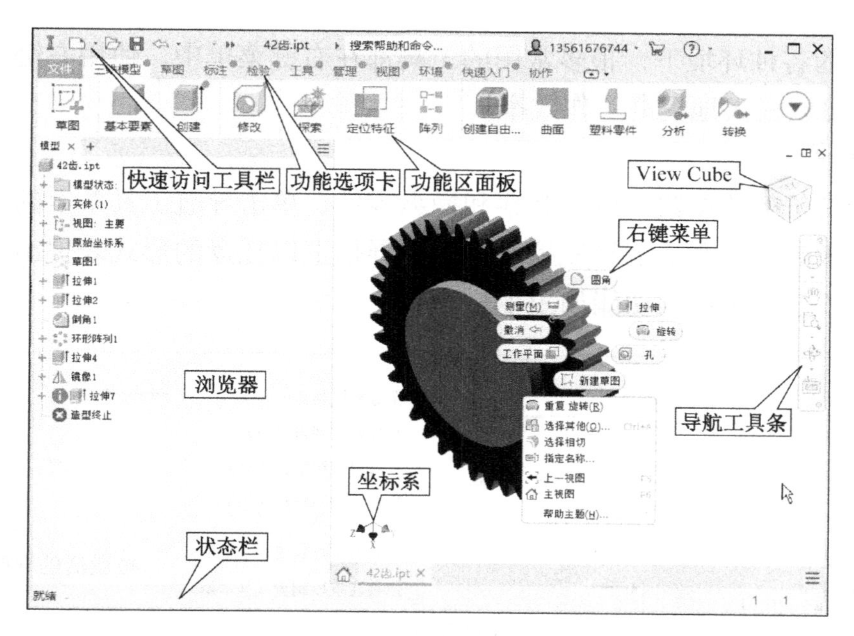

（b）零件环境下的用户界面

图 1-3 Inventor 2022 用户界面（续）

1）快速访问工具栏

快速访问工具栏中各个工具的含义如图 1-4 所示。单击工具栏右侧的“自定义快速访问工具栏”按钮，可以对工具栏上的工具选项进行自定义。

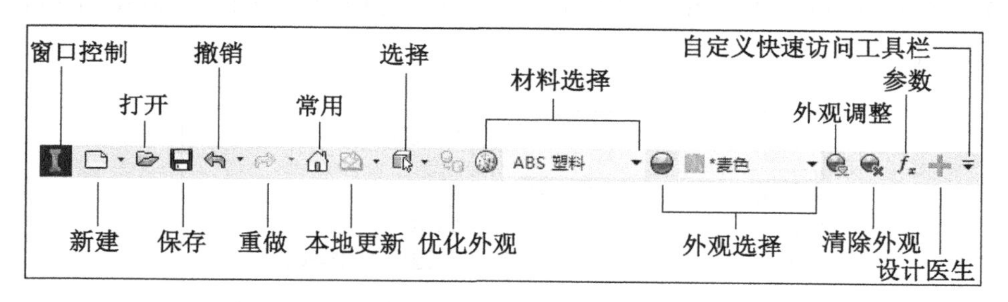

图 1-4 快速访问工具栏中各个工具的含义

2）功能区面板

在零件环境下，Inventor 2022 包含“草图”“基本要素”“创建”“修改”“定位特征”等多个功能区面板。单击功能区面板右侧的自定义箭头，可以定义需要显示或隐藏的面板名称。

3）浏览器

浏览器显示了零部件及其特征的组织结构层次（模型树），通过它可以直观地了解零件模型的创建步骤。若不小心关闭了浏览器，则可通过“视图”选项卡下的“用户界面”工具重新打开。

4）右键菜单

Inventor 通过自动推测下一步的可能操作来提供相应的右键关联菜单，若要使用右键菜单工具，则既可以单击选取，又可以按住鼠标右键，在工具相应的位置方向拖动选取。例如，在如图 1-3（b）所示的右键菜单中选取“圆角”选项时，只需按住鼠标右键向上拖动即可。

在 Inventor 2022 的各种环境下，很多常用的工具都在右键菜单中，使用右键菜单比单击工具按钮快捷得多，可以极大地提高工作效率。

5）导航工具条

利用导航工具条上的按钮，可以观察和操纵零件。单击导航工具条上的“导航控制盘”按钮，可将其激活，被激活的导航控制盘会在屏幕上以托盘的形式表现出来，并一直跟随光标。导航工具条上各按钮的功能如图 1-5 所示。

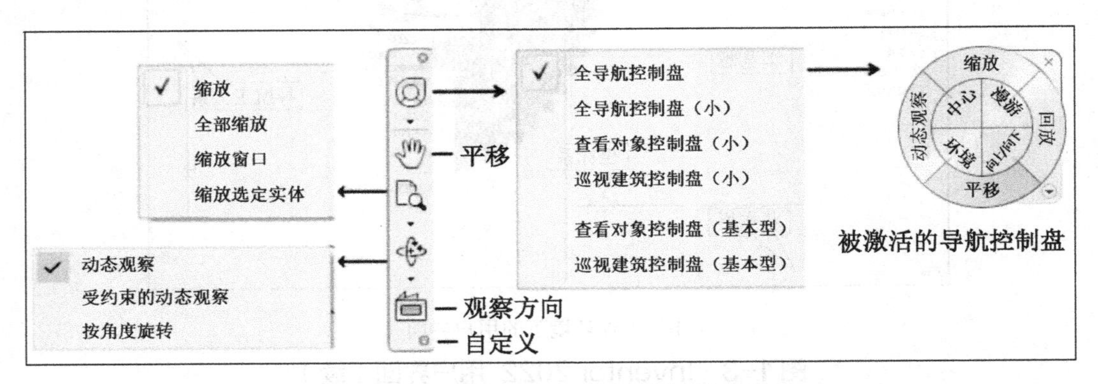

图 1-5　导航工具条上各按钮的功能

6）View Cube

View Cube 用来选取三维模型的观察角度，如图 1-6 所示。可以通过单击正方体的角、棱、面来改变观察视图的方向；单击正方体四边的箭头，可以翻转视图。View Cube 具有以下几个主要的附加特征。

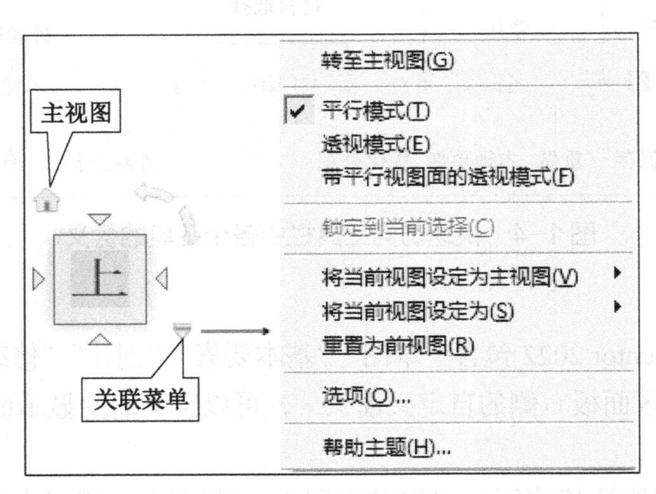

图 1-6　View Cube

（1）始终位于屏幕上图形窗口的一角。

（2）在 View Cube 上按住鼠标左键并拖动可以旋转当前模型，方便用户进行动态观察。

（3）提供了主视图按钮，以便快速返回用户自定义的基础视图。

（4）在平行视图中提供了旋转箭头，使用户能够以 90° 为增量垂直于屏幕旋转视图。

3. Inventor 2022 的基本操作

1）Inventor 的常用文件模板

在如图 1-3（a）所示的初始用户界面中，单击“新建”工具按钮，可打开“新建文件”对话框，这里提供了用于创建文件的各种模板，如图 1-7 所示。在新建文件时，只需双击所需的模板即可进入相应的工作环境。

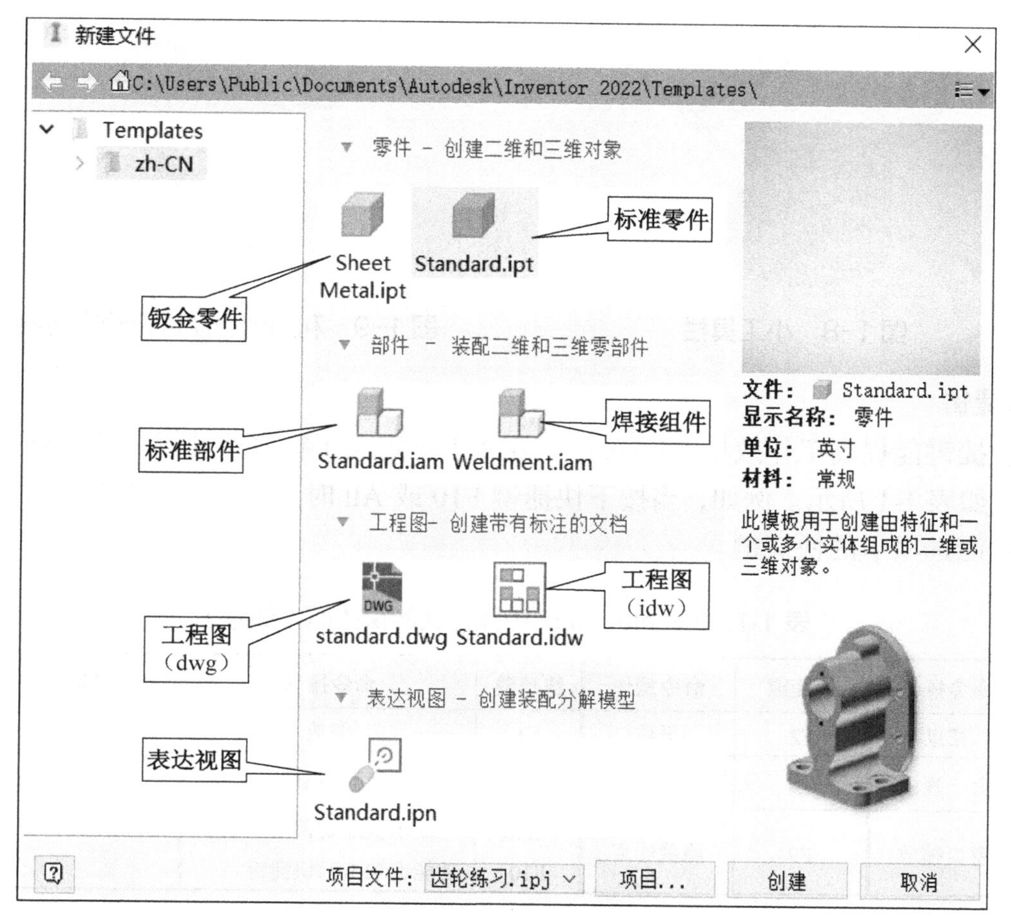

图 1-7 “新建文件”对话框

2）鼠标的使用

鼠标是计算机外部设备中十分重要的硬件之一，在可视化的操作环境下，用户与 Inventor 2022 的交互操作几乎全部利用鼠标来完成。如何使用鼠标直接影响到用户的设计效率，使用三键鼠标可以完成各种功能，包括选择菜单、旋转视角、缩放物体等。鼠标的具体使用方法如下。

（1）移动鼠标：当鼠标经过某一特征或某一工具按钮时，该特征或该工具按钮会高亮显示。

（2）单击：无论是在三维模型上还是在模型树上，在单击特征时，均会弹出小工具栏，如图 1-8 所示，选取按钮即可执行相应的操作。

（3）单击鼠标右键：用于弹出选择对象的右键关联菜单，前面已经介绍过了。

（4）滚轮操作：用于缩放当前视图，向上滚动滚轮为缩小视图，反之为放大视图。按下滚轮会平移用户界面内的数据模型，此时光标变成 形状。如果在按下 Shift 键的同时按下滚轮，则在拖动鼠标时，可动态观察当前视图，此时光标变成 形状。

（5）拖动：保持按下 F4 键，在图形显示区的中央会出现轴心器。将光标置于轴心器的不同地方，光标呈现不同形状，可进行不同的操作，如图 1-9 所示。

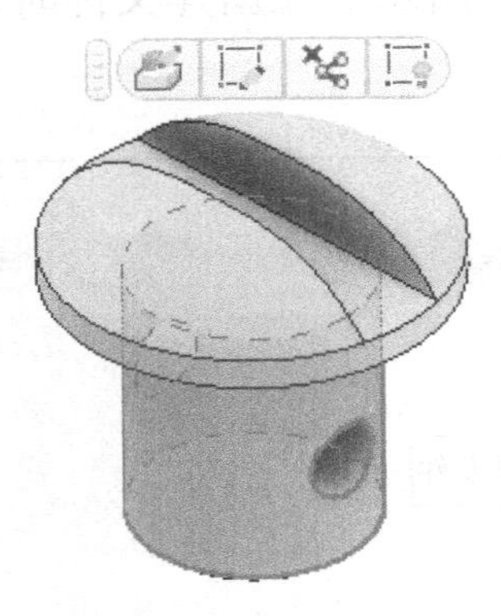

图 1-8　小工具栏

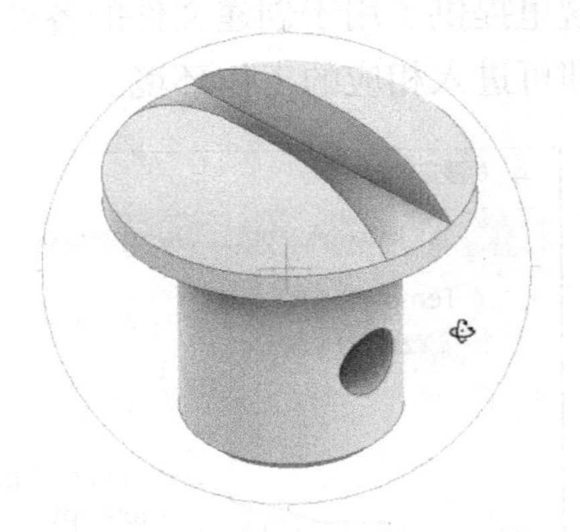

图 1-9　利用轴心器进行动态观察

3）快捷键

使用快捷键能提高工作效率。Inventor 2022 中预定义了很多快捷键，这里列出几个常用的快捷键，如表 1-1 所示。例如，当按下快捷键 F10 或 Alt 时，Inventor 2022 会显示快速访问工具栏和功能选项卡的快捷键。

表 1-1　Inventor 2022 中预定义的快捷键（部分）

快捷键	命令操作	快捷键	命令操作	快捷键	命令操作	快捷键	命令操作
F1	帮助	F2	平移	F3	缩放	F4	旋转
F5	上一视图	F6	等轴测视图	F7	切片观察	—	—
Shift+F3	窗口缩放	F9	隐藏约束	Alt 或 F10	显示快速访问工具栏和功能选项卡的快捷键	—	—

【说明】在 Inventor 2022 中，将光标悬停在工具按钮上，工具提示窗口中会显示其快捷键。

拓展练习 1-1

打开资源包中的“模块 1\第 1 章\任务 1\齿轮.ipt”文件，完成下列操作。

1. 用 View Cube 工具进行动态观察，分别单击 View Cube 的面、棱、角，以从不同角度观察零件模型。

2. 利用导航工具条中的“平移”工具平移模型、“动态观察”工具动态观察模型、“窗口缩放”工具缩放模型。

任务 2 二维草图设计

学习目标

◆ 熟悉 Inventor 2022 的草图环境。
◆ 掌握 Inventor 2022 草图环境中几何图形的绘制方法。
◆ 掌握 Inventor 2022 草图环境中几何图形的修改方法。
◆ 掌握 Inventor 2022 草图环境中几何图形的几何约束和尺寸约束的方法。

任务导入

草图是创建三维模型的基础，本任务通过挂轮架的图形设计来讲解草图的绘制、编辑及约束方法。挂轮架草图设计实例如图 1-10 所示。

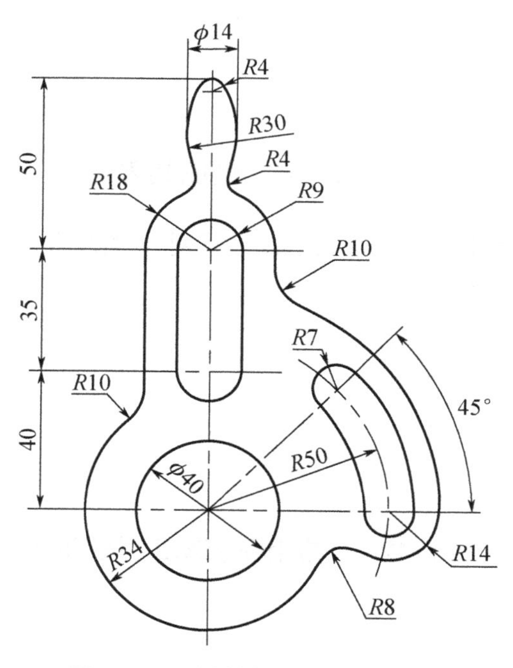

图 1-10 挂轮架草图设计实例

知识准备

1. 草图环境

在默认状态下，当选择标准零件模板“Standard.ipt”创建零件时，会自动进入草图环境，或者在浏览器中双击已有的草图名称，即可进入草图环境以编辑已有草图。草图环境界面如图 1-11 所示。在 Inventor 2022 中，工具面板默认是以最小化面板按钮的形式显示的，单击功能选项卡后面的“面板切换”按钮，工具面板会在不同的显示形式之间进行切换。

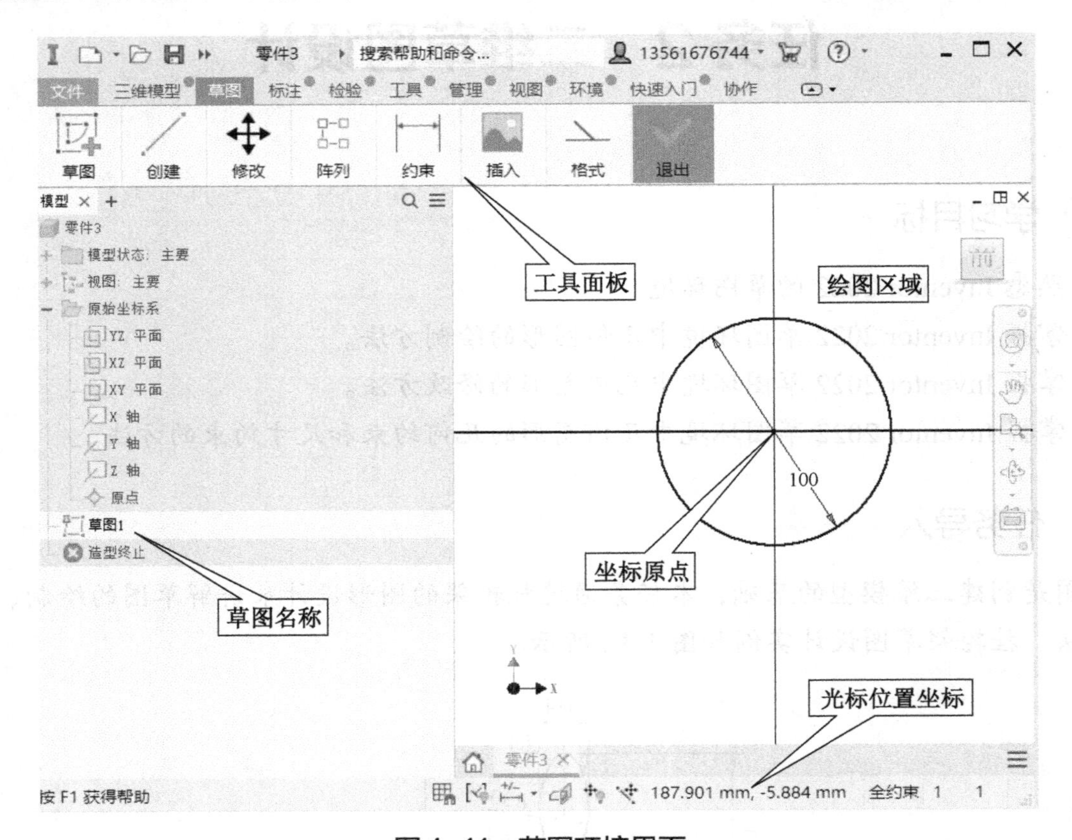

图 1-11　草图环境界面

【说明】用户通过“应用程序选项”按钮可对草图环境的背景颜色、显示方式、约束等进行设置，其位置如图 1-12 所示。

图 1-12　“应用程序选项”按钮的位置

2. 新建草图

在草图环境下，有多种新建草图的方法，下面介绍常用的三种方法。

1）通过工具创建草图

在“草图”工具面板上单击“开始创建二维草图”工具按钮，选择草图依附的工作平面即可创建草图。

2）通过右键菜单创建草图

在草图依附的工作平面上单击鼠标右键，在右键菜单中选择“新建草图”选项，即可创建草图，如图 1-13 所示。

3）通过小工具栏创建草图

单击草图依附的工作平面，在弹出的小工具栏上单击“创建草图”按钮，即可创建草图，如图 1-14 所示。

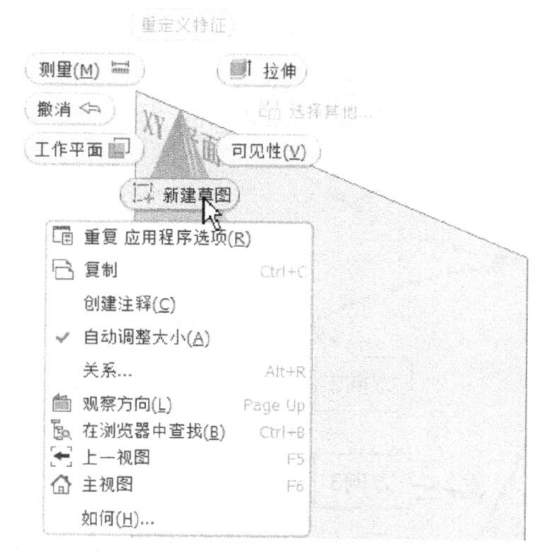

图 1-13 通过右键菜单创建草图

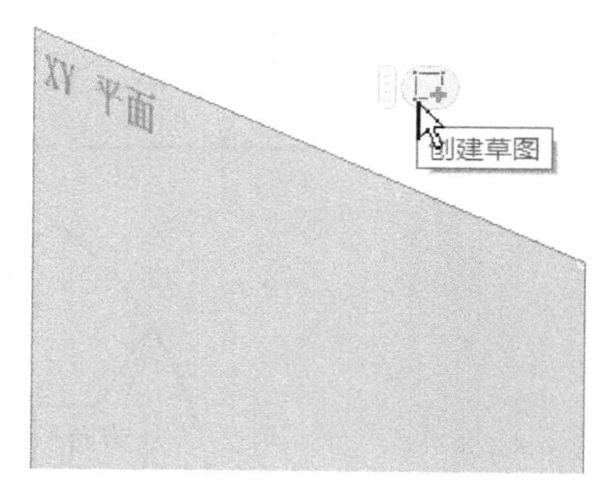

图 1-14 通过小工具栏创建草图

3. 草图绘制

草图绘制工具都位于“创建”工具面板上，如图 1-15 所示，下面对常用的草图绘制工具逐一进行介绍。

1）线

“线”工具可创建直线或圆弧。单击该按钮后，两次单击图形区（即绘图区域）的不同区域，可创建一条直线的起点和终点，通过多次单击，可创建首尾相连的多条线段，如图 1-16 所示。

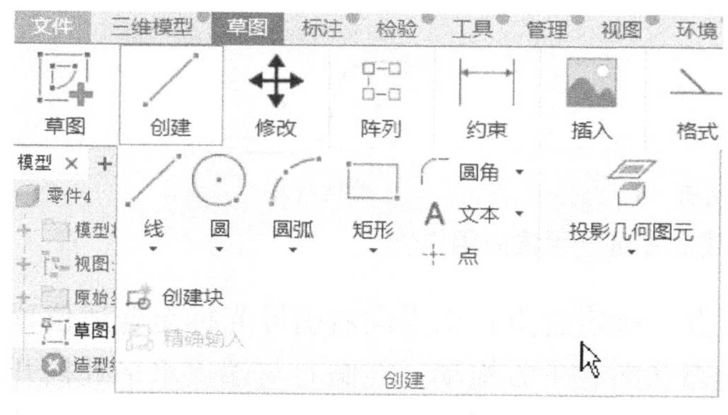

图 1-15 “创建”工具面板

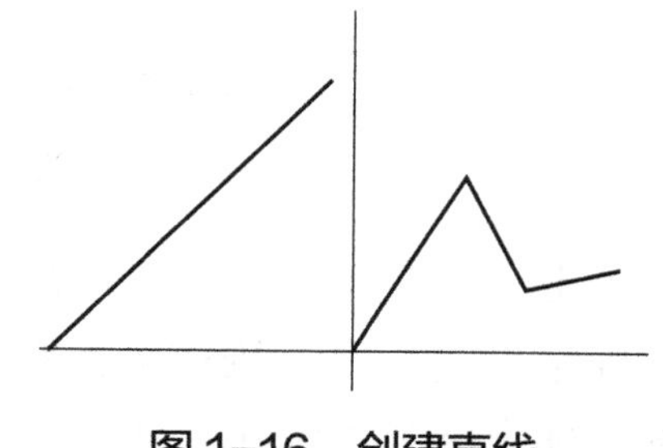

图 1-16 创建直线

若要创建首尾不相连的多条线段，则只需首先双击线段终点或按 Enter 键，然后单击其他位置即可继续创建直线。完成后可通过右键菜单中的“确定”选项，或者直接按 Esc 键退出直线功能。

在 Inventor 2022 的直线命令中，支持基于手势的操作，即绘制直线段后，在端点位置按住鼠标左键，沿圆弧路径拖动，即可在各个方向上绘制与现有直线段或其垂线相切的圆弧，如图 1-17 所示。

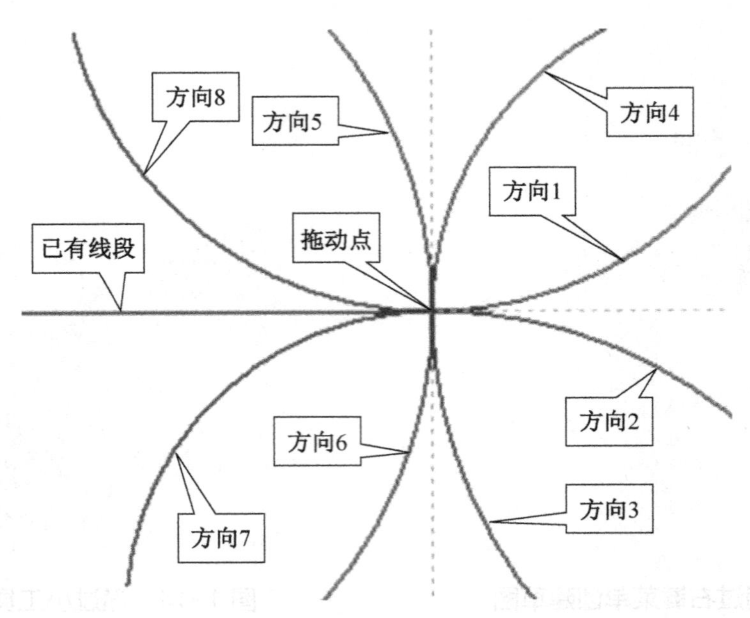

图 1-17 利用直线命令创建圆弧

下面以图 1-18 所示的图形为例介绍其绘制步骤。

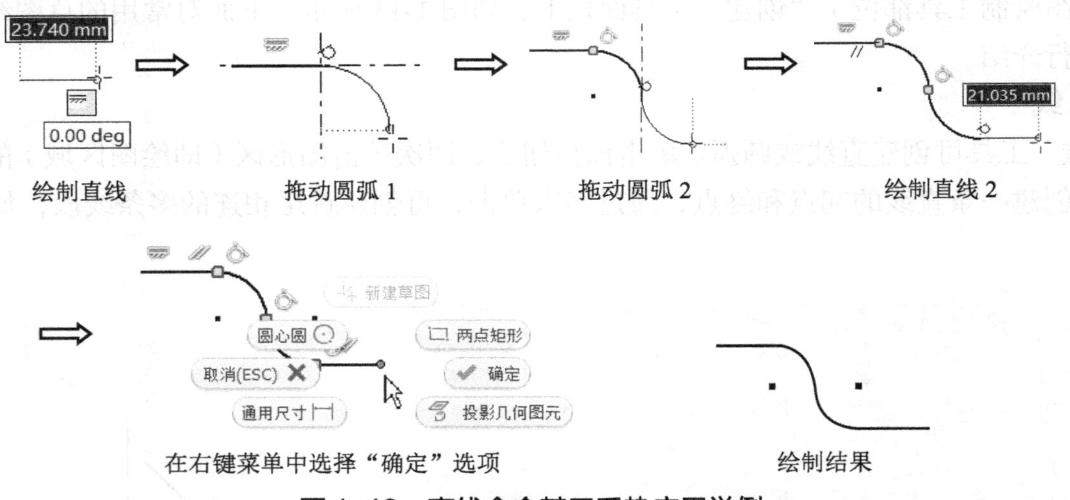

图 1-18 直线命令基于手势应用举例

单击“线”工具，单击图形区任一位置，确定起点；水平向右引导光标至合适位置并单击，确定直线长度；按住鼠标左键，以圆弧状向右下方拖动，在圆心与端点水平处松开鼠标左键，确定圆弧的大小；按住鼠标左键，以圆弧状向右下方拖动，在圆心与端点垂直处松开鼠标左键，确定第二个圆弧的大小；水平向右引导光标至适当位置并单击，确定直线长度；单击鼠标右键，在右键菜单中选择“确定”选项，完成图形的创建。

2）样条曲线

样条曲线工具通过指定一系列的点来创建不规则的曲线。单击“线”工具按钮的下拉箭头，可弹出样条曲线工具菜单，如图 1-19 所示。样条曲线工具有两个，分别是“样条曲线-控制顶点”和“样条曲线-插值”。

（1）样条曲线-控制顶点 ：选择“样条曲线-控制顶点”工具后，先指定第一个点，开始创建样条曲线；然后依次指定样条曲线基于的控制顶点，双击完成当前样条曲线的创建。可通过拖动控制顶点或控制柄来调节样条曲线的形状，如图 1-20 所示。该工具一般用来素描导入图片轮廓的形状。

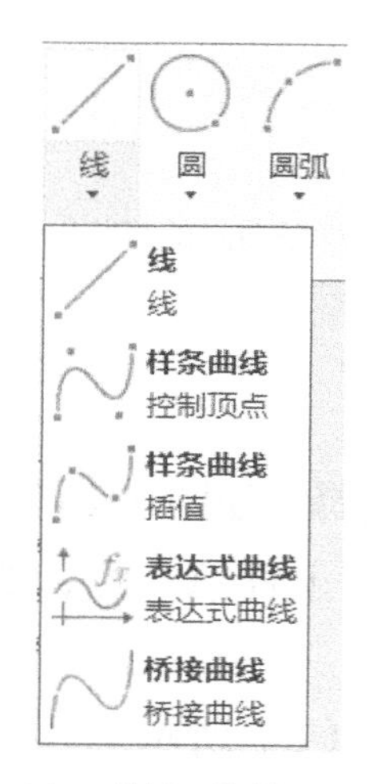

图 1-19　样条曲线工具菜单

图 1-20　调节样条曲线形状

（2）样条曲线-插值 ：“样条曲线-插值”工具与“样条曲线-控制顶点”工具的区别是前者的控制顶点直接位于圆弧上，可通过拖动控制顶点来调节样条曲线的形状，如图 1-21（a）所示。选择样条曲线后，样条曲线的控制顶点上会出现控制柄，此时控制柄以灰色显示，表示没有激活，如图 1-21（b）所示。

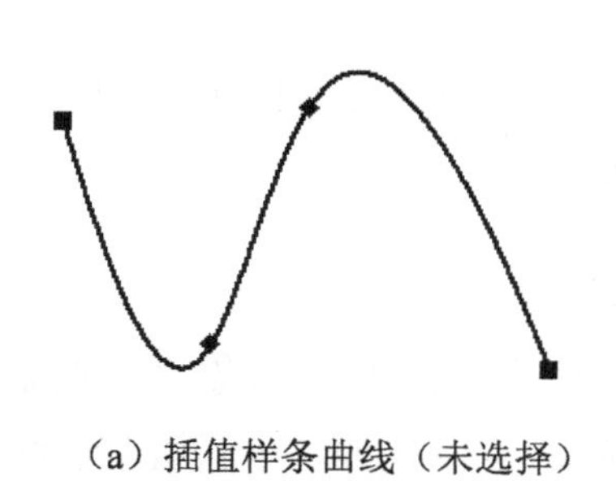

（a）插值样条曲线（未选择）

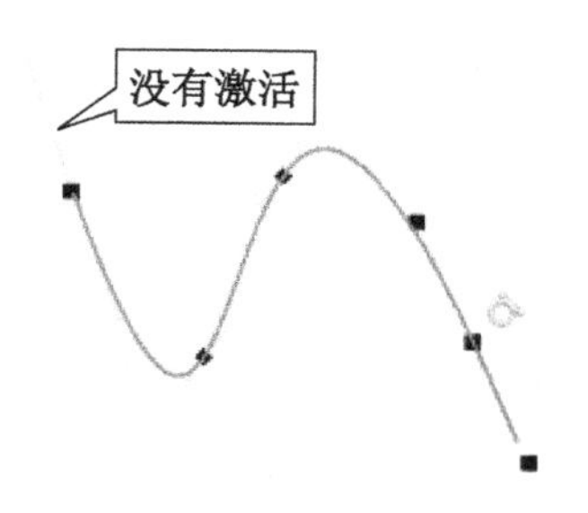

（b）插值样条曲线（选择后）

图 1-21　插值样条曲线

若要激活控制柄，则只需在相应控制柄的右键菜单中选择“激活控制柄”选项，即可将其激活，如图 1-22（a）所示。通过拖动激活后的控制柄来调节样条曲线的形状，如图 1-22（b）所示。该工具一般用于模型的曲线绘制，如花瓶的草图绘制。

【说明】通过样条曲线的右键菜单，可增加、删除控制顶点，以此来调整曲线的形状，也可相互转换，这里不再赘述。

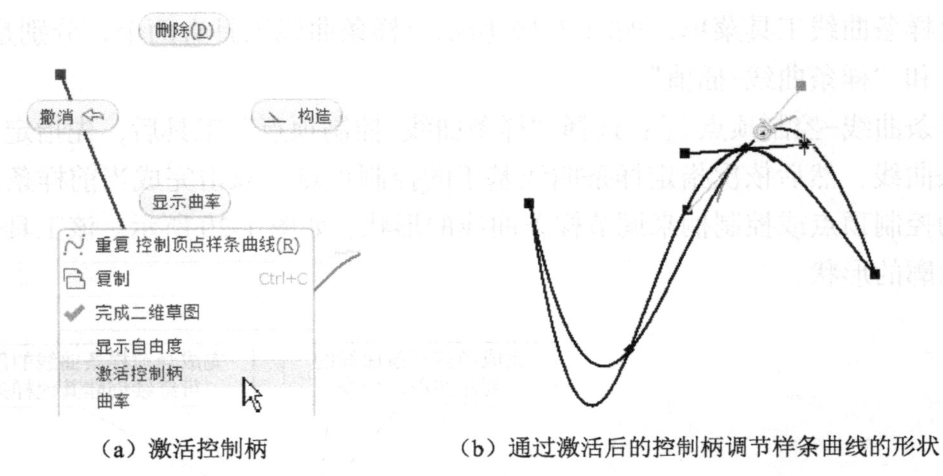

（a）激活控制柄　　（b）通过激活后的控制柄调节样条曲线的形状

图 1-22　调节插值样条曲线形状

3）圆

圆的创建方式有圆-圆心与圆-相切两种，可通过下拉箭头进行选择，如图 1-23（a）所示。

（1）圆-圆心：第一次单击确定圆心位置，第二次单击确定圆上任意一点，如图 1-23（b）所示。

（2）圆-相切：通过连续选择相切对象来绘制圆，如图 1-23（c）所示。

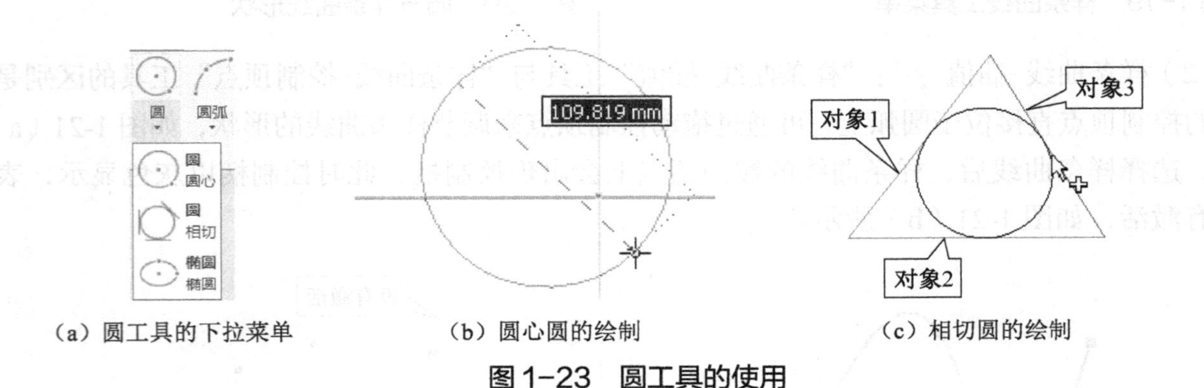

（a）圆工具的下拉菜单　　（b）圆心圆的绘制　　（c）相切圆的绘制

图 1-23　圆工具的使用

下面以图 1-23（c）所示的图形为例介绍其绘制步骤。

选择“圆-相切”选项，在图形区单击对象 1，确定切点 1；单击对象 2，确定切点 2；单击对象 3，确定切点 3（当将光标移动到对象 3 处时，满足条件的唯一圆就已经确定了，此时可预览相切圆），按 Esc 键，完成相切圆的创建。

4）椭圆

“椭圆”工具位于“圆”工具的下拉菜单中，如图 1-23（a）所示。选择“椭圆”工具后，在图形区依次单击以指定椭圆中心、椭圆一轴的端点及椭圆上任意一点，如图 1-24 所示。

5）圆弧

圆弧的绘制方法有三种，分别为圆弧-三点、圆弧-相切、圆弧-圆心，对应的绘制工具如图 1-25 所示。

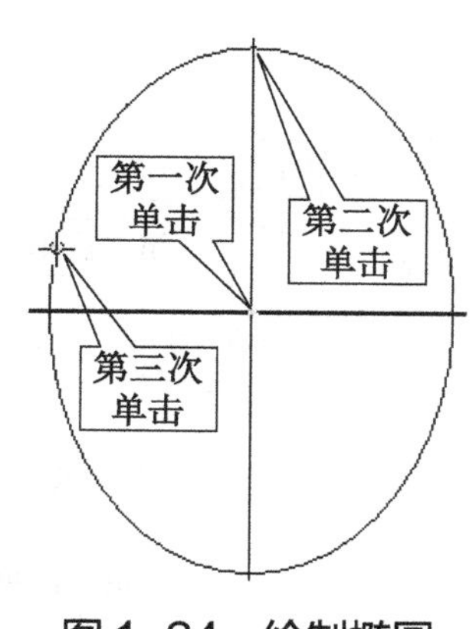

图 1–24　绘制椭圆

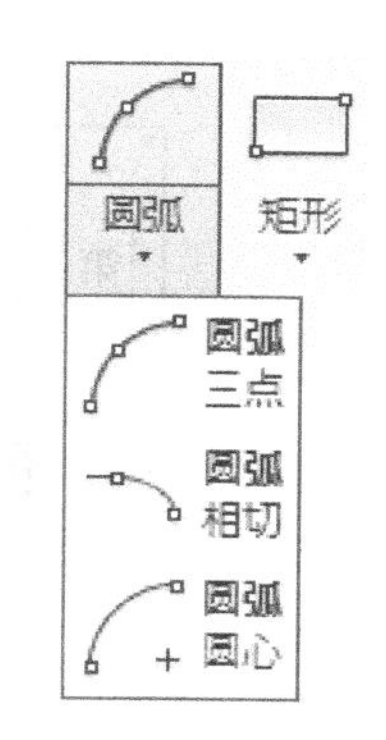

图 1–25　圆弧工具

（1）圆弧-三点：第一次单击确定圆弧起点，第二次单击确定圆弧终点，第三次单击确定圆弧上任意一点，如图 1-26（a）所示。

（2）圆弧-相切：第一次单击选择相切对象，第二次单击确定圆弧终点，如图 1-26（b）所示。

（3）圆弧-圆心：第一次单击确定圆弧圆心，第二次单击确定圆弧起点，第三次单击确定圆弧终点，如图 1-26（c）所示。

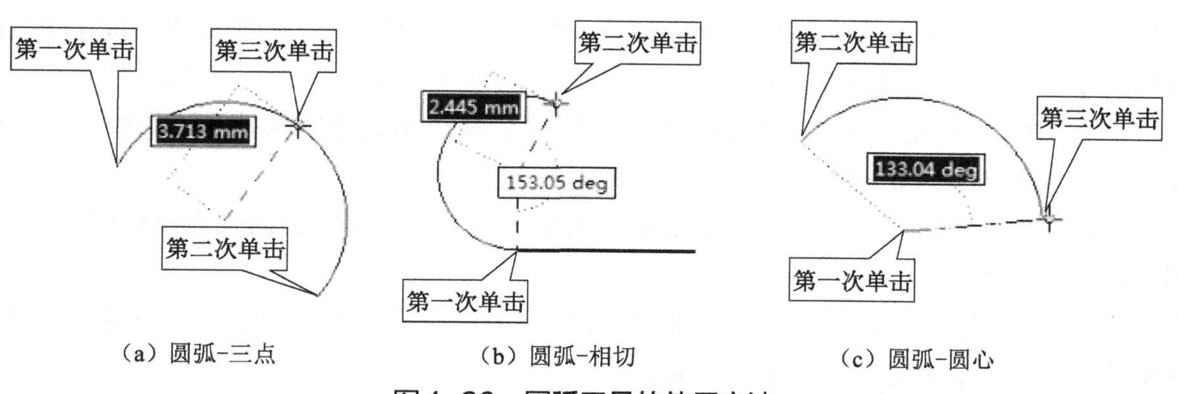

（a）圆弧-三点　（b）圆弧-相切　（c）圆弧-圆心

图 1–26　圆弧工具的使用方法

6）矩形

矩形的绘制方法有四种，分别为矩形-两点、矩形-三点、矩形-两点中心、矩形-三点中心，对应的绘制工具如图 1-27 所示。

（1）矩形-两点：常用于绘制边与坐标轴平行或垂直的矩形，在使用时，需要依次单击矩形的两个对角顶点，如图 1-28（a）所示。

（2）矩形-三点：常用于创建与坐标轴无平行、垂直关系的矩形，在使用时，需要依次确定矩形某一边的起点、终点及对边上任意一点，如图 1-28（b）所示。

（3）矩形-两点中心：常用于绘制边与坐标轴平行或垂直的矩形，在使用时，需要依次单击矩形的中心及任一顶点，如图 1-28（c）所示。

（4）矩形-三点中心：常用于创建与坐标轴无平行、垂直关系的矩形，在使用时，需要依次确定矩形的中心、某一边的位置及其对边的位置，如图 1-28（d）所示。

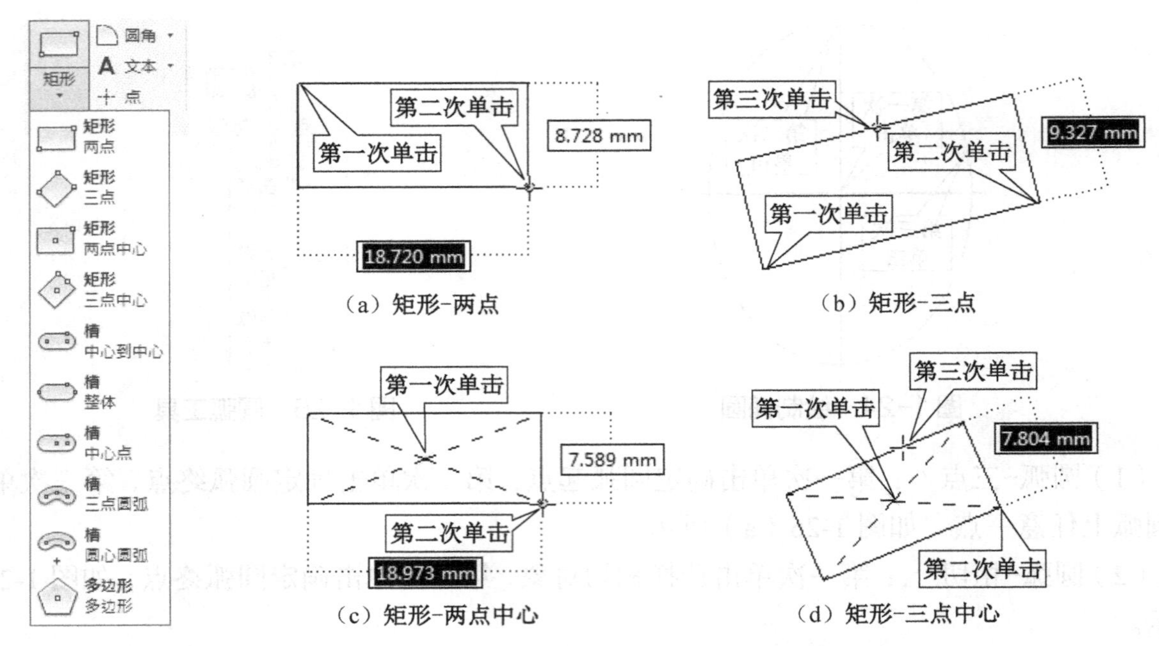

图 1-27　矩形工具　　　　图 1-28　矩形工具的使用方法

7）槽

槽的绘制方法有槽-中心到中心、槽-整体、槽-中心点、槽-三点圆弧及槽-圆心圆弧五种，这五种绘制方法对应的绘制工具均位于“矩形”工具的下拉菜单中，如图 1-27 所示。

（1）槽-中心到中心：在使用该工具时，需要依次单击以确定两端圆弧的中心点及槽的边界位置，如图 1-29（a）所示。

（2）槽-整体：在使用该工具时，需要依次单击以确定两端圆弧的顶点及槽的边界位置，如图 1-29（b）所示。

（3）槽-中心点：在使用该工具时，需要依次单击以确定槽的中心、任一端圆弧的中心点及槽的边界位置，如图 1-29（c）所示。

（4）槽-三点圆弧：在使用该工具时，需要依次单击以确定槽中心圆弧的起点、终点、任意一点及槽的边界位置，如图 1-29（d）所示。

（5）槽-圆心圆弧：在使用该工具时，需要依次单击以确定槽中心圆弧的圆心、起点、终点及槽的边界位置，如图 1-29（e）所示。

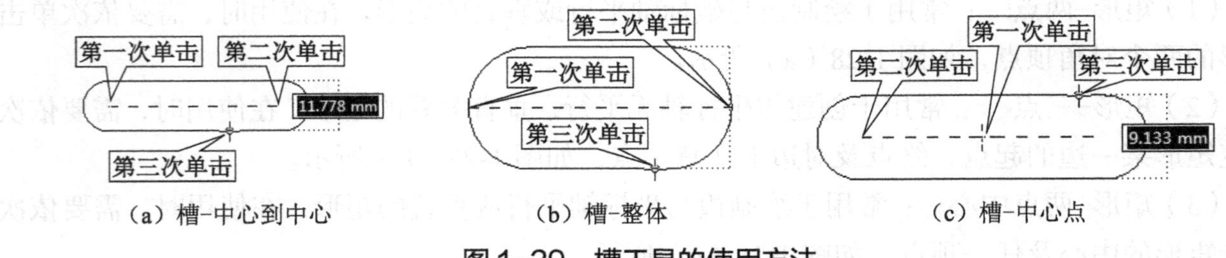

图 1-29　槽工具的使用方法

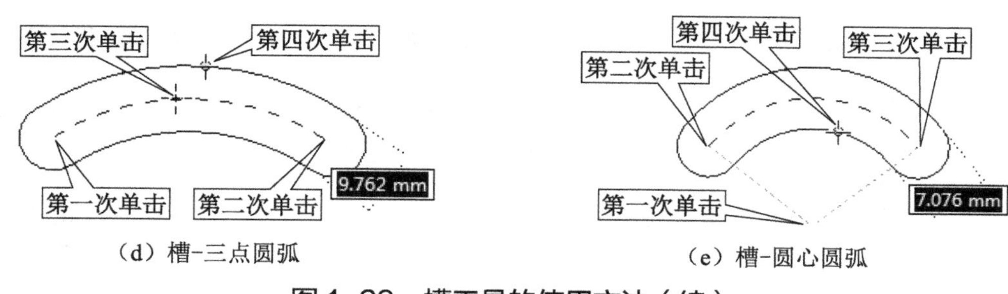

（d）槽-三点圆弧　　（e）槽-圆心圆弧

图 1-29　槽工具的使用方法（续）

8）多边形

“多边形”工具的功能是根据给出的边数绘制内接或外切的正多边形。该工具位于“矩形”工具的下拉菜单中，如图 1-27 所示。选择“多边形”工具后，弹出“多边形”对话框，首先在对话框中输入多边形的边数，然后在图形区指定第一个点作为正多边形的中心点，指定第二个点以确定正多边形的大小，如图 1-30 所示。

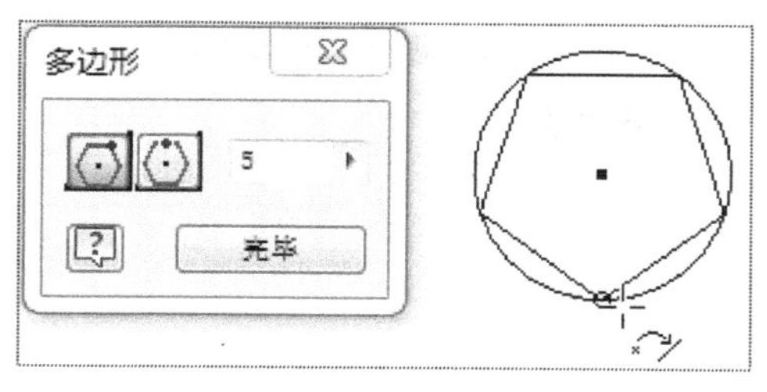

（a）内接多边形

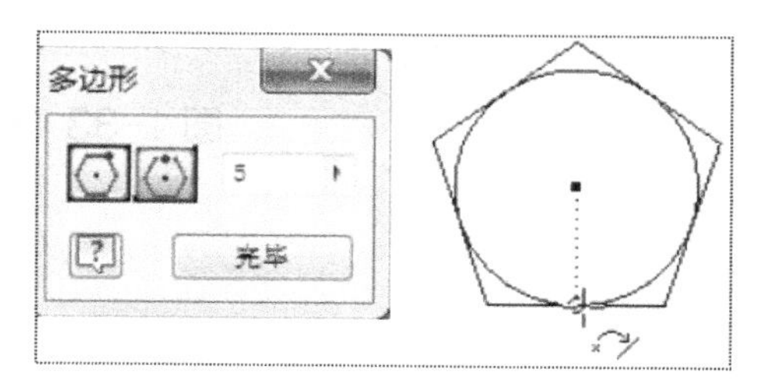

（b）外切多边形

图 1-30　多边形工具的使用方法

9）圆角和倒角

圆角和倒角工具可通过工具按钮右侧的箭头进行切换，如图 1-31 所示。

（1）圆角：选择“圆角”工具，弹出“二维圆角”对话框，首先在对话框中输入圆角半径，然后依次选择圆角处的两条边，如图 1-32 所示。

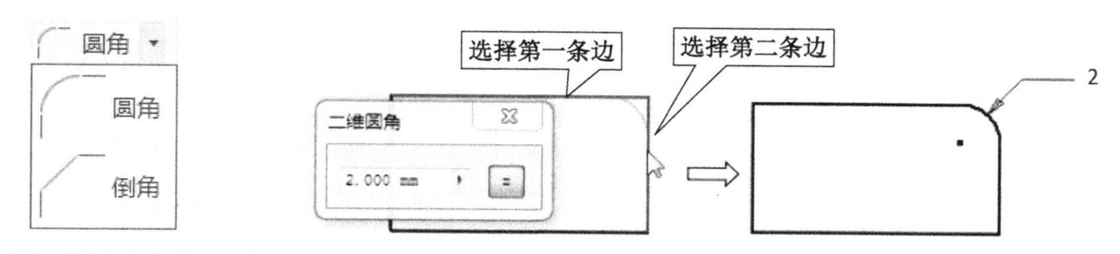

图 1-31　圆角和倒角工具　　图 1-32　圆角工具的使用方法

（2）倒角：选择“倒角”工具，弹出“二维倒角”对话框，如图 1-33（a）所示。倒角方式有等边倒角、不等边倒角、距离和角度倒角三种。在使用“倒角”工具时，首先要选择倒角方式，然后根据倒角方式输入相应的参数，最后依次选择倒角处的两条边，如图 1-33（b）～（d）所示。

10）文本

文本工具有“文本”和“几何图元文本”两种，如图 1-34 所示。

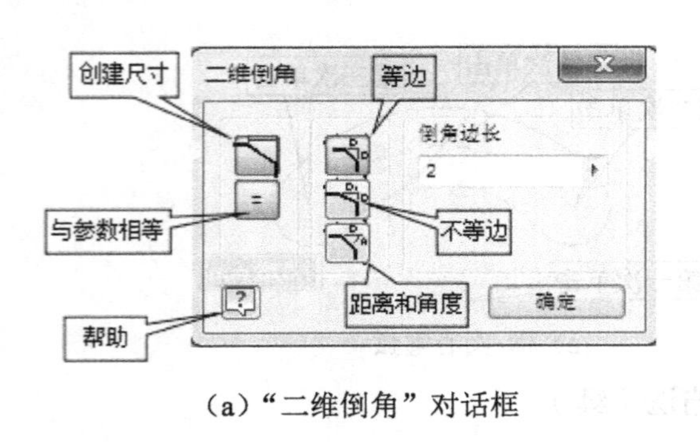

（a）“二维倒角”对话框

（b）等边倒角

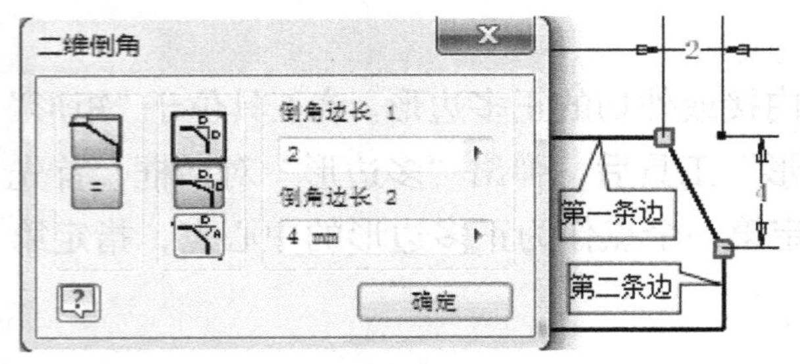

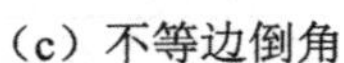

（c）不等边倒角

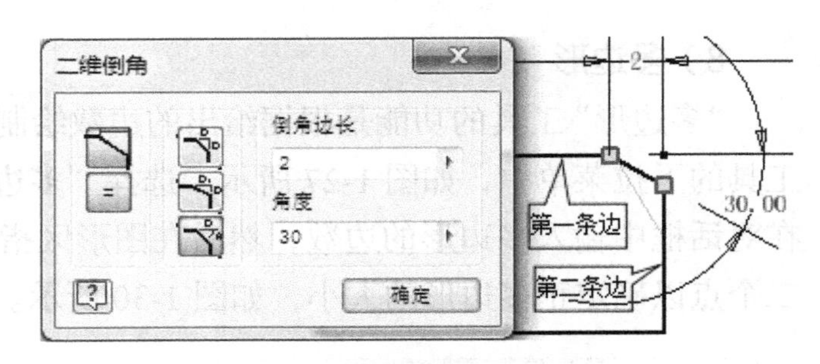

（d）距离和角度倒角

图 1-33　倒角工具的使用方法

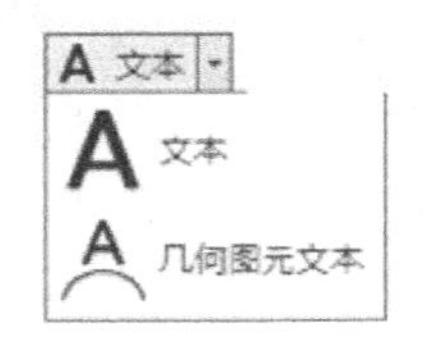

图 1-34　文本工具

（1）文本A：选择“文本”工具，在图形区拖动光标绘制文本框，在弹出的“文本格式”对话框中输入需要的文本内容，并进行相应的设置，单击“确定”按钮，即可完成文本的创建，如图 1-35 所示。

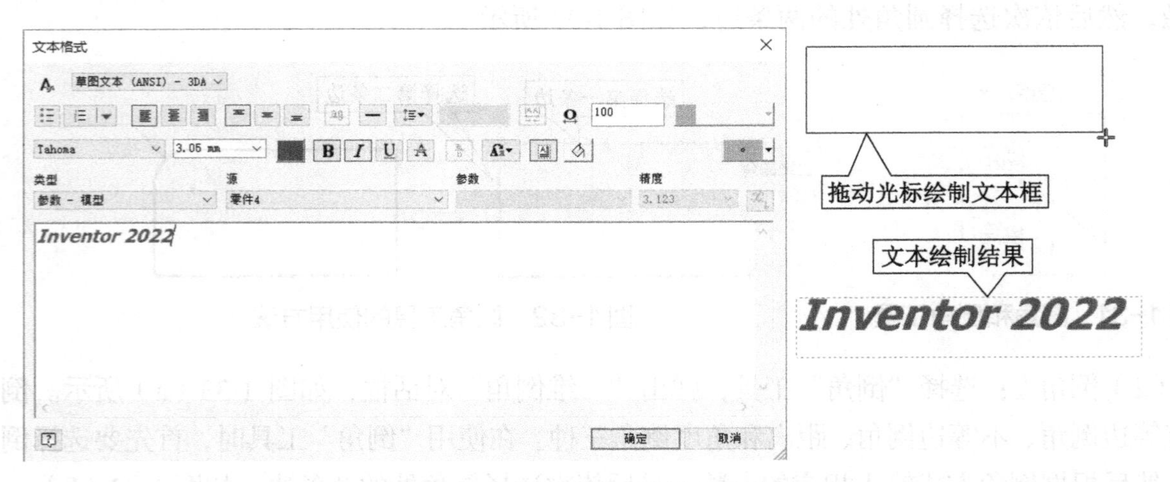

图 1-35　“文本”工具的使用方法

（2）几何图元文本 A：选择“几何图元文本”工具，选择文本依附的几何图元，在弹出的“几何图元文本”对话框中进行相应的设置。例如，可通过设置起始角度、偏移距离来调节文本与几何图元的位置，如图 1-36 所示。

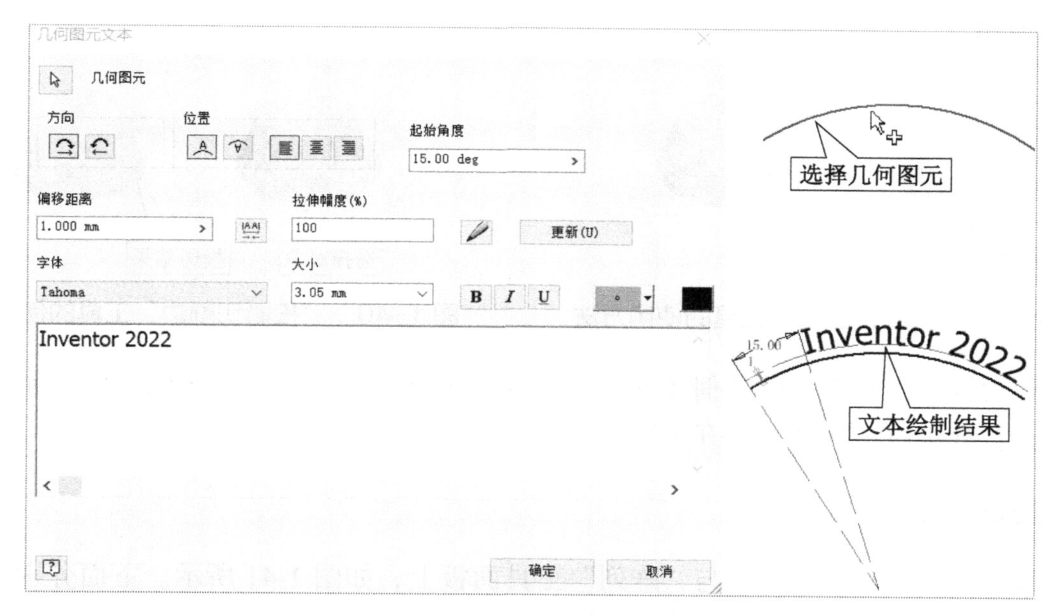

图 1-36　“几何图元文本”工具的使用方法

11）点

草图中的“点”工具常用于孔心的定位，或者在草图中起辅助定位作用，单击“点”工具按钮，可以在图形区的任意位置创建点，如图 1-37 所示。

12）投影

投影工具包含投影几何图元、投影切割边、投影展开模式、投影到三维草图、投影 DWG 几何图元五种工具，如图 1-38 所示，这里只介绍前两种。

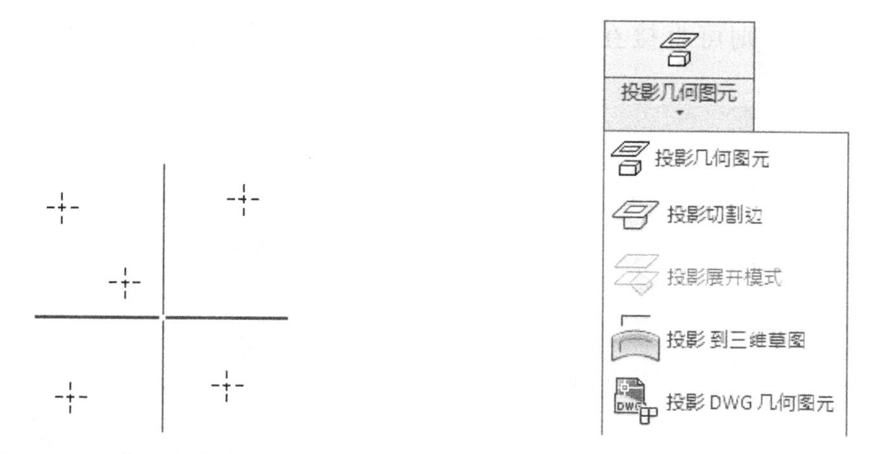

图 1-37　点工具的使用方法　　　图 1-38　选择投影工具

（1）投影几何图元：可以将图形区现有的边、顶点、定位特征、回路和曲线等投影到当前草图平面上，如图 1-39 所示。

【说明】在绘制草图的过程中，有时会将坐标原点与图形一块删除，这时可以在浏览器的模型树中找到原始坐标系的原点，利用“投影几何图元”工具将其投影出来。

（2）投影切割边：可将当前草图平面与现有结构的截交线自动投影到当前草图平面上，如图 1-40 所示。

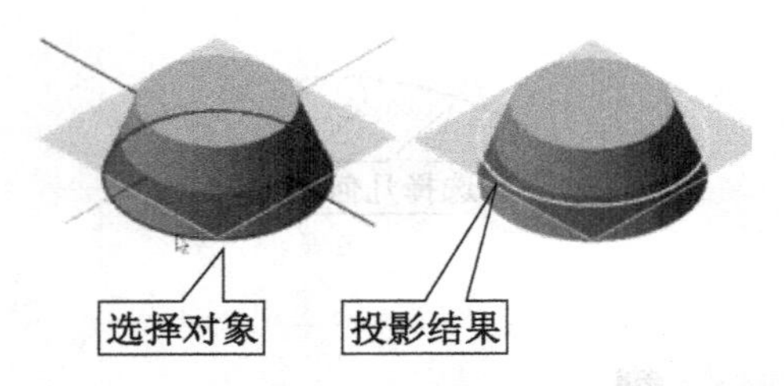

图 1-39 “投影几何图元”工具的使用方法

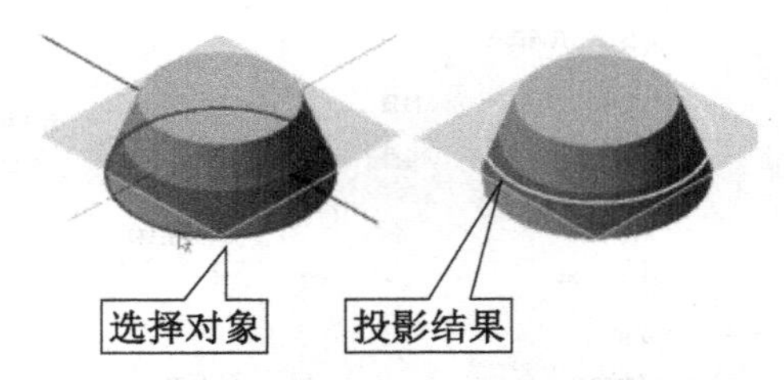

图 1-40 “投影切割边”工具的使用方法

对于利用投影工具投影的几何图元，若要断开关联，则只需在投影的几何图元上单击鼠标右键，在右键菜单中选择“断开关联”选项，即可将投影的关联断开。

4. 草图编辑

草图编辑工具位于“修改”与“阵列”工具面板上，如图 1-41 所示。下面分别介绍各工具的使用方法。

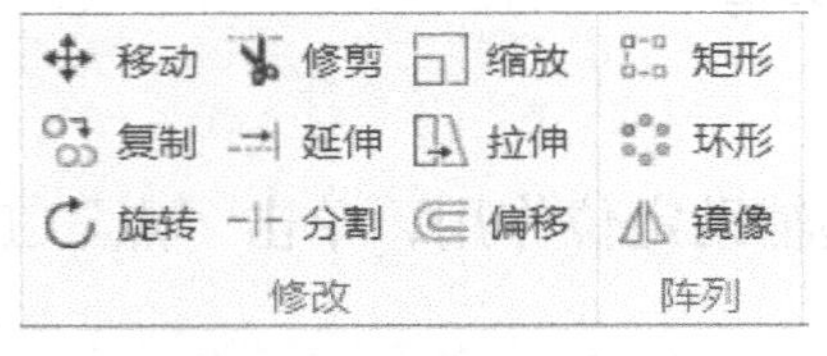

图 1-41 草图编辑工具

1）选取对象

在对草图进行编辑之前，首先要选中需要编辑的对象，因此，首先需要学习几种几何图元的选取方法。

（1）单选：将光标移动到要选择的几何图元上，单击它便可选中。在选择几何图元的过程中，有时会遇到几个几何图元相互重叠而不好选取的情况，这时可以在重叠的几何图元处将光标悬停一会儿，会弹出小工具栏，单击小工具栏的下拉箭头，从列出的几何图元中进行选择，如图 1-42（a）所示；若想快速选择，则可直接在重叠的几何图元的右键菜单中选择“选择其他”选项，如图 1-42（b）所示。

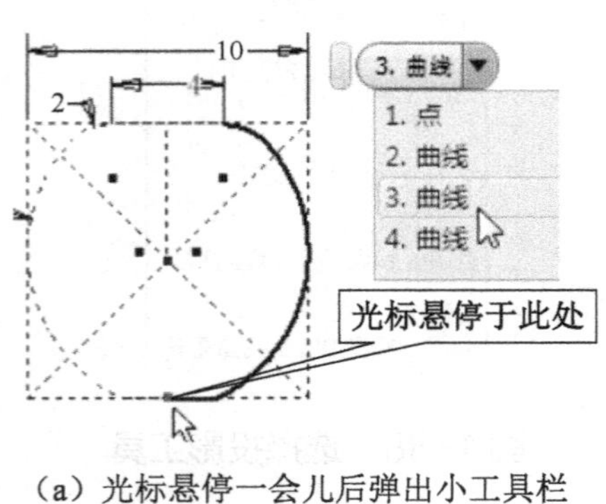

（a）光标悬停一会儿后弹出小工具栏

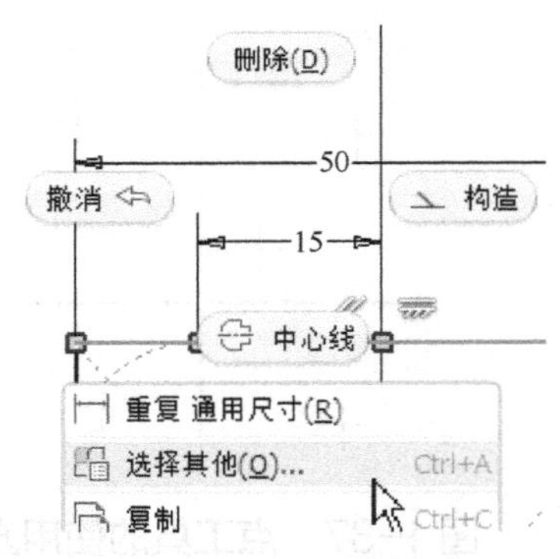

（b）“选择其他”选项

图 1-42 选择重叠的几何图元

（2）多选：在按住 Ctrl 键或 Shift 键的同时，逐一单击要选择的几何图元，便可选择多个几何图元。如果此时单击已经选择的对象，就会取消已选择的几何图元。

（3）使用窗口选择对象：使用窗口选择对象有两种情况，第一种情况是在图形区按住鼠标左键，从左向右拖动选择窗口，此时仅选择完全包含在窗口内的几何图元，如图 1-43（a）所示；第二种情况是从右向左拖动选择窗口，此时能够选择与窗口相交或包含在窗口内的几何图元，如图 1-43（b）所示。

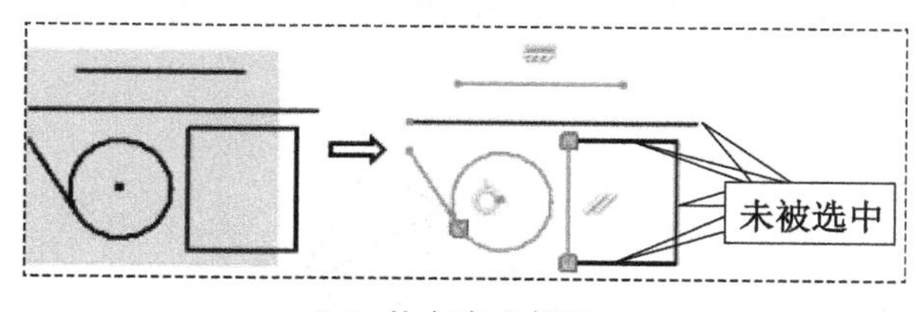

（a）从左向右框选

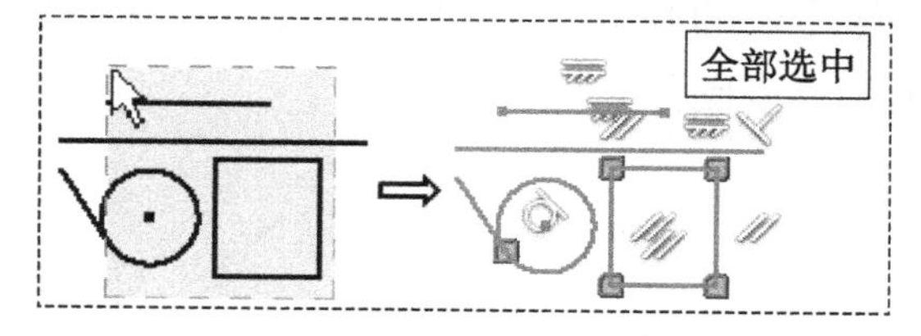

（b）从右向左框选

图 1-43 使用窗口选择对象

2）移动

“移动”工具用于改变未全约束的几何图元在草图中的位置。单击“移动”工具按钮，会弹出“移动”对话框，其中的“选择”选项默认是选中的，此时在图形区直接选择要移动的几何图元，单击“移动”对话框中的“基准点”按钮，再单击要移动几何图元的基准点。此时无论鼠标左键弹起与否，只要移动光标即可移动几何图元，确定位置后，单击完成几何图元的移动，如图 1-44 所示。

（1）若勾选“移动”对话框中的“复制”复选框，则会将所选几何图元复制到指定位置，同时，原有的几何图元保持原位置不变。

（2）若勾选“精确输入”复选框，则可以通过输入坐标值的方式指定几何图元的位置。

（3）若勾选“优化单个选择”复选框，则在选择几何图元后，窗口会自动进入基准点的选择模式，而不允许再选择其他的几何图元。

【说明】其实不使用“移动”命令也可以移动几何图元，方法是在草图中选中要移动的几何图元，直接拖动即可将其移动。

3）复制

“复制”工具用于快速创建与已有图形相同的几何图元。单击“复制”工具按钮，会弹出“复制”对话框，该对话框与“移动”对话框相似，如图 1-45 所示。

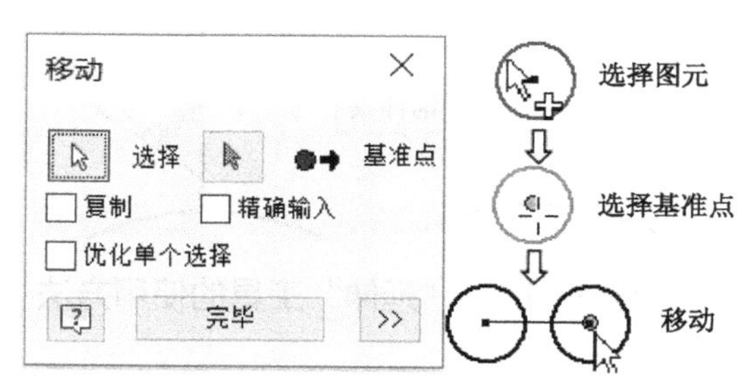

图 1-44 “移动”工具的使用方法

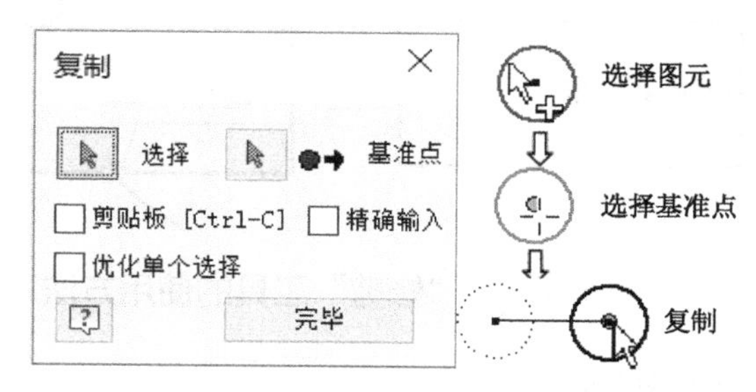

图 1-45 “复制”工具的使用方法

若勾选“剪贴板”复选框，则可将选定的几何图元保存到剪贴板中，即使退出“复制”工具，仍能进行粘贴使用。

4）旋转

“旋转”工具用于改变几何图元的角度或方向，如图 1-46 所示。单击“旋转”工具按钮，弹出“旋转”对话框，可在“角度”数值框中直接输入旋转的角度值，进行精确旋转。在对已有约束的几何图元进行旋转时，选择中心点后，会弹出提示框，单击“是”按钮后方能进行下一步操作。

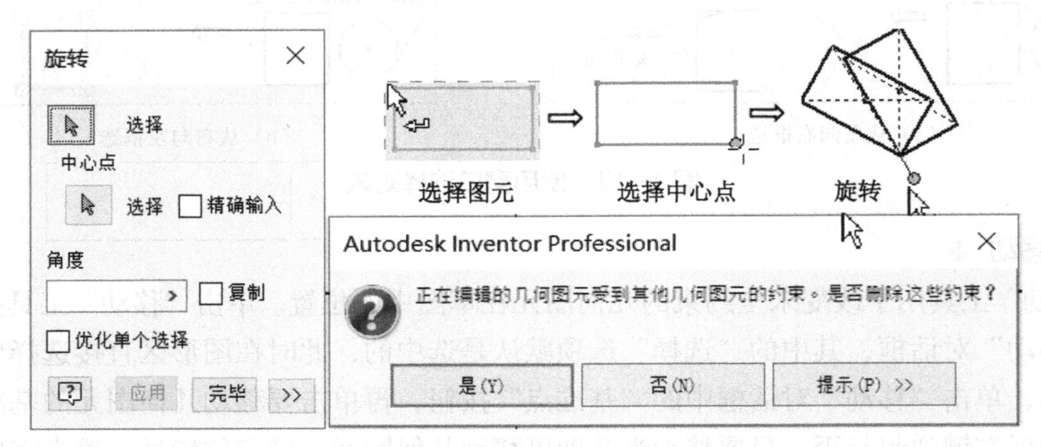

图 1-46　“旋转”工具的使用方法

5）修剪

“修剪”工具可将曲线修剪到最近的相交曲线或指定的边界几何图元。单击“修剪”工具按钮，将光标停留在几何图元上以预览修剪效果，此时被修剪掉的线段会转变为虚线显示，单击虚线，就会修剪所选对象。修剪会在被修剪的几何图元和边界几何图元的端点之间创建重合约束，如图 1-47 所示。

6）延伸

“延伸”工具可将曲线延伸到最近的相交曲线或选定的边界几何图元。单击“延伸”工具按钮，将光标停留在几何图元上以预览延伸效果，单击几何图元，就会延伸所选对象。延伸也会在被延伸几何图元的端点处创建重合约束，如图 1-48 所示。

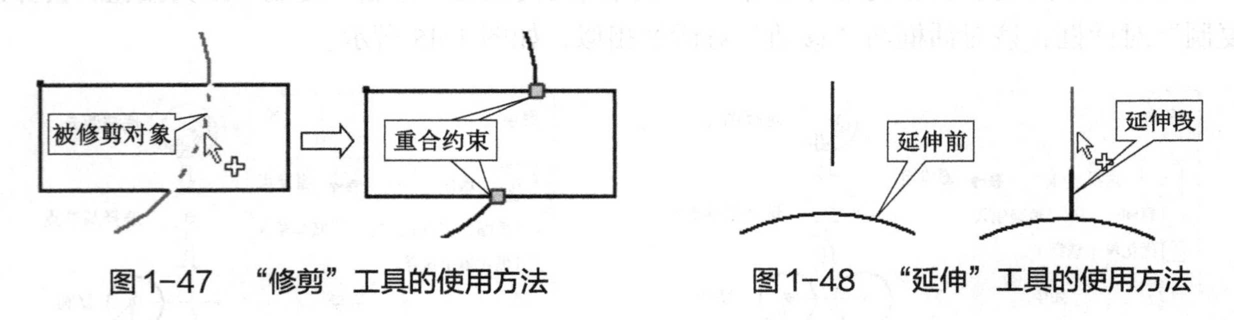

图 1-47　“修剪”工具的使用方法　　图 1-48　“延伸”工具的使用方法

7）分割

“分割”工具可将几何图元在它与其他几何图元的相交点处将其分为多个部分。单击“分割”工具按钮后，将光标停留在要分割的几何图元上以预览分割效果，单击几何图元，即可将选定的几何图元进行分割，如图 1-49 所示。

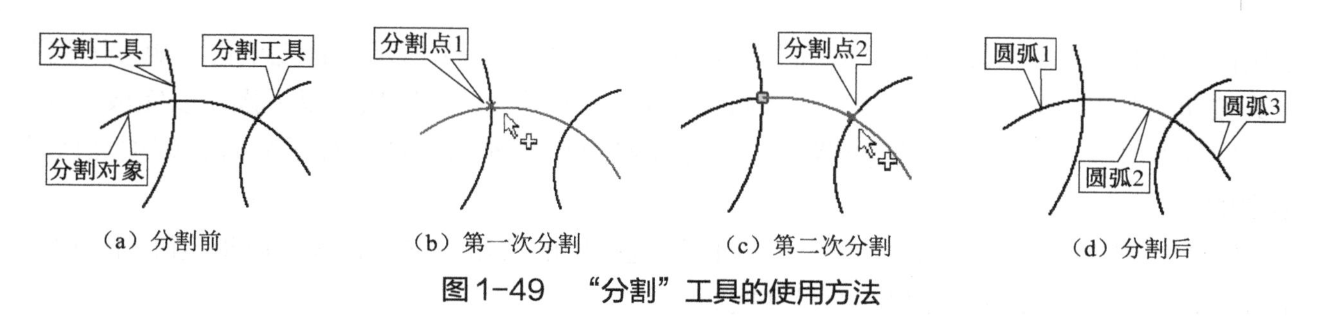

图 1-49 “分割”工具的使用方法

8）缩放

“缩放”工具可将选定的几何图元按照指定的比例放大或缩小。单击“缩放”工具按钮，弹出“缩放”对话框，在其中的“比例系数”数值框中输入数值，可进行精确缩放，如图 1-50 所示。

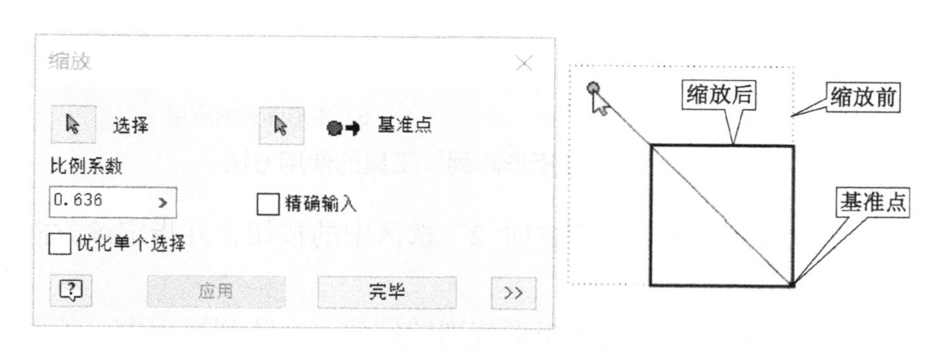

图 1-50 “缩放”工具的使用方法

9）拉伸

“拉伸”工具既可用来改变几何图元的形状，又可用来改变几何图元的位置。单击“拉伸”工具按钮，弹出“拉伸”对话框。当选择部分几何图元时，可改变几何图元的形状；当选择全部几何图元时，可改变几何图元的位置，如图 1-51 所示。

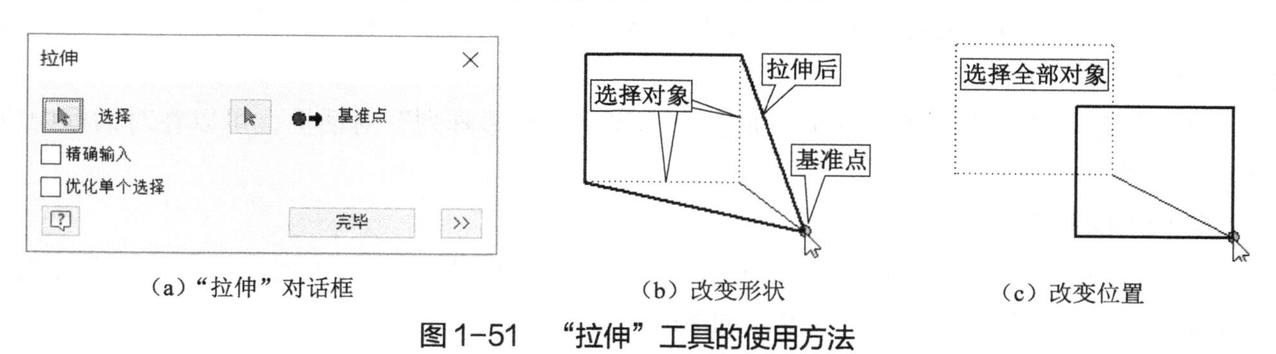

图 1-51 “拉伸”工具的使用方法

10）偏移

“偏移”工具用来将选定的几何图元以等间距的方式复制并移动。首先单击“偏移”工具按钮，选择偏移对象；然后拖动预览偏移效果；最后单击偏移位置即可完成偏移，如图 1-52 所示。

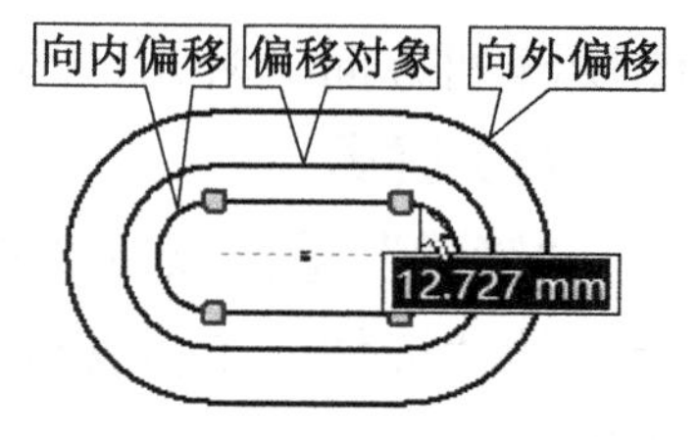

图 1-52 “偏移”工具的使用方法

11）矩形阵列

“矩形阵列”工具用来复制选定的几何图元，并使它们按照指定的方向排列。该工具位于“阵列”工具面板上，如图 1-41 所示。首先单击“矩形阵列”工具按钮，打开“矩形阵列”对话框，如图 1-53（a）所示，然后执行以下操作以完成阵列。

（1）单击“几何图元”选择器，选择要阵列的几何图元。打开对话框后，该项默认是选中的。

（2）如图 1-53（a）所示，单击“方向 1”选区中的按钮，选择直线段以指定阵列的第一个方向，并指定该方向上阵列的数量和间距。

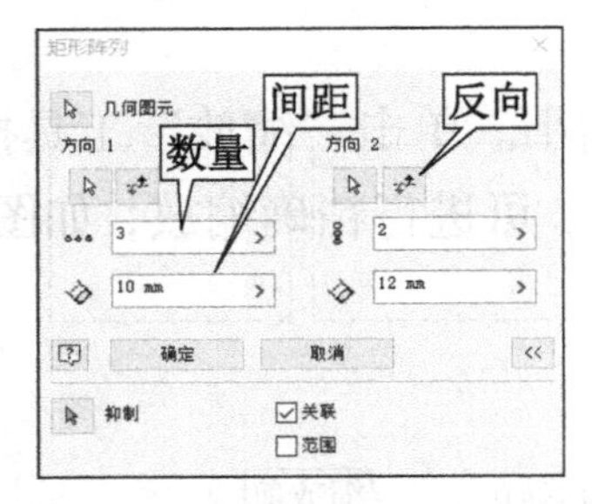

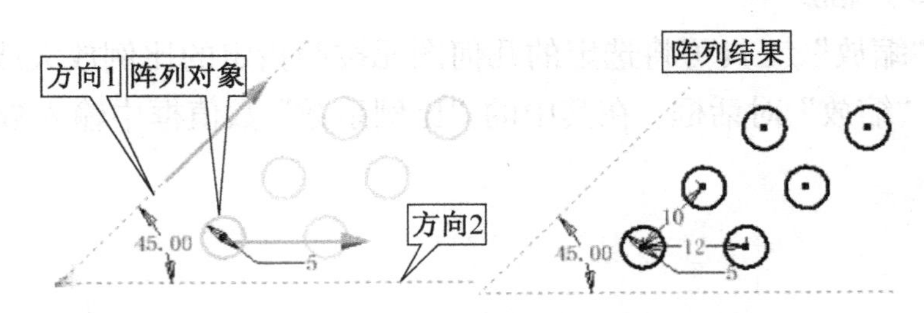

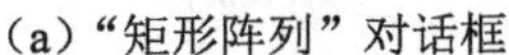

（a）“矩形阵列”对话框

（b）矩形阵列的应用

图 1-53 “矩形阵列”工具的使用方法

（3）如果是二维阵列，则再单击“方向 2”选区中的按钮，并指定该方向上阵列的数量和间距。

（4）单击“确定”按钮，即可完成矩形阵列的创建。在阵列过程中，若发现阵列方向不是所需的方向，则可以单击“反向”按钮，使阵列反向。

阵列完成后，有时需要编辑，可以选中部分阵列元素，单击鼠标右键，在右键菜单中，有“删除阵列”“抑制元素”“编辑阵列”等选项，选择相应选项即可进行编辑，如图 1-54 所示。

（1）若选择“删除阵列”选项，则只删除阵列中复制出来的几何图元，而阵列源仍将保留。

（2）若选择“抑制元素”选项，则选中的部分被抑制，与图 1-53（a）中的“抑制”选项的使用方法一样。

（3）若选择“编辑阵列”选项，则会再次弹出“矩形阵列”对话框，可以在对话框中重新定义阵列。

12）环形阵列

“环形阵列”工具可复制选定的几何图元，并使它们以环形方式排列。单击“环形阵列”工具按钮，打开“环形阵列”对话框，如图 1-55 所示。

当旋转角度不是 360° 时，若阵列方向不是所需的方向，则可以通过“反向”按钮来改变阵列方向。环形阵列的操作及关联关系与矩形阵列相似，这里不再赘述。

13）镜像

“镜像”是指以所选直线为对称轴，对称复制所选的草图几何图元。单击“阵列”工具面板上的“镜像”工具按钮，打开“镜像”对话框。现以图 1-56（a）所示为例说明镜像工具的使用方法。

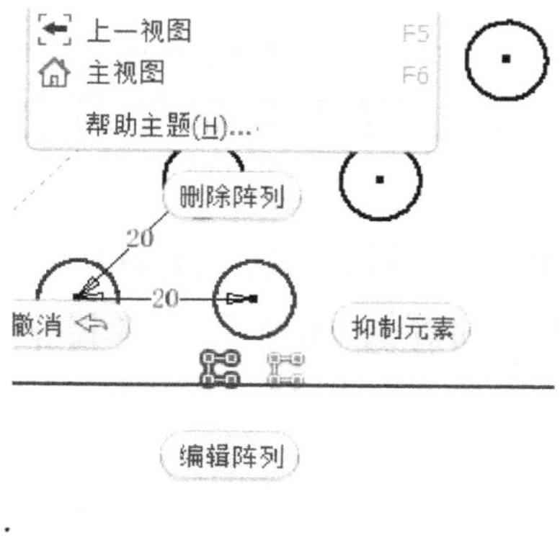

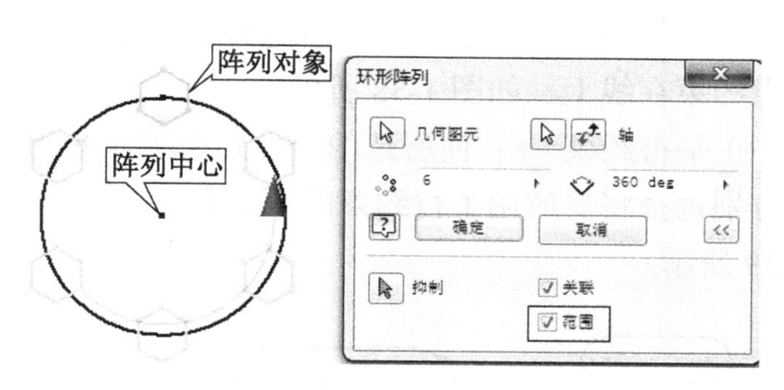

图 1-54 通过右键菜单编辑阵列

图 1-55 “环形阵列”工具的使用方法

单击“阵列”工具面板上的“镜像”按钮，打开“镜像”对话框，选择镜像的对象，在对话框中单击“镜像线”选择器，在图形区选择镜像线，单击“应用”按钮，完成镜像操作。单击“完毕”按钮，关闭对话框。

只有当要镜像的几何图元是样条曲线且与镜像线相交时，对话框中的“自对称”复选框才能被激活，此时如果勾选“自对称”复选框，则镜像后的样条曲线与原样条曲线就会组合成一条样条曲线，如图 1-56（b）所示。

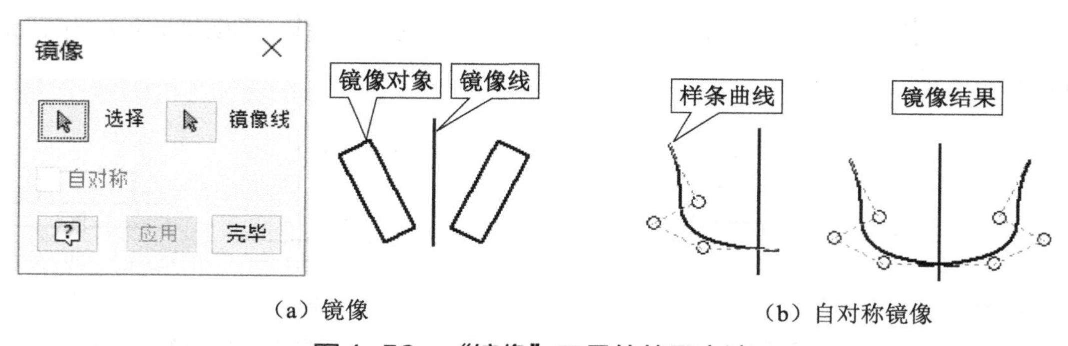

（a）镜像 （b）自对称镜像

图 1-56 “镜像”工具的使用方法

镜像的关联关系与阵列不同的是，镜像只要改变任意一个几何图元，另一个就跟着变化。

5. 草图约束

草图约束工具位于“约束”工具面板上，如图 1-57 所示。草图约束可分为几何约束和尺寸约束两类。

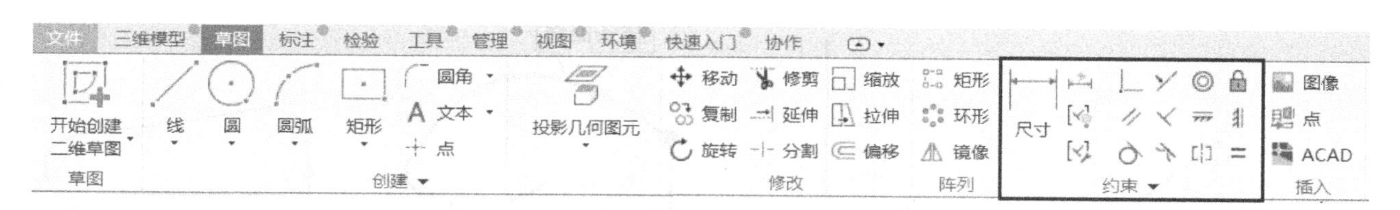

图 1-57 “约束”工具面板

1）几何约束

几何约束用于控制草图的形状，下面分别介绍各个工具的使用方法。

（1）重合约束 ：将点约束到其他几何图元上。单击“重合约束”工具按钮，在图形区选择一个几何图元上的某点，再指定另一个几何图元上的点或线，单击后这两点将重合，或者说点约束在线上，如图 1-58 所示。

（2）平行约束 ：使所选的线性几何图元互相平行。单击“平行约束”工具按钮，在图形区分别选择将要应用平行约束的两个几何图元（直线、椭圆轴等），单击后二者将平行，如图 1-59 所示。

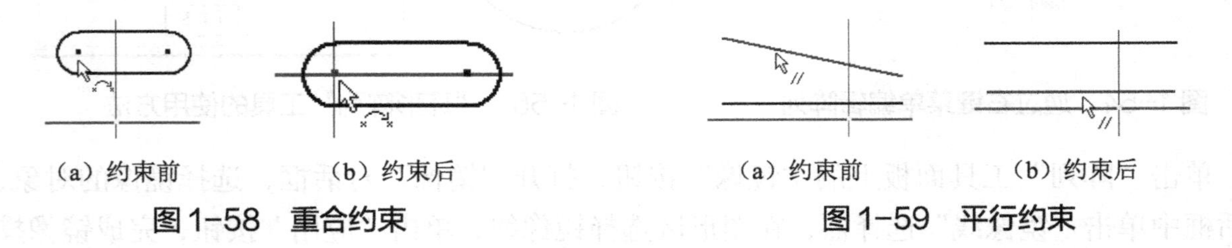

（a）约束前　（b）约束后

图 1-58　重合约束

（a）约束前　（b）约束后

图 1-59　平行约束

（3）相切约束 ：用于使曲线（包括样条曲线的端点）与曲线相切。单击“相切约束”工具按钮，在图形区依次选择将要应用相切约束的两个对象（直线或曲线），单击后二者将相切，如图 1-60 所示。

（4）共线约束 ：可使选定的直线或椭圆轴位于同一条直线上。单击“共线约束”工具按钮，在图形区依次选择将要应用共线约束的两个对象（直线、椭圆轴等），单击后二者将共线，如图 1-61 所示。

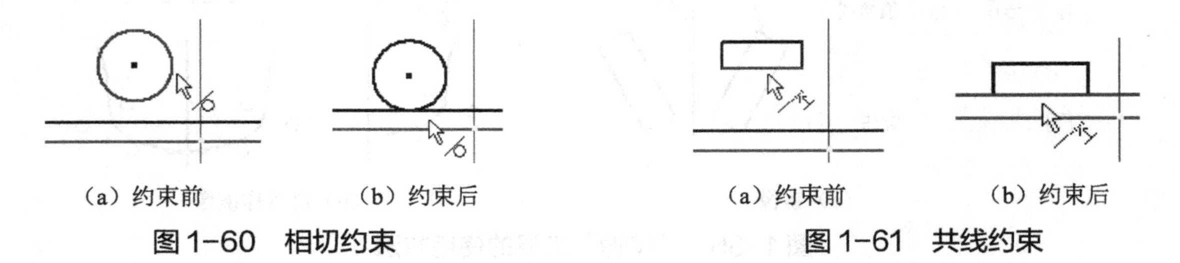

（a）约束前　（b）约束后

图 1-60　相切约束

（a）约束前　（b）约束后

图 1-61　共线约束

（5）垂直约束 ：可使选定的两条线性几何图元互相垂直。单击“垂直约束”工具按钮，在图形区依次选择将要应用垂直约束的两个对象，单击后二者将垂直，如图 1-62 所示。

（6）平滑约束 ：可以通过调整样条曲线的曲率使整个曲线过渡更平滑。单击“平滑约束”工具按钮，在图形区先单击要应用平滑约束的曲线或样条曲线，然后单击相邻的曲线或样条曲线，即可将曲率连续条件应用到样条曲线上，如图 1-63 所示。

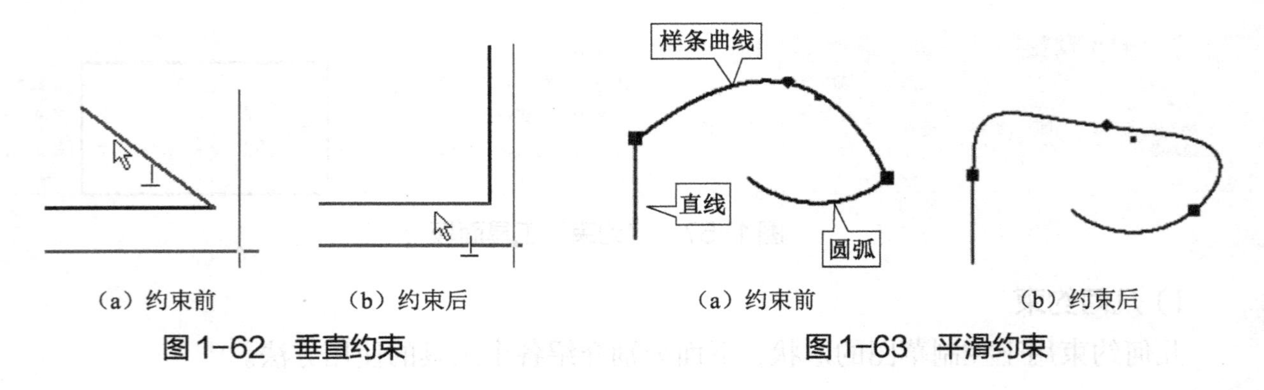

（a）约束前　（b）约束后

图 1-62　垂直约束

（a）约束前　（b）约束后

图 1-63　平滑约束

（7）同心约束 ◎：可以使两个圆弧、圆或椭圆具有同一圆心。单击“同心约束”工具按钮，在图形区先选择第一个对象，如圆、圆弧或椭圆，再选择第二个对象，单击后二者将同心，如图 1-64 所示。

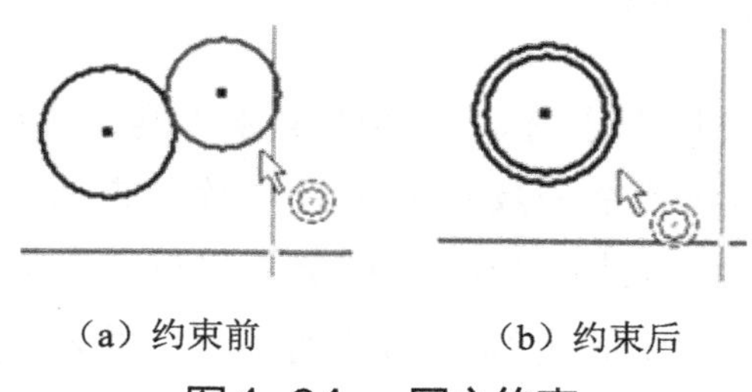

（a）约束前　（b）约束后

图 1-64　同心约束

（8）水平约束 ⩧：用于使直线、椭圆轴或成对的点平行于草图坐标系的 X 轴。单击“水平约束”工具按钮，在图形区选择并单击一条直线，该直线便会处于与草图坐标系的 X 轴平行的位置，如图 1-65 所示。

“水平约束”工具也可用于使选定的两个几何图元（如两条线的端点或中心）位于同一条水平线上，如图 1-66 所示。

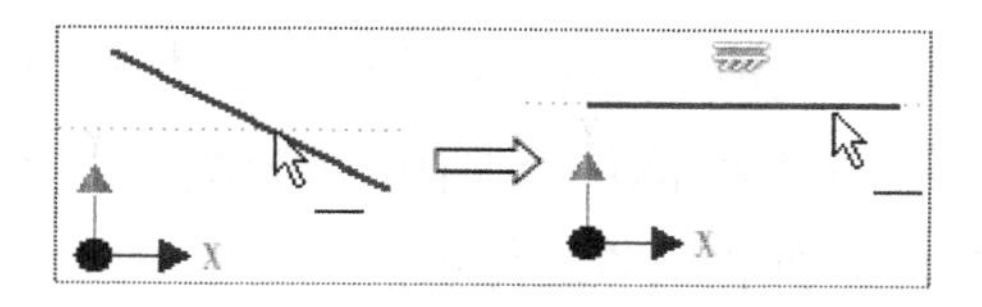

图 1-65　与草图坐标系的 X 轴平行

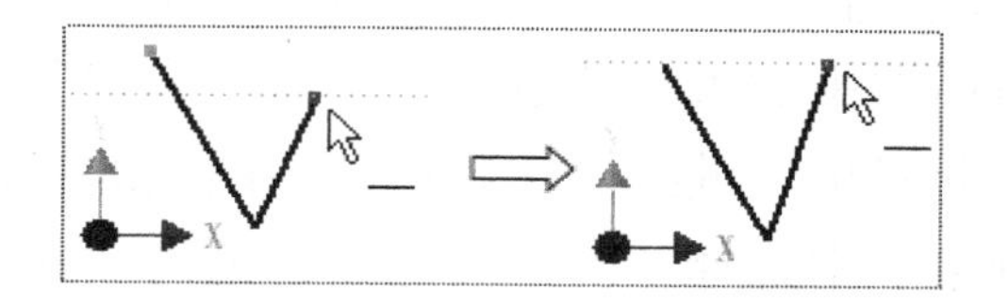

图 1-66　两个点位于同一条水平线上

（9）竖直约束 ⫲：可以使直线、椭圆轴或成对的点平行于草图坐标系的 Y 轴。单击“竖直约束”工具按钮，在图形区选择并单击一条直线，该直线便会处于与草图坐标系的 Y 轴平行的位置，如图 1-67 所示。

“竖直约束”工具也可用于使选定的两个几何图元（如两条线的端点或中心）位于同一条竖直线上，如图 1-68 所示。

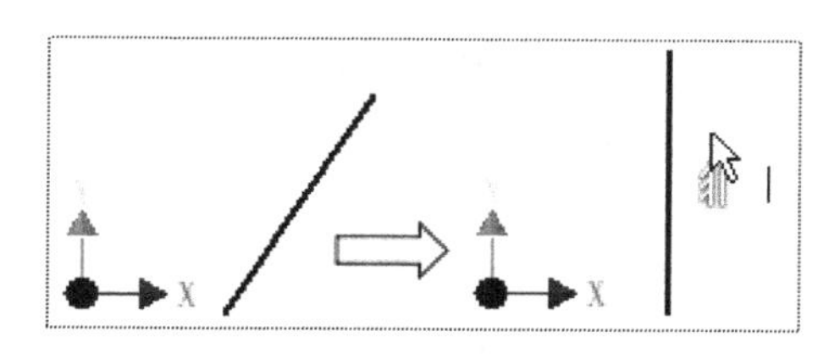

图 1-67　与草图坐标系的 Y 轴平行

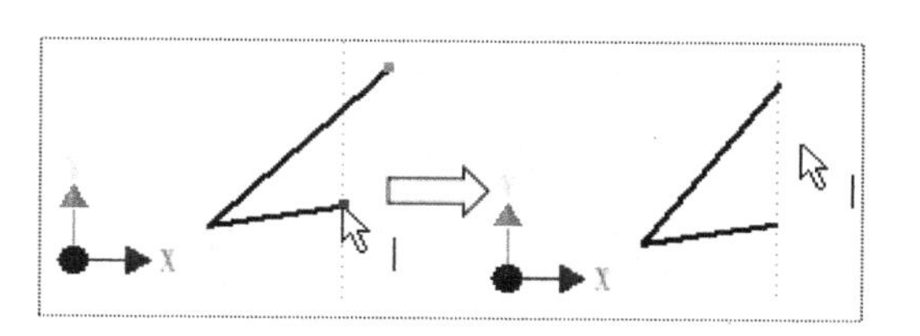

图 1-68　两个点位于同一条竖直线上

（10）等长约束 ＝：可使选定的圆或圆弧具有相同的半径，或者使选定的线段具有相同的长度。单击“等长约束”工具按钮，在图形区先后单击要应用等长约束的两个对象，二者将等长，如图 1-69 所示。

（11）对称约束[]：可使选定的两个对象与选定的直线对称。单击“对称约束”工具按钮后，在图形区先选择将要应用对称约束的两个对象，再选择对称直线，结果如图 1-70 所示。

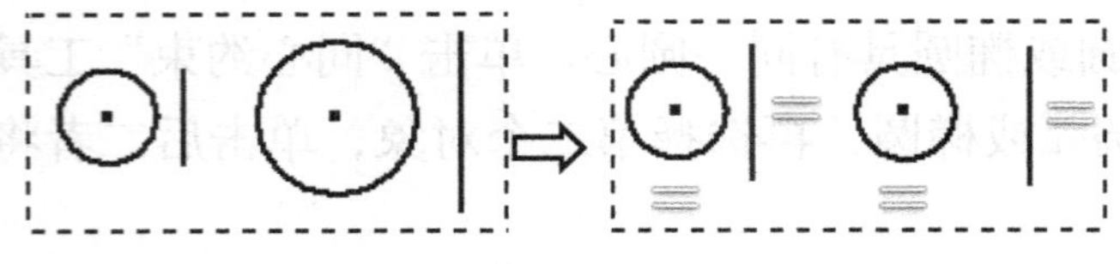

图1-69　等长约束

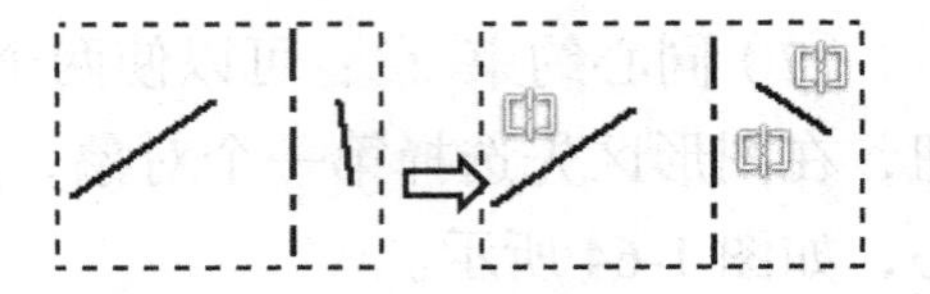

图1-70　对称约束

【说明】这里的对称约束要区别于前面介绍的镜像工具，使用镜像工具得到的对称图形关于镜像线对称，而且图形的形状完全一致；而使用对称约束的两个图形的形状可以不一致。

（12）固定约束 🔒：可以将点或曲线固定在草图坐标系的某一位置。单击“固定约束”工具按钮，在图形区选择将要应用固定约束的几何图元，可将其固定在当前位置。施以固定约束的几何图元以完全约束的颜色存在。

2）尺寸约束

尺寸约束用于确定草图的大小。一般只要选择“通用尺寸”工具⊢⊣，就可进行尺寸标注。该工具可用来添加线性尺寸约束、圆弧类尺寸约束、角度尺寸约束。

（1）线性尺寸约束：这里分四种情况进行介绍。

① 标注与原始坐标轴平行的直线。单击“通用尺寸”工具按钮，先在图形区单击要标注的直线或直线的两个端点，然后向外引导光标至合适位置并单击，弹出“编辑尺寸”对话框，在对话框中输入尺寸数值后单击“确定”按钮 ✔，即可完成直线的尺寸标注，如图 1-71 所示。此时仍可继续标注其他几何图元的线性尺寸。若不需要再标注，则可直接按 Esc 键或在右键菜单中选择“确定”选项，退出“通用尺寸”工具，如图 1-72 所示。

【说明】在“编辑尺寸”对话框的文本框中，可以直接输入数值，也可以输入表达式、函数、参数等。

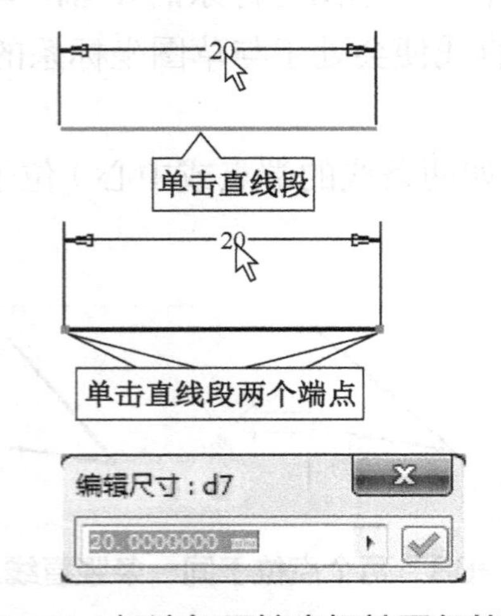

图1-71　标注与原始坐标轴平行的直线

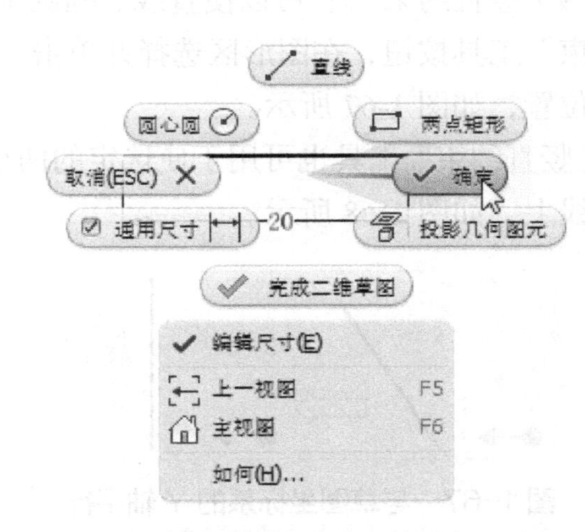

图1-72　通过右键菜单退出“通用尺寸”工具

② 标注与原始坐标轴不平行的直线。如图 1-73 所示，常用对齐方式进行此类标注，在标注时，两次单击（不是双击）直线，或者在其右键菜单中选择“对齐方式”选项，完成此类标注。

③ 标注几何图元到圆轮廓的尺寸。例如，要标注如图 1-74 所示的尺寸，执行命令后，

首先单击直线，再将光标移动到圆轮廓附近并停留，待出现 ♂ 提示符号时，单击圆即可标注几何图元到圆轮廓的尺寸。若直接选取圆，则会标注几何图元到圆心的尺寸。

④ 标注直线到中心线的尺寸。在使用此类标注时，依次单击几何图元、中心线，完成尺寸标注。标注后的尺寸数字前会自动添加直径符号 ϕ，常用于表示回转体或回转面的直径，如图 1-75 所示。

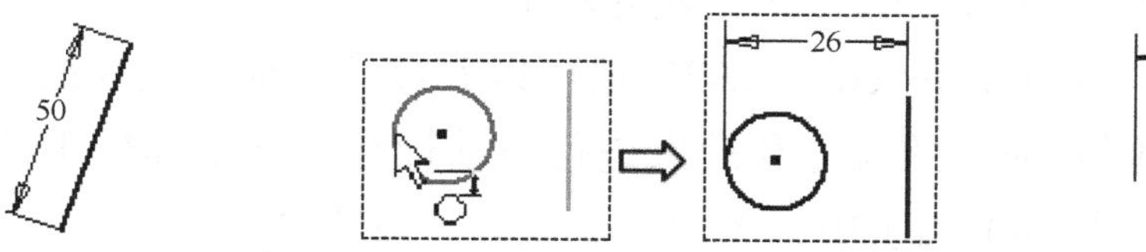

图 1-73　对齐方式标注　　图 1-74　直线到圆的标注　　图 1-75　直线到中心线的标注

（2）圆弧类尺寸约束：当对圆弧类尺寸进行标注时，直接单击需要标注的圆或圆弧即可，如图 1-76 所示。

（3）角度尺寸约束：可以通过选择构成角的两条边或三个点来标注角度尺寸，如图 1-77 所示。

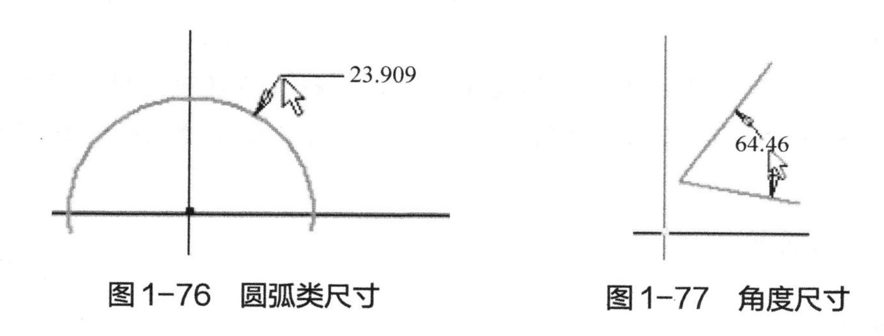

图 1-76　圆弧类尺寸　　图 1-77　角度尺寸

【说明】在 Inventor 2022 的草图环境中，几何图元完全添加约束后，即处于全约束状态。全约束的几何图元的颜色变深且不能拖动。在绘图时，可以根据几何图元的颜色判断哪些几何图元没有全约束。另外，图形有没有全约束，以及缺少几个尺寸，在状态栏的右侧都有提示。若没有全约束，则会提示缺少尺寸标注的数量；若不缺少尺寸或约束，则显示“全约束”字样，如图 1-78 所示。

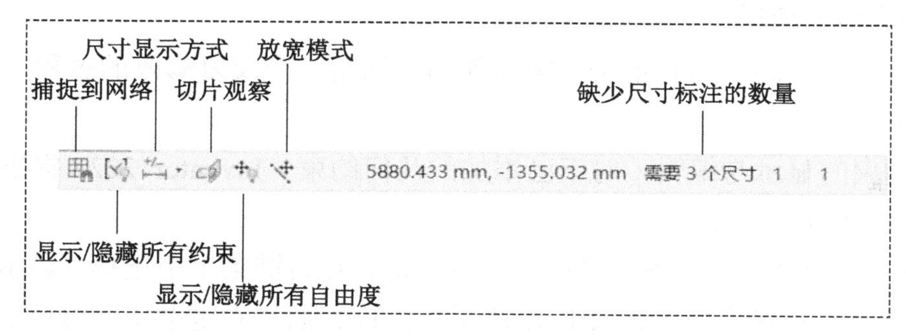

图 1-78　状态栏提示

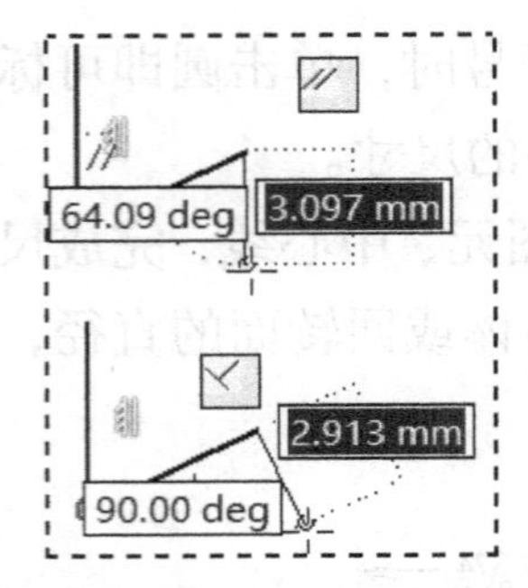

图 1-79 自动推测约束

3）约束的自动识别与添加

在默认状态下绘制草图时，Inventor 2022 会自动推测约束并添加。例如，在绘制如图 1-79 所示的第三条线段时，Inventor 2022 会根据光标移动方向自动推测要绘制的线段与第一条线段平行或与第二条线段垂直。若不希望自动推测并添加约束，则可以在绘制几何图元时按 Ctrl 键来禁用此功能。

另外，Inventor 2022 还可以通过“自动尺寸和约束”工具对几何图元缺少的尺寸和约束进行自动标注。该工具位于“约束”工具面板上，下面举例说明。在图 1-80（a）中，图形缺少尺寸，没有全约束。

单击“自动尺寸和约束”工具按钮，弹出“自动标注尺寸”对话框，其中的“所需尺寸”数值框中给出了缺少尺寸的数量，如图 1-80（b）所示。在图形区依次单击三条直线段，单击对话框中的“应用”按钮，几何图元上会自动添加两个角度尺寸，如图 1-80（c）所示，同时对话框中所需尺寸的数量也变成了 0。这时可以发现，三条直线段的颜色发生了变化，表示几何图元已经全约束。

若单击“删除”按钮，则可将图形中自动添加的尺寸和约束删除；若单击“完毕”按钮，则可关闭对话框。

【说明】 *在绘制约束、尺寸比较多的复杂图形时，往往不能确定缺少哪个约束，或者说缺少哪个尺寸，可以采用自动标注尺寸的方法找到缺少的尺寸或约束的几何图元。*

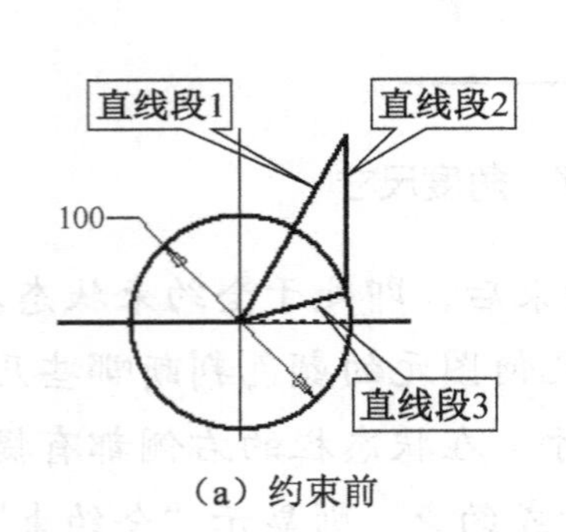

（a）约束前

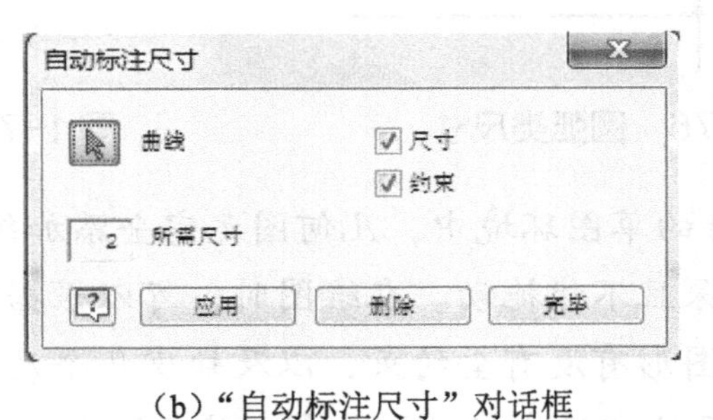

（b）“自动标注尺寸”对话框

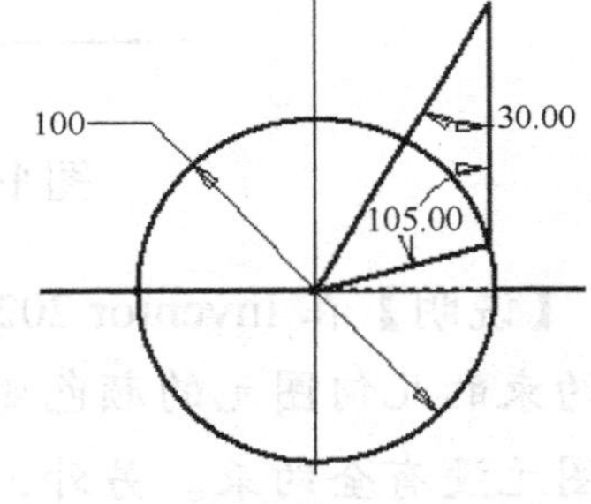

（c）自动添加两个角度尺寸

图 1-80 自动标注尺寸

4）约束的显示与编辑

在设计中，我们绘制图形并不是一蹴而就的，而是一个反复修改的过程，这其中就需要用到约束的编辑。

（1）几何约束的显示与编辑：对于已添加的几何约束，Inventor 2022 提供了多种查看方法，下面介绍几种常用的方法。

① 通过右键菜单查看。在图形区单击鼠标右键，在右键菜单中选择“显示所有约束”选项，即可查看添加的所有约束，如图 1-81 所示。同样，通过右键菜单也可以隐藏所有约束。

② 通过选择几何图元查看已添加的约束。单击某个几何图元或框选多个几何图元，也会显示所选几何图元的所有约束。

③ 通过“约束”工具面板上的“显示约束”工具查看所选几何图元的约束。

④ 通过状态栏上的“显示/隐藏所有约束”工具查看已添加的约束。

若要删除已经添加的几何约束，则只需单击要删除的约束，按 Delete 键或利用右键菜单即可将其删除。

（2）尺寸约束的显示与编辑：对于已添加的尺寸约束，创建后便能查看，可以通过右键菜单让尺寸约束以不同的方式显示。尺寸的显示方式有值、表达式、名称、公差和精确值五种，如图 1-82 所示。另外，还可以通过状态栏中的“尺寸显示方式”工具选择尺寸的显示方式。

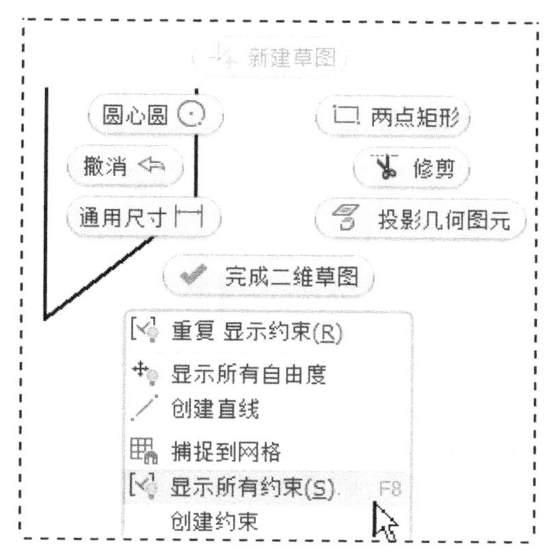

图 1-81 通过右键菜单显示所有约束

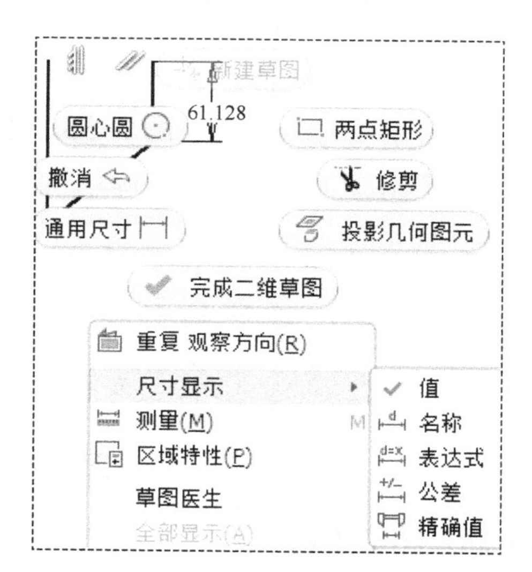

图 1-82 通过右键菜单选择尺寸的显示方式

若要对已添加的尺寸约束进行编辑，则可以通过下列几种方式。

① 移动尺寸标注。当需要移动尺寸标注时，可以将光标悬停于尺寸标注上，当光标变成符号时，单击并拖动即可移动尺寸标注的位置。

② 修改尺寸数值。在未激活“通用尺寸”工具的情况下，双击待编辑的尺寸标注，在弹出的“编辑尺寸”对话框中输入新的数值，单击“确定”按钮，即可完成尺寸数值的修改。

③ 删除尺寸标注。单击想要删除的尺寸标注，按 Delete 键或在右键菜单中选择“删除”选项，即可删除尺寸标注。

④ 利用放宽模式编辑尺寸。有时为了绘图方便，可通过状态栏上的“放宽”工具来修改已经全约束的几何图元。下面以图 1-83（a）所示的槽的编辑为例来介绍“放宽”工具的使用方法。

首先绘制一个槽，并进行全约束；其次单击状态栏上的“放宽”工具按钮；最后利用“通用尺寸”工具标注槽左侧的圆弧。在标注时，会弹出如图 1-83（b）所示的提示框，单击“是”按钮，关闭对话框后输入新的半径值即可。

6. 插入图像

在草图环境中，Inventor 2022 通过插入工具和外部的数据进行交互操作。例如，用户可首先将图像插入草图中，然后将其添加到零件中，用来贴图、着色等。插入工具位于“草图”

选项卡下的"插入"工具面板上，如图 1-84 所示。Inventor 2022 的插入工具提供了插入图像、插入点、插入 ACAD 图形三种工具，这里只介绍插入图像工具。

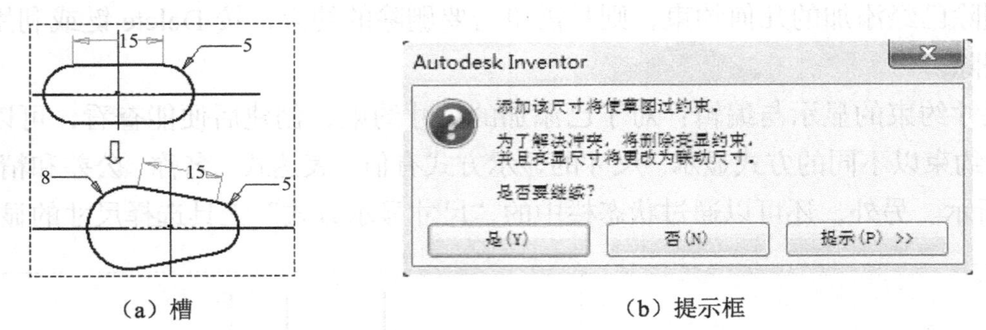

（a）槽　　（b）提示框

图 1-83　利用"放宽模式"编辑尺寸

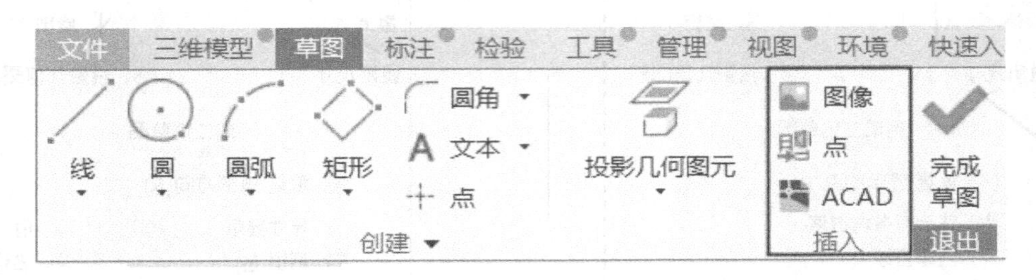

图 1-84　"插入"工具面板

1）插入图像工具

单击"插入图像"工具按钮，弹出"打开"对话框，如图 1-85（a）所示。在对话框中找到需要插入的图像，单击"打开"按钮，关闭对话框并返回草图环境。此时图形区出现一个矩形框，光标紧随于矩形框的左上角点，单击绘图区合适位置即可放置图像，多次单击可放置多幅图像，如图 1-85（b）所示。若完成放置，则可在右键菜单中选择"确定"选项或按 Esc 键。

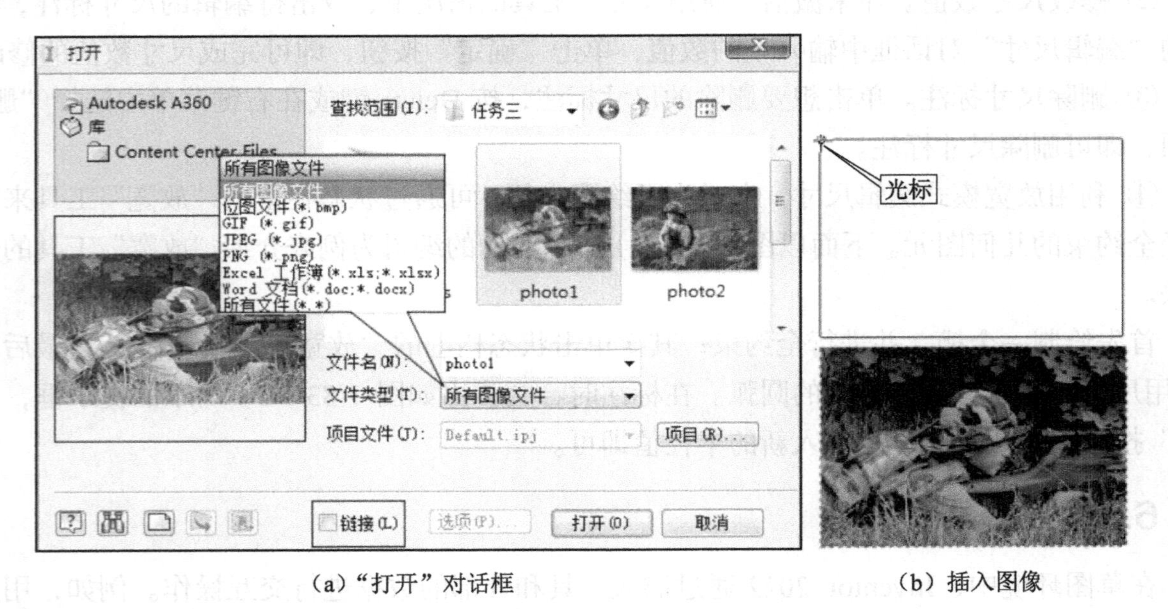

（a）"打开"对话框　　（b）插入图像

图 1-85　"插入图像"工具的使用方法

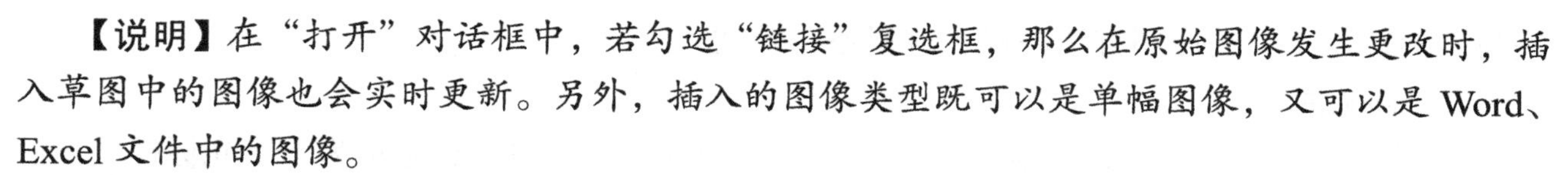
【说明】在“打开”对话框中，若勾选“链接”复选框，那么在原始图像发生更改时，插入草图中的图像也会实时更新。另外，插入的图像类型既可以是单幅图像，又可以是 Word、Excel 文件中的图像。

2）图像编辑

单击并拖动图像的右上角点或图像内部，可以调整图像的位置，如图 1-86 所示；单击并拖动图像的其他角点、边，可以缩小、放大、旋转图像，如图 1-87 所示。在调整过程中，图像的长、宽比例保持不变。若要精确定位，则可以选择图像的角点、边、中点，采用几何约束来确定图像的大小和位置。

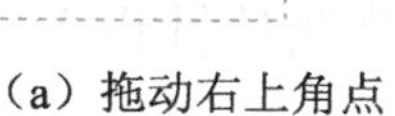
（a）拖动右上角点

（b）拖动图像内部

图 1-86　调整图像的位置

（a）拖动其他角点

（b）拖动边

图 1-87　调整图像的大小和角度

7. 图形格式

“格式”工具面板如图 1-88 所示。通过“格式”工具面板，可以设置图形的线型、线宽、线的颜色等。下面介绍“格式”工具面板上各个工具按钮的使用方法。

1）构造线

构造几何图元的作用是作为定位或参考，它不是参与实体造型的草图元素，其表现样式为点线，如图 1-89 所示。因此，对于在草图中不参与创建特征的几何图元，尽可能将其设置为构造几何图元。

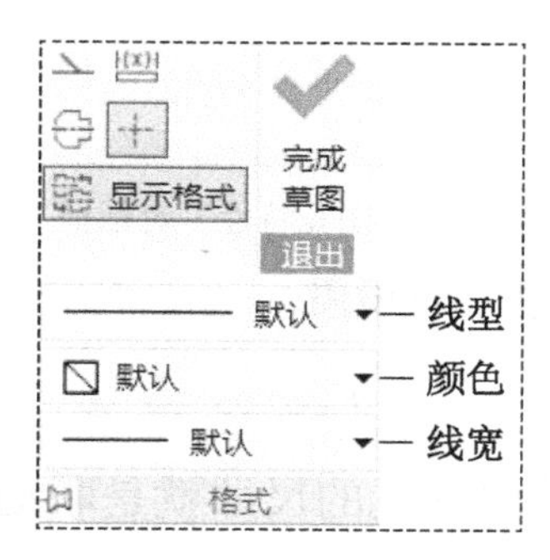

图 1-88　“格式”工具面板

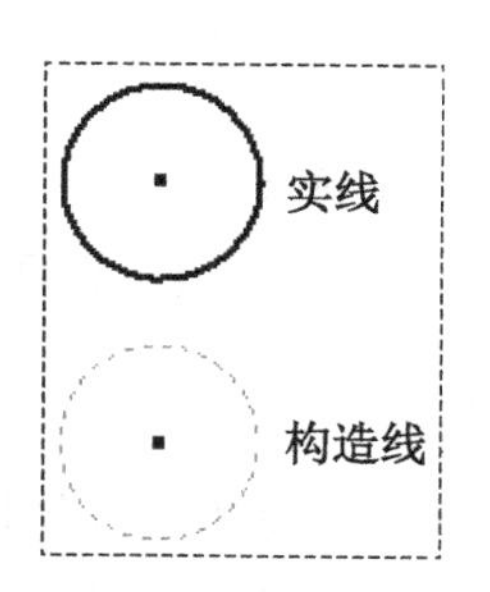

图 1-89　构造几何图元

若未选中几何图元而单击“构造”工具按钮，则此后绘制的几何图元均为构造线格式；若选中几何图元后单击“构造”工具按钮（或通过右键菜单），均可将几何图元在构造线和其他格式之间进行转换。

2）中心线

中心线常用作几何图元的对称线、中心轴，其表现样式为点画线。在几何图元和中心线之间进行标注时，一般以线性对称形式进行标注，如图 1-90 所示。“中心线”工具的使用方法与“构造”工具的使用方法一样，这里不再赘述。

3）中心点

“中心点”工具可在草图点和中心点之间进行模式切换。中心点显示为十字光标样式。在创建孔特征时，中心点可自动用作孔的位置，如图 1-91 所示。

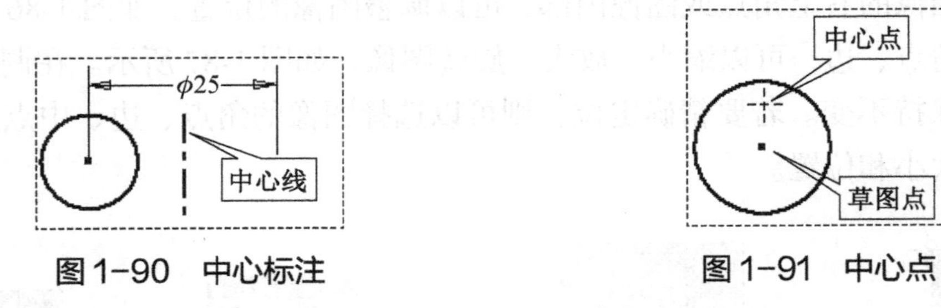

图 1-90　中心标注　　图 1-91　中心点

4）显示格式

“显示格式”工具可使几何图元在默认的草图特性设置与用户定义的草图特性设置之间进行切换显示。

5）特性设置

单击“格式”工具面板上的下拉箭头，或者通过选定几何图元的右键菜单，可对几何图元的线型、颜色、线宽等进行设置，如图 1-92 所示。读者可自行进行设置，这里不再赘述。

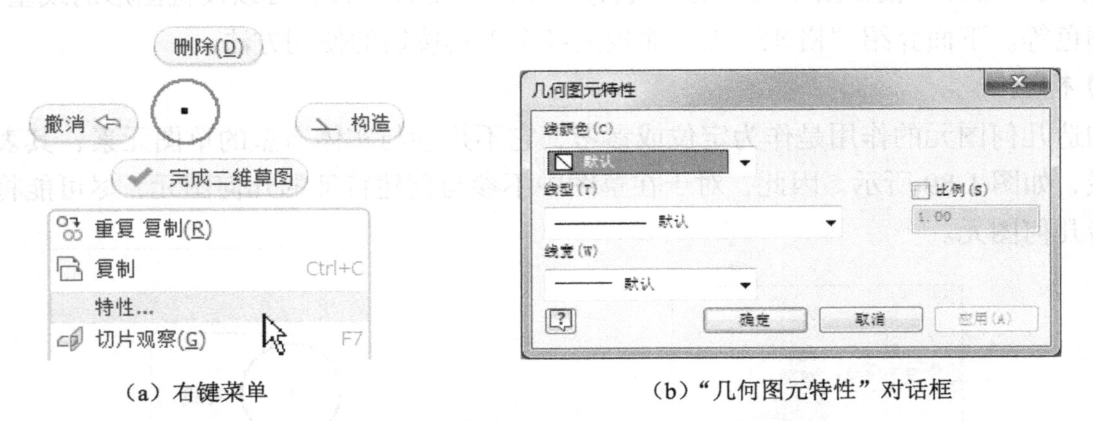

（a）右键菜单　　（b）“几何图元特性”对话框

图 1-92　通过右键菜单进行草图特性设置

6）联动尺寸

当几何图元的尺寸受其他尺寸更改或驱动时，该几何图元的尺寸就是联动尺寸。从样式上看，联动尺寸的尺寸数值加了括号。

单击“联动尺寸”工具按钮，后续标注的尺寸均为联动尺寸；当需要标注的几何图元已经全约束，或者与其他几何图元的尺寸相关联时，即使没有执行“联动尺寸”命令，标注的尺寸仍然为联动尺寸。例如，图 1-93（a）中的等腰三角形已经全约束，当标注三角形腰的尺寸时，会弹出如图 1-93（b）所示的提示框，单击“接受”按钮后，标注的尺寸将为联动尺寸，如图 1-93（c）所示。

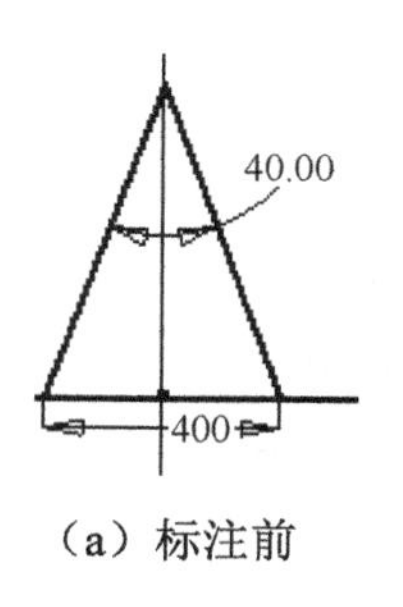

（a）标注前

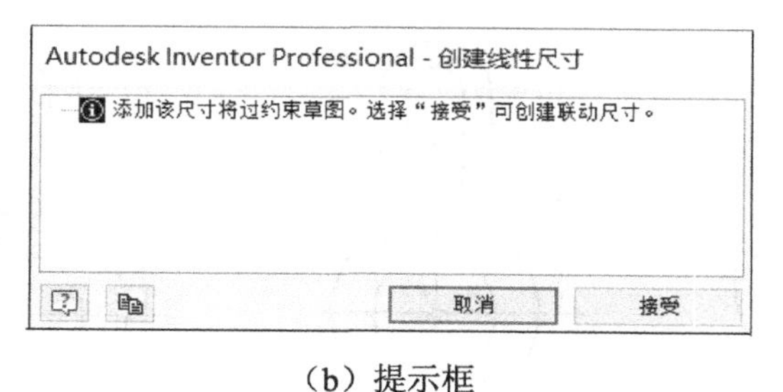

（b）提示框

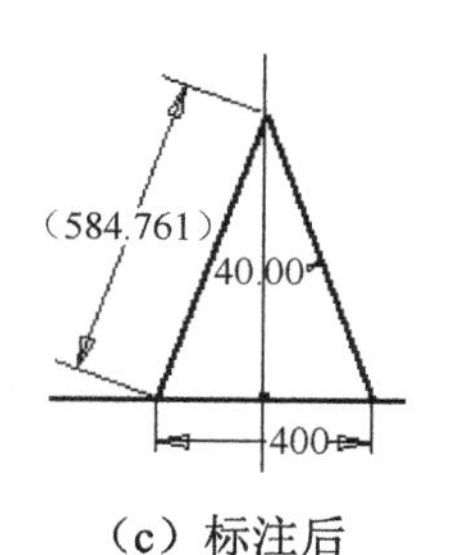

（c）标注后

图 1-93 联动尺寸标注

【说明】通过“联动尺寸”工具，可在通用尺寸与联动尺寸之间进行转换。

8. 完成草图

草图编辑完成后，需要退出草图环境。退出草图环境的方法有多种，这里只介绍常用的两种：一种是通过“退出”工具面板上的“完成草图”工具按钮退出草图环境，如图 1-84 所示；另一种是通过右键菜单，在右键菜单中选择“完成二维草图”选项退出草图环境。

任务流程

主要任务流程如图 1-94 所示。

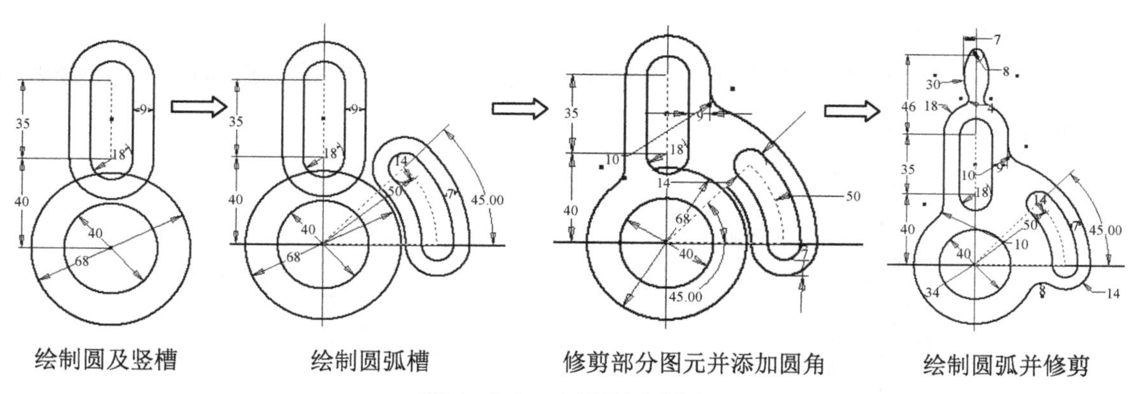

图 1-94 主要任务流程

任务实施

（1）新建文件：利用标准零件模板新建零件文件，自动进入草图环境。

（2）绘制圆：以原点为圆心，绘制直径分别为 40mm、68mm 的同心圆，如图 1-95 所示。

（3）绘制槽：用“槽-中心到中心”工具绘制竖槽，并将其向外偏移 9mm，如图 1-96 所示；利用“槽-圆心圆弧”工具绘制圆弧槽，并将其向外偏移 7mm，将其全约束，如图 1-97 所示。

（4）编辑图形：先将部分几何图元删除，在删除部分几何图元的时候，会顺便把一部分几何约束删除，需要重新添加约束；再将部分几何图元进行延伸，如图 1-98 所示。

（5）添加圆角：在上一步延伸的几何图元处添加半径为 10mm 的圆角，如图 1-99 所示。

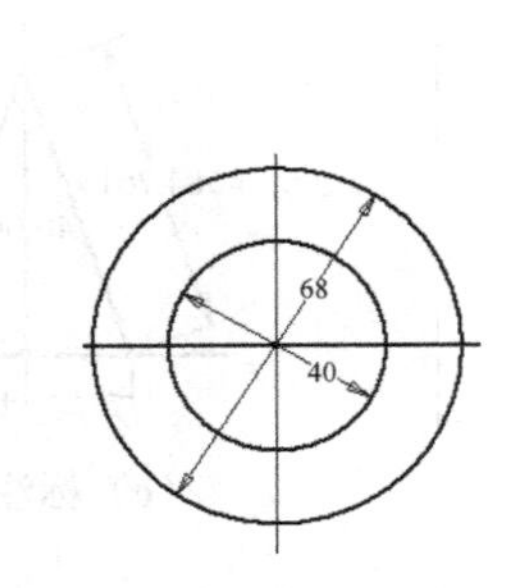

图 1-95　绘制同心圆

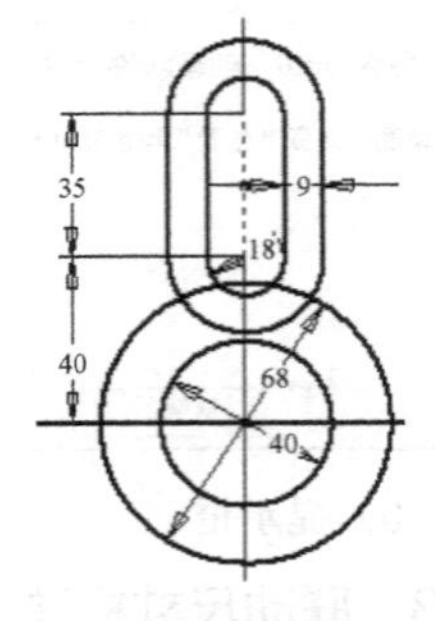

图 1-96　绘制竖槽

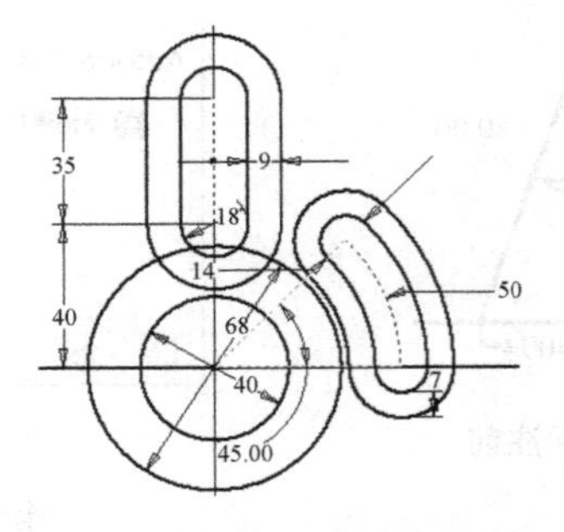

图 1-97　绘制圆弧槽

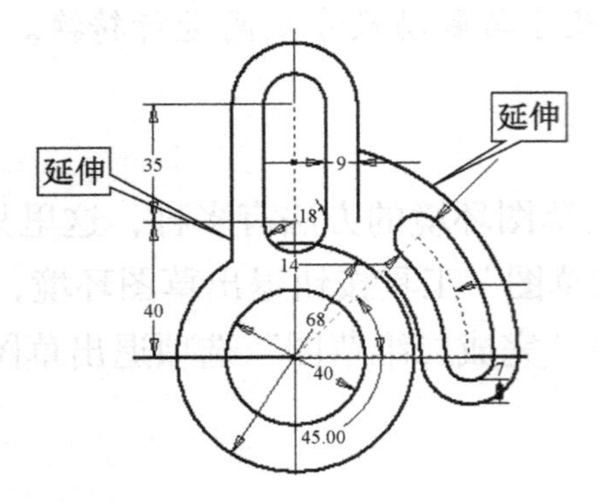

图 1-98　延伸几何图元

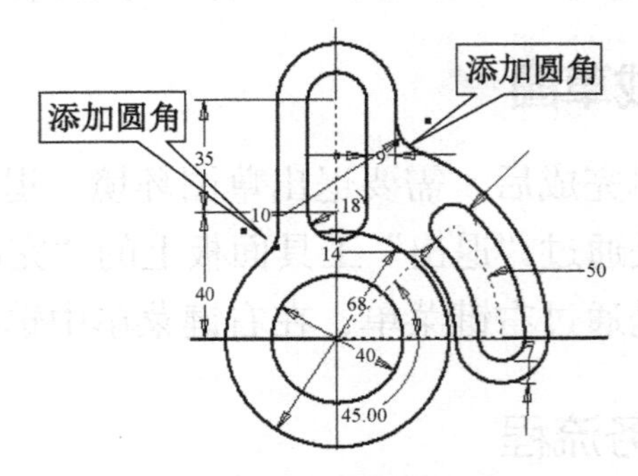

图 1-99　添加圆角

（6）绘制圆弧：绘制如图 1-100 所示的三段圆弧。

（7）镜像圆弧：以竖槽的中心线为镜像线，镜像如图 1-100 所示的圆弧 2，并修剪部分几何图元，如图 1-101 所示。

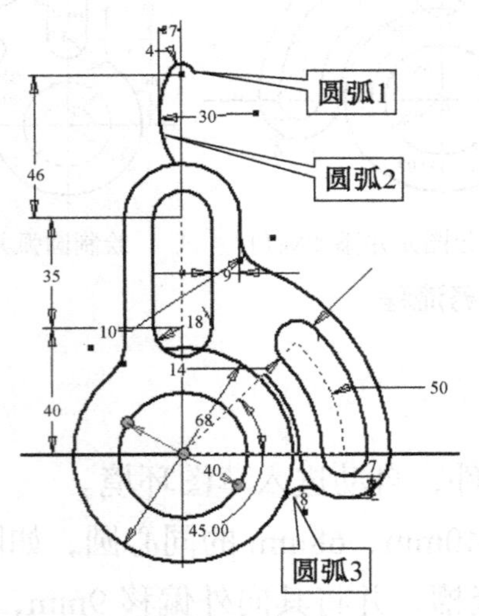

图 1-100　绘制圆弧

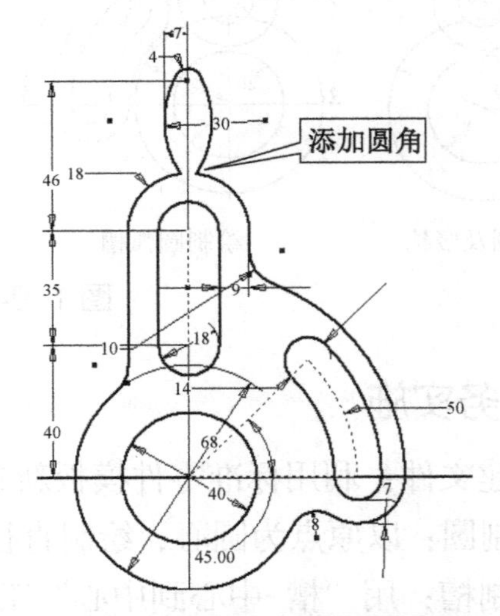

图 1-101　镜像圆弧并修剪几何图元

（8）添加圆角：在如图 1-101 所示的位置添加圆角，最后结果如图 1-10 所示。

（9）退出草图环境：完成草图设计后退出草图环境，并保存文件。

拓展练习 1-2

完成如图 1-102 所示的草图设计。

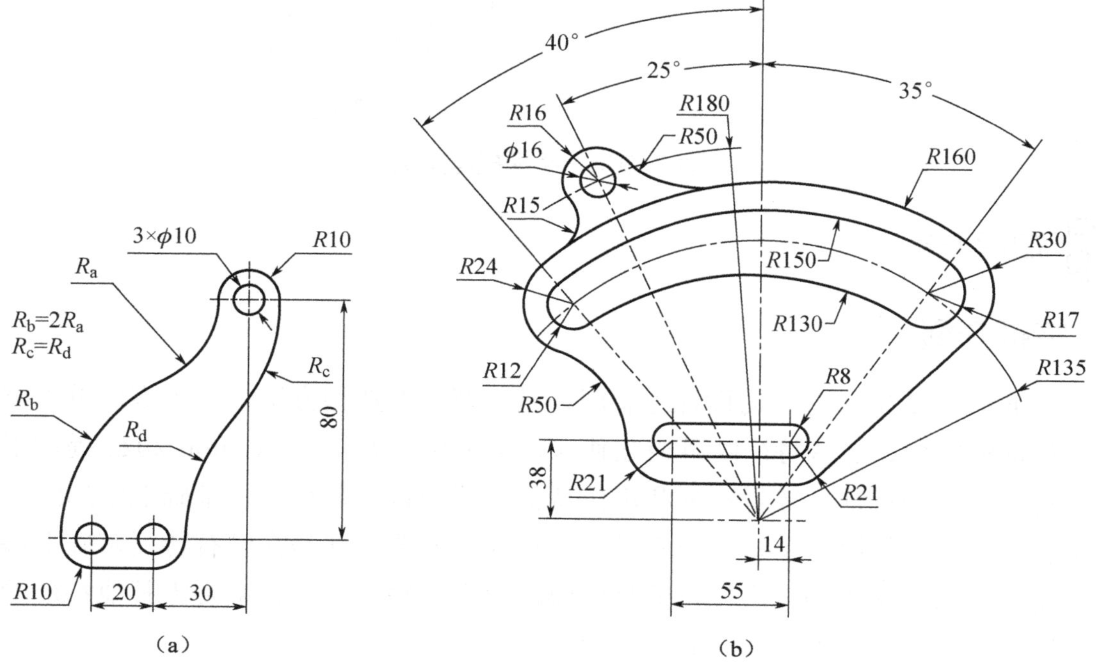

图 1-102 拓展练习 1-2

任务 3 手柄模型设计

学习目标

◆ 熟悉 Inventor 2022 的特征环境。
◆ 熟练掌握拉伸、旋转特征的使用方法。
◆ 熟练掌握圆角、倒角特征的使用方法。
◆ 学会手柄模型的设计。

任务导入

手柄模型实例如图 1-103 所示，模型及工程图纸见资源包“模块 1\第 1 章\任务 3\”。在设计手柄模型的过程中，用到的草图特征有拉伸、旋转，用到的放置特征有倒角、圆角。

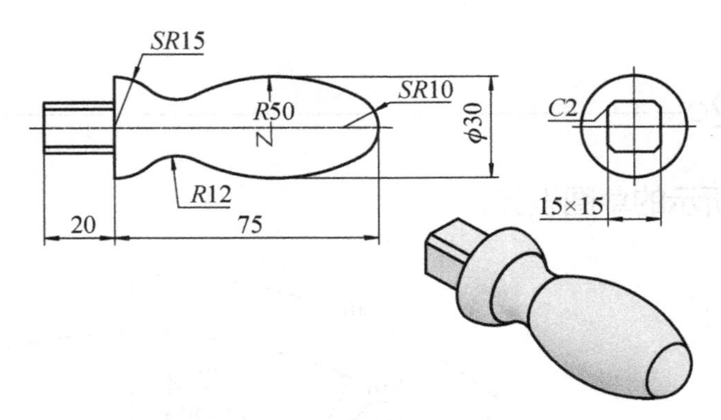

图 1-103　手柄模型实例

知识准备

1. 特征介绍

在 Inventor 2022 中，基本的设计思想就是基于特征的造型方法，一个零件可以被视为一个或多个特征的组合，这些特征既可相互独立，又可相互关联。Inventor 2022 提供了三种基本类型的特征：草图特征、放置特征和定位特征。草图特征是在草图基础上添加的特征，如拉伸、旋转等，零件的第一个特征通常是草图特征；放置特征是在已有特征基础上添加的特征，如圆角、倒角、螺纹等；定位特征是建模过程中的辅助特征，主要为其他特征的添加提供定位对象，如工作轴、工作平面的创建。

除了上述三种基本类型的特征，Inventor 2022 还提供了阵列、曲面、塑料零件等造型设计工具。

2. 草图特征

草图特征位于“三维模型”选项卡下的“创建”工具面板上，如图 1-104 所示。本任务学习拉伸、旋转两个草图特征。

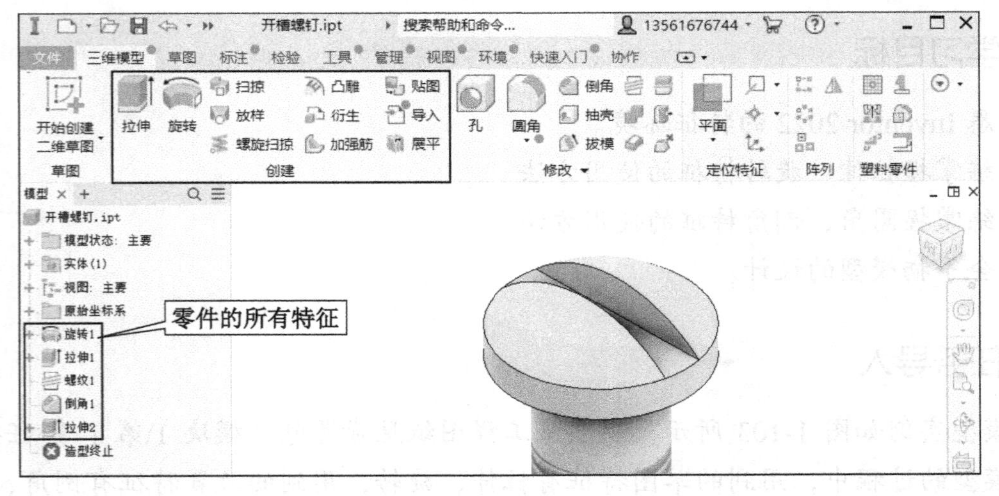

图 1-104　草图特征

1）拉伸特征

拉伸特征是 Inventor 2022 零件造型最基本的特征之一，是将草图轮廓沿草图垂直方向平移所形成的空间轨迹。在零件环境或部件环境中，均可使用拉伸特征，但两者有所区别，这里只介绍零件环境中的拉伸特征。

在已有草图轮廓的前提下，单击“创建”工具面板上的“拉伸”工具按钮，弹出拉伸特性面板。除上述方法以外，还可以在图形区单击要创建拉伸特征的草图轮廓，会弹出小工具栏，该小工具栏上会罗列出用户可能对该图形轮廓要执行的操作，从中选择“创建拉伸”工具也可创建拉伸特征，如图 1-105 所示。

拉伸特性面板如图 1-106 所示，下面介绍其中的常用功能。

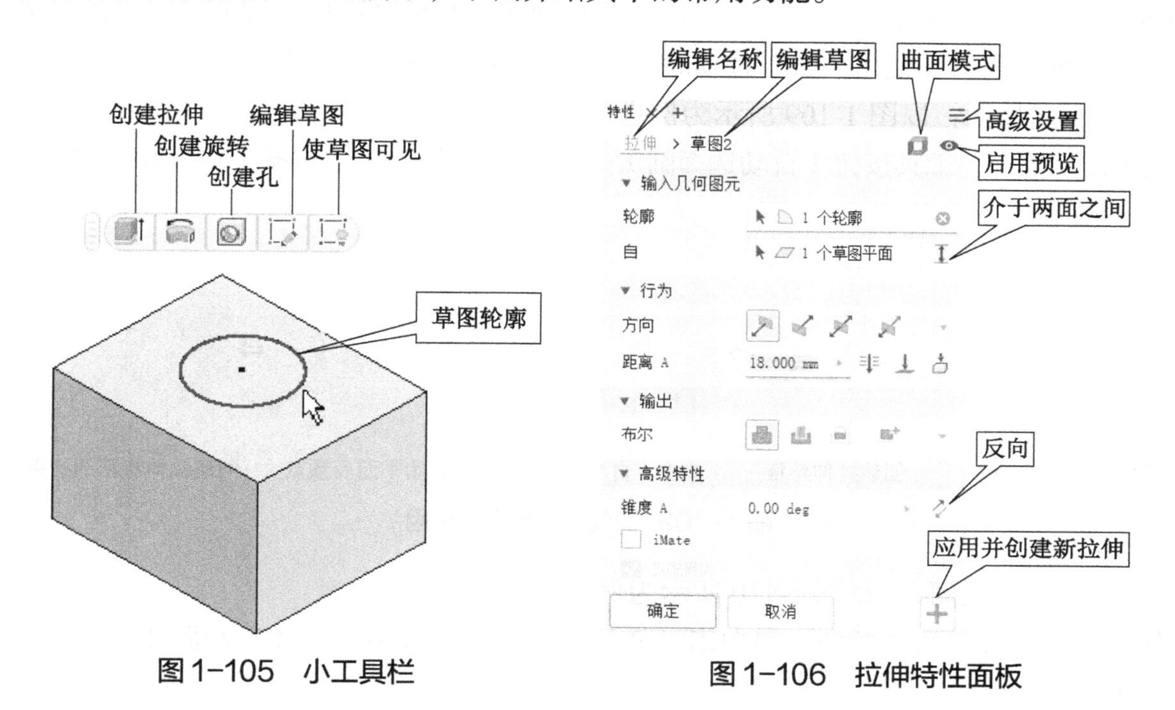

图 1-105　小工具栏

图 1-106　拉伸特性面板

（1）编辑名称：单击该按钮后，可以直接编辑特征的名称，并保持在当前特征创建环境下。

（2）编辑草图：单击该按钮后，进入草图环境，可对草图轮廓进行编辑，此时拉伸特性面板收起，如图 1-107 所示。完成编辑后单击前面的编辑名称按钮，可返回特征创建环境；若单击“退出”工具面板上的“完成草图”工具按钮，则会在退出草图环境的同时完成当前特征的创建。

（3）曲面模式：单击该按钮，可以让创建的特征在输出曲面和输出实体之间进行切换。一般情况下，若创建拉伸特征的图形轮廓是封闭的，则默认输出实体；否则默认输出曲面。如图 1-108 所示。

（4）轮廓：单击该选项，可在图形区选择要创建拉伸特征的一个或多个图形轮廓，若当前图形区只有一个图形轮廓，则该轮廓会自动被选中。若选择了错误的图形轮廓，则可以按住 Ctrl 键并单击错选的轮廓，即可取消选择；若单击右边的“清除”按钮，则可将选择的图形轮廓全部取消。

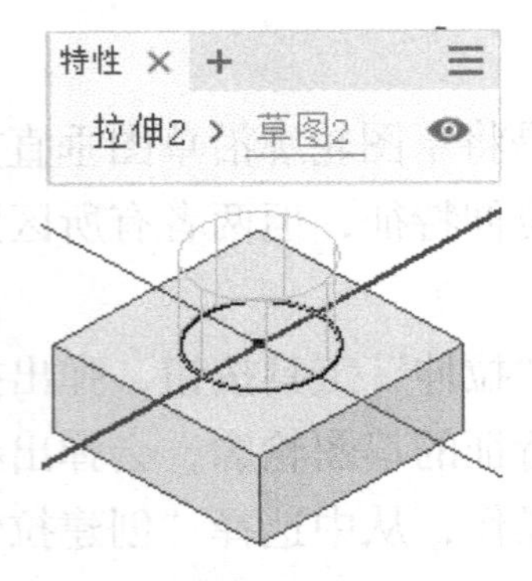

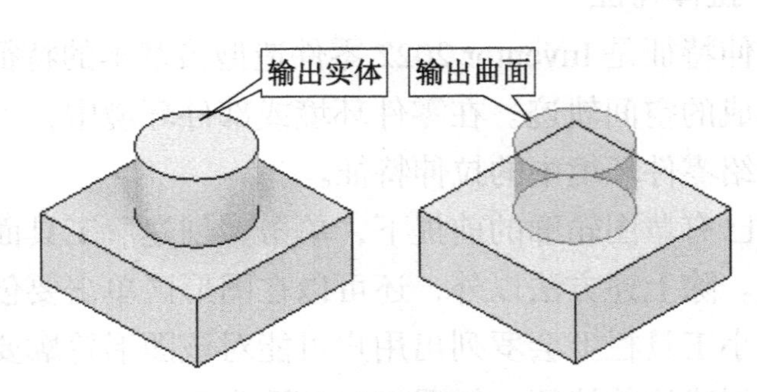

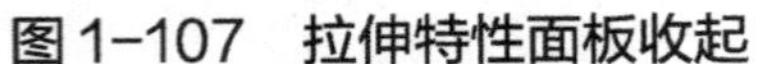

图 1-107　拉伸特性面板收起　　图 1-108　输出模式

（5）自：默认情况下，拉伸特征会以草图平面作为起始平面进行拉伸。单击该选项，就可以改变这种情况，在使用“自”选项时，有两种情况，下面分别举例介绍。

① 只有起始面：以图 1-109 所示为例进行说明。

先单击“拉伸”工具按钮（自动选择圆），再单击“自”选项，选择工作平面，完成特征的创建。

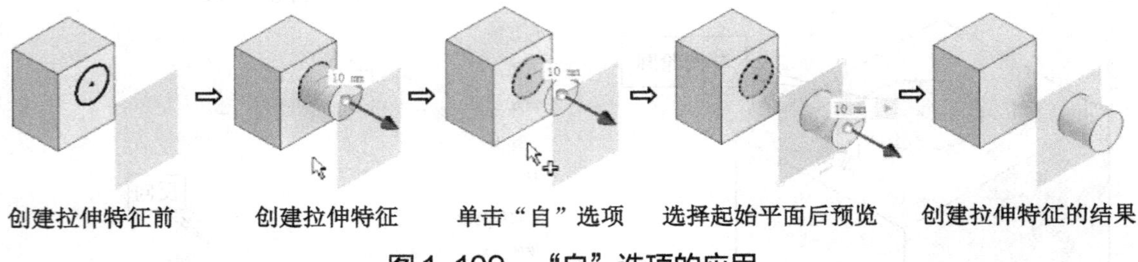

图 1-109　“自”选项的应用

② 介于两面之间：以图 1-110 所示为例进行说明。

先单击“拉伸”工具按钮，再单击“介于两面之间”按钮，选择起始面和终止面，完成特征的创建。

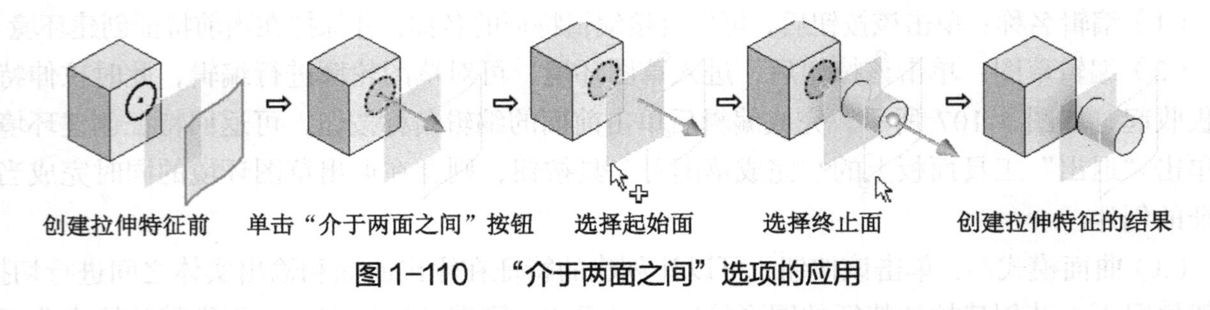

图 1-110　“介于两面之间”选项的应用

（6）方向：用来指定拉伸的方向，共有四种类型，默认方向是草图依附平面的正方向，如图 1-111 所示。

（7）距离：拉伸范围，Inventor 2022 提供了四种选择方式。

① 距离：可直接在拉伸窗口或图形区的文本框中输入数值、表达式、参数等，指定拉伸距离；还可以单击文本框右侧的箭头，可以选择“测量”选项，将测量的数值作为拉伸距离。若对拉伸距离没有确定的数值，那么也可通过拖动图形区中的箭头来动态调整拉伸距

离，如图 1-112 所示。

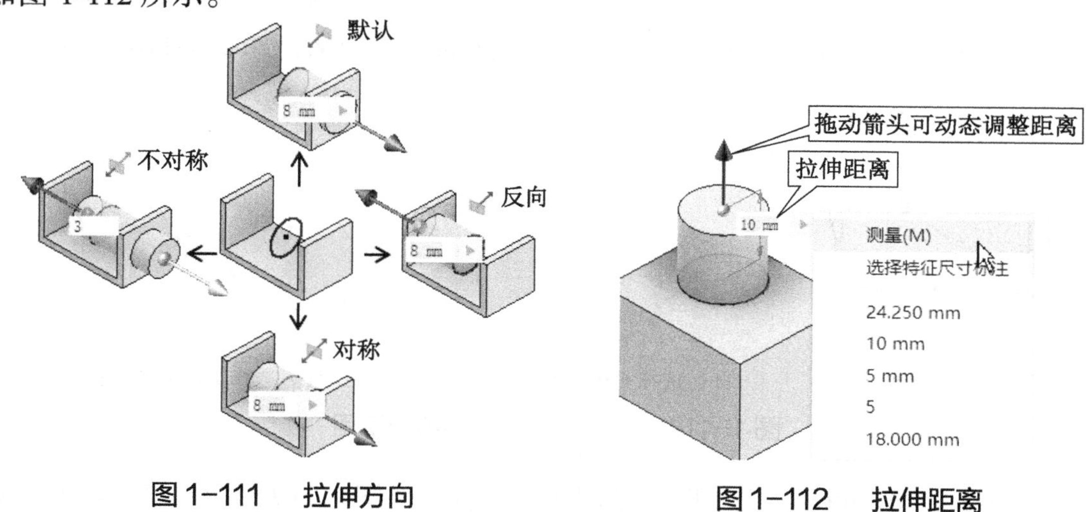

图 1-111　拉伸方向　　　　图 1-112　拉伸距离

② 通：在指定方向上贯通整个实体空间，如图 1-113 所示。该选项在基础特征或求并操作中不能用。

③ 到：选择点、面来终止拉伸特征。在应用该选项时，拉伸特性面板中会显示“到”选项，如图 1-114 所示。

若选择“点”来终止拉伸特征，则 Inventor 会以过选择点且与截面轮廓依附的工作平面平行的平面来终止拉伸特征，如图 1-115 所示。

若选择“面”来终止拉伸特征，且选择的面与图形轮廓拉伸方向不能完全相交，则会激活“延伸面到结束特征”选项 ，并默认选中该选项，其使用如图 1-116 所示。

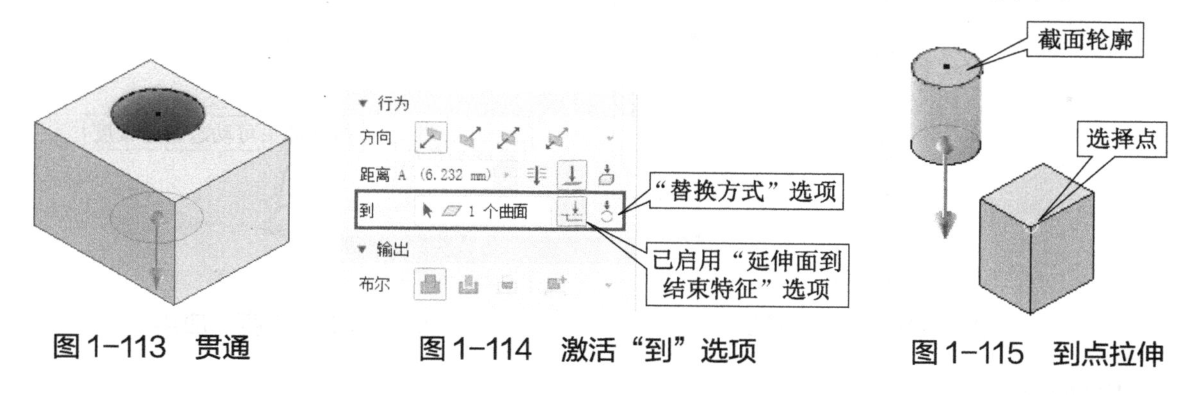

图 1-113　贯通　　图 1-114　激活“到”选项　　图 1-115　到点拉伸

若选择的终止面不确定，则会激活“替换方式”选项 ，使用该选项后，拉伸会终止于拉伸方向较近的一侧，其使用如图 1-117 所示。

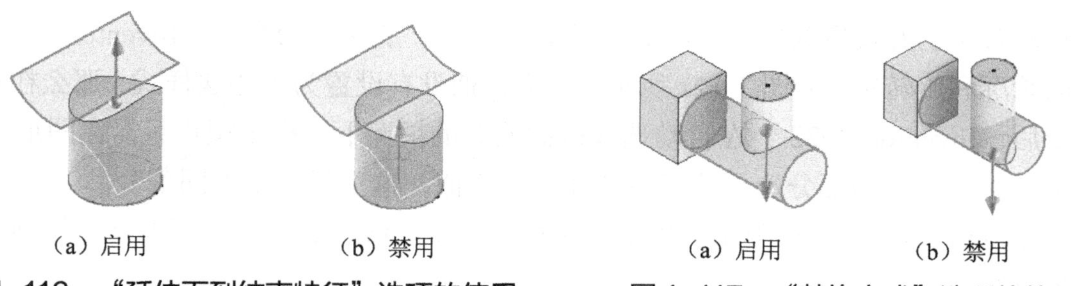

图 1-116　“延伸面到结束特征”选项的使用　　图 1-117　“替换方式”选项的使用

④ 到下一个 ：选择曲面或实体来终止拉伸特征，不适用于基础特征和部件特征。在使用该选项时，图形轮廓的拉伸方向必须与实体或曲面完全相交，如图 1-118 所示。

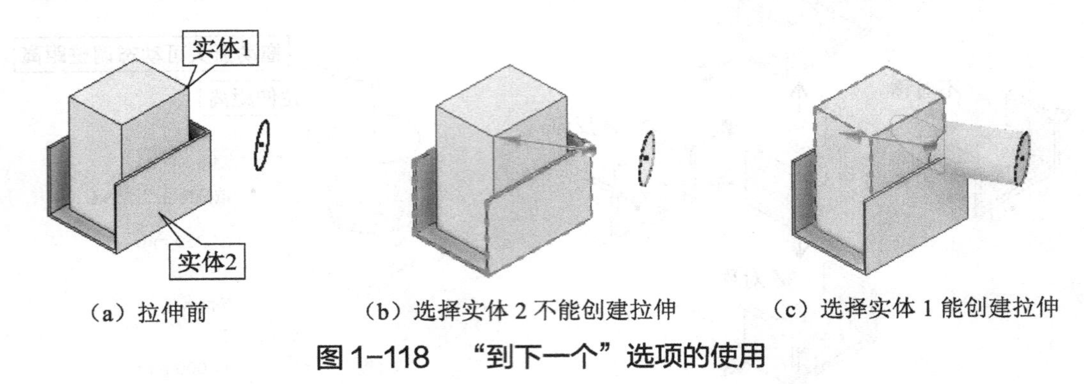

（a）拉伸前　（b）选择实体 2 不能创建拉伸　（c）选择实体 1 能创建拉伸

图 1-118　“到下一个”选项的使用

（8）布尔运算：Inventor 提供了四种布尔运算方式，如图 1-119 所示，该选项对基础特征不起作用。

（9）锥度：锥度也叫拔模斜度，在截面轮廓拉伸的方向上，使截面面积按照一定比例放大或缩小，系统默认是 0°，当使用正值时，截面面积会随着拉伸方向逐渐增大；反之则逐渐减小，如图 1-120 所示。另外，还可以通过右侧的反向箭头 调整锥度的正、负值。

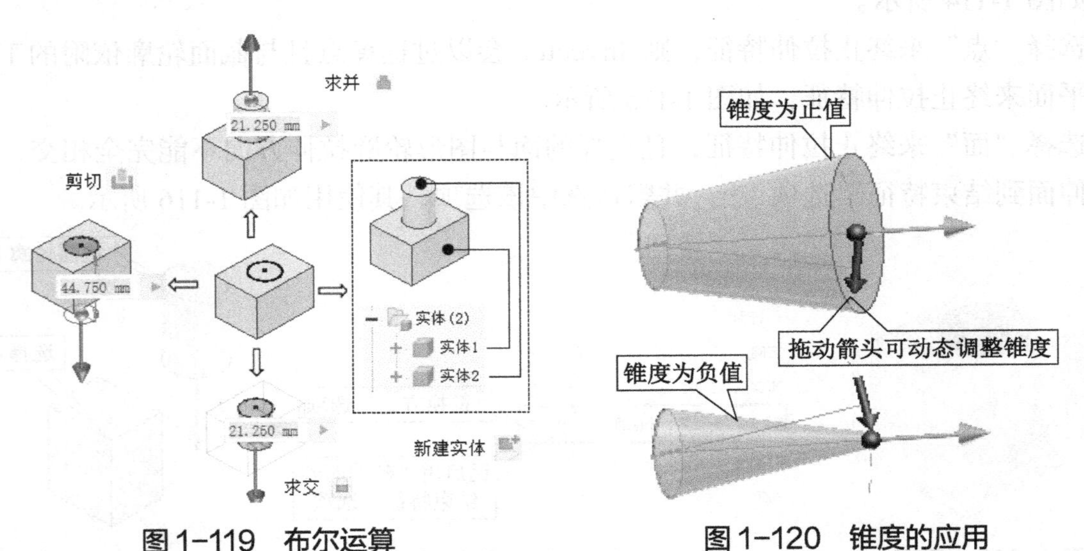

图 1-119　布尔运算　　图 1-120　锥度的应用

2）旋转特征

旋转特征也是 Inventor 2022 零件造型最基本的特征之一，是将一个或多个草图轮廓沿旋转轴旋转一定角度所形成的空间轨迹，常用来创建回转体零件。如果在草图中只有一个截面轮廓，且旋转轴已经设置为中心线样式，那么在执行“旋转”命令后，Inventor 2022 会自动选择截面轮廓和旋转轴，如图 1-121 所示；若旋转轴没有设置为中心线样式，那么在执行“旋转”命令后，Inventor 2022 会在自动选择截面轮廓的情况下，提示用户只需在图形区单击中心轴即可。旋转特征的部分选项功能与拉伸特征相似，这里只介绍不同部分。

（1）旋转轴 ：“轴”选项用来指定旋转特征的中心线，旋转轴既可以是工作轴，又可以是普通的直线。

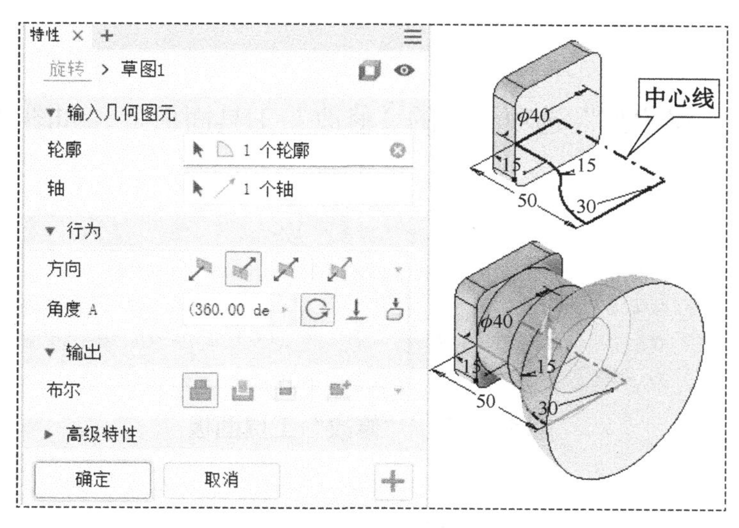

图 1–121 旋转特征的应用

（2）角度范围：用来确定旋转的终止方式，共有四种。

① 角度：在数值框中输入具体角度值来终止旋转［旋转前如图 1-122（a）所示］，如图 1-122（b）所示。

② 完全 ：创建 360° 全范围旋转特征，这是 Inventor 2022 的默认方式，如图 1-122（c）所示。

③ 到 ：与拉伸特征类似，可选择到表面或平面，如图 1-122（d）所示；也可选择介于两面之间，如图 1-122（e）所示，其操作步骤如下。

创建旋转特征，选择中心轴，先单击“到”选项，再单击“自”选项，选择起始面，再次单击“到”选项，选择终止面，并通过“方向”选项调整想要的结果，完成特征的创建。

④ 到下一个 ：与拉伸特征一样，这里不再赘述。

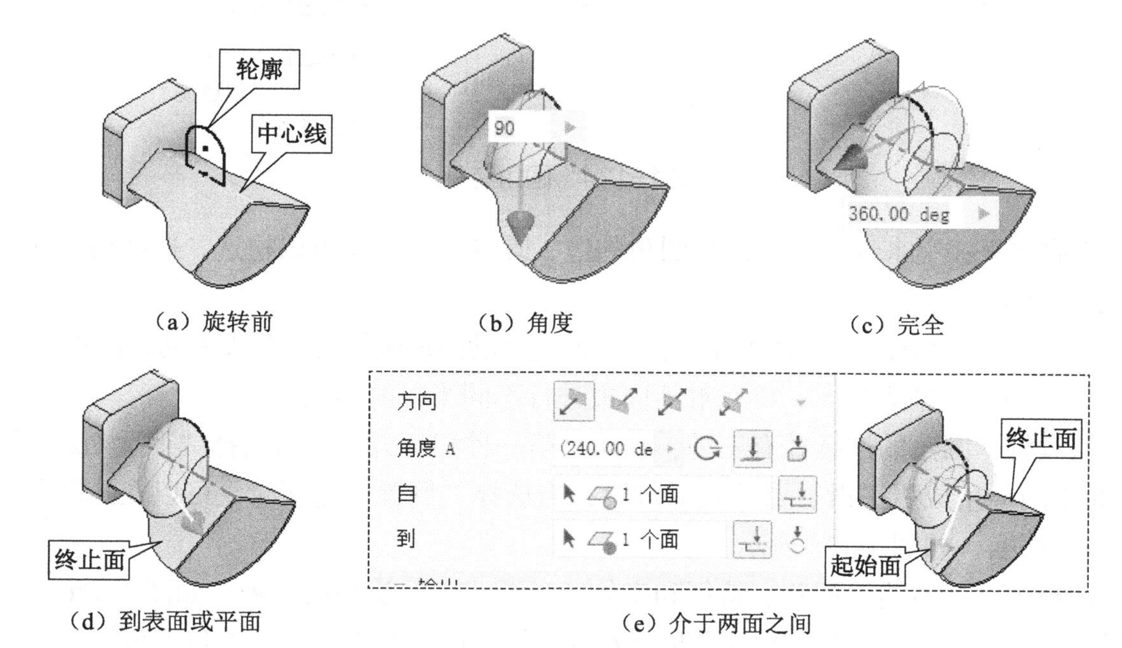

（a）旋转前　（b）角度　（c）完全

（d）到表面或平面　（e）介于两面之间

图 1–122 旋转范围

3. 放置特征

放置特征位于“三维模型”选项卡下的“修改”工具面板上，如图 1-123 所示。本任务学习圆角与倒角两个特征。

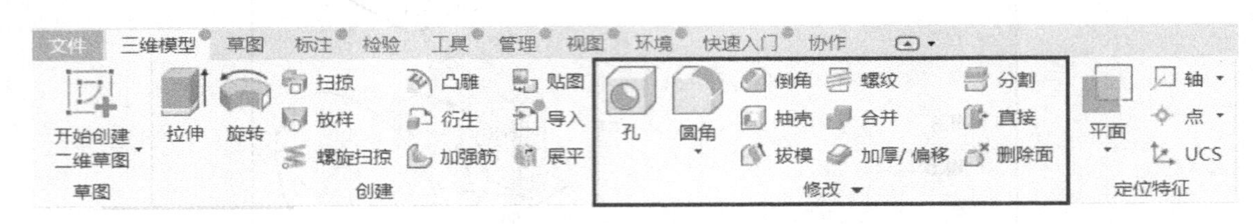

图 1-123 “修改”工具面板

1）圆角

圆角特征可以为零件的一条边或多条边添加圆角或圆边，使零件美观，并有效疏散应力。单击“圆角”工具按钮后，弹出圆角特性面板及工具选项板，如图 1-124 所示。这是 Inventor 2022 版本的一个新特性。

（1）等半径：用来给选择边添加同一半径的圆角，这也是 Inventor 2022 的默认选项，如图 1-124 所示。

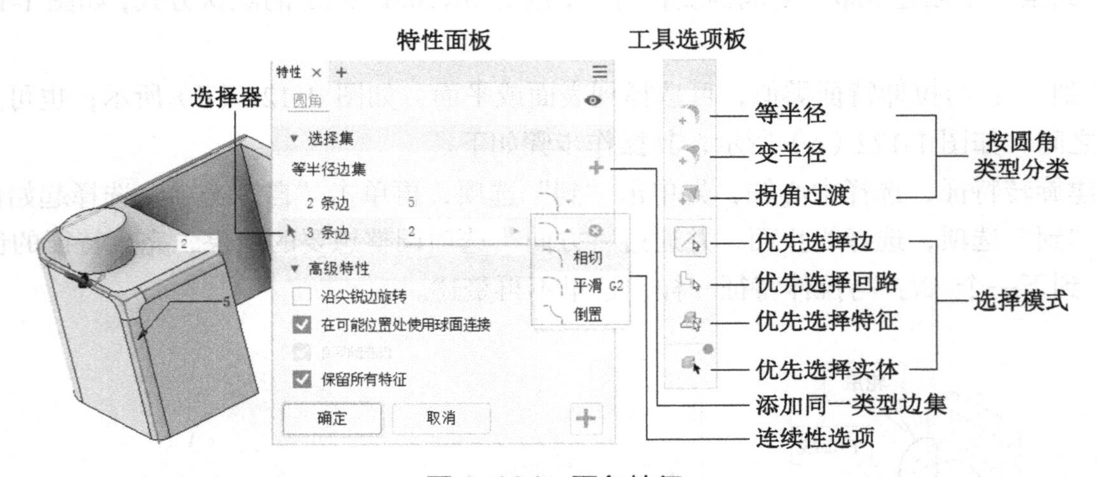

图 1-124 圆角特征

① 选择器：用来选择需要添加圆角的边，既可以单选又可以框选，选择后会在选择器后面显示选择的数量。

② 半径值：设置圆角半径的大小，也可以通过拖动图形区的黄色箭头来动态调整圆角半径。

③ 添加同一类型边集：可以对不同边进行不同半径的圆角。

④ 连续性：圆角的连续性有三种，默认是第一种相切方式，当选择“平滑 G2”选项时，在圆角面之间会生成更平滑、更美观的过渡；当选择“倒置”选项时，可以在凸圆角和凹圆角之间进行切换，如图 1-125 所示。

⑤ 选择模式：有边、回路、特征和实体四种模式，默认是第一种，如图 1-126 所示。其中，在优先选择实体时，圆角指的是内凹边和拐角，圆边指的是外凸边和拐角。

⑥ 高级特性：圆角的高级特性有四项，下面做简单介绍。

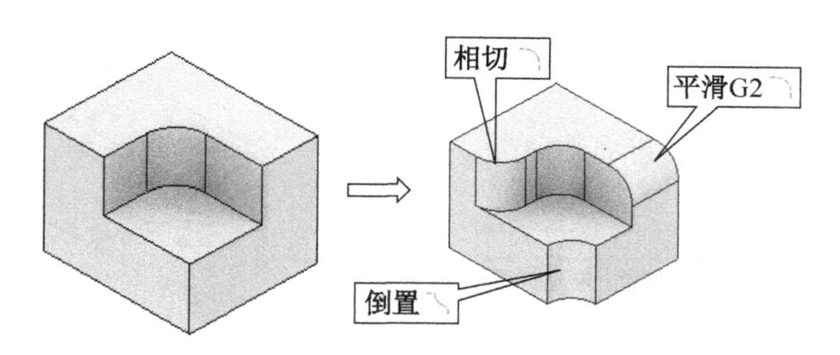

图 1–125 等半径圆角的连续性比较

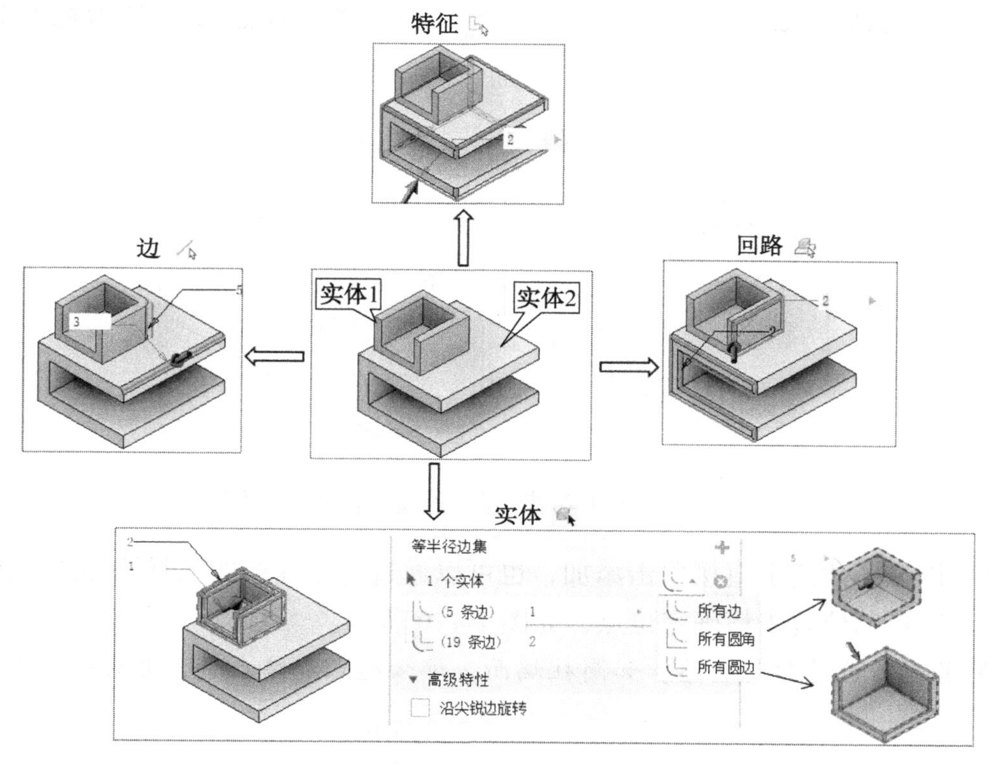

图 1–126 等半径圆角的选择模式

a. 沿尖锐边旋转：当圆角半径超出相邻面时，若不勾选该复选框，则会将相邻面延伸，以保证等半径圆角；若勾选该复选框，则可以通过修改圆角半径以保持相邻面不延伸，如图 1-127 所示。

b. 在可能位置处使用球面连接：选中该复选框后，可以创建一个边圆角，就像一个球沿着边并绕着拐角滚动的轨迹一样，如图 1-128 所示。

c. 自动链选边：若选中该复选框，则在选择圆角边的时候，会把与圆角边相切的边一并选中，如图 1-129 所示。

d. 保留所有特征：是圆角操作的计算方法，选中该复选框后，将检查与圆角相交的所有特征。它们的交点在执行圆角操作时进行计算；若未选中该复选框，则仅在圆角操作中计算参与该操作的边。

（2）变半径：用来为选择边的起点和终点设置不同的圆角半径；也可以在圆角边上添加中间点，并为中间点设置不同的圆角半径。

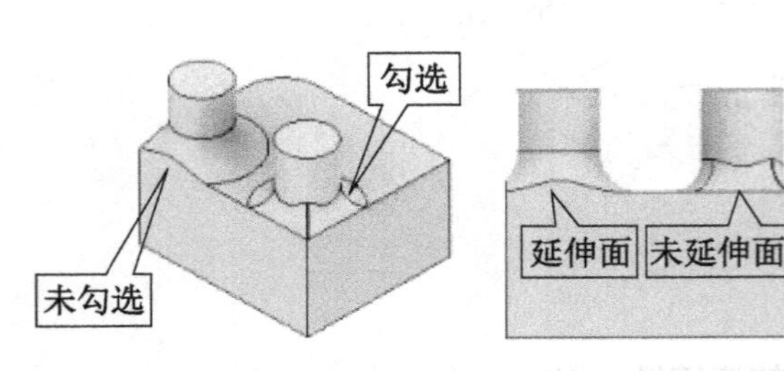

图 1-127　勾选与未勾选“沿尖锐边旋转”复选框的比较

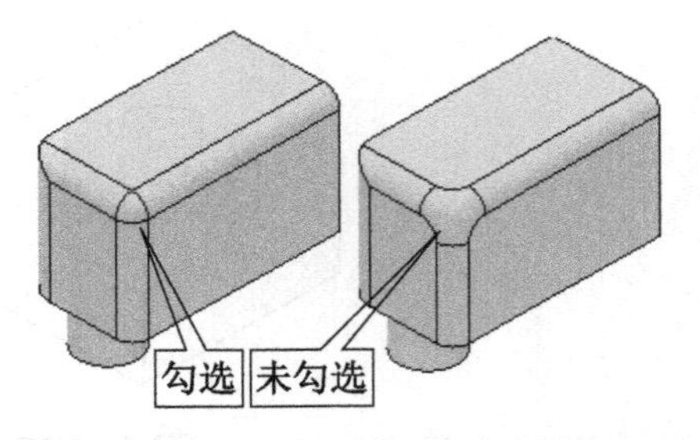

图 1-128　勾选与未勾选“在可能位置处使用球面连接”复选框的比较

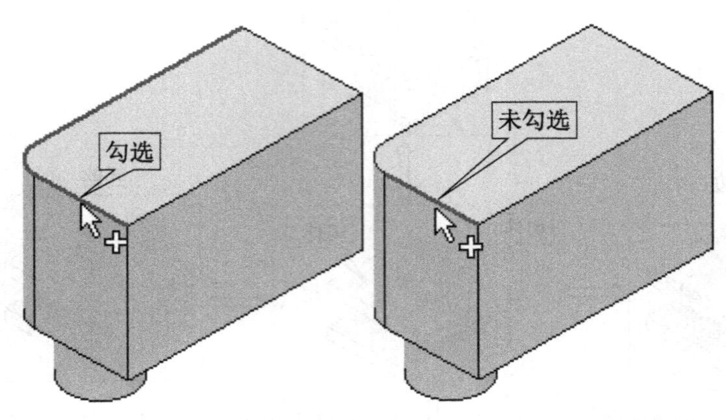

图 1-129　勾选与未勾选“自动链选边”复选框的比较

中间点可以在圆角边上直接单击添加，也可以通过特性面板的工具按钮进行添加，添加后可以通过设置点的位置来精确定位点，如图 1-130 所示。

【说明】若圆角边是封闭回路，如圆柱端面，那么起点和终点将合并为一个点。

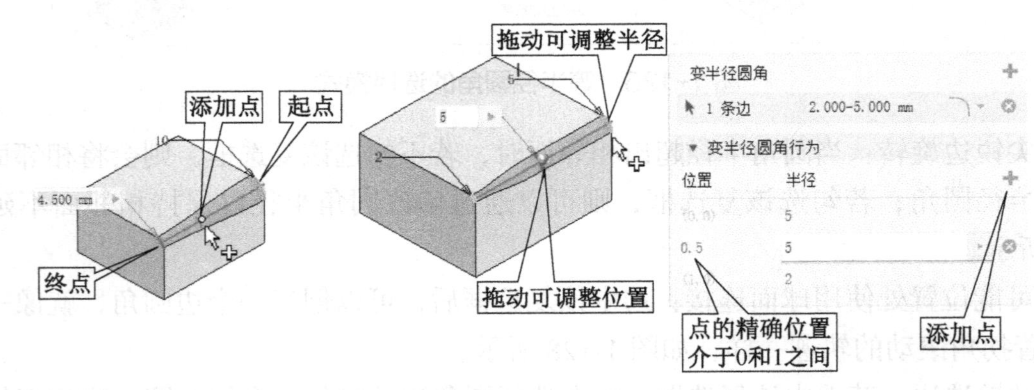

图 1-130　变半径圆角

（3）拐角过渡：用来在相交边上的圆角之间定义相切连续的过渡，可以对相交的每条边指定不同的过渡方式。现以图 1-131 所示为例介绍“拐角过渡”选项的使用。

执行“圆角”命令，选择相交的边，指定圆角半径。在工具选项板中选择“拐角过渡”工具，在图形区选择相交的点（见图 1-131），在“拐角过渡行为”栏指定边的过渡距离，或者勾选“最小”复选框（勾选该复选框后，不能再指定过渡距离），单击“确定”按钮，完成圆角的创建。

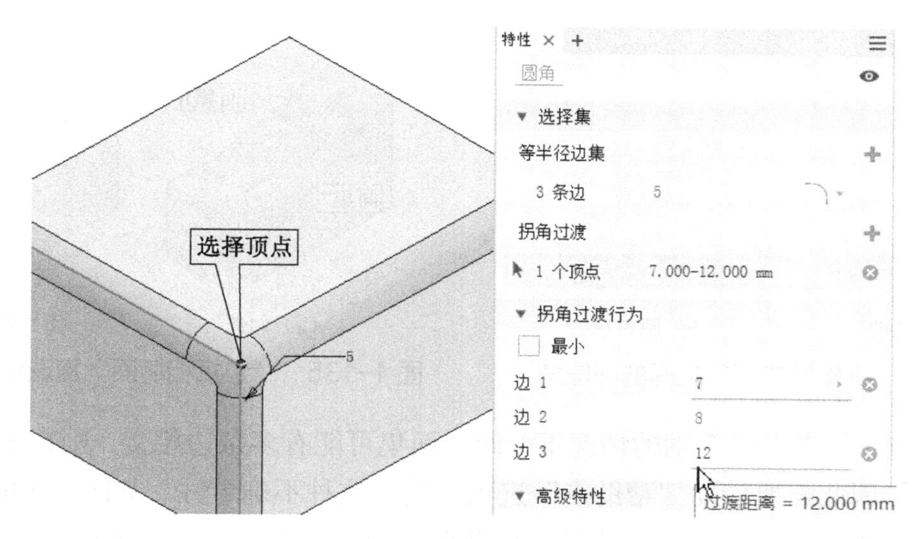

图 1-131 “拐角过渡”选项的使用

2）面圆角

打开“圆角”工具的下拉菜单，就能看到“面圆角”选项，如图 1-132 所示。在 Inventor 的早期版本中，这三个工具选项都位于“圆角”工具面板上。选择“面圆角”工具选项后，弹出面圆角特性面板，如图 1-133 所示。

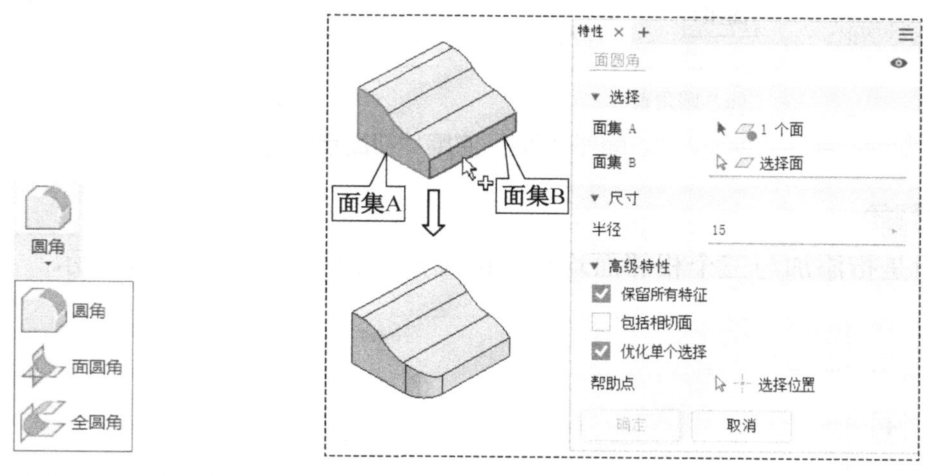

图 1-132 “圆角”工具的下拉菜单

图 1-133 面圆角特性面板

（1）面集 A：用来指定第一个面集中的一个或多个相切、连续面，若要添加面，则可通过“选择器” 进行添加。

（2）面集 B：用来指定第二个面集中的一个或多个相切、连续面。面集 B 与面集 A 既可以接触又可以不接触，图 1-134 所示的就是两个面集不接触的情况。

（3）包括相切面：若勾选“包括相切面”复选框，则允许圆角在选择的面的相切面上自动继续，如图 1-135 所示，该复选框默认被选中。

（4）优化单个选择：若勾选“优化单个选择”复选框，那么在选择单个面后，会自动进行下一个选择命令。

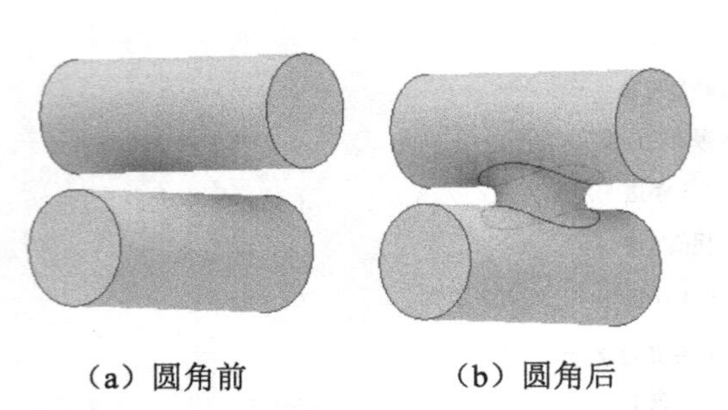

（a）圆角前　　（b）圆角后

图 1-134　不接触的面集之间的面圆角

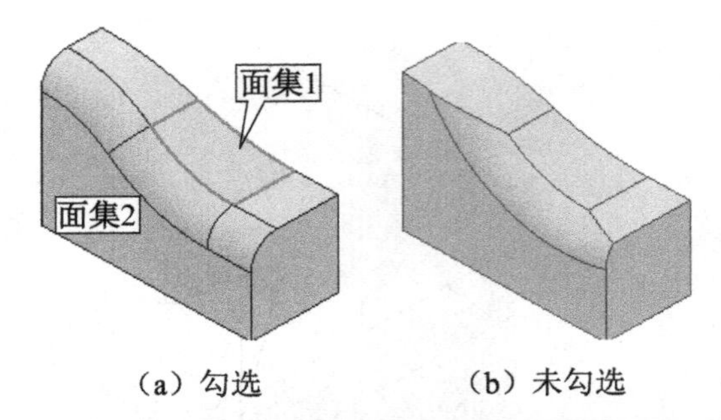

（a）勾选　　（b）未勾选

图 1-135　“包括相切面”复选框的使用情况

（5）帮助点：如果在极个别的情况下，两个面集可能有多条边相交，则在添加面圆角时，具有不确定性，因此需要借助“帮助点”选项来消除这种不确定性。如图 1-136（a）所示，两个面集有两条边相交，这时可以选择“帮助点”选项，通过指定点来确定靠近指定点的边被强制圆角，如图 1-136（b）所示。

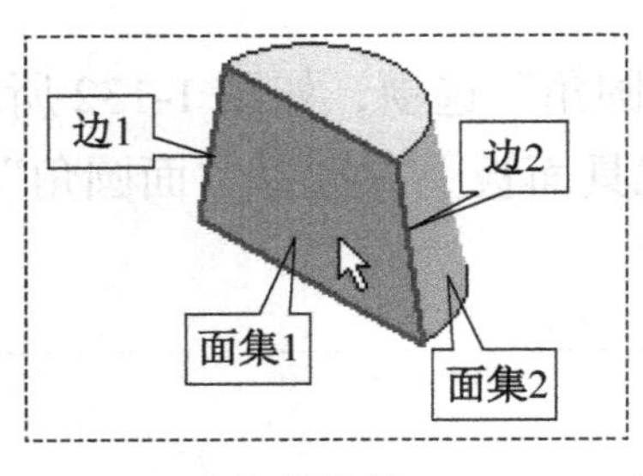

（a）圆角前

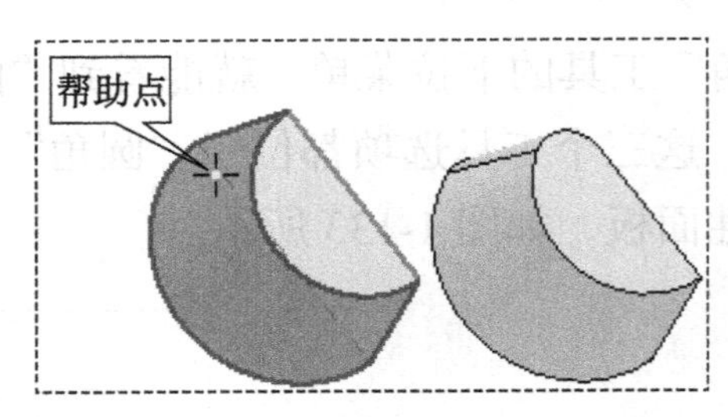

（b）圆角后

图 1-136　使用“帮助点”选项

3）全圆角

全圆角是指添加与三个相邻面均相切的圆角或圆边，如图 1-137 所示。

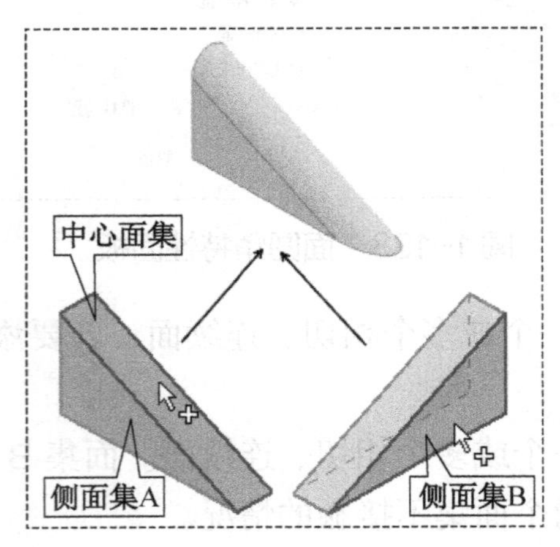

图 1-137　“全圆角”工具的使用

4）倒角

倒角特征可以使零件的边变为斜角。单击“倒角”工具按钮，弹出“倒角”对话框和小工具栏，如图 1-138 所示，下面分别进行介绍。

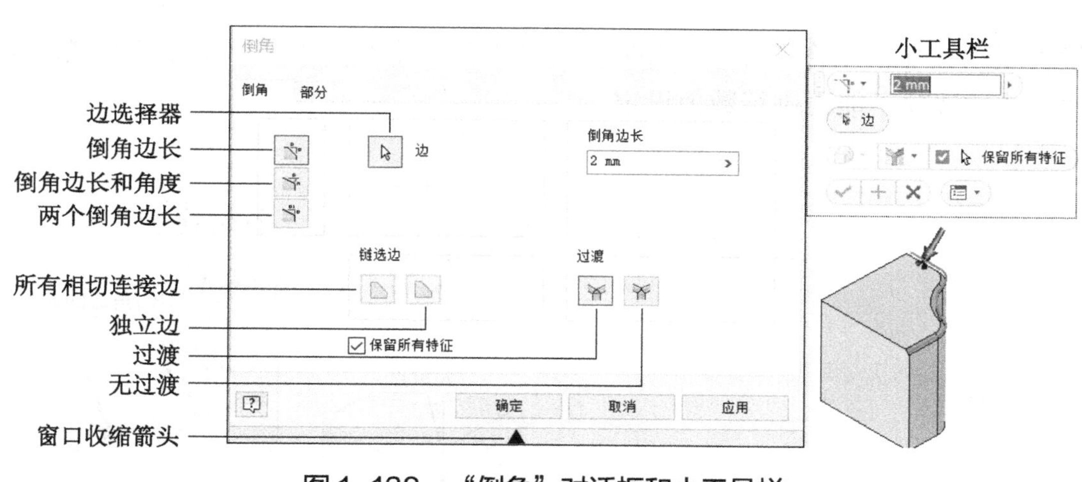

图 1-138 “倒角”对话框和小工具栏

（1）倒角边长：通过指定与两个面的交线偏移同样的距离来创建倒角，该方式下有两个选项卡，下面分别进行介绍。

① “倒角”选项卡：默认选项卡，其中各项含义如下。

a. 边：设置放置倒角的边，可以选择一条边、多条边或相连的边界以创建倒角。

b. 倒角边长：设置倒角距离，也可以通过拖动图形区中的黄色箭头来动态调整倒角距离。

c. 链选边：可以控制是只对当前边倒角，还是对与当前边相切的所有边倒角，如图 1-139 所示（必须在选择倒角边之前进行方式切换）。

d. 过渡：当选择多条边倒角时，通过该选区可以定义倒角边相交于拐角时的外观。该选区有“过渡”和“无过渡” 两种形式，如图 1-140 所示。

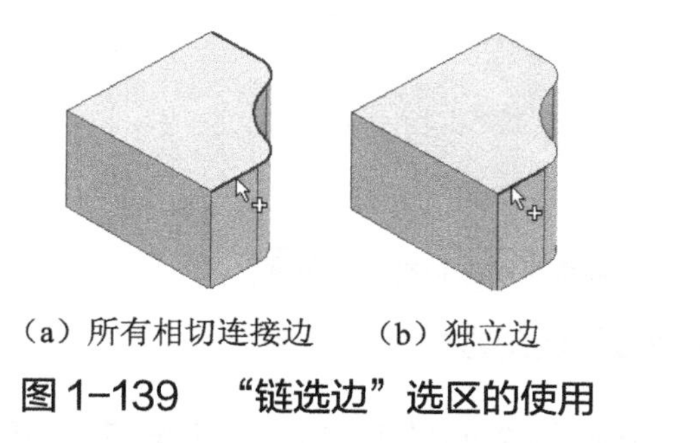
（a）所有相切连接边 （b）独立边

图 1-139 “链选边”选区的使用

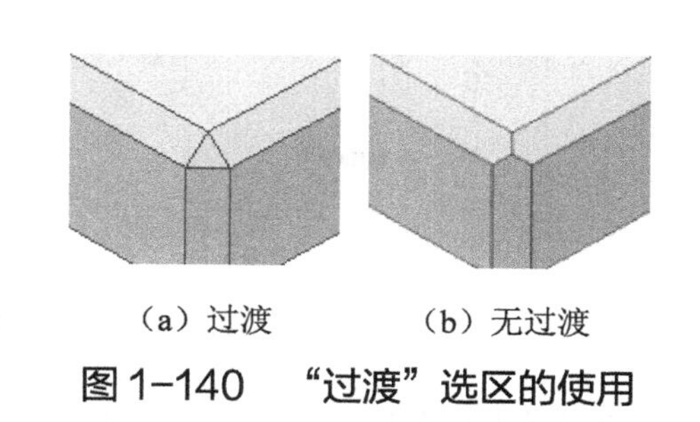
（a）过渡 （b）无过渡

图 1-140 “过渡”选区的使用

② “部分”选项卡：通过对现有的倒角边定义起点和终点的位置来创建局部倒角，如图 1-141 所示。

a. 边：如果有多条边要倒角，则选择需要局部倒角的边。当在预设置局部倒角的边上移动光标时，会有一个小黄点在倒角边上跟随光标一块移动，在合适位置单击，小黄点变成大黄点，拖动该点可以动态调整局部倒角的结束位置，如图 1-142 所示。

b. 开始：确定倒角边的起点到倒角的起点的距离。

c. 倒角：倒角的长度。

d. 结束：确定倒角边的终点到倒角的终点的距离。

e. 合计：边的总长度，一般是固定不变的。

f. 设置联动尺寸：可将“开始”“倒角”“结束”三个距离中的一个设置为联动尺寸，设置为联动尺寸的选项不能再进行数值设定。

图 1-141 “部分”选项卡

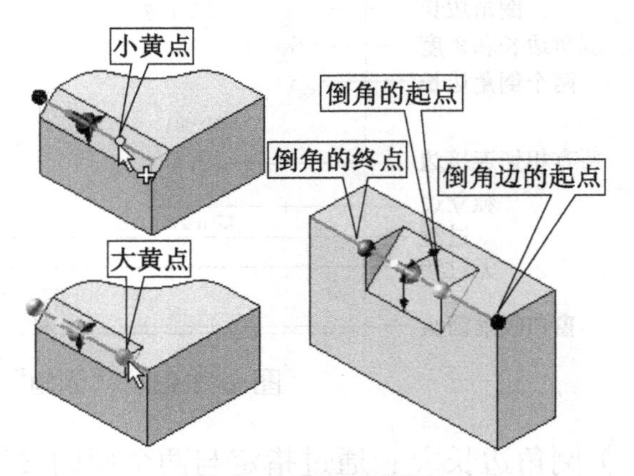

图 1-142 选择边

若想删除一行局部倒角，则只需在要删除的行上单击鼠标右键，选择“清除”选项即可。

（2）倒角边长和角度：通过指定倒角边的偏移和选择面与此倒角边的角度来定义倒角，一次可以为选定面的任何边或所有边倒角，如图 1-143 所示。若采用该种倒角方式，则要先选择面，再选择边。对话框中的各个选项含义与前面相同，这里不再赘述。

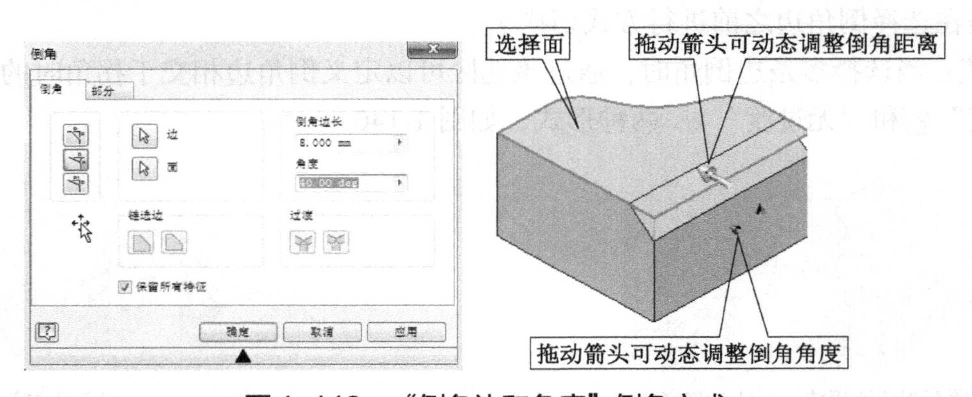

图 1-143 “倒角边和角度”倒角方式

（3）两个倒角边长：对于单条边，可指定该边到每个面的距离以创建倒角，可以使用“反向”命令交换两个倒角距离，如图 1-144 所示。

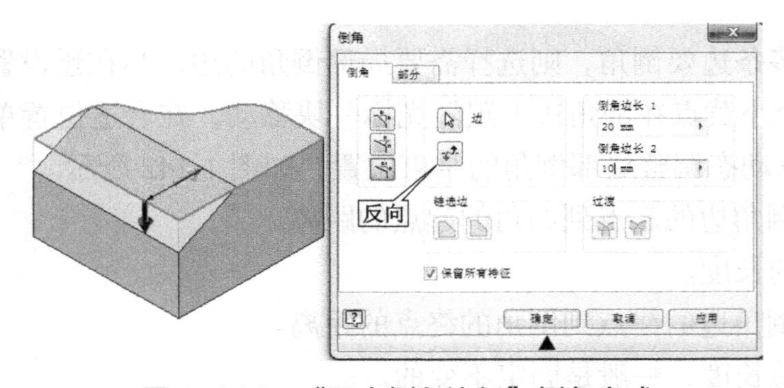

图 1-144 “两个倒角边长”倒角方式

4. 特征编辑

设计本来就是一个反复修改的过程，因此，有些特征在创建后，很可能根据需要重新进行编辑。特征编辑有多种方法，下面介绍几种常用的特征编辑方法。

1）通过右键菜单编辑特征

使用右键菜单是最常用的特征编辑方法。在模型树中，将光标移至要编辑的特征名称上，单击鼠标右键，在右键菜单中选择“编辑特征”选项，就可重新打开特性面板，按照需要重新进行设置即可完成特征编辑，如图 1-145 所示。

2）通过小工具栏编辑特征

弹出小工具栏的方法有两个：一是单击模型树中的特征名称，在图形区就会弹出小工具栏，单击相应的工具按钮，即可进行特征编辑；二是直接在图形区的模型上单击要编辑的特征，也可弹出小工具栏，如图 1-146 所示。下面以编辑拉伸特征为例讲解小工具栏中各项的含义。

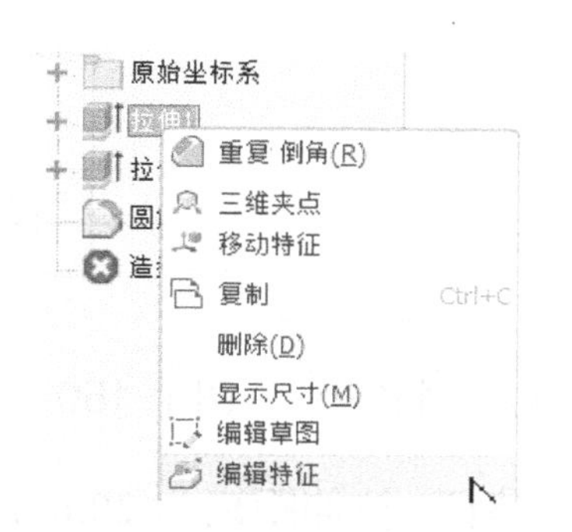

图 1-145　通过右键菜单编辑特征

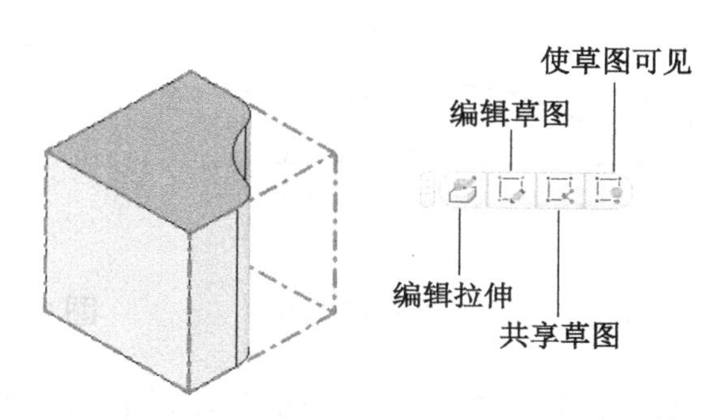

图 1-146　通过小工具栏编辑特征

（1）编辑拉伸：单击“编辑拉伸”工具按钮，打开拉伸特征特性面板，可对拉伸特征重新进行设置。

（2）编辑草图：用来编辑创建拉伸特征的基础草图。

（3）共享草图：有时一个草图可能参与多个特征的创建，单击“共享草图”工具按钮后，Inventor 2022 会对该草图创建一个副本并显示于父特征的上面。要将草图停止共享，可在已共享草图的右键菜单中选择“停止共享”选项，或者单击小工具栏上的“停止共享草图”工具按钮，均可将草图停止共享。

（4）使草图可见：Inventor 在创建草图特征后，会自动将草图隐藏，单击“使草图可见”工具按钮，可使草图可见。

【说明】 对于不同的草图、特征、工作平面等，其小工具栏上罗列的操作工具按钮有所区别，这里不再赘述。

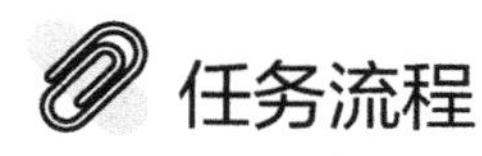

任务流程

主要任务流程如图 1-147 所示。

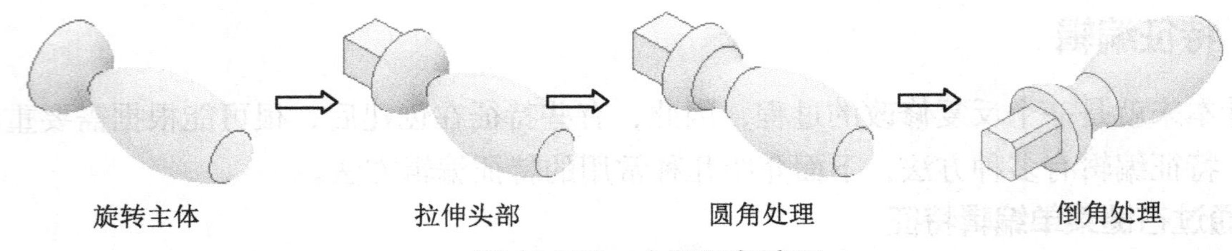

图 1-147　主要任务流程

任务实施

（1）新建文件：利用标准零件模板新建零件文件，自动进入草图环境。

（2）绘制草图 1：绘制如图 1-148 所示的草图 1。

（3）创建旋转特征：为上一步绘制的草图 1 创建旋转特征，结果如图 1-149 所示。

（4）绘制草图 2：在如图 1-149 所示的工作平面上新建草图，绘制边长为 15mm 的正方形，如图 1-150 所示。

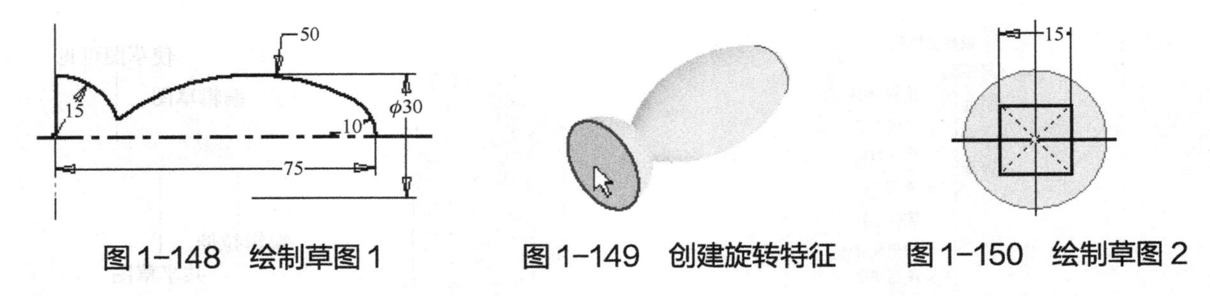

图 1-148　绘制草图 1　　图 1-149　创建旋转特征　　图 1-150　绘制草图 2

（5）创建拉伸特征：为上一步绘制的正方形创建拉伸特征，拉伸距离为 20mm，如图 1-151 所示。

（6）添加圆角：在如图 1-151 所示的位置进行圆角处理，圆角半径为 12mm，结果如图 1-152 所示。

（7）添加倒角：在步骤（5）的拉伸特征上，为选择边添加距离为 2mm 的倒角，结果如图 1-153 所示。

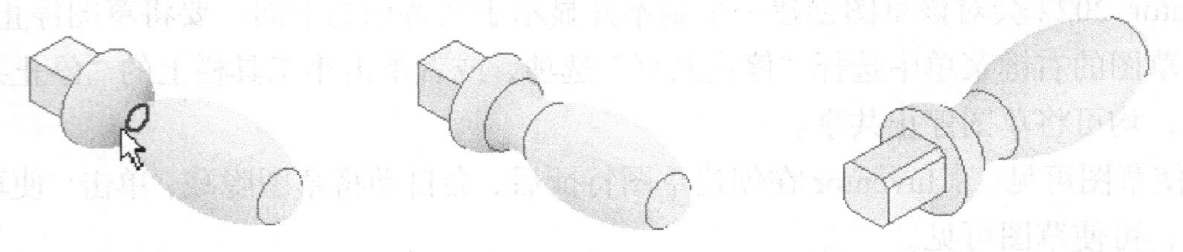

图 1-151　创建拉伸特征　图 1-152　创建圆角特征　图 1-153　创建倒角特征

（8）保存文件：完成模型的创建后，将文件保存为“手柄.ipt”。

拓展练习 1-3

完成如图 1-154 所示的模型设计。

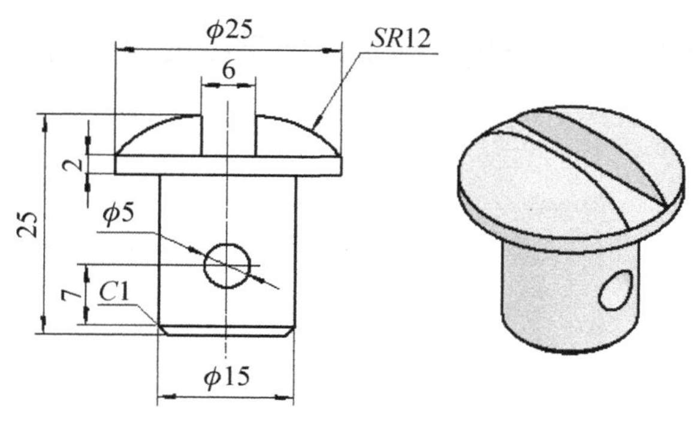

图 1–154 拓展练习 1–3

任务 4 弯管法兰模型设计

学习目标

- 熟练掌握扫掠特征、加强筋特征的使用方法。
- 熟练掌握孔特征的使用方法。
- 熟练掌握阵列特征的使用方法。
- 学会弯管法兰模型的设计。

任务导入

弯管法兰模型实例如图 1-155 所示，模型及工程图纸见资源包“模块 1\第 1 章\任务 4\ ”。

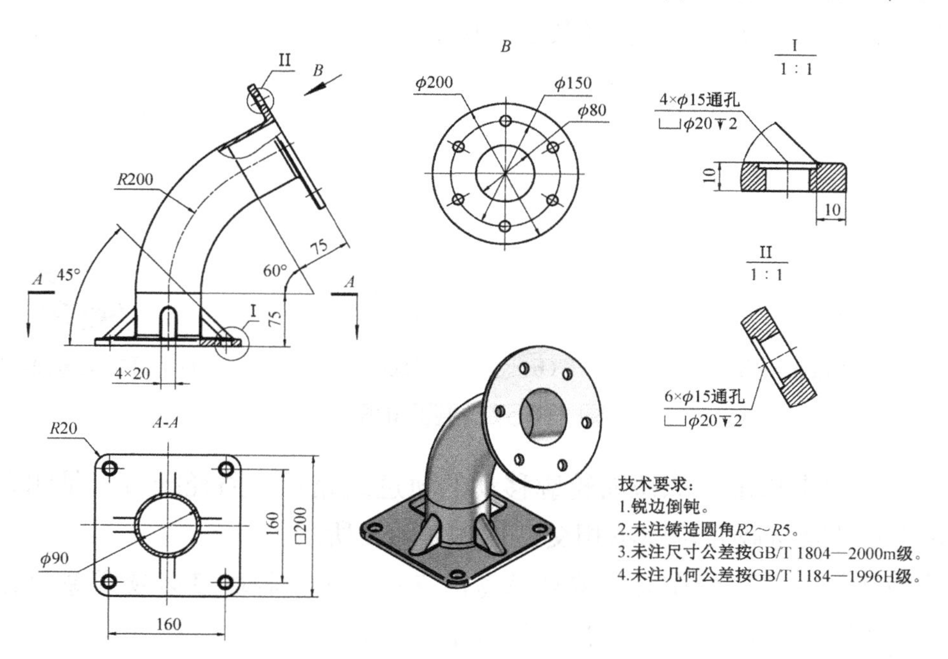

图 1–155 弯管法兰模型实例

在绘制该实例的过程中，用到的知识除了前面学习的拉伸特征，还有扫掠、加强筋、孔等新知识。

知识准备

1. 草图特征

1）扫掠特征

扫掠是将指定的截面轮廓或实体沿着给定的路径移动而形成的空间轨迹。实体扫掠是 Inventor 新近版本的一个新特性。单击“扫掠”工具按钮，弹出扫掠特性面板，如图 1-156 所示。下面介绍特性面板中常用的工具选项。

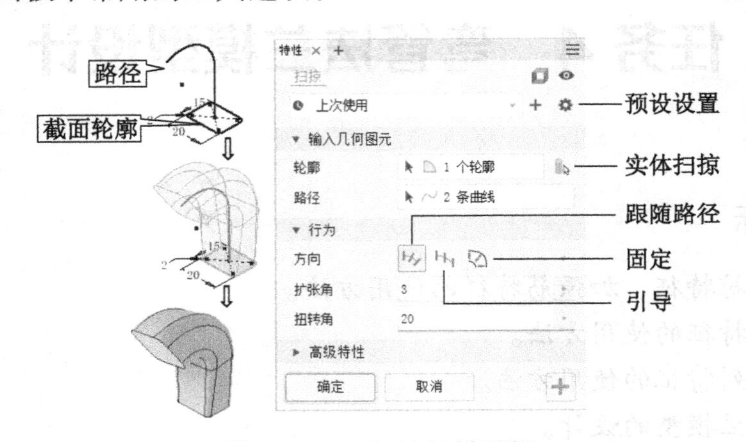

图 1-156　扫掠特性面板

（1）轮廓：用来指定沿路径移动的截面轮廓，如图 1-157 所示。轮廓若是封闭的，则生成实体；若是开放的，则生成曲面。若草图中只有一个封闭轮廓，则在执行“扫掠”命令时，该截面轮廓自动被选中；否则需要选择截面轮廓。

（a）一个封闭截面轮廓　　（b）多个封闭截面轮廓　　（c）开放的截面轮廓

图 1-157　截面轮廓

（2）路径 ：用来指定扫掠截面轮廓移动的轨迹或路径，路径既可以是闭合的，又可以是开放的。路径也可以与截面轮廓不相交，如图 1-158 所示。

【说明】 在使用“扫掠”命令时，需要注意两点：一是扫掠路径必须贯穿扫掠截面轮廓依附的平面；二是扫掠形成的几何实体不能出现自交现象。

（3）扫掠方向：在创建扫掠特征时，Inventor 提供了跟随路径、固定和引导三种方式，下面分别进行介绍。

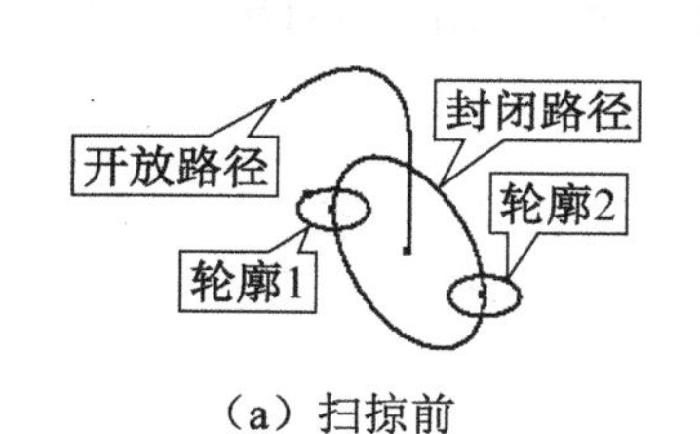

（a）扫掠前

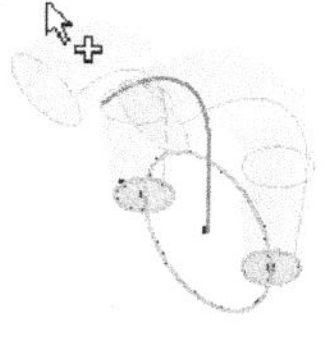

（b）开放路径

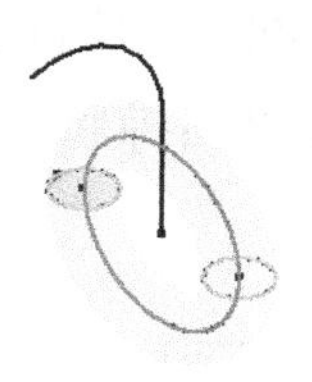

（c）封闭路径

图 1–158　不同形式的路径在扫掠特征中的使用

① 跟随路径 ：对于由该方式创建的扫掠特征，扫掠截面轮廓相对于扫掠路径始终保持不变，在该种方式下，还可以指定路径方向上截面轮廓的锥度和扭转情况的变化。

a. 扩张角：当选择的角度为正值时，在扫掠方向上，截面面积越来越大；反之则越来越小，如图 1-159 所示。

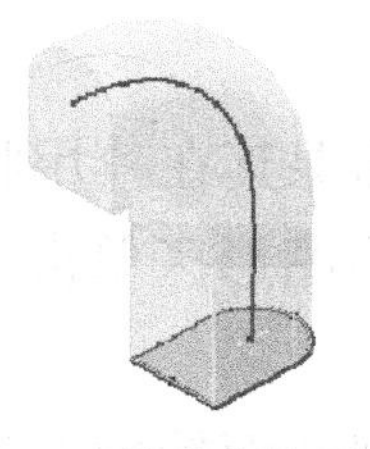

（a）扩张角为零

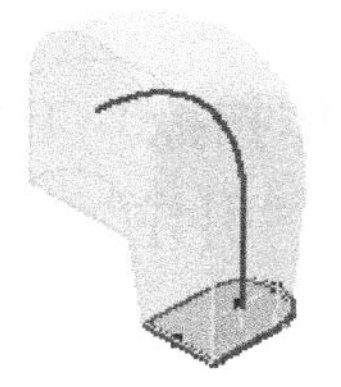

（b）扩张角为正值

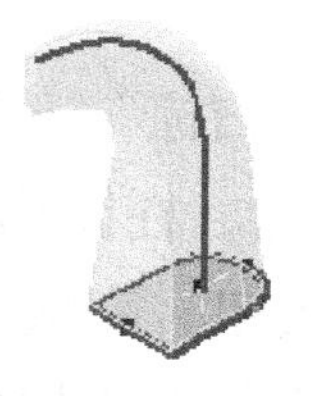

（c）扩张角为负值

图 1–159　“扩张角”选项的使用比较

b. 扭转角：当选择的角度为正值时，在扫掠方向上，截面轮廓绕扫掠路径逆时针扭转；反之则顺时针扭转，如图 1-160 所示。

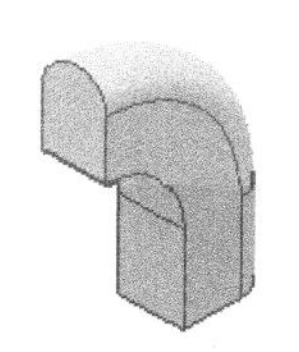

（a）扭转角为零

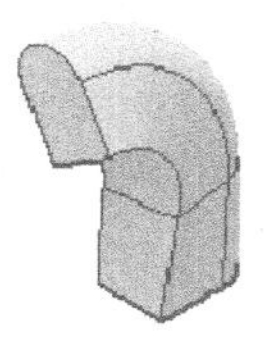

（b）扭转角为正值

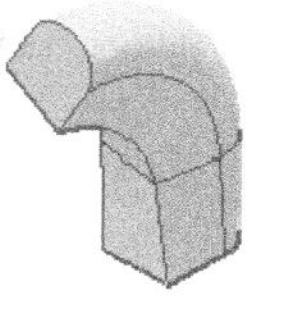

（c）扭转角为负值

图 1–160　“扭转角”选项的使用比较

② 固定 ：对于由该方式创建的扫掠特征，扫掠截面轮廓始终平行于原始截面轮廓。跟随路径方式与固定方式的比较如图 1-161 所示。

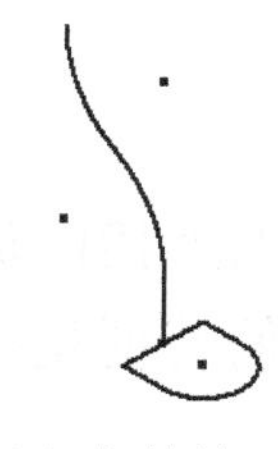

（a）扫掠前

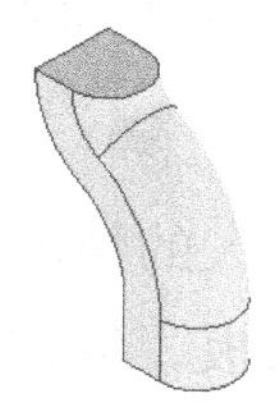

（b）跟随路径方式扫掠

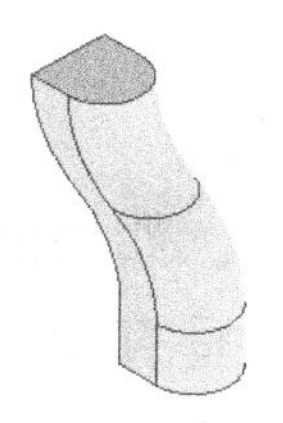

（c）固定方式扫掠

图 1–161　跟随路径方式与固定方式的比较

③ 引导 ：对于由该方式创建的扫掠特征，除了指定截面轮廓和路径，还可选择一条曲线或一个曲面作为轨道来控制截面轮廓的比例和扭曲。下面以图 1-162 所示为例简要介绍由引导方式创建扫掠特征的操作步骤。

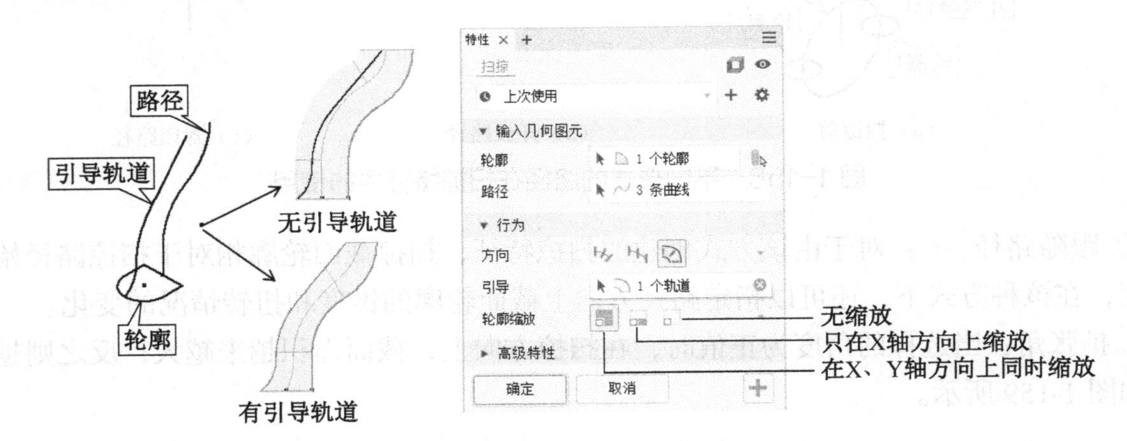

图 1-162　引导方式的使用

先单击“扫掠”工具按钮，再单击“实体扫掠”工具选项，确保其在禁用状态。先单击“路径”选择器，在图形区单击路径；再单击“引导”工具按钮，在图形区单击引导轨道。单击“确定”按钮，完成扫掠特征的创建。

在使用这种方式扫掠时，也可以通过“轮廓缩放”选项来控制截面轮廓在坐标轴方向上的缩放情况。

（4）实体扫掠 ：使用“实体扫掠”工具可以创建复杂形状、模拟刀具路径或设计快慢螺钉等，如图 1-163 所示。若勾选“保留工具体”复选框，则会在扫掠后创建新的实体。

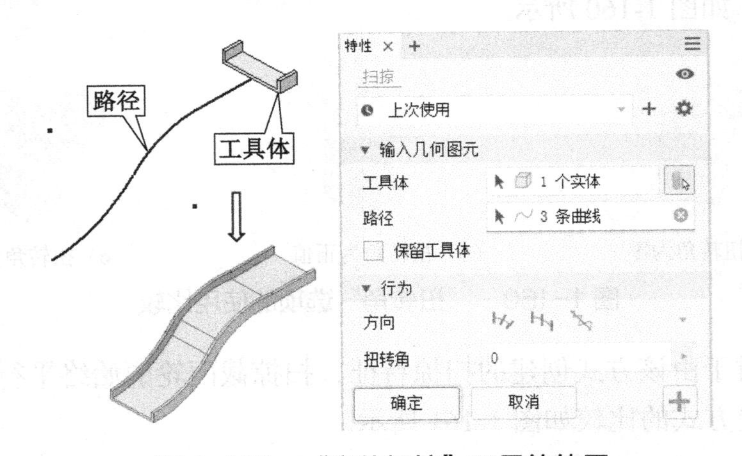

图 1-163　“实体扫掠”工具的使用

2）加强筋特征

在设计过程中，如果出现结构跨度过大的情况，而结构本身的连接面负荷有限，则可以在两结合体的公共垂直面上增加一块加强板，俗称加强筋。加强筋特征是铸造件、塑料件等不可或缺的设计结构。

单击“创建”工具面板上的“加强筋”工具按钮，弹出“加强筋”对话框，如图 1-164

所示。按照创建加强筋的方向，加强筋可分为垂直于草图平面和平行于草图平面两种类型，下面分别进行介绍。

（1）垂直于草图平面 ：垂直于草图平面拉伸几何图元，厚度平行于草图平面，如图 1-164 所示。该类型加强筋具有“形状”“拔模”“凸柱”三个选项卡。

① “形状”选项卡：默认选项卡。

a. 截面轮廓：常用一个开放的截面轮廓定义加强筋，或者选择多个相交或不相交的截面轮廓定义网状加强筋，如图 1-165 所示。

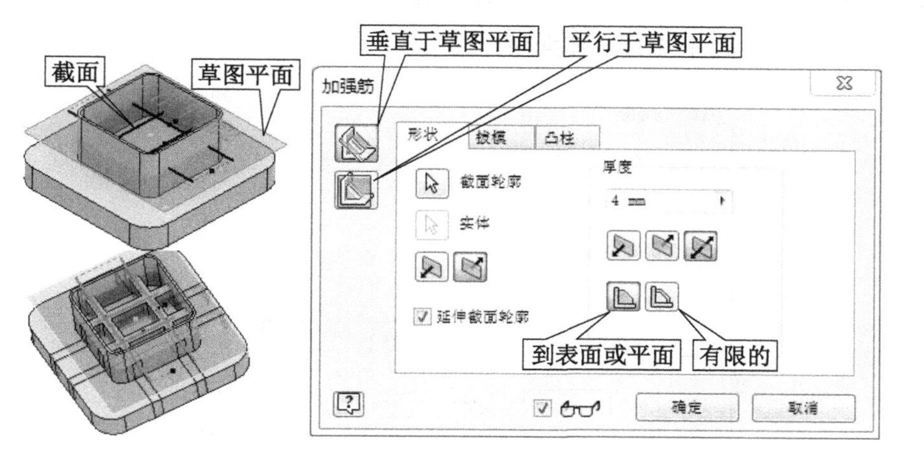

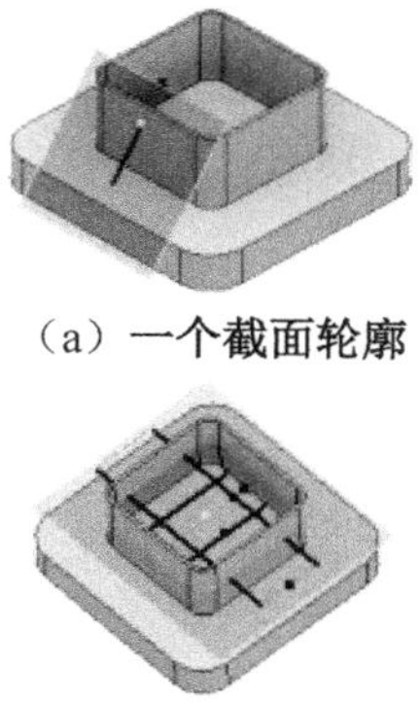

（a）一个截面轮廓

（b）多个截面轮廓

图 1-164 垂直于草图平面创建加强筋

图 1-165 截面轮廓

b. 延伸截面轮廓：当截面轮廓的末端与零件不相交时，勾选该复选框，截面轮廓会自动延伸；否则将以截面轮廓的实际长度创建加强筋，如图 1-166 所示。

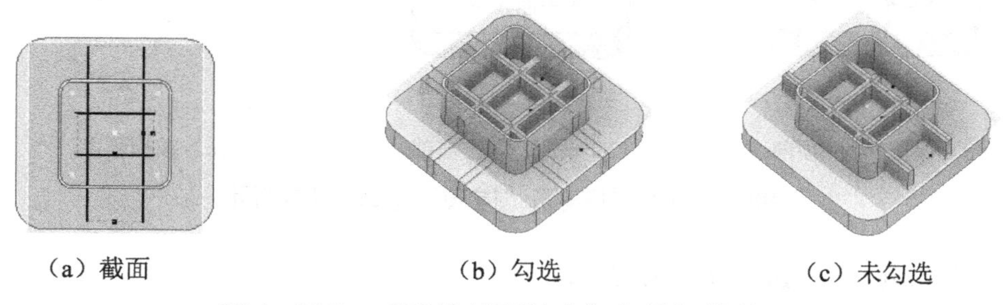

（a）截面　（b）勾选　（c）未勾选

图 1-166 “延伸截面轮廓”复选框的使用

c. 到表面或平面：使加强筋或腹板终止于下一个面，如图 1-167（a）所示。

d. 有限的：设定加强筋或腹板终止的特定距离，如图 1-167（b）所示。

② “拔模”选项卡：如图 1-168 所示。

a. 顶部：在草图平面上保留指定的厚度，如图 1-169（a）所示。

b. 根部：在加强筋特征与下一个面的相交点处保留指定的厚度，如图 1-169（b）所示。

c. 拔模斜度：拔模角，如图 1-169（c）所示。

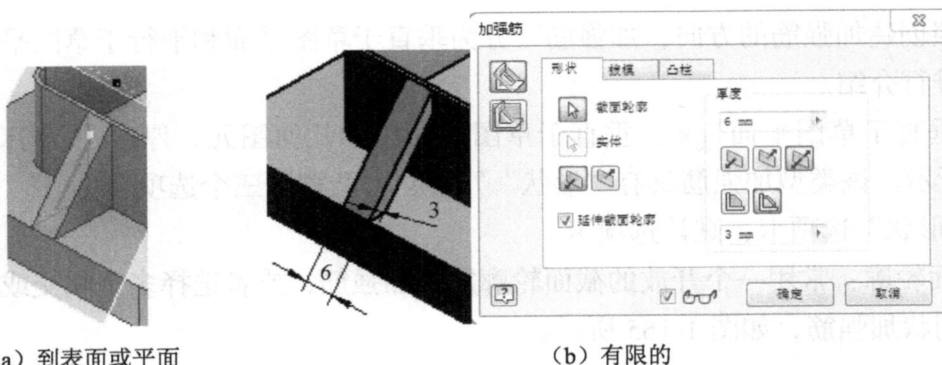

（a）到表面或平面　　（b）有限的

图 1-167　加强筋样式

图 1-168　“拔模”选项卡

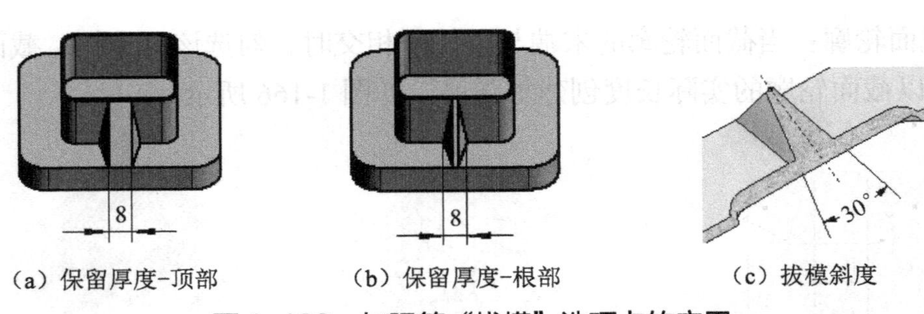

（a）保留厚度-顶部　　（b）保留厚度-根部　　（c）拔模斜度

图 1-169　加强筋“拔模”选项卡的应用

③ “凸柱”选项卡：如图 1-170 所示。

a. 中心：选择位于截面轮廓几何图元上的草图点。

b. 全选：若勾选该复选框，则选择截面轮廓几何图元上的所有草图点；若不勾选该复选框，则需要单击来选择草图点。

c. 直径：指定凸柱特征的直径。

d. 偏移量：指定在草图平面上方或下方开始创建凸柱特征的距离。

e. 拔模斜度：为凸柱特征添加拔模角。

（2）平行于草图平面 ：平行于草图平面拉伸几何图元，厚度垂直于草图平面，如图 1-171 所示。该类型加强筋只有“形状”选项卡，其中各项的含义与前面一样，这里不再赘述。

图 1-170 “凸柱”选项卡

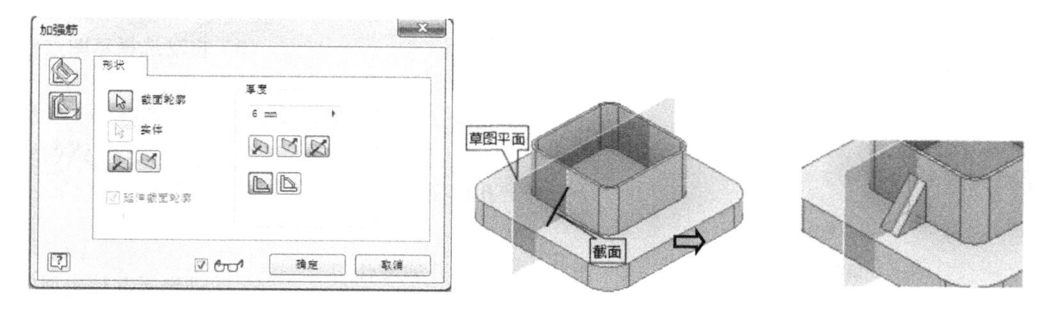

图 1-171 平行于草图平面创建加强筋

2. 孔特征

孔特征是指利用提供的草图点、参考点或其他参考几何信息创建孔的建模方法，使用“孔”特征工具可以创建沉头孔、倒角孔、螺纹孔等各种类型的孔。

单击“修改”工具面板上的“孔”工具按钮，打开孔特性面板，如图 1-172 所示。下面对特性面板中常用的选项进行介绍。

1）位置

“位置”选项用来指定孔的放置方式。Inventor 2022 可以利用现有草图提供的圆心、草图点、投影点、端点等信息确定孔的起始面和圆心位置，执行“孔”命令后，所有的草图点都会默认被选中，而其他类型的点则需要单独选择，如图 1-173 所示。若选择了错误的点，则可以按住 Ctrl 键并单击错选的点，即可将其取消。

在“允许创建中心点”选项激活的状态下，也可以自行创建中心点来确定孔的起始面和圆心位置。下面以图 1-174 所示的线性孔、同心孔为例介绍其创建过程。

先单击“孔”工具按钮，再单击“允许创建中心点”按钮 ，确保其处于激活状态。单击孔起始面上任一位置，确定第一个孔的孔心位置，选择一条棱边，输入距离 20mm；选择另一条棱边，输入距离 20mm，单击“应用并新建孔”按钮，完成第一个孔的创建。单击孔起始面上任一位置，以确定第二个孔的孔心位置，选择模型圆角处的圆弧面，单击“确定”按钮，完成孔的创建。

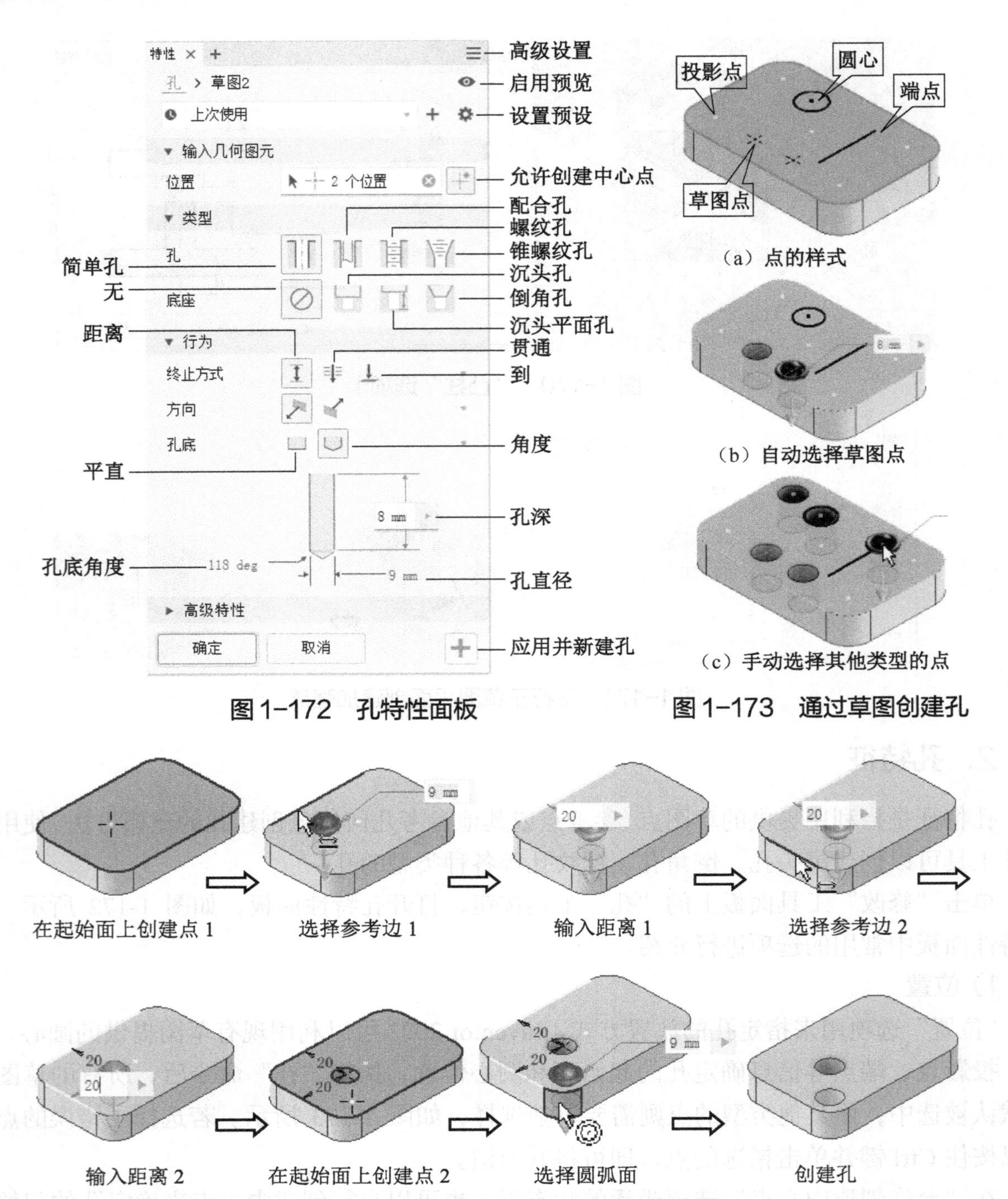

图 1–172　孔特性面板　　　图 1–173　通过草图创建孔

图 1–174　通过“创建中心点”创建孔的过程

φ20-20深　φ20通孔　M20-6H　Rc 1/2

图 1–175　孔的类型

2）孔类型

Inventor 提供了简单孔、配合孔、螺纹孔、锥螺纹孔四种类型，如图 1-175 所示。

（1）简单孔：创建不带螺纹的光孔。

（2）配合孔：创建不带螺纹的标准孔，规定公差以适应特定的紧固件，通常是贯通的。使用该项，要根据紧固件数据库创建标准紧固件的配合孔，如图 1-176

所示。在特性面板中，用户还可以选择紧固件配合孔的标准、紧固件的类型、配合方式等。

（3）螺纹孔：创建圆柱螺纹孔，如图 1-177 所示。在特性面板中，对于螺纹类型，要选择 GB 标准。

（4）锥螺纹孔：用来创建锥管螺纹孔，如图 1-178 所示。在特性面板中，对于螺纹类型，要选择 ISO 标准，它是基于米制螺纹类型的标准。

图 1-176 配合孔特性面板

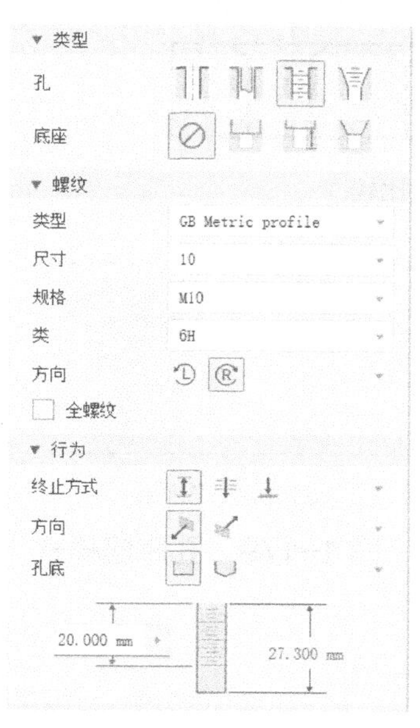

图 1-177 螺纹孔特性面板

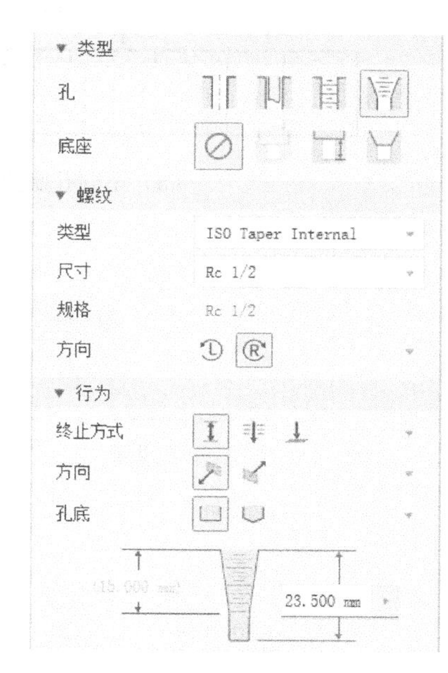

图 1-178 锥螺纹孔特性面板

3）孔底座样式

Inventor 提供了无（直孔）、沉头孔、沉头平面孔和倒角孔四种孔底座样式，如图 1-179（a）所示。

（1）无（直孔）⊘：孔与平面平齐，只指定孔的直径，如图 1-179（b）所示。

（2）沉头孔：指定孔的直径、沉头孔的直径和沉头孔的深度，如图 1-179（c）所示。

（3）沉头平面孔：锪平孔，指定孔的直径、锪平面的直径及切入深度，如图 1-179（d）所示。

（4）倒角孔：指定孔的直径、倒角孔的直径及倒角角度，如图 1-179（e）所示。

4）终止方式

孔的终止方式有“距离”“贯通”“到”三种，与拉伸特征中的终止方式一样，这里不再赘述。

5）孔底

根据孔底形状划分，有平直孔底和角度孔底，如图 1-180 所示。

3. 阵列特征

在构建模型时，同一零件上若包含多个相同的特征或实体，且这些特征或实体在零件中的位置有一定的规律，就可以用 Inventor 提供的阵列特征来创建这些相同特征或实体。

“阵列”工具面板位于“三维模型”选项卡下，如图 1-181 所示。下面介绍其中各工具选项的使用方法。

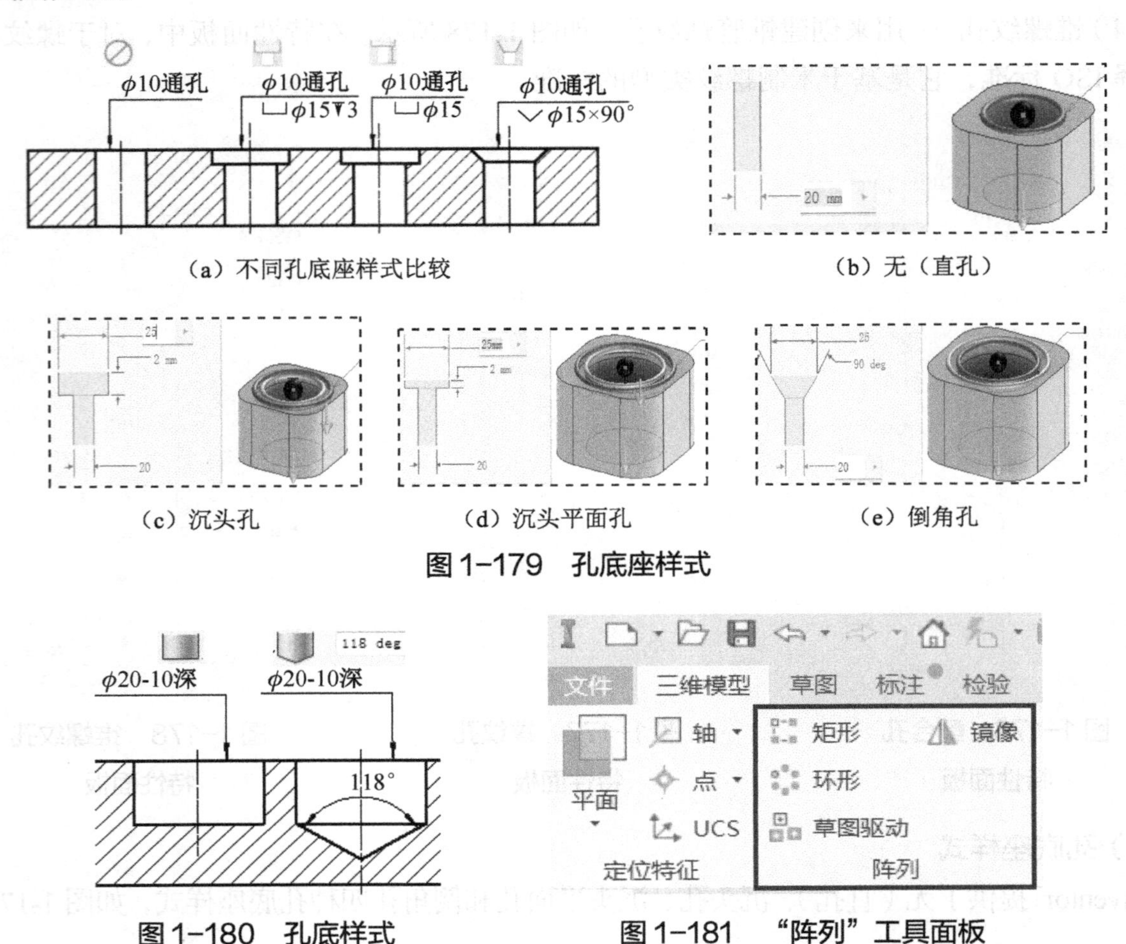

（a）不同孔底座样式比较　（b）无（直孔）

（c）沉头孔　（d）沉头平面孔　（e）倒角孔

图 1-179　孔底座样式

图 1-180　孔底样式

图 1-181　“阵列”工具面板

1）矩形阵列

“矩形”阵列工具用来复制一个或多个特征或实体，并在矩形阵列中沿单向或双向路径以特定的数量和间距排列。阵列的路径既可以是直线，又可以是曲线。

单击“矩形”阵列工具按钮，打开“矩形阵列”对话框，如图 1-182 所示。

（1）阵列特征：如图 1-182 所示，选定阵列的对象是特征。

① 特征：可以选择一个或多个特征，基于特征的特征不能单独阵列，必须与其所依附的特征一并阵列，如倒角、圆角等特征。

② 实体：选择生成阵列的特征所依附的实体，只有当零件中包含多个实体的时候，该选项才可用。

（2）阵列实体：如图 1-183 所示，选定阵列的对象是实体。

① 实体：选择要阵列的一个或多个实体。只有当零件中有多个实体的时候，该选项才可用。

② 包括定位\曲面特征：单击该按钮，可以选择一个或多个需要阵列的定位特征或曲面

特征。

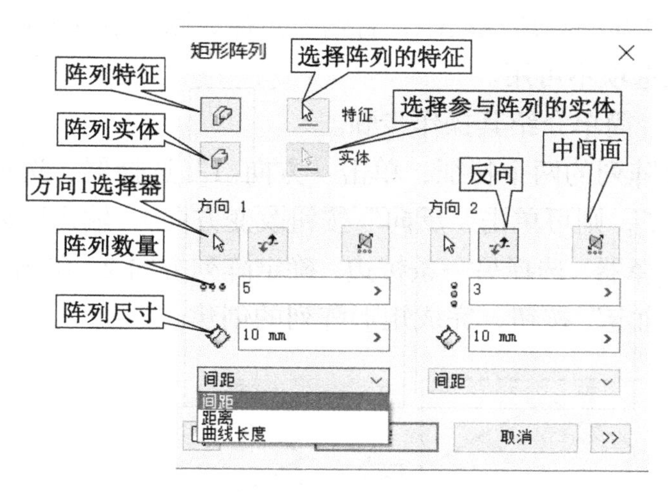

图 1-182 “矩形阵列”对话框

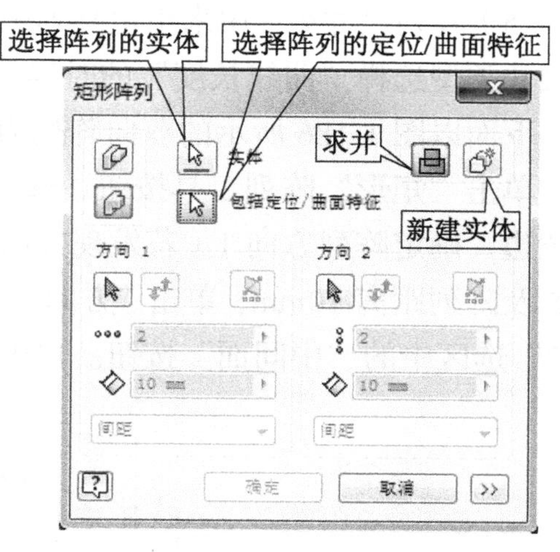

图 1-183 阵列实体

（3）阵列方向：矩形阵列包含单向和双向两种，通过方向 1、方向 2 来控制，即若选择一个方向，则生成单向阵列；若选择两个方向，则生成双向阵列，如图 1-184 所示。

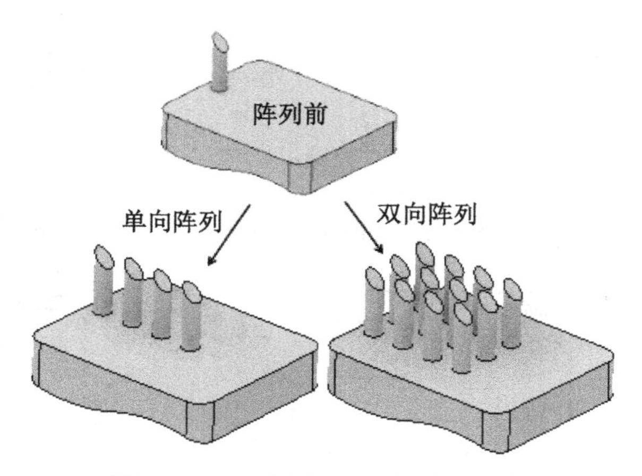

图 1-184 单向、双向阵列比较

① 方向选择器：单击该按钮，在图形区添加阵列的方向，如图 1-185（a）所示。选择方向后，模型上的箭头指示方向即阵列方向，如图 1-185（b）所示。

② 反向：单击该按钮，可改变阵列方向，如图 1-185（c）所示。

③ 中间面：单击该按钮，会在指定方向上向两侧阵列，如图 1-185（d）所示。

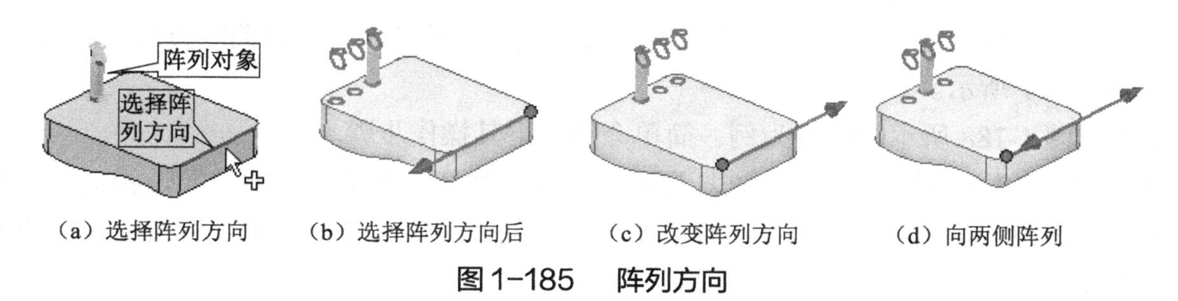

图 1-185 阵列方向

（4）阵列数量 ∘∘∘：用来指定阵列的个数，必须大于零。

（5）阵列尺寸◇：用来指定阵列引用之间的距离或间距，若输入负值，则表示反向阵列。当尺寸类型选择“曲线长度”的时候，该选项不可用。

下面以图 1-186 所示的双向阵列为例，简单介绍其操作步骤。

单击“矩形”阵列工具按钮，选择要阵列的两个特征，单击“方向 1”选择器，选择一条棱边，确定阵列方向 1（若发现方向反了，则可单击“反向”按钮改变方向），输入阵列个数 5 及阵列距离 10mm；单击“方向 2”选择器，选择另一条棱边，确定阵列方向 2，单击“方向 2”选区中的“中间面”按钮。单击“确定”按钮，完成矩形阵列的创建。

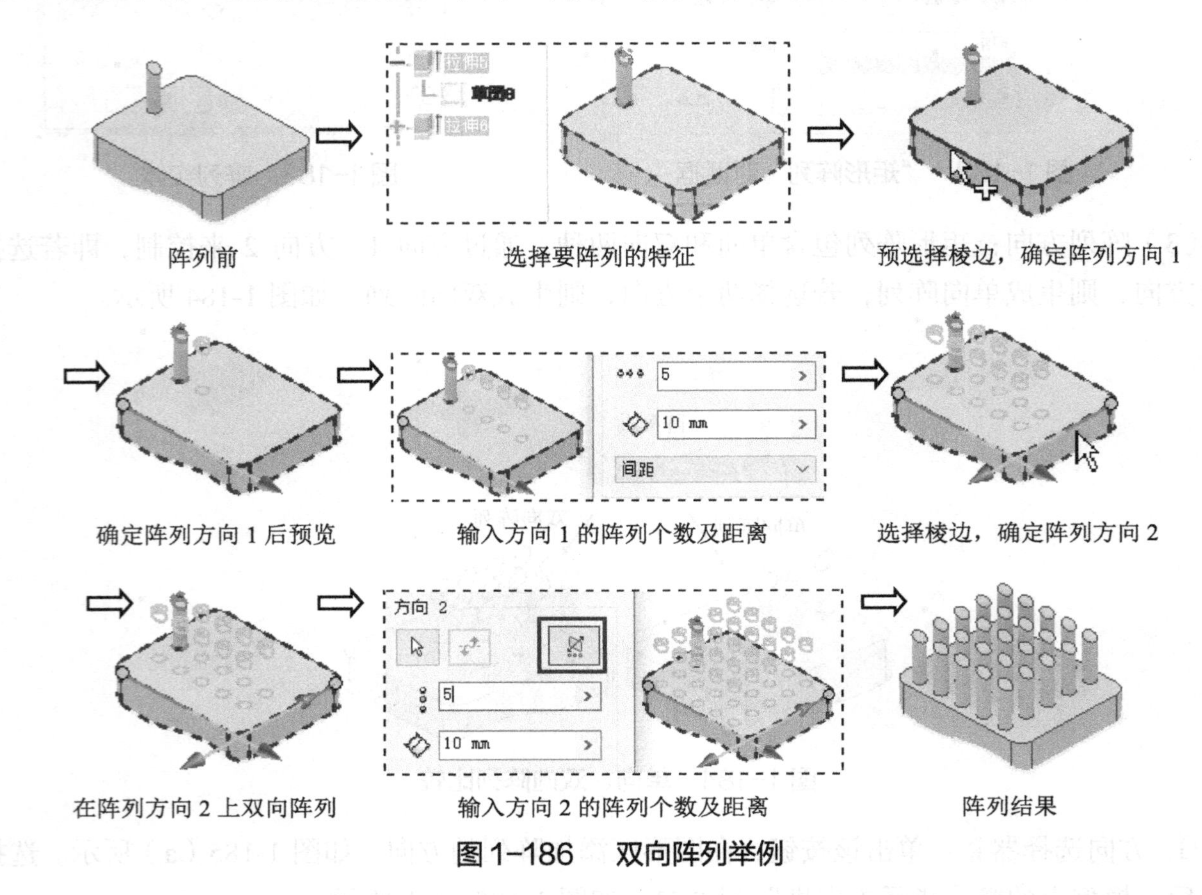

图 1-186　双向阵列举例

（6）尺寸类型：有间距、距离、曲线长度三种类型。

① 间距：表示引用之间的距离，如图 1-187（a）所示。

② 距离：表示该方向所有引用之间的距离，如图 1-187（b）所示。

③ 曲线长度：表示已选择阵列方向直线或曲线的总长度，并在该曲线方向上均匀排列，如图 1-187（c）所示。

下面以图 1-188 所示的阵列为例，简单介绍一下其操作步骤。

单击“矩形”阵列工具按钮，选择要阵列的两个特征，单击“方向 1”选择器，选择曲线作为阵列方向，输入阵列个数 6，尺寸类型选择曲线长度，单击“确定”按钮，完成矩形阵列的创建。

（7）“更多”选项 »：单击特性面板右下角的双箭头，展开特性面板，显示矩形阵列的高级选项，如图 1-189 所示。

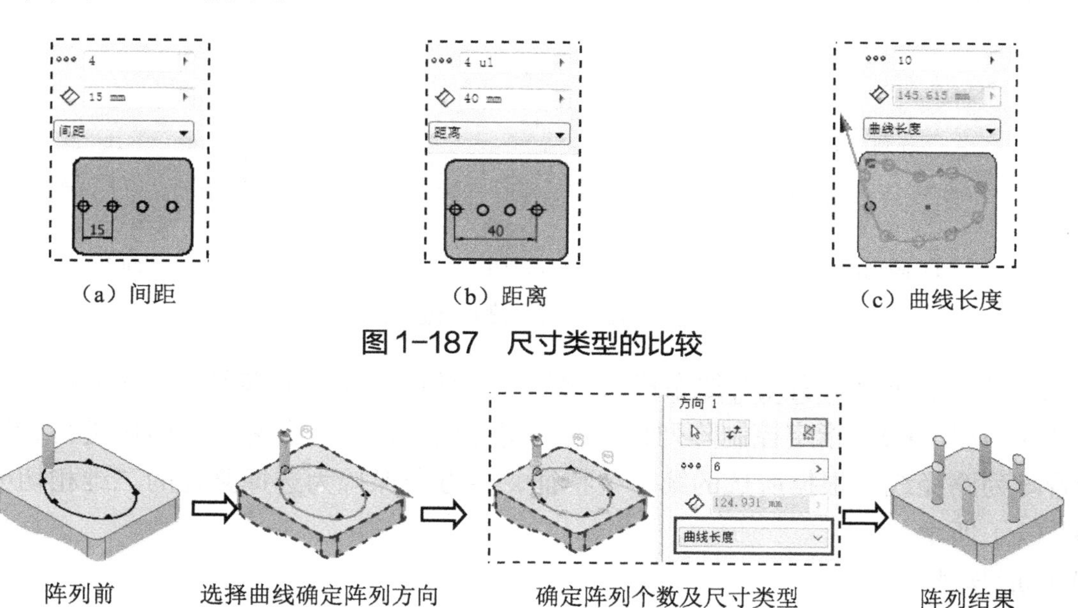

（a）间距　（b）距离　（c）曲线长度

图 1-187　尺寸类型的比较

图 1-188　以曲线作为方向进行阵列举例

① 起始位置：当沿着曲线阵列时，若阵列的特征正好不在曲线的起点位置，则阵列时可能出现错误，使用该选项就可以重新设置阵列方向上的起点，如图 1-190 所示。下面简要介绍其操作步骤。

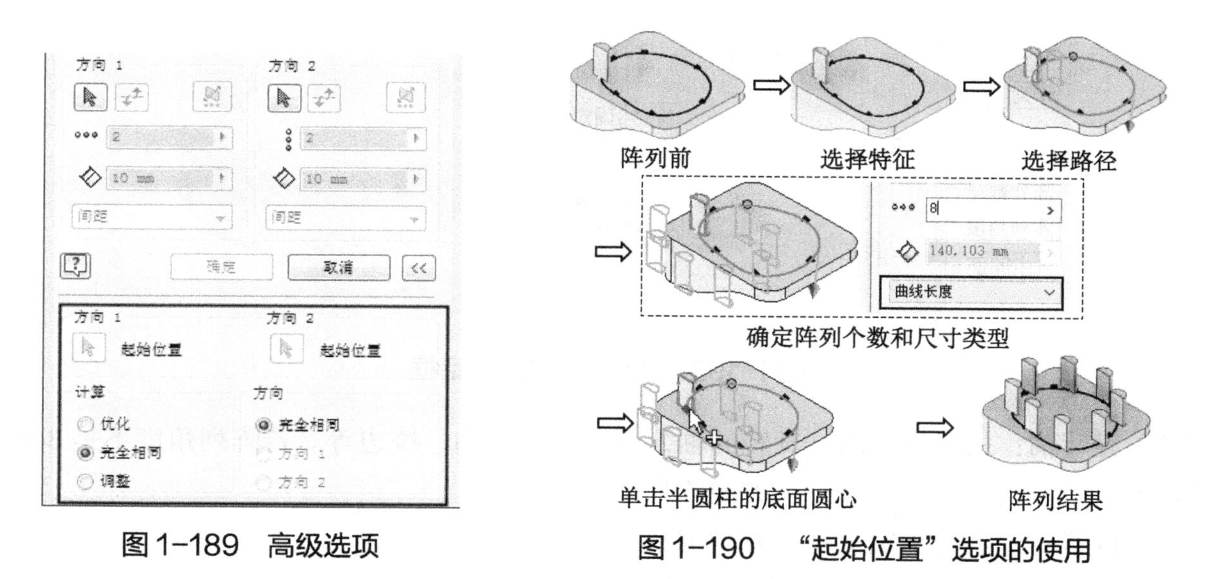

图 1-189　高级选项

图 1-190　“起始位置”选项的使用

单击“矩形”阵列工具按钮，在图形区中单击半圆柱作为阵列特征，单击“方向 1”选择器，在图形区中单击曲线作为阵列方向，输入阵列个数，尺寸类型选择曲线长度。单击特性面板的“更多”按钮，显示高级选项，单击“起始位置”按钮，单击半圆柱的底面圆心，使其作为阵列的起始位置，单击“确定”按钮，完成阵列的创建。

② 计算：指定阵列特征的计算方式，这里不做介绍。

③ 方向：用来指定阵列特征的定位方式，取决于选定的第一个特征。不同的定位方式如

图 1-191 所示。

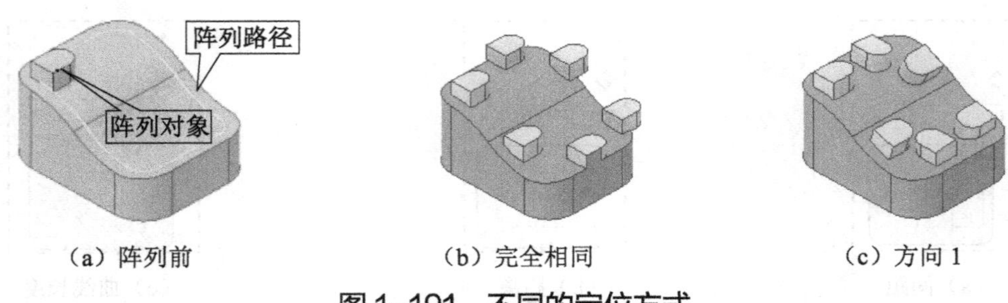

（a）阵列前　　（b）完全相同　　（c）方向 1

图 1-191　不同的定位方式

a. 完全相同：所有的引用与原始特征一致，不会随着阵列路径旋转，如图 1-191（b）所示。

b. 方向 1/方向 2：指定控制阵列特征的位置方向，使用时会对每个引用进行旋转。阵列引用沿着阵列路径线，根据所选的第一个特征，将方向保持为选择路径的二维相切矢量，如图 1-191（c）所示。

2）环形阵列

环形阵列用来复制一个或多个特征或实体，在圆弧或圆阵列中以特定的数量和间距排列。单击“环形”阵列工具按钮，打开“环形阵列”对话框，如图 1-192 所示。这里以阵列特征为例介绍“环形阵列”对话框中各项的含义。

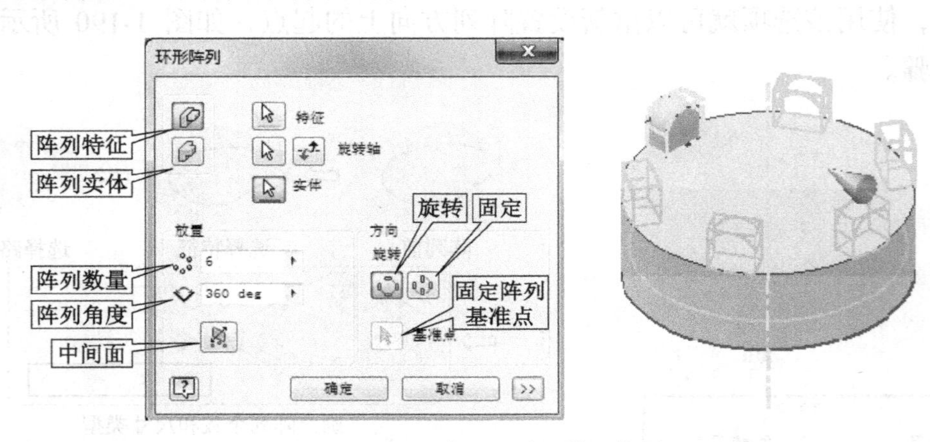

图 1-192　“环形阵列”对话框

（1）旋转轴：用来指定围绕旋转的轴，可以是工作轴、棱边等。若阵列角度不是 360°，则可以单击“反向”按钮，进行反方向阵列。

（2）放置：主要用来定义环形阵列的数量和角度。

① 阵列数量：指定阵列的个数，必须大于零。

② 阵列角度：阵列引用之间的角度，有“增量”和“范围”两种放置方法，默认是“范围”放置方法。放置方法可在对话框中单击“更多”按钮后进行选择，如图 1-193 所示。

（3）方向：用来控制阵列引用对象在阵列过程中的方向。其中“旋转”与“固定”选项的比较如图 1-194 所示。

① 旋转：引用的特征或实体在阵列时更改方向，如图 1-194（b）所示。

② 固定：引用的特征或实体在阵列时不改变方向，保持与源特征或实体相同的方向，

如图 1-194（c）所示。

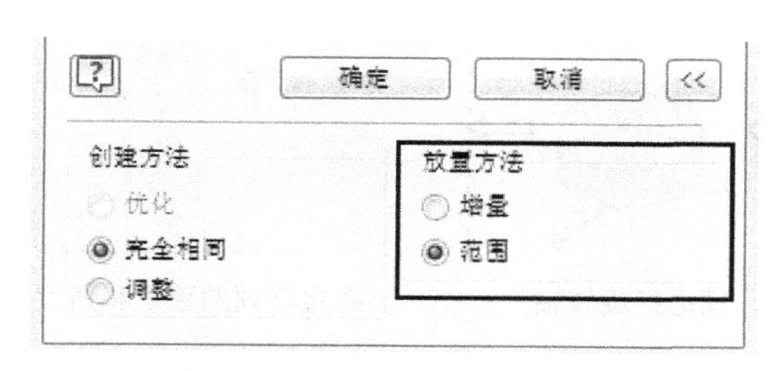

（a）“放置方法”选区的位置

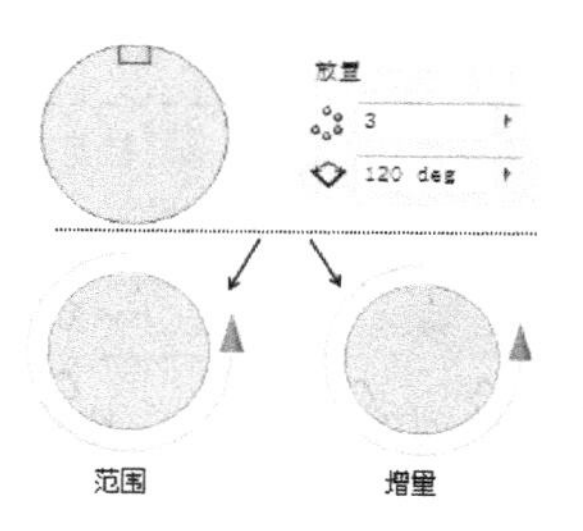

（b）放置方法的比较

图 1-193　放置方法

（4）基准点：选择一个点来重定义阵列的基准点，仅当采用固定方式阵列时，该选项才可用，如图 1-195 所示。

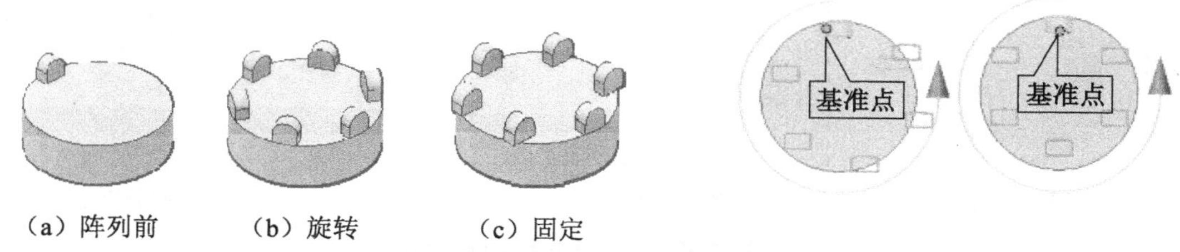

（a）阵列前　（b）旋转　（c）固定

图 1-194　“旋转”与“固定”选项的比较　**图 1-195　不同基准点的选择比较**

【说明】在阵列过程中，有时需要对阵列中的个别引用进行抑制。如图 1-196（a）所示，就是抑制一个引用后的结果。具体的方法是在模型树中展开要抑制引用的阵列，在要抑制的引用上面单击鼠标右键，选择“抑制”选项。抑制后的引用名称灰显且有一横线，如图 1-196（b）所示。利用同样的方法，用户也可以对零件中的一些特征进行抑制，如图 1-196（c）所示。

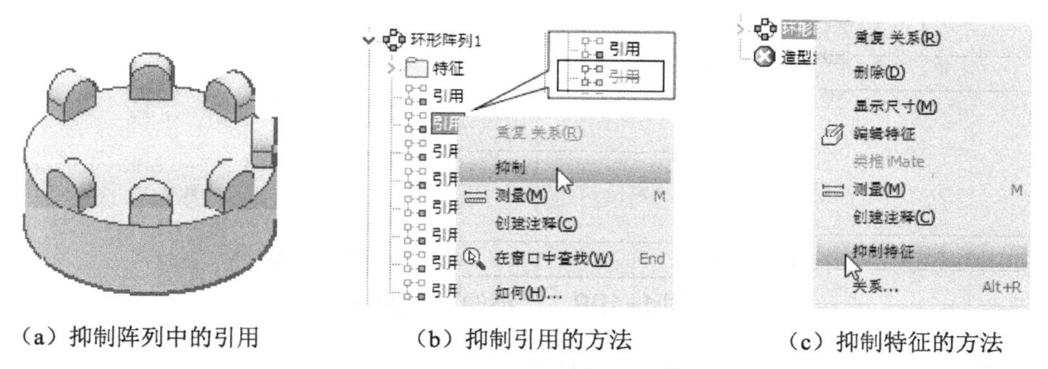

（a）抑制阵列中的引用　（b）抑制引用的方法　（c）抑制特征的方法

图 1-196　抑制阵列中的引用或抑制特征

下面以图 1-197 所示为例，简单介绍环形阵列应用的步骤。

单击“环形”阵列工具按钮，在模型树中选择要阵列的两个特征，单击“旋转轴”选择器，在图形区单击圆柱面，确定旋转轴，输入阵列数量和阵列角度。依次单击“中间面”按钮、“固定”按钮、“基准点”选择器，在图形区单击底面内侧中点，作为基准点，单击“确定”按钮，完成环形阵列的创建。在浏览器的模型树中，单击环形阵列左侧的+按钮，在预抑制的引用上单击鼠标右键，在右键菜单中选择“抑制”选项。

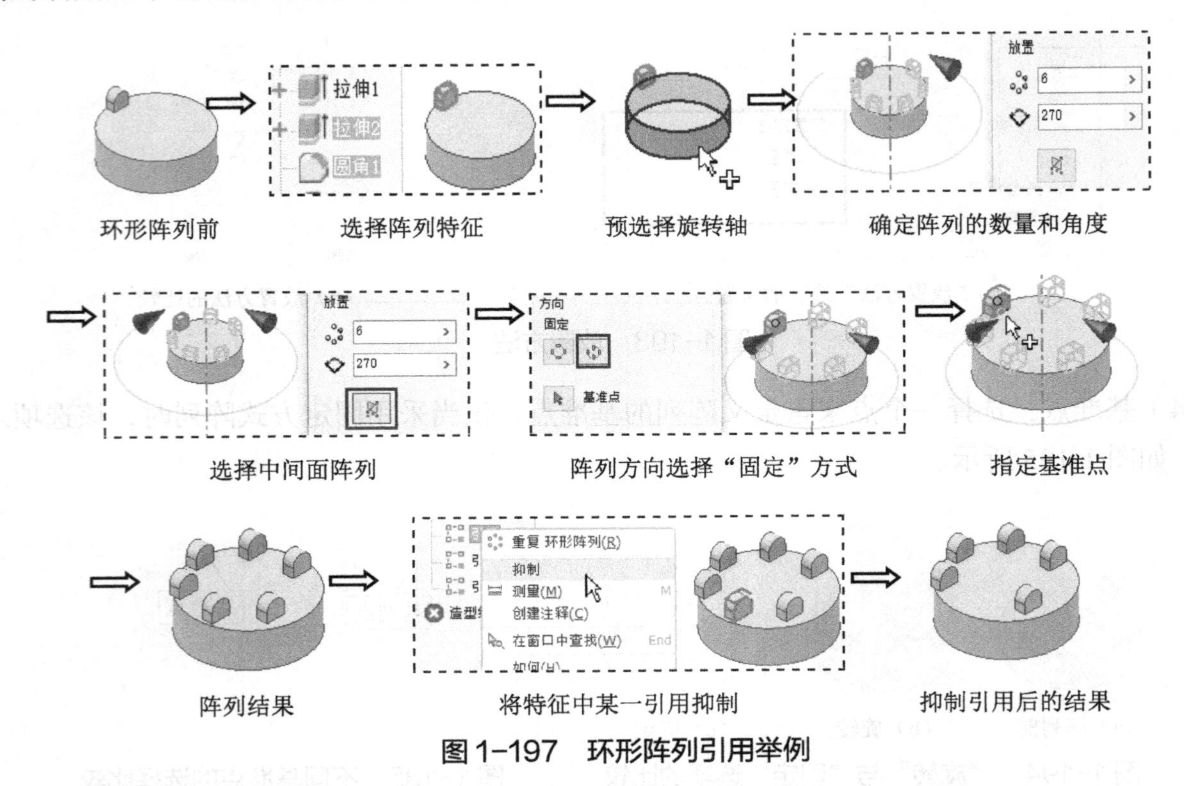

图 1–197　环形阵列引用举例

3）镜像

“镜像”工具将按照跨平面、等距离的方式复制特征或实体。单击“镜像”工具按钮，打开“镜像”对话框，如图 1-198 所示。这里以镜像实体为例介绍镜像特征工具的使用。

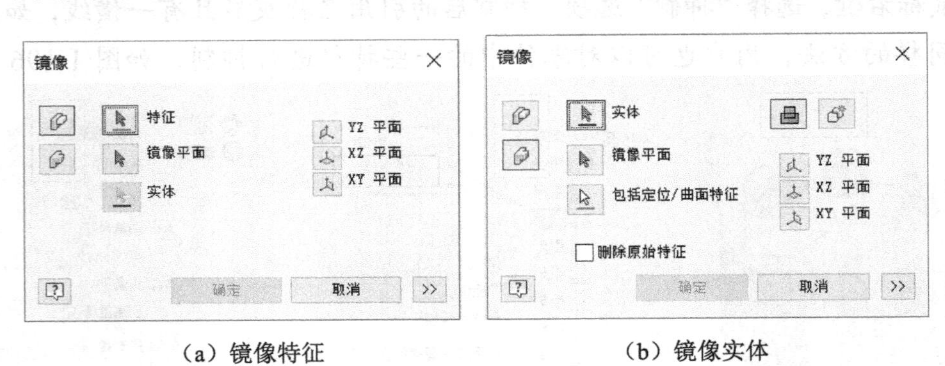

图 1–198　“镜像”对话框

（1）镜像平面：选择创建镜像模型的对称面。

（2）包括定位\曲面特征：选择需要镜像的一个或多个定位特征或曲面特征。

（3）删除原始特征：若选中该复选框，则将镜像源实体删除，如图 1-199 所示。

（4）基准平面：当需要三个基准平面作为镜像对称面时，对话框中直接提供了三个基准平面工具按钮，单击相应的按钮，即可将相应的基准平面作为镜像对称面。

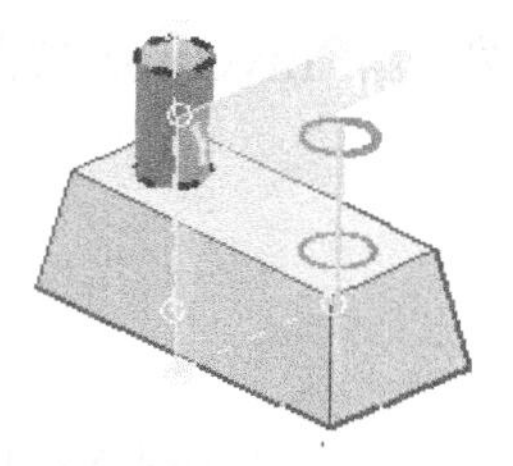
（a）镜像实体和工作轴

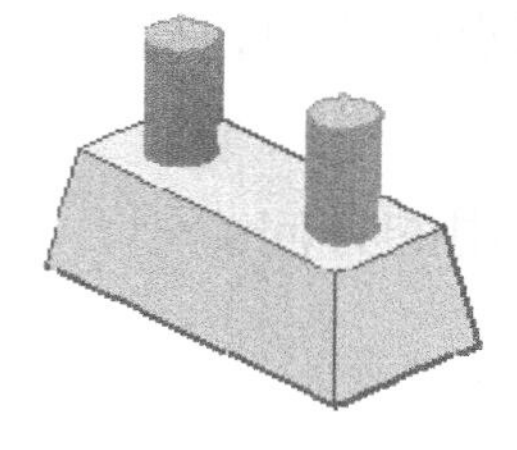
（b）未选中

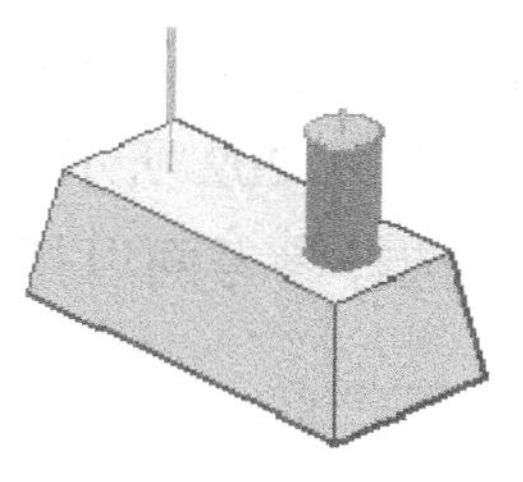
（c）选中

图 1-199 “删除原始特征”复选框的使用

其他各项与之前学习的阵列对话框中的相应项一致，这里不再赘述。下面以图 1-200 所示为例介绍镜像特征的创建步骤。

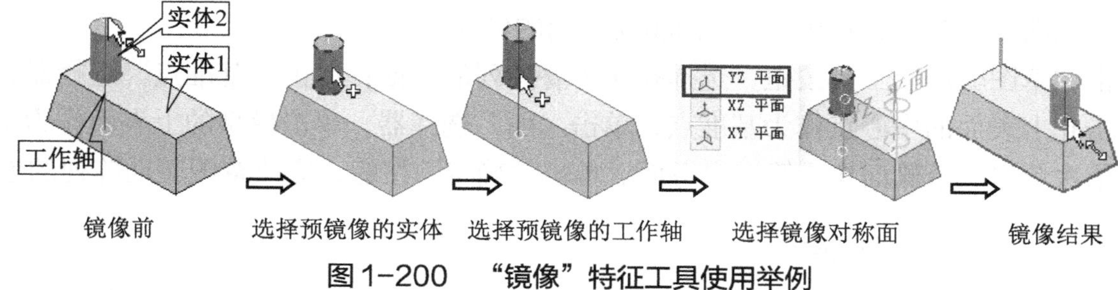

图 1-200 “镜像”特征工具使用举例

先单击“镜像”工具按钮，再单击“镜像实体”工具按钮，在图形区选择实体 2，单击“包括定位/曲面特征”选择器，在图形区单击工作轴；在“镜像”对话框中单击“YZ 平面”按钮，勾选“删除原始特征”复选框。单击“确定”按钮，完成镜像特征的创建。

4）草图驱动

草图驱动是指通过草图点控制阵列的特征或实体，草图点可以来自二维草图或三维草图。单击“草图驱动”工具按钮，打开“草图驱动的阵列”对话框，如图 1-201 所示。与前面的阵列一样，草图驱动的阵列既可以是特征又可以是实体，这里以阵列特征为例介绍“草图驱动”工具的使用。

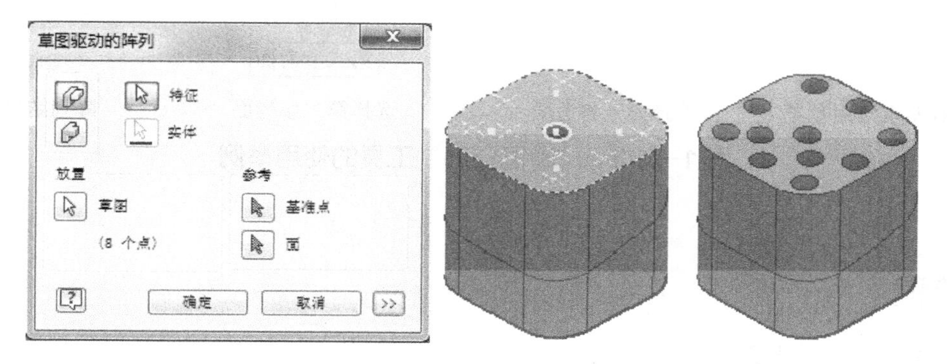

图 1-201 “草图驱动的阵列”对话框

（1）草图：若模型中仅有一个可见草图，那么该草图默认被选中，并显示草图中草图点的个数。

（2）参考：通过选择基准点和面来确定阵列的方向。

① 基准点：控制阵列引用和草图点的相对位置，在创建阵列时，Inventor 会默认计算一个基准点，如图 1-202 所示。

② 面：选择参考面以指定阵列引用的方向。

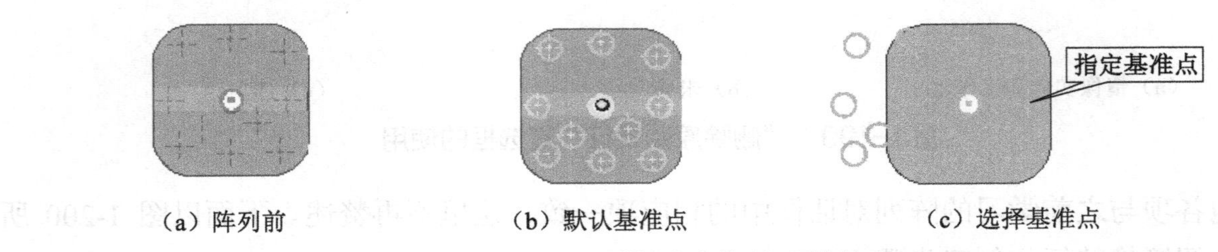

（a）阵列前　（b）默认基准点　（c）选择基准点

图 1-202 “基准点”选项的使用

下面以图 1-203 所示为例介绍草图驱动阵列的创建步骤。

单击“草图驱动”工具按钮，选择孔作为要阵列的特征；单击“基准点”选择器，在图形区单击孔上表面的中心点作为基准点；单击“面”选择器，单击模型的上表面作为第一参考面；依次单击三个侧面作为第二参考面。单击“确定”按钮，完成草图驱动阵列的创建。

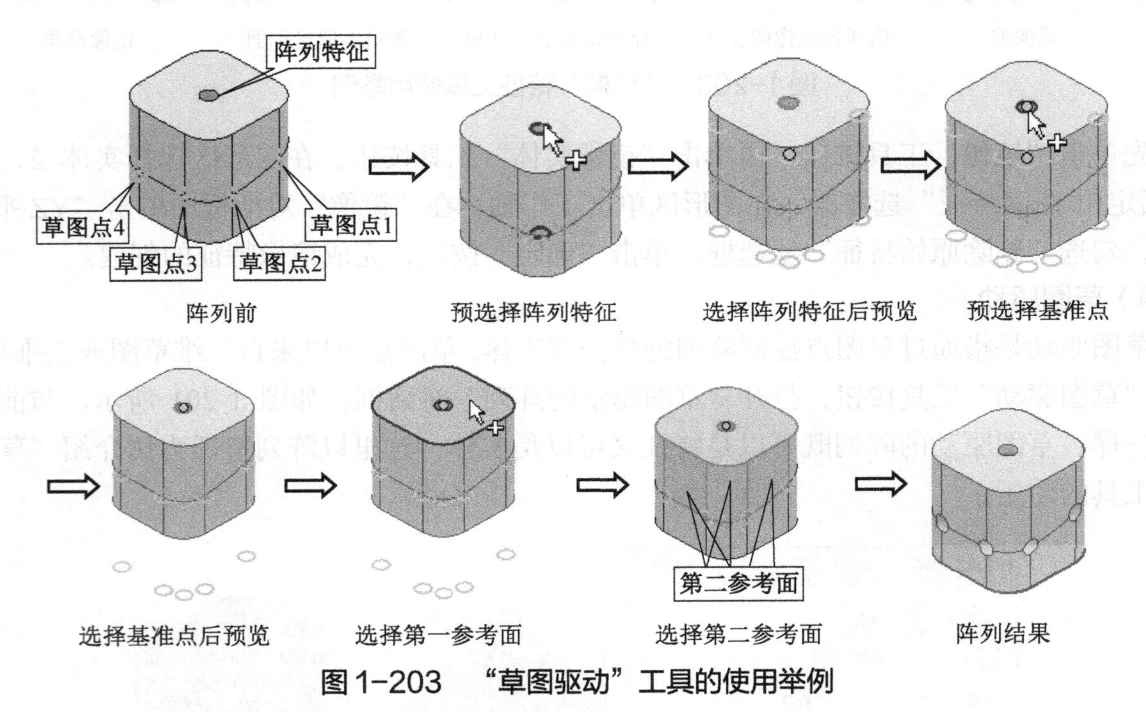

阵列前　预选择阵列特征　选择阵列特征后预览　预选择基准点

选择基准点后预览　选择第一参考面　选择第二参考面　阵列结果

图 1-203 “草图驱动”工具的使用举例

任务流程

主要任务流程如图 1-204 所示。

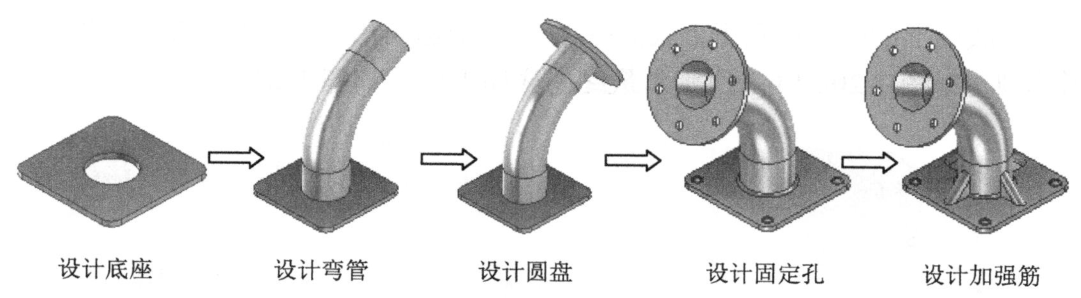

设计底座　　设计弯管　　设计圆盘　　设计固定孔　　设计加强筋

图 1-204　主要任务流程

任务实施

（1）新建文件：利用标准零件模板新建零件文件。

（2）绘制草图 1：绘制如图 1-205（a）所示的草图 1。

（3）创建拉伸特征：将上一步绘制的草图 1 进行拉伸，拉伸距离为 10mm，设计出底座，如图 1-205（b）所示。

（4）绘制草图 2：在底座上表面新建草图 2，绘制如图 1-206（a）所示的同心圆。

（5）绘制草图 3：在 XZ 基准面上新建草图 3，投影草图 2 的圆心，以投影点为起点，绘制如图 1-206（b）所示的图形。

（6）创建扫掠特征：以草图 2 为截面、草图 3 为路径创建扫掠特征，设计出弯管，如图 1-206（c）所示。

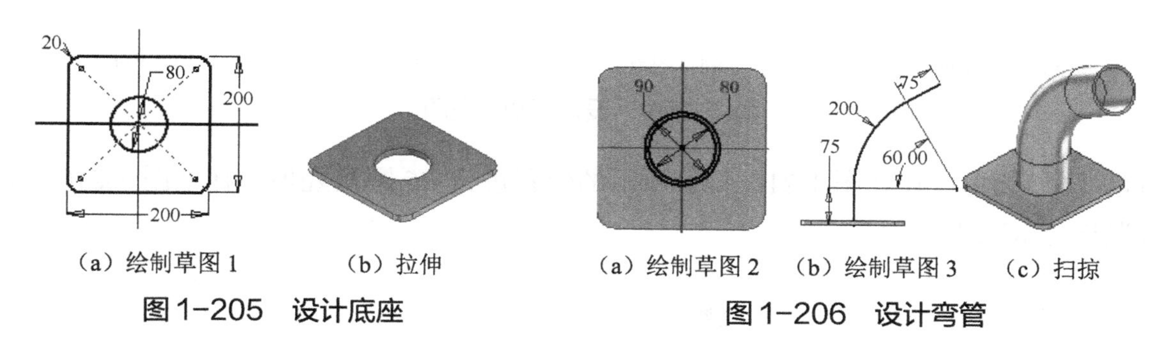

（a）绘制草图 1　　（b）拉伸

图 1-205　设计底座

（a）绘制草图 2　　（b）绘制草图 3　　（c）扫掠

图 1-206　设计弯管

（7）绘制草图 4：在如图 1-207（a）所示的弯管顶端平面上新建草图 4，先投影弯管的外部轮廓，再绘制直径为 200mm 的同心圆，如图 1-207（b）所示。

（8）创建拉伸特征：将上一步绘制的草图 4 进行拉伸，拉伸方向向下，拉伸距离为 10mm，设计出圆盘部分，如图 1-207（c）所示。

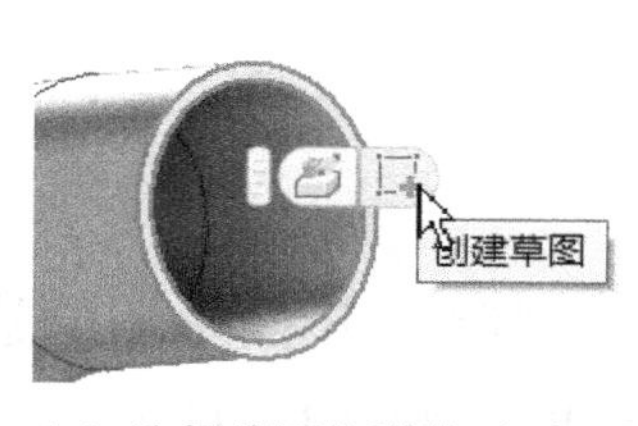

（a）选择草图依附的平面

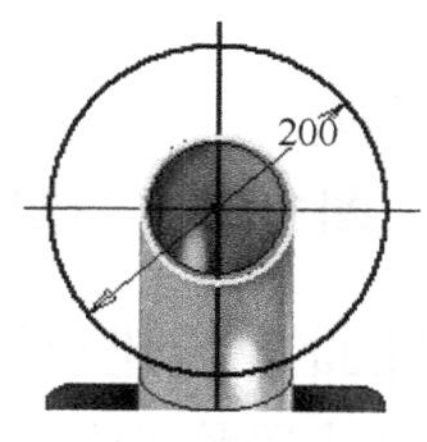

（b）绘制草图 4

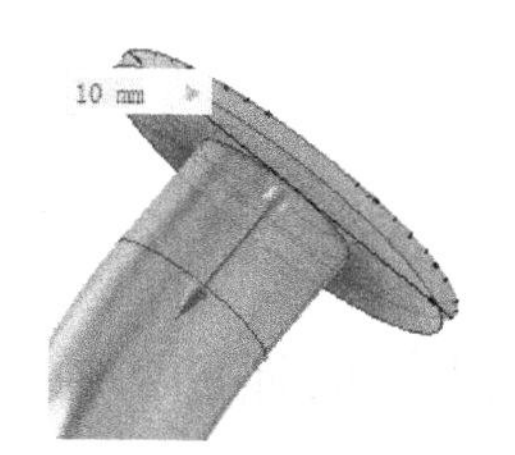

（c）拉伸

图 1-207　设计圆盘

（9）设计底座上的孔：在底座上表面打一个与底座圆角同心的孔，如图 1-208（a）所示；将孔环形阵列，如图 1-208（b）所示；最终的底座上的孔如图 1-208（c）所示。

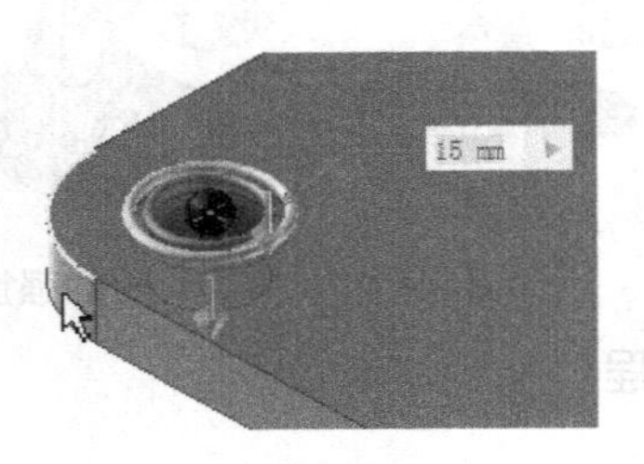

（a）设计同心孔

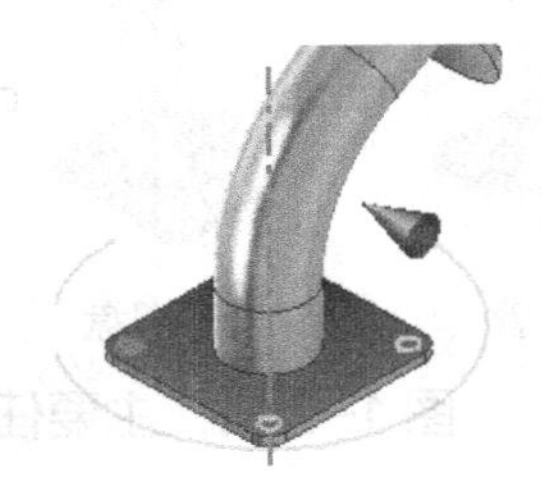

（b）将孔环形阵列

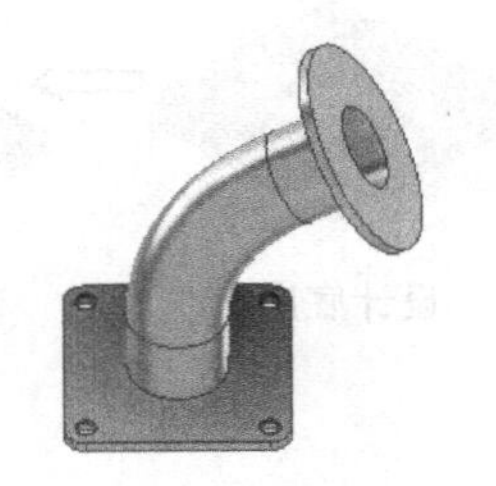

（c）最终的底座上的孔

图 1-208　设计底座上的孔

（10）设计圆盘上的孔：在圆盘下表面上新建草图 5，如图 1-209（a）所示；进入草图后切片观察，投影圆盘，绘制一个草图点，并让草图点与投影的圆心上下对齐，如图 1-209（b）所示；在绘制的草图点处打孔，如图 1-209（c）所示；将孔环形阵列，结果如图 1-209（d）所示。

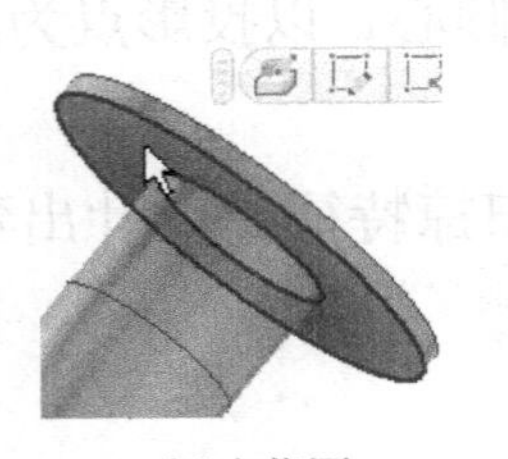

（a）新建草图 5

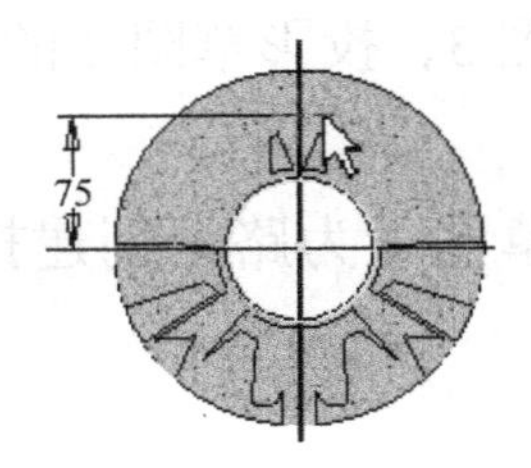

（b）绘制草图点

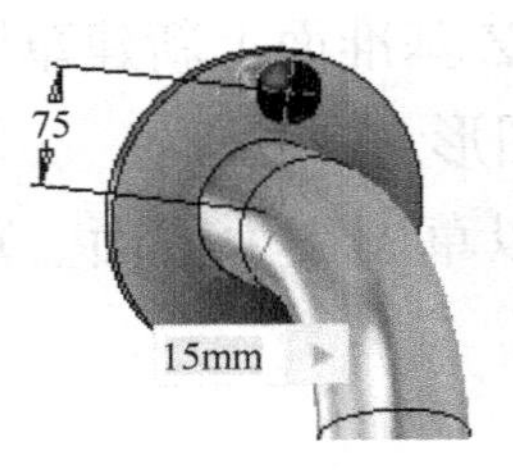

（c）打孔

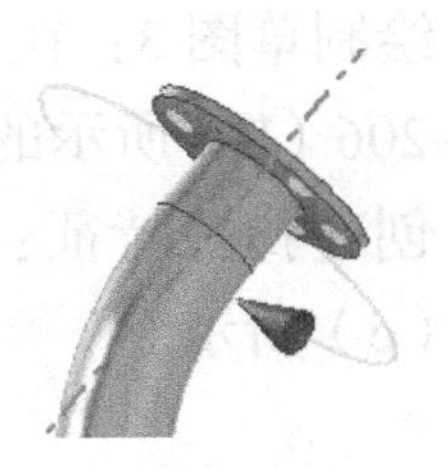

（d）环形阵列孔

图 1-209　设计圆盘上的孔

（11）添加圆角：在如图 1-210（a）所示的位置进行 *R*5 圆角处理，在如图 1-210（b）所示的位置进行 *R*2 圆角处理。

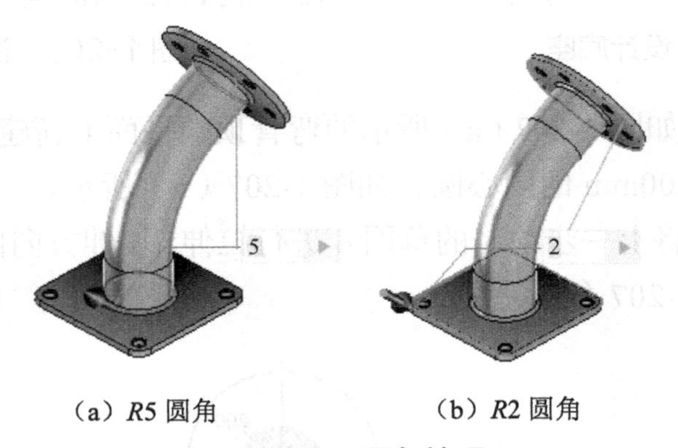

（a）*R*5 圆角　　（b）*R*2 圆角

图 1-210　圆角处理

（12）设计加强筋：在 XZ 基准面上新建草图 6，切片观察，并投影切割边，绘制如图 1-211（a）所示的直线段；以该直线段作为轮廓创建加强筋，如图 1-211（b）所示；将加强筋进行全圆角和圆角处理，如图 1-211（c）、（d）所示；将加强筋、全圆角和圆角三个特征进行环形阵列，如图 1-211（e）所示。

（13）保存文件：完成模型创建后，将文件保存为“弯管法兰模型.ipt”。

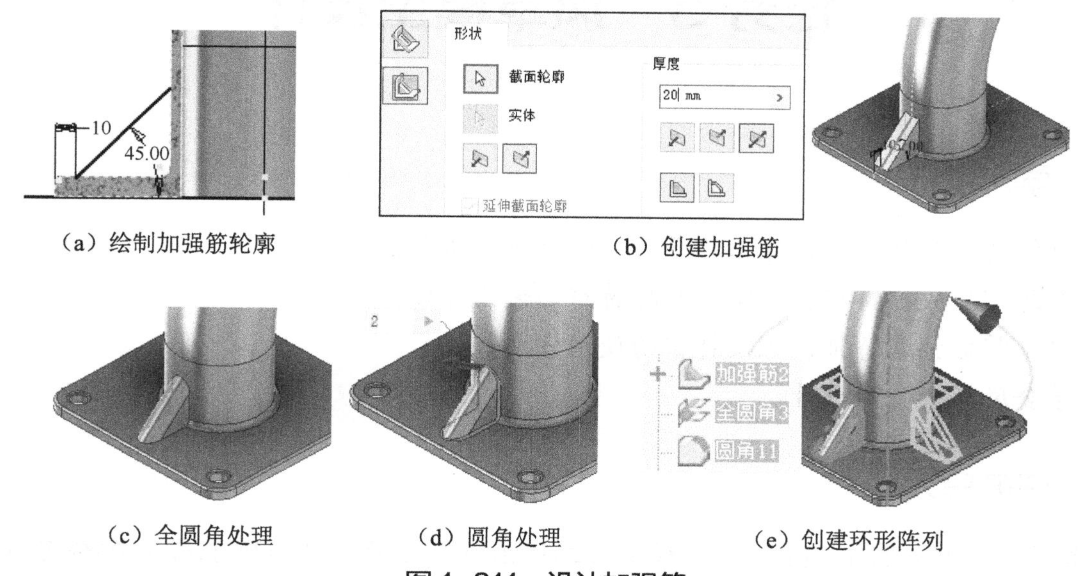

（a）绘制加强筋轮廓 （b）创建加强筋

（c）全圆角处理 （d）圆角处理 （e）创建环形阵列

图 1-211 设计加强筋

拓展练习 1-4

完成如图 1-212 所示的模型设计。

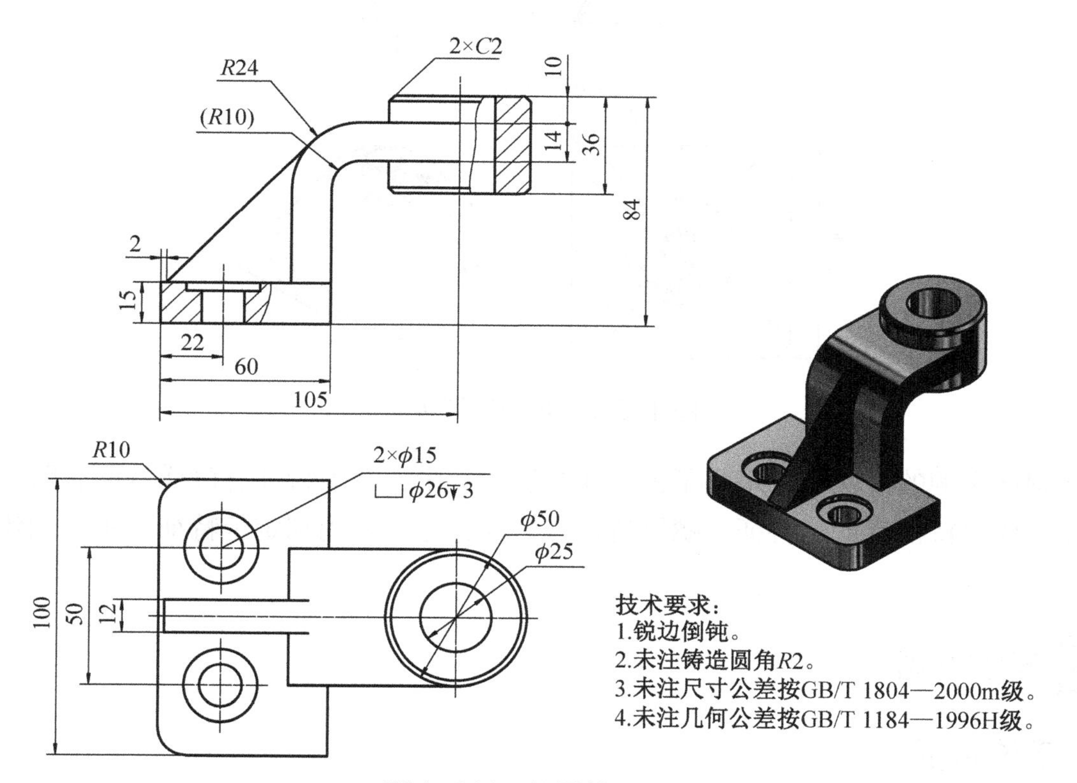

图 1-212 拓展练习 1-4

任务5　风罩模型设计

学习目标

- ◆ 熟练使用定位特征创建工作平面、工作轴、工作点。
- ◆ 熟练掌握放样特征、贴图、凸雕特征的使用方法。
- ◆ 熟练掌握抽壳特征、螺纹特征的使用方法。
- ◆ 学会风罩模型的设计。

任务导入

风罩模型实例如图 1-213 所示，模型及工程图纸见资源包“模块 1\第 1 章\任务 5\”。

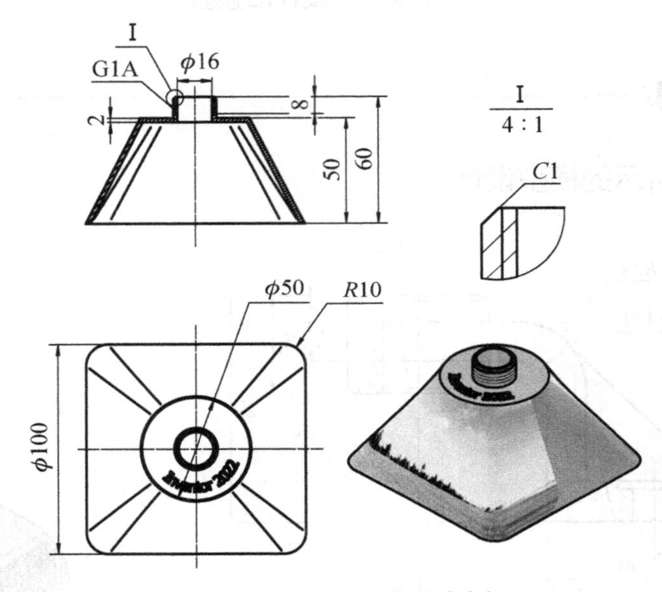

图 1-213　风罩模型实例

在绘制该实例的过程中，用到了很多新知识，其中，草图特征有放样特征、贴图特征、凸雕特征；放置特征有抽壳特征、螺纹特征。另外，还需要用到定位特征，用来创建工作平面等。

知识准备

1. 定位特征

在 Inventor 中对产品进行特征创建时，很多情况下现有的参考几何图元或其他定位信息不足以创建和定位新的特征，此时就需要借助辅助工具来创建新特征，由于这些辅助工具的特征是以抽象的构造几何图元形式出现的，因此不会直接影响模型的外形外貌。这些辅助特征即定位特征。

定位特征按照几何特性可划分为工作平面、工作轴、工作点、坐标系，其工具选项位于“三维模型”选项卡下，如图 1-214 所示，这里只介绍常用的前三种。

图 1-214 “定位特征”工具面板

1）工作平面

工作平面就是用户自定义的坐标平面，“平面”工具通常用来创建依附于该平面的草图、工作轴、工作点。另外，工作平面还用作参考面，如镜像平面、特征终止平面等。工作平面有两种，一种是基准坐标平面，即三个原始坐标平面；另一种就是用户自己创建的工作平面。下面主要介绍后一种。

创建工作平面的工具位于“定位特征”工具面板上，如图 1-214 所示。单击工具按钮上的下拉箭头，可显示创建工作平面的方法，如图 1-215 所示。下面介绍几种创建工作平面的方法。

图 1-215 创建工作平面的方法

（1）从平面偏移：单击已有平面，并向偏移的方向拖动，在弹出的小工具栏中输入偏移距离即可创建新的工作平面，如图 1-216 所示。

（2）平行于平面且通过点：单击已有平面后，选择通过的点即可创建新的工作平面，如图 1-217 所示。

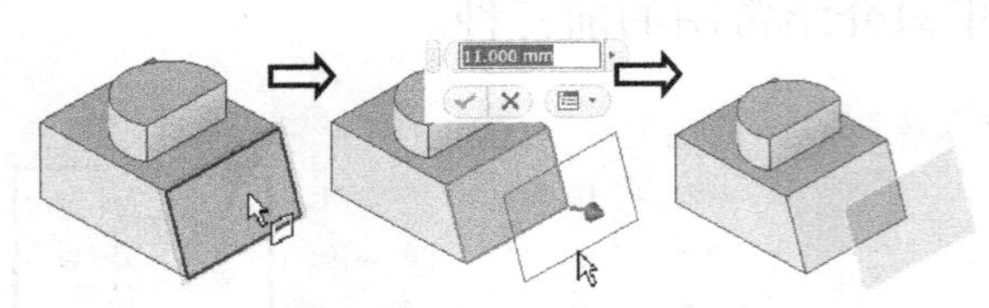

图 1-216　通过“从平面偏移”选项创建工作平面

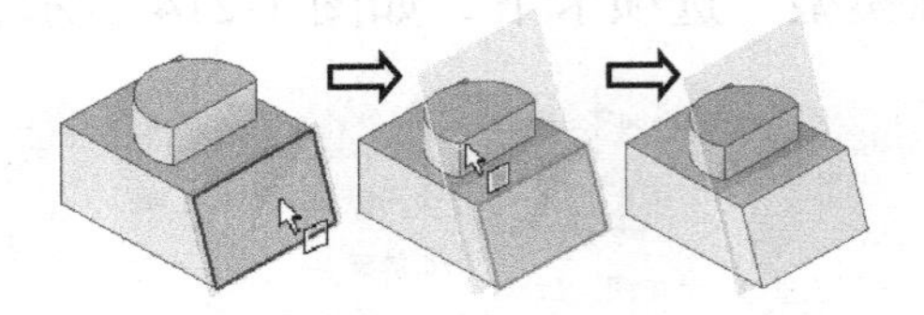

图 1-217　通过“平行于平面且通过点”选项创建工作平面

（3）两个平面之间的中间面：先后单击两个已有平行平面即可创建新的工作平面，如图 1-218 所示。

（4）圆环体的中间面：单击已有的圆环体，即可在圆环体的中间创建工作平面，如图 1-219 所示。

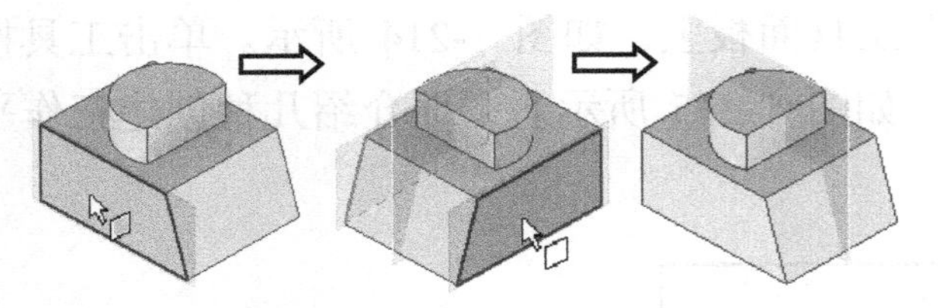

图 1-218　通过“两个平面之间的中间面”选项创建工作平面

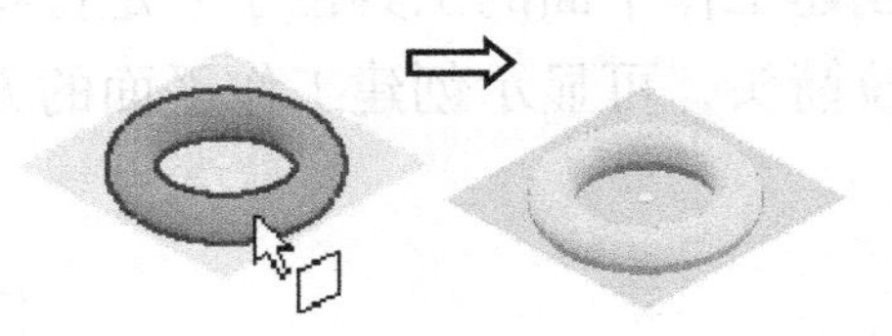

图 1-219　通过“圆环体的中间面”选项创建工作平面

（5）平面绕边旋转的角度：先单击已有平面，再选择已有直线（边），在弹出的小工具栏中输入旋转角度即可创建新的工作平面，如图 1-220 所示，这种情况的默认角度为 90°。

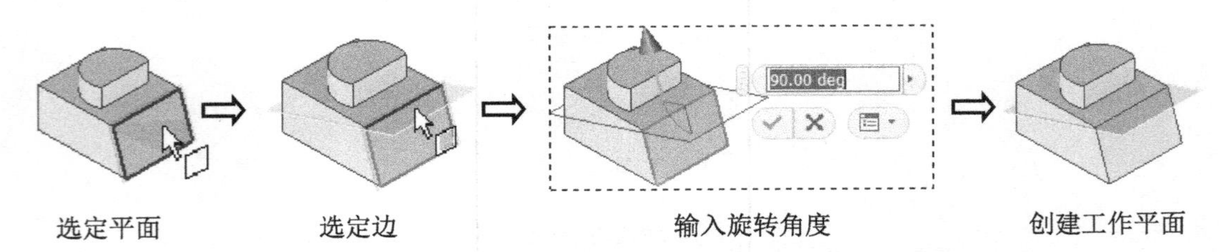

图 1-220　通过“平面绕边旋转的角度”选项创建工作平面

（6）三点：先后单击实体上已有的三个顶点、中点或工作点即可创建新的工作平面，如图 1-221 所示。

（7）两条共面边：先后单击两条已有的共面边即可创建新的工作平面，如图 1-222 所示。

（8）与曲面相切且通过边：先单击已有曲面，再单击已有边即可创建新的工作平面，如图 1-223 所示。

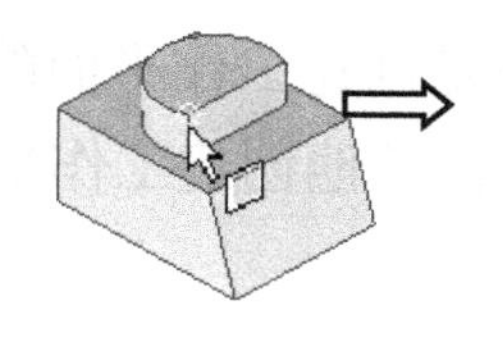
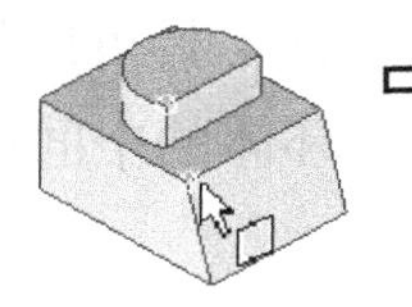
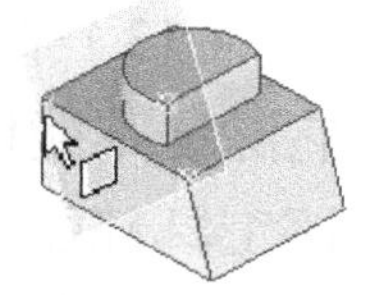
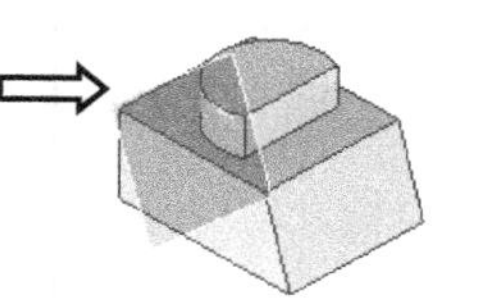

选定第一个点　选定第二个点　选定第三个点　创建工作平面

图 1-221　通过“三点”选项创建工作平面

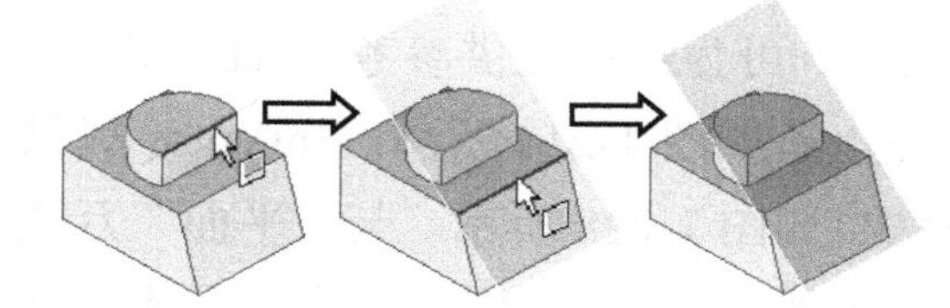

选定第一条边　选定第二条边　创建工作平面

图 1-222　通过“两条共面边”选项创建工作平面

选定曲面　选定边　创建工作平面

图 1-223　通过“与曲面相切且通过边”选项创建工作平面

（9）与曲面相切且通过点：先单击已有曲面，再单击实体上某一顶点、中点或工作点即可创建新的工作平面，如图 1-224 所示。

（10）与曲面相切且平行于平面：先单击已有曲面，再单击已有平面即可创建新的工作平面，如图 1-225 所示。

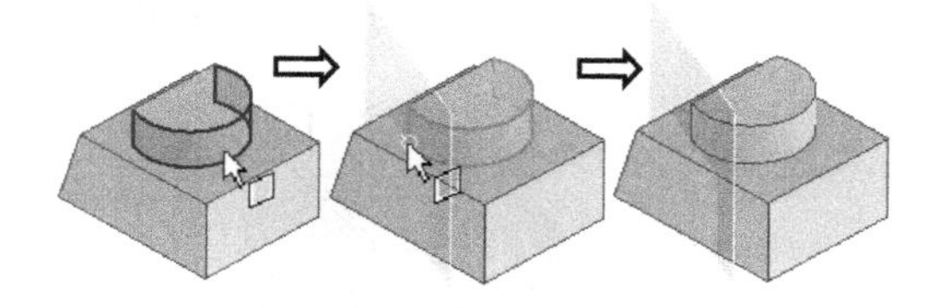

选定曲面　选定点　创建工作平面

图 1-224　通过“与曲面相切且通过点”选项创建工作平面

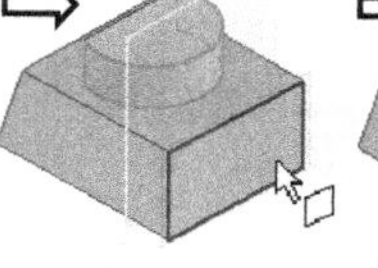

选定曲面　选定平面　创建工作平面

图 1-225　通过“与曲面相切且平行于平面”选项创建工作平面

（11）与轴垂直且通过点：单击一条线性边（或轴）和一个点来创建过该点且与线性边（或轴）垂直的工作平面，如图 1-226 所示。

（12）在指定点处与曲线垂直：通过选择一条曲线和曲线上的点来创建新的工作平面，如图 1-227 所示。

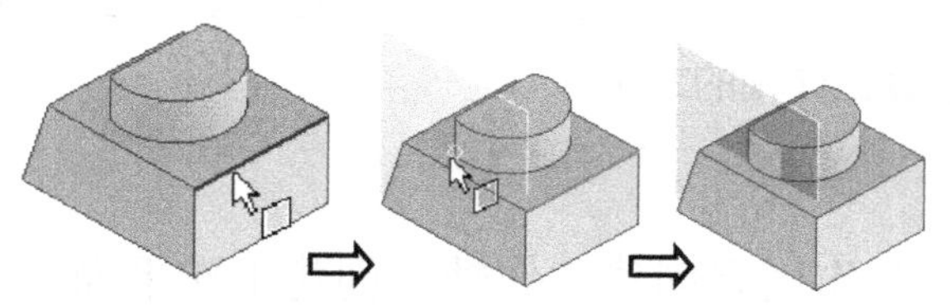

选定轴　选定点　创建工作平面

图 1-226　通过“与轴垂直且通过点”选项创建工作平面

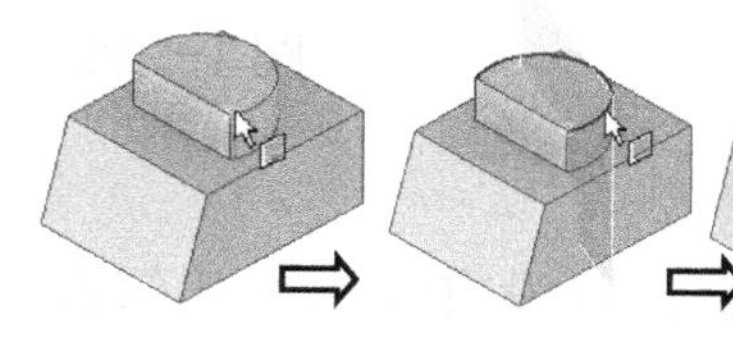
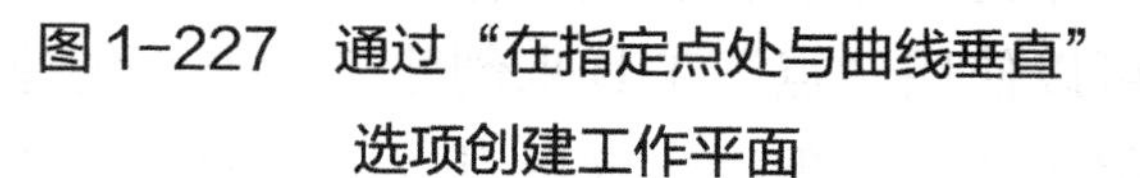

选定点　选定曲线　创建工作平面

图 1-227　通过“在指定点处与曲线垂直”选项创建工作平面

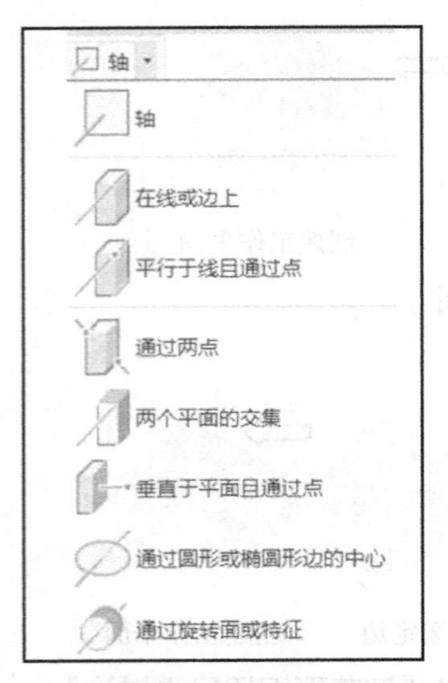

图 1-228　创建工作轴的方法

（13）平面：该工具可以说是创建工作平面的万能工具，它除了不能创建圆环体的中间面，其他创建工作平面的方法，该工具都能完成。

2）工作轴

工作轴是依附于实体的几何直线，主要作用是生成工作平面的定位参考，或者用作标记对称的直线、中心线或旋转特征的轴；在部件环境下，可为约束提供参考。"轴"工具位于"定位特征"工具面板上，如图 1-214 所示。Inventor 提供了多种创建工作轴的方法，如图 1-228 所示。与"平面"万能工具一样，创建工作轴的几种方法也都能用"轴"工具来完成。创建工作轴的方法按照图 1-229 进行操作即可，这里不再赘述。

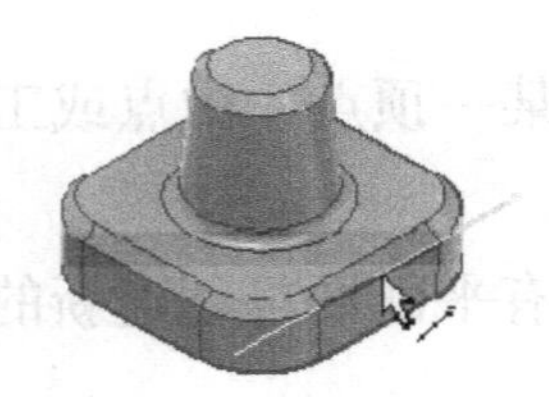
（a）使用"在线或边上"选项创建工作轴

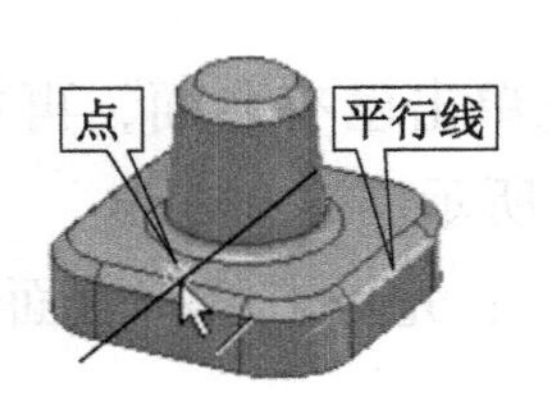

（b）使用"平行于线且通过点"选项创建工作轴

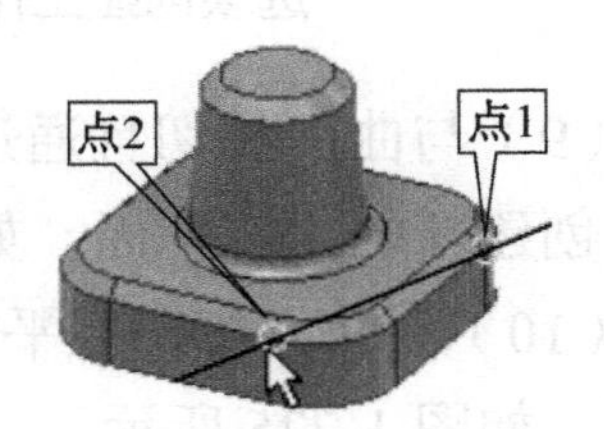

（c）使用"通过两点"选项创建工作轴

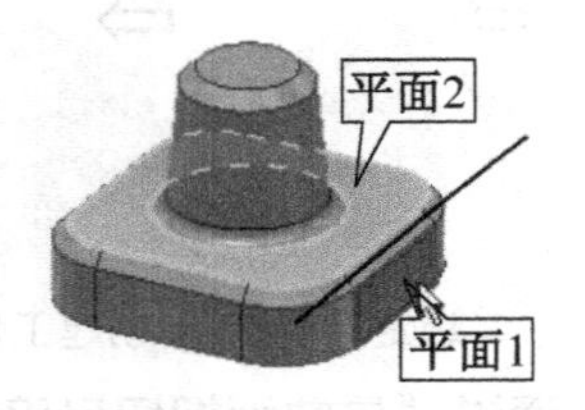

（d）使用"两个平面的交集"选项创建工作轴

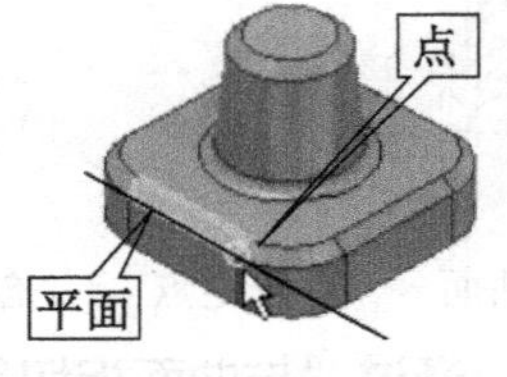

（e）使用"垂直于平面且通过点"选项创建工作轴

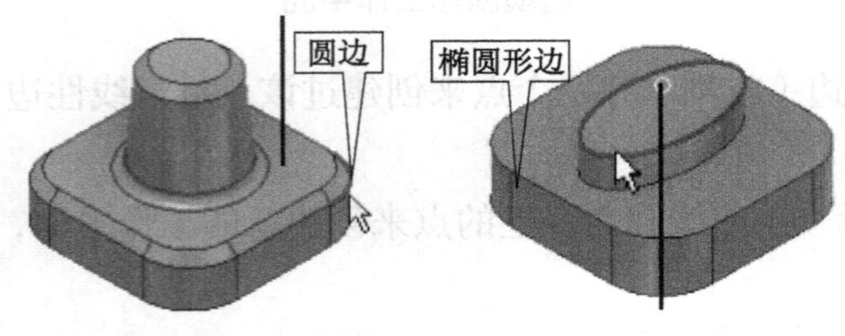

（f）使用"通过圆形或椭圆形边的中心"选项创建工作轴

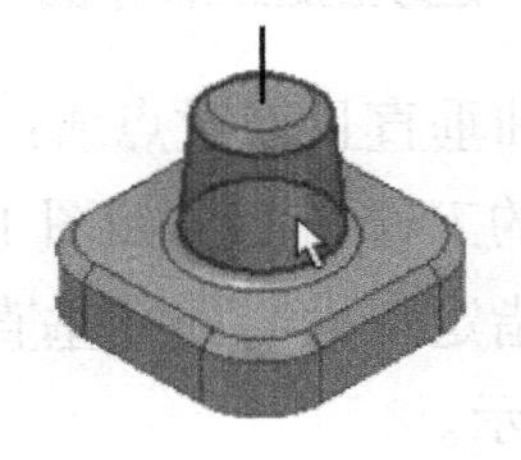
（g）使用"通过旋转面或特征"选项创建工作轴

图 1-229　创建工作轴的方法

3）工作点

工作点是只有位置没有大小的几何点，主要作用有创建工作轴、创建工作平面、投影至草图作为参考、在装配中作为约束参考等。工作点可以是已经存在的草图点、特征上的点；也可以使用"点"工具来创建工作点。创建工作点的方法有多种，如图 1-230 所示。这些方法都比较容易理解，这里只以图例简单介绍其中的两种，如图 1-231、图 1-232 所示。

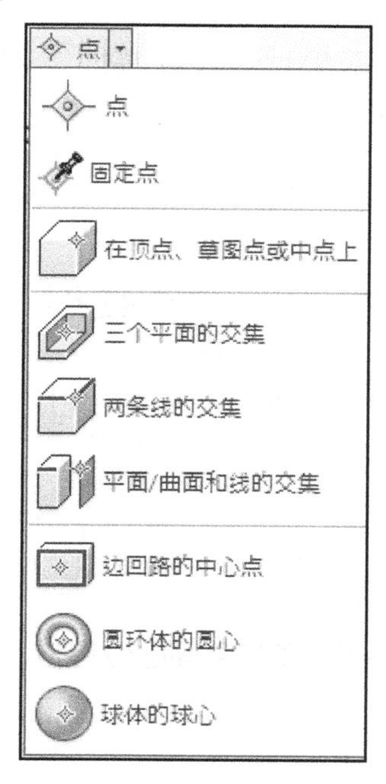

图 1-230 创建工作点的方法

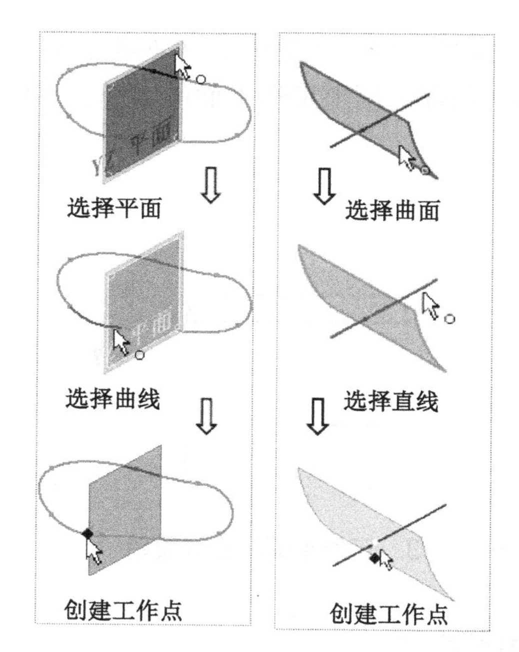

图 1-231 通过“平面/曲面和线的交集”选项创建工作点

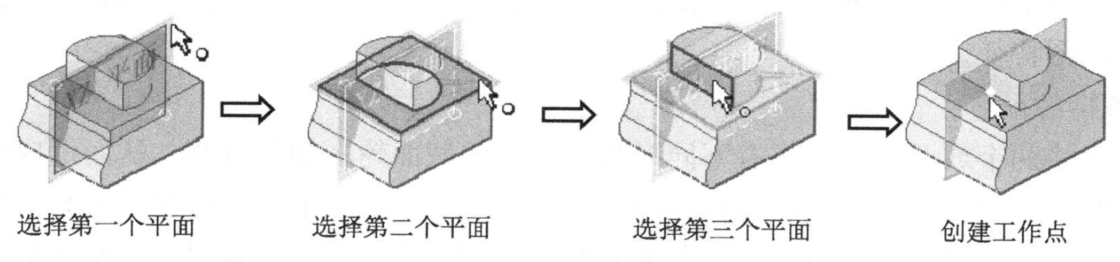

图 1-232 通过“三个平面的交集”选项创建工作点

4）定位特征的编辑

前面学习了定位特征的创建，有时定位特征在创建后并不是我们想要的结果，需要对其进行编辑。这里以工作平面的编辑为例来介绍定位特征的编辑。

用户可通过工作平面的右键菜单对工作平面进行操作，如图 1-233 所示。这里只介绍常用的几个右键菜单中的选项。

（1）重定义特征：在创建工作平面时，如果选择错了几何图元，那么可以通过此工具重新定义工作平面。

（2）反转法向：在 Inventor 中创建的工作平面具有方向性，在使用工作平面创建草图时，草图附着于工作平面的正面。但有时在创建工作平面时，由于输入的条件不同，可能使创建的工作平面与原始坐标系的坐标轴方向不符，从而无法创建一些特征，如贴图、凸雕特征，这时就可以采用将工作平面反转法向的方法解决问题。

【说明】在 Inventor 中，工作平面的不同方向会用不同的颜色加以区分，正方向用橙色表示，反方向用淡蓝色表示。

（3）自动调整大小：一般情况下，Inventor 会根据图形区零件的大小自动调整工作平面的大小。用户也可以在不选择该选项的情况下，手动调整工作平面的位置和大小，方法是：将光标置于工作平面的任意一个角点上，当光标变为 ⊞ 形状时，直接拖动即可更改工作平面的位置；待光标变为 形状时，拖动即可改变工作平面的大小；或者待光标变为形状时单击，松开后拖动即可调整工作平面的大小，如图 1-234 所示。

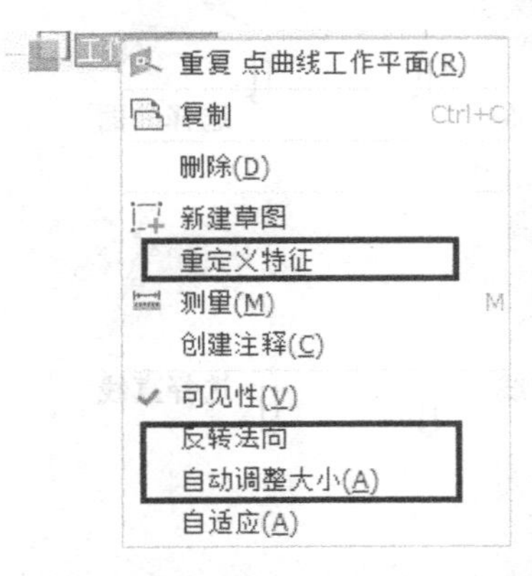

图 1-233　工作平面的右键菜单

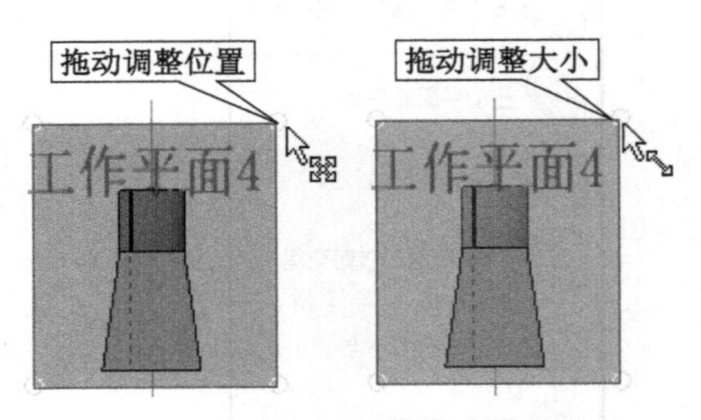

图 1-234　调整工作平面的位置与大小

2. 草图特征

前面讲解了拉伸、旋转、扫掠和加强筋等几个草图特征，在本任务中，讲解放样、凸雕、贴图三个草图特征。

1）放样

放样是将两个或两个以上具有不同形状或尺寸的截面轮廓均匀过渡，从而形成特征实体或曲面，常用于创建比较复杂的曲面。单击“创建”工具面板上的“放样”工具按钮，弹出“放样”对话框，如图 1-235 所示。在该对话框中，有三个选项卡，这里只对常用的前两个选项卡进行介绍。

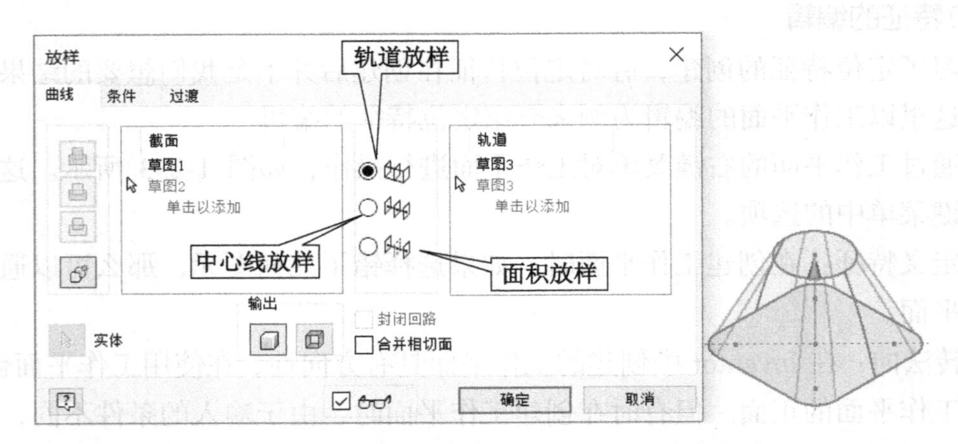

图 1-235　“放样”对话框中的“曲线”选项卡

（1）“曲线”选项卡：如图 1-235 所示。

① 截面：参与放样的截面轮廓可以是二维草图或三维草图中的曲线、模型边、点或封闭回路。截面轮廓越多，模型会越接近于我们期待的形状。在选择截面轮廓时，必须从第一个截面开始，到最后一个截面终止，若选择了错误的截面，则可先在截面列表中单击相应的截面，然后按 Delete 键即可将其删除。

② 放样类型：根据添加的轨道和中心线控制，可分为三种放样类型，这里只介绍前两种。

a. 轨道放样 ：轨道是指定截面之间放样形状的二维或三维曲线，轨道的多少将直接影响放样的实体形状，轨道必须与每个截面相交。在该种放样类型下，既可添加轨道又可不添加轨道，如图 1-236 所示。

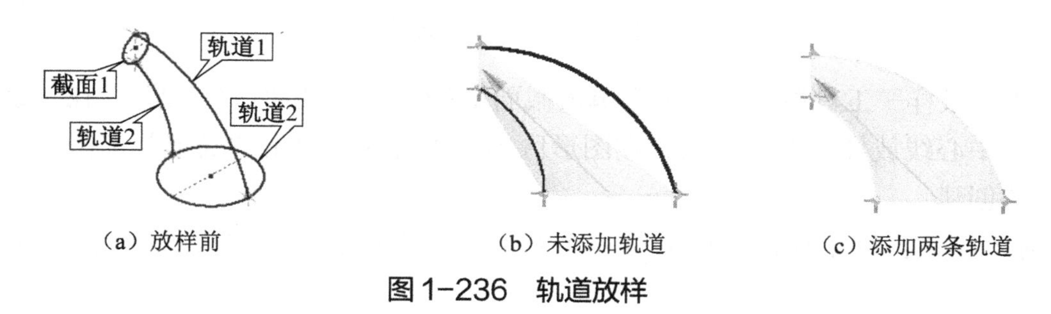

图 1-236 轨道放样

现以图 1-237 所示为例介绍轨道放样特征应用的操作步骤。

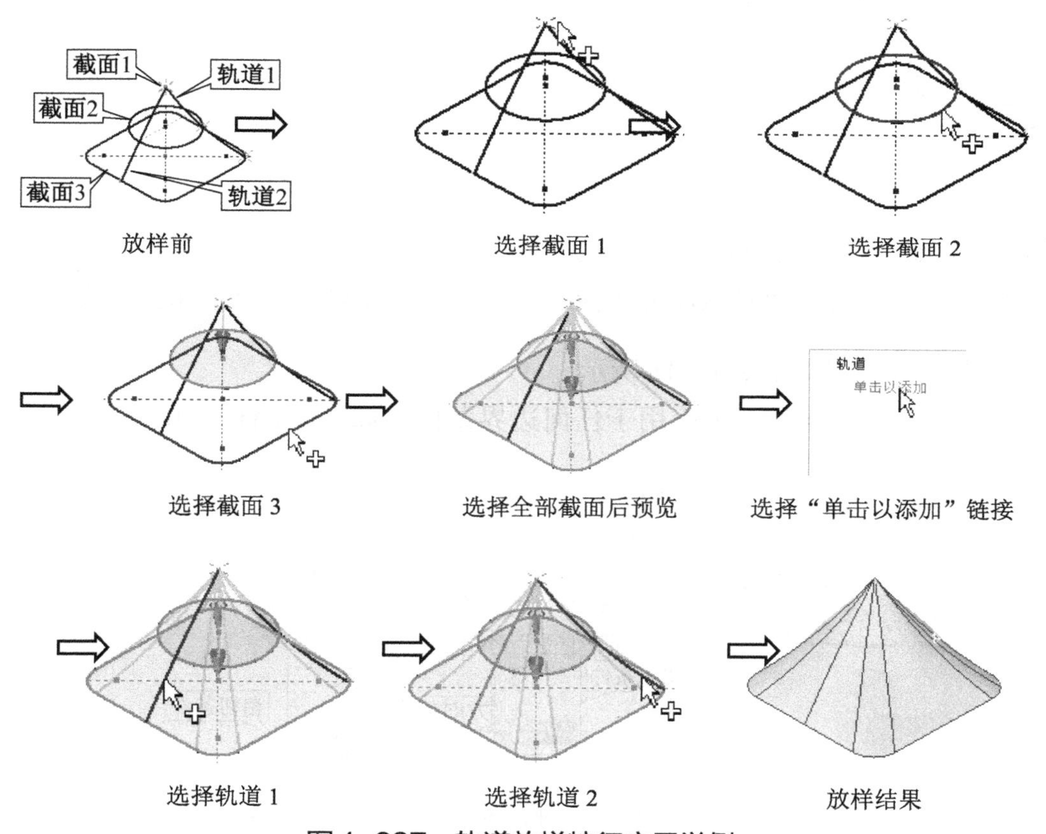

图 1-237 轨道放样特征应用举例

先单击“放样”工具按钮；再依次单击截面 1（点）、截面 2（圆）、截面 3（圆角矩形），在“放样”对话框的“轨道”选区中选择“单击以添加”链接；接着依次单击轨道 1、轨道 2；最后单击“确定”按钮，完成放样特征的创建。

b. 中心线放样 ：对选择的多个截面按照某条中心线变化，中心线是唯一的，如图 1-238 所示。当中心线与轮廓相交时，它相当于轨道。现以图 1-238 所示为例介绍中心线放样特征应用的操作步骤。

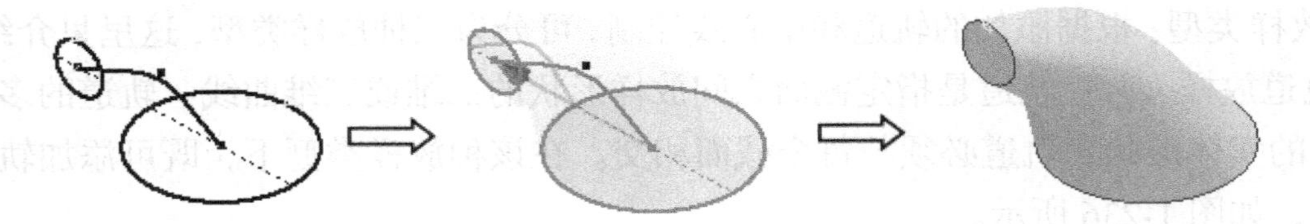

图 1-238　中心线放样

先单击“放样”工具按钮，再依次单击截面 1（小圆）、截面 2（大圆），在“放样”对话框中选择“中心线放样”单选按钮，在图形区单击中心线，单击“确定”按钮，完成中心线放样特征的创建。

③ 封闭回路：用于连接放样的第一个和最后一个截面，以构成封闭回路，如图 1-239 所示。

④ 合并相切面：用于自动缝合相切的放样面，勾选该复选框后，特征的切面之间不再创建相切边，如图 1-240 所示。在放样一些复杂曲面时，往往只有勾选了该复选框才能成功。

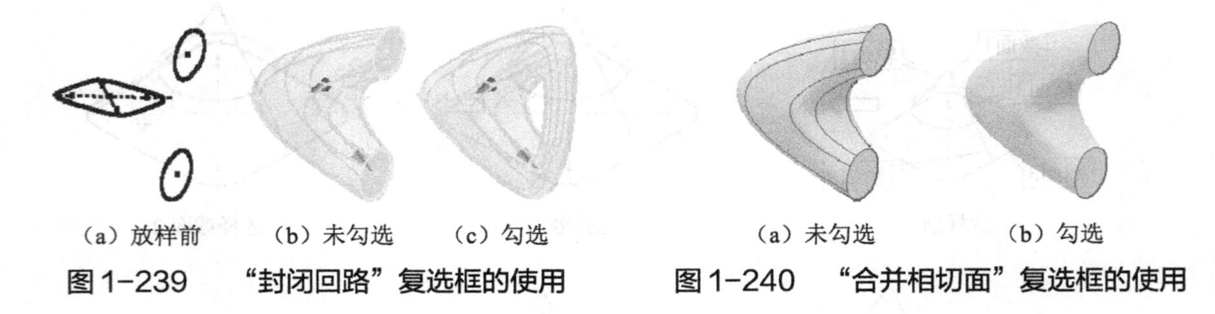

（a）放样前　（b）未勾选　（c）勾选

图 1-239　“封闭回路”复选框的使用

（a）未勾选　（b）勾选

图 1-240　“合并相切面”复选框的使用

（2）“条件”选项卡：如图 1-241 所示。

① 无条件：默认选项，不应用于任何边界条件，如图 1-241 所示。

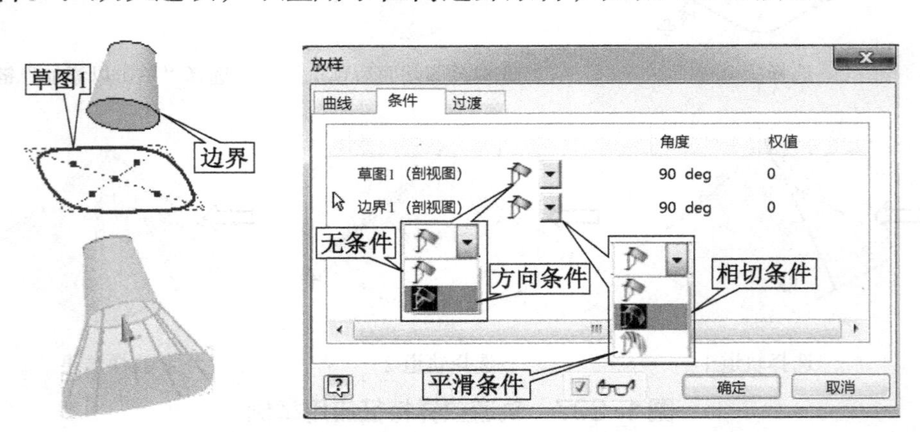

图 1-241　“放样”对话框中的“条件”选项卡

② 方向条件：仅当截面是二维草图时，该选项才可用，用于测量相对于剖切平面的角度。可通过设置角度和权值来调整放样外观，表 1-1 给出的就是将“草图 1”设置为“方向条件”时，角度、权值取不同值得到的放样外观比较。

表 1-1 “方向条件”下不同角度、权值的放样外观比较

角度	权值	
	1	2
90°		
120°	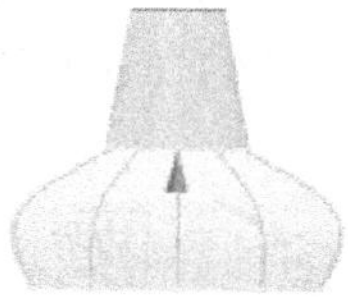	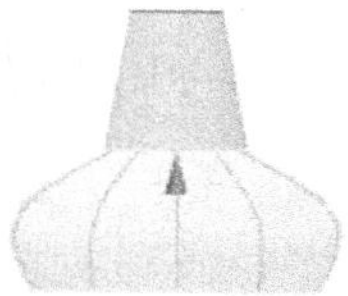

③ 角度：表示截面或轨道平面与放样创建的面之间的过渡段包角。90° 为默认值，表示垂直过渡，取值为 0° ~180° 。

④ 权值：用来控制放样外观，确定截面形状在过渡到下一个形状前延伸的距离。权值一般取值为 1 ~ 20，默认值为 1。

⑤ 相切条件 ：用以创建与相邻面相切的放样，通过设置方向和权值来调整放样外观。在该方式下，“角度”选项不可用。表 1-2 给出的就是将“边界 1”设置为“相切条件”时，不同方向下权值取不同值得到的放样外观比较。

表 1-2 “相切条件”下不同方向、权值的放样外观比较

角度	权值	
	1	2
起始方向	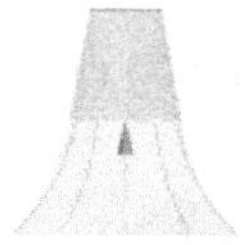	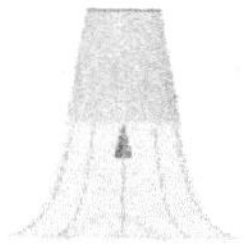
反向	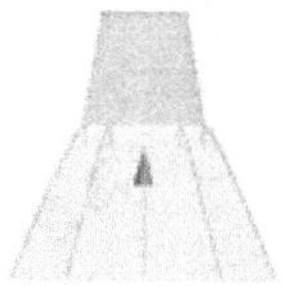	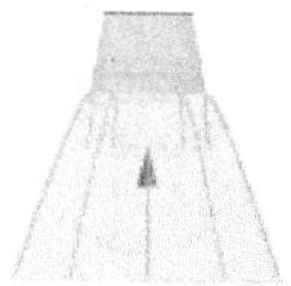

⑥ 平滑条件 ：用以指定与相邻面连续的放样曲率。为了能够让几种放样方式的放样外观比较起来更加直观，这里对圆台的边界进行了圆角处理，结果如图 1-242 所示。

⑦ 尖锐点 ：当起始截面或结束截面是点的时候，用来创建尖头或锥形顶面，如图 1-243（a）~（c）所示。

⑧ 相切 ：当起始截面或结束截面是点的时候，用来创建圆形的盖形顶面，可通过权值调整放样外观，如图 1-243（d）所示。

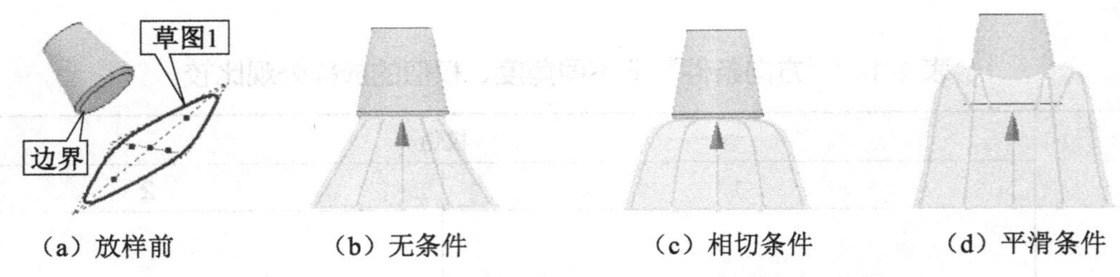

（a）放样前　（b）无条件　（c）相切条件　（d）平滑条件

图 1-242　几种放样方式的放样外观的比较

⑨ 与平面相切 ：当起始截面或结束截面是点的时候，将相切应用到指定的平面来创建圆形的盖形顶面，可通过权值调整放样外观，如图 1-243（e）所示。

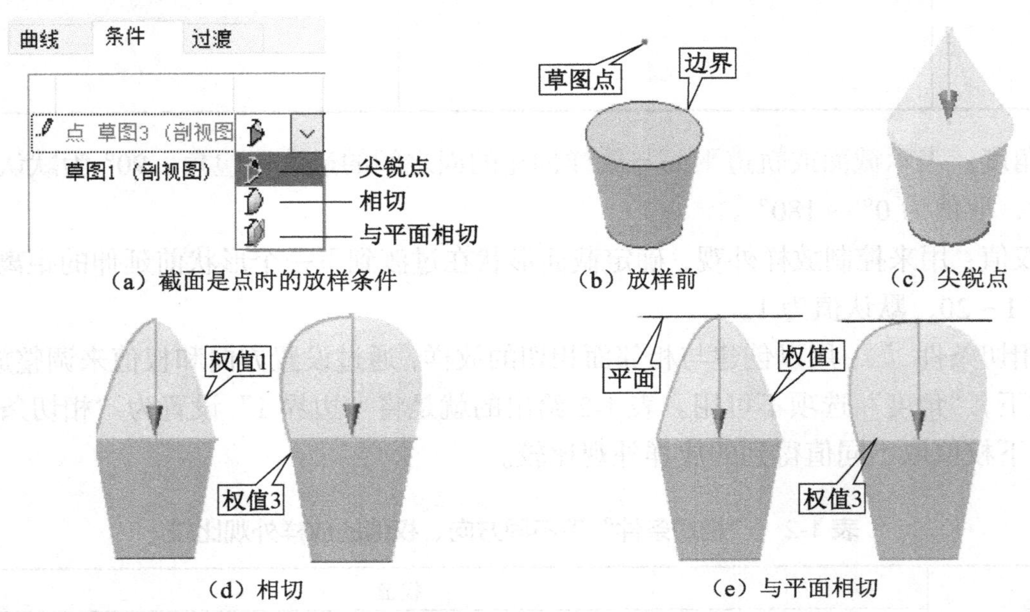

（a）截面是点时的放样条件　（b）放样前　（c）尖锐点

（d）相切　（e）与平面相切

图 1-243　截面为点时的放样条件的比较

下面以图 1-244 所示的模型为例，简单介绍当截面为点时的放样操作步骤。

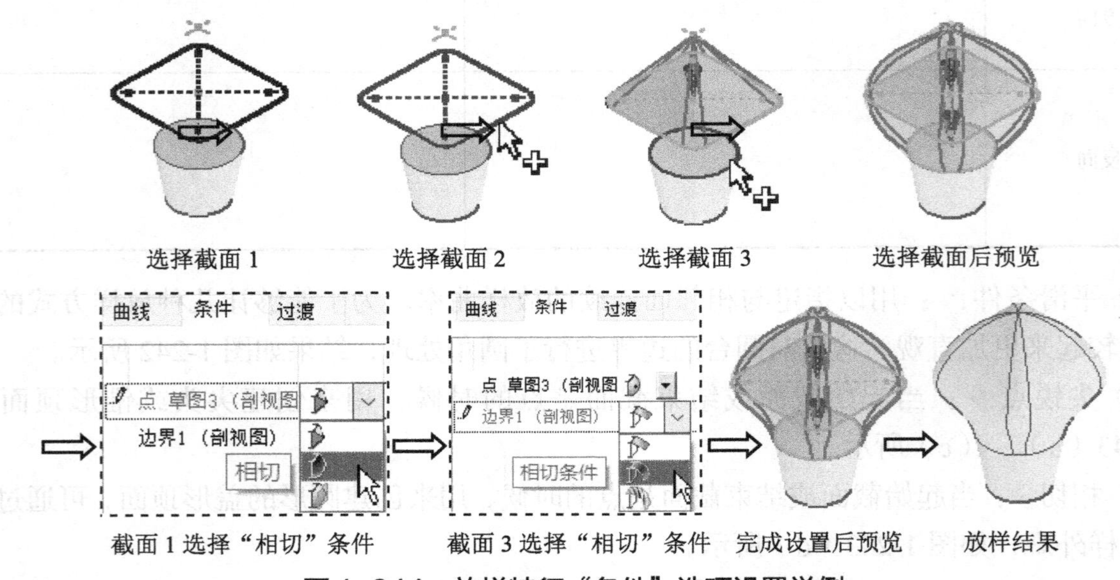

图 1-244　放样特征“条件”选项设置举例

先单击“放样”工具按钮，再依次单击截面 1（点）、截面 2（圆角矩形）、截面 3（圆台的圆面），单击“放样”对话框中的“条件”选项卡，设置“点”的条件为“相切”，设置“边界”的条件为“相切”，单击“确定”按钮，完成放样特征的创建。

2）凸雕

凸雕特征是指将截面轮廓以指定的深度与方向平铺或缠绕在已有实体的表面，类似于生活中的雕刻，一般用来创建零件表面上的 Logo、放置产品铭牌的凸台、风扇的扇叶等。“凸雕”工具按钮位于“创建”工具面板上，如图 1-104 所示。

单击“凸雕”工具按钮，弹出“凸雕”对话框，如图 1-245 所示，其中各项含义如下。

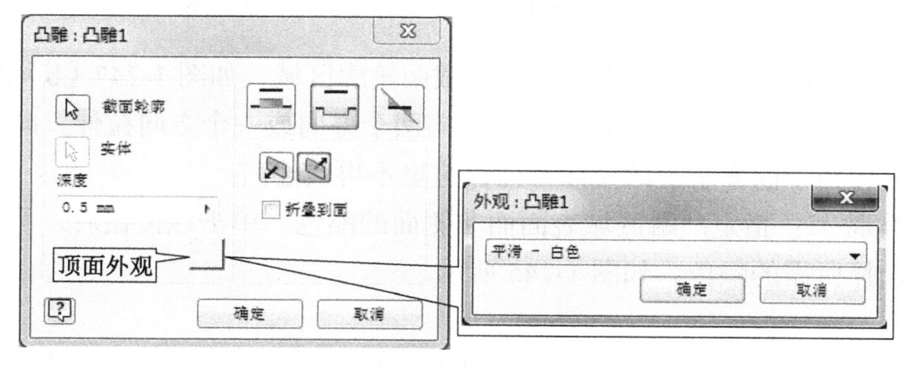

图 1-245 “凸雕”对话框

（1）截面轮廓：用来生成凸雕特征的草图轮廓，可以是文字或封闭的几何图形。在绘制文字截面轮廓时，若出现文字反向的情况，即如图 1-246（a）所示的情形，则可将截面轮廓依附的工作平面进行反转法向处理，就可将文字调整过来，如图 1-246（b）所示。

（2）深度：指定凸雕截面轮廓与凸雕面偏移的距离，如图 1-247 所示。

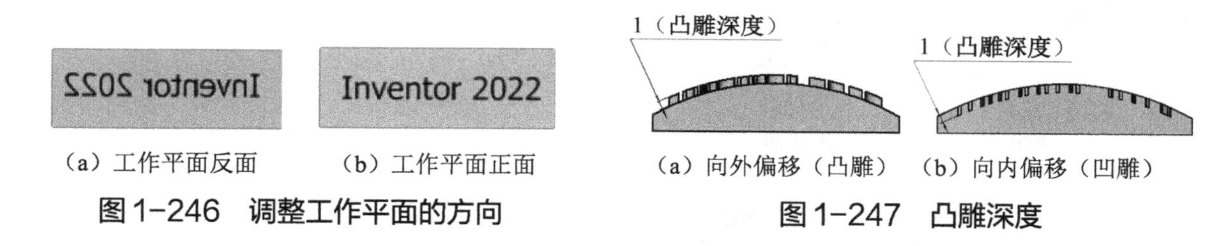

（a）工作平面反面 （b）工作平面正面

图 1-246 调整工作平面的方向

（a）向外偏移（凸雕） （b）向内偏移（凹雕）

图 1-247 凸雕深度

（3）凸雕类型：Inventor 提供了从面凸雕、从面凹雕、从面凸雕\凹雕三种类型。

① 从面凸雕：升高零件表面上对应的截面轮廓区域，如图 1-247（a）所示。若勾选“折叠到面”复选框，则表示指定的截面轮廓将缠绕在曲面上，如图 1-248（a）、（b）所示；若未勾选该复选框，则表示截面轮廓将平行投影到曲面上，如图 1-248（c）所示。

【说明】在 Inventor 2022 中，在创建凸雕特征时，选择截面轮廓后，不能直接选择凸雕曲面，只需勾选“折叠到面”复选框，只有当对话框中出现“面”选项后，才可以选择凸雕曲面。若不需要以“折叠到面”的形式创建特征，则只需取消勾选该复选框即可。

下面以图 1-248（b）所示为例，介绍创建凸雕特征的操作步骤。

单击“凸雕”工具按钮，打开“凸雕”对话框（由于只有一个截面轮廓，所以默认为选中状态；“从面凸雕”选项也被默认选中），在对话框的“深度”数值框中输入凸雕深度，勾选“折叠到面”复选框，选择要凸雕的零件表面，单击“确定”按钮，完成凸雕特征的创建。

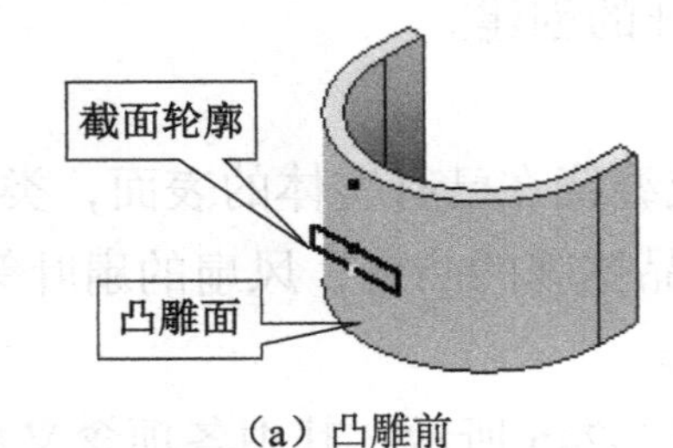

（a）凸雕前

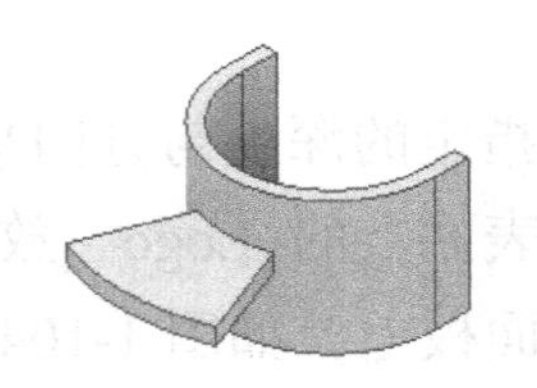
（b）勾选“折叠到面”复选框

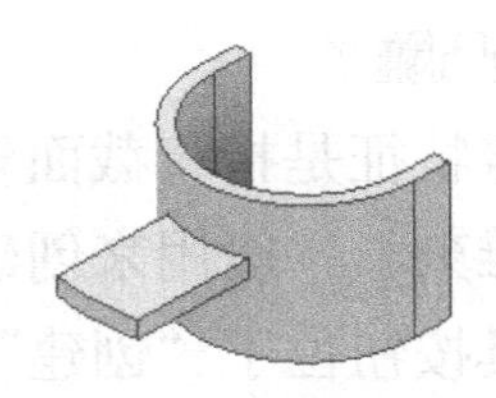
（c）未勾选“折叠到面”复选框

图 1-248 “折叠到面”复选框使用情况比较

② 从面凹雕 ：凹进零件表面上对应的截面轮廓区域，如图 1-247（b）所示。

③ 从平面凸雕\凹雕 ：通过从草图平面向两个方向或一个方向拉伸，向模型中添加和从中去除材料，相当于前面学习的拉伸特征，这里不再赘述。

（4）顶面外观 ：指定凸雕区域表面而非侧面的颜色，单击该按钮后，可打开“外观”对话框，从中选择所需的颜色，如图 1-245 所示。

3）贴图

“贴图”可以将图像、Word 文档、Excel 表格像标签一样贴在零件表面上，如图 1-249 所示。该工具按钮位于“创建”工具面板上，如图 1-104 所示。

单击“创建”工具面板上的“贴图”工具按钮，打开贴图特性面板，如图 1-250 所示，其中各项含义与前面学习的凸雕一样，这里不再赘述。下面以图 1-249 所示为例介绍贴图特征的创建步骤。

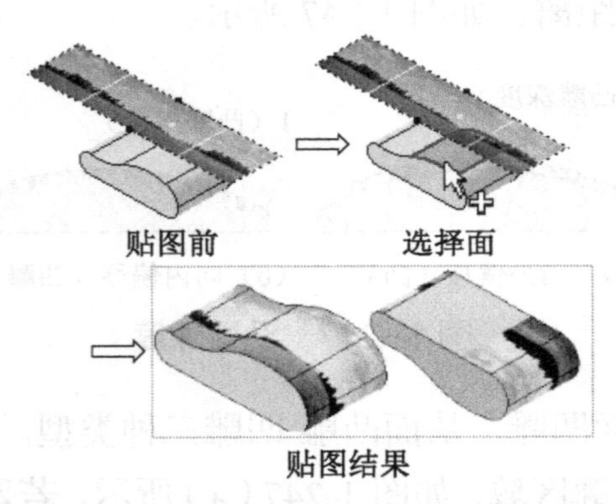

图 1-249 “贴图”特征工具使用举例

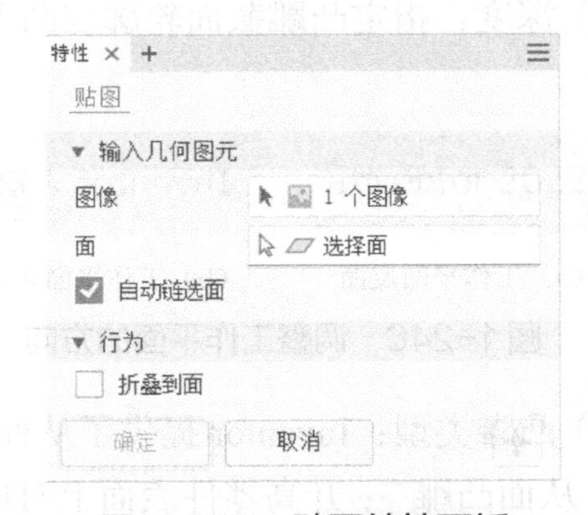

图 1-250 贴图特性面板

单击“贴图”工具按钮，在图形区选择要贴图的面（图像默认被选中，“自动链选面”复选框也默认被选中），在特性面板中勾选“折叠到面”复选框，单击“确定”按钮，完成贴图特征的创建。

【说明】在曲面上创建贴图的过程中，若不能将图像正确贴在所选择的曲面上，则可将图像依附的平面反转法向后重新贴图。

3. 放置特征

前面学习了圆角、倒角、孔等几个放置特征，在本任务中，再来学习抽壳和螺纹两个放置特征，这两个放置特征均位于“修改”工具面板上，如图 1-123 所示。

1）抽壳

抽壳是从零件内部去除材料，创建一个具有指定厚度的空腔，常用于铸件和模具。单击“抽壳”工具按钮，弹出“抽壳”对话框，如图 1-251 所示。对话框中有“抽壳”“更多”两个选项卡，这里只介绍“抽壳”选项卡。

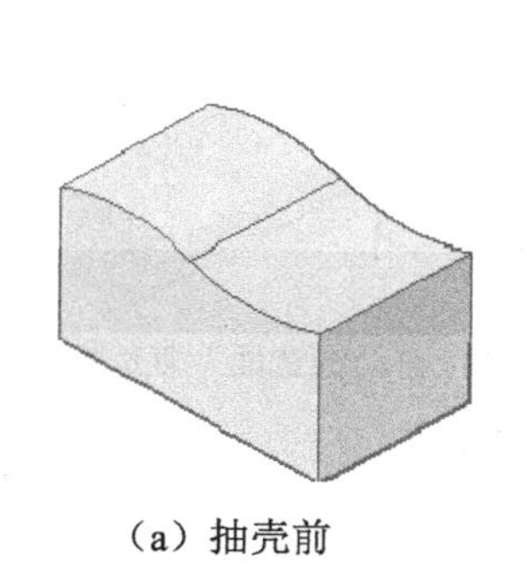

（a）抽壳前

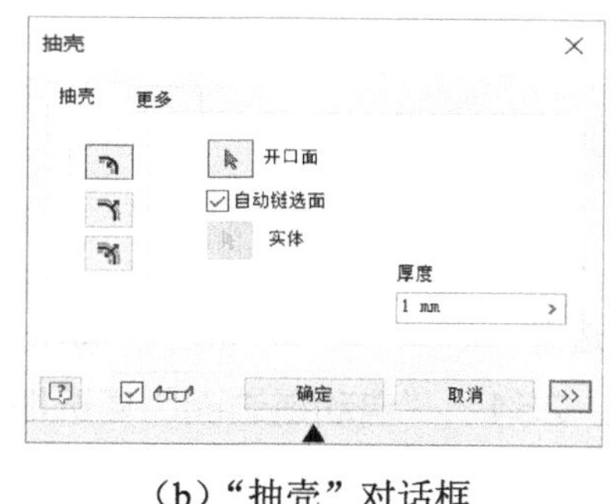

（b）“抽壳”对话框

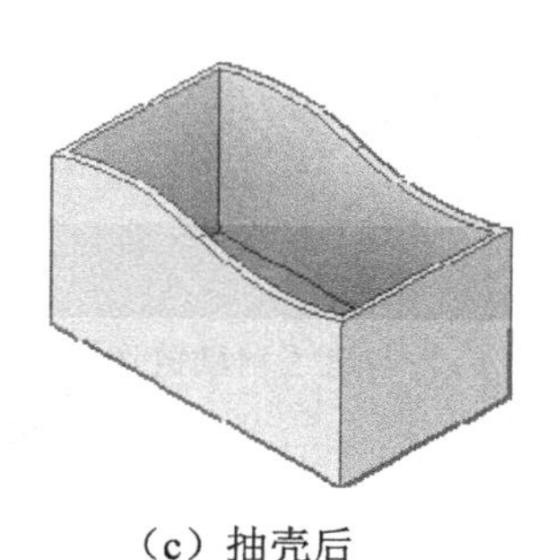

（c）抽壳后

图 1-251　抽壳特征

（1）开口面：即移除面，选择要删除的零件面，保留剩余的面作为壳壁。开口面可以选定一个或多个，但不能超过实体所包含面的个数，如图 1-252 所示。如果没有指定开口面，那么抽壳将创建一个中空零件。

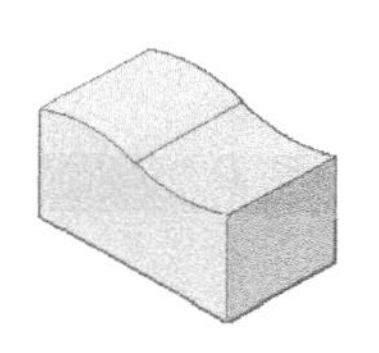

（a）抽壳前

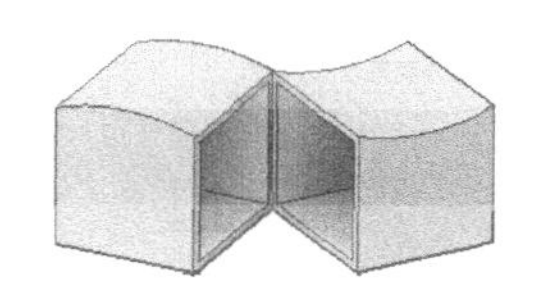

（b）未选择开口面（中空）

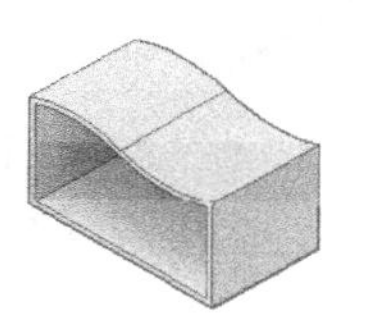

（c）选择一个开口面

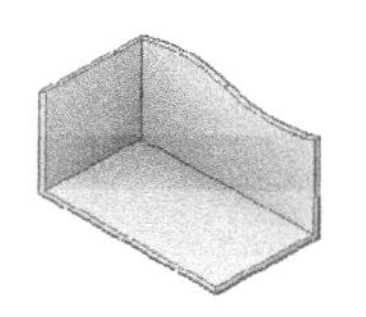

（d）选择三个开口面

图 1-252　开口面的选择

（2）方向：指定相对于零件表面的抽壳方向，有向内、向外和双向三种情况。

① 向内：向零件内部偏移壳壁距离，如图 1-253（a）所示。

② 向外：向零件外部偏移壳壁距离，原始零件的外壁变为壳体的内壁，如图 1-253（b）所示。

③ 双向：向零件内部、外部偏移相同的距离，偏移距离为壳壁厚度的一半，如图 1-253（c）所示。

（3）自动链选面：若选中该复选框，则将自动选择多个相切、连续面，如图 1-254 所示。

（4）厚度：抽壳后壳壁的厚度。抽壳特征也可以用来不等壁厚抽壳，方法是：选择开口面后，将对话框展开，在“特殊面厚度”选区中，选择“单击以添加”链接，就可以选择需要不同壁厚的面，并输入相应壁厚即可，如图 1-255 所示。如果需要删除添加的特殊面，则只需在窗口中单击相应的行，按 Delete 键 即可删除。

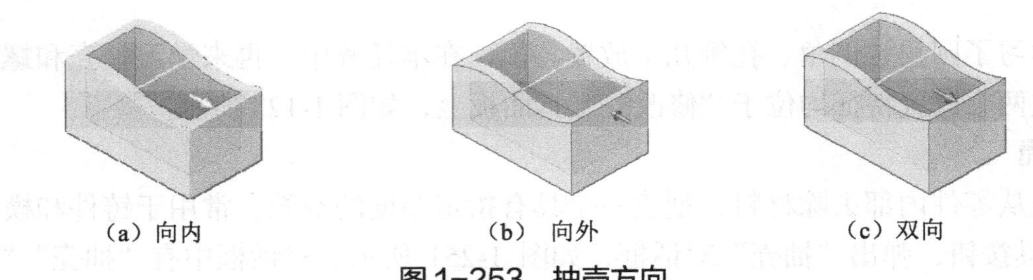

（a）向内　　（b） 向外　　（c）双向

图 1-253　抽壳方向

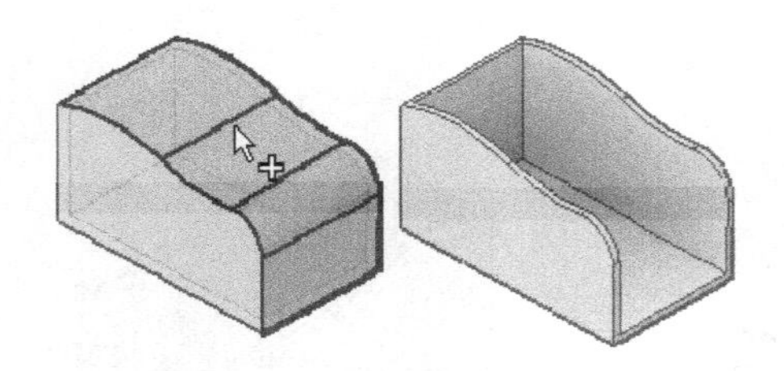

（a）勾选“自动链选面”复选框

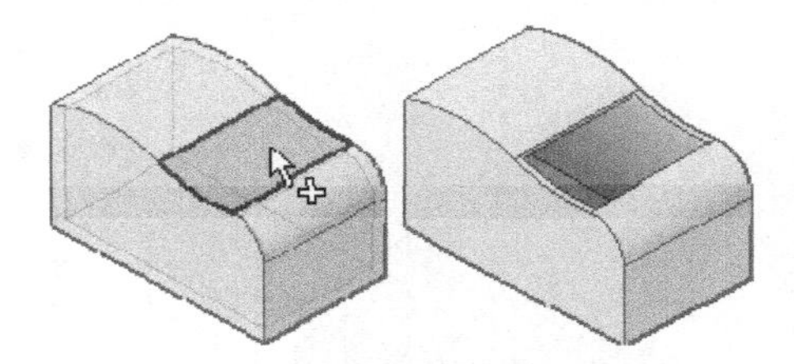

（b）　不勾选“自动链选面”复选框

图 1-254　“自动链选面”复选框的应用

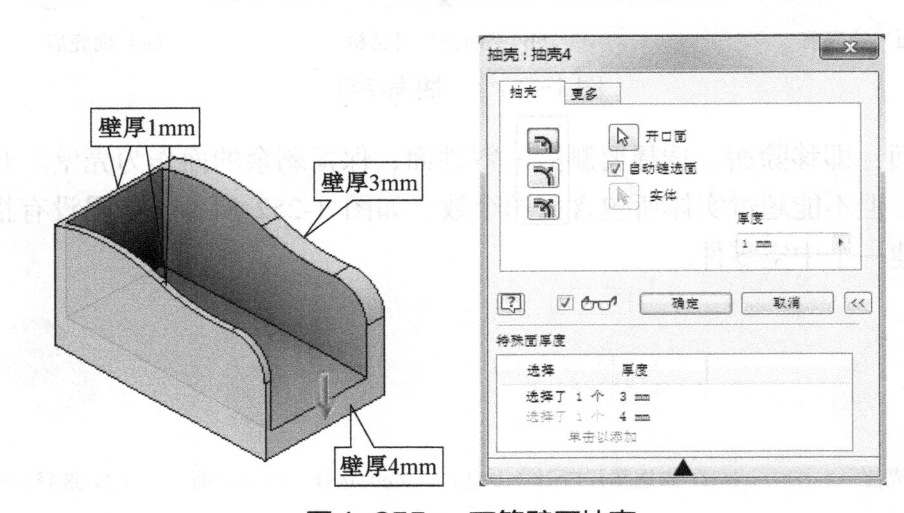

图 1-255　不等壁厚抽壳

2）螺纹

在机械设计中，螺纹连接也是最常用的连接方式。螺纹特征可以在完整或部分圆柱或圆锥体表面创建螺纹。单击“螺纹”工具按钮，打开螺纹特性面板，如图 1-256 所示，在选择要添加螺纹的面之前，特性面板中的“螺纹”定义部分是不显示的。

（1）面：选定单一圆柱面或圆锥面放置螺纹。

（2）螺纹：螺纹类型，通过下拉箭头选择公制、英制等类型，这里选择公制“GB Metric profile”选项，如果要创建管螺纹，就选择“GB Pipe Threads”选项，如图 1-256 所示。

（3）尺寸：为所选螺纹类型选择公称直径，默认是基础模型所选面的直径。

（4）规格：选择螺纹的螺距。

（5）类：设置螺纹的精度等级。

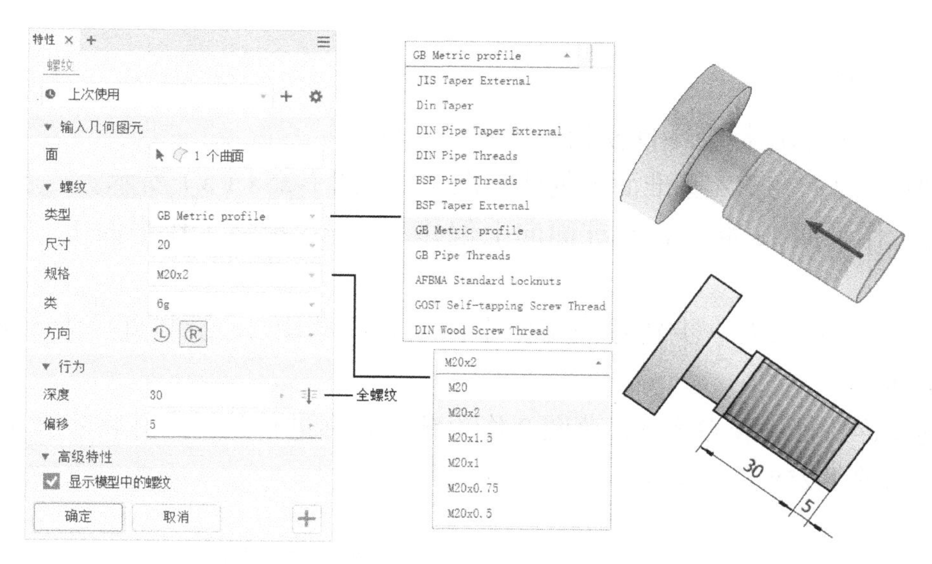

图 1-256　螺纹特性面板

（6）方向：定义螺纹的旋向，即指定是右旋还是左旋。

（7）深度：该项也是在创建非全螺纹时生效，用来定义螺纹的长度。

（8）全螺纹 ：若激活该项，则表示在指定面的整个长度上创建螺纹；否则就创建指定深度和偏移的螺纹。

（9）偏移：在创建非全螺纹时，该项生效，用来定义螺纹与起始端面的距离。

（10）显示模型中的螺纹：指定是否在模型上使用螺纹表达，默认勾选该复选框。

【说明】在 Inventor 中，利用螺纹特征创建的螺纹并不具有真正的几何结构，而只是表面的一个贴图。用户可以在 Autodesk 提供的 Fusion 360 软件中创建真正的螺纹，并且可以将其导入 Inventor 进行使用。

现以图 1-256 所示的模型为例介绍螺纹特征的创建步骤。

单击“螺纹”工具按钮，在图形区选择要添加螺纹的圆柱面，从“类型”下拉列表中选择“GB Metric profile”选项，从“规格”下拉列表中选择“M20×2.5”选项，单击“全螺纹”按钮，让其处于关闭状态，输入螺纹深度为 30mm，输入偏移量为 5mm，单击“确定”按钮，完成螺纹特征的创建。

任务流程

主要任务流程如图 1-257 所示。

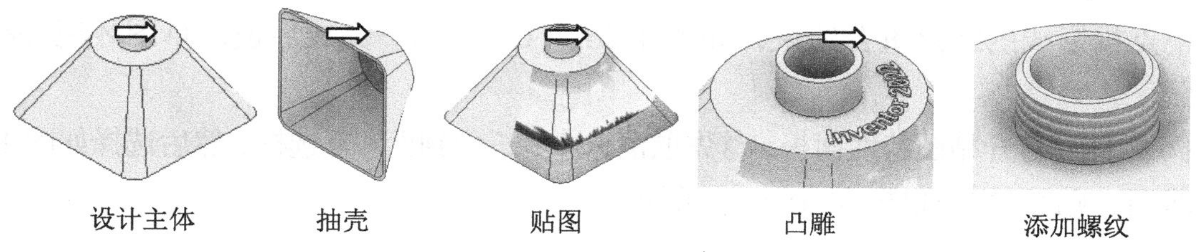

图 1-257　主要任务流程

任务实施

（1）新建文件：利用标准零件模板新建零件文件。

（2）绘制草图 1：在 XZ 基准面上创建草图 1，如图 1-258（a）所示。

（3）新建工作平面 1：将 XZ 基准面向上偏移 50mm，新建工作平面 1，如图 1-258（b）所示。

（4）绘制草图 2：在上一步新建的工作平面上新建草图 2，绘制直径为 50mm 的圆，如图 1-258（c）所示。

（5）创建放样特征：将草图 1、草图 2 作为截面轮廓进行放样，并将步骤（3）创建的工作平面隐藏，如图 1-258（d）所示。

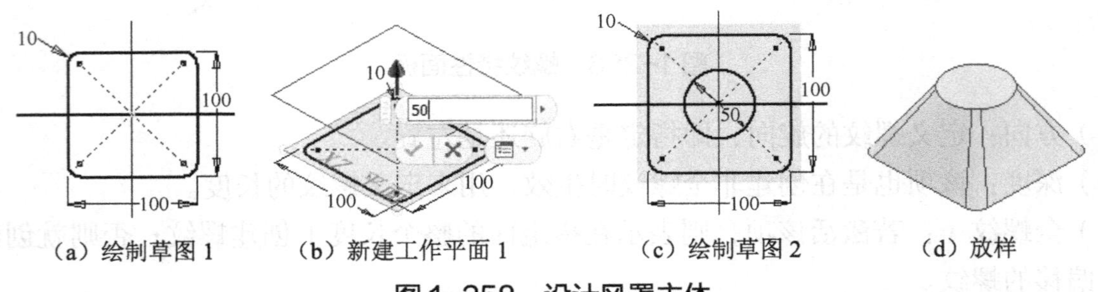

（a）绘制草图 1　（b）新建工作平面 1　（c）绘制草图 2　（d）放样

图 1-258　设计风罩主体

（6）新建草图 3：在零件模型顶端的圆面上新建草图 3，绘制直径为 20mm 的圆，如图 1-259（a）所示。

（7）创建拉伸特征：将绘制的圆进行拉伸，拉伸距离为 10mm，如图 1-259（b）所示。

（8）抽壳处理：将零件进行抽壳处理，壁厚为 2mm，开口面如图 1-260 所示。

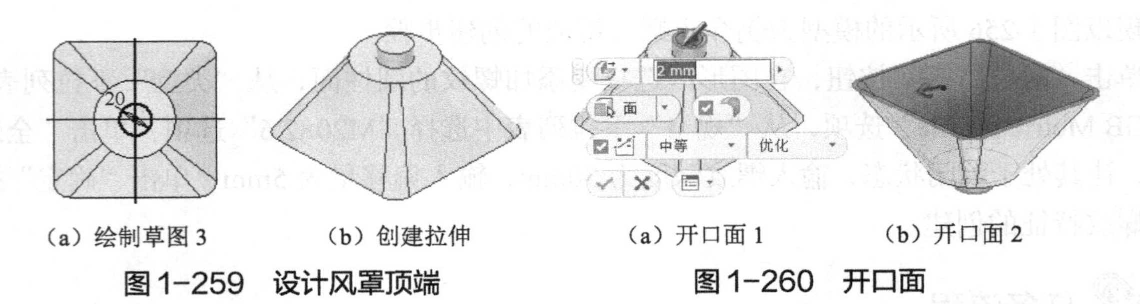

（a）绘制草图 3　（b）创建拉伸　（a）开口面 1　（b）开口面 2

图 1-259　设计风罩顶端　图 1-260　开口面

（9）新建工作平面 2：将 XY 基准面偏移-100mm，新建工作平面 2，如图 1-261（a）所示。

（10）新建草图 4：在上一步新建的工作平面 2 上新建草图 4，插入图像，并将图像上、下边的中点投影线的终点重合约束，如图 1-261（b）所示。完成后退出草图环境并将工作平面 2 隐藏。

（11）贴图：打开贴图特性面板，首先取消选中“折叠到面”复选框，然后选择如图 1-261（c）所示的曲面，贴图效果如图 1-261（d）所示。

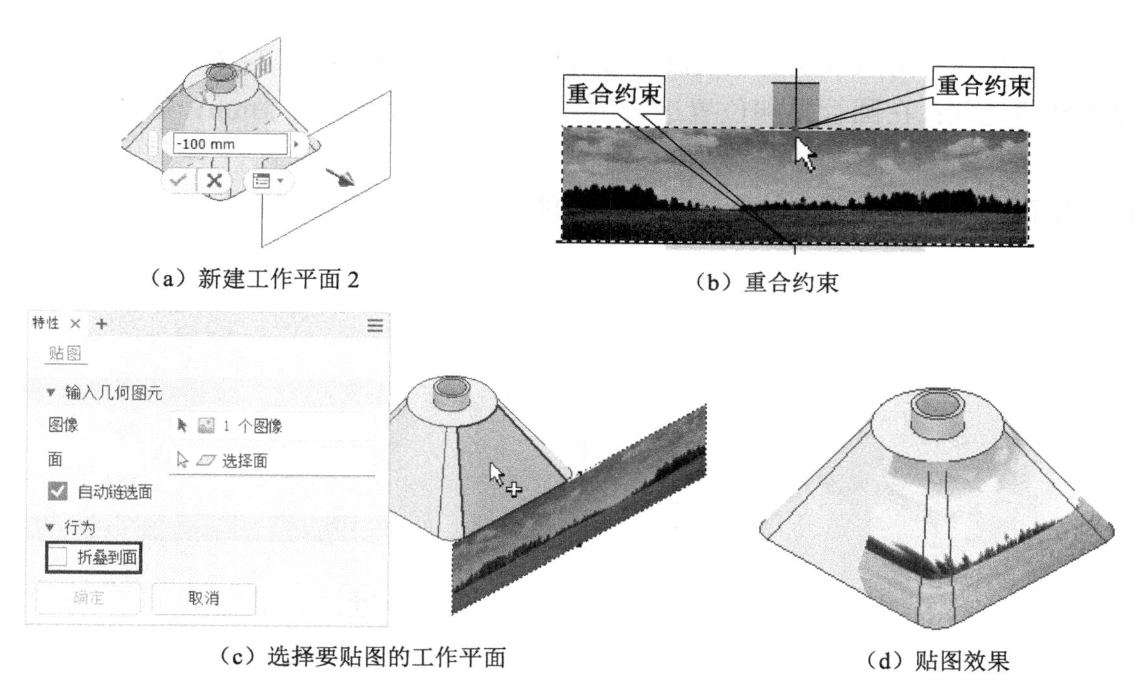

（a）新建工作平面 2　（b）重合约束

（c）选择要贴图的工作平面　（d）贴图效果

图 1-261　贴图

（12）新建草图 5：在步骤（3）新建的工作平面 1 上新建草图 5，绘制半径为 21mm 的圆弧，并为该圆弧添加几何图元文本，如图 1-262 所示。

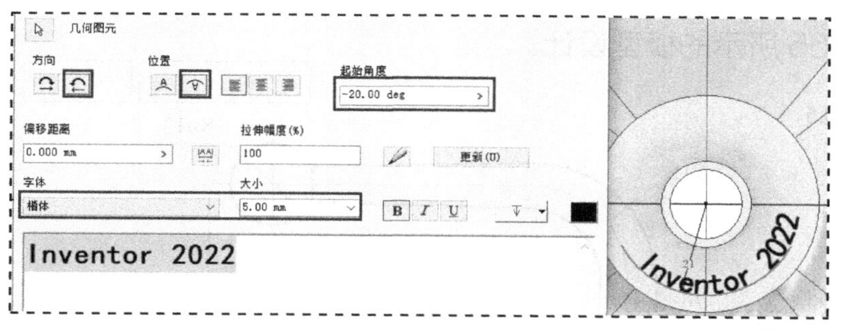

图 1-262　新建草图 5

（13）凸雕：将几何图元文本进行凸雕，凸雕方式选择为“从面凸雕”，深度为 0.5mm，将顶面外观颜色设置为黄色，如图 1-263 所示（因为是黑色印刷，所以颜色显示不出）。

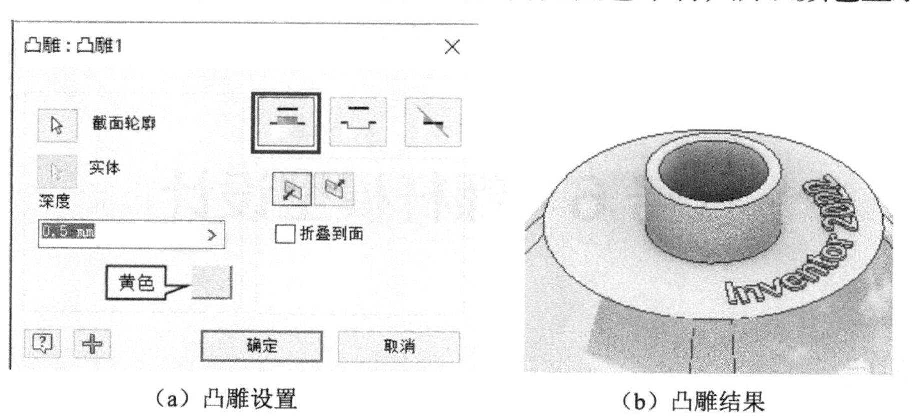

（a）凸雕设置　（b）凸雕结果

图 1-263　凸雕

（14）添加螺纹：为风罩模型顶端添加螺纹，螺纹定义设置如图 1-264（a）所示。

（15）倒角处理：在圆管顶端位置进行倒角处理，倒角半径为 1mm，如图 1-264（b）所示。

（16）保存文件：完成模型的创建后，将文件保存为“风罩模型.ipt”。

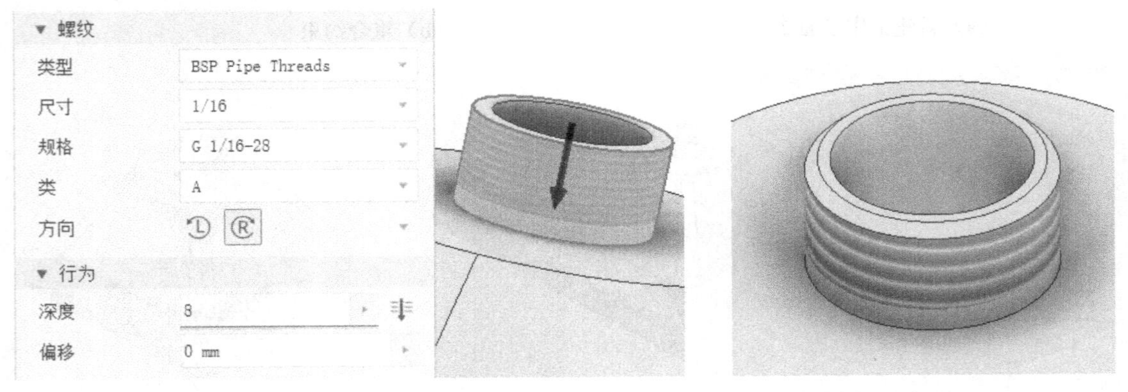

（a）螺纹定义设置　　（b）倒角处理

图 1-264　添加螺纹和倒角处理

拓展练习 1-5

完成如图 1-265 所示的模型设计。

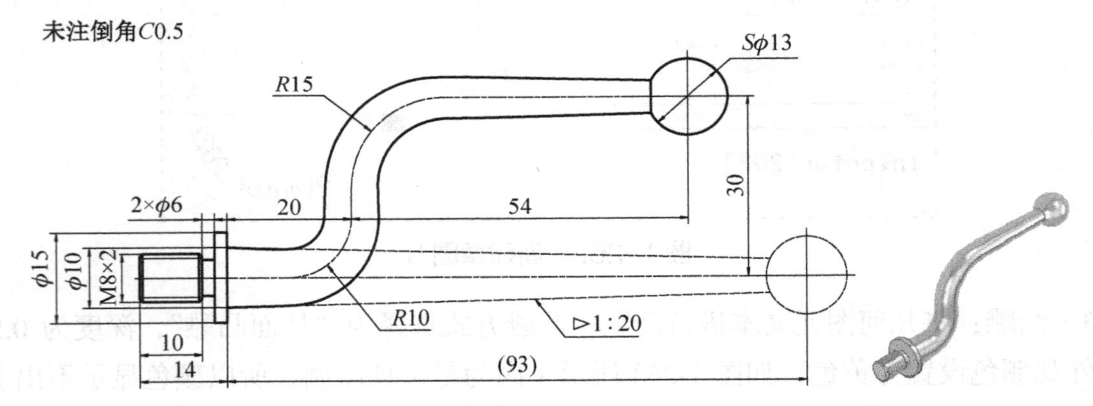

图 1-265　拓展练习 1-5

任务 6　螺杆模型设计

学习目标

◆ 熟练掌握螺旋扫掠特征的使用方法。

◆ 熟练掌握折弯特征的使用方法。
◆ 掌握零件属性及外观特性的设置方法。
◆ 掌握测量工具的使用。
◆ 学会螺杆模型的设计。

任务导入

螺杆模型实例如图 1-266 所示，模型及工程图纸见资源包“模块 1\第 1 章\任务 6\”。

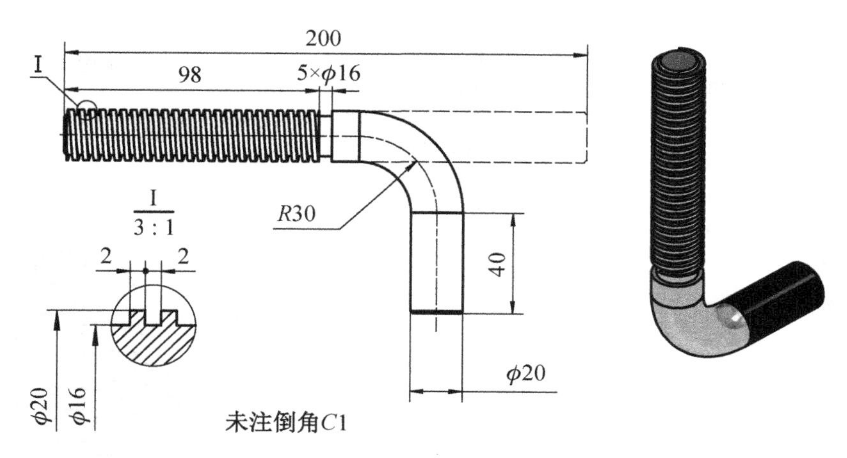

图 1-266 螺杆模型实例

在绘制该实例的过程中，除了会用到前面已经学习的特征知识，还需要用到的新特征有螺旋扫掠特征、折弯特征。另外，在本任务中，还需要用到零件属性及外观特性的设置、测量等知识点。

知识准备

1. 螺旋扫掠

螺旋扫掠就是将自定义的截面轮廓沿着一条参数化的螺旋路径扫掠以创建几何实体，利用该工具，可创建弹簧和螺纹等几何体，该工具按钮位于“创建”工具面板上。

单击“螺旋扫掠”工具按钮，弹出螺旋扫掠特性面板，如图 1-267 所示。下面介绍特性面板中常用的几项。

1）轮廓

“轮廓”选项用来选择沿中心线螺旋扫掠的截面轮廓。

2）轴

“轴”选项用以指定螺旋扫掠特征的中心轴，旋转轴可以是任意方向的，但是不能与截面轮廓相交，单击后面的“反向”按钮，可改变螺旋扫掠的方向。

3）方法

螺旋扫掠的方法根据螺旋类型可分为螺距和转数、转数和高度、螺距和高度、螺旋四种。

其中，螺旋指的是过截面中心且在与截面垂直的平面上进行螺旋扫掠，如图 1-267 所示。

由于螺旋扫掠的各个参数之间存在几何关系（高度=转数×螺距），因此，只要知道任意两个参数，另外一个参数可通过几何关系算出。

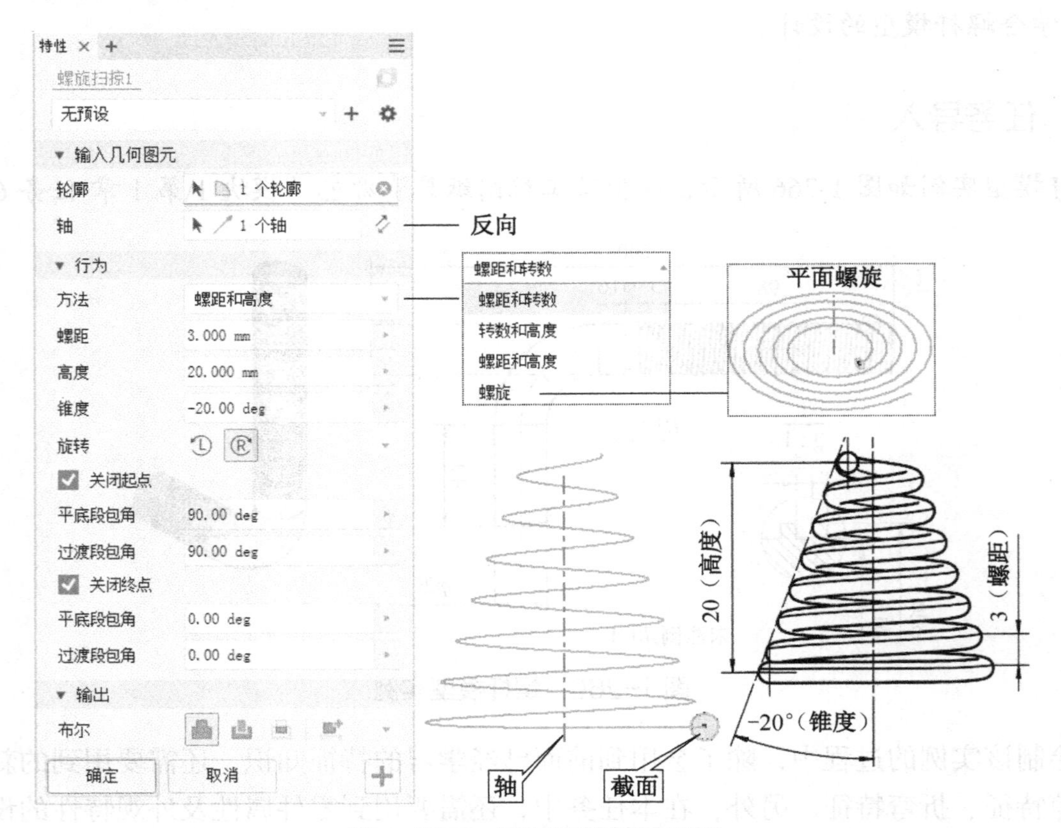

图 1-267　螺旋扫掠特性面板

4）螺距

螺距指螺旋线绕轴旋转一周的高度增量。

5）转数

转数指螺旋扫掠的转数，该值可以取小数，但必须大于零。

6）锥度

根据需要，为除平面螺旋之外的所有螺旋扫掠指定锥度。

7）旋转

旋转即螺旋扫掠的旋转方向，指定是左旋还是右旋。

8）螺旋端部

若不勾选“关闭起点”和“关闭终点”复选框，那么螺旋扫掠将自然终止，没有过渡；若勾选它们，则可为螺旋扫掠的开始、结束指定过渡方法和角度，这里不做介绍。

下面以图 1-267 所示的螺旋扫掠为例，简要介绍其操作步骤。

单击“螺旋扫掠”工具按钮，选择截面轮廓，选择中心线作为螺旋扫掠的轴，在“方法”下拉列表中选择“螺距和高度”选项，将螺距设置为 3mm，将高度设置为 20mm，将锥度设置为-20°，单击“确定”按钮，完成螺旋扫掠的创建。

2. 折弯零件

“折弯零件”工具能够按照指定的参数弯曲现有零件，从而让其变形。该工具按钮位于展开的“修改”工具面板上，如图 1-268 所示。在折弯零件时，需要有折弯线，用以定义折弯的位置。折弯线由草图创建，而且该草图必须是可见的非自适应草图，一般情况下，该草图依附的平面与折弯零件的轴向平行。

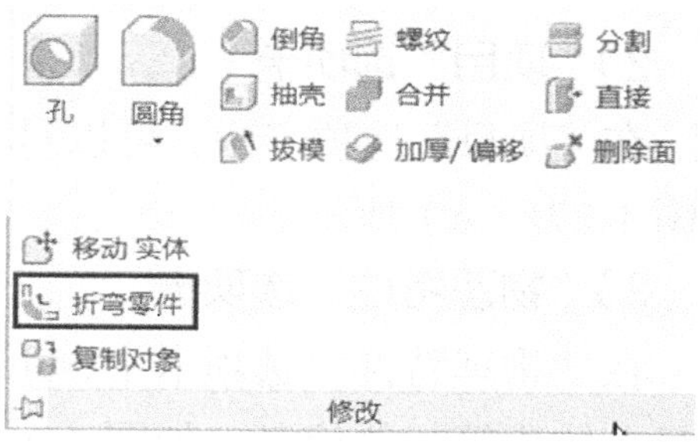

图 1-268　“折弯零件”工具按钮的位置

单击“折弯零件”工具按钮，打开折弯零件特性面板，如图 1-269 所示，其中各项含义比较容易理解，这里不再赘述。下面以图 1-270 所示的两侧折弯为例，简要介绍其操作步骤。

单击“修改”工具面板上的展开箭头，单击“折弯零件”工具按钮，打开折弯零件特性面板，在图形区单击折弯线，在特性面板中单击“两侧折弯”工具按钮，折弯方法选择“半径和角度”，输入半径和角度值，单击“确定”按钮，完成折弯零件的创建。

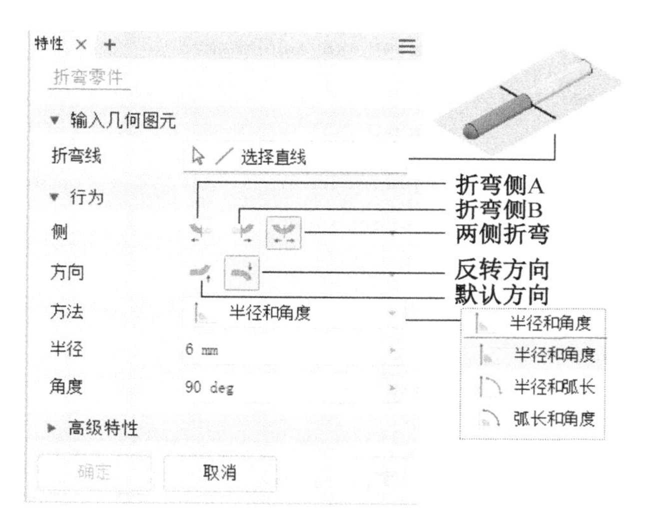

图 1-269　折弯零件特性面板

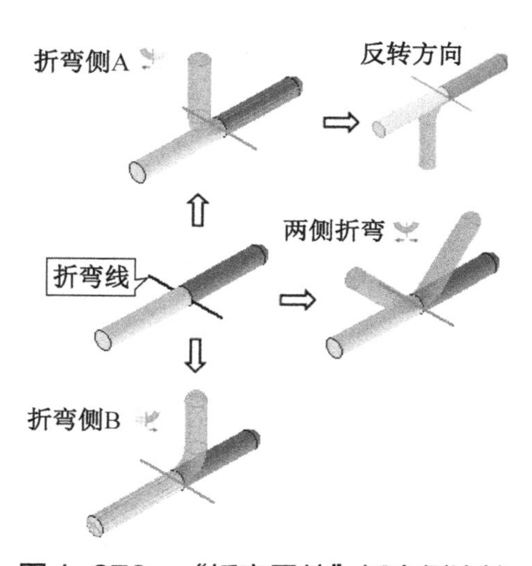

图 1-270　“折弯零件”折弯侧比较

3. 零件属性

每个 Inventor 文件都具有一组被称为 iProperty 的文件属性，包含零件代号、描述、物理材料等方面的特性要求。使用 iProperty 可以分类、管理设计文件，以及自动更新工程图中的标题栏和明细栏。

如图 1-271（a）所示，在文件菜单中选择“iProperty”选项，即可打开“iProperty”对话框。在该对话框中，有“常规”“概要”“项目”“状态”“自定义”“保存”“物理特性”七个选项卡。这里只简单介绍常用的“常规”“项目”“物理特性”这三个选项卡，对于其他选项卡下的内容，读者可自行学习。

1）“常规”选项卡

在“常规”选项卡中，显示了文件的类型、打开方式、创建日期等相关信息，如图 1-271（b）

所示。

2）“项目”选项卡

在“项目”选项卡中，可以对零件代号、库存编号、描述、设计人等相关信息进行设置，如图 1-271（c）所示。

3）“物理特性”选项卡

在“物理特性”选项卡中，可以对零件的材料进行设置，并针对不同的材料显示密度、质量、体积等相关信息，如图 1-271（d）所示。

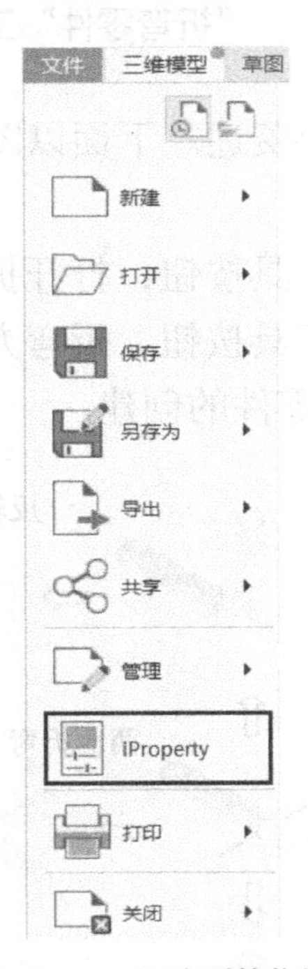

（a）“iProperty”选项的位置

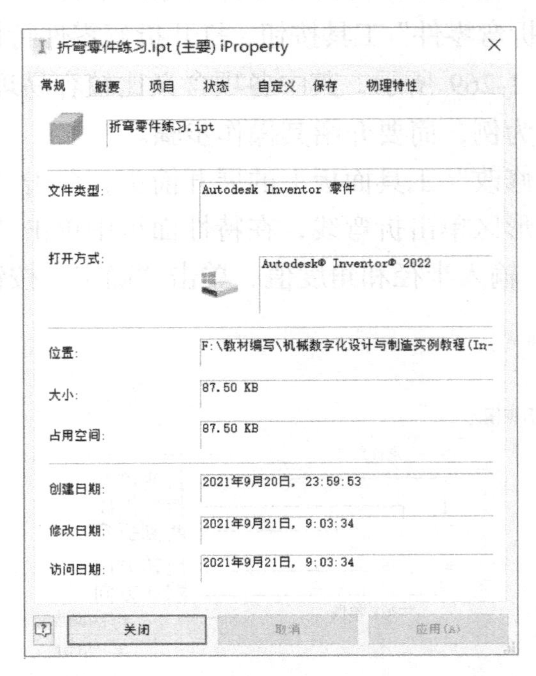

（b）“常规”选项卡

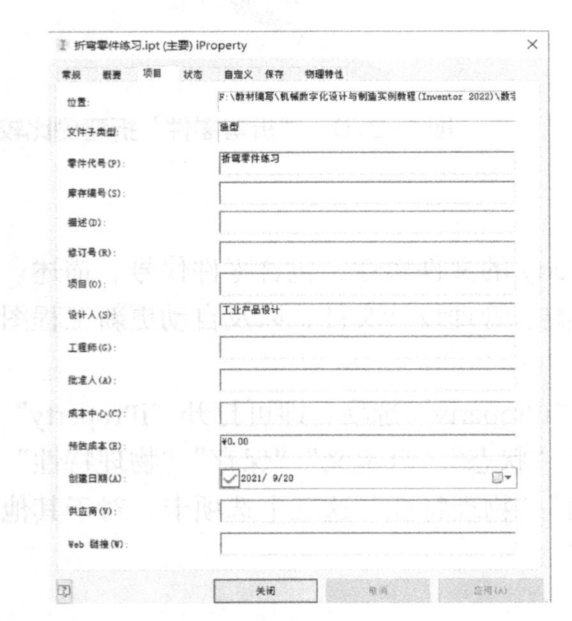

（c）“项目”选项卡

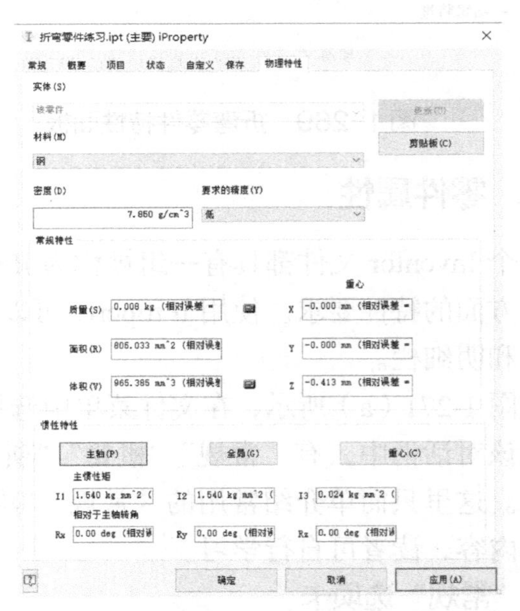

（d）“物理特性”选项卡

图 1-271 “iProperty”对话框

零件的材料除了从“物理特性”选项卡下选择，还可以通过另外两种途径进行选择：一是在快速访问工具栏上的“材料选择”下拉列表中进行选择，如图 1-272 所示；二是通过“文档设置”工具进行设置，如图 1-273 所示。另外，还可通过“文档设置”工具设置零件的单位、精度等相关信息。

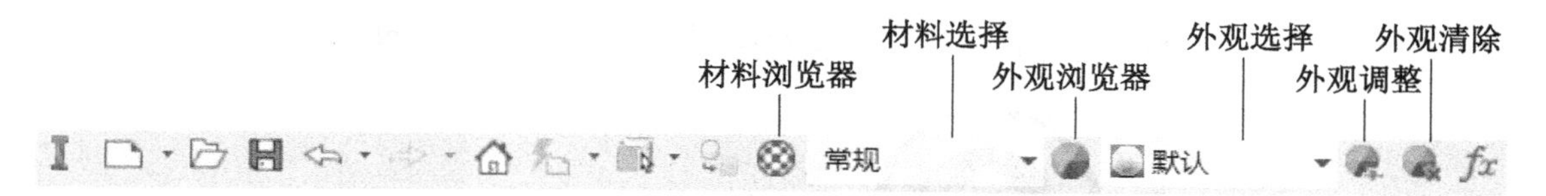

图 1-272　通过快速访问工具栏设置材料属性

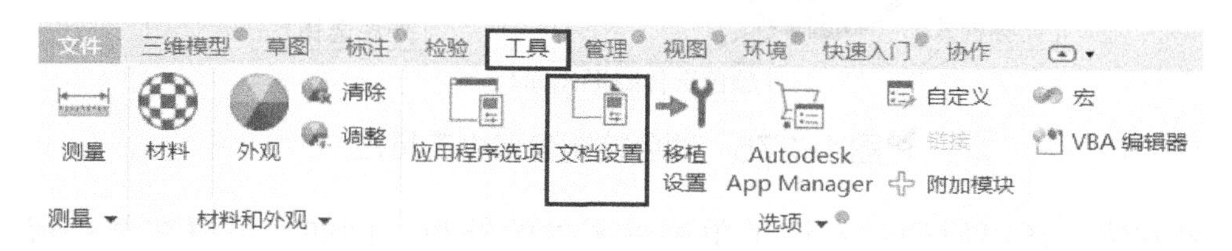

图 1-273　“文档设置”工具的位置

4. 外观特性

在设计过程中，为了更好地展现设计效果，往往需要对设计零件或零件的某一特征的外观进行颜色设置。在 Inventor 中，对于不同的材料赋予了相应的颜色，但往往有些材料的颜色仍然满足不了设计要求，这时就需要对零件的外观重新进行颜色设置。外观设置工具位于快速访问工具栏上，如图 1-272 所示。

1）通过下拉列表进行设置

在“外观选择”下拉列表中进行选择，如果单击“外观浏览器”工具按钮，则可打开“外观浏览器”对话框，对 Inventor 材料库中的材料外观进行设置，如图 1-274 所示。

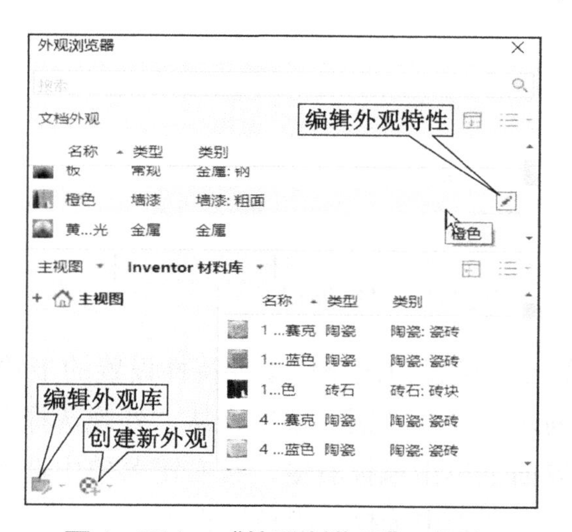

图 1-274　“外观浏览器”对话框

2）通过颜色控制盘或小工具栏进行设置

单击“外观调整”工具按钮，打开颜色控制盘和小工具栏，如图 1-275 所示。此时光标显示为颜色吸管样式，表示可以选择要调整外观的对象。选择完后，光标显示为颜料桶/填充的样式，单击颜色控制盘的某种颜色区域，即可将该区域的颜色填充到已选对象中。

【说明】若在单击“外观调整”工具按钮之前，已经选择了要设置外观的区域，则单击工具按钮后，光标直接变为样式。

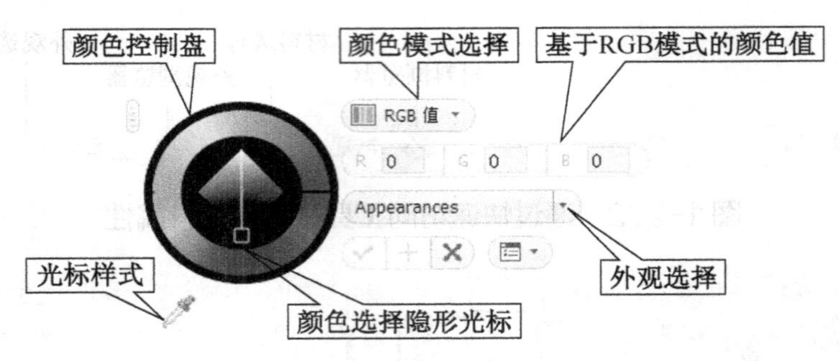

图 1-275　颜色控制盘和小工具栏

除了上述方法，还可以通过右键菜单调整零件的外观。例如，可以在某一特征或零件的某个面上单击鼠标右键，在右键菜单中选择“特性”选项，从而打开相应的特性对话框，在对话框中调整外观颜色，如图 1-276 所示。

3）外观清除

在快速访问工具栏上单击“外观清除”工具按钮，弹出小工具栏，如图 1-277 所示，先单击需要清除外观的对象，然后单击“确定”按钮，即可将选定对象的外观清除。

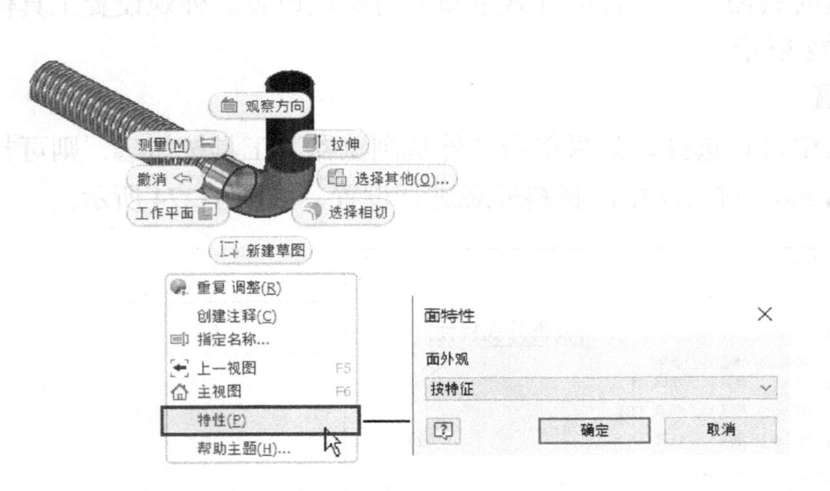

图 1-276　通过右键菜单进行外观设置

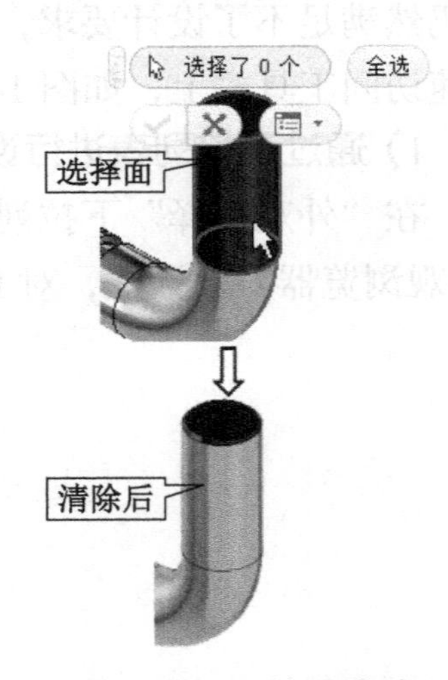

图 1-277　外观清除

下面以图 1-278 所示的外观设置为例介绍零件特性设置的步骤。

从“材料选择”下拉列表中选择“铜”选项；从“外观选择”下拉列表中选择“*平滑-浅橙色”选项；在零件的球面上单击鼠标右键，在右键菜单中选择“特性”选项；在“面特性”对话框的“面外观”下拉列表中选择“黑色”选项。

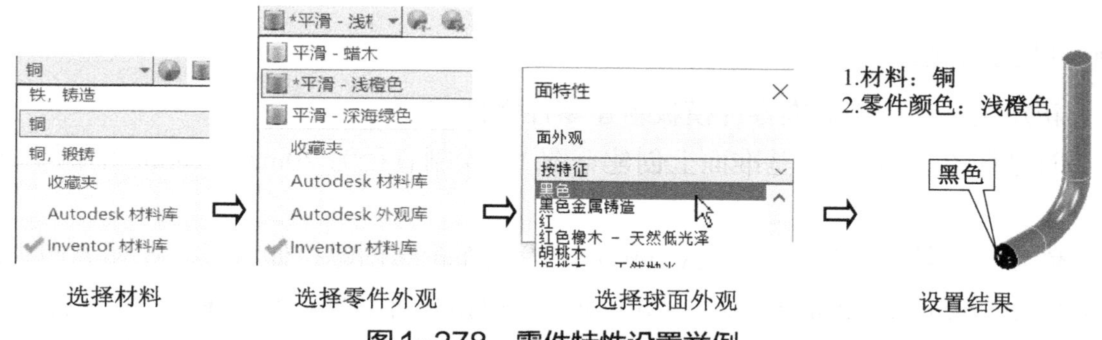

图 1-278　零件特性设置举例

5. 测量工具

在如图 1-271（d）所示的零件属性的“物理特性”选项卡中可以看到，除了可以选择零件的材料，还能查询零件的面积、体积、质量等参数。其实，在设计中除了上述参数，有时还需要测量零件某一部分的距离、半周长等其他参数，这就需要用到测量工具。

“测量”工具按钮位于“工具”选项卡下的“测量”工具面板上，如图 1-279 所示；或者通过右键菜单选择“测量”选项。

单击“测量”工具按钮后，弹出测量特性面板，选择要测量的对象，即可完成测量，如图 1-280 所示。图 1-281 是距离测量的操作示例。

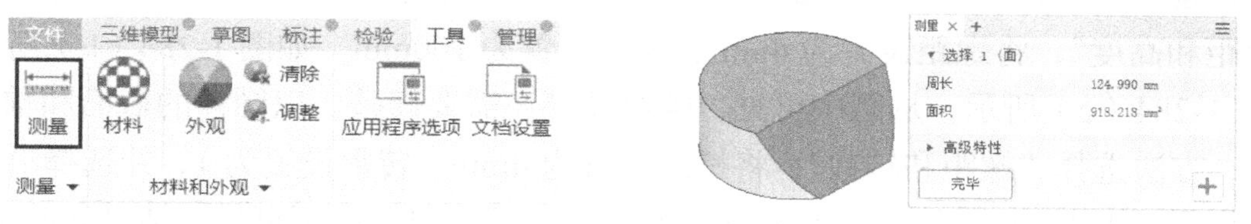

图 1-279　测量工具按钮的位置　　图 1-280　测量特性面板

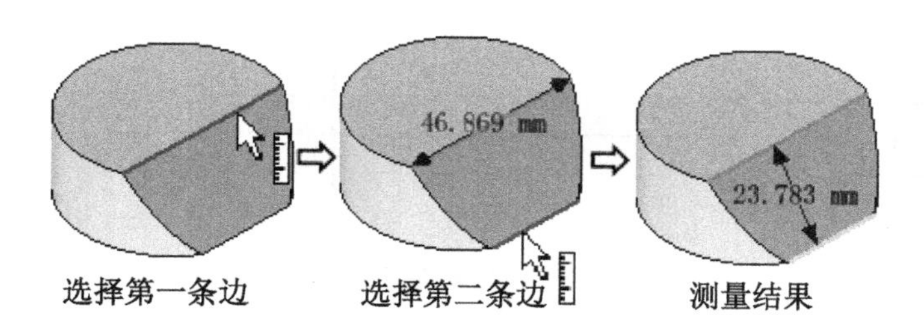

图 1-281　距离测量的操作示例

任务流程

主要任务流程如图 1-282 所示。

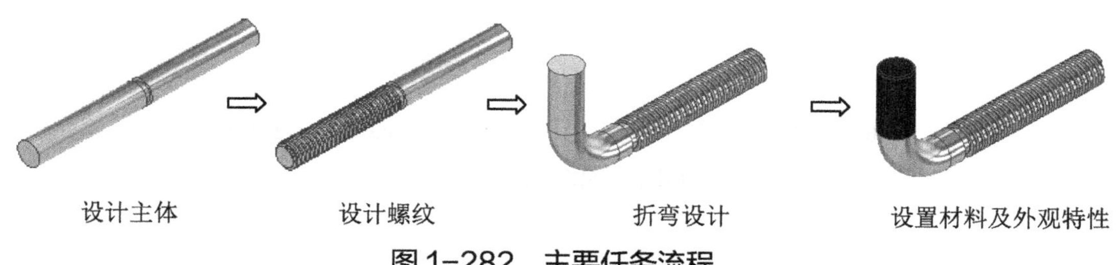

图 1-282　主要任务流程

任务实施

（1）新建文件：利用标准零件模板新建零件文件。

（2）创建草图 1：在 XY 基准面上创建草图 1，绘制直径为 20mm、16mm 的两个同心圆，如图 1-283（a）所示。

（3）创建拉伸特征：以直径为 20mm 的圆为截面轮廓创建拉伸特征，拉伸方向为双向，拉伸距离为 200mm，结果如图 1-283（b）所示。单击拉伸后的圆柱，利用小工具栏使草图 1 可见，如图 1-283（c）所示。以圆环为截面轮廓再次创建拉伸特征，双向拉伸距离为 5mm，且去除材料，完成拉伸后，将草图 1 不可见，结果如图 1-283（d）所示。

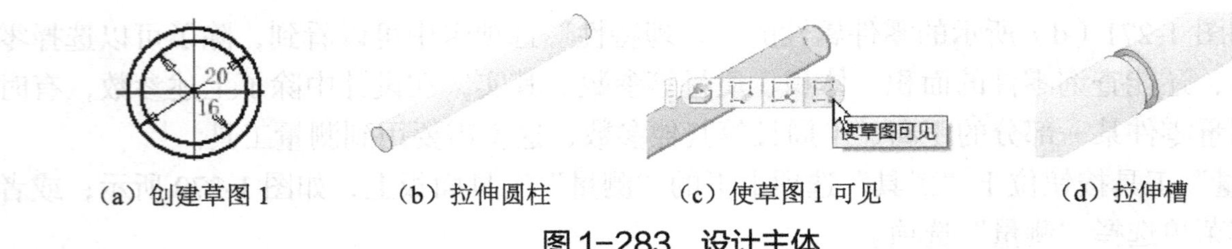

（a）创建草图 1　（b）拉伸圆柱　（c）使草图 1 可见　（d）拉伸槽

图 1-283　设计主体

（4）创建草图 2：在 XZ 平面上新建草图 2，绘制如图 1-284（a）所示的图形。

（5）创建螺旋扫掠：以草图 2 的矩形为截面轮廓、中心线为轴创建螺旋扫掠，扫掠方法选择“螺距和高度”，将螺距设置为 4mm、高度设置为 100mm，如图 1-284（b）所示，扫掠结果如图 1-284（c）所示，从图中可见，螺纹端部还需要修整。以同样的截面和轴再次创建螺旋扫掠，方法选择“螺距和转数”，将螺距设置为 4mm、转数设置为 1，并选择沿轴反转节距方向，如图 1-284（d）所示。完成螺旋扫掠的创建后，将草图不可见，结果如图 1-284（e）所示。

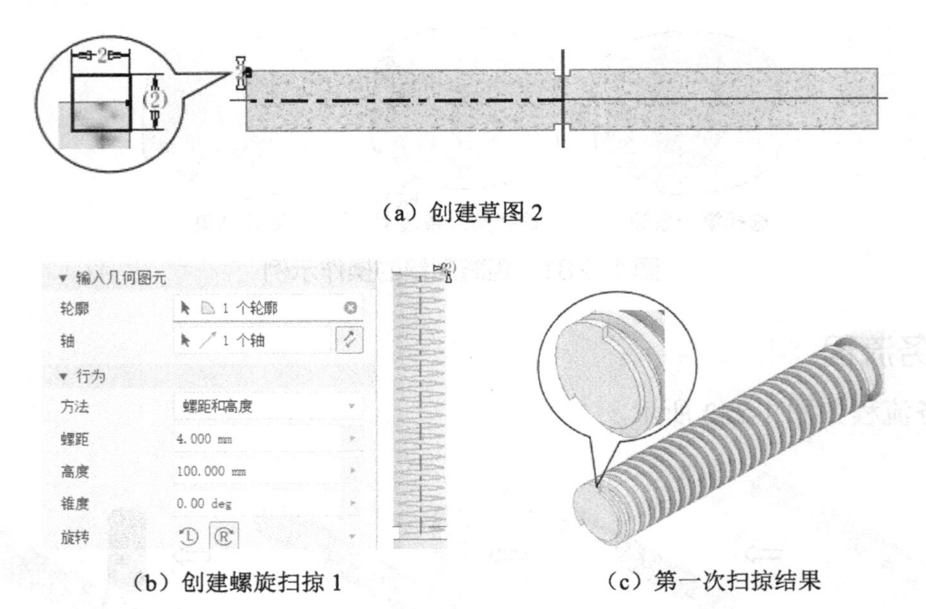

（a）创建草图 2

（b）创建螺旋扫掠 1　（c）第一次扫掠结果

图 1-284　设计螺纹

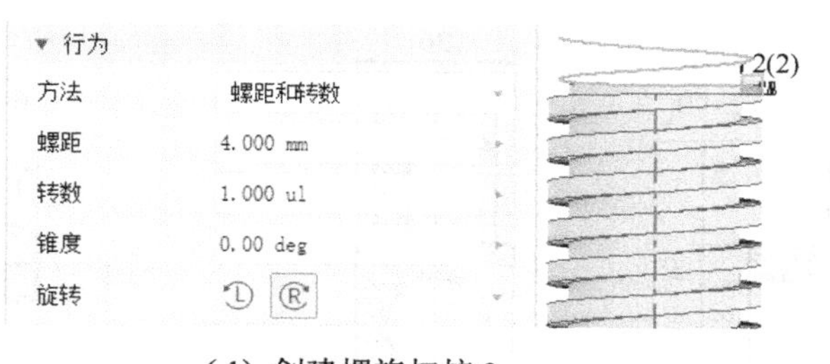

（d）创建螺旋扫掠 2　　（e）第二次扫掠结果

图 1-284　设计螺纹（续）

（6）倒角处理：在螺杆两端添加倒角，倒角距离为 1mm。

（7）创建草图 3：在 XZ 平面上创建草图 3，绘制折弯线，如图 1-285（a）所示。

（8）折弯零件：以草图 3 的直线段为折弯线来折弯零件，参数设置如图 1-285（b）所示，折弯结果如图 1-285（c）所示。

（9）设置零件材料：将零件材料设置为“钢，高强度，低合金”。

（10）设置零件外观：将整个零件外观设置为“钢-抛光”，并将如图 1-285（c）所示的面设置为红色。

（11）保存文件：完成模型的创建后，将文件保存为“螺杆模型设计.ipt”。

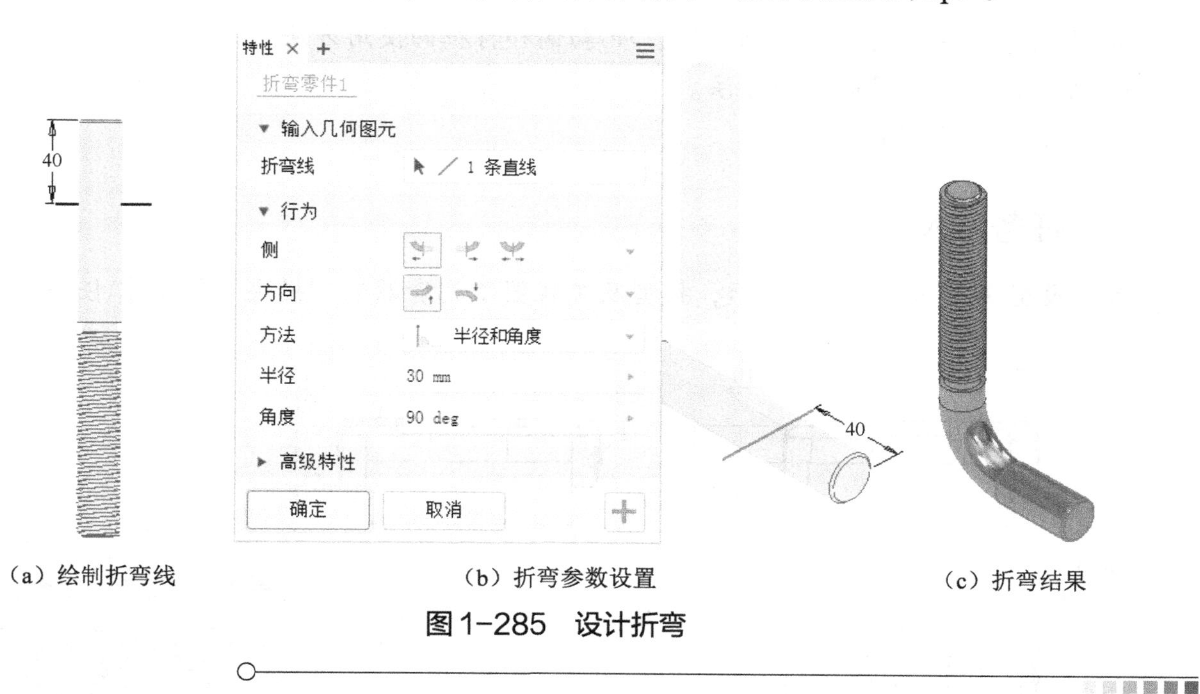

（a）绘制折弯线　　（b）折弯参数设置　　（c）折弯结果

图 1-285　设计折弯

拓展练习 1-6

完成如图 1-286 所示的模型设计。

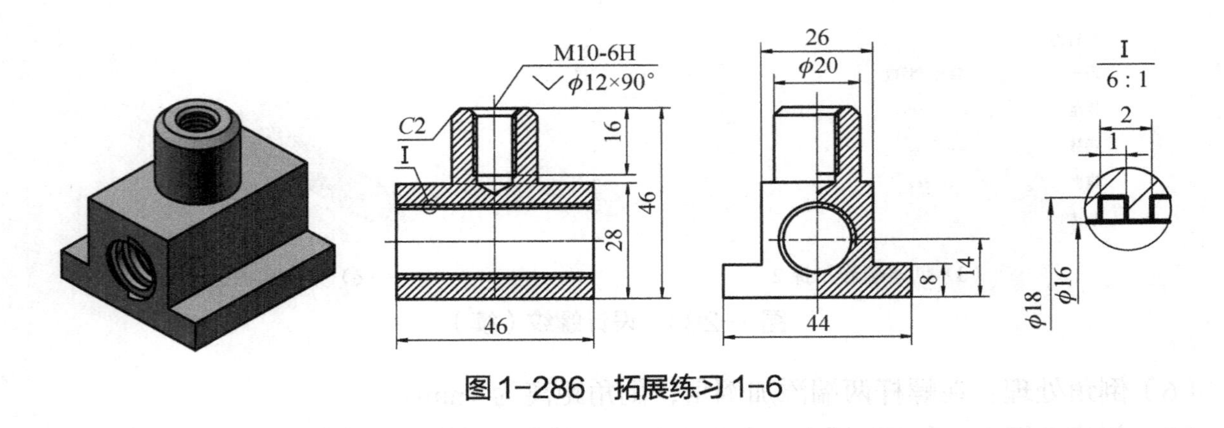

图 1-286　拓展练习 1-6

任务 7　底座模型设计

学习目标

- 熟练掌握拔模特征、分割特征、加厚/偏移特征的使用方法。
- 掌握删除面工具的使用方法。
- 学会底座模型的设计。

任务导入

底座模型实例如图 1-287 所示，模型及工程图纸见资源包“模块 1\第 1 章\任务 7\”。

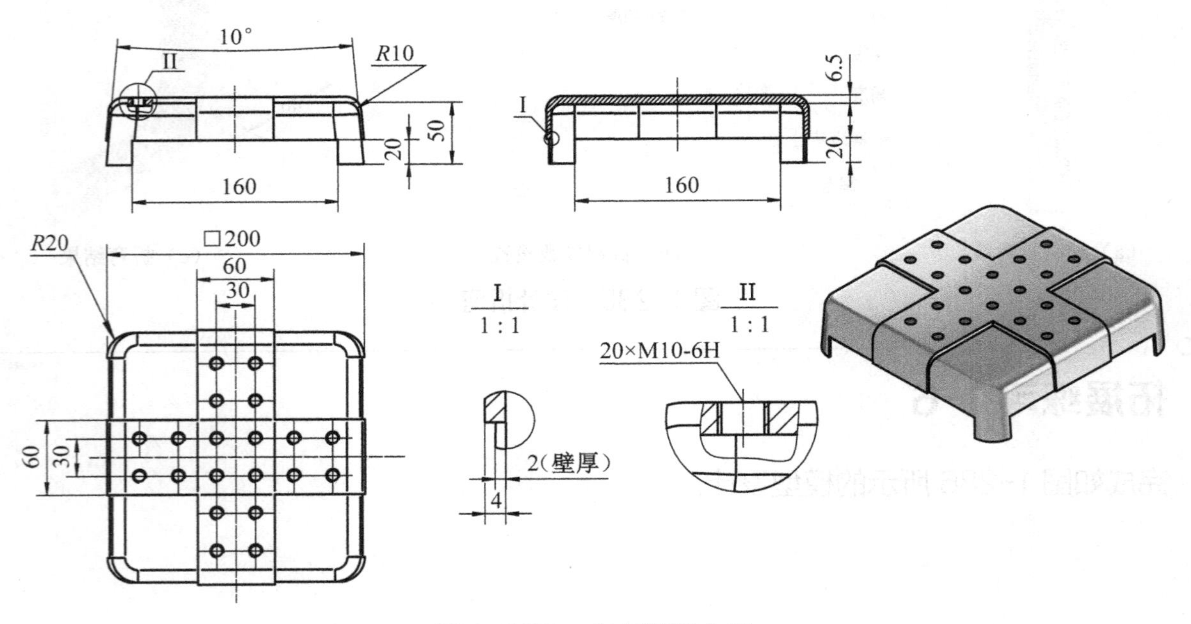

图 1-287　底座模型实例

在绘制该实例的过程中，除了用到前面已经学习的特征知识，还需要用到拔模、分割、加厚/偏移、直接等特征工具的使用。另外，在本任务中，还会一并介绍合并、删除面两个特征工具的使用。

知识准备

1. 拔模特征

为了使零件能够从模具中取出，都会给零件设置拔模角，或者使零件有一个或多个倾斜的面。前面在学习拉伸、加强筋等特征的时候，也可以指定拔模角。但若需要给现有的特征或零件的部分面添加拔模角，则需要使用“拔模”工具，该工具位于“修改”工具面板上，如图 1-268 所示。

单击“拔模”工具按钮，打开“面拔模”对话框及小工具栏。面拔模有固定边、固定平面、分模线三种拔模类型，如图 1-288 所示。

（1）固定边：创建拔模面中一条或多条连续相切固定边的拔模，该类型为默认类型。

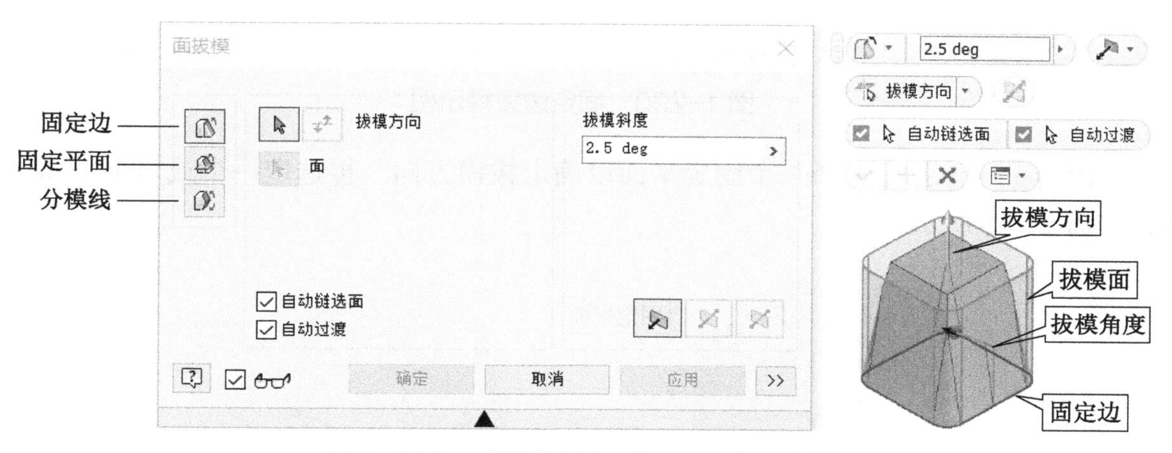

图 1-288 “面拔模”对话框及小工具栏

① 拔模方向：表示零件从模具中拔出的方向，可选择平面、轴、棱边。当拔模方向与实际方向不符时，单击“拔模方向”按钮，即可改变拔模方向；也可直接使用负值改变拔模方向。

② 面：选择拔模基准面。选择面后，固定边与选择面会以不同颜色显示。要想取消选择的面和边，只需在按住 Ctrl 键的同时单击即可。

③ 拔模斜度：即拔模角，可输入负值。

④ 自动链选面：若勾选该复选框，则在选择面时，会将与选择面相切的连续面一并选择。

⑤ 自动过渡：若勾选该复选框，则在拔模时，会保留相邻过渡特征，如圆角等，如图 1-289 所示。

现以图 1-290 所示为例介绍固定边拔模。

单击“拔模”工具按钮，选择顶面为拔模方向，选择侧面为拔模面（在选择时，将光标移至侧面底端进行选择，就可以将底边作为固定边），输入拔模角度 10°，单击“确定”按钮，完成拔模的创建。

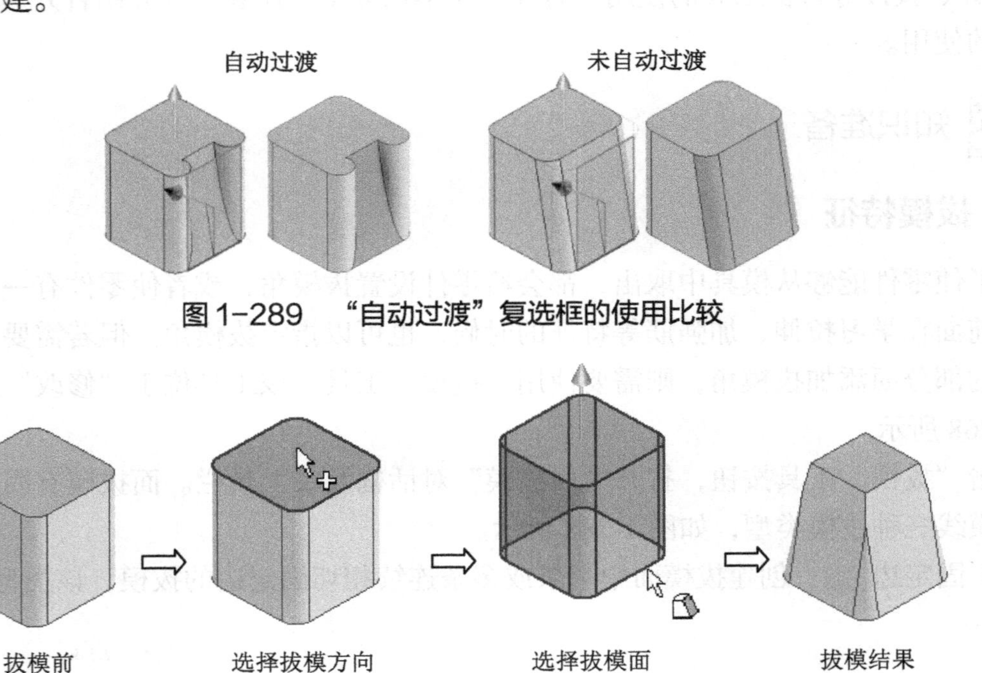

图 1-289 “自动过渡”复选框的使用比较

图 1-290 固定边拔模示例

（2）固定平面：先选择一个固定平面以确定拔模方向，再选定一个或多个平面作为拔模面，如图 1-291 所示。

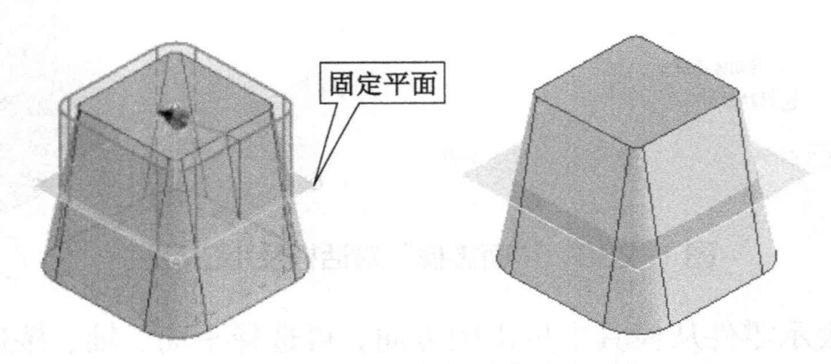

图 1-291 固定平面拔模示例

（3）分模线：可以确定要保留哪部分模型的厚度，分型工具可以是草图、平面或曲面，根据分模线的位置可分为固定分模线、移动分模线两种，如图 1-292 所示。

现以图 1-292 所示为例介绍固定分模线拔模。

先单击“拔模”工具按钮，再单击“分模线”按钮，选择顶面为拔模方向，选择中间基准面为分型工具，选择侧面为拔模面，输入拔模角度 20°，单击“确定”按钮，完成拔模操作。

2. 分割特征

分割就是把一个整体分成两部分，单击“修改”工具面板上的“分割”工具按钮，打开分割特性面板，默认为分割面方式，如图 1-293 所示。

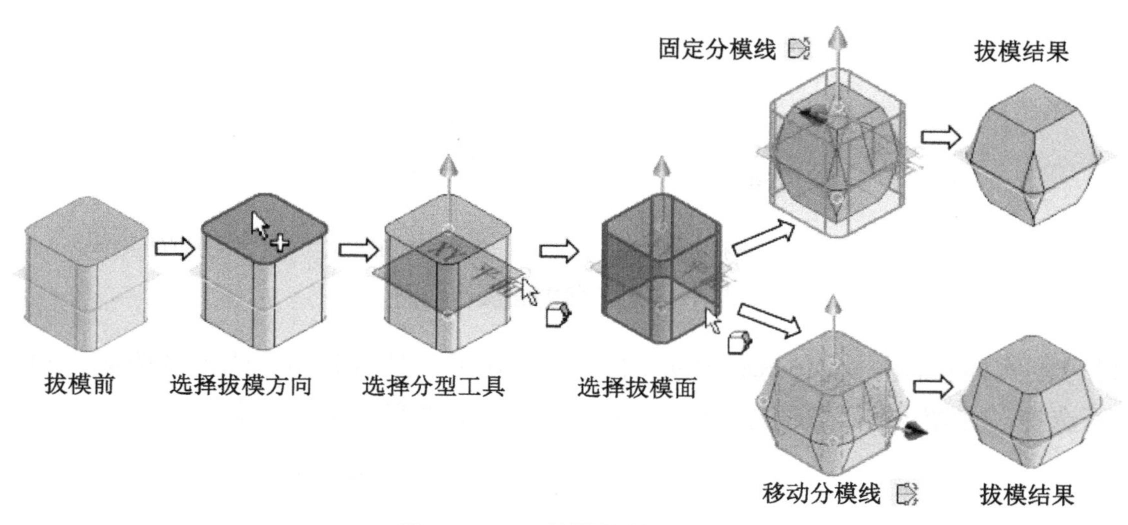

图 1-292 分模线拔模示例

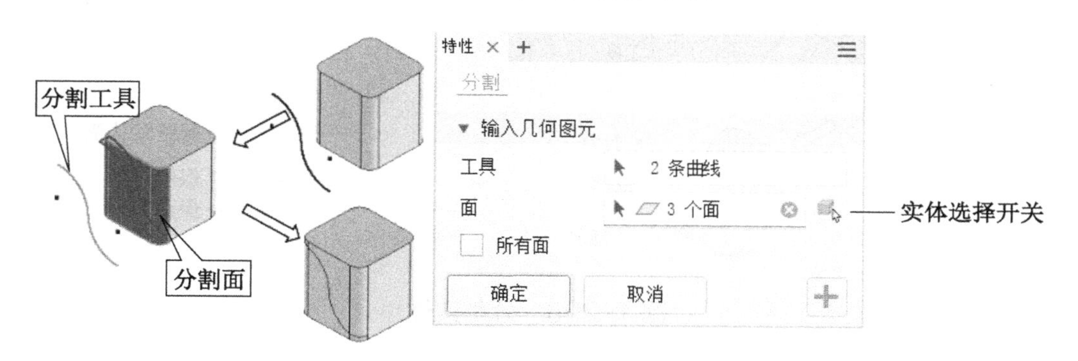

图 1-293 分割特性面板

（1）分割面：将一个或多个面分割成两部分，可选择工作平面、曲面、二维草图、三维草图作为分割工具，如图 1-294 所示。当以三维草图为分割工具时，三维草图必须位于要分割的面上，且与其完全相交。若勾选“所有面”复选框，则将对实体的所有面进行分割。

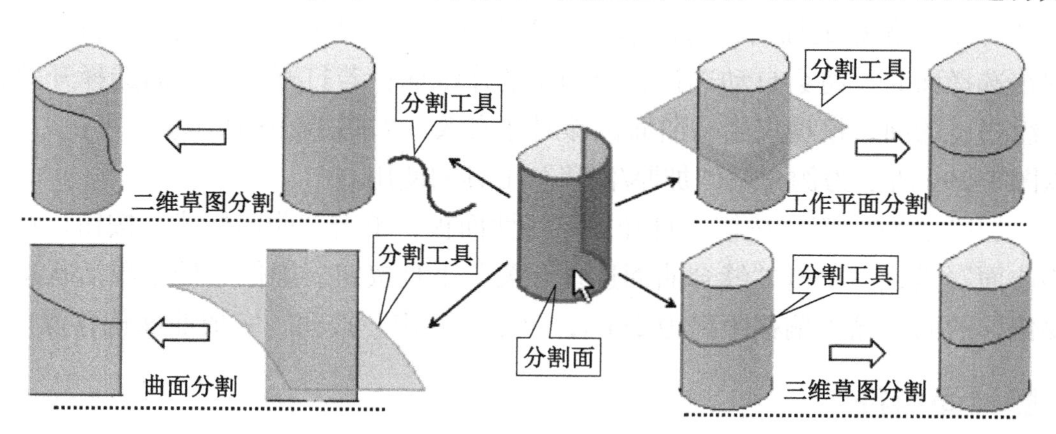

图 1-294 不同分割工具分割面示例

现以图 1-295 所示为例介绍分割面工具的使用。

单击“分割”工具按钮，选择曲线作为分割工具，勾选“所有面”复选框，单击“确定”按钮，完成分割面操作。

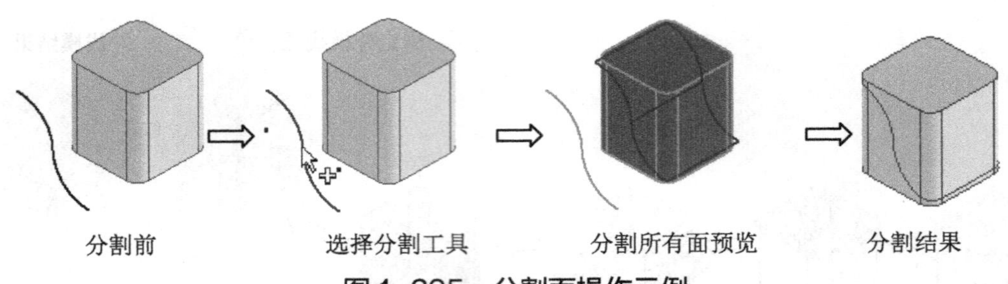

图 1-295　分割面操作示例

（2）分割实体：单击“实体选择开关”按钮，就可以激活分割实体工具选项，如图 1-296 所示。若选择“保留两侧”方式，则表示分割实体；否则就是修剪实体。

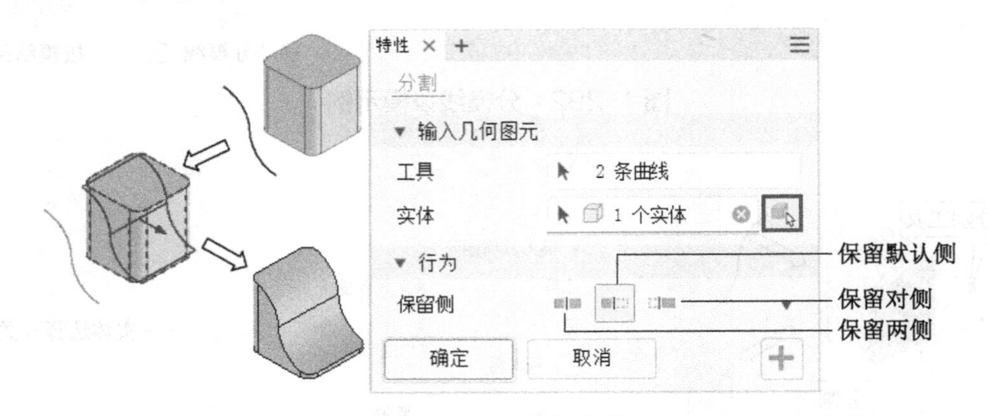

图 1-296　分割实体

3. 加厚/偏移特征

“加厚/偏移”工具通过指定距离和方向为零件增大或减小厚度，或者从零件面或曲面创建偏移曲面或新建实体。单击“修改”工具面板上的“加厚/偏移”工具按钮，打开加厚/偏移特性面板，如图 1-297 所示。

在选择要加厚/偏移的面时，每次单击只能选择一个单独的面；若勾选“自动链选面”复选框，则在选择面时，将会自动选择多个相切的连续面；若打开缝合曲面选择开关，则可自动选择一组相连的面，该项仅当从曲面偏移时才有效，如图 1-298 所示。

现以图 1-299 所示为例介绍“加厚/偏移”工具的使用。

单击“加厚/偏移”工具按钮，打开加厚特性面板，单击“曲面模式”按钮，特性面板变为“偏移曲面”模式；单击“缝合曲面选择开关”工具按钮，确保其处于激活状态；在图形区单击要偏移的面；输入偏移距离为 2mm，单击“确定”按钮，完成曲面偏移操作。

4. 删除面特征

“删除面”工具可用来删除零件面、曲面、体块或中空体，从而使得实体模型变为曲面模型。单击“修改”工具面板上的“删除面”工具按钮，打开删除面特性面板，如图 1-300 所示。在执行删除面的过程中，若勾选了“修复其余的面”复选框，那么 Inventor 会在删除面后自动通过延伸相邻面直至相交来修补间隙，如图 1-301 所示。

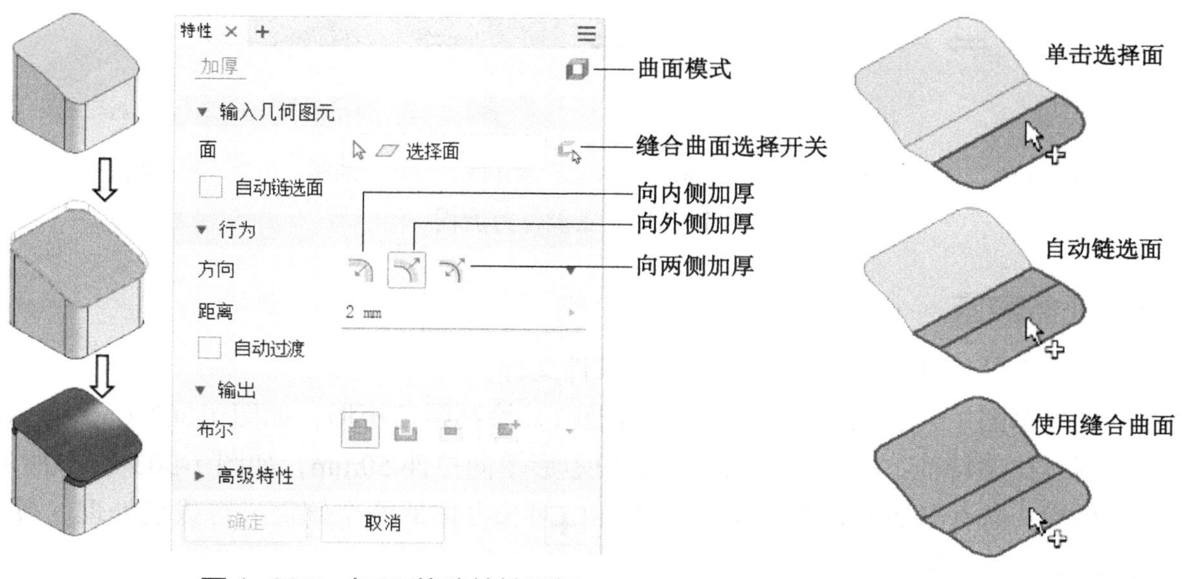

图 1-297　加厚/偏移特性面板

图 1-298　选择面比较

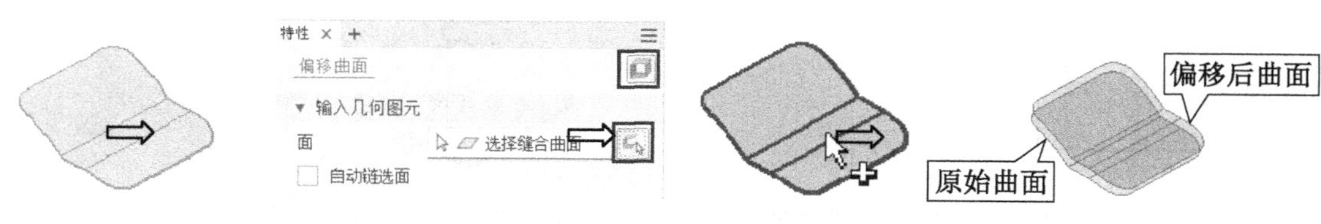

图 1-299　偏移曲面示例

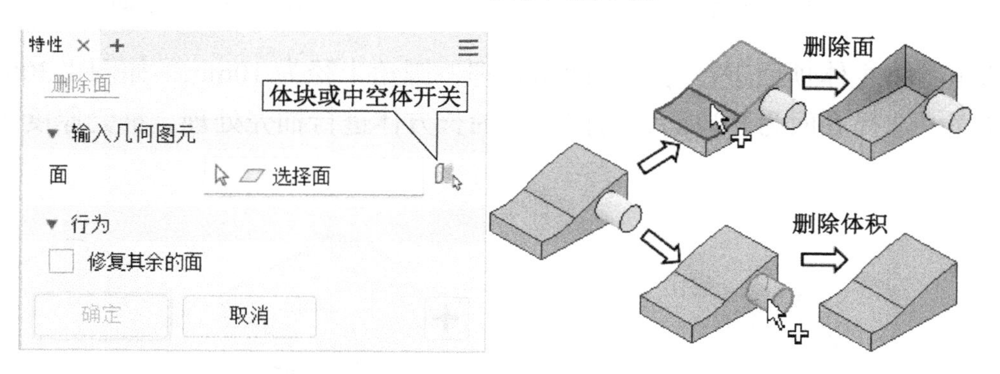

图 1-300　“删除面”工具的应用

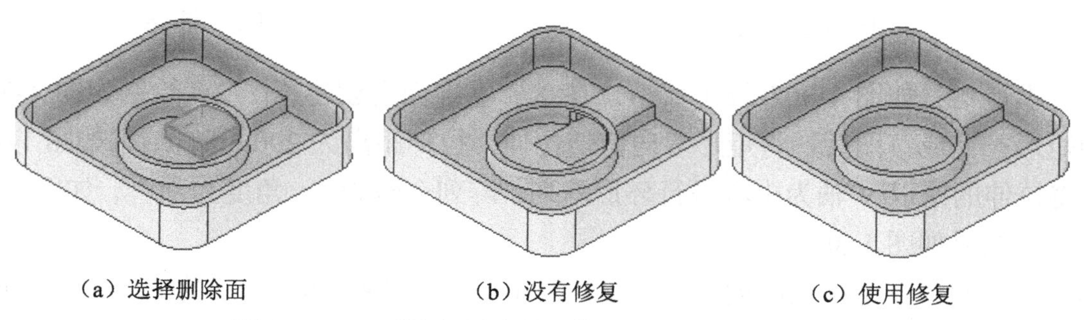

（a）选择删除面　（b）没有修复　（c）使用修复

图 1-301　“修复其余的面”复选框的使用比较

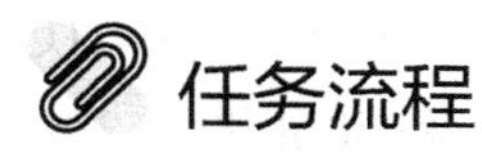

任务流程

主要任务流程如图 1-302 所示。

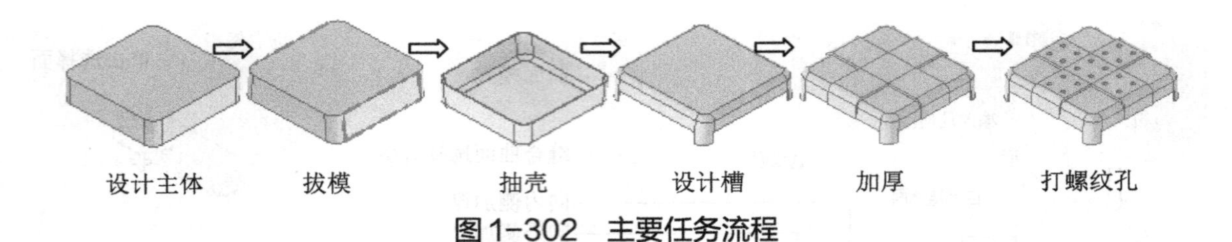

图 1-302 主要任务流程

任务实施

（1）新建文件：利用标准零件模板新建零件文件。

（2）创建草图 1：在 XZ 基准面上创建草图 1，绘制圆角矩形，如图 1-303（a）所示。

（3）创建拉伸特征：将上一步绘制的圆角矩形单向拉伸 50mm，如图 1-303（b）所示。

（4）拔模：选择长方体的底面为固定平面，对长方体的两个侧面进行拔模处理，拔模角为-5°，如图 1-304 所示。

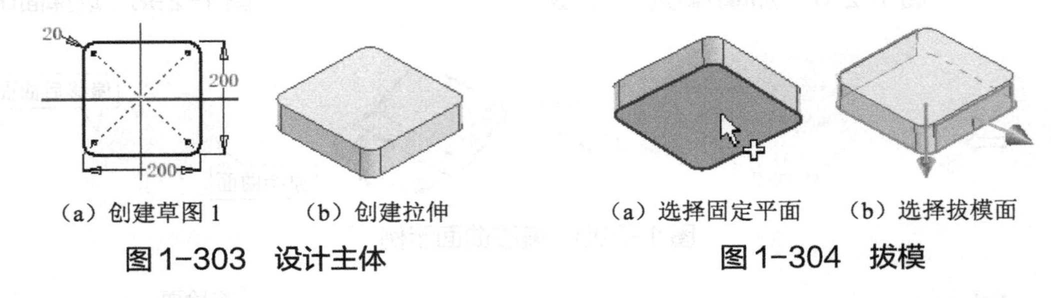

图 1-303 设计主体　　图 1-304 拔模

（5）圆角：将主体顶面进行等半径圆角处理，圆角半径为 10mm，如图 1-305 所示。

（6）抽壳：选择底面为开口面，对拔模后的长方体进行抽壳处理，抽壳厚度为 2mm，如图 1-306 所示。

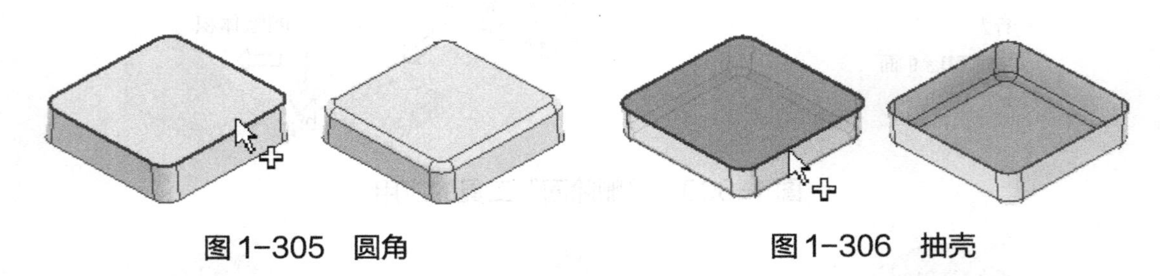
图 1-305 圆角　　图 1-306 抽壳

（7）设计槽：如图 1-307（a）所示，在 XY 基准面上创建草图 2，绘制如图 1-307（b）所示的矩形；完成草图后，将矩形双向剪切拉伸，拉伸距离为 200mm，结果如图 1-307（c）所示；将拉伸的槽以 Y 轴为中心进行环形阵列，阵列个数为 2，角度为 90°，如图 1-307（d）所示；设计结果如图 1-307（e）所示。

（8）分割面：在主体顶面创建草图 3，绘制如图 1-308（b）所示的图形，完成草图后，用图形轮廓作为工具分割实体的所有面，结果如图 1-308（c）所示。

（9）加厚分割面：在打开的加厚/偏移特性面板中，取消选中“自动链选面”“自动过渡”复选框，选择如图 1-309（a）所示的面，加厚 2mm；采用“直接”工具，移动如图 1-309（b）所示的面，向上移动 2.5mm。

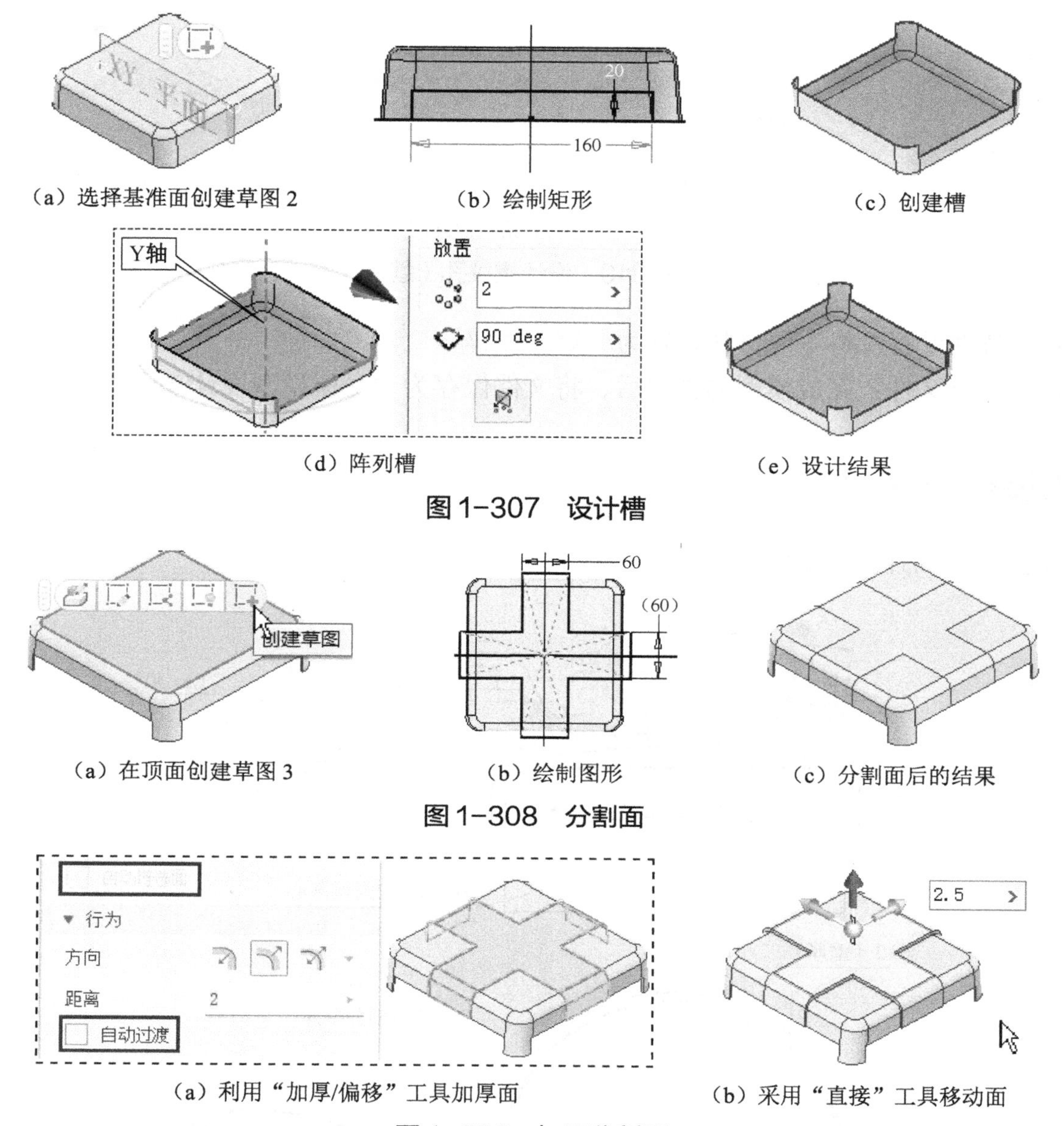

（a）选择基准面创建草图 2 （b）绘制矩形 （c）创建槽

（d）阵列槽 （e）设计结果

图 1-307 设计槽

（a）在顶面创建草图 3 （b）绘制图形 （c）分割面后的结果

图 1-308 分割面

（a）利用“加厚/偏移”工具加厚面 （b）采用“直接”工具移动面

图 1-309 加厚分割面

（10）设计螺纹孔：在如图 1-310（a）所示的顶面创建草图 4，绘制如图 1-310（b）所示的四个草图点。在四个草图点位置打螺纹孔，如图 1-310（c）所示。将螺纹孔矩形阵列，参数设置如图 1-310（d）所示，结果如图 1-310（e）所示；重复操作，将螺纹孔在另一个方向进行矩形阵列，结果如图 1-310（f）所示。

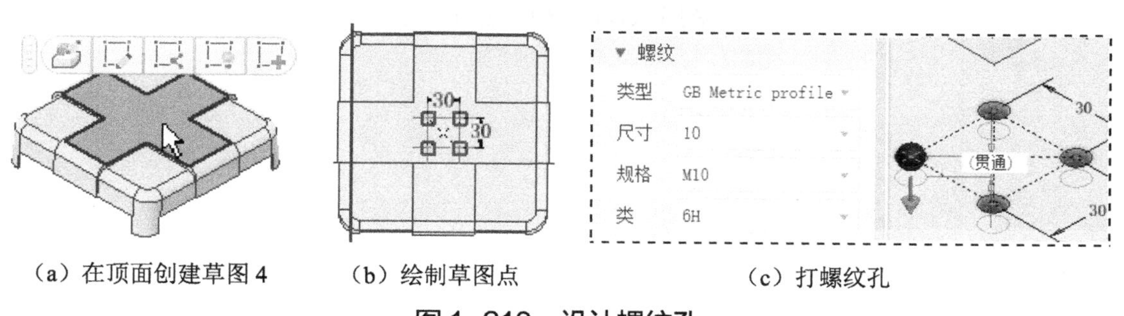

（a）在顶面创建草图 4 （b）绘制草图点 （c）打螺纹孔

图 1-310 设计螺纹孔

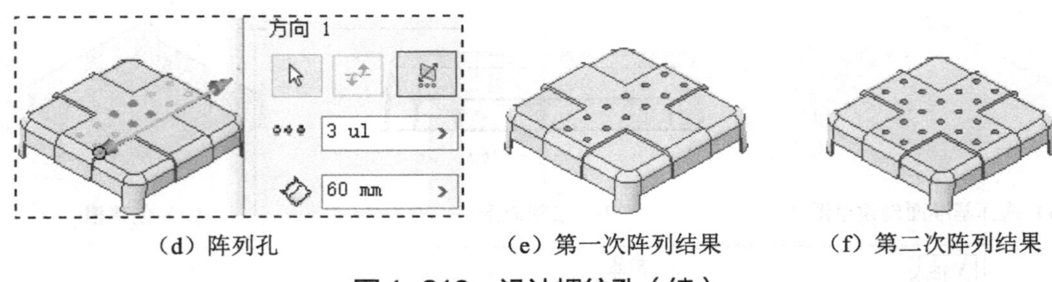

（d）阵列孔　（e）第一次阵列结果　（f）第二次阵列结果

图 1-310　设计螺纹孔（续）

（11）特性设置：将零件材料设置为“钢，镀锌”。

（12）保存文件：完成模型的创建后，将文件保存为“底座模型设计.ipt”。

拓展练习 1-7

完成如图 1-311 所示的模型设计。

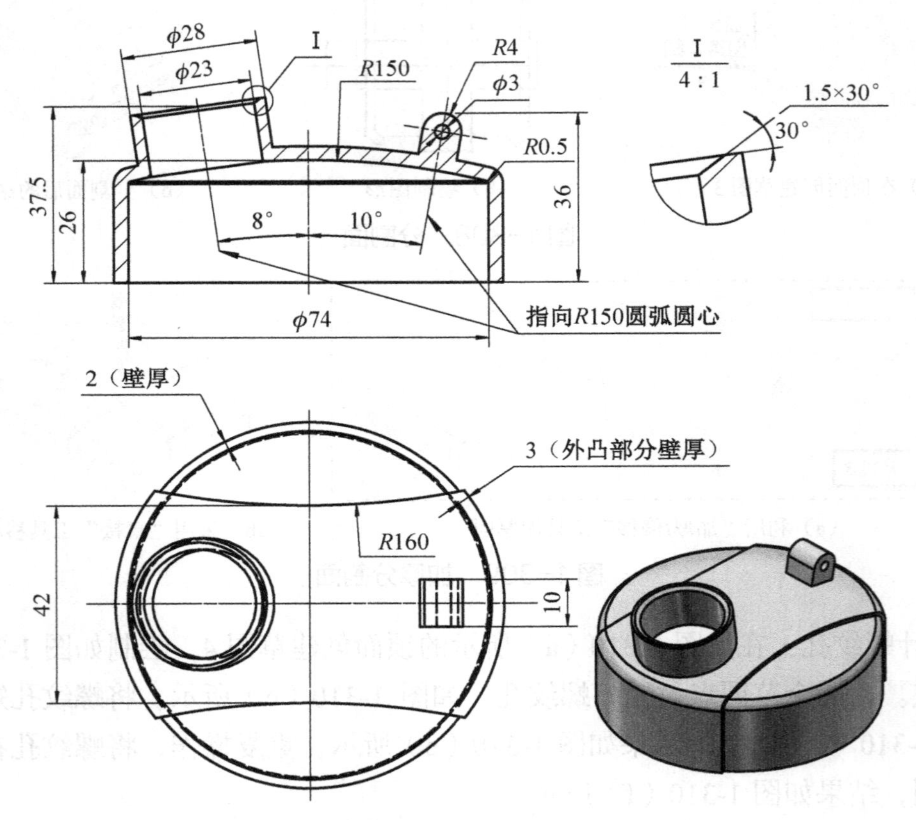

图 1-311　拓展练习 1-7

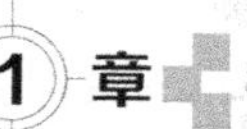

任务 8 塑料零件模型设计

学习目标

- 熟练掌握止口、凸柱、栅格孔工具的使用方法。
- 掌握支撑台、卡扣式连接、规则圆角工具的使用方法。
- 学会塑料零件模型的设计。

任务导入

塑料零件模型实例如图 1-312 所示，模型及工程图纸见资源包“模块 1\第 1 章\任务 8\”。

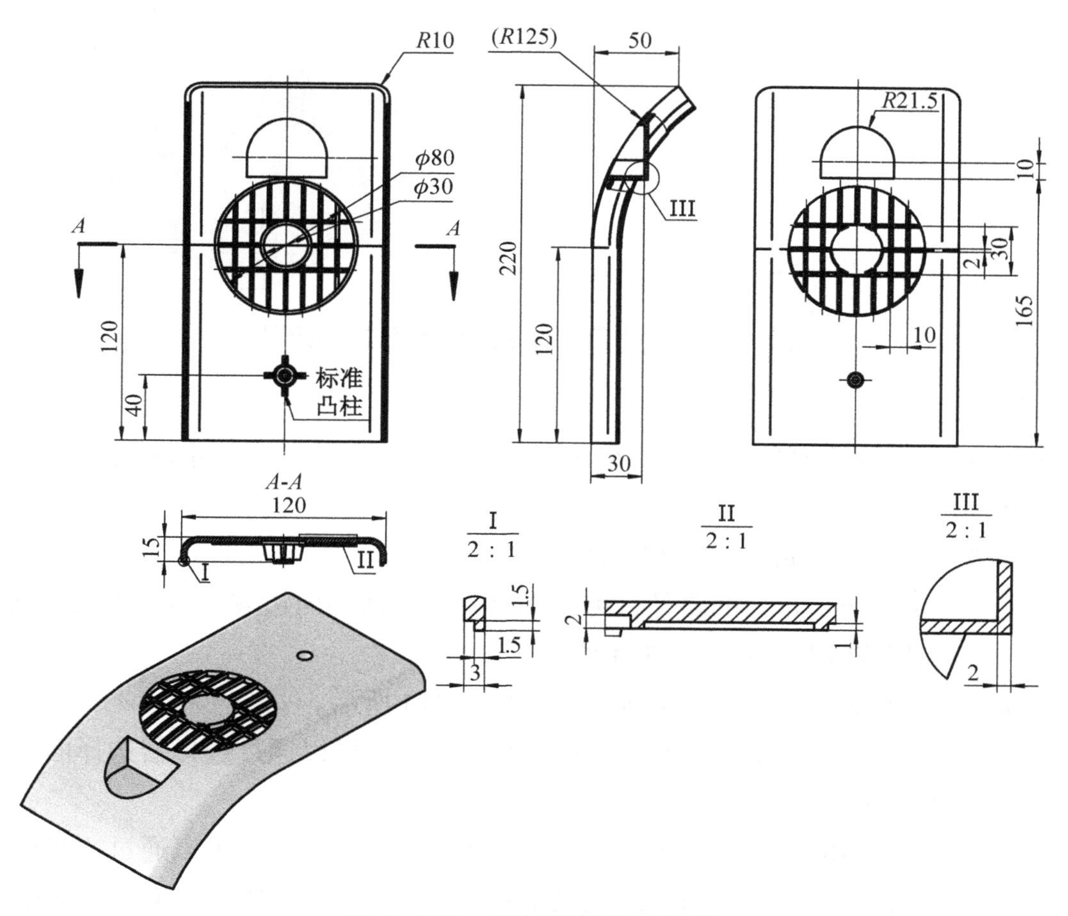

图 1-312 塑料零件模型实例

现代生活中离不开塑料零件，因此，作为设计人员，必须掌握塑料零件的设计技术。本任务将结合一个塑料零件外壳的设计实例来介绍 Inventor 中的塑料零件工具的使用。“塑料零件”工具面板位于“三维模型”选项卡中，如图 1-313 所示。

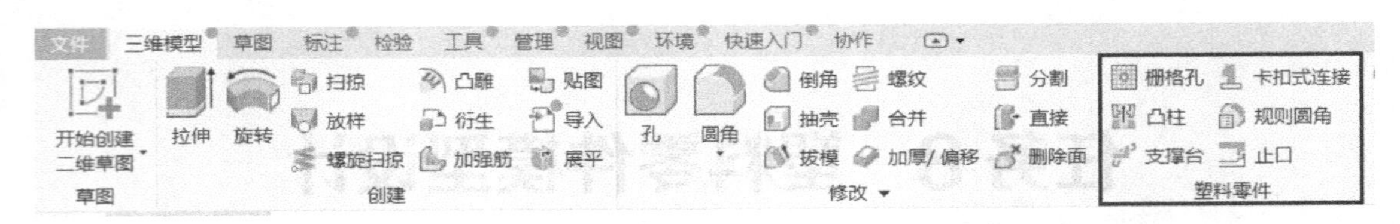

图 1-313 “塑料零件”工具面板

知识准备

1. 止口

在组装两个薄壁塑料零件时，在接口处通常都会有止口，以便让两个对接的零件进行精确定位。单击“止口”工具按钮，即可打开“止口”对话框，其中有止口和槽两种模式，如图 1-314 所示。

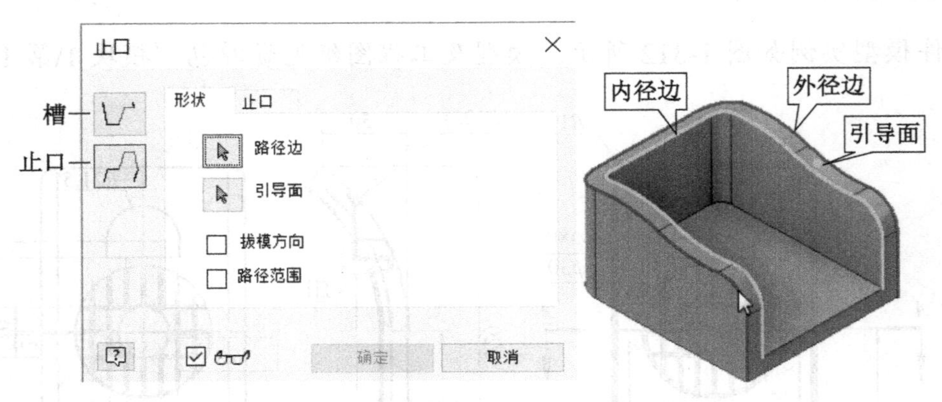

图 1-314 “止口”对话框及路径边、引导面

1）止口模式

止口模式是止口特征的默认模式，在该模式下，有“形状”和“止口”两个选项卡，下面分别进行介绍。

（1）“形状”选项卡：如图 1-314 所示。

① 路径边：用于选定止口的路径，可以选择外壳界面的内边或外边，也可以同时选择，所选路径必须是相切连续的，如图 1-314 所示。

② 引导面：通常为要添加止口的界面，如图 1-314 所示。

③ 拔模方向：引导面的替换方案，勾选该复选框后，可以通过选择器选择面、轴、边来指定拔模方向，如图 1-315 所示。

④ 路径范围：止口时，若不需要对选择的整条边进行止口，就可以通过“路径范围”复选框选择面或点来确定止口的结束位置。在图 1-316 中，分别选择工作平面和工作点作为止口的结束位置。

【说明】在使用“路径范围”复选框止口时，止口段有个绿点，非止口段有个黄点，在“路径范围”复选框选择箭头选中的情况下，单击绿点可取消止口段，单击黄点可增加止口段。

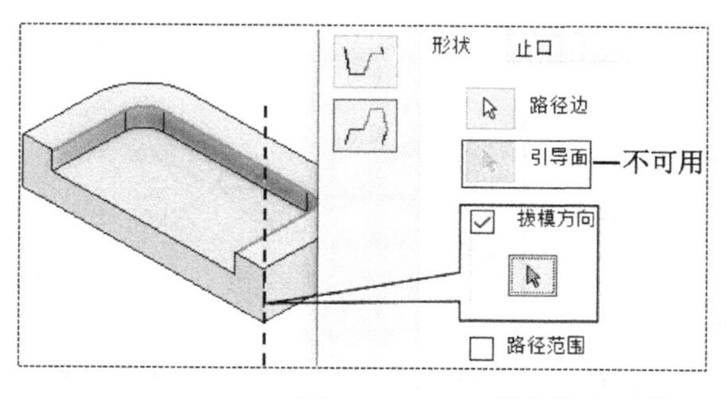

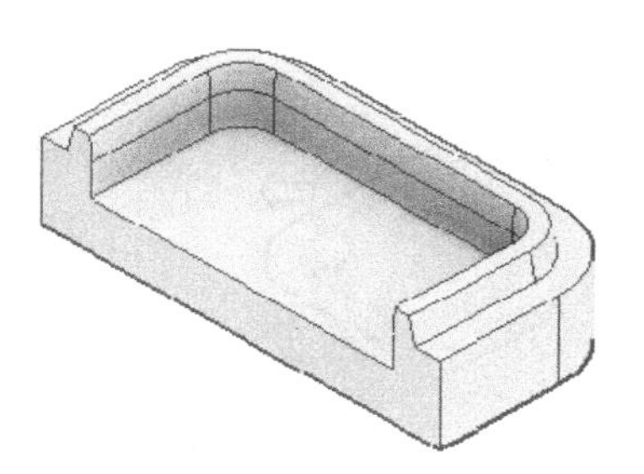

图 1-315 “拔模方向”复选框的使用

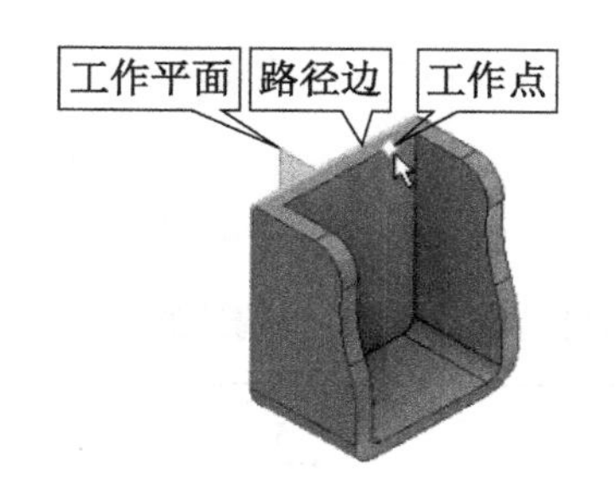

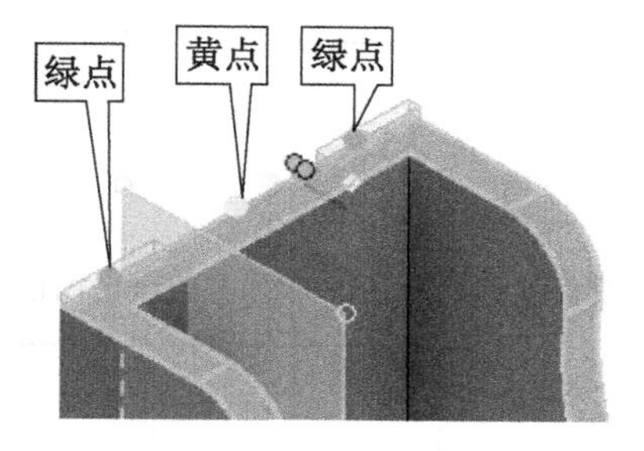

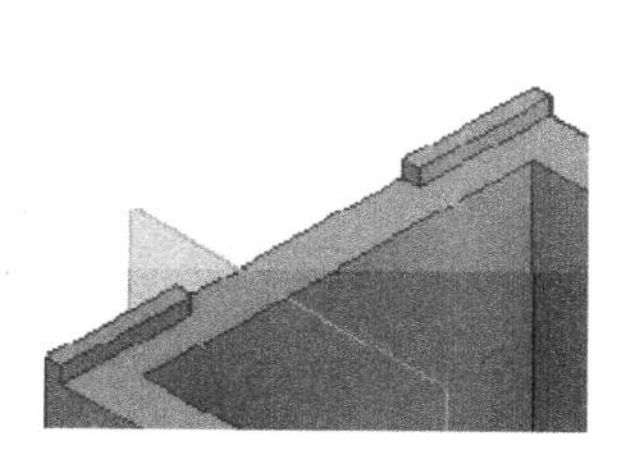

图 1-316 “路径范围”复选框的使用

（2）“止口”选项卡：其中各参数的设置如图 1-317 所示。

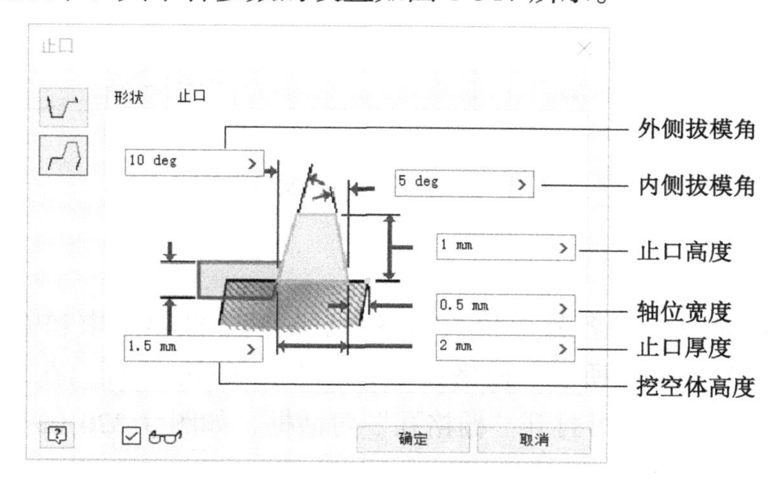

图 1-317 “止口”选项卡中各参数的设置

2）槽模式

创建完止口后，在创建槽的时候，Inventor 会自动记忆上次使用的数值，这样可以使得槽与止口完全匹配。槽模式下各项的使用与止口模式下各项的使用相同，这里不再赘述。

现以图 1-318 所示为例，介绍添加止口的步骤。

单击“止口”工具按钮，在要止口处选择路径边，在打开的“止口”对话框中，勾选“拔模方向”复选框，在要止口的零件上选择拔模方向。在“止口”对话框中，勾选“路径范围”复选框，选择 XY 基准面作为止口终止面，单击非止口段的黄点增加止口段，并单击右侧止口段绿点，取消错选的止口段，进入“止口”选项卡，进行如图 1-317 所示的参数设置。单击“确定”按钮，完成止口操作。

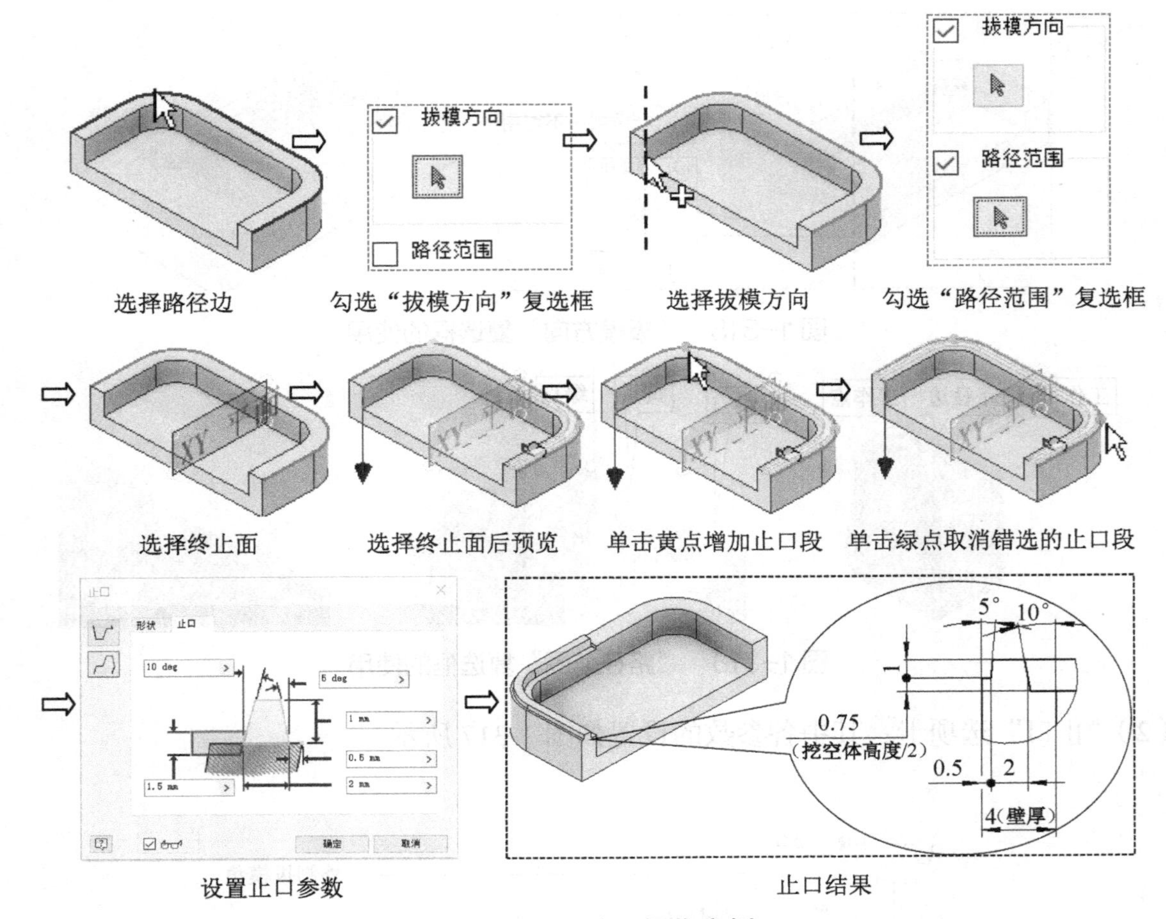

图 1-318　止口操作实例

2. 栅格孔

在塑料零件上经常使用的各种形状的网格一般是基于散热需求和输出声音需求来设计的，称为栅格孔，如图 1-319 所示。栅格孔特征是基于草图的特征，在已有草图的情况下，单击“栅格孔”工具按钮，即可打开“栅格孔”对话框，如图 1-320（a）所示。下面分别介绍对话框中几个选项卡的应用。

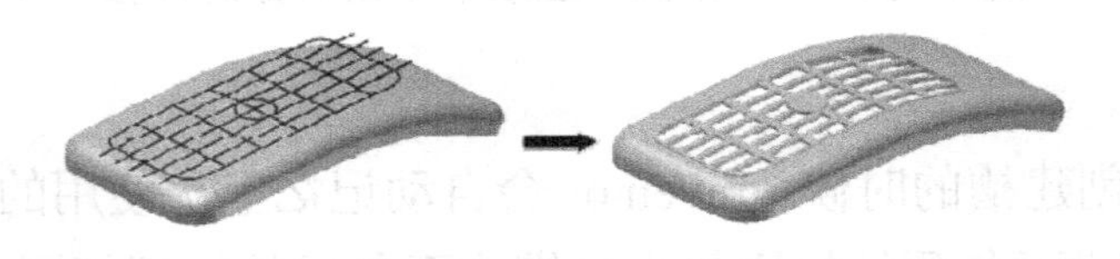

图 1-319　栅格孔

1）“边界”选项卡

边界是用来限制栅格孔范围的，其截面轮廓必须是封闭草图，如图 1-320（b）所示。将对话框展开后，还可以进行通风面积的设置，如图 1-320（a）所示。

2）“内部轮廓”选项卡

内部轮廓是指栅格孔中填满材料的区域，通常在栅格孔中心处，其截面轮廓必须是封闭的草图，应用时通常与零件抽壳的厚度相同，如图 1-321 所示。

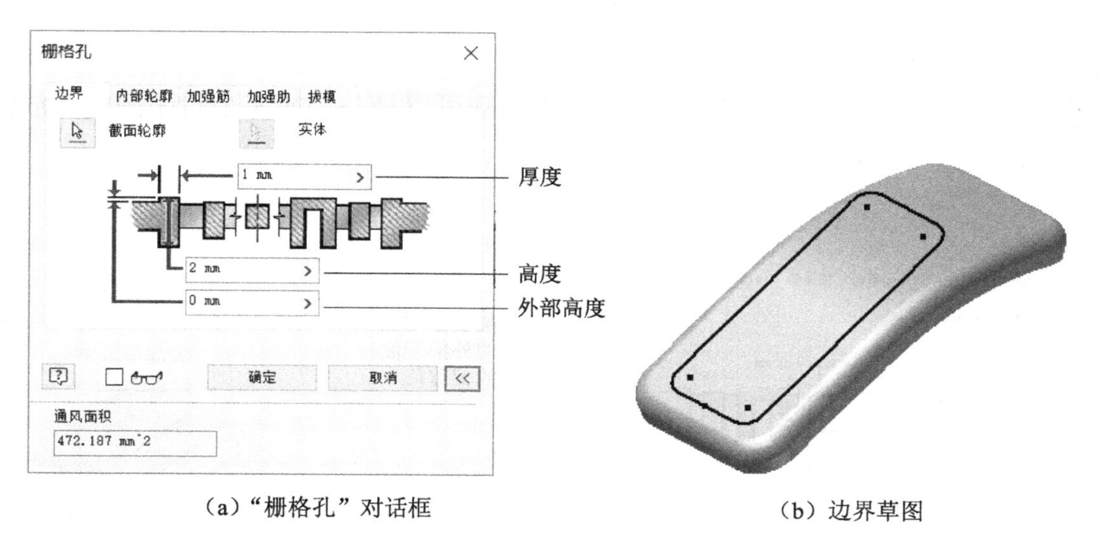

（a）“栅格孔”对话框　　（b）边界草图

图 1-320　“栅格孔”对话框及边界草图

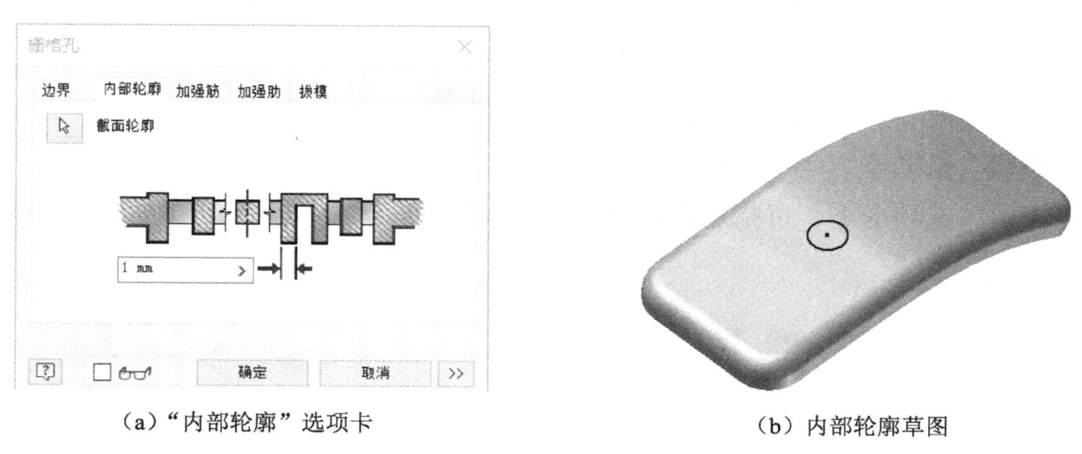

（a）“内部轮廓”选项卡　　（b）内部轮廓草图

图 1-321　内部轮廓

3）“加强筋”选项卡

加强筋是填充栅格孔区域的一组曲线，其截面轮廓可以是一个或多个封闭的或开放的区域，应用时，其表面一般与边界的表面平齐或稍微低点，且在目标实体的内部面内延伸，如图 1-322 所示。

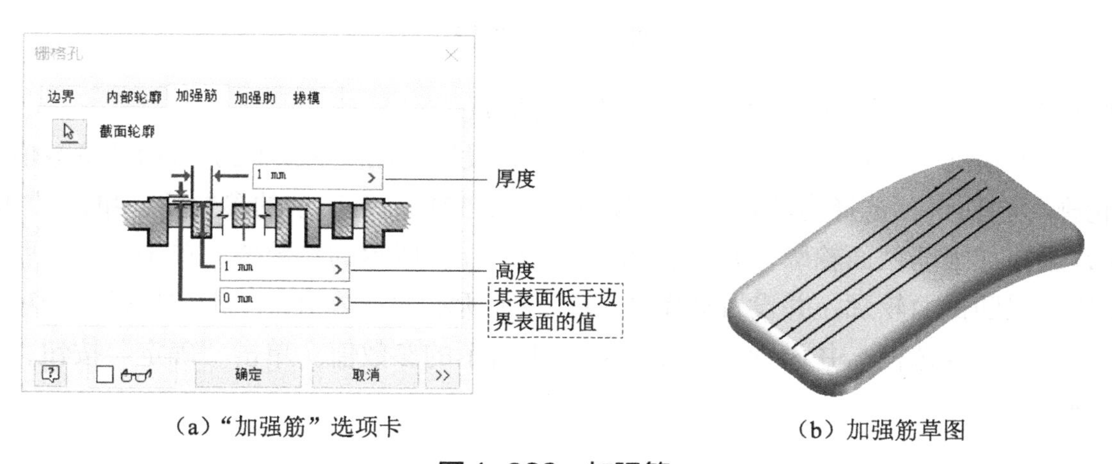

（a）“加强筋”选项卡　　（b）加强筋草图

图 1-322　加强筋

4）“加强肋”选项卡

加强肋一般用来提高加强筋的硬度，其截面轮廓可以是一个或多个封闭的或开放的区域，如图 1-323 所示。

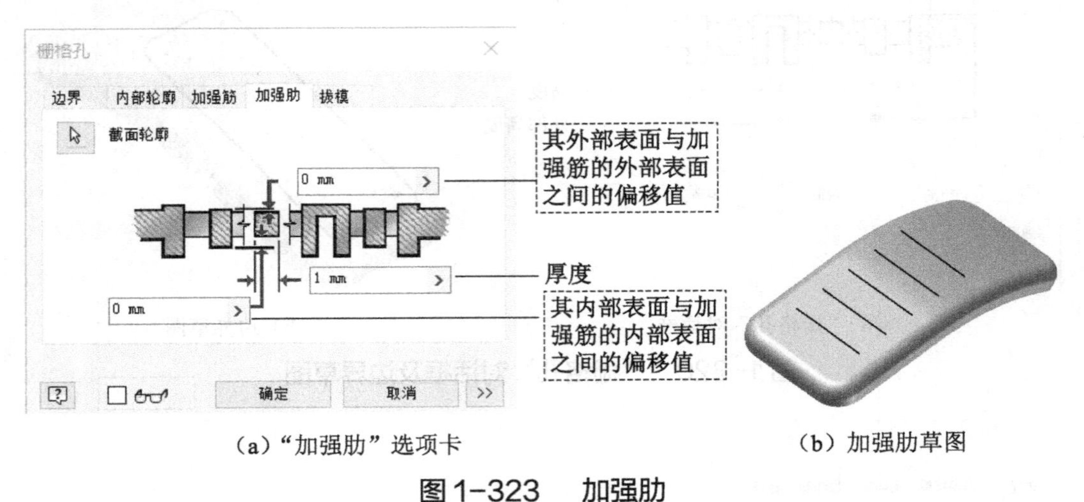

（a）“加强肋”选项卡　（b）加强肋草图

图 1-323　加强肋

5）“拔模”选项卡

在“拔模”选项卡下，可指定拔模角，如图 1-324 所示。

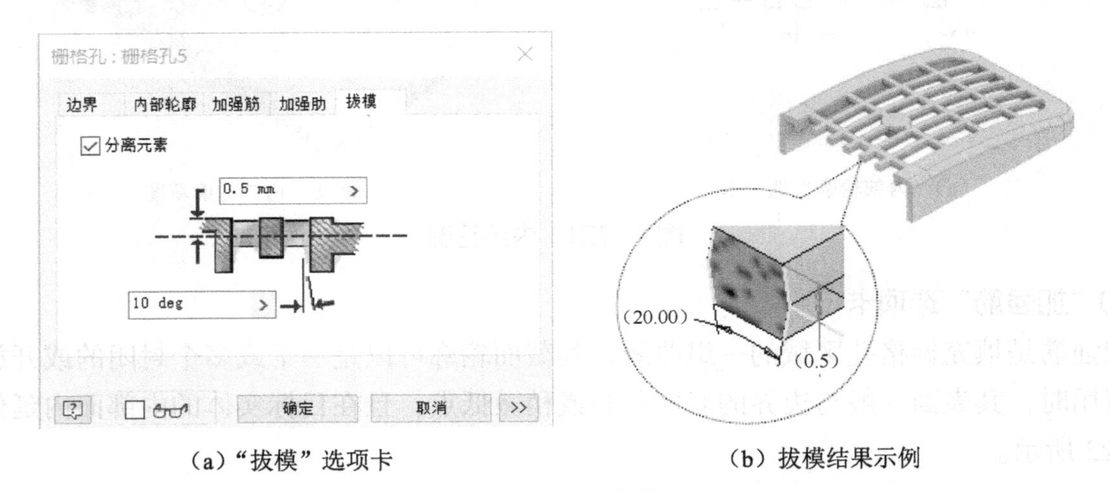

（a）“拔模”选项卡　（b）拔模结果示例

图 1-324　拔模

现以图 1-325 所示为例，介绍添加栅格孔的步骤。

单击“栅格孔”工具按钮；选择边界轮廓，并设置如图 1-320（a）所示的参数值；单击“内部轮廓”选项卡，选择内部轮廓，并设置如图 1-321（a）所示的参数值；单击“加强筋”选项卡，选择加强筋截面轮廓，并设置如图 1-322（a）所示的参数值；单击“加强肋”选项卡，选择加强肋截面轮廓，并设置如图 1-323（a）所示的参数值；单击“拔模”选项卡，勾选“分离元素”复选框，并设置如图 1-324（a）所示的参数值。单击“确定”按钮，完成栅格孔的创建。

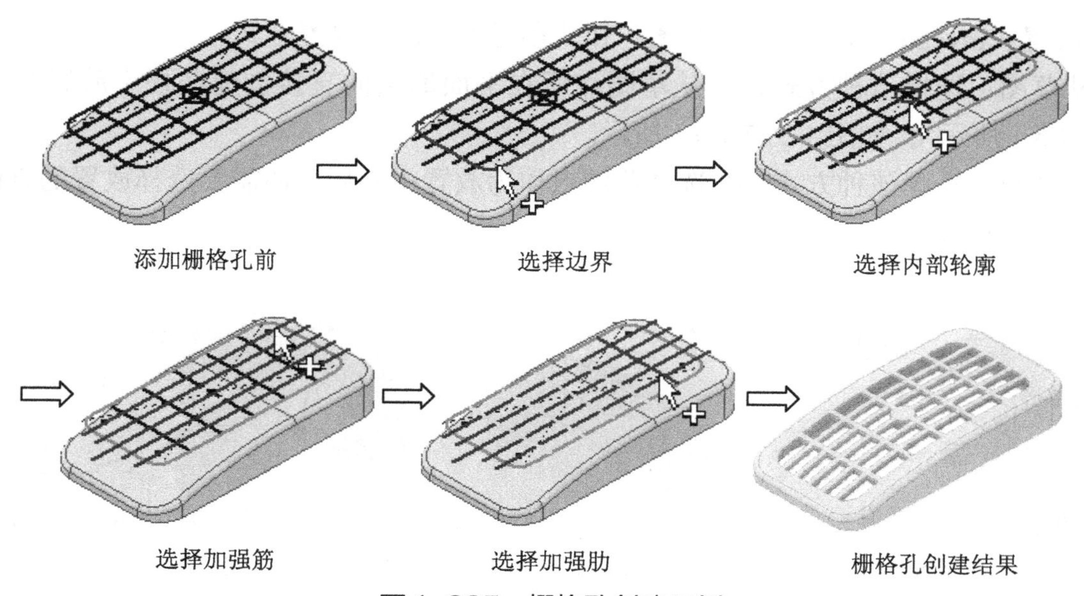

图 1-325 栅格孔创建示例

3. 凸柱

在塑料零件的设计中，可以使用“凸柱”工具实现螺栓或螺钉连接。单击“凸柱”工具按钮，即可打开“凸柱”对话框，如图 1-326（a）所示。由于螺栓连接的凸柱都是两两配对的，如图 1-326（b）所示，因此，Inventor 的凸柱特征也提供了“头”和“螺纹”两种配对类型。

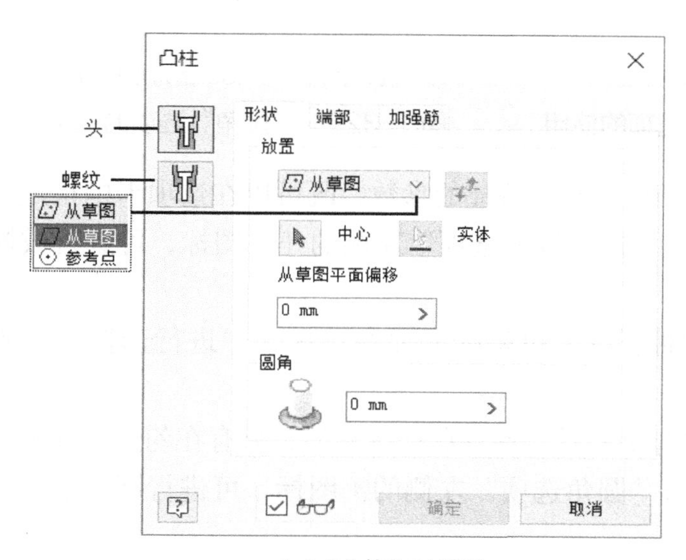

（a）“凸柱”对话框

头
螺纹

（b）螺栓连接的凸柱

图 1-326 凸柱

下面对两种类型分别进行介绍。

1）头

这里的“头”就是指紧固件头所在的位置，这是打开“凸柱”对话框后的默认类型。

（1）“形状”选项卡：如图 1-326（a）所示，其中各项含义如下。

① 放置：Inventor 提供了“从草图”和“参考点”两种放置方式。

a. 从草图：选择该种方式，会从草图点所在平面的法向直接创建凸柱［放置凸柱前如图 1-327（a）所示］，如图 1-327（b）所示。

b. 参考点：选择该种方式，在选择草图点作为放置中心后，还需要选择放置的方向，如图 1-327（c）所示。

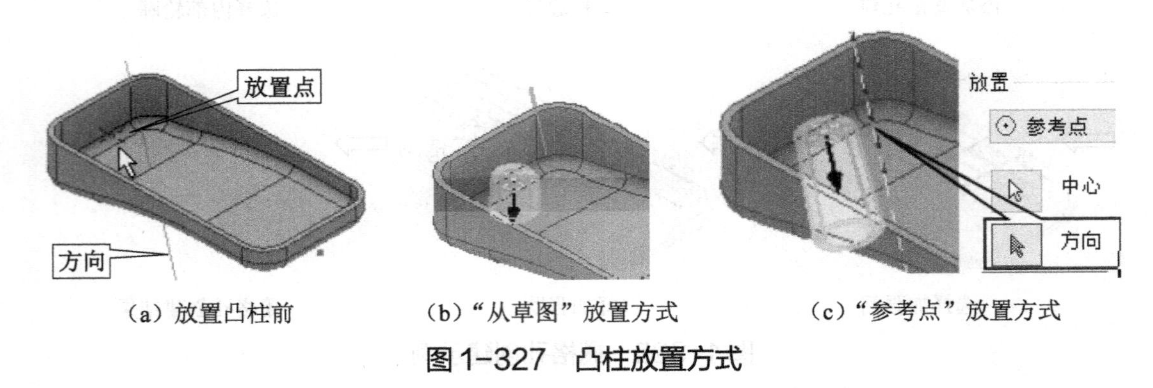

（a）放置凸柱前　（b）“从草图”放置方式　（c）“参考点”放置方式

图 1-327　凸柱放置方式

② 从草图平面偏移：指定凸柱起始位置从草图点所在平面偏移的距离，如图 1-328 所示。

③ 圆角：凸柱与目标零件实体交集处的圆角半径，如图 1-329 所示。

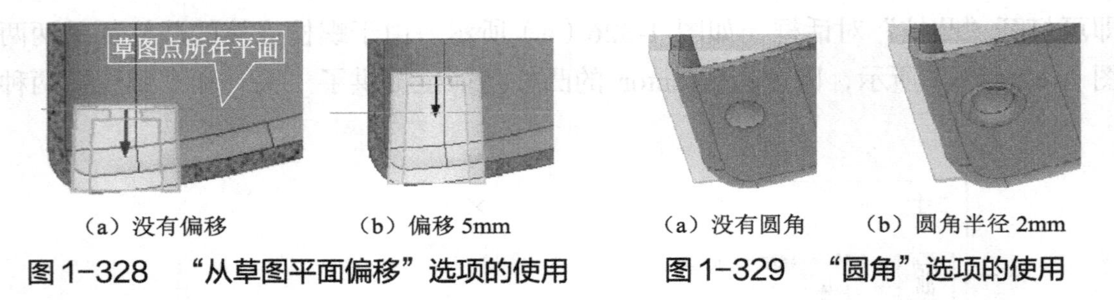

（a）没有偏移　（b）偏移 5mm

图 1-328　“从草图平面偏移”选项的使用

（a）没有圆角　（b）圆角半径 2mm

图 1-329　“圆角”选项的使用

（2）“端部”选项卡：用来指定凸柱“头”特征的参数，既可以在选项卡中指定参数，又可以在图形区使用操控器动态调整。单击“拔模选项”左侧的 ⊞ 图标，可进行拔模角度的设置。

“头”类型有沉头孔、倒角孔两种样式，可根据需要在选项卡中进行选择，其他参数如图 1-330 所示。

（3）“加强筋”选项卡：进入此选项卡后，各参数默认灰显，只有在勾选“加强筋”复选框后，才能对各参数进行设置。单击“圆角选项”左侧的⊞图标，可进行圆角半径的设置，如图 1-331 所示。

2）螺纹

在“凸柱”对话框中，当选择“螺纹”模式时，“形状”选项卡和“加强筋”选项卡的设置与“头”模式是一样的，这里不再介绍；区别只是“螺纹”选项卡代替了“端部”选项卡。

在“螺纹”选项卡下，若未选中“孔”复选框，则螺纹凸柱变为顶针，如图 1-332（a）所示；选中“孔”复选框时的各项参数如图 1-332（b）所示。

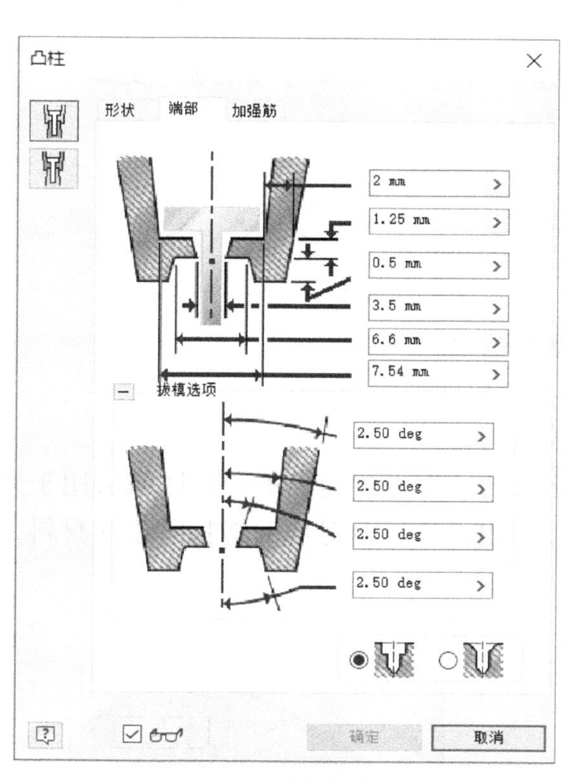

图 1-330 “端部”选项卡

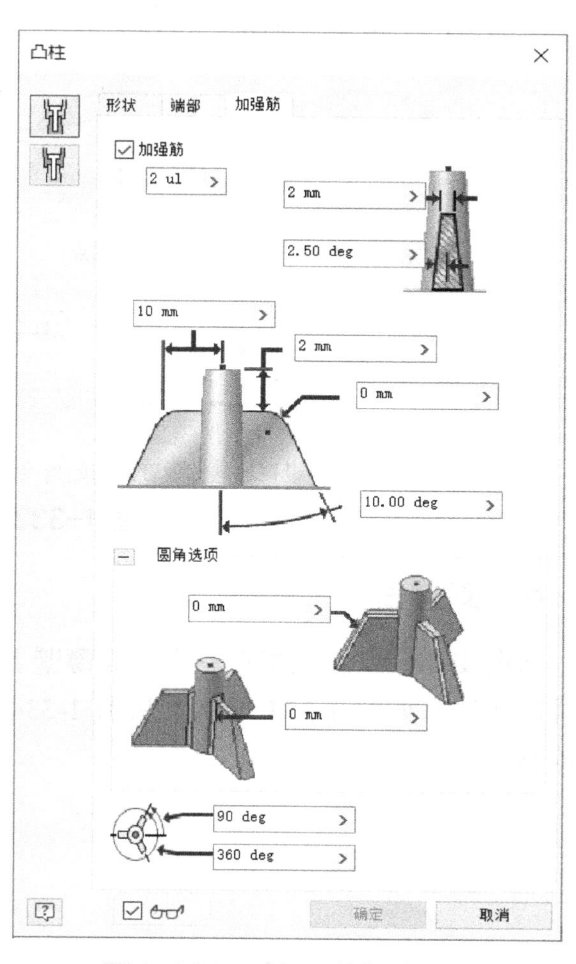

图 1-331 “加强筋”选项卡

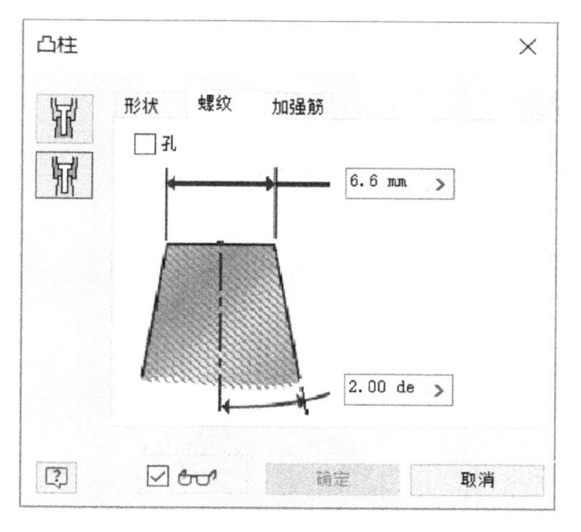

（a）顶针模式

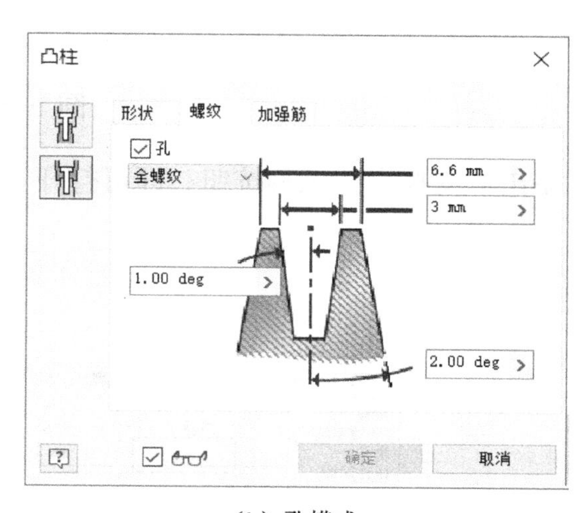

（b）孔模式

图 1-332 “螺纹”选项卡

现以图 1-333 所示为例，介绍添加凸柱的步骤。

单击“凸柱”工具按钮，打开“凸柱”对话框后自动选择草图点，单击“端部”选项卡，选择倒角孔；单击“加强筋”选项卡，勾选“加强筋”复选框，设置加强筋的数量为 3，起始角度为 60°，单击“确定”按钮，完成添加凸柱操作。

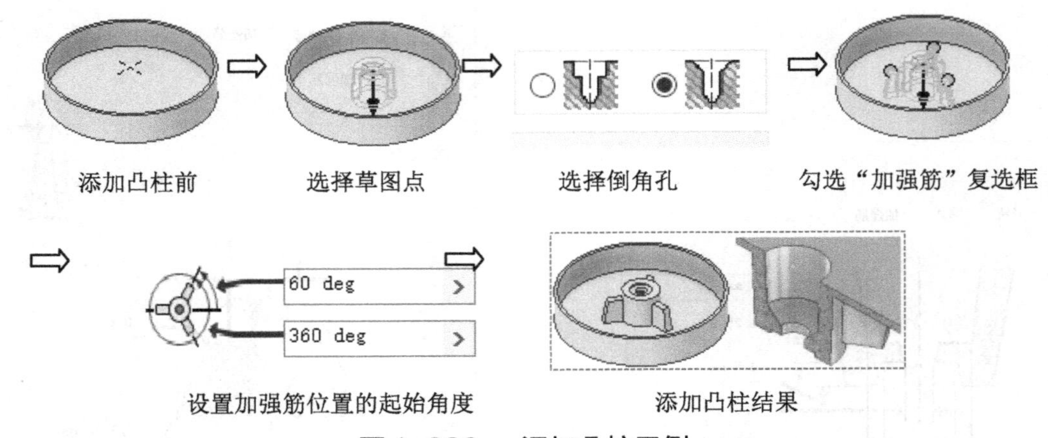

图 1-333　添加凸柱示例

4. 支撑台

所谓支撑台，就是指在一个曲面薄壁上设计出来的一个平台面，平台面区域可用于另一零件的放置，如图 1-334 所示。从图 1-334 中可以看出，支撑台对薄壁塑料既添加材料，又去除材料。

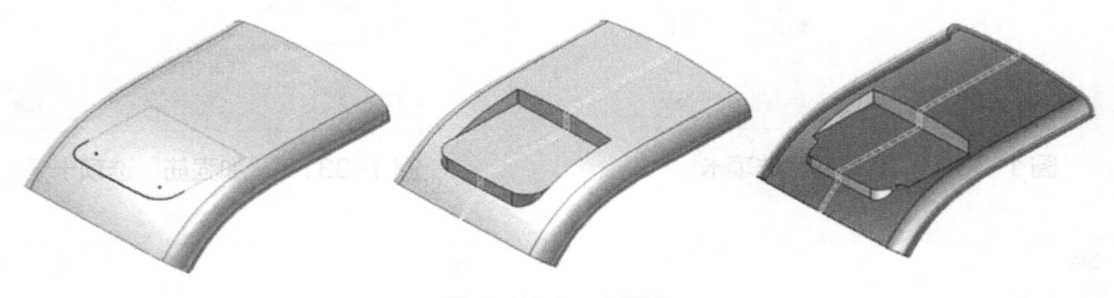

图 1-334　支撑台

单击“支撑台”工具按钮，即可打开“支撑台”对话框，如图 1-335 所示。

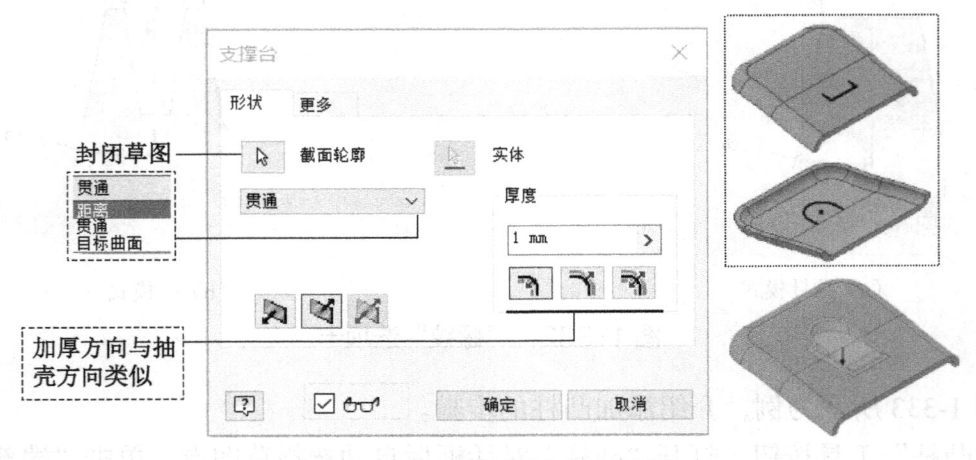

图 1-335　“支撑台”对话框

1）“形状”选项卡

在“形状”选项卡中，支撑台的终止方式有距离、贯通、目标曲面三种，类似于拉伸特征中的拉伸范围，默认是贯通方式。

2）“更多”选项卡

在“更多”选项卡中，平台面的位置选项有距离、目标曲面两种方式，如果选择目标曲面方式，则可以构建平台面是曲面的支撑台，如图 1-336 所示。

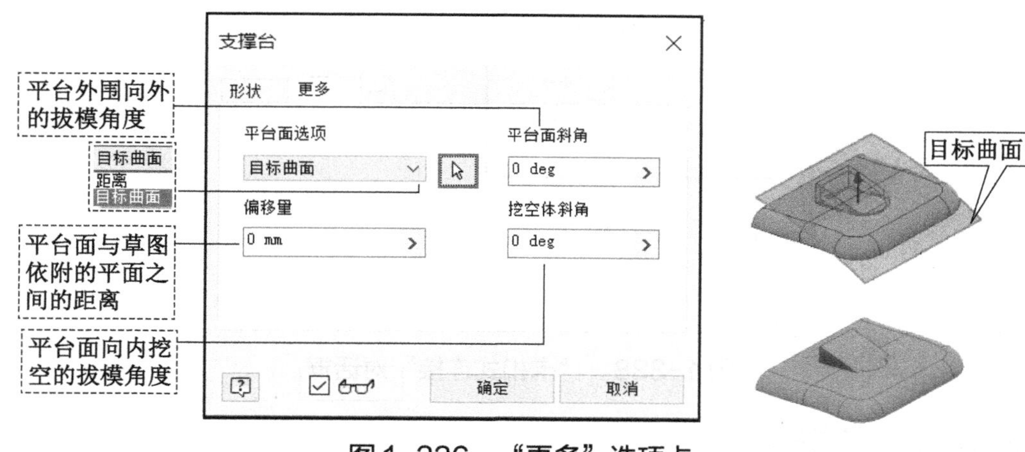

图 1-336 “更多”选项卡

现以图 1-337 所示为例，介绍添加支撑台的步骤。

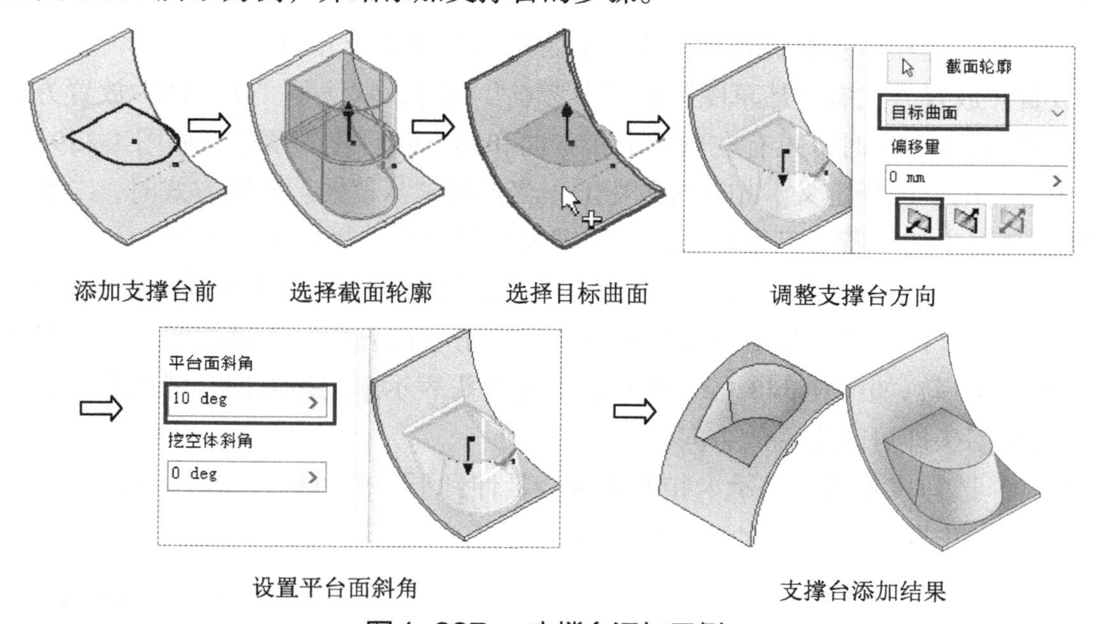

图 1-337 支撑台添加示例

单击“支撑台”工具按钮，打开“支撑台”对话框后自动选择截面轮廓，在对话框中，终止方式选择“目标曲面”；单击模型的内表面为目标曲面；在对话框中调整支撑台的方向；单击“更多”选项卡，设置平台面斜角为 10°，单击“确定”按钮，完成添加支撑台的操作。

5. 卡扣式连接

卡扣也是塑料零件中常用的一种连接方式，它与前面学习的凸柱和止口类似，也有两种模式，即连接钩和连接扣。

单击“卡扣式连接”工具按钮，即可打开“卡扣式连接”对话框，默认是悬臂式卡扣式连接钩模式，如图 1-338 所示。下面介绍这两种模式。

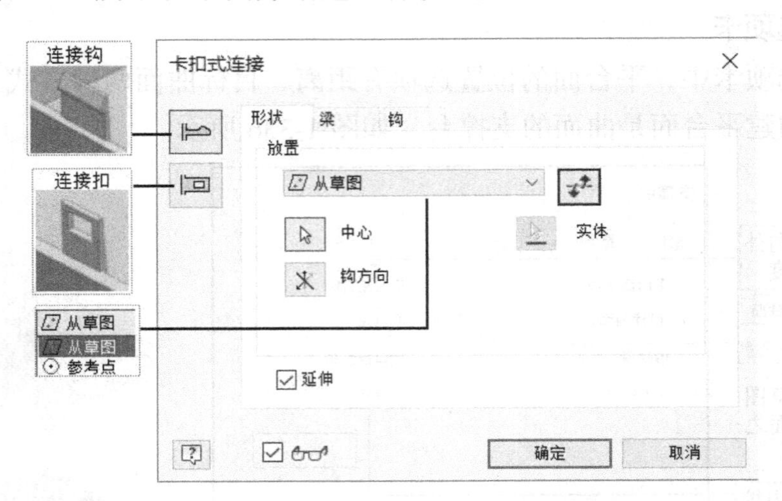

图 1-338 “卡扣式连接”对话框

1）悬臂式卡扣式连接钩

如图 1-338 所示，在悬臂式卡扣式连接钩模式下，有“形状”“梁”“钩”三个选项卡，下面分别进行介绍。

（1）“形状”选项卡：在该选项卡中，对常用的几项进行介绍。

① 放置：放置方式有“从草图”和“参考点”两种，默认是“从草图”放置方式。当选择“参考点”放置方式时，只有在选择卡扣方向和钩方向后才能预览，如图 1-339 所示。

② 中心：用于选择定义卡扣连接的中心。当选择“从草图”放置方式时，二维草图中的草图点默认是选中的。若是三维草图点，则需要通过中心选择器进行选择。

③ 方向（“反向”按钮）：当选择“参考点”放置方式时，用来选择卡扣的方向。

④ 钩方向 ：用来定义卡扣钩的方向，当单击“钩方向”工具按钮后，在卡扣中心有四个方向可供选择，如图 1-340（a）所示，黄色箭头表示未选择方向，绿色箭头表示当前方向，单击黄色箭头即可改变钩的方向。

⑤ 延伸：选择该复选框表示卡扣的梁将会延伸到下一个目标，如图 1-340（a）所示；否则会在草图点处中断，如图 1-340（b）所示。

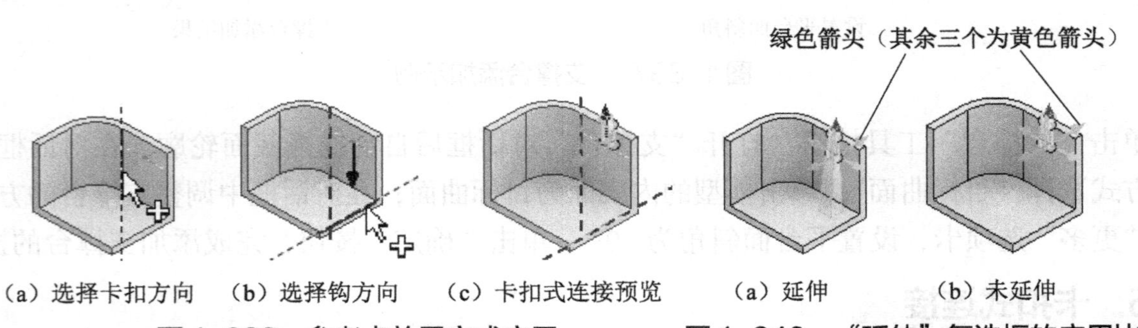

（a）选择卡扣方向 （b）选择钩方向 （c）卡扣式连接预览

图 1-339 参考点放置方式应用

（a）延伸 （b）未延伸

图 1-340 “延伸”复选框的应用比较

（2）“梁”选项卡：用来指定卡扣式连接钩的梁参数，如图 1-341 所示。

（3）“钩”选项卡：用来指定卡扣式连接钩的钩参数，如图 1-342 所示。

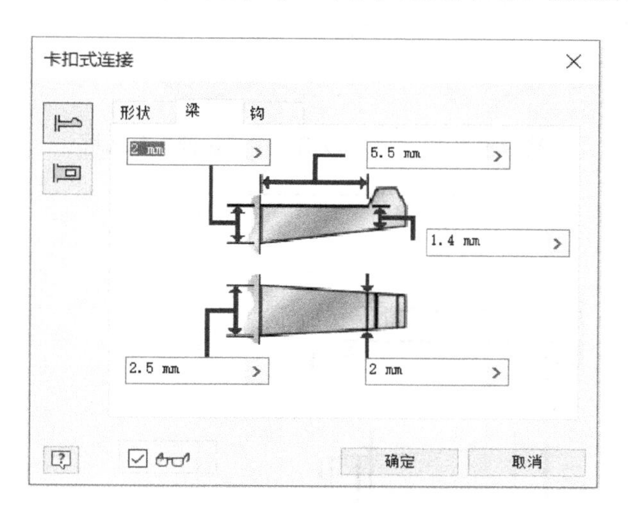

图 1-341 “梁”选项卡

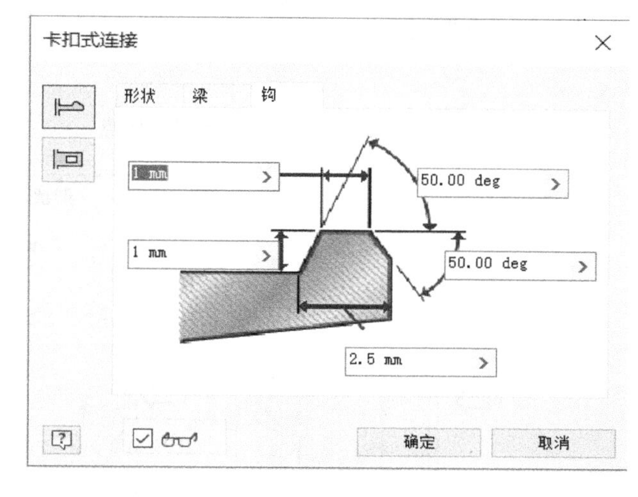

图 1-342 “钩”选项卡

2）悬臂式卡扣式连接扣

在悬臂式卡扣式连接扣模式下，连接扣的“形状”选项卡与连接钩的“形状”选项卡是一致的，“夹”选项卡各项参数如图 1-343 所示，“扣”选项卡各项参数如图 1-344 所示。

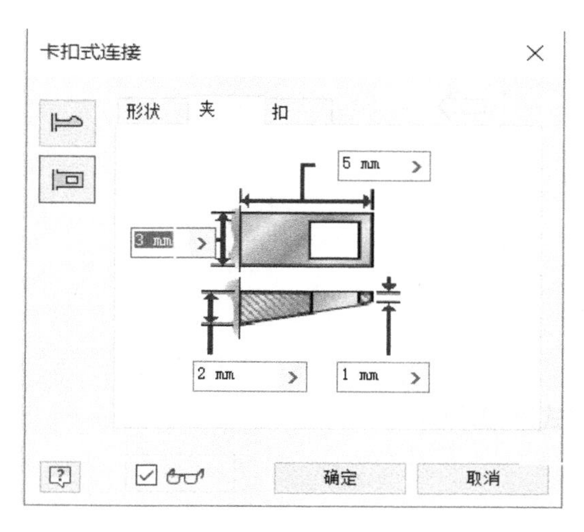

图 1-343 “夹”选项卡各项参数

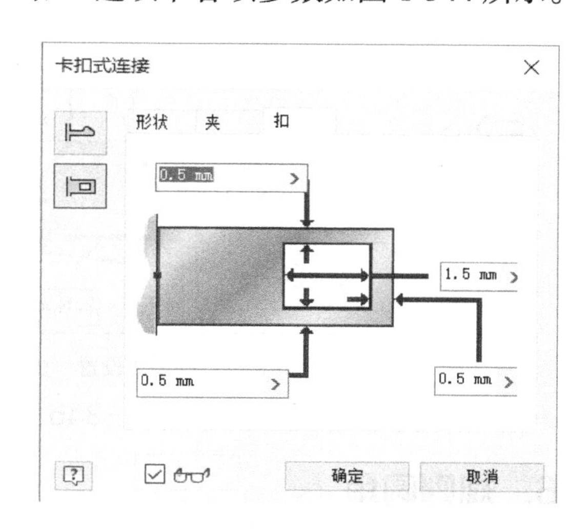

图 1-344 “扣”选项卡各项参数

现以图 1-345 所示为例，介绍添加卡扣式连接的步骤。

单击“卡扣式连接”工具按钮，打开“卡扣式连接”对话框并自动选择草图点，单击“反向”按钮，改变卡扣方向；单击“钩方向”按钮，调整钩的方向，取消选中“延伸”复选框；单击“梁”选项卡，设置梁的参数；单击“钩”选项卡，设置钩的参数，单击“确定”按钮，完成添加卡扣式连接的操作。

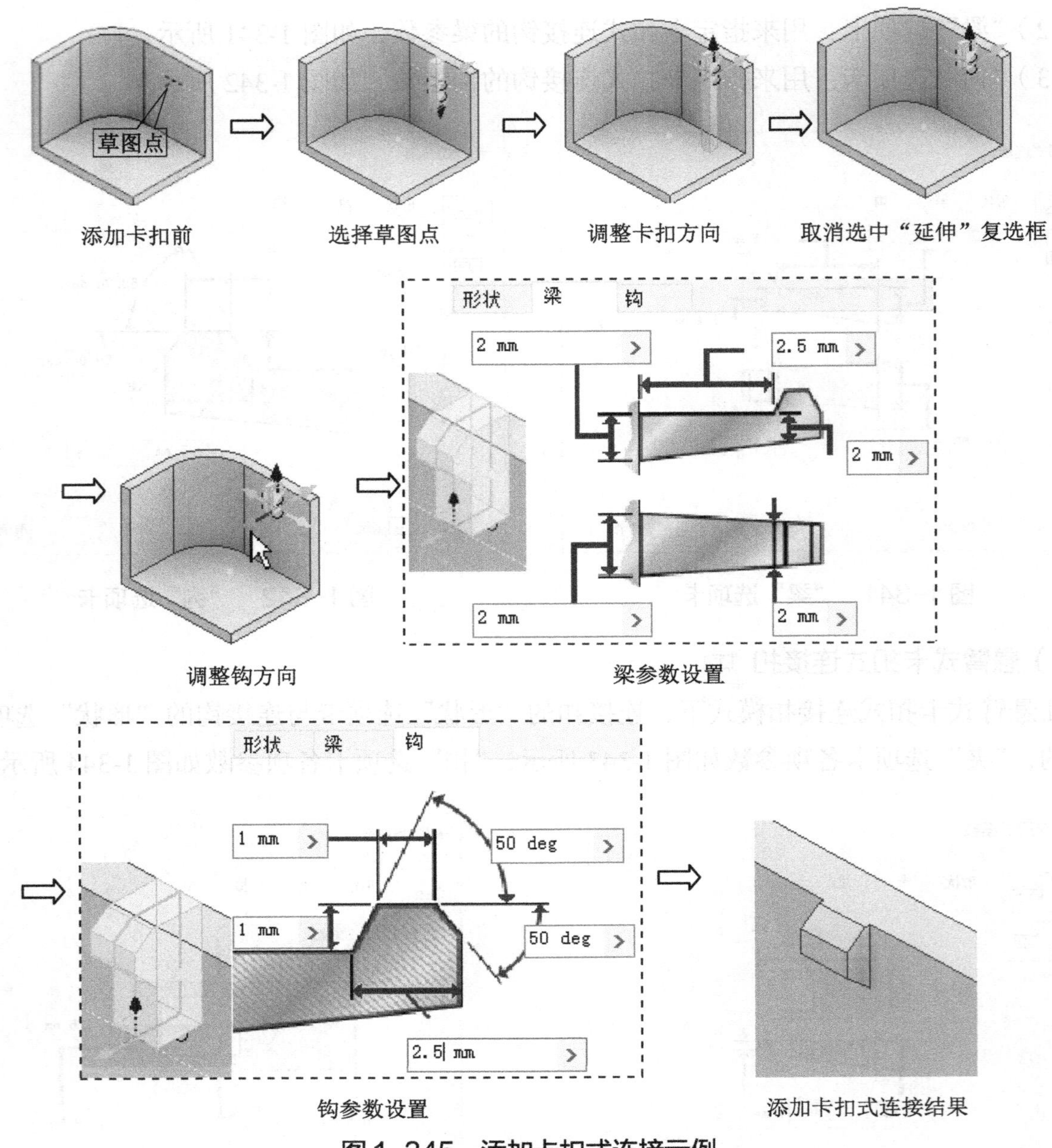

图 1-345 添加卡扣式连接示例

6. 规则圆角

规则圆角其实是圆角功能的扩展，在定义规则圆角的过程中，不需要选择圆角边，只需选择规则圆角所需参考的几何特征即可。

单击“规则圆角”工具按钮，即可打开“规则圆角”对话框，如图 1-346 所示。在对话框中，有两个基于规则的圆角元素是必须选择的，即“源”和“规则”。

1）源

对于源选择集，可以选择一个或几个特征，也可以选择一个或几个面。

（1）特征：这里选择如图 1-347 所示的拉伸特征为例进行介绍。

① 对照零件：选择该选项后，仅为由特征的表面和零件实体的表面形成的边添加圆角。

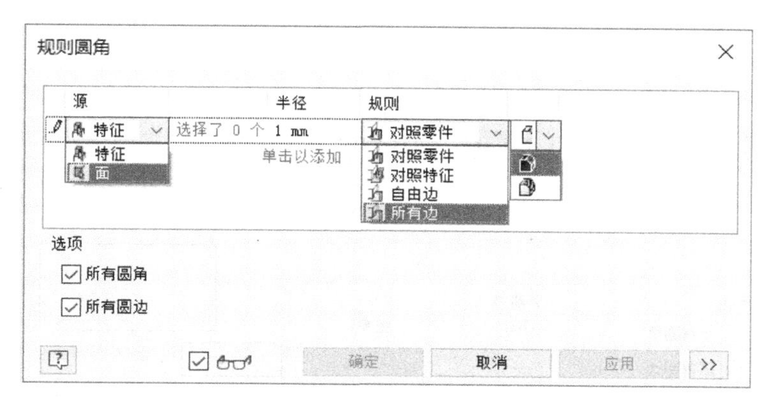

图 1-346 “规则圆角”对话框

② 对照特征 ：选择该选项后，仅为由源选择集的特征和对照特征相交生成的边添加圆角，这里选择的对照特征是两个孔。

③ 自由边 ：选择该选项后，仅为由源选择集中的特征表面形成的边添加圆角。

④ 所有边 ：选择该选项后，为所有由特征本身生成的边与所有由特征和零件实体相交生成的边添加圆角。

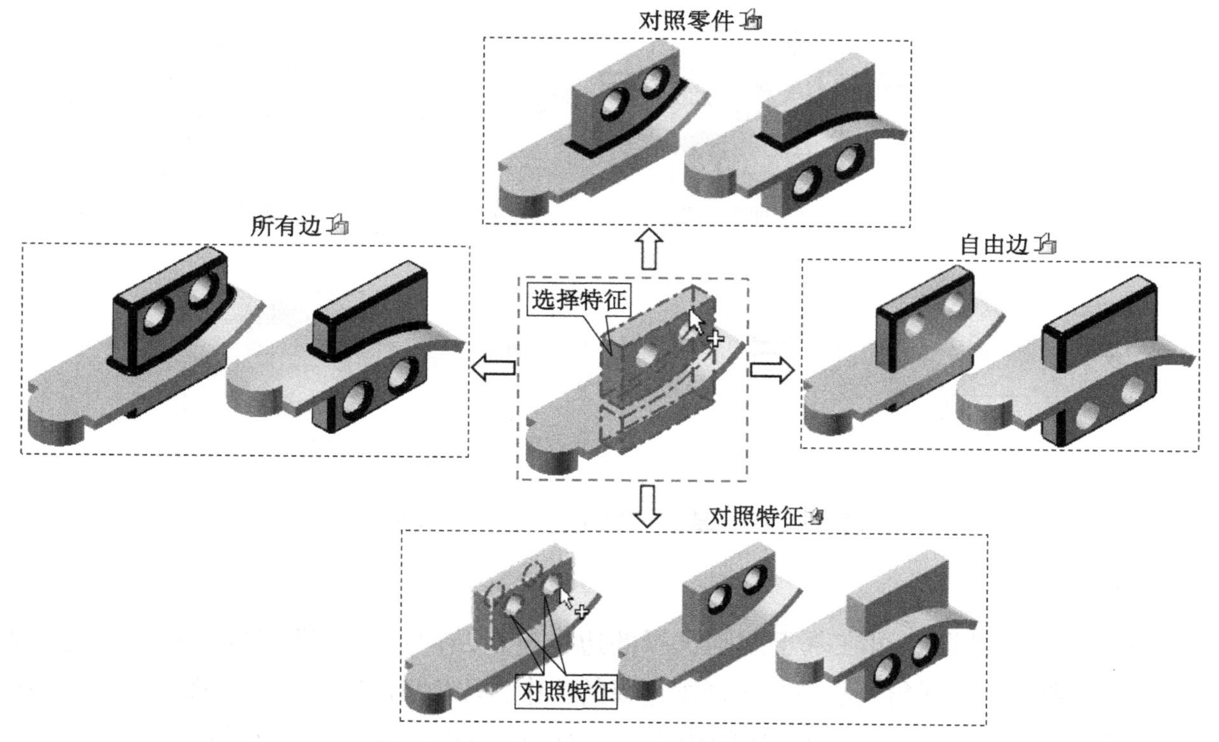

图 1-347 源选择集：特征规则圆角应用

（2）面 ：在“源”下拉列表中选择“面”选项后，基于“面”的规则有三个，分别是“所有边”“对照特征”“关联边”，如图 1-348 所示。其中前两个规则与特征规则一样，这里不再赘述。“关联边”表示给在源表面上终止且与选定轴平行的边（方向相同）添加圆角。

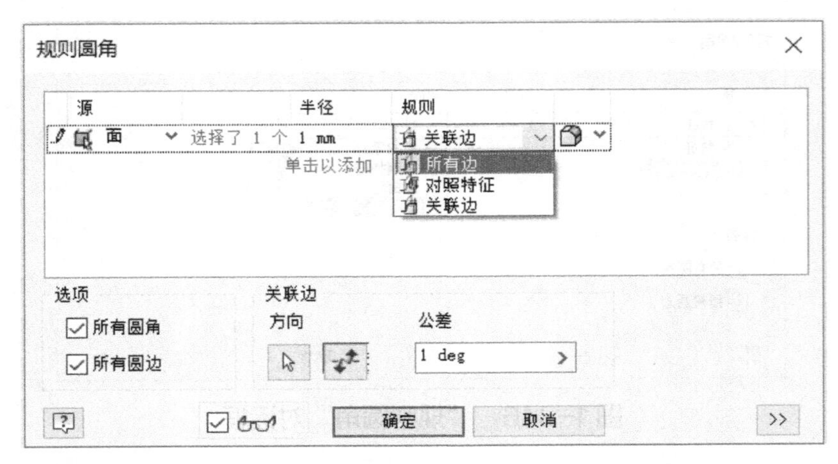

图 1-348　选择“面”选项

下面以图 1-349 所示为例，介绍基于“关联边”规则的面圆角操作步骤。

单击“规则圆角”工具按钮，打开“规则圆角”对话框，在“源”下拉列表中选择“面”选项，选择零件底面为圆角面；在“规则”下拉列表中选择“关联边”选项，选择零件的一个角边为关联方向，单击“确定”按钮，完成添加规则圆角的操作。

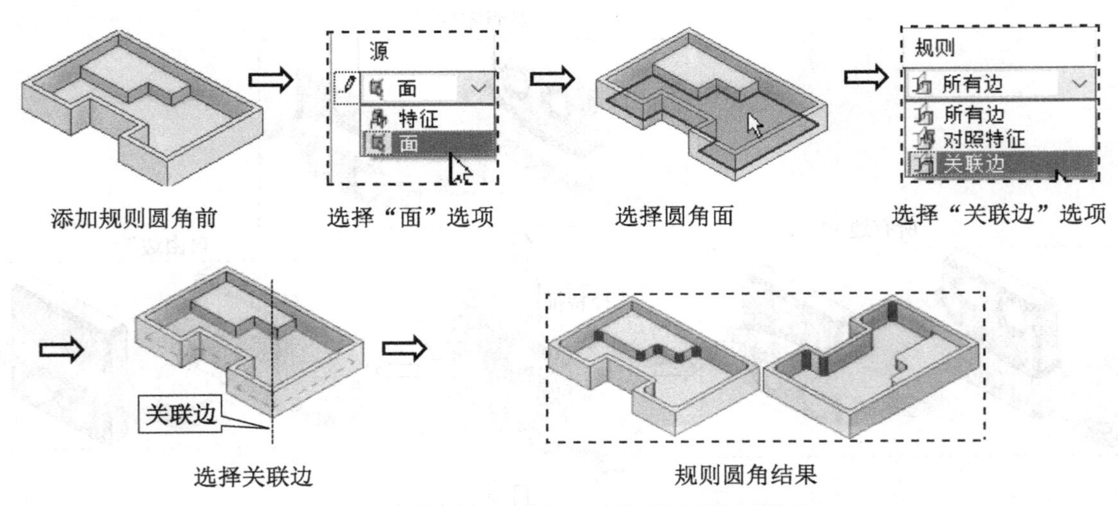

图 1-349　基于“关联边”规则的面圆角

2）选项

通过“选项”选区，可在基于规则选择的边中进行凸面过滤，即仅选择凸边还是凹边，或者两者都选择。所有圆角表示在基于规则选择的边中，只对凹边进行圆角处理，如图 1-350（a）所示；所有圆边表示在基于规则选择的边中，只对凸边进行圆角处理，如图 1-350（b）所示。

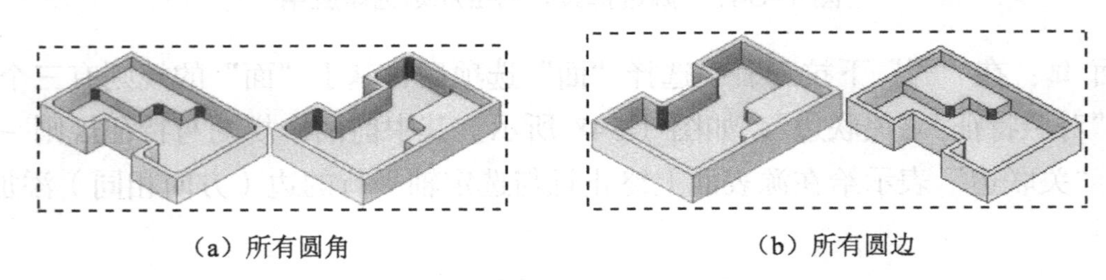

（a）所有圆角　　（b）所有圆边

图 1-350　“选项”选区的应用

任务流程

主要任务流程如图 1-351 所示。

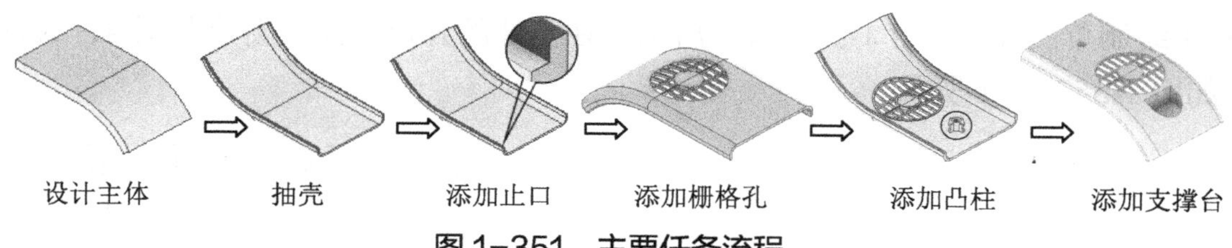

图 1-351　主要任务流程

任务实施

（1）新建文件：利用标准零件模板新建零件文件。

（2）绘制草图 1：在 XZ 基准面上创建草图 1，绘制如图 1-352（a）所示的图形。

（3）绘制草图 2：在 YZ 基准面上创建草图 2，绘制如图 1-352（b）所示的矩形，并让矩形边的中点与草图 1 直线段的投影点重合约束。

（4）创建扫掠特征：以草图 2 图形为截面轮廓、草图 1 图形为路径进行扫掠，结果如图 1-352（c）所示。

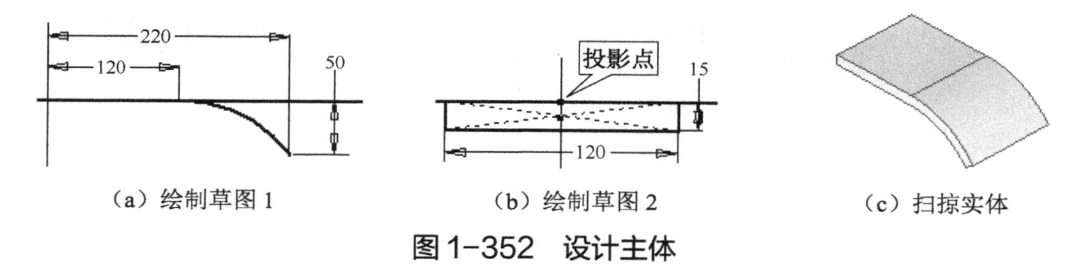

图 1-352　设计主体

（5）圆角：对如图 1-353 所示的边进行圆角处理，圆角半径为 10mm。

（6）抽壳：对零件进行抽壳处理，选择如图 1-354 所示的三个开口面，壁厚为 3mm。

（7）止口：选择零件两侧的内径边，添加止口，止口的高度和宽度均为 1.5mm，如图 1-355 所示。

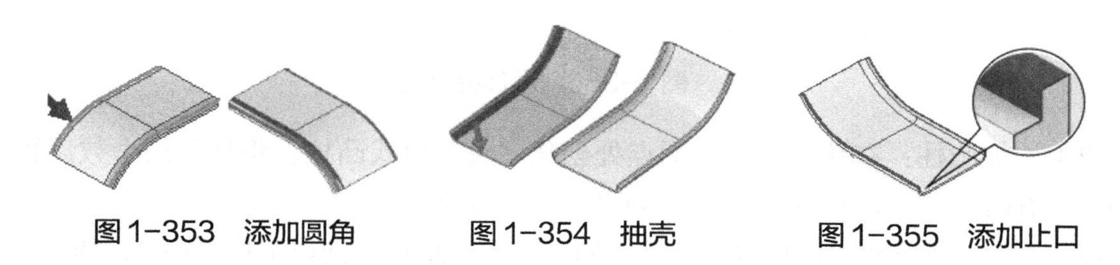

图 1-353　添加圆角　　图 1-354　抽壳　　图 1-355　添加止口

（8）创建工作平面 1：将 XY 基准面向上偏移 10mm，创建如图 1-356（a）所示的工作平面 1。

（9）绘制草图 3：在上一步创建的工作平面 1 上新建草图 3，绘制如图 1-356（b）所示的图形。

（10）栅格孔：对上一步绘制的草图 3 的几何图形进行栅格孔的创建，栅格孔的边界选择 ϕ80 mm 的圆，内部轮廓选择 ϕ30 mm 的圆，加强筋的截面轮廓选择横线，加强肋的截面轮廓选择竖线。各项参数设置如图 1-356（c）~（f）所示，栅格孔结果显示如图 1-356（g）所示。

（11）绘制草图 4：如图 1-357（a）所示，在主体的开口端面上新建草图 4，放置一个草图点，如图 1-357（b）所示。

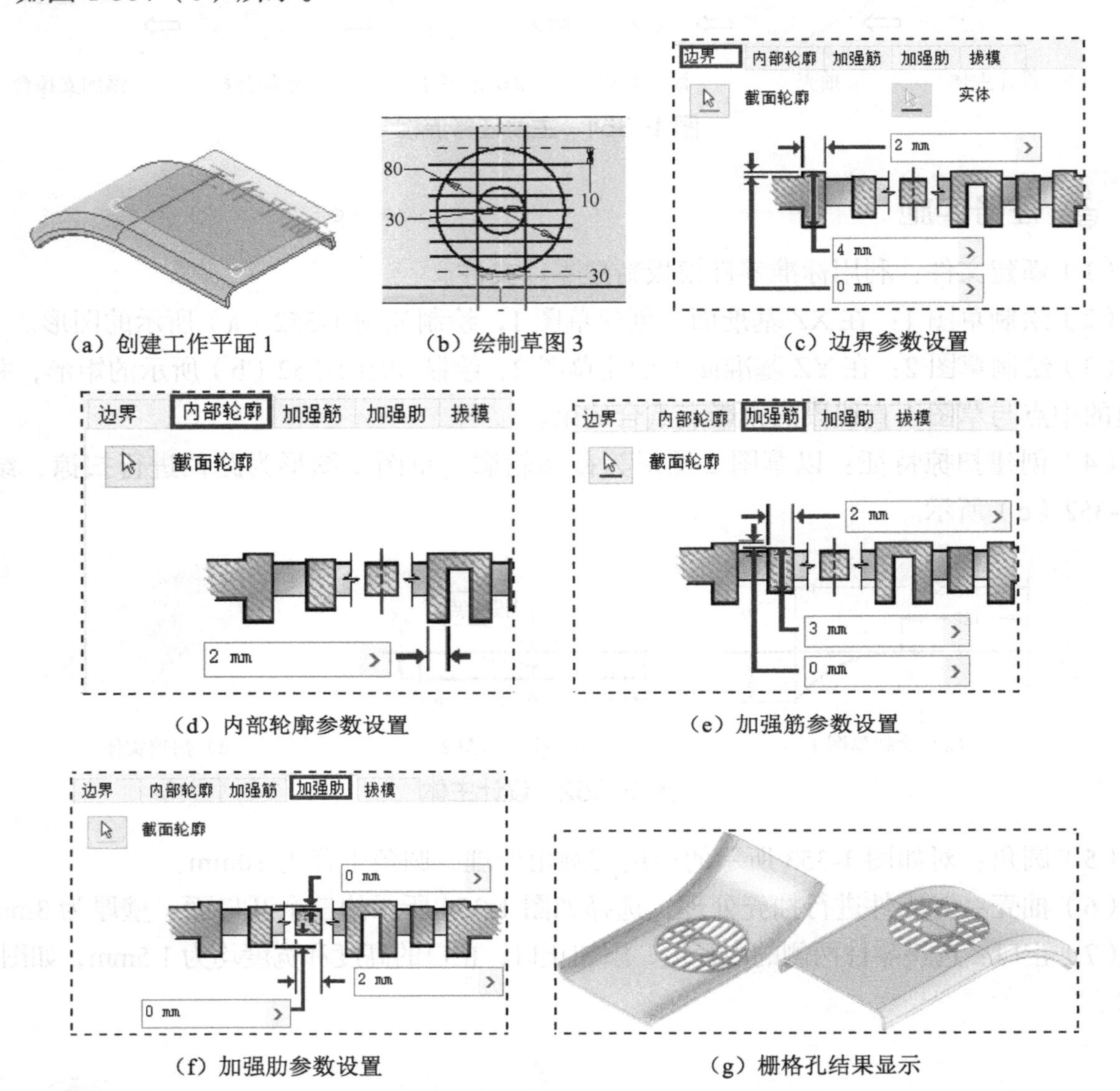

（a）创建工作平面 1　（b）绘制草图 3　（c）边界参数设置

（d）内部轮廓参数设置　（e）加强筋参数设置

（f）加强肋参数设置　（g）栅格孔结果显示

图 1-356　添加栅格孔

（12）添加凸柱：在草图 4 的草图点处创建“头”模式凸柱，将加强筋个数设置为四个，其他参数均保持默认设置，结果如图 1-357（c）所示。

（13）创建工作平面 2：将 XY 基准面向下偏移 30mm，创建工作平面 2，如图 1-358（a）所示。

（14）绘制草图 5：在上一步创建的工作平面 2 上新建草图 5，绘制如图 1-358（b）所示的图形。

（15）创建支撑台：将上一步绘制的图形作为截面轮廓，创建支撑台，参数设置如图 1-358（c）

所示；结果如图 1-358（d）所示。

（16）设置零件属性：将零件材料设置为“ABS 塑料”，外观颜色为“*平滑-浅米色”。

（17）保存文件：完成模型的创建后，将文件保存为“塑料零件模型设计.ipt”。

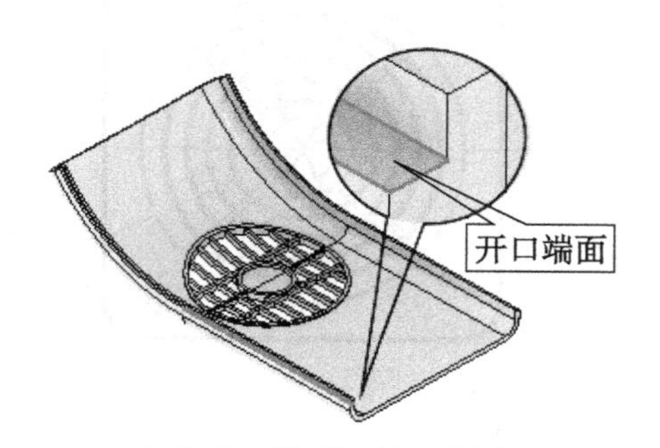

（a）在开口端面上新建草图 4

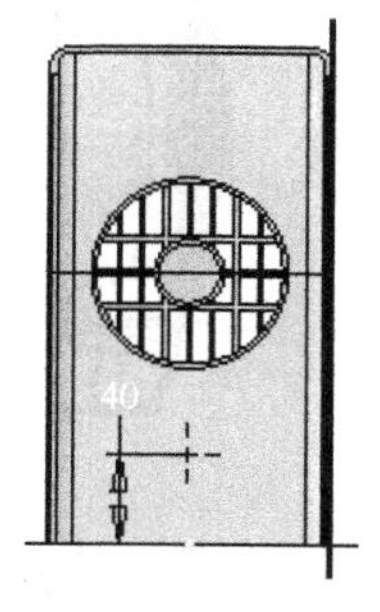

（b）绘制草图点

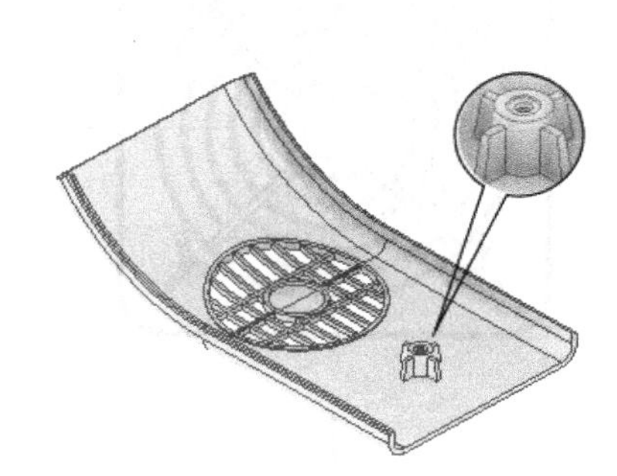

（c）添加凸柱结果

图 1-357 添加凸柱

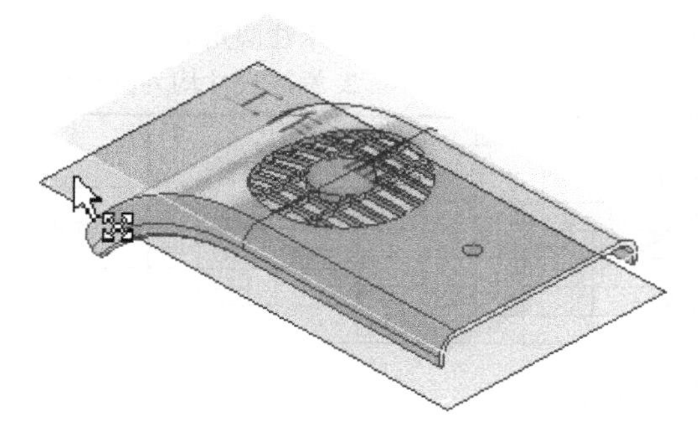

（a）创建工作平面 2

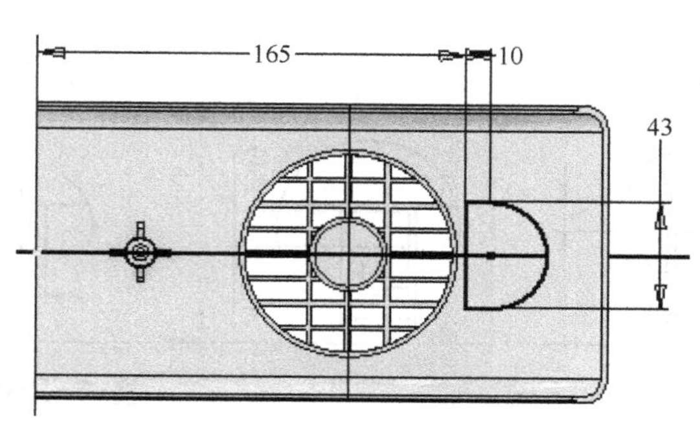

（b）绘制草图 5

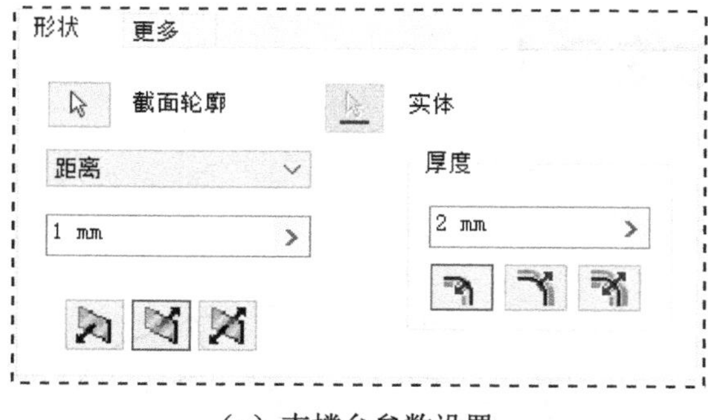

（c）支撑台参数设置

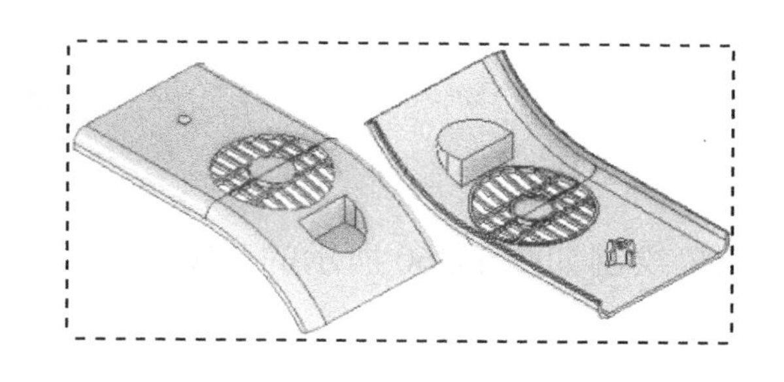

（d）添加支撑台结果

图 1-358 添加支撑台

拓展练习 1-8

完成如图 1-359 所示的模型设计。

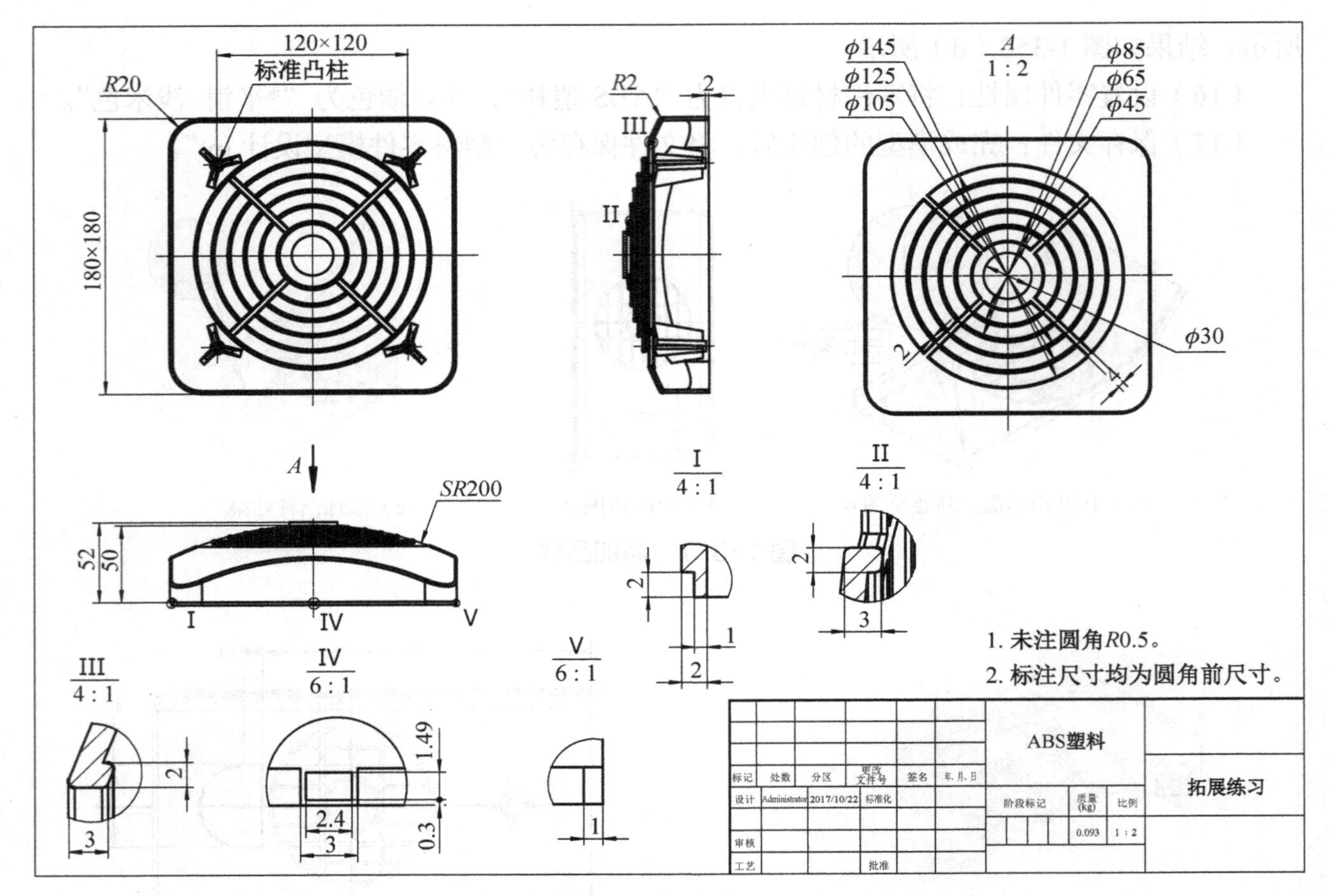

图 1-359　拓展练习 1-8

思考与练习 1

1. 绘制如图 1-360 所示的草图。

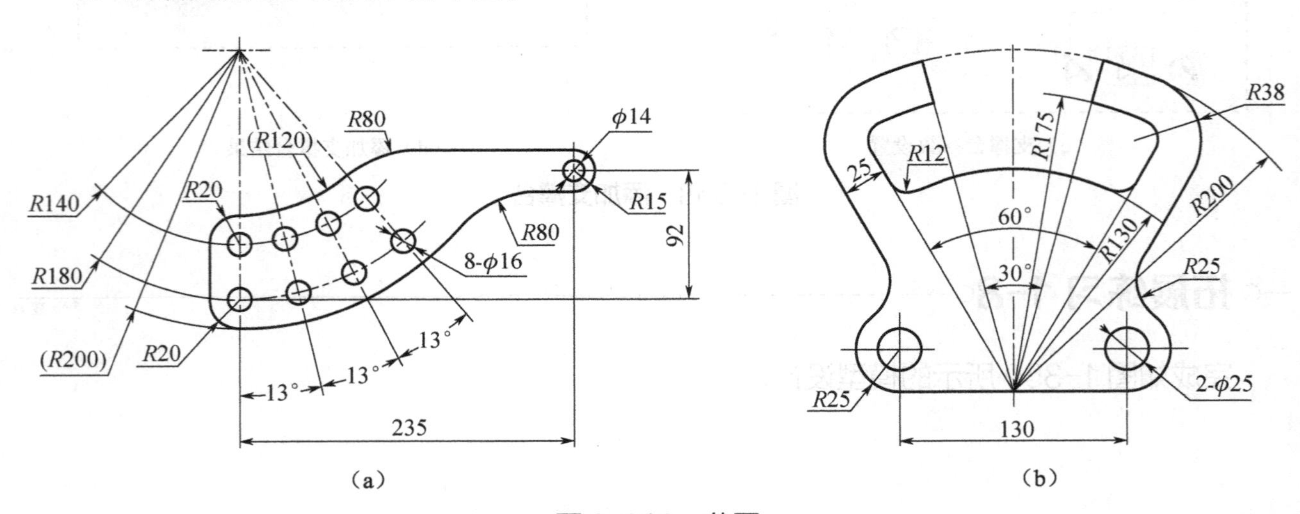

图 1-360　草图

2. 设计如图 1-361 所示的模型。

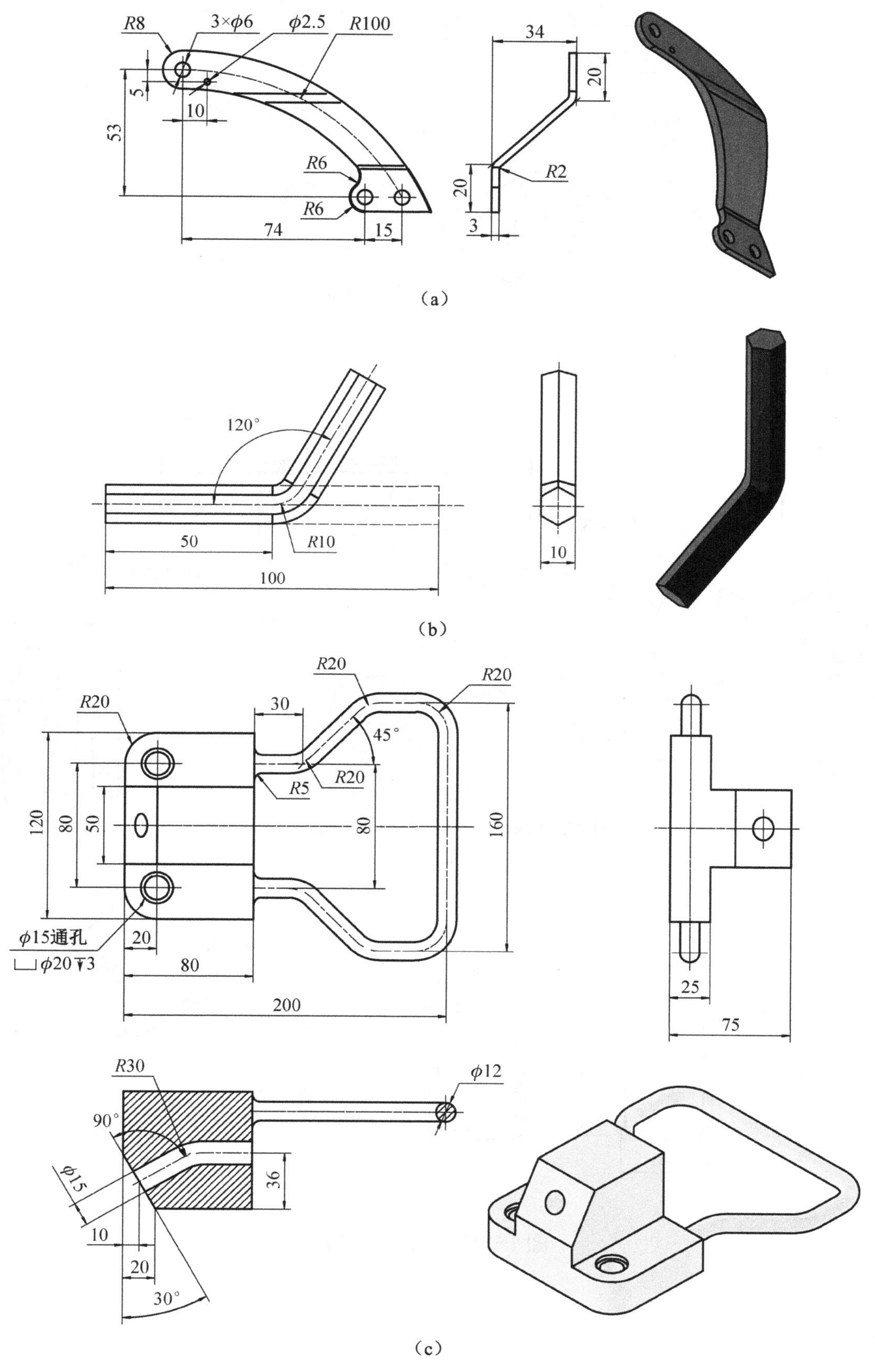

图 1-361 模型

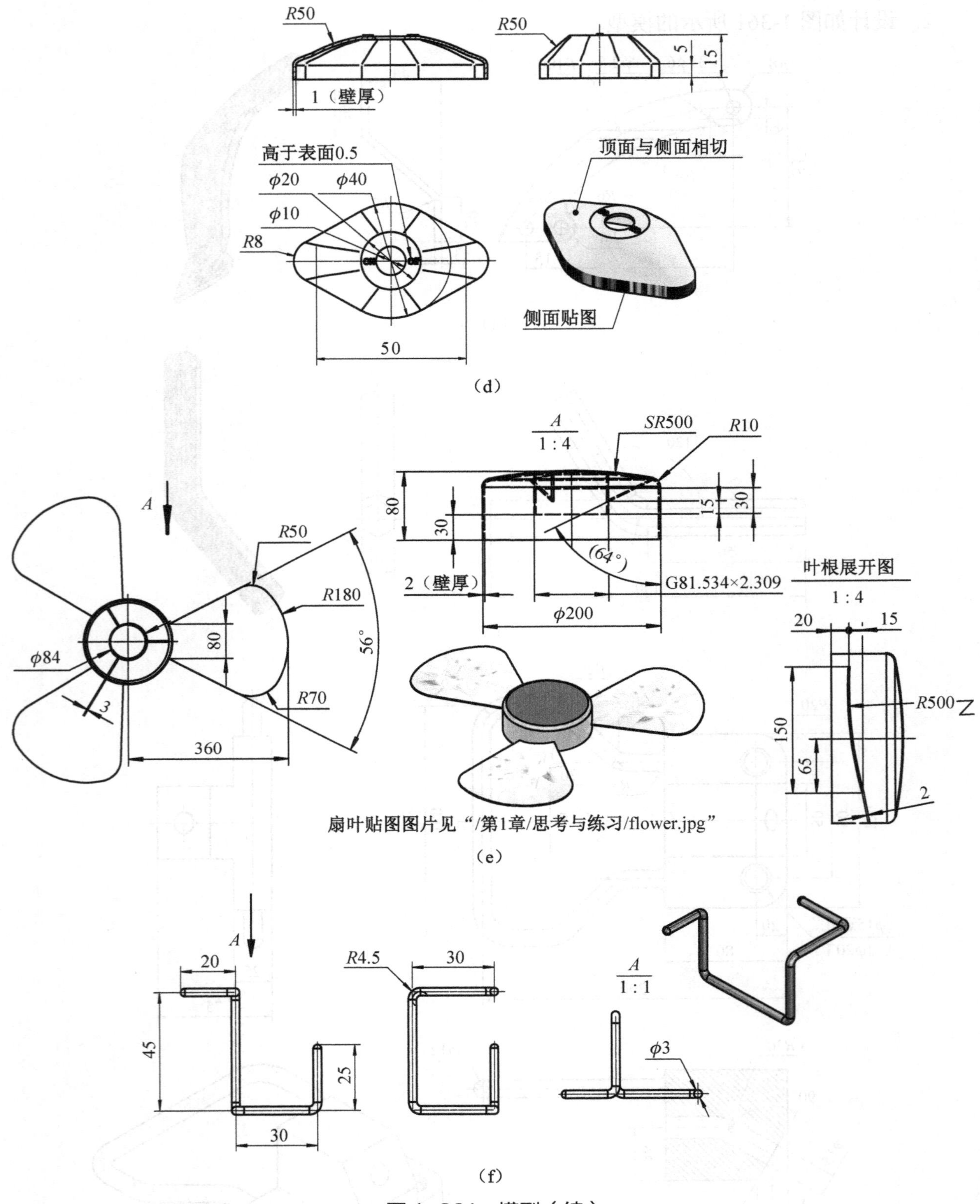

R50
1（壁厚）
R50
5
15
高于表面0.5
φ20
φ40
φ10
R8
50
顶面与侧面相切
侧面贴图
（d）
A
1 : 4
SR500
R10
80
30
15
30
(64°)
2（壁厚）
G81.534×2.309
φ200
A
R50
R180
56°
80
φ84
3
R70
360
叶根展开图
1 : 4
20
15
R500
150
65
2
扇叶贴图图片见“/第1章/思考与练习/flower.jpg”
（e）
A
20
R4.5
30
45
25
30
A
1 : 1
φ3
（f）

图1-361　模型（续）

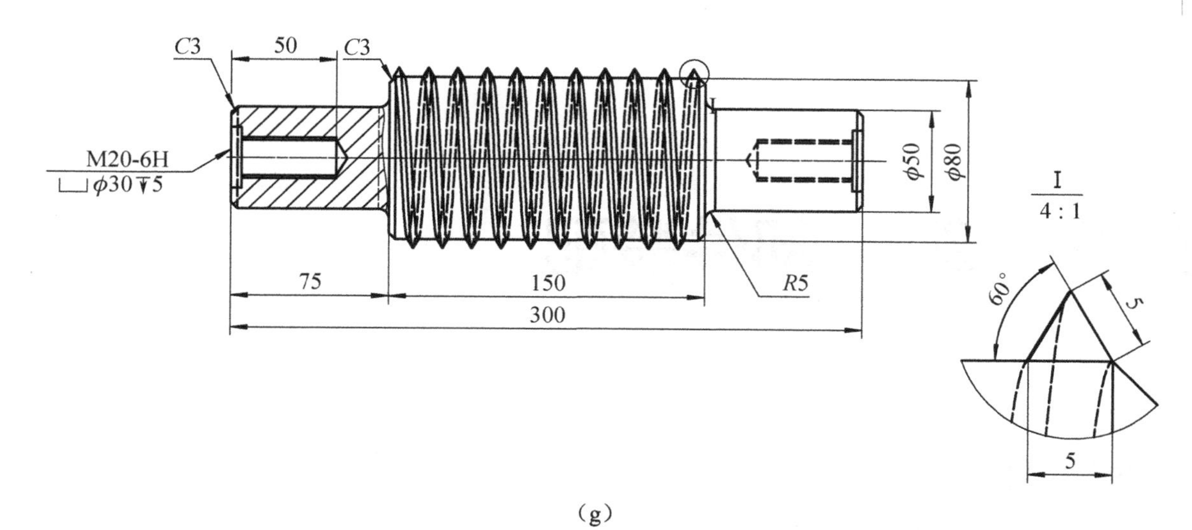

（g）

III
R20
ϕ45
R5
I
II
R300
35
标准凸柱
200
100
2
80
100
与内外表面平齐
50
ϕ70
25
60
R5
115
2
42
6
2
III
8 : 1
0.5
0.5
50°
50°
1
2
IV
I
4 : 1
2
1
2
II
4 : 1
R1
R1
IV
4 : 1
1
1

栅格孔的所有边圆角$R0.2$

						木材（橡木）	
标记	处数	分区	更改文件号	签名	年、月、日		h
设计	Administrator	2016/6/29	标准化			阶段标记 质量(kg) 比例	
						0.066 1 : 2	
审核							
工艺			批准				

（h）

图1-361 模型（续）

第 2 章 部件装配

学习目标

- ◆ 掌握项目文件的创建与管理方法。
- ◆ 掌握部件环境下零件的基本操作方法。
- ◆ 能够熟练约束零部件。
- ◆ 掌握资源中心库的使用方法。
- ◆ 理解并掌握部件装配的基本流程与应用方法。

前面主要讲解了零件的造型设计。在设计中，绝大多数产品都不是由一个零件组成的，而是包含多个零件。在 Inventor 中，将组合在一起的多个零件称为部件。零件是特征的组合，而部件就是零件的组合。那么在部件环境中是如何将多个零件组装在一起的呢？本章就来解决这个问题。

本章知识点思维导图如图 2-1 所示。

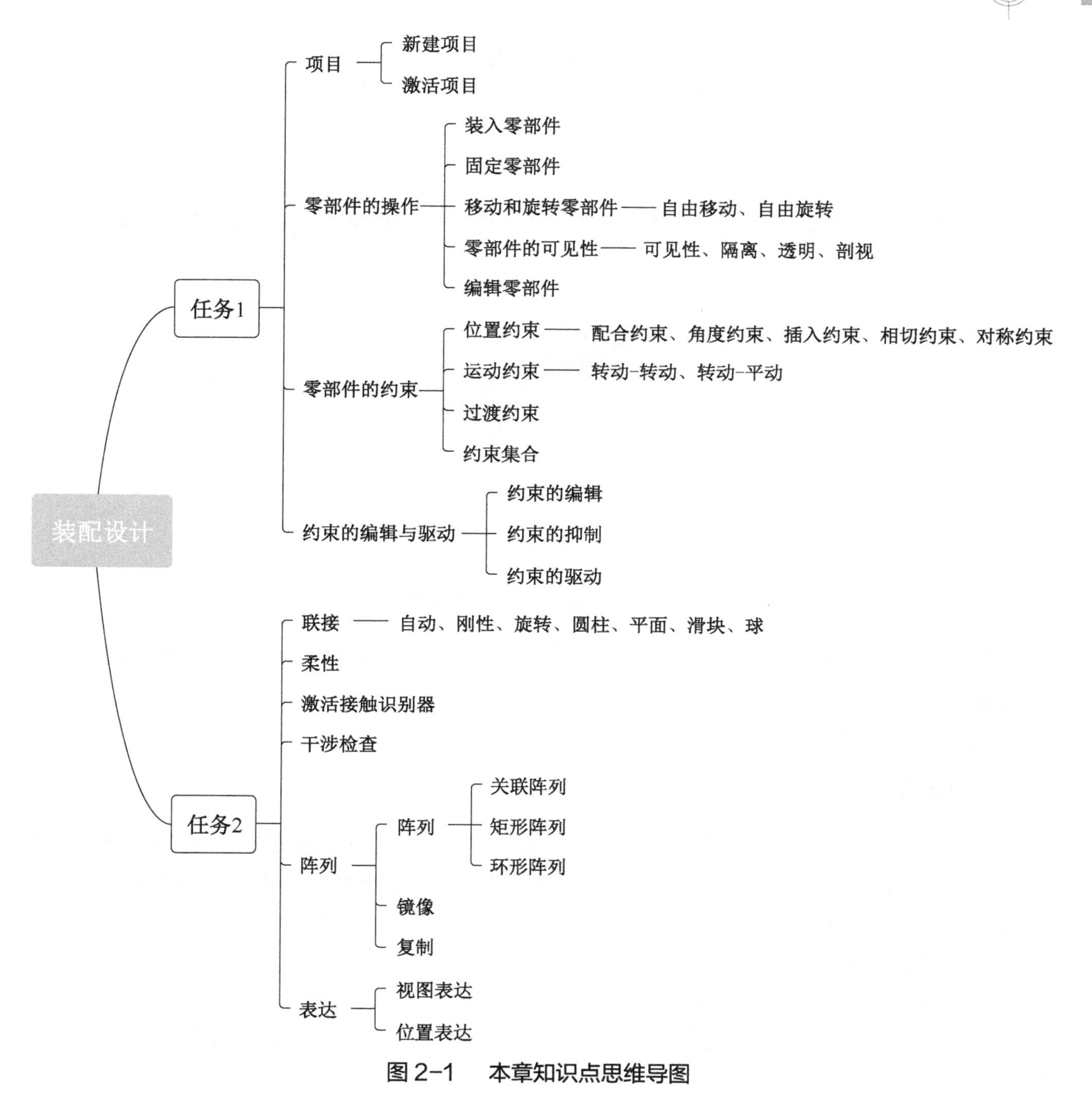

图 2-1　本章知识点思维导图

任务 1　凸轮传动机构的设计

学习目标

◆ 掌握项目文件的创建与管理方法。

◆ 掌握部件环境下零件的装入、移动、旋转和编辑的基本操作方法。

◆ 能够熟练掌握零部件之间的约束关系的操作方法。

◆ 能够对零部件之间的约束进行编辑与驱动。

任务导入

凸轮传动机构模型如图 2-2 所示，模型文件见资源包“模块 1\第 2 章\任务 1\凸轮传动机构.iam ”。

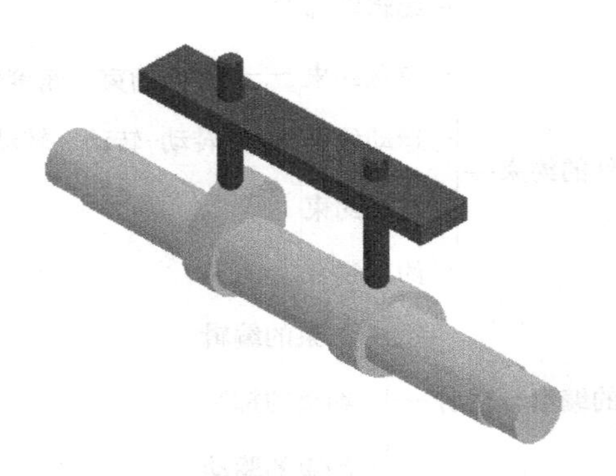

图 2-2　凸轮传动机构模型

在学习凸轮传动机构的装配之前，首先来认识 Inventor 2022 的装配环境及相关的操作。

知识准备

1. 项目

在 Inventor 中，将多个零件组合成一个整体，将这个整体称为部件，部件和这些零件之间存在着关联关系，因此，必须掌握多个文件的管理方法，才能提高部件设计的效率。Inventor 是用项目来管理文件的。

1）项目的创建

项目的创建可按照以下步骤进行。

（1）在 Inventor 2022 的初始环境下，在“启动”功能面板中，单击“项目”工具按钮，其位置如图 2-3 所示。

图 2-3　“项目”工具按钮的位置

（2）在弹出的如图 2-4 所示的“项目”对话框中，单击下面的“新建”按钮。

（3）弹出“Inventor 项目向导”对话框，选择“新建单用户项目”单选按钮，如图 2-5（a）所示。

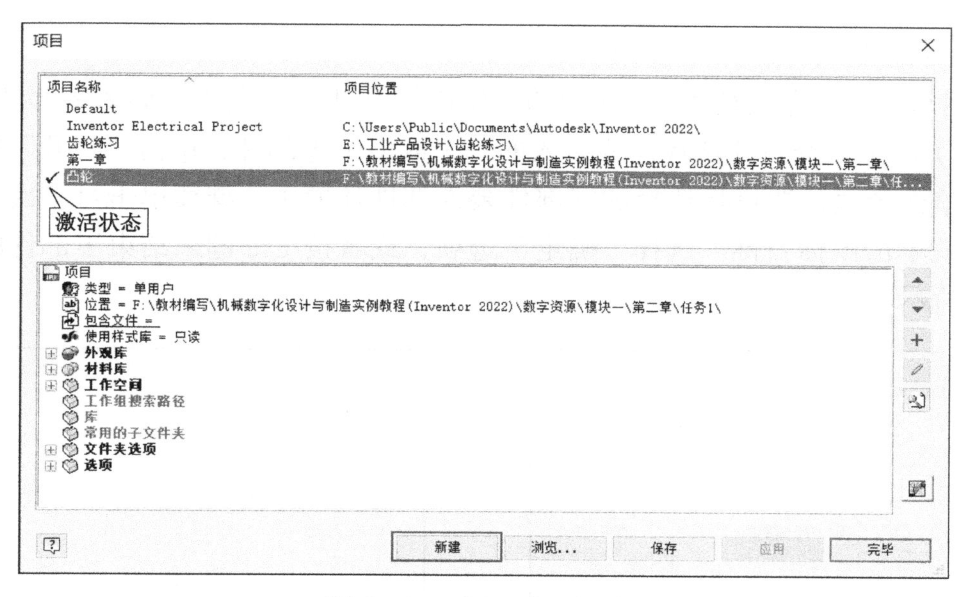

图 2-4 “项目”对话框

（4）单击“下一步”按钮，要求用户输入项目名称、指定项目文件夹，如图 2-5（b）所示。最后单击“完成”按钮，完成项目的创建。

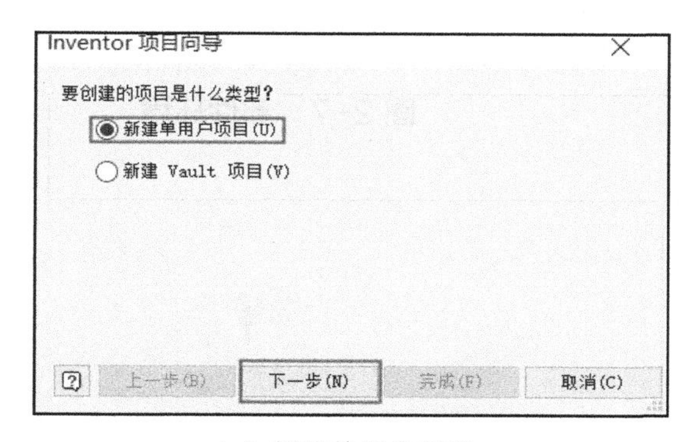

（a）新建单用户项目

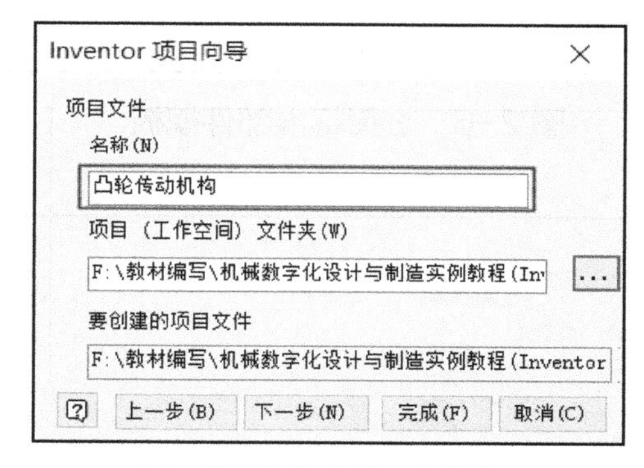

（b）项目名称及项目文件夹

图 2-5 创建项目向导

【说明】在如图 2-6 所示的“新建文件”对话框中，单击“项目”按钮，也可打开“项目”对话框。项目文件的扩展名是.ipj。

2）项目的激活

在“项目”对话框中，将光标指向列表中的项目行，双击或单击“应用”按钮，即把该项目激活为当前项目。在列表中，激活项目名称前面有个小对钩图标✓。

2. 零部件的操作

1）部件环境

在如图 2-6 所示的“新建文件”对话框中，双击标准部件模板文件“Standard.iam”，即可创建部件文件，界面如图 2-7 所示，其主要由功能区选项卡、部件功能面板、浏览器、图形区等组成。

2）装入零部件

进入部件环境后，单击如图 2-7 所示的“放置”按钮，打开“装入零部件”对话框，如图 2-8（a）所示。查找并选择需要装入的一个或多个零部件，单击“打开”按钮，返回部件环境。单击合适位置可将选择的零部件装入部件环境中，继续单击可多次装入。如果完成装入，就单击鼠标右键，选择“确定”选项，或者按 Esc 键来结束零部件的放置，如图 2-8（b）所示。

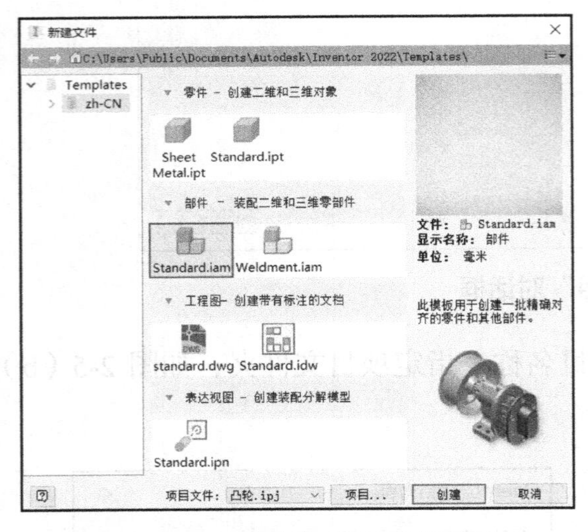

图 2-6　选择标准部件模板

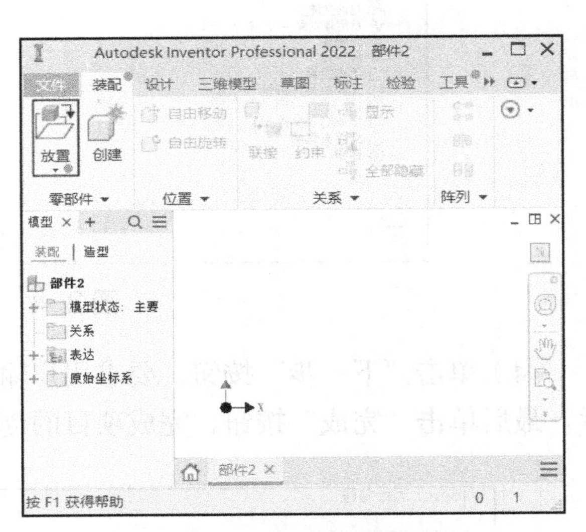

图 2-7　部件环境

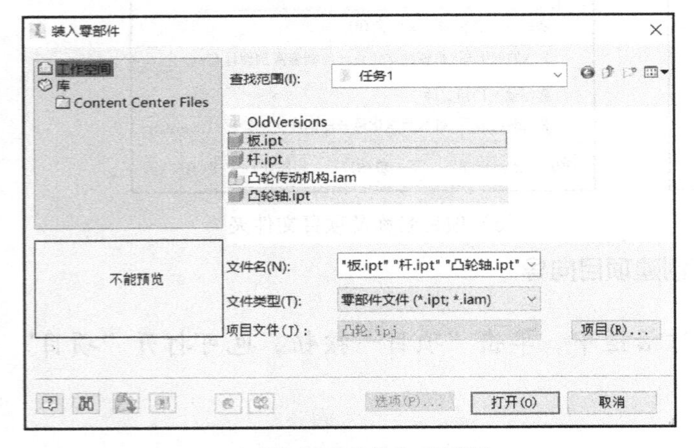

（a）“装入零部件”对话框

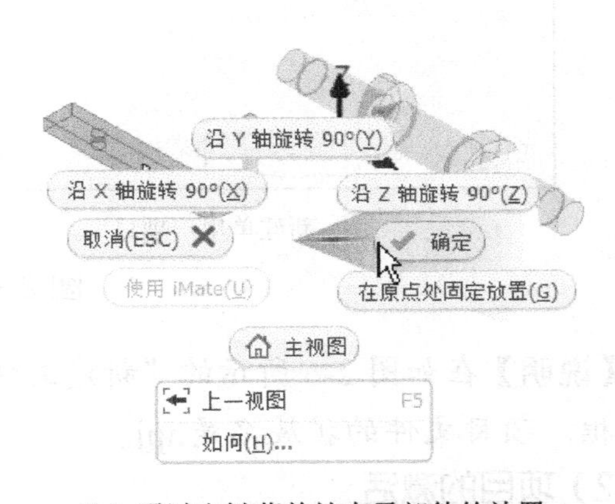

（b）通过右键菜单结束零部件的放置

图 2-8　装入零部件

【说明】*若要装入多个零部件，则可以采取另一种方法，就是首先在放置零部件的文件夹中选中要装入的所有零部件，然后将其直接拖入部件环境中。*

3）固定零部件

若需要固定零部件，则只需在图形区或浏览器中选择该零部件，在右键菜单中选择“固定”选项即可。固定后的零部件不能再随意移动，且会在浏览器中的零部件名称上添加图钉标志。在图形区中，当光标经过零部件时，零部件上会显示固定图钉图标。利用同样的方法，在已经添加固定约束的零部件的右键菜单中，将固定前面的钩去掉，即可将零部件解除固定。

【说明】在 Inventor 2022 中，若采取直接拖入的方式装入零部件，那么第一个选择的零部件，或者说第一个被拖入的零部件默认是固定的，即零部件的原始坐标与当前部件的原始坐标重合。

4）移动和旋转零部件

若装入零部件的位置不方便装配，则可以将零部件移动或旋转，从而调整其位置。该工具位于"位置"工具面板上，如图 2-9 所示。

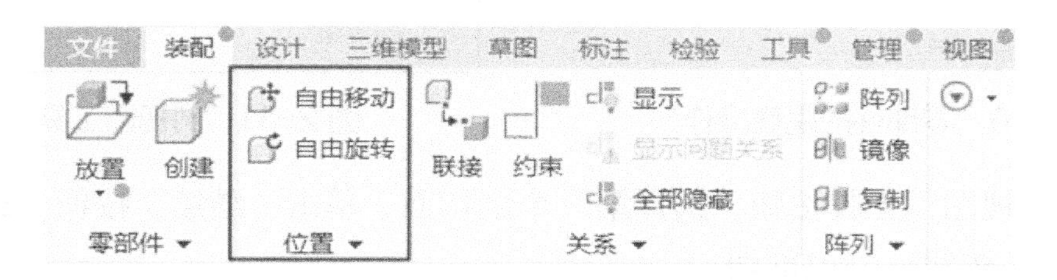

图 2-9 "位置"工具面板

（1）自由移动：在自由度没有全约束的单个零部件上直接拖曳，即可将其在未添加约束的方向上移动。若要移动多个零部件，则首先选中要移动的多个零部件，其次单击"自由移动"工具按钮，最后在图形区中拖曳，即可移动多个零部件。若移动前零部件已经处于全约束状态，则单击快速访问工具栏上的"本地更新"按钮，移动后的零部件就会返回初始位置。

（2）自由旋转：首先单击"自由旋转"工具按钮，然后在图形区单击要旋转的零部件，此时该零部件周围会出现如图 1-9 所示的轴心器。在轴心器内拖动，可以以任意方向旋转零部件。

5）零部件的可见性

当部件中的零件比较多时，会相互遮挡，这就需要将暂时不需要装配的零部件隐藏起来，常用的方法有以下四种。

（1）可见性：在零部件的右键菜单中，通过选择"可见性"选项来隐藏或可见某个或多个零部件。

（2）隔离：在零部件的右键菜单中，选择"隔离"选项，此时除选中的零部件外，其他零部件均不可见。若要其他零部件再次可见，则只需在可见零部件的右键菜单中选择"撤消隔离"选项即可，如图 2-10 所示。

（3）透明：在部件中，有时为了能够看到其内部结构，且又不想隐藏外面的零部件，可采用将外部零部件设置为透明显示方式，以此来得到所需的结果，方法即在零部件的右键菜单中选择"透明"选项即可。

（4）剖视：剖视图工具可关闭零部件某一区域的可见性，使用户可以更方便地观察零部件的内部结构。剖视图工具位于"视图"选项卡下的"外观"工具面板上，如图 2-11 所示。剖视图工具有"1/4 剖视图""半剖视图""3/4 剖视图""退出剖视图"四个选项。下面以

图 2-12 所示为例，介绍“3/4 剖视图”剖切工具的使用。

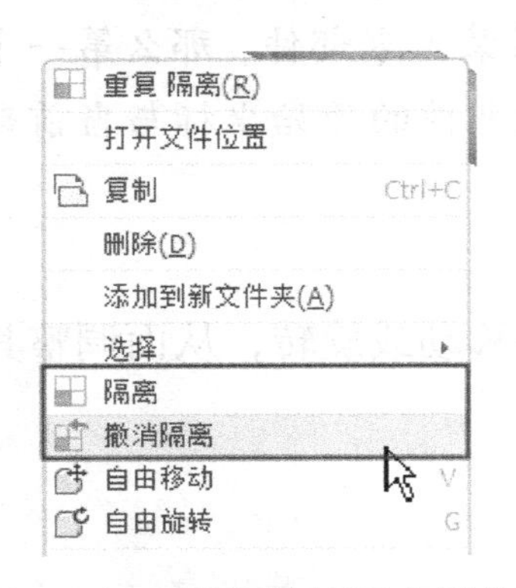

图 2-10　零部件的隔离操作[①]

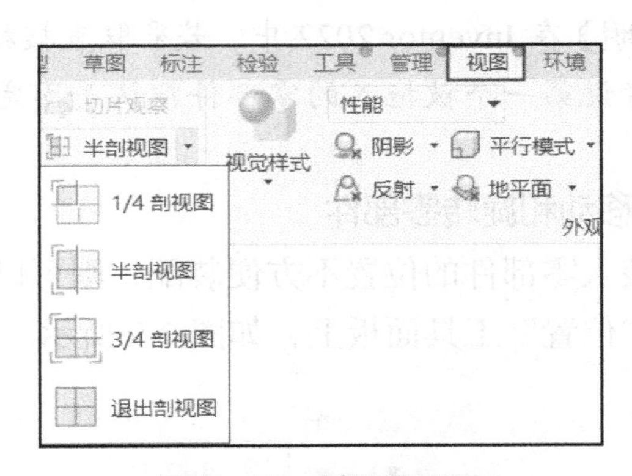

图 2-11　剖视图工具

单击“3/4 剖视图”工具按钮，选择第一个剖切面；单击“继续”按钮，选择第二个剖切面，单击“确定”按钮，完成剖切。

【说明】*在剖切过程中，也可在右键菜单中选择“反向剖切”选项，以更改剖切位置。*

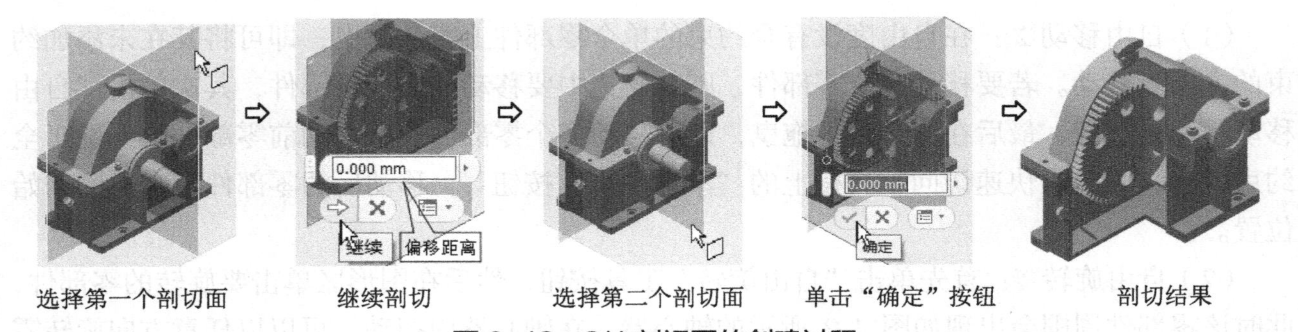

图 2-12　3/4 剖视图的创建过程

6）编辑零部件

在部件环境中，如果发现装入的零件满足不了装配需求，则可直接在部件环境中进行零件的编辑，而不必退出部件环境，方法就是直接双击需要编辑的零件，进入零件编辑环境，此时其他零件处于不可见状态；编辑完成后，单击如图 2-13 所示的“返回”工具按钮，即可退出编辑状态而返回部件环境。

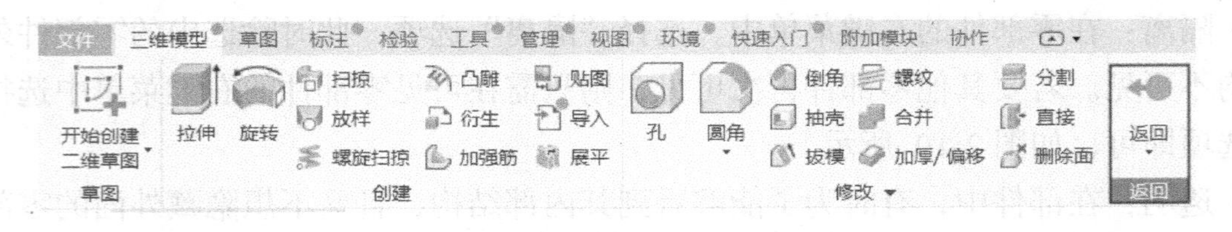

图 2-13　“返回”工具按钮的位置

3. 零部件的约束

所谓零部件的约束，就是指确定部件中各零部件的位置及约束关系。零部件之间添加的

① 注：软件图中的“撤消隔离”的正确写法为“撤销隔离”。

约束有两种，一种是位置约束，另一种是运动约束。为了保证零部件装配工作的有序进行，通常在指定的零部件之间先添加位置约束，再添加运动约束。

Inventor 2022 的基本约束工具位于“装配”选项卡下的“关系”工具面板上，如图 2-14 所示。

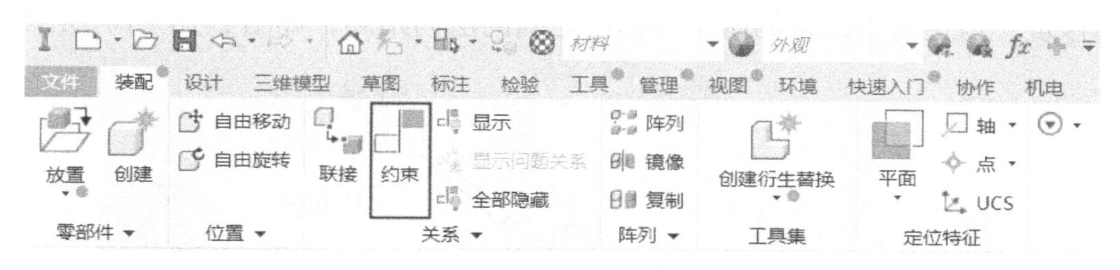

图 2-14 “约束”工具按钮的位置

单击“约束”工具按钮，弹出“放置约束”对话框，如图 2-15 所示。在该对话框中，有四个选项卡，分别是“部件”“运动”“过渡”“约束集合”。其中，“部件”选项卡是默认选项卡。

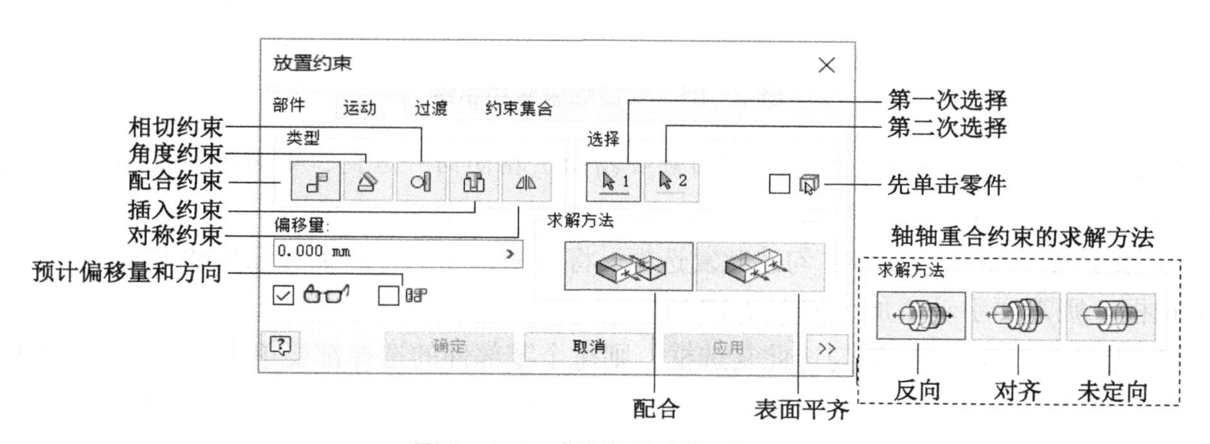

图 2-15 “放置约束”对话框

1)“部件”选项卡

“部件”选项卡用来添加位置约束，包含配合、角度、相切、插入和对称五种类型。

（1）配合约束：常用于将不同零部件的两个平面以配合（面对面）或表面平齐的方式放置，或者将具有回转体特征的两个零部件的轴线重合，也可以用于面、线、点之间的重合约束。

① 第一次选择：单击选择器按钮后，便可以选择需要应用约束的第一个零件上的点、线、面［约束前如图 2-16（a）所示］，如图 2-16（b）所示。

② 第二次选择：单击选择器按钮后，便可以选择需要应用约束的第二个零件上的点、线、面，如图 2-16（c）所示。

【说明】也可以不用单击这两个按钮，而是直接单击选择零件，第一次单击的是第一个零件，第二次单击的就是第二个零件；在选择零件时，若将光标置于零件上悬停，那么 Inventor 会类推可能选择的几何特征供用户选择。

③ 配合方式：用于使不同零部件的两个平面以面对面的形式放置，或者使具有回转体特征的两个零部件的轴线重合，如图 2-16（d）所示。

④ 表面平齐方式：用于使不同零部件的两个平面以表面平齐的形式放置，如图 2-16（e）所示。

⑤ 偏移量：指定用于约束的两个零部件之间的法向距离，如图 2-16（f）所示

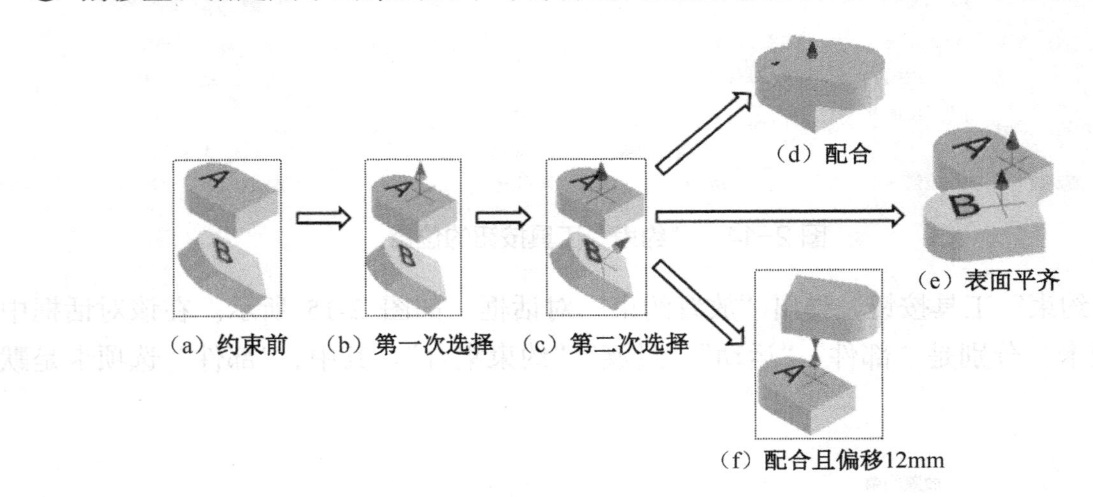

图 2-16　配合约束应用示例

【说明】若选定零部件的法向（方向箭头指向）指向同一方向，则将类推表面平齐约束；若法向相对，则将类推配合约束。

⑥ 预计偏移量和方向：勾选此复选框，将自动添加配合约束的偏移和方向；若不勾选该复选框，则需要手动添加，如图 2-17 所示。

⑦ 先单击零件：若勾选此复选框，则每个零部件的选择都要单击两次，第一次单击选择零件，第二次单击选择应用约束的零件几何特征。这个复选框一般在零部件相互靠近或部分相互遮挡时使用。现以图 2-18 所示为例介绍其操作步骤。

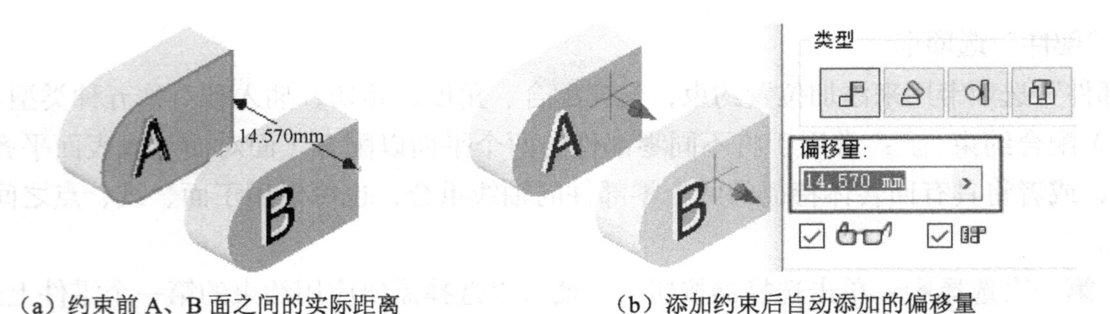

图 2-17　“预计偏移量和方向”复选框的应用

单击“约束”工具按钮，打开对话框，勾选“先单击零件”复选框，选择“表面平齐”方式，选择第一个零件，选择 A 面；选择第二个零件，选择 B 面，输入偏移量-12mm，单击“确定”按钮，完成配合约束的添加。

（2）角度约束：用来定义线、面之间的角度关系，如图 2-19 所示。在这种约束下，对话框中常用各项的含义如下。

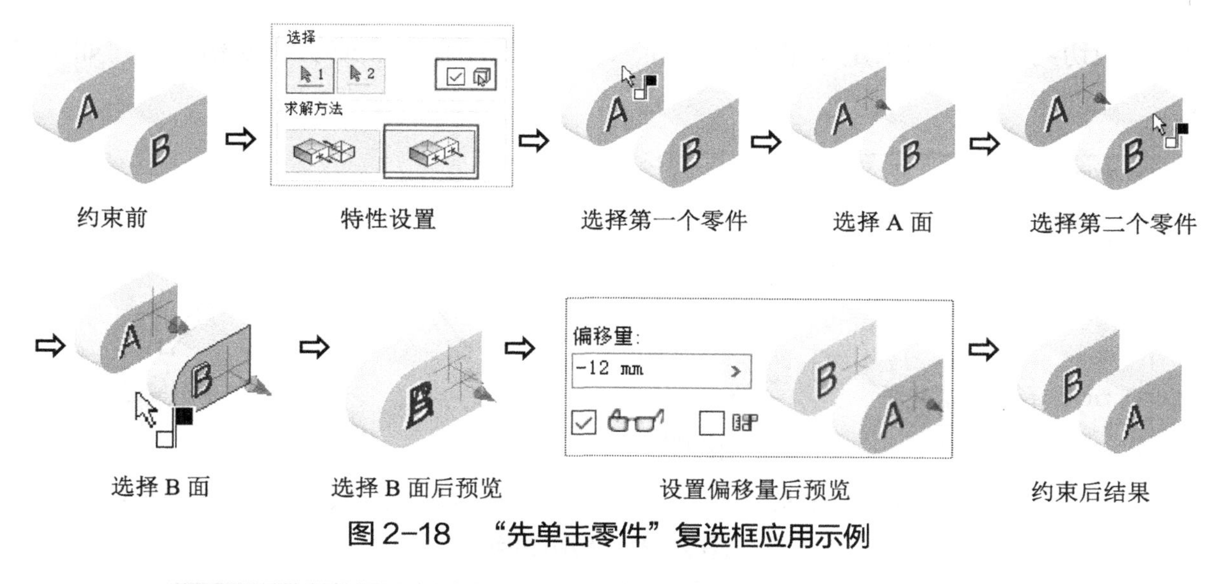

图 2-18 “先单击零件”复选框应用示例

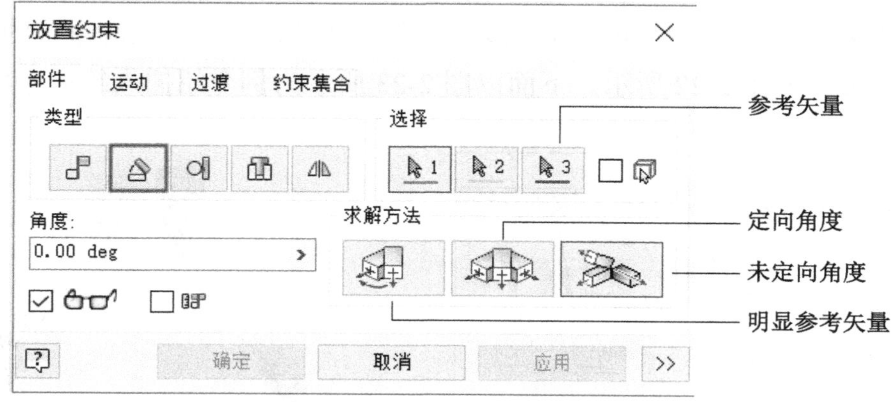

图 2-19 角度约束

① 定向角度：指定义的角度具有方向性，按右手法则判定。

② 未定向角度：指定义的角度没有方向性，只有大小。

③ 明显参考矢量：通过添加第三次选择来指定 Z 轴矢量方向，从 Z 轴顶端方向看，角度方向为第一次选择的面（或线）逆时针旋转至第二次选择的面（或线）。

④ 角度：应用约束的线、面之间的角度。

现以图 2-20 所示为例介绍角度约束的操作步骤。

单击“约束”工具按钮，打开对话框，选择“角度约束”选项，选择“明显参考矢量”方式，选择 A 面，选择 B 面，输入约束角度值 90°，选择 A 面的上侧棱边为参考矢量，单击“确定”按钮，完成角度约束的添加。

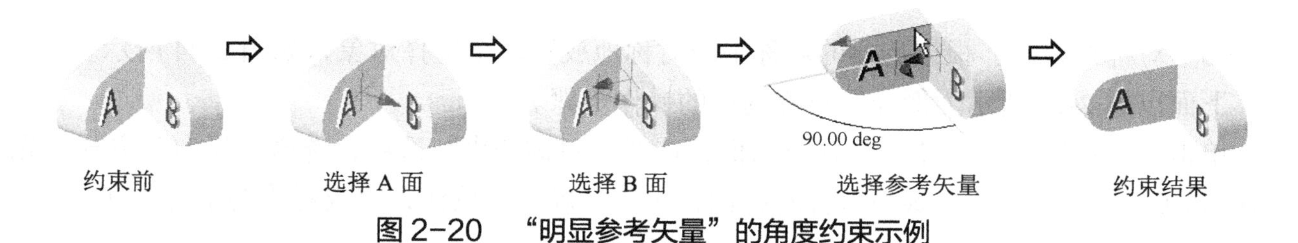

图 2-20 “明显参考矢量”的角度约束示例

（3）相切约束：用来定义平面、柱面、球面、锥面在切点或切线处相结合，如图 2-21 所示。

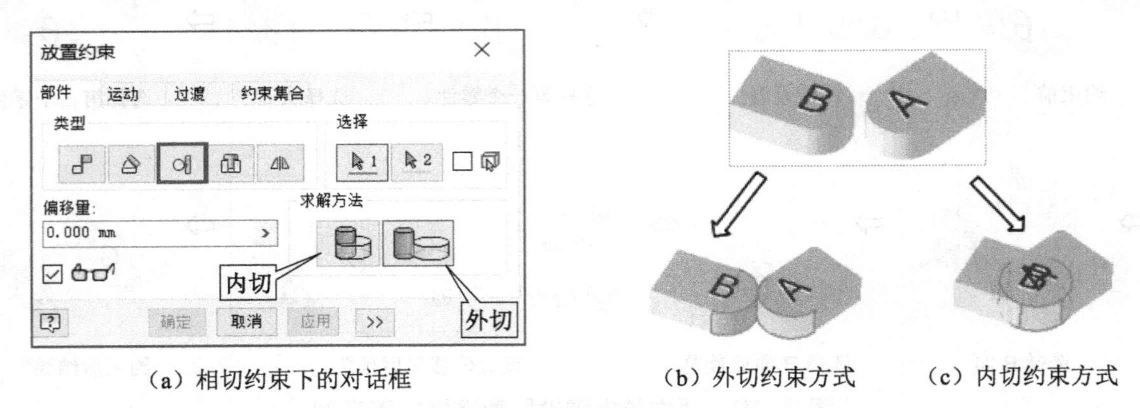

（a）相切约束下的对话框　（b）外切约束方式　（c）内切约束方式

图 2-21　相切约束

（4）插入约束：是一个约束集合，包含两个零部件之间轴与轴的重合约束，以及面与面之间的配合约束，如图 2-22 所示。下面以图 2-23 所示为例介绍插入约束应用的步骤。

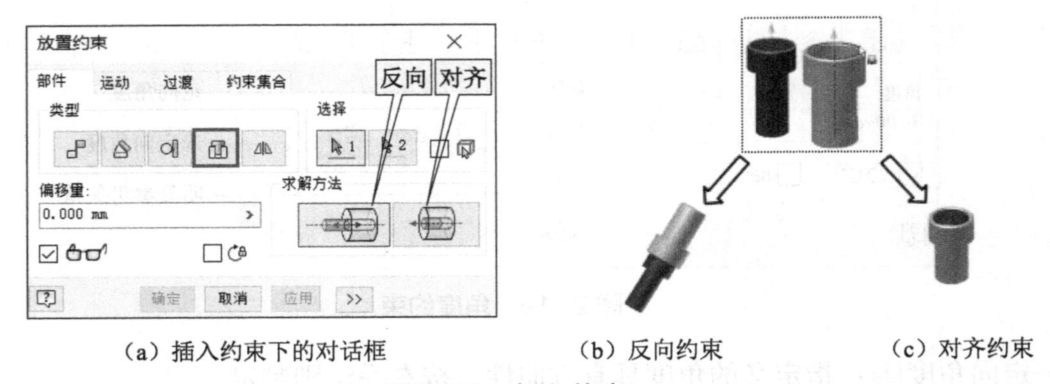

（a）插入约束下的对话框　（b）反向约束　（c）对齐约束

图 2-22　插入约束

单击“约束”工具按钮，打开对话框，选择“插入约束”选项，选择“对齐”方式，选择轴套端面的内侧圆边，选择轴顶端的圆边，单击“确定”按钮，完成插入约束的添加。

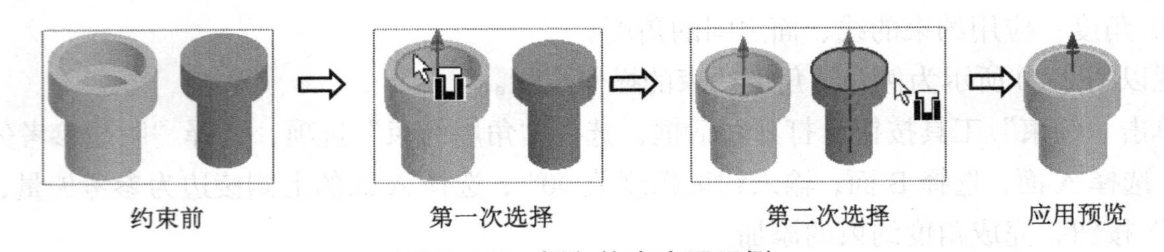
约束前　第一次选择　第二次选择　应用预览

图 2-23　插入约束应用示例

（5）对称约束：根据选择的对称平面对称地放置两个选择对象，如图 2-24 所示。

下面以图 2-25 所示为例介绍对称约束的操作步骤。

单击“约束”工具按钮，打开对话框，选择“对称约束”选项，选择“反向”方式，先选择 B 面，再选择 A 面，最后选择对称面，单击“确定”按钮，完成对称约束的添加。

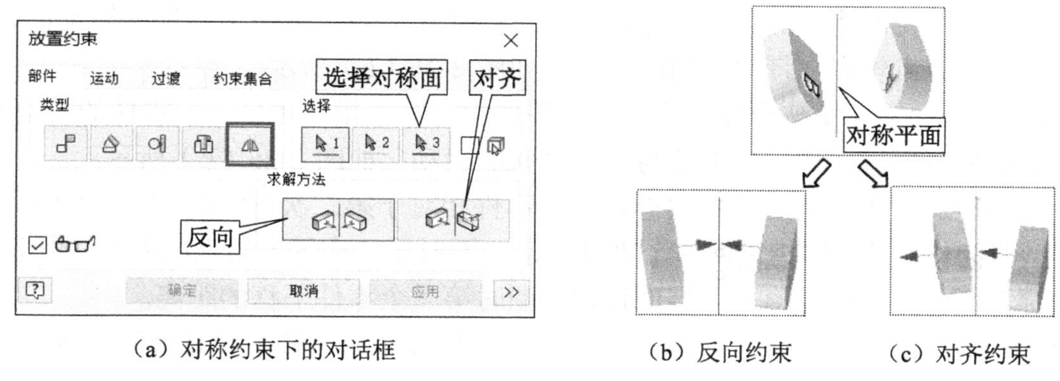

（a）对称约束下的对话框 （b）反向约束 （c）对齐约束

图 2-24 对称约束

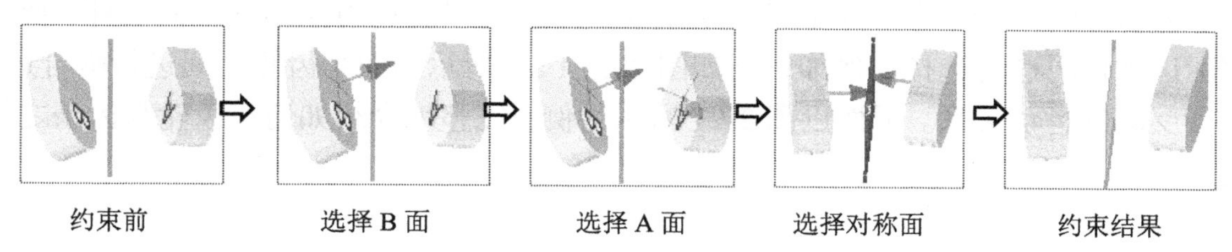

约束前 选择 B 面 选择 A 面 选择对称面 约束结果

图 2-25 对称约束示例

2）“运动”选项卡

运动约束用于指定零部件之间的预定运动，包含“转动”和“转动-平动”两种类型的运动关系。前者用来定义齿轮与齿轮之间的运动关系，后者用来定义齿轮与齿条之间的运动关系，如图 2-26 所示。

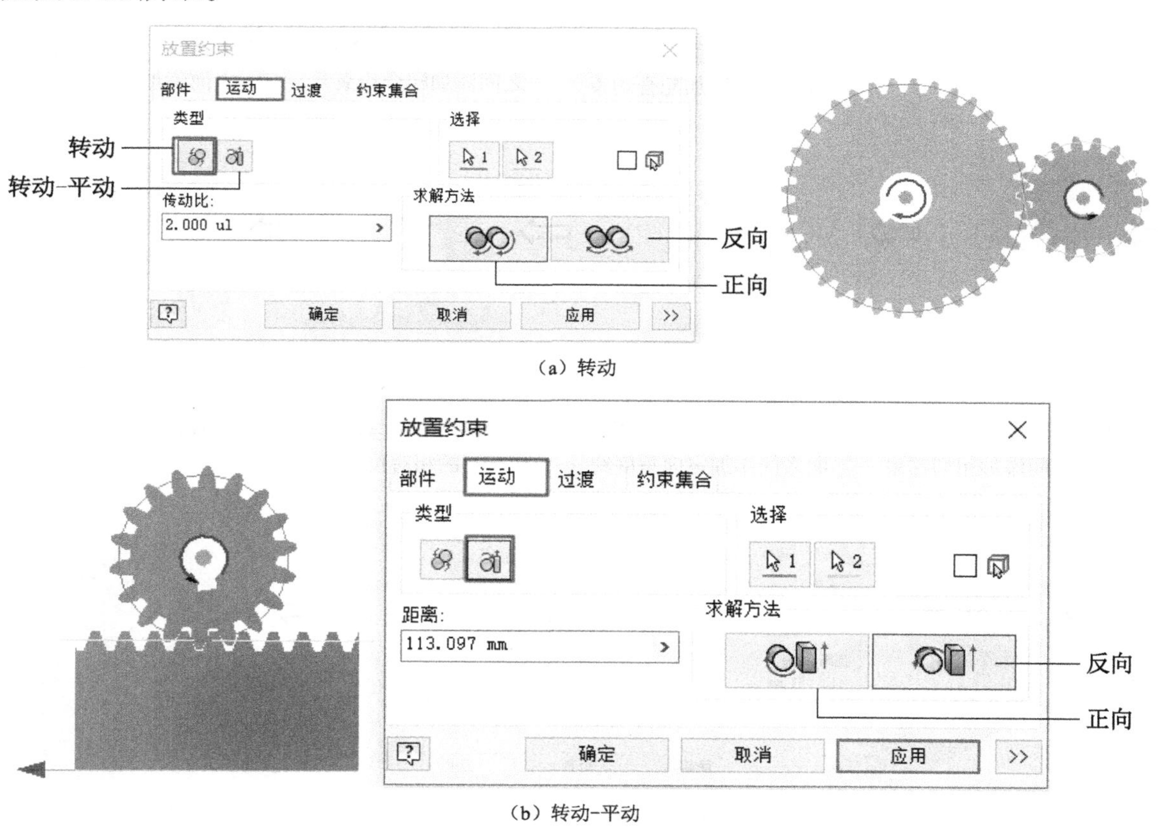

（a）转动

（b）转动-平动

图 2-26 运动约束

（1）转动：使被选择的第一个零件按指定传动比相对于另一个零件的转动而转动，通常用于描述轴承、齿轮和皮带轮之间的运动，如图 2-26（a）所示。

（2）转动-平动：使被选择的第一个零件按指定距离相对于另一个零件的转动而平动，通常用于显示平面运动，如描述齿轮与齿条之间的运动，如图 2-26（b）所示。

（3）传动比或距离：指定第一次选定的零部件相对于第二次选定的零部件的运动。当选择转动类型时为传动比，即指定第一个零件转动一圈时第二个零件转动的圈数；当选择转动-平动类型时为距离，即指定第一个零件转动一圈时第二个零件平移的距离。

提示：若选择了两个柱面，则 Inventor 会根据被选择柱面的半径自动计算传动比并显示该值。

（4）运动方向：在转动和转动-平动两种方式下，运动方向有正向和反向两种，要按照机构的实际运动情况进行选择。例如，当如图 2-26（a）所示的两个齿轮之间进行啮合运动时，应该选择反向的运动关系。下面以图 2-27 所示为例，完整地介绍如何在齿轮与齿条之间添加约束关系。

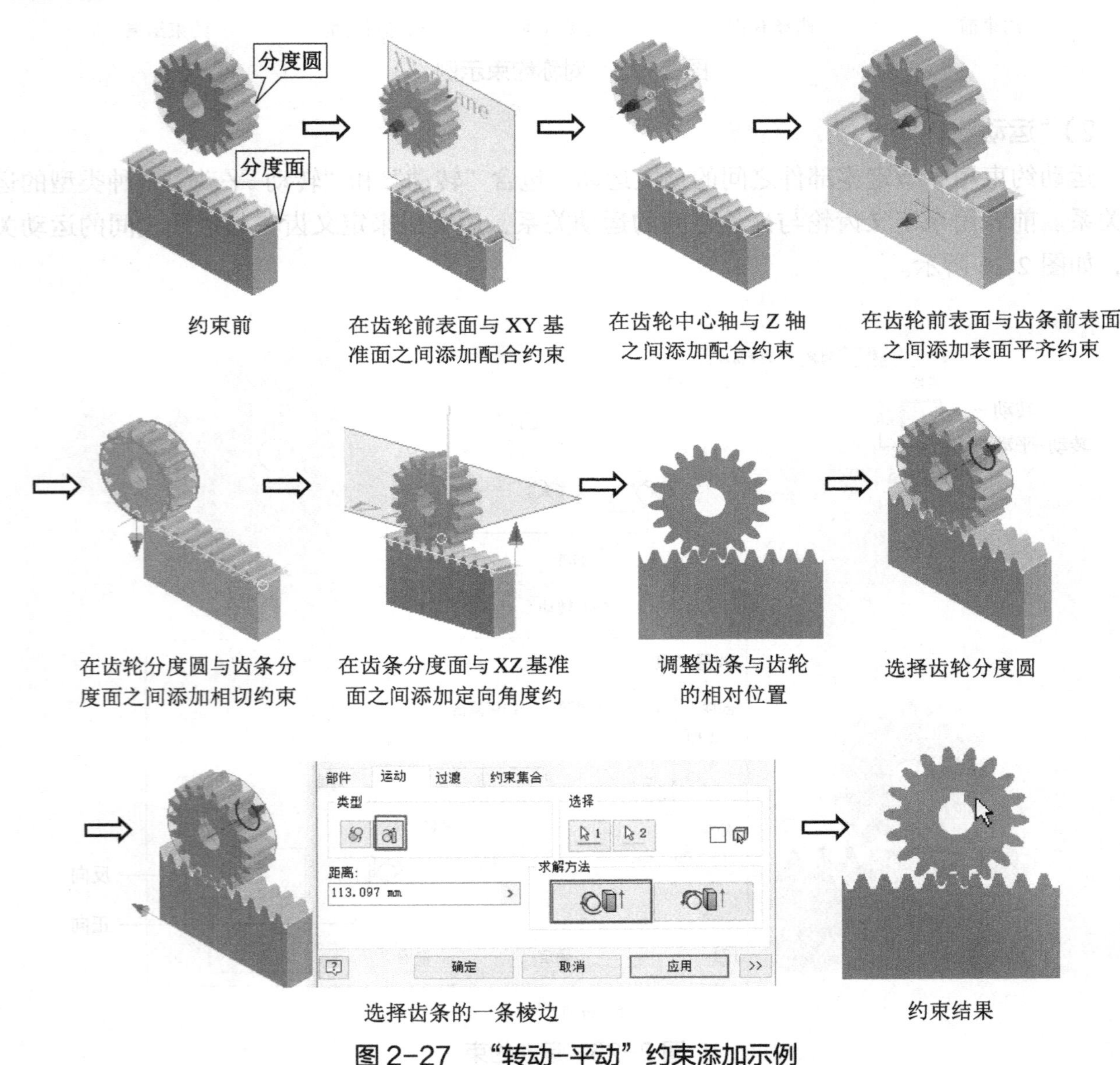

图 2-27 “转动-平动”约束添加示例

打开“放置约束”对话框，在齿轮前表面与 XY 基准面之间添加配合约束，在齿轮中心轴与 Z 轴之间添加配合约束，添加完约束后，拖动齿轮会转动；在齿轮前表面与齿条前表面之间添加表面平齐约束；在齿轮分度圆与齿条分度面之间添加相切约束；在齿条分度面与 XZ 基准面之间添加定向角度约束，约束角度为 0°，完成约束后，齿条只能左右拖动。拖动齿条，调整其与齿轮的相对位置，让齿条与齿轮正确啮合，选择“运动”约束选项，且选择“传动-平动”类型，选择齿轮分度圆，选择齿条的一条水平棱边，移动距离选择默认值，完成约束的添加后，拖动齿轮，齿轮在转动时，齿条跟着平动。单击“确定”按钮，完成约束的添加。

【说明】在应用运动约束时，不仅应用在相互啮合的齿轮与齿轮、齿轮与齿条之间，其实两个没有直接连接的轴类零部件之间也可以应用运动约束。

3）“过渡”选项卡

过渡约束用于使不同的零部件的两个表面在运动过程中始终保持接触，通常用来定义凸轮机构的运动关系，如图 2-28 所示。

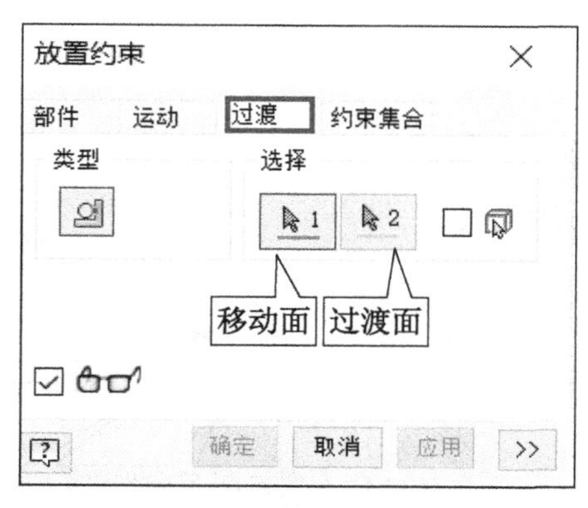

（a）“过渡”选项卡

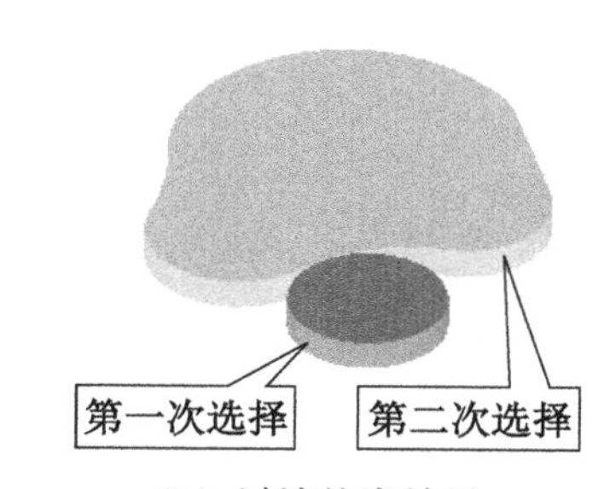

（b）过渡约束效果

图 2-28 过渡约束

【说明】在应用过渡约束进行零部件的选择时，要先选择单一面，再选择过渡面。

4）“约束集合”选项卡

约束集合是将两个 UCS 约束在一起，如图 2-29 所示。

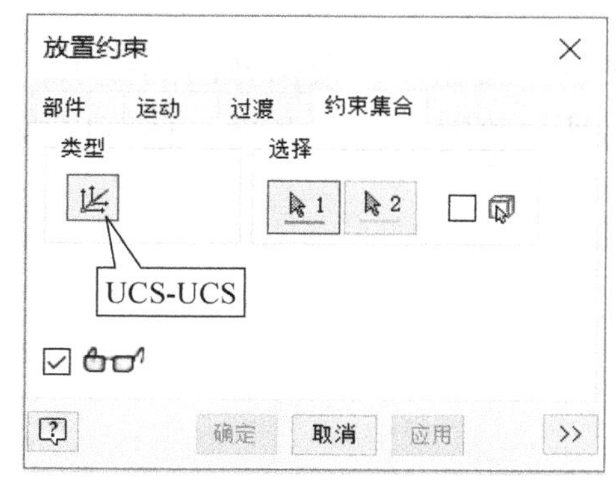

（a）“约束集合”选项卡

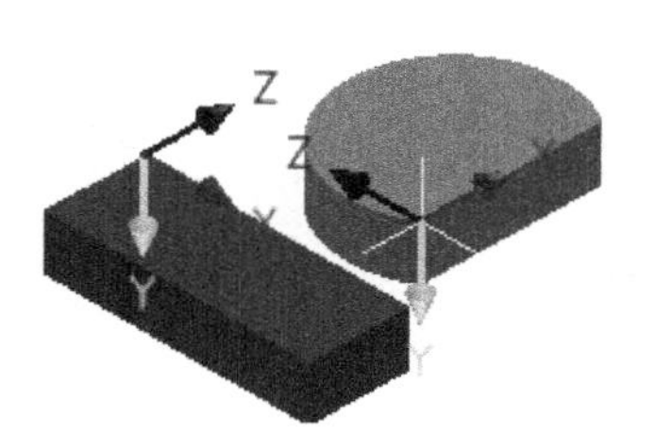

（b）约束前

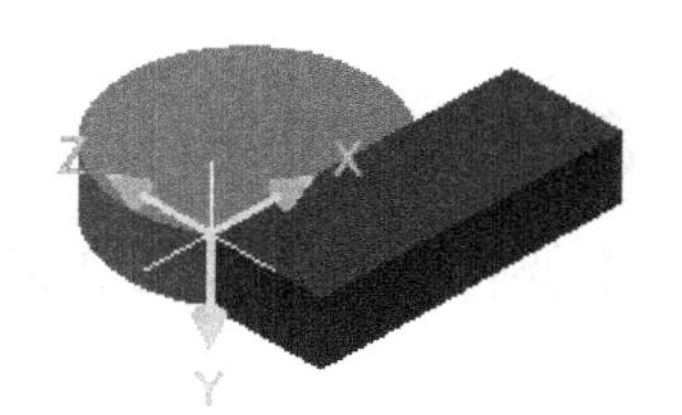

（c）约束后

图 2-29 约束集合

4. 约束的编辑与驱动

1）约束的删除

若在约束过程中想去掉原来添加的约束，则可首先在模型树中选择该约束依附的零件，然后在该约束的右键菜单（见图 2-30）中选择“删除”选项即可。

2）约束的编辑

方法同上，区别是在右键菜单中选择“编辑”选项，打开编辑约束的对话框，该对话框与“放置约束”对话框一样，根据需要编辑约束即可。

3）约束的抑制

方法同上，区别是在右键菜单中选择“抑制”选项。抑制可使约束保留但不发挥作用，若需要恢复该约束的作用，则可再次在抑制约束的右键菜单中解除勾选的抑制即可。

4）约束的驱动

对于完成约束的部件，可以通过设置驱动约束让部件中的某些机构自动运动，并录制动画。方法是首先在模型树中选择需要驱动的约束，然后在右键菜单中选择“驱动”选项，打开“驱动”对话框，如图 2-31 所示。

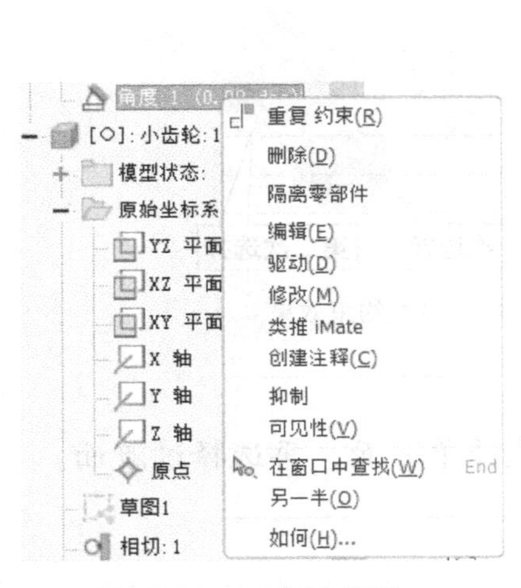

图 2-30　右键菜单

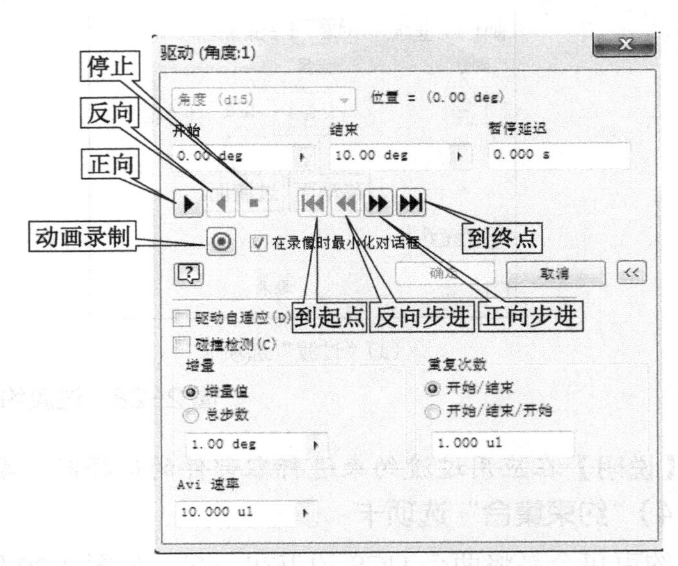

图 2-31　“驱动”对话框

在该对话框中，可以设置驱动参数，单击“动画录制”按钮，根据弹出的提示，选择录制文件的名称、类型及保存路径，进行动画录制。另外，将对话框展开后，还可以进行碰撞检测、调整播放速率的设置等。

任务流程

主要任务流程如图 2-32 所示。

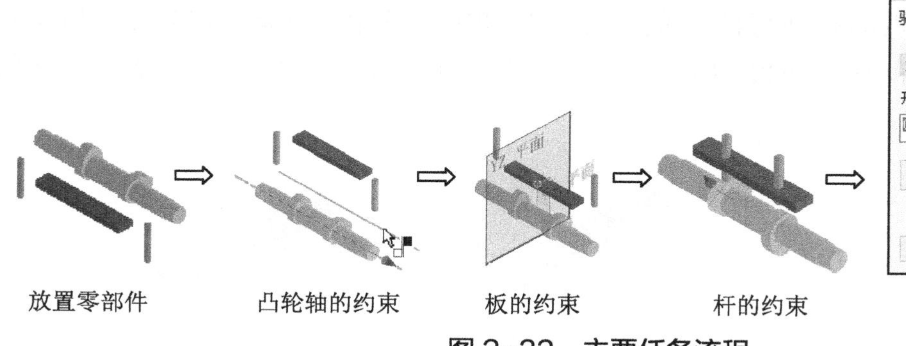

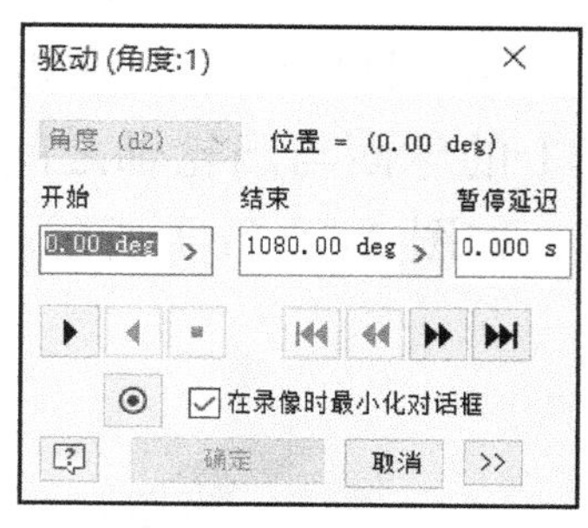

图 2-32 主要任务流程

任务实施

（1）激活项目文件：激活资源包中的“模块 1\第 2 章\任务 1\凸轮传动机构\凸轮传动机构.ipj”项目文件。

（2）新建部件文件：利用标准的部件文件模板新建部件文件。

（3）放置零部件：放置凸轮轴、板、杆三个零件，其中杆放置两次。

（4）凸轮轴的约束：在凸轮轴的 YZ 基准面与部件的原始 YZ 基准面之间添加配合约束，如图 2-33（a）所示；在凸轮轴的轴线与部件的原始 X 轴之间添加配合约束，如图 2-33（b）所示，此时拖动凸轮轴能够转动；在部件的原始 XY 基准面与凸轮轴的 XY 基准面之间添加定向角度约束，约束值为 0°，如图 2-33（c）所示。添加完后，凸轮已经被全部约束住。

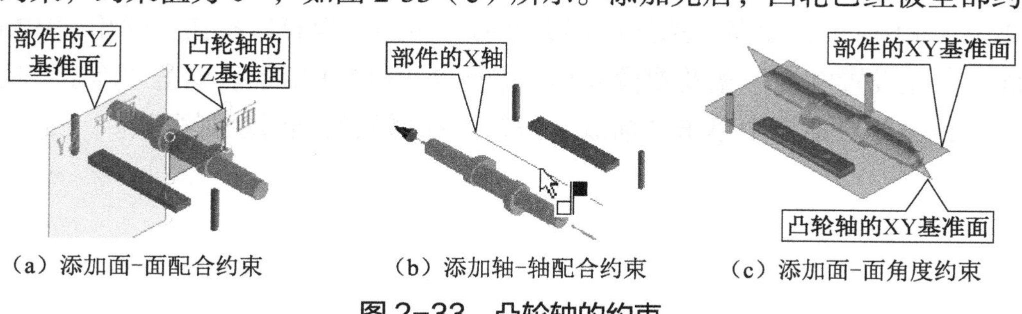

（a）添加面-面配合约束　（b）添加轴-轴配合约束　（c）添加面-面角度约束

图 2-33 凸轮轴的约束

（5）板的约束：在板的 YZ 基准面与部件的原始 YZ 基准面之间添加配合约束，如图 2-34（a）所示；在板的 XZ 基准面与部件的原始 XZ 基准面之间添加配合约束，如图 2-34（b）所示；在板的 XY 基准面与凸轮轴的 XY 基准面之间添加表面平齐约束，且偏移距离为 40mm，如图 2-34（c）所示。

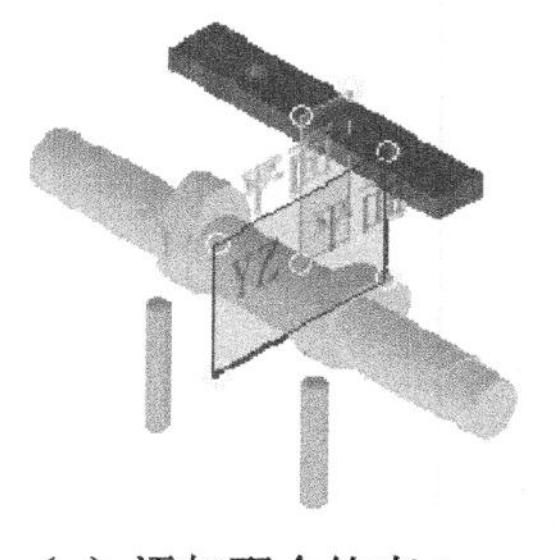

（a）添加配合约束 1

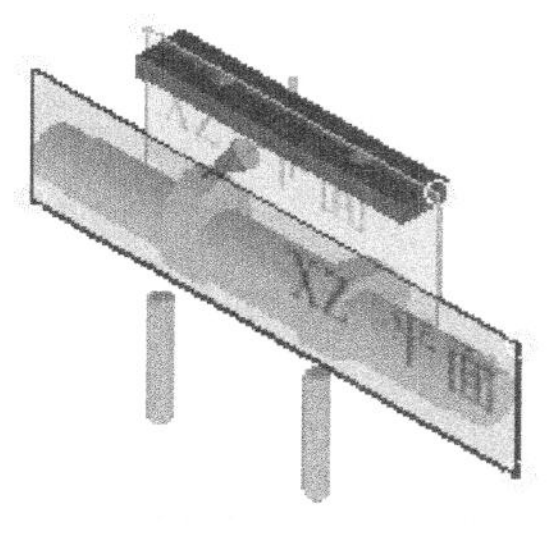

（b）添加配合约束 2

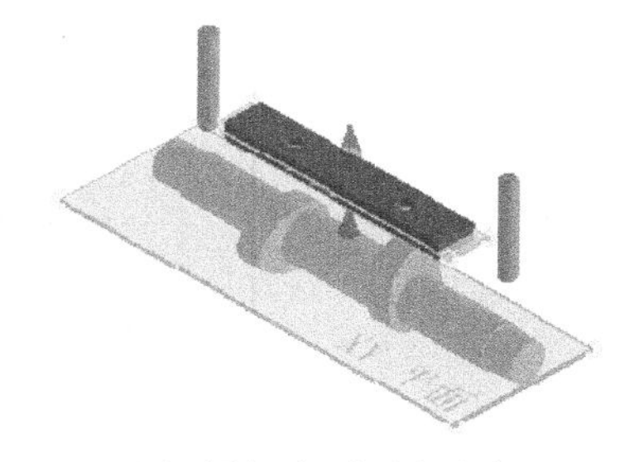

（c）添加表面平齐约束

图 2-34 板的约束

（6）杆的约束：在板的孔轴与杆 1 的轴之间添加配合约束，如图 2-35（a）所示；在杆 1 的球面与凸轮轴之间添加过渡约束，如图 2-35（b）所示；重复操作，添加杆 2 的约束，如图 2-35（c）所示。

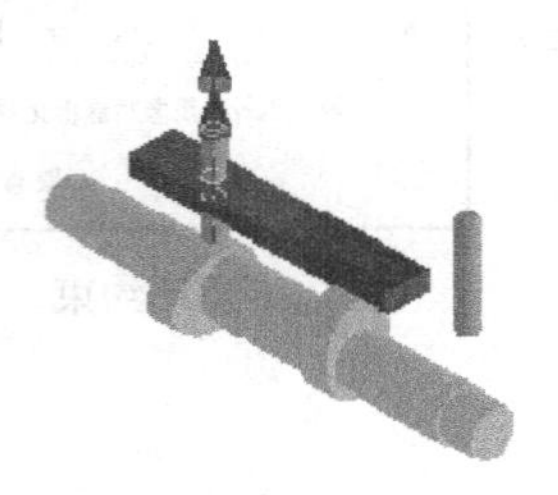

（a）杆 1 的轴-轴配合约束

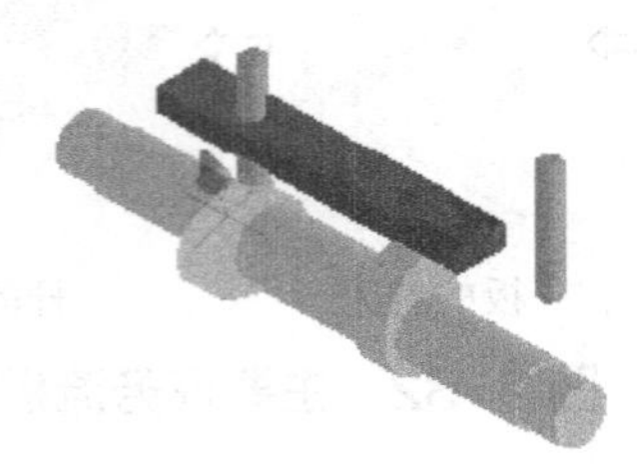

（b）杆 1 的过渡约束

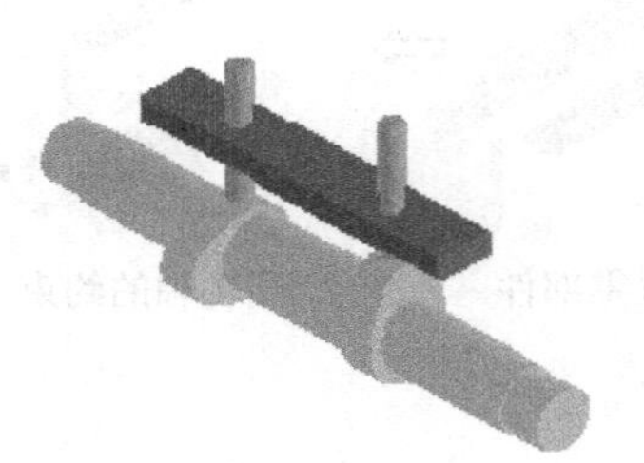

（c）杆 2 的约束

图 2-35　杆的约束

【说明】在添加杆 1 的过渡约束过程中，可能出现错误提示，原因是凸轮轴全部被约束，在执行过渡约束过程中不能自动调整位置。解决方法就是先对凸轮轴的角度约束进行抑制，待添加完两根杆的过渡约束后，再将抑制解除。

（7）驱动约束：在模型树中找到凸轮轴的角度约束，在其右键菜单中选择“驱动”选项。在“驱动”对话框中，将结束角度值设置为 1080°，增量为 3°，单击“播放”按钮，观看驱动效果。

（8）录制视频：在“驱动”对话框中，单击“动画录制”按钮后，弹出“另存为”对话框，如图 2-36（a）所示，命名并选择保存类型后，单击“保存”按钮，弹出“WMV 导出特性”对话框，在此设置网络带宽及图像大小，如图 2-36（b）所示。单击“确定”按钮，关闭对话框；在“驱动”对话框中单击“播放”按钮，在播放的同时录制视频。

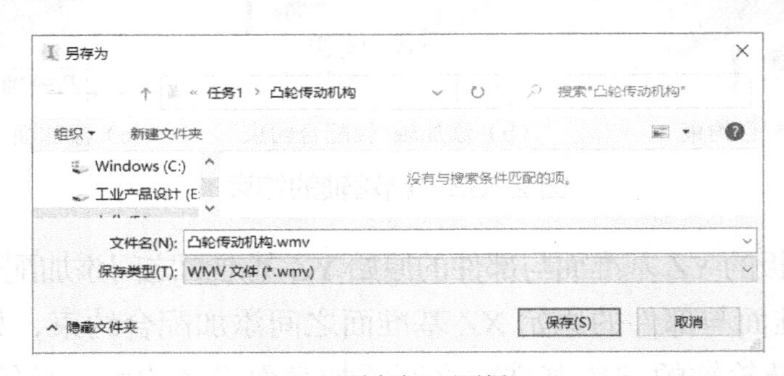

（a）“另存为”对话框

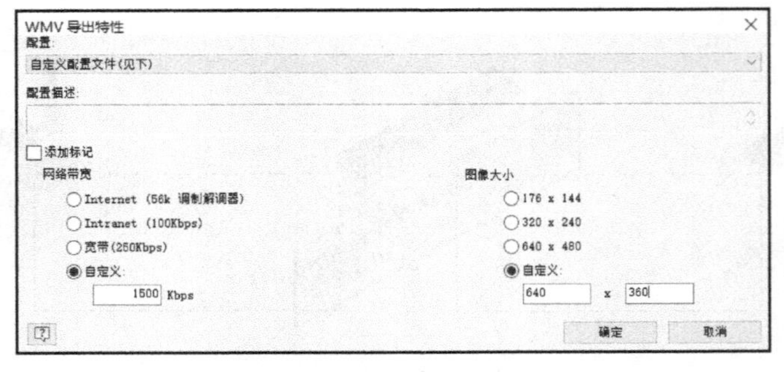

（b）“WMV 导出特性”对话框

图 2-36　录制视频

（9）保存文件：将文件保存为“凸轮传动机构.iam”。

拓展练习 2-1

1. 将数字资源中“模块 1\第 2 章\任务 1\拓展练习\”下的零件按照如图 2-37（a）所示的样式进行装配，并录制驱动动画。

2. 将数字资源中“模块 1\第 2 章\任务 1\”下的齿轮按照如图 2-37（b）所示的样式进行装配，并录制驱动动画。

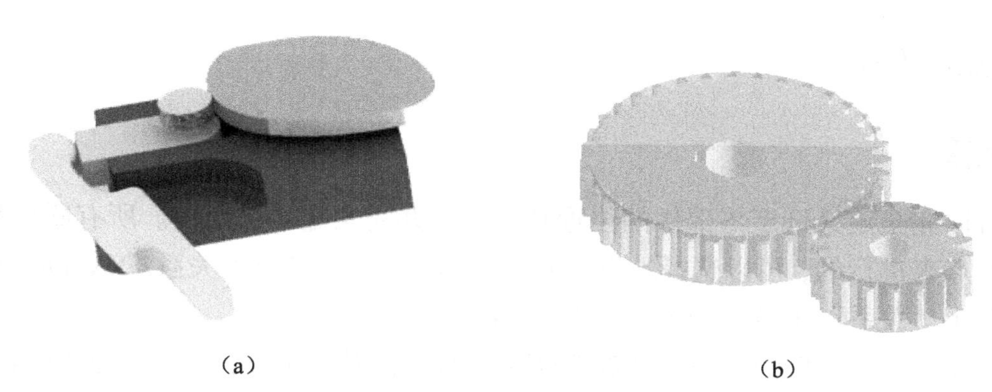

（a）　　（b）

图 2-37　拓展练习 2-1

任务 2　自卸车斗模型的设计

学习目标

- 能够利用联接工具指定零部件的位置及约束关系。
- 掌握柔性、激活接触识别器、干涉检查等工具的使用方法。
- 掌握部件环境下阵列特征的使用方法。
- 掌握部件环境下视图表达、位置表达的使用方法。

任务导入

自卸车斗模型如图 2-38 所示，模型文件见资源包“模块 1\第 2 章\任务 2\自卸车斗模型\自卸车斗模型.iam”。

在本任务中，除了会用到前面学习的知识，还需要用到联结工具、接触集合、柔性、阵列工具、视图表达等相关内容。

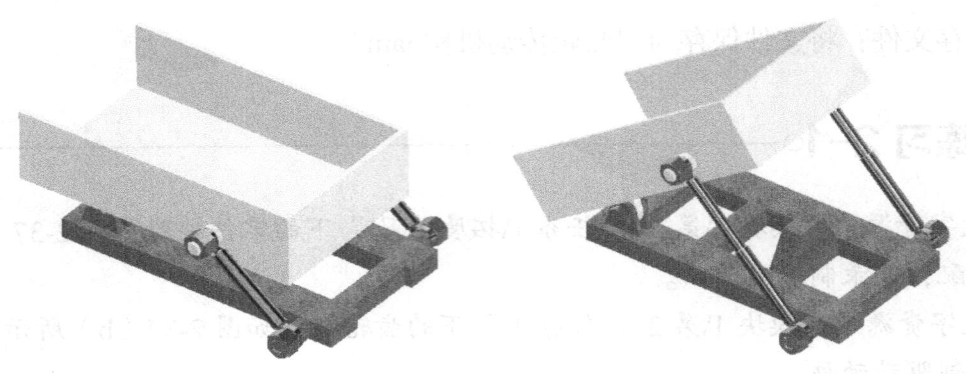

图 2-38　自卸车斗模型

知识准备

1. 联接

联接可以完全定义选定零部件的位置和运动，并完全定义自由度。所有联接都是通过选择零件上的点来进行的，可以选择端点、中点、中心点来定义位置关系。Inventor 2022 的“联接”工具位于“关系”工具面板上，如图 2-14 所示。

单击“联接”工具按钮，打开“放置联接”对话框及小工具栏，如图 2-39 所示。其中有“联接”和“限制”两个选项卡，下面分别进行介绍。

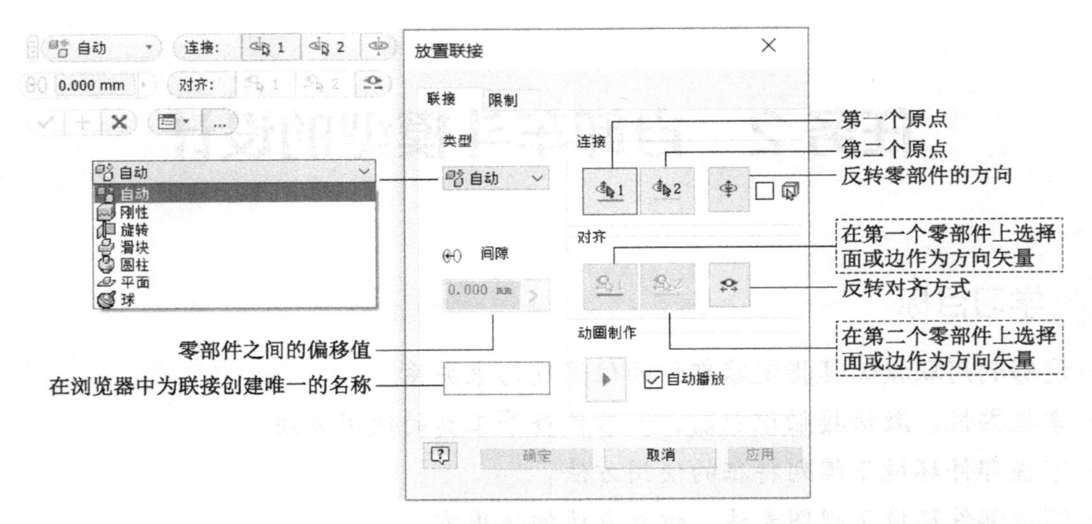

图 2-39　“放置联接”对话框及小工具栏

1）“联接”选项卡

“联接”选项卡是默认选项卡。在该选项卡中，主要介绍联接的类型。Inventor 提供了自动、刚性、旋转、滑块、圆柱、平面、球共七种类型，各种类型含义如下。

（1）自动：在该类型下，Inventor 会根据选择的原点自动确定属于下列哪一种类型。

- 若选定的两个原点为圆形上的点，则为“旋转”类型，如图 2-40（a）所示。
- 若选定的两个原点是圆柱上的点，则为“圆柱”类型，如图 2-40（b）所示。
- 若选定的两个原点是球体上的点，则为“球”类型，如图 2-40（c）所示。

➤ 所有其他原点都选择“刚性”类型，如图 2-40（d）所示。

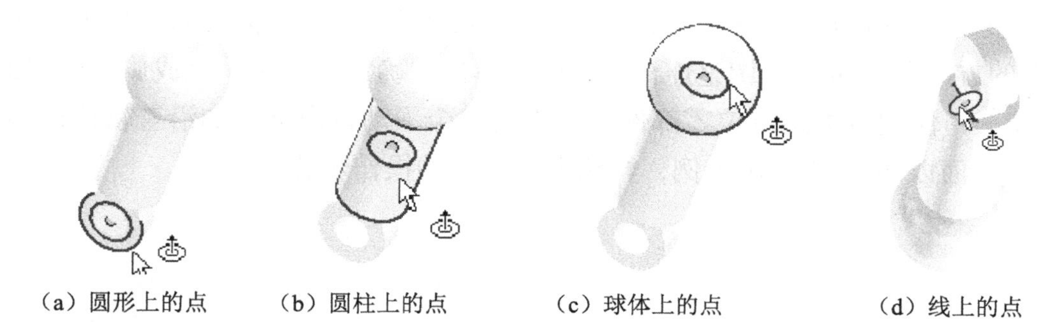

图 2-40 自动联接时选择原点的类型

（2）刚性：使用该类型定位零部件，并删除所有自由度，对于不移动的零部件，使用刚性联接，如螺栓联接。下面以图 2-41 所示为例，介绍刚性联接的操作步骤。

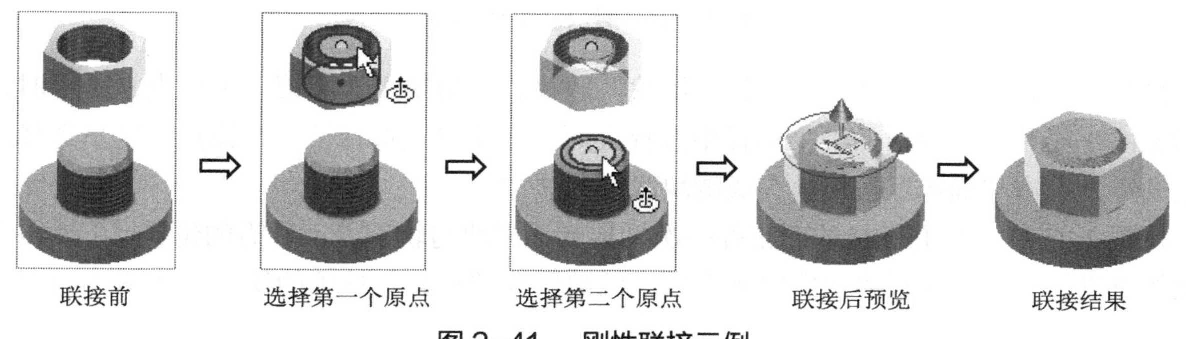

图 2-41 刚性联接示例

单击“联接”工具按钮，打开“放置联接”对话框，在对话框的“类型”下拉列表中选择“刚性”选项，在螺母上选择第一个原点，在底盘上选择第二个原点，单击“确定”按钮，完成刚性联接的添加。

【说明】在添加联接的过程中，选择完第二个原点后，第一个被选择的零部件会移向第二个被选择的零部件的位置。因此，在选择过程中，若第一次选择的零部件是固定的，则 Inventor 会提示用户是否将其固定取消。

（3）旋转：使用该类型定位零部件，并指定一个旋转自由度，如铰链和旋转杆为旋转联接。下面以图 2-42 所示为例，介绍旋转联接的操作步骤。

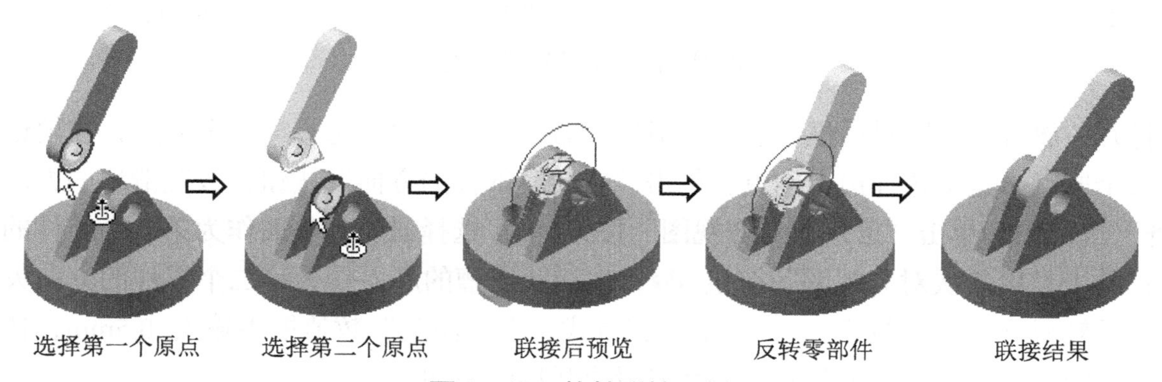

图 2-42 旋转联接示例

打开“放置联接”对话框，在对话框的“类型”下拉列表中选择“旋转”选项，在连杆上选择第一个原点，在底座上选择第二个原点，预览后发现联接方向不对，单击对话框中的“反转零部件的方向”按钮，调整连杆的方向，单击“确定”按钮，完成旋转联接的添加。

（4）滑块：使用该类型定位零部件，并指定一个平动自由度，如沿着轨迹运动的滑块即滑块联接。下面以图 2-43 所示为例，介绍滑块联接的操作步骤。

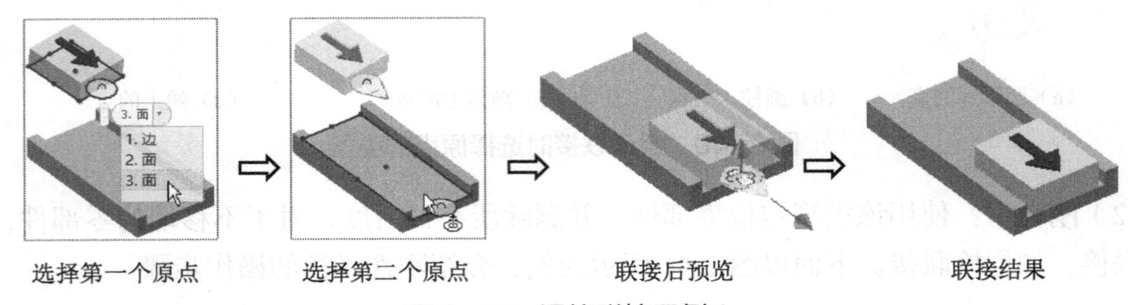

图 2-43　滑块联接示例 1

打开“放置联接”对话框，选择“滑块”联接，在滑块上选择第一个原点，选择时，让光标悬停一会儿，在弹出的类推选择中选择底面；在轨道上选择第二个原点，这里选择槽底面上的点，单击“确定”按钮，完成滑块联接的添加。

在图 2-43 中，我们选择的点正好一次性地就让滑块与轨道处于所需的位置。下面再选择其他的点进行联接，通过本次联接来介绍“间隙”和“对齐”选项的使用，如图 2-44 所示。

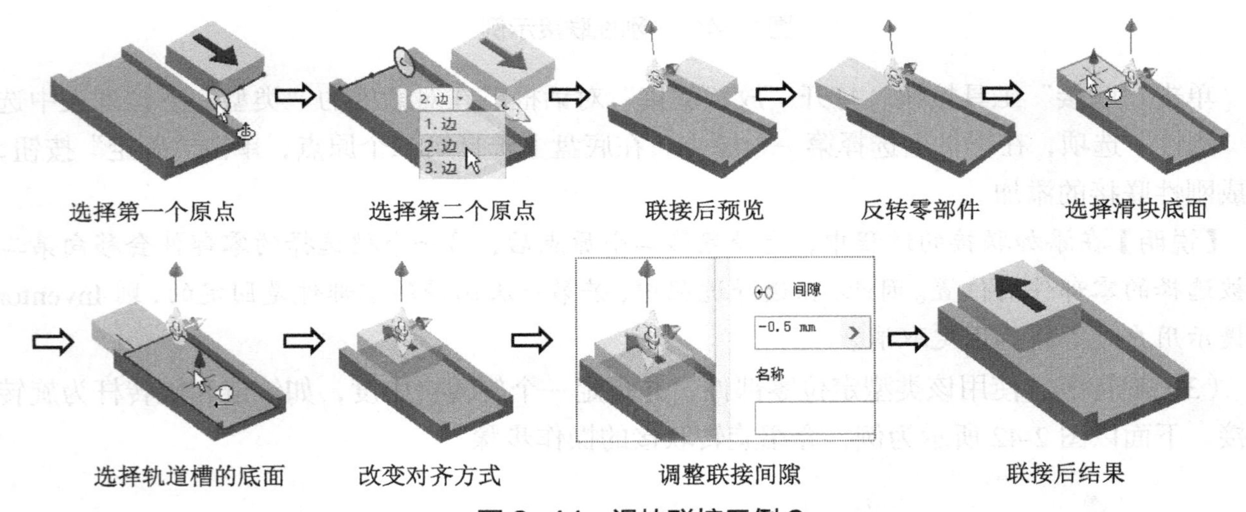

图 2-44　滑块联接示例 2

打开“放置联接”对话框，选择“滑块”联接，在滑块上选择第一个原点，在轨道上选择第二个原点，这里选择边上的点；单击“反转零部件的方向”按钮，改变滑块的方向。在“对齐”选区中，单击“第一次对齐视图”按钮，选择滑块的底面作为第一个零件的方向矢量；单击“第二次对齐视图”按钮，选择轨道槽的底面作为第二个零件的方向矢量。单击“反转对齐方式”按钮，改变对齐方式，在“间隙”数值框中输入-0.5mm，让滑块置于轨道中间，单击“确定”按钮，完成滑块联接的添加。

（5）圆柱：使用该类型定位零部件，并指定一个平动自由度和旋转自由度，如孔内的轴即圆柱联接，类似于前面学习的轴–轴配合约束，如图 2-45 所示。

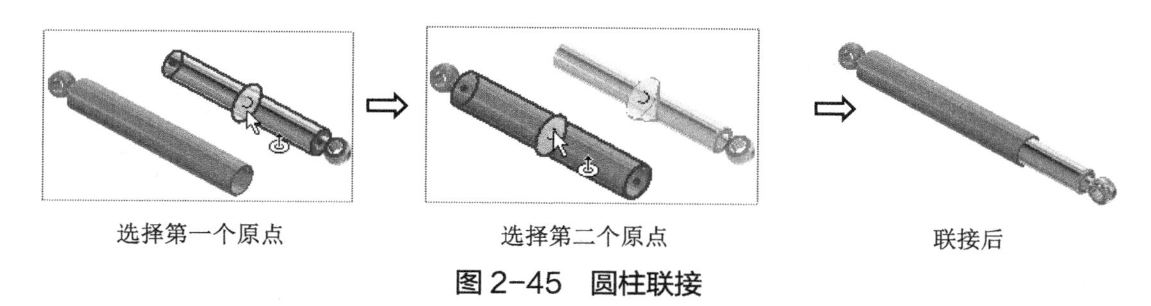

选择第一个原点　　选择第二个原点　　联接后

图 2-45　圆柱联接

（6）平面：使用该类型定位零部件，并指定两个平动自由度和一个垂直于线性方向的旋转自由度。使用此联接，可以将零部件放置在平面上，并在平面上滑动或旋转，如图 2-46 所示。

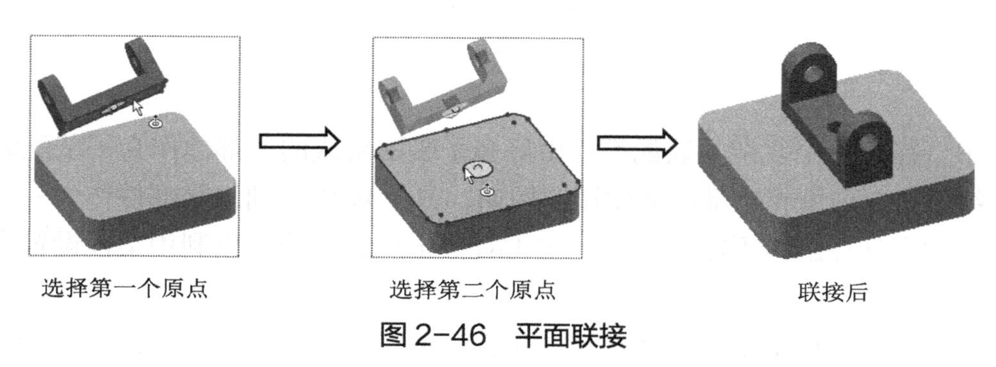

选择第一个原点　　选择第二个原点　　联接后

图 2-46　平面联接

（7）球：使用该类型定位零部件，并指定三个旋转自由度。球联接和套管联接即该类型的联接，如图 2-47 所示。

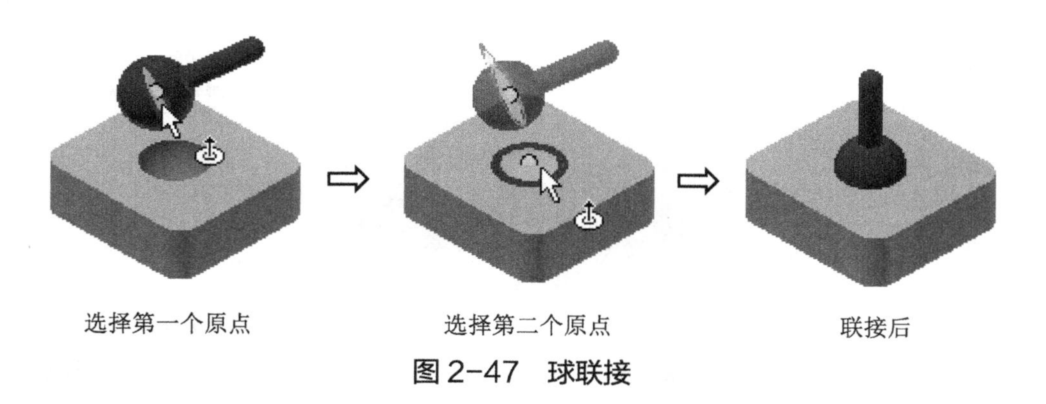

选择第一个原点　　选择第二个原点　　联接后

图 2-47　球联接

2）“限制”选项卡

“限制”选项卡用来定义联接的运动范围。“开始”表示运动的最小范围，“结束”表示运动的最大范围，“当前值”用来定义联接后零件的临时位置，如图 2-48 所示。

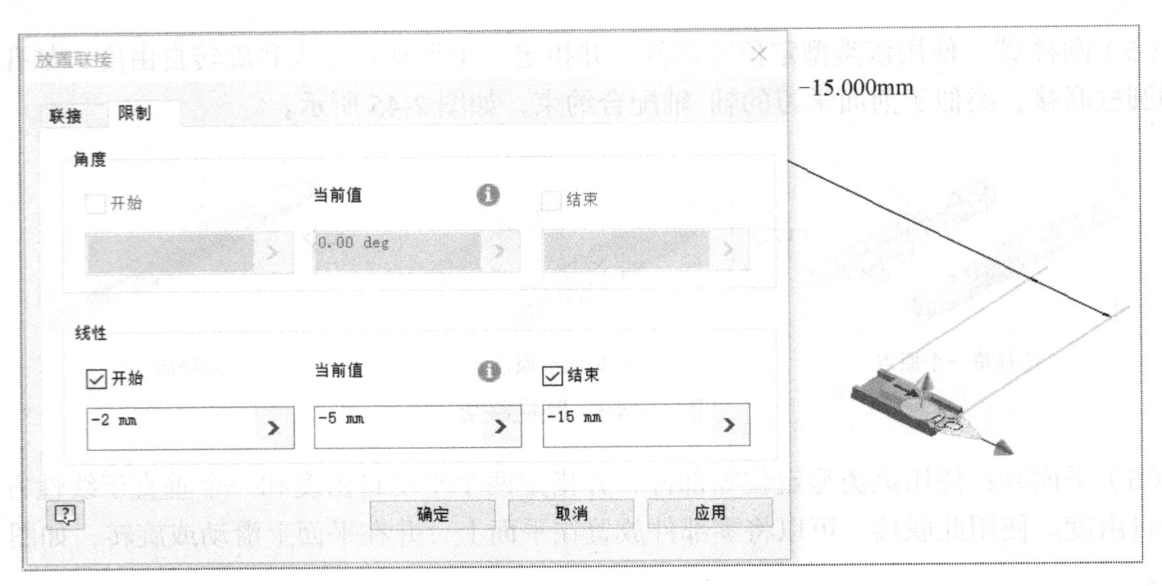

图 2-48 “限制”选项卡

2. 柔性

在设计中，往往一个复杂的装配都是由好多子装配组成的，部件作为子装配装入装配中后，其中未约束的自由度将全部不能使用。例如，图 2-49 中的油缸零部件作为一个子装配装入装配中后，发现杆在缸内不能再滑动。在 Inventor 中，用户可以利用柔性设置来解决上述问题。

首先在子装配零部件上单击鼠标右键，在右键菜单中勾选“柔性”选项，如图 2-49（a）所示；然后在模型树中添加柔性的子装配零部件名称前会添加柔性标签，如图 2-49（b）所示。完成柔性设置后，拖动杆零部件，发现杆零部件可以在油缸零部件内滑动。

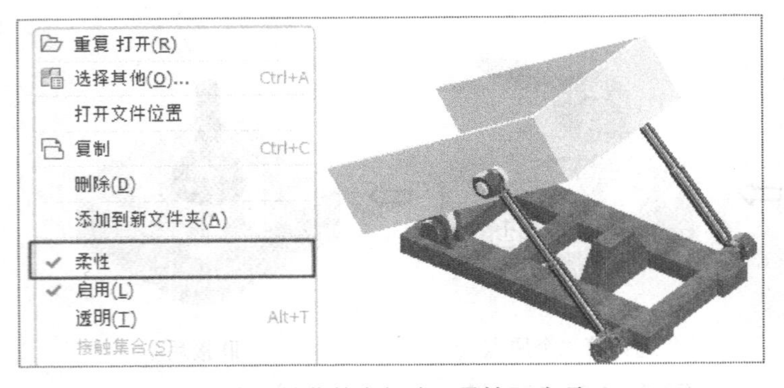

（a）在右键菜单中勾选“柔性”选项

（b）添加柔性标签

图 2-49 柔性应用

3. 激活接触识别器

通过“激活接触识别器”工具，可以在装配约束条件下进行运动时的接触分析，从而完成一些复杂的运动，如图 2-50（a）所示的槽轮机构的间歇运动。

“激活接触识别器”工具位于“检验”选项卡下的“干涉”工具面板上，如图 2-50（b）所示。下面以图 2-50（a）所示的槽轮机构为例来介绍接触识别器的使用步骤。

打开资源包中的“模块 1\第 2 章\任务 2\槽轮机构\槽轮机构.iam”文件，在这里，零部件的约束关系已经添加完成。单击“激活接触识别器”工具按钮，在“槽轮”零部件的右键菜单中选择“接触集合”选项，在“拨盘”零部件的右键菜单中选择“接触集合”选项。此时拖动拨盘旋转，就可以带动槽轮机构做间歇运动。同时可以看到在浏览器中的零部件名称前面添加了接触集合标签，如图 2-50（c）所示。

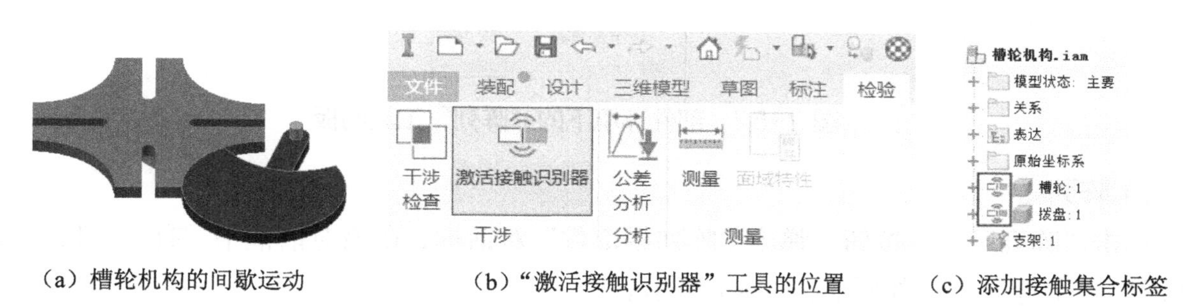

（a）槽轮机构的间歇运动　（b）“激活接触识别器”工具的位置　（c）添加接触集合标签

图 2-50　激活接触识别器

4. 干涉检查

将零部件装配好后，可用“干涉检查”工具检查装配结果是否正确。通过干涉检查，可以检查完成装配的零部件之间是否有相互嵌入的区域。

“干涉检查”工具位于“检验”选项卡下的“干涉”工具面板上，如图 2-50（b）所示。首先选择需要进行干涉检查的零部件，然后单击“干涉检查”工具按钮，弹出“正在进行干涉检查”对话框，如图 2-51（a）所示。检查时间取决于干涉检查的零部件数量，检查完成后自动关闭对话框，并给出检查结果。若有干涉，则干涉区域会红色亮显，同时，在对话框中会给出干涉区域的数量及干涉部分的总体积，如图 2-51（b）所示。

【说明】在 Inventor 中，由于螺纹功能是靠贴图实现的，所以外螺纹要保证大径尺寸，内螺纹要保证小径尺寸，因此，正确的螺纹连接在干涉检查的结果中也会被检测到有干涉。因此，在设计中可以不理会螺纹的干涉检查。

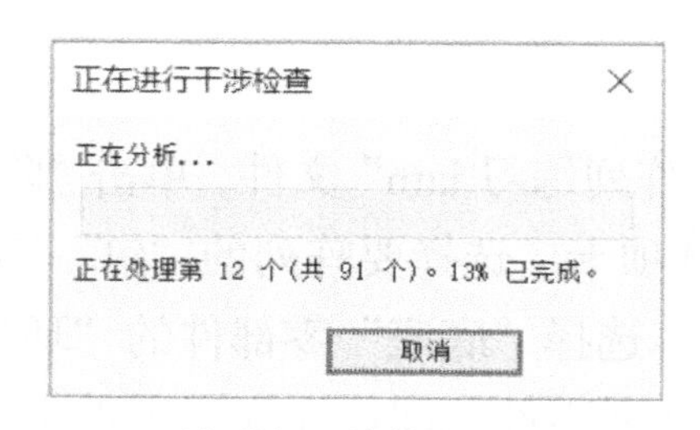

（a）“正在进行干涉检查”对话框

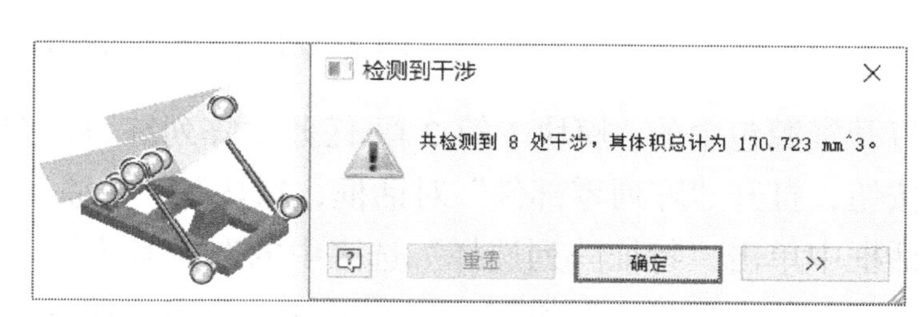

（b）干涉检查结果

图 2-51　干涉检查结果

5. 阵列

在前面学习创建零件时，学习过阵列特征工具，同样，在部件环境下，有时也会在同一个装配上包含多个相同的零部件，且这些零部件在装配中的位置有一定的规律，此时就可以用部件环境下的“阵列”工具来创建这些相同的零部件。

在部件环境中，“阵列”工具面板上有“阵列”“镜像”“复制”三个工具按钮，如图 2-52 所示，下面分别进行介绍。

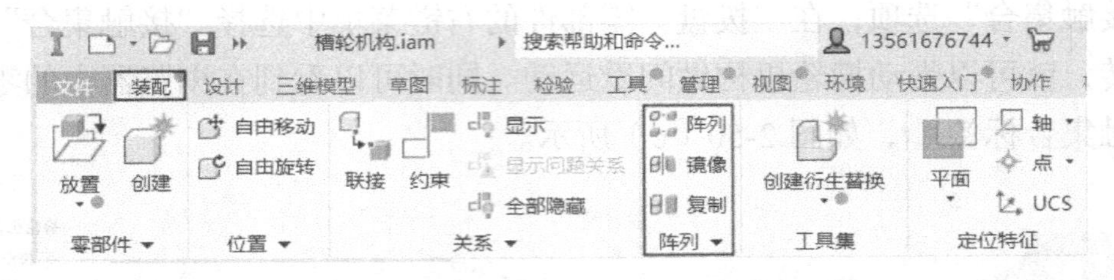

图 2-52　部件环境下的“阵列”工具面板

1）阵列

单击“阵列”工具按钮，弹出“阵列零部件”对话框，在该对话框中，有“关联”“矩形”“环形”三个选项卡，如图 2-53（a）所示。

（1）关联：选择要与部件阵列关联的特征阵列。在“特征阵列选择”选区显示特征阵列名称。零部件将相对于特征阵列的放置位置和间距进行阵列。现以图 2-53（b）所示为例介绍执行关联阵列的操作步骤。

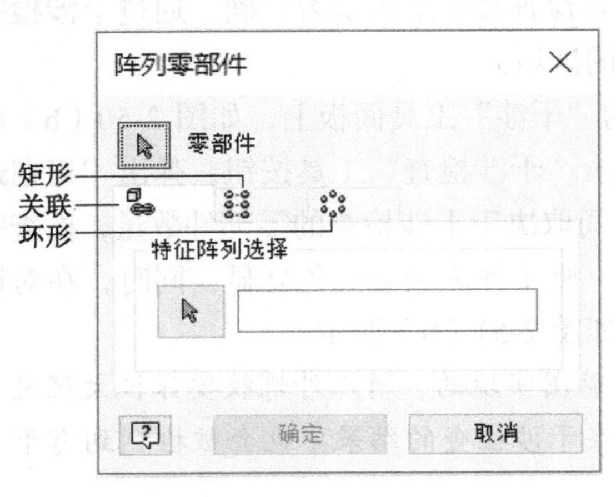

（a）“阵列零部件”对话框

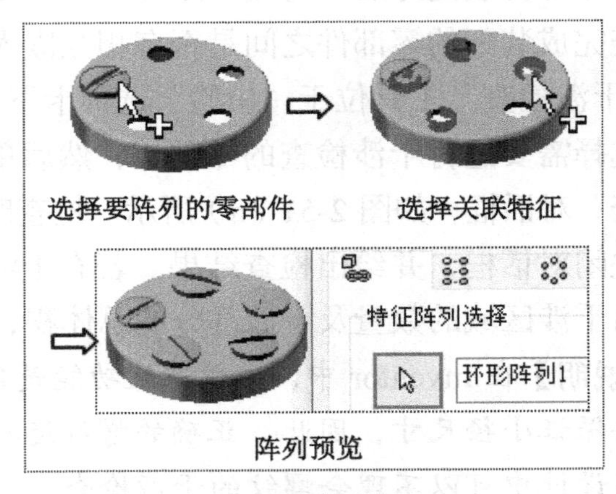

（b）关联阵列结果

图 2-53　关联阵列零部件

打开资源包中的“模块 1\第 2 章\任务 2\阵列练习\关联阵列练习.iam”文件，单击“阵列”工具按钮，打开“阵列零部件”对话框，默认是“关联”选项卡，选择要阵列的“钉”零件，在对话框中单击“特征阵列选择”选区中的选择器按钮，选择“底座”零部件的“环形阵列”特征，单击“确定”按钮，完成阵列。采用该种方式阵列零件，即使在底座零件中对特征阵列进行修改，在装配文件中，也将自动更新“钉”零件的数量和间距。

（2）矩形：通过指定数量和间距，按列和行排列选定的零部件，如图 2-54 所示，其使用方法与零件中的特征阵列一样，这里不再赘述。

（3）环形：通过指定数量和角度间距，以圆形或弧形阵列排列选定的零部件，如图 2-55 所示，其使用方法与零件中的特征阵列基本一样，区别是：在零件的“环形阵列”对话框中，阵列角度默认是“范围”，而在部件的“阵列零部件”对话框中，阵列角度默认是“增量”。

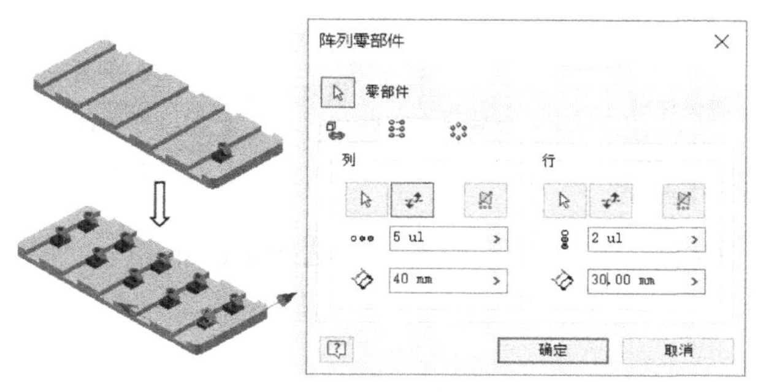

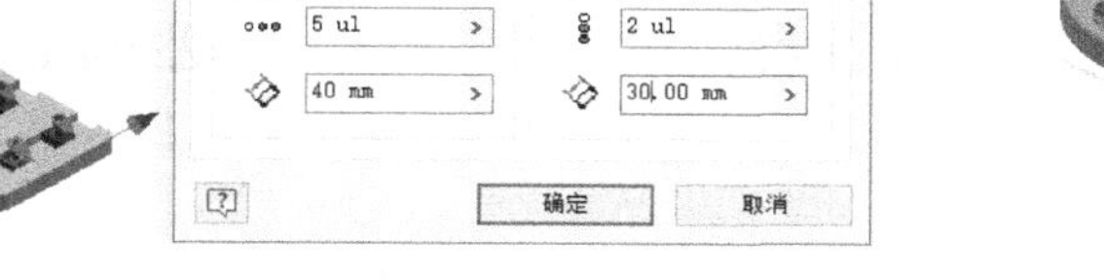

图 2-54　矩形阵列零部件

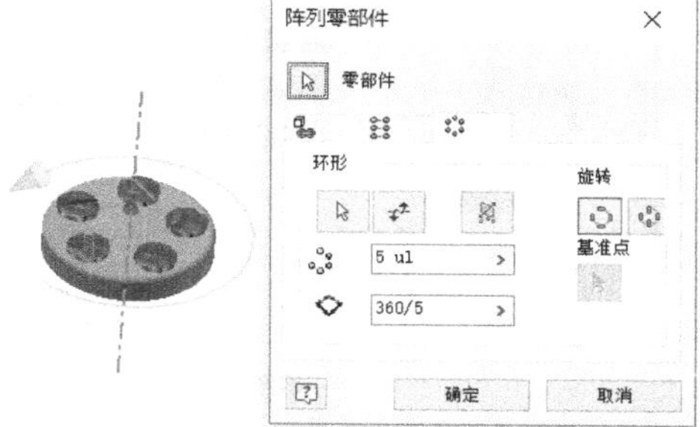

图 2-55　环形阵列零部件

【说明】在上述三种阵列过程中，零部件之间添加的约束不跟随零部件一块阵列。

2）镜像

在创建零件时，用户可以用镜像特征创建关于某个平面对称的特征或实体。同样，在部件环境中，也可以使用镜像工具创建或重新引用对称的零部件，如自卸车的左、右两个油缸就可以采用镜像工具完成。

单击“镜像”工具按钮，打开“镜像零部件：状态”对话框，选择需要镜像的零部件，如图 2-56 所示。单击零部件的状态按钮可更改零部件的状态，各状态按钮含义如下。

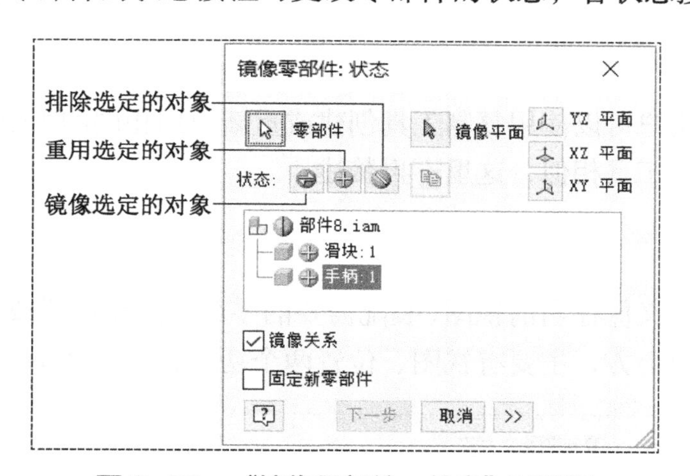

图 2-56　“镜像零部件：状态”对话框

（1）镜像选定的对象：创建镜像的零部件，并将其保存于另一文件中，该状态是默认状态。

（2）重用选定的对象：在当前或新部件文件中添加零部件引用，即重复引用零部件。

（3）排除选定的对象：从镜像操作中排除零部件。

这里以图 2-57 所示为例介绍镜像零部件的操作步骤。

打开资源包中的“模块 1\第 2 章\任务 2\阵列练习\镜像练习.iam”文件，单击“镜像”工具按钮，打开“镜像零部件：状态”对话框，选择要镜像的零部件，这里选择滑块和手柄。在对话框中选择两个零件，并单击“重用选定的对象”状态按钮，先后单击“镜像平面”选择器按钮、“XZ 平面”按钮，单击“下一步”按钮，弹出“镜像零部件：文件名”对话框。在该对话框中，不罗列重复引用的零部件，这里保持默认设置，单击“确定”按钮，完成零部件的镜像。

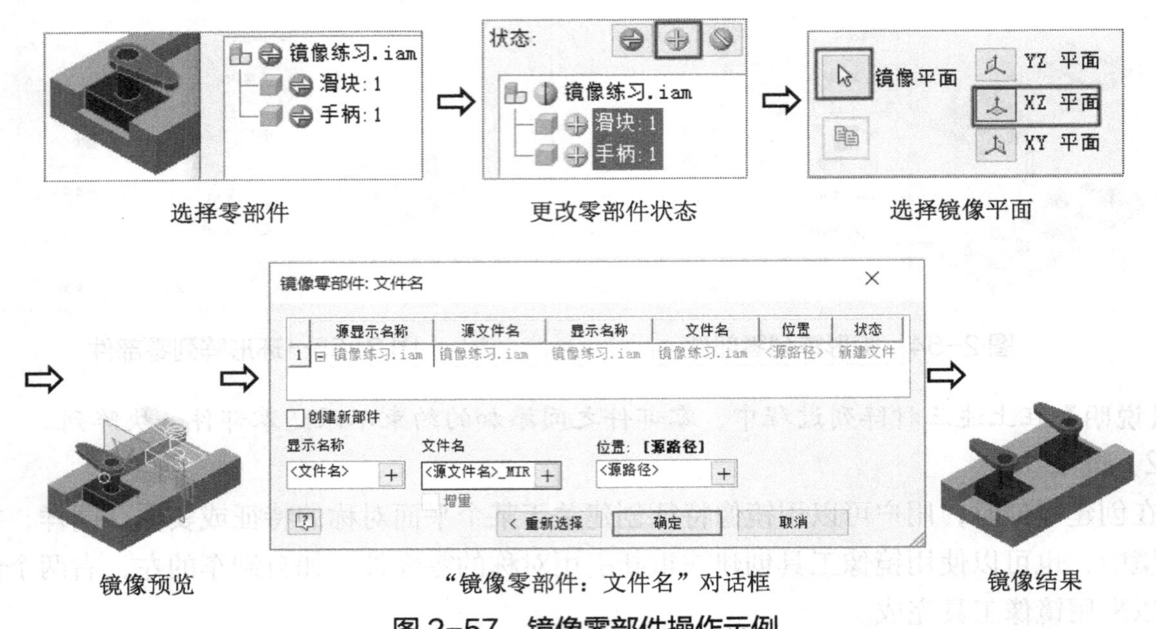

选择零部件　更改零部件状态　选择镜像平面

镜像预览　“镜像零部件：文件名”对话框　镜像结果

图 2-57　镜像零部件操作示例

【说明】在 Inventor 中，零部件镜像后，只有参与镜像的零部件之间的约束关系才会随着零部件一起镜像。

3）复制

在部件环境中，用户可以使用复制工具创建或重新引用相同的零部件，如图 2-58 所示。复制工具的应用与镜像工具相似，这里不再赘述。

6. 表达

表达功能是用来定义保存当前视图、装配需要的零部件运动位置或零部件的显示状态的。表达功能集成在模型树上方，主要有视图、位置两个功能，如图 2-59 所示。

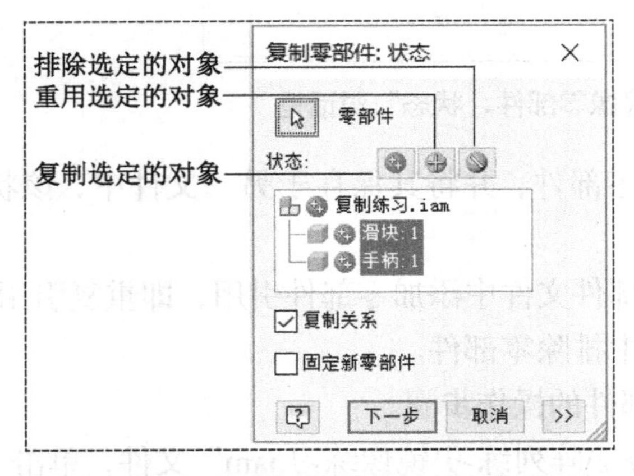

图 2-58　“复制零部件：状态”窗口

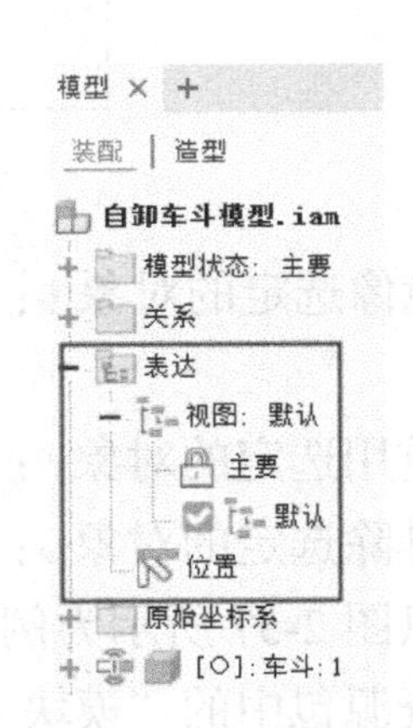

图 2-59　视图表达

1）视图表达

如果一个产品的零部件比较多，则往往需要从不同的视角，通过不同的缩放倍数，或者适当调整零部件的颜色对零部件进行观察，这就会用到视图表达的内容。在图 2-59 中，可以看到，inventor 已经在视图下面自动建立了两个视图：一个是“主要”视图且锁定了，另一个是“默认”视图且是激活的。

（1）新建视图：若需要新建视图，则只需在“视图:默认”标签的右键菜单中选择“新建”选项，即可新建视图且处于激活状态，如图 2-60 所示。在新建视图中，可调整车斗的颜色，并调整视图角度，完成后可以分别进入不同视图，从不同角度用不同颜色进行观察。

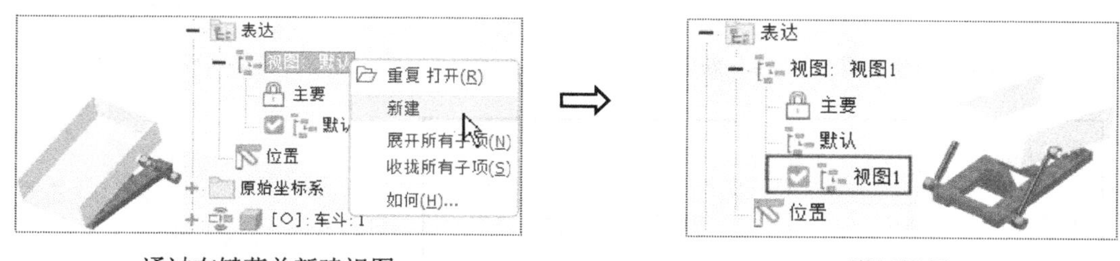

通过右键菜单新建视图　　激活视图 1

图 2-60　新建视图

（2）锁定与解锁：可通过视图的右键菜单将视图锁定与解锁，视图锁定后，就不能对视图表达的显示特征进行修改了。

【说明】“主要”视图默认是锁定且不能解锁的。另外，锁定后添加的零部件将不能在锁定视图内显示，但是可以显示在其他未锁定的视图或“主要”视图内。

（3）激活：要激活某个视图，使其成为视图当前显示状态，只需双击相应视图名称或在右键菜单中选择“激活”选项即可，在部件中，一次只能激活一个视图。

（4）删除：要删除某个视图，只需在要删除的视图右键菜单中选择“删除”选项，或者在选择要删除的视图后，按 Delete 键，均可将其删除。“主要”视图不能删除。

2）位置表达

位置表达是 Inventor 用来表示零部件在装配中的不同位置的；也可以对零部件的约束值及零部件进行替代，替代后，不同的位置就有不同的状态。例如，在机械设计中，对运动规律要求比较高的凸轮、四杆机构、机器人等，用一个相对位置关系的表达是不够的，这个时候就需要多个位置来表达运动关系。通过位置表达，可以记录零部件之间按运动规律在不同位置或不同时刻的相对位置关系。

位置表达操作比较简单，但是创建位置表达必须有两个以上零部件的不同约束状态（不同位置），现以图 2-61 所示为例介绍位置表达的创建步骤。

打开资源包中的“模块 1\第 2 章\任务 2\四杆机构\四杆机构.iam”文件，在“位置”的右键菜单中选择“新建”选项，新建“位置 1”，重复上步操作，新建“位置 2”，并将其激活。在“角度:1”约束的右键菜单中选择“替代”选项，在弹出的“替代对象-角度:1”对话框中，勾选“值”复选框，并输入角度 15.14°，单击“应用”按钮，完成“位置 2”的设置。在对话框的“位置表达”下拉列表中，选择“位置 1”选项，并在“值”数值框中输入 208.68°，单击“确定”按钮，完成“位置 1”的设置。

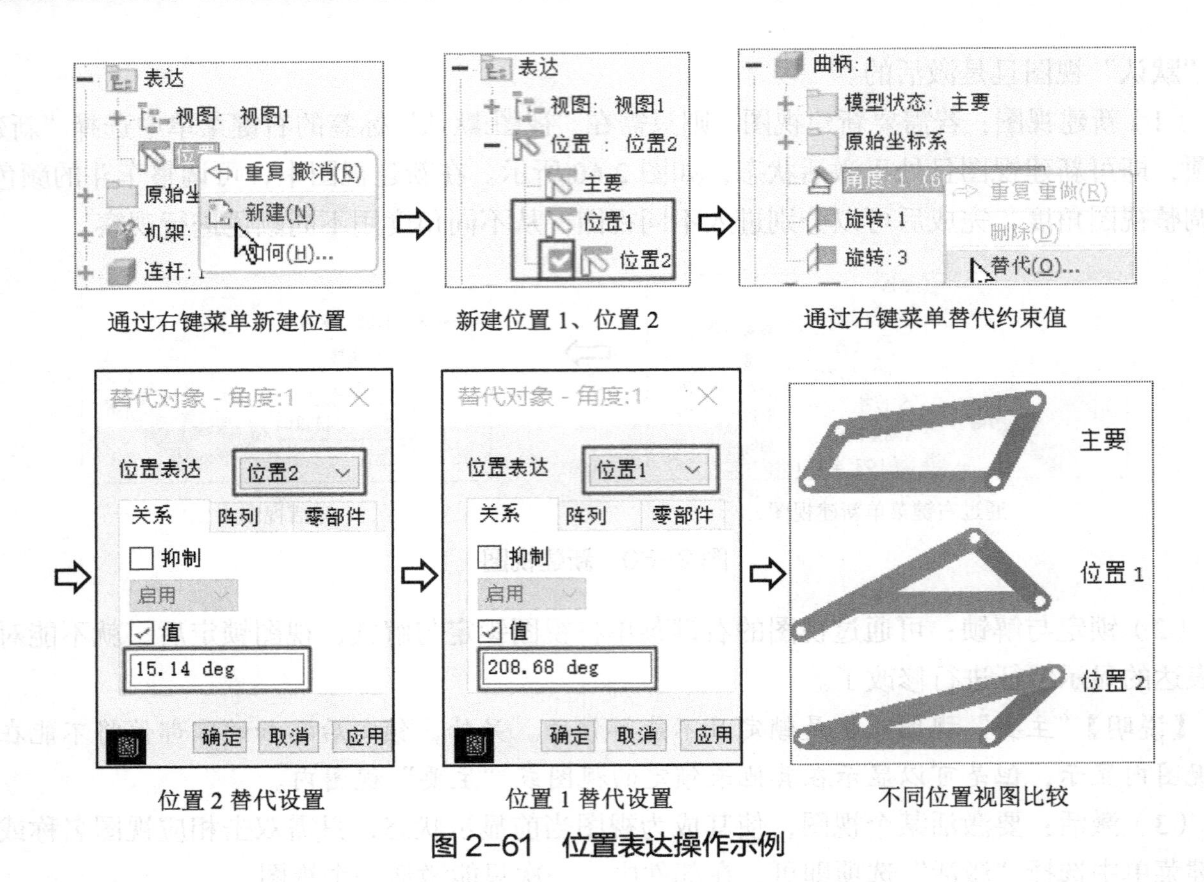

通过右键菜单新建位置　　新建位置 1、位置 2　　通过右键菜单替代约束值

位置 2 替代设置　　位置 1 替代设置　　不同位置视图比较

图 2-61　位置表达操作示例

任务流程

主要任务流程如图 2-62 所示。

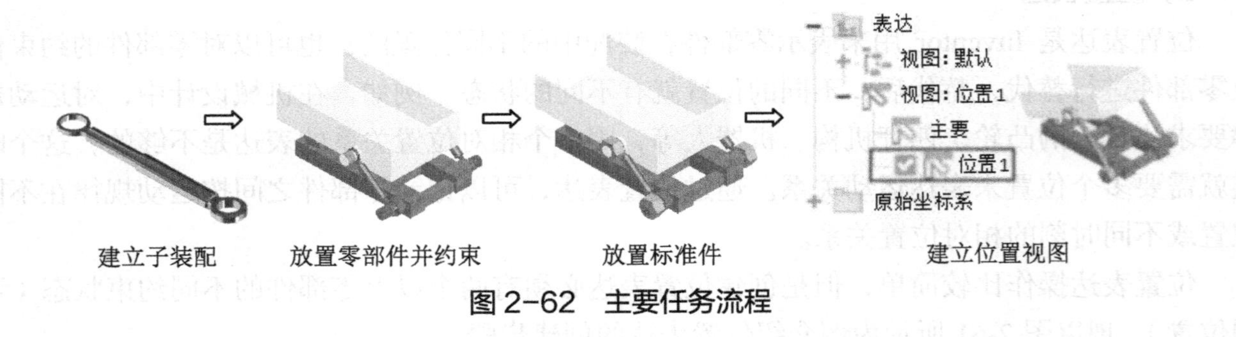

建立子装配　　放置零部件并约束　　放置标准件　　建立位置视图

图 2-62　主要任务流程

任务实施

（1）激活项目文件：激活资源包中的“模块 1\第 2 章\任务 2\自卸车斗模型\自卸车斗模型.ipj”项目文件。

（2）新建子装配部件文件：利用标准的部件文件模板新建部件文件，并放置“缸”和“杆”两个零件，并为其添加轴-轴配合约束，如图 2-63 所示。完成后将文件保存为“油缸.iam”。

（3）新建装配部件文件：再次新建部件文件，置入“车架”“车斗”“螺栓”“油缸”零部件，如图 2-64 所示。

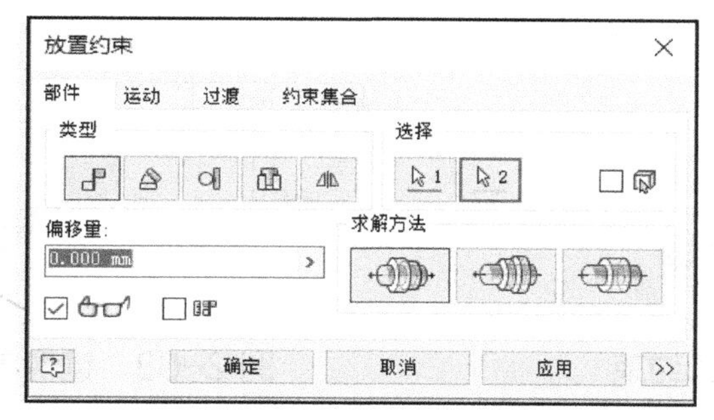

图 2-63 建立“缸”与“杆”的轴-轴配合约束

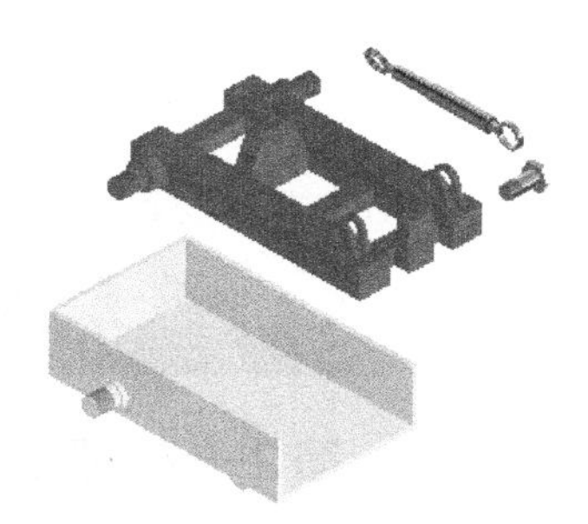

图 2-64 置入零部件

（4）车架的约束：为“车架”零部件添加固定约束。

（5）车斗的约束：首先在“车架”与“车斗”之间添加插入约束，然后在“车斗”底面与“车架”顶面之间添加角度约束，如图 2-65 所示。

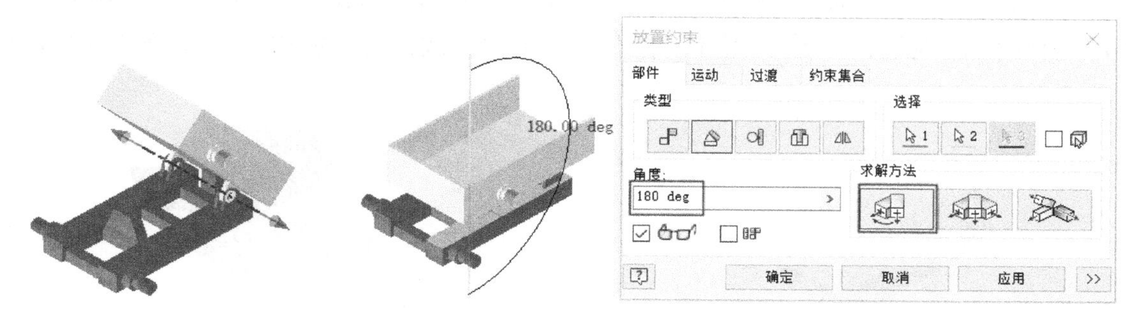

（a）添加插入约束

（b）添加角度约束

图 2-65 车斗的约束

（6）激活接触识别器：分别在“车架”和“车斗”的右键菜单中选择“接触集合”选项，激活接触识别器工具，限定“车斗”的运动范围。

（7）油缸的约束：首先在“油缸”零部件的右键菜单中选择“柔性”选项，然后添加“油缸”与“车架”之间的插入约束；最后添加“油缸”与“车斗”之间的插入约束，如图 2-66 所示。

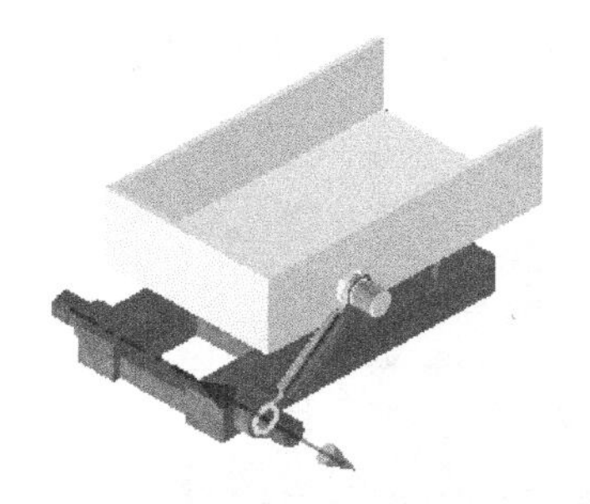

（a）添加“油缸”与“车架”之间的插入约束

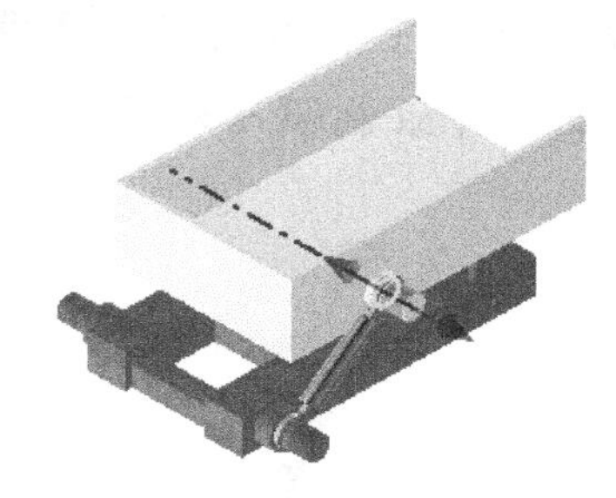

（b）添加“油缸”与“车斗”之间的插入约束

图 2-66 油缸的约束

（8）螺栓的约束：添加“螺栓”与“车架”之间的插入约束，如图 2-67 所示。

（9）镜像零部件：选择“油缸”与“螺栓”两个零部件，以“车斗”的 XZ 基准面为镜像面进行镜像，镜像状态选择“重用选定的对象”，如图 2-68 所示。

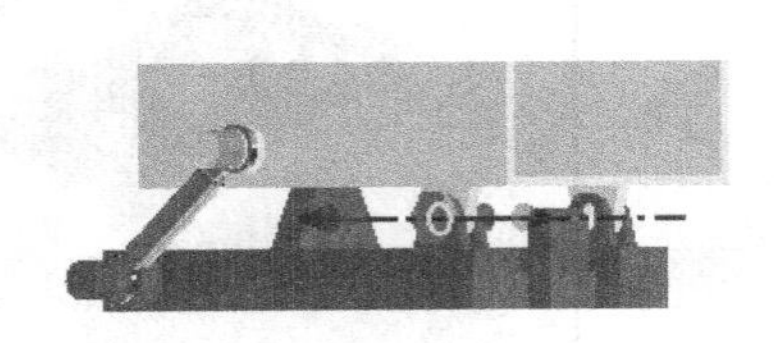

图 2-67　螺栓的约束

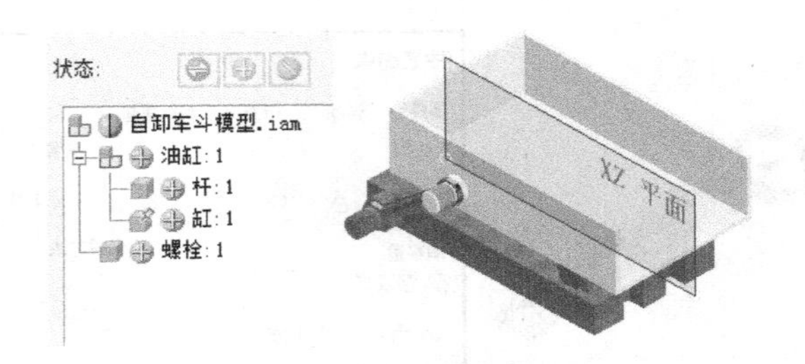

图 2-68　镜像零部件

（10）“油缸:2”的约束：参照步骤（7），添加“油缸:2”的约束。

（11）“螺栓:2”的约束：参照步骤（8），添加“螺栓:2”的约束。

（12）置入标准件：置入四个 M8 螺母，两个 M6 螺母，采用插入约束，将其约束到相应位置，如图 2-69 所示。

（13）新建视图表达：新建视图 1，在视图 1 中更改车斗的颜色，并调整视角。

（14）新建位置表达：新建位置 1，将车斗的角度约束替代为 205°，如图 2-70 所示。

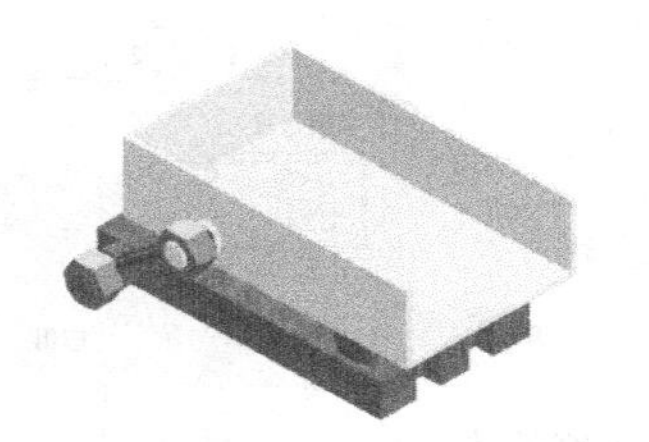

图 2-69　置入标准件

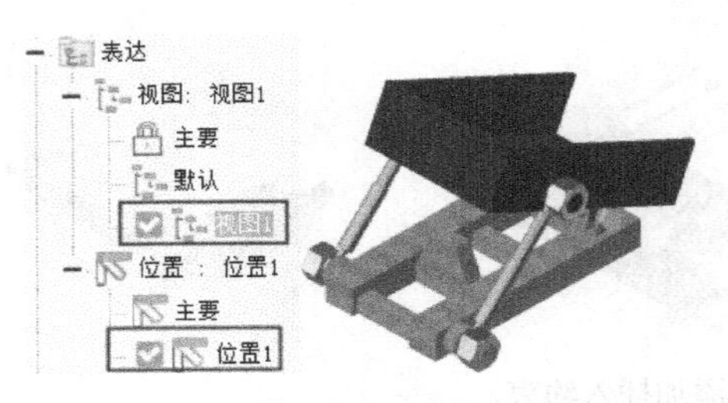

图 2-70　视图及位置表达

（15）保存文件：将文件保存为“自卸车斗模型.iam”。

拓展练习 2-2

1. 将数字资源中“模块 1\第 2 章\任务 2\拓展练习\”下的零件按照如图 2-71（a）所示的样式进行装配，并用位置表达展示出“臂”与“斗”的多个运动位置。

2. 将数字资源中“模块 1\第 2 章\任务 2\槽轮机构\”下的零件按照如图 2-71（b）所示的样式进行装配，并录制驱动动画。

（a）

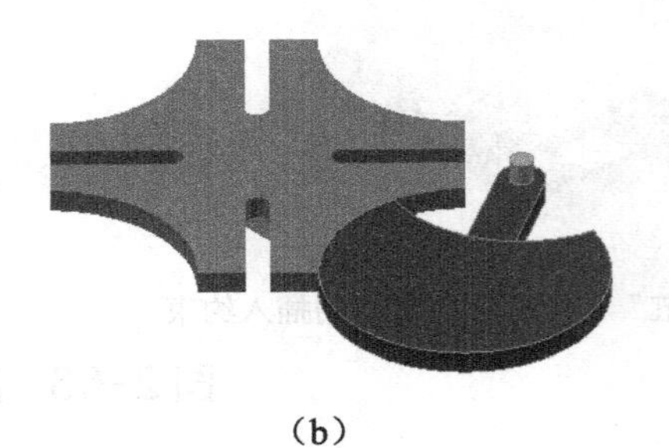

（b）

图 2-71　拓展练习 2-2

思考与练习 2

1. 将数字资源中“模块 1\第 2 章\思考与练习 2\a\”下的零件按照如图 2-72（a）所示的样式进行装配，并录制驱动动画。

2. 将数字资源中“模块 1\第 2 章\思考与练习 2\b\”下的零件按照如图 2-72（b）所示的样式进行装配，并用位置表达展示“杆”零部件的不同运动位置。

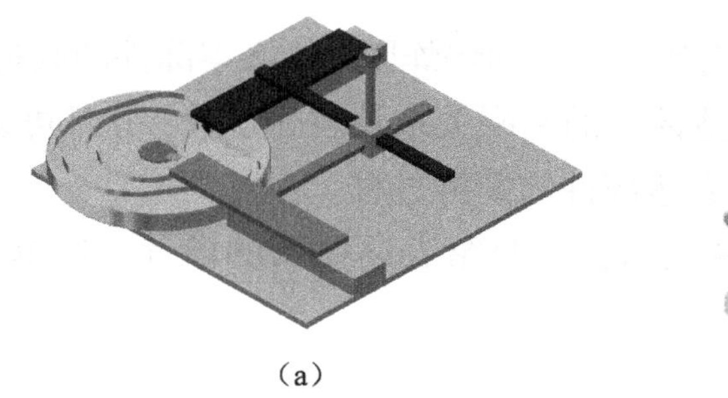

（a）

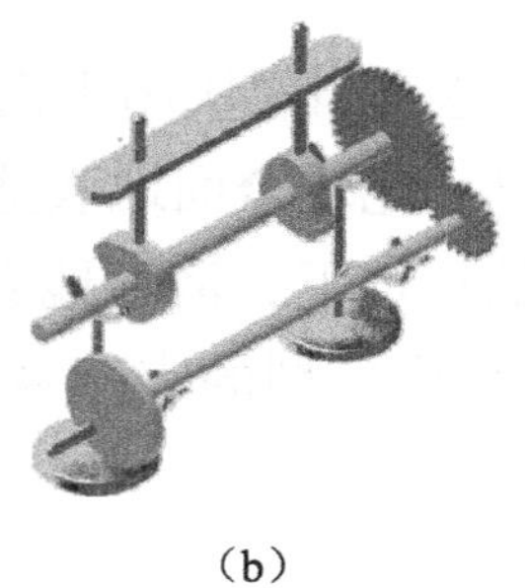

（b）

图 2-72　思考与练习 2

第 3 章　表达视图

Inventor 的表达视图模块用于创建零部件的爆炸图，并将零部件的装拆过程以三维的、动态的形式予以表达，比较全面地表达部件的装配关系及装配过程，并且可以将其录制成视频，在脱离 Inventor 的环境下，清晰地表达部件的装拆过程。

本章以自卸车斗模型的表达视图为例，介绍表达视图的设计。本章知识点思维导图如图 3-1 所示。

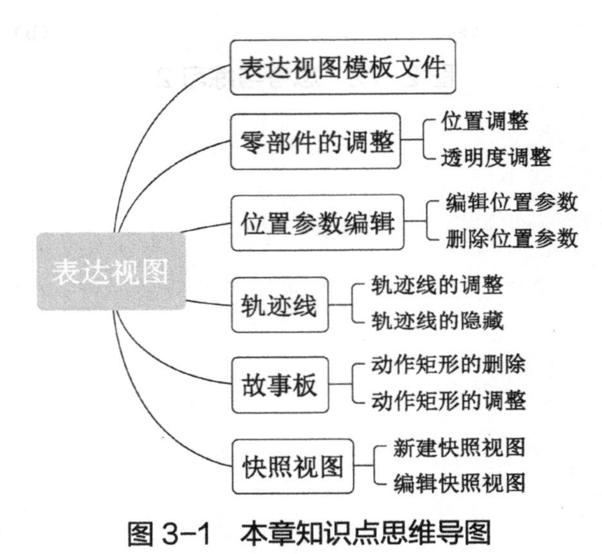

图 3-1　本章知识点思维导图

任务　自卸车斗模型的表达视图设计

学习目标

- ◆ 了解表达视图设计的基本流程。
- ◆ 掌握表达视图环境下零部件位置调整的基本操作方法。
- ◆ 掌握表达视图环境下故事板的操作方法。
- ◆ 能够熟练制作表达视图。

任务导入

自卸车斗模型的表达视图如图 3-2 所示，模型文件见资源包“模块 1\第 3 章\自卸车斗模型\”。

在自卸车斗模型的表达视图的制作过程中，首先要熟悉 Inventor 的表达视图环境及在表达视图环境中分解零部件的操作。

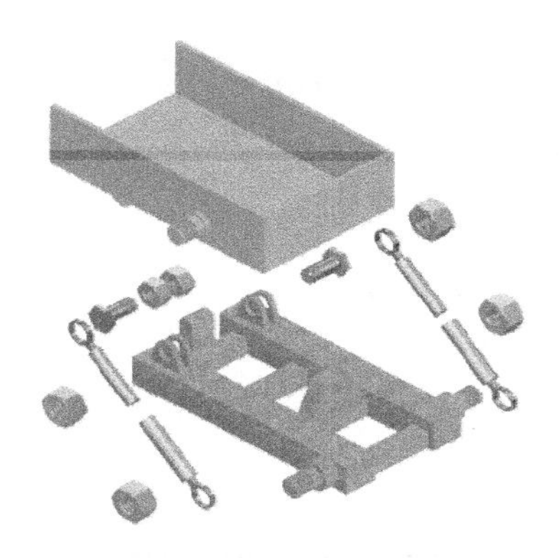

图 3-2　自卸车斗模型的表达视图

知识准备

1. 新建表达视图文件

在如图 1-7 所示的“新建文件”对话框中，双击标准表达视图模板文件“Standard.ipn”。在创建表达视图文件的同时，打开“插入”对话框，如图 3-3 所示。在对话框中选择模型文件，单击“打开”按钮，即可进入部件环境，如图 3-4 所示，主要由功能区选项卡、部件功能面板、浏览器、图形区、快照视图区等组成。

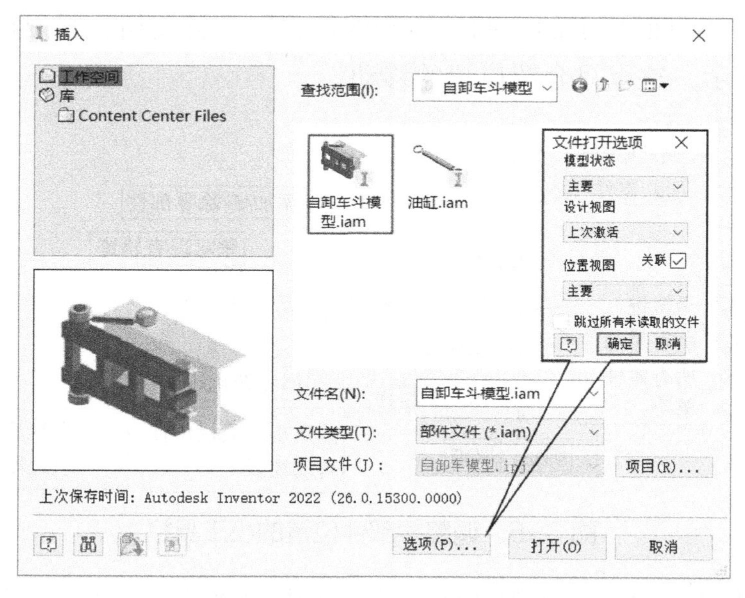

图 3-3　“插入”对话框

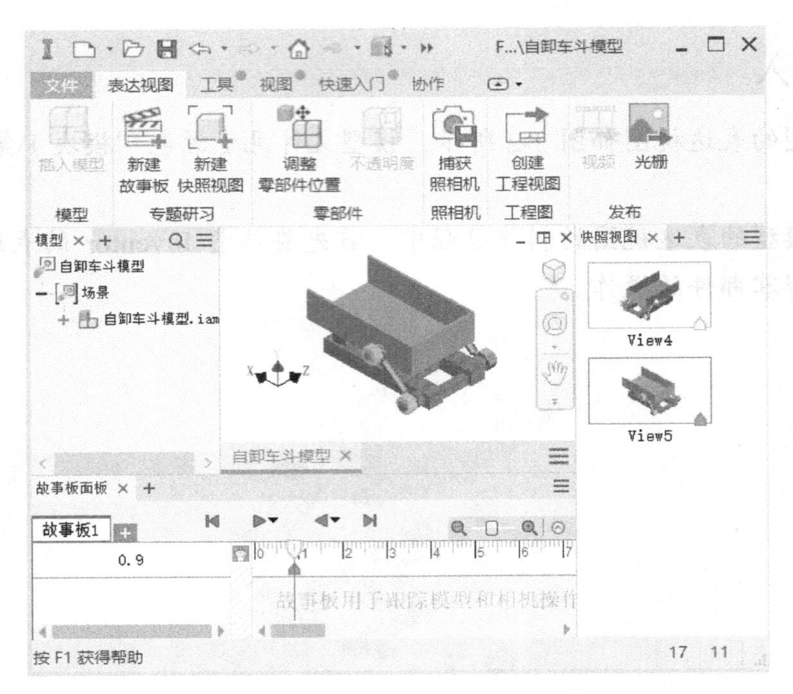

图 3-4　部件环境

【说明】选择模型文件后，若单击“选项”按钮，则可弹出“文件打开选项”对话框。在该对话框中，可根据需要选择不同的模型状态、设计视图、位置视图来创建表达视图，如图 3-3 所示。

2. 零部件的调整

进入表达视图并插入待拆解的模型后，首先需要对零部件进行调整。在表达视图环境下，零部件的调整包含位置调整和透明度调整两部分。

1）位置调整

单击“零部件”工具面板上的“调整零部件位置”工具按钮，弹出调整零部件位置的小工具栏，如图 3-5 所示。这里只介绍位置的移动。

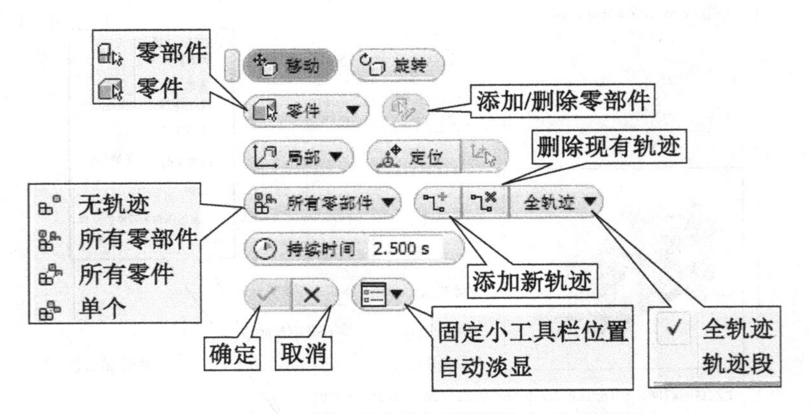

图 3-5　调整零部件位置的小工具栏

（1）移动：先选择要移动的零部件，然后单击“移动”选项，在待移动的零部件位置出现空间坐标轴操纵器，如图 3-6（a）所示。拖动坐标轴箭头、原点、坐标平面，可在不同方向上对零部件进行位置调整。在调整位置的同时，会弹出距离小工具栏，显示移动的距离，如图 3-6（b）所示，也可在距离小工具栏中输入数值，进行精确位置调整。

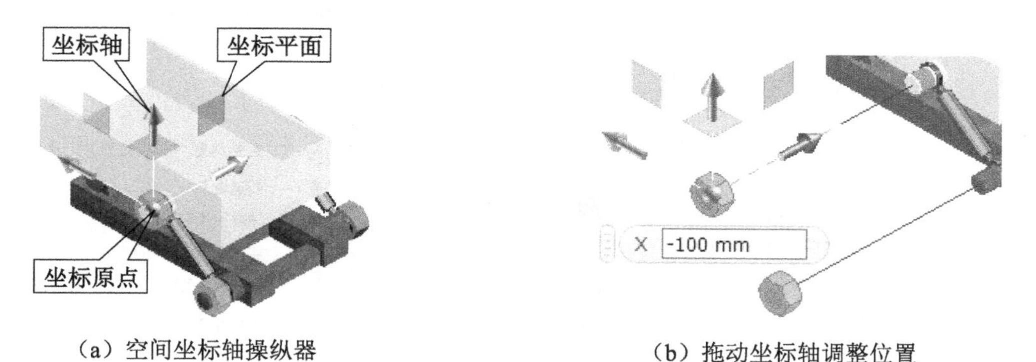

（a）空间坐标轴操纵器　　（b）拖动坐标轴调整位置

图 3-6　移动零部件

现在以图 3-7 所示为例，介绍移动零部件位置的操作步骤。

打开资源包中的“模块 1\第 3 章\接头\接头.ipn”文件，打开调整零部件位置的小工具栏，选择四个螺母，向上拖动 Z 轴箭头，并在距离小工具栏中输入-20mm，单击“确定”按钮，完成螺母零部件的位置移动。

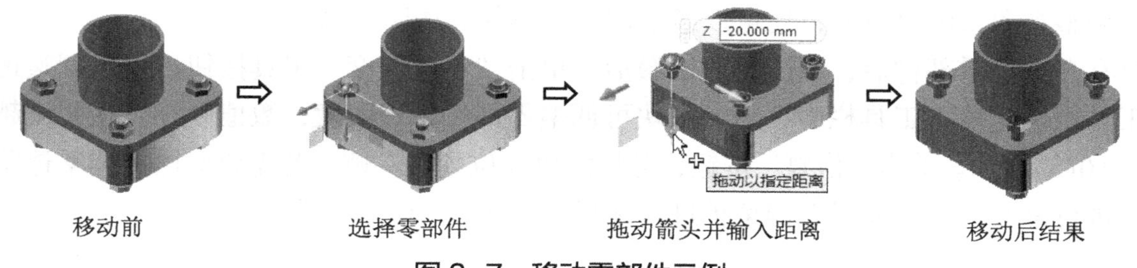

图 3-7　移动零部件示例

（2）添加/删除零部件：仅在已有零部件位置调整的情况下，该项才被激活。单击该工具按钮后，选择未参与位置调整的零部件，即可将最近一次的位置调整到该零部件上；同样，若在按 Ctrl 键或 Shift 键的同时选择参与位置调整的零部件，则会将其最近一次的位置调整取消，如图 3-8 所示。

（3）移动轨迹：通过选择该项，可确定是否为零部件创建移动轨迹。对于已经创建移动轨迹的零部件，可在零部件或轨迹的右键菜单中将轨迹隐藏，如图 3-9（a）所示。若轨迹较多，则可在浏览器的“位置参数”选项上单击鼠标右键，在右键菜单中选择“隐藏所有轨迹”选项，一次将所有轨迹隐藏，如图 3-9（b）所示。也可通过右键菜单将隐藏的轨迹改为可见。

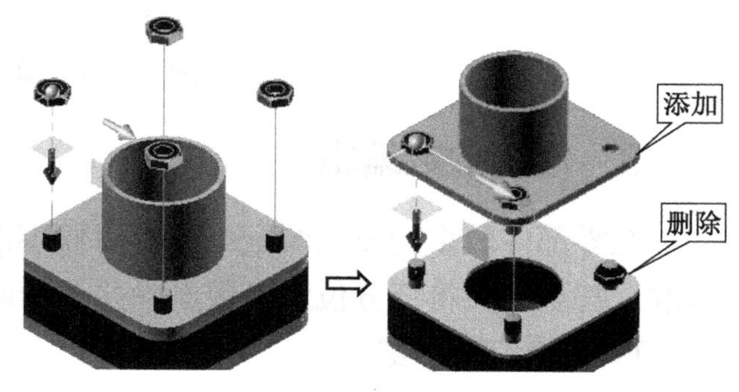

图 3-8　添加/删除零部件位置示例

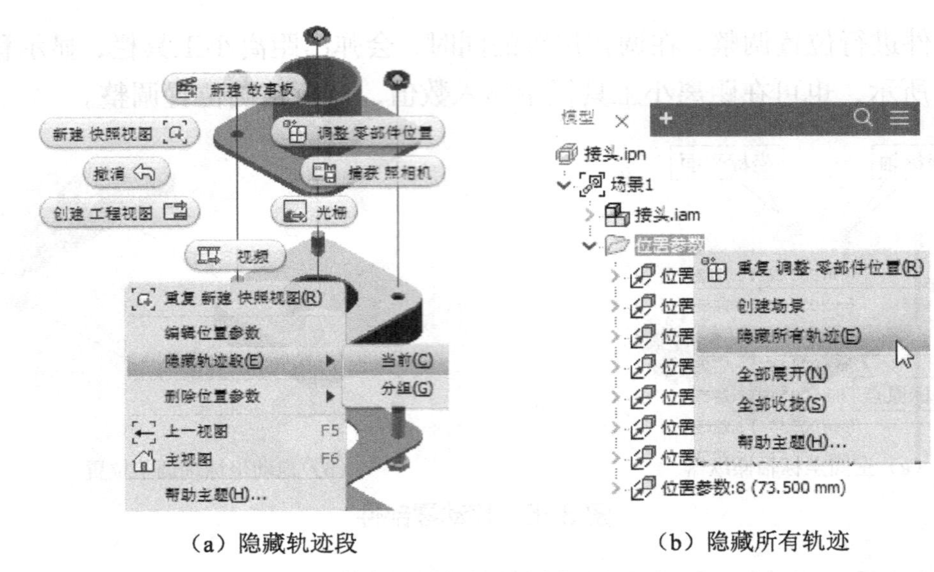

（a）隐藏轨迹段　　（b）隐藏所有轨迹

图 3-9　隐藏轨迹

（4）持续时间：设置零部件位置调整所需的时间。

2）透明度调整

在零部件的拆装过程中，往往会因为零部件之间相互遮挡而不方便观察。这种情况除可以通过调整视角来解决以外，还可以通过调整零部件的透明度来解决。

只有在选择零部件后，该工具才被激活。单击“不透明度”工具按钮，弹出调整透明度的小工具栏。在该小工具栏中，拖动滑块可调整零部件的透明度，数值越小，透明度越高，如图 3-10(a)所示。单击“恢复”按钮，可将滑块复位到最左侧。若需要对已经调整透明度的零部件进行修改，则可通过右键菜单进行编辑，如图 3-10（b）所示。

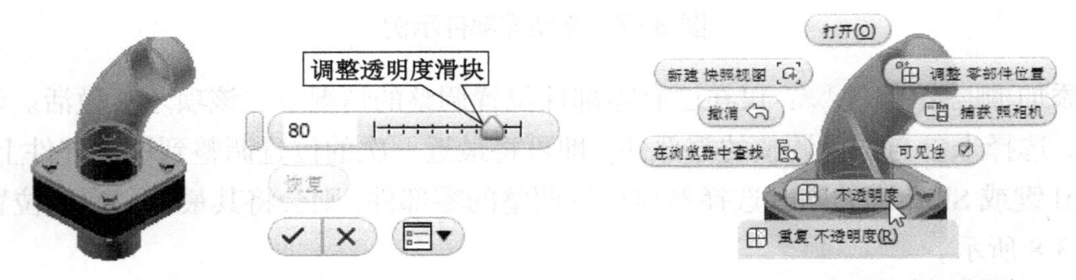

（a）通过小工具栏调整透明度　　（b）通过右键菜单编辑透明度

图 3-10　调整零部件的透明度

3. 位置参数编辑

在零部件较多的复杂装配中，有时候零部件的位置调整不可能一步到位，需要后期进行修改，甚至需要将部分位置参数删除并重新调整，这就需要用到位置参数编辑。

1）编辑位置参数

编辑位置参数有好多种方法，这里只介绍常用的几种。

（1）右键菜单：在零部件的运动轨迹线上单击鼠标右键，在右键菜单中选择“编辑位置参数”选项，如图 3-11（a）所示。在弹出的位置编辑小工具栏中进行编辑，如图 3-11（b）

所示。

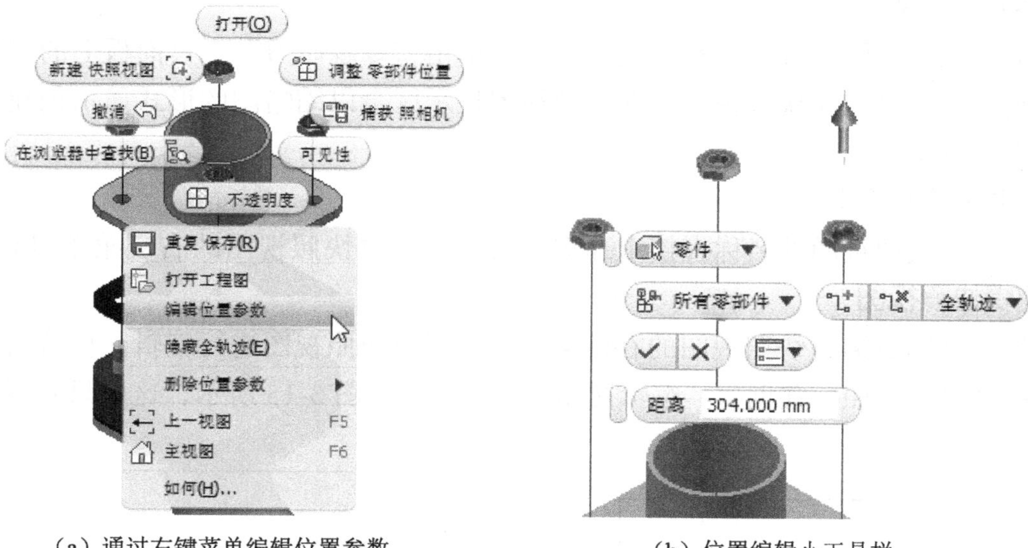

（a）通过右键菜单编辑位置参数　　（b）位置编辑小工具栏

图 3-11　通过右键菜单进行位置参数编辑

（2）浏览器位置参数编辑：对于每个零部件的位置调整，其位置参数都会在浏览器中以列表的形式呈现出来。单击需要编辑位置的参数，会直接弹出参数数值框，输入需要调整的距离，即可快速进行位置调整，如图 3-12 所示。

（3）轨迹线端点调整：当将光标指向轨迹线时，轨迹线的末端会显示绿色的圆点，拖动该圆点即可动态调整零部件的位置，如图 3-13 所示。

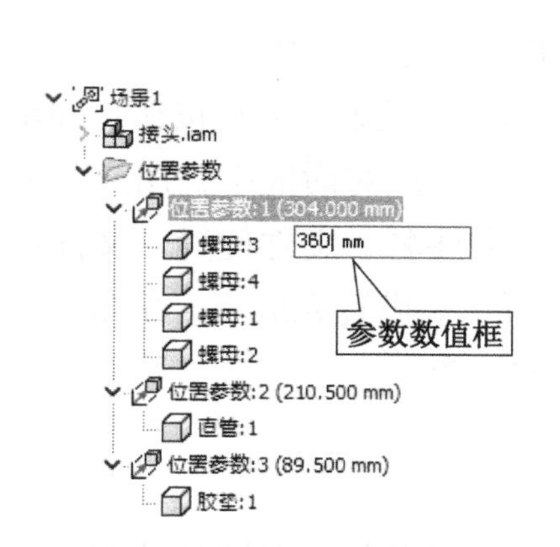

图 3-12　通过参数数值框调整位置参数

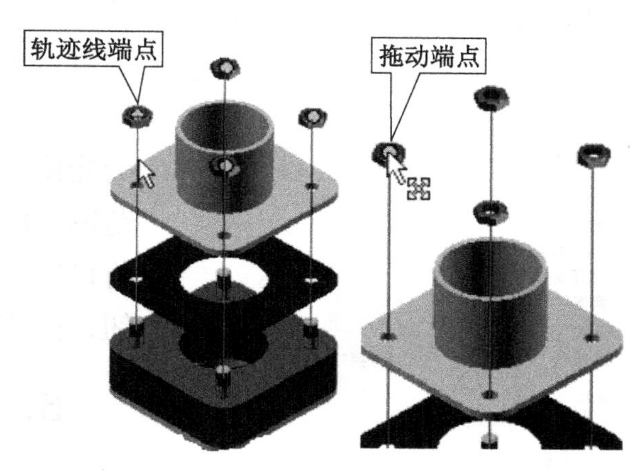

图 3-13　通过轨迹线端点调整位置参数

2）删除位置参数

删除位置参数也有好多种方法，最简单的就是在右键菜单中选择“删除位置参数”选项。另外，还可以在图形区中选择轨迹线后按 Delete 键进行删除。

4. 快照视图

快照视图可以对零部件的位置、可见性、透明度、照相机设置、比例大小等进行存储。

利用快照视图可以创建工程视图或发布光栅图像。

1）新建快照视图

在图形区调整视图至合适位置或比例大小，单击“专题研习”工具面板上的“新建快照视图”工具按钮，可创建快照视图。在快照视图显示区会以缩略图的形式显示创建的快照视图，如图 3-14 所示。

2）重命名快照视图

既可以单击快照视图的名称直接重命名，又可以通过快照视图的右键菜单进行重命名。

3）编辑快照视图

双击快照视图或通过快照视图的右键菜单均可以对快照视图进行编辑。在编辑快照视图时，在图形区显示快照，并创建“编辑视图”选项卡，如图 3-15 所示，这里只介绍几个常用的工具。

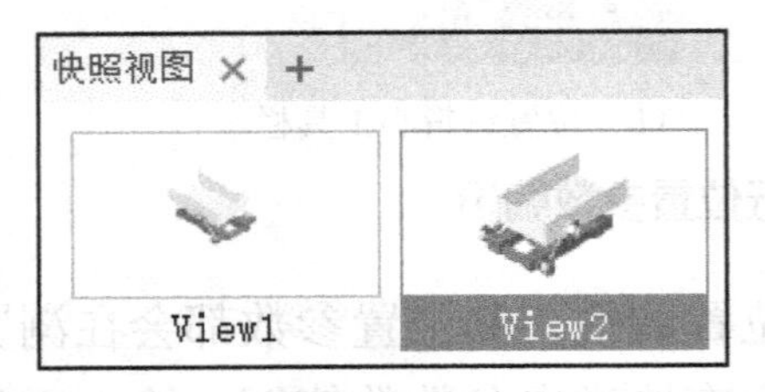

图 3-14　快照视图的显示形式

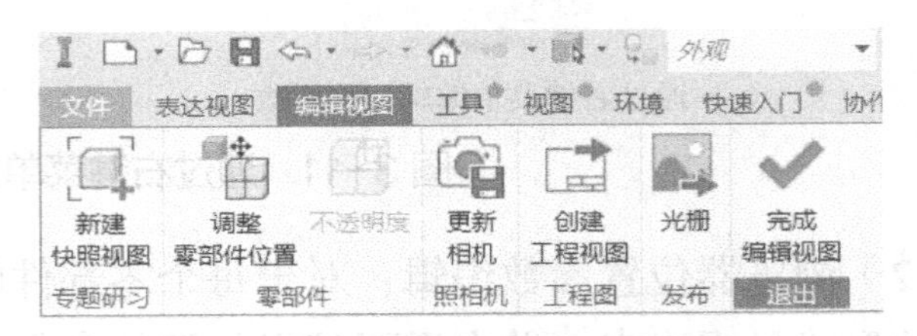

图 3-15　“编辑视图”选项卡

（1）更新相机：在图形区调整视图视角或比例，单击“更新相机”工具按钮，即可更新快照视图。

（2）创建工程视图：单击该工具按钮，可打开“新建文件”对话框，选择工程图模板即可对当前的快照视图创建工程图。

（3）光栅：单击“光栅”工具按钮，弹出“发布为光栅图像”对话框，在该对话框中，用户可以对发布范围、图像分辨率、文件名、文件位置、文件格式等进行设置，如图 3-16 所示。设置完成后，单击“确定”按钮，完成光栅图像的发布。

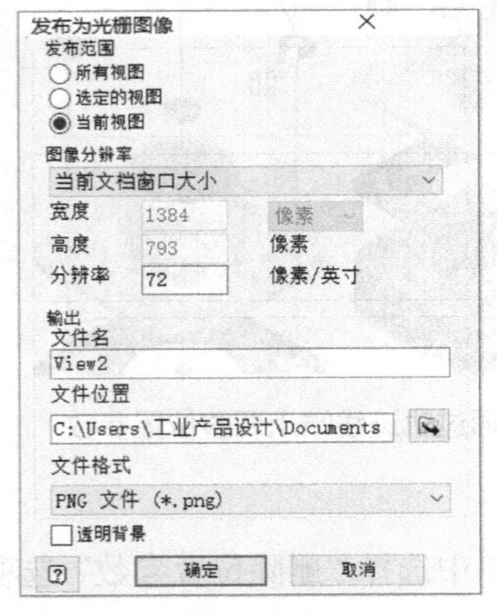

图 3-16　“发布为光栅图像”对话框

5. 故事板

在 Inventor 中，对于参与位置调整的零部件，其位置调整的持续时间、调整顺序等都可以在故事板中进行编辑。在每个表达视图文件中，Inventor 都会自动建立一个故事板；用户也可通过“专题研习”工具面板上的“新建故事板”工具增加故事板。

在初始打开的表达视图文件中，故事板面板位于图形区下方，可双击故事板面板的名称栏，将其设置为浮动窗口，如图 3-17 所示。

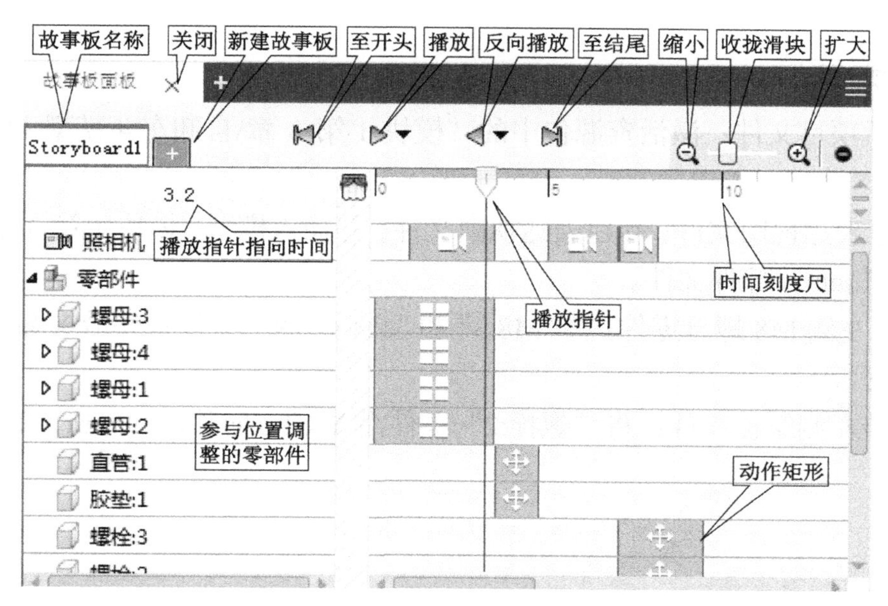

图 3-17　故事板面板

在故事板面板中，可以拖动动作矩形，调整播放顺序，如图 3-18（a）所示。将光标置于动作矩形的边界，当光标变为双箭头形状时，单击并拖动可调节动作持续时间的长短，如图 3-18（b）所示。同样，在动作矩形的右键菜单中，也可以对时间、位置参数等进行相关操作，如图 3-18（c）所示。

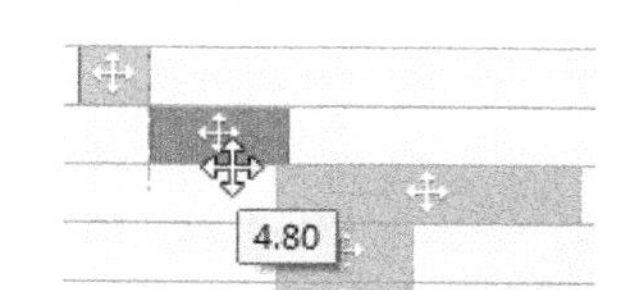

（a）拖动动作矩形调整播放顺序

（b）拖动动作矩形边界调整时间

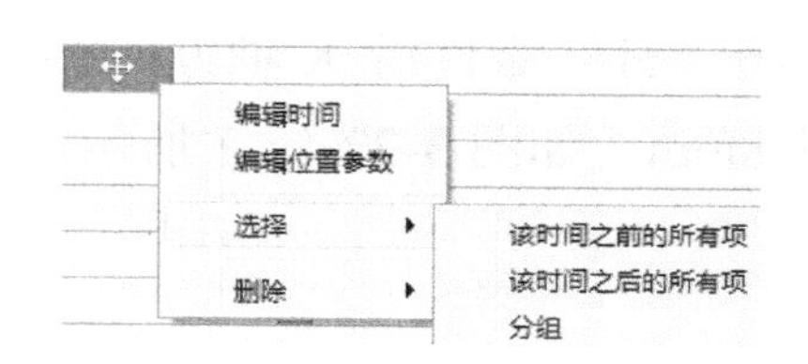

（c）动作矩形右键菜单

图 3-18　动作矩形的编辑

【说明】若关掉了故事板面板，则可以进入“视图”选项卡，在“窗口”工具面板上，单击“用户界面”下拉按钮，勾选“故事板面板”选项，即可重新打开故事板面板。

任务流程

主要任务流程如图 3-19 所示。

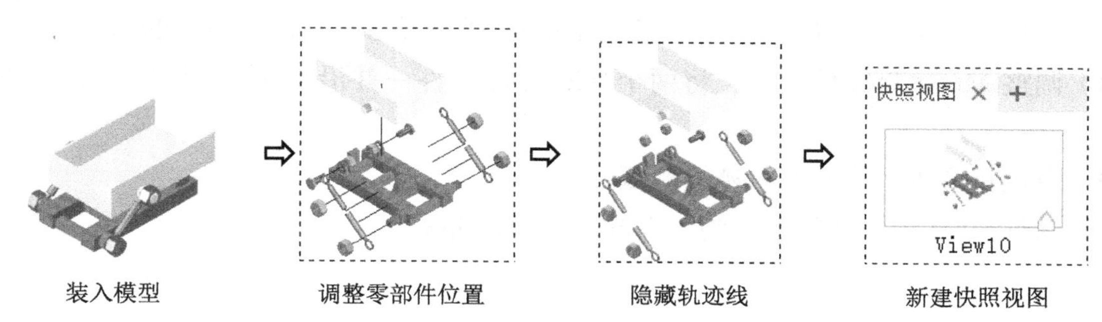

图 3-19　主要任务流程

任务实施

（1）激活项目文件：激活资源包中的“模块 1\第 3 章\自卸车斗模型\自卸车斗模型.ipj”项目文件。

（2）新建表达视图文件：新建表达视图文件，并插入模型“模块 1\第 3 章\自卸车斗模型\自卸车斗模型.iam”部件文件。

（3）调整左侧 M8 螺母零件：将“M8:3”和“M8:4”两个零件一并沿 X 轴方向移动-50mm，如图 3-20 所示。

（4）调整左侧螺栓零件：将“螺栓:2”零件沿 Y 轴方向移动 30mm，如图 3-21 所示。

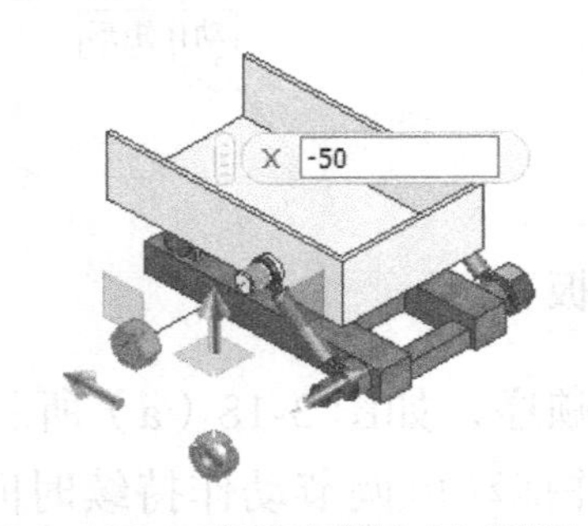

图 3-20　移动左侧 M8 螺母

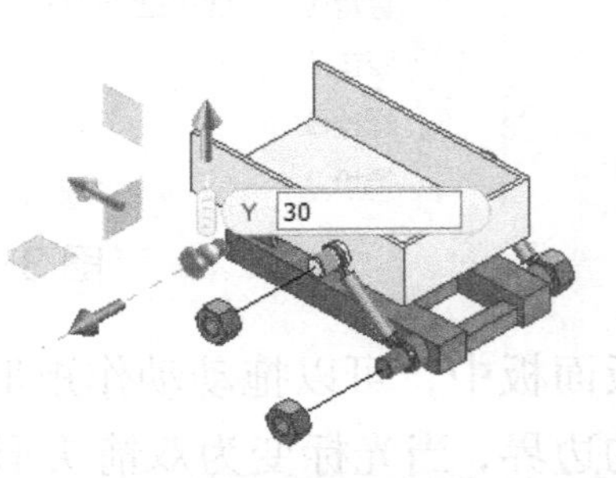

图 3-21　移动左侧螺栓

（5）调整左侧油缸零部件：将“油缸:2”部件沿 Y 轴方向移动-40mm，如图 3-22（a）所示；将“杆”零件沿 X 轴方向移动 20mm，如图 3-22（b）所示；将“缸”零件沿 X 轴方向移动 8mm，如图 3-22（c）所示。

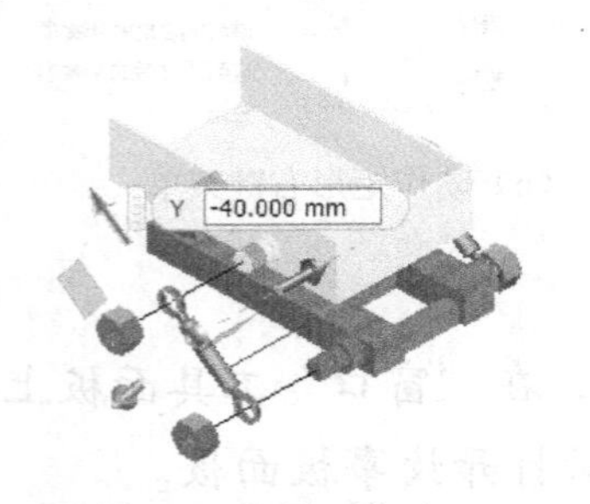

（a）“油缸:2”位置 1 移动-40mm

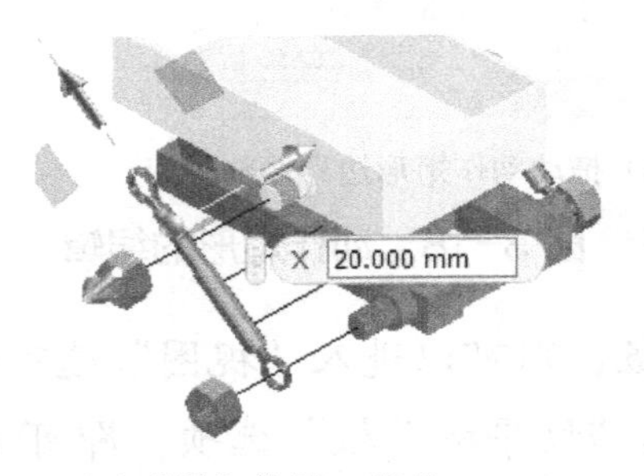

（b）“杆”位置 2 移动 20mm

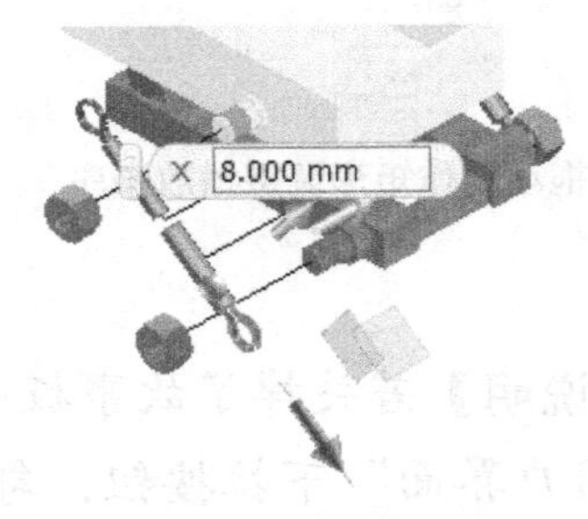

（c）“缸”位置 2 移动 8mm

图 3-22　调整左侧油缸位置

（6）调整右侧零部件：操作步骤同（3）、（4）、（5），调整完后如图 3-23 所示。

（7）调整车斗零件位置：将“车斗”零件沿 Z 轴移动 80mm，如图 3-24 所示。

（8）调整 M6 螺母零件位置：将两个 M6 螺母零件一并沿 Z 轴移动 25mm，如图 3-25 所示。

（9）隐藏轨迹线：将所有轨迹线隐藏。

（10）保存文件：将文件保存为“自卸车斗模型.ipn”。

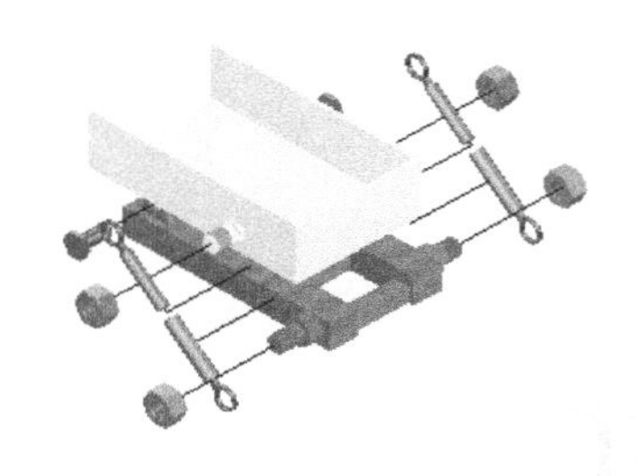

图 3-23 调整右侧零部件位置

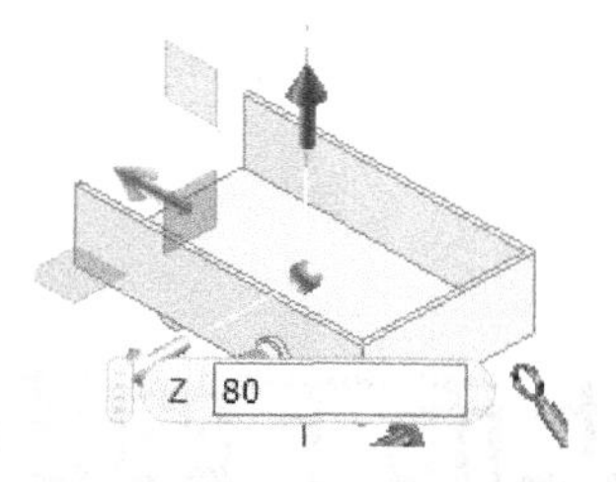

图 3-24 调整车斗位置

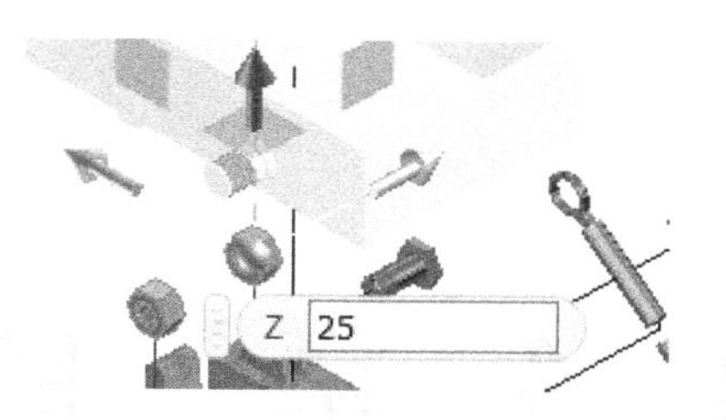

图 3-25 调整 M6 螺母的位置

思考与练习 3

将数字资源“模块 1\第 3 章\思考与练习 3\”下的零件按照如图 3-26 所示的样式制作爆炸图。

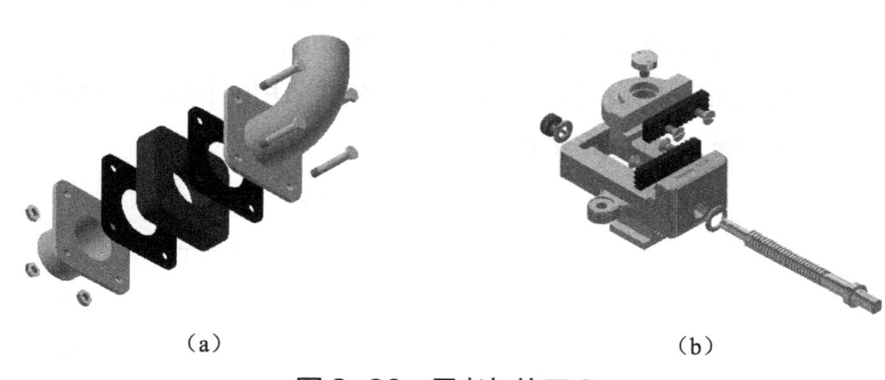

(a) (b)

图 3-26 思考与练习 3

第 4 章　自上而下的设计

在产品设计过程中，一种方式是由零件开始，然后根据需要将零件进行逐级装配，最后完成整个产品的设计，这种设计方式称为自下而上的设计方式。而在工业产品设计过程中，还有另一种不同的设计方式，这种方式是由完整的产品概念开始的，逐步将设计细化到最终的零件，称为自上而下的设计。这种自上而下的设计方式更有利于利用零部件之间的关联关系展开设计工作，不仅能提高设计效率，还能提升设计的准确性。

在 Inventor 中，自上而下的设计方式有多种，本章采用实例形式介绍常用的多实体建模技术。本章知识点思维导图如图 4-1 所示。

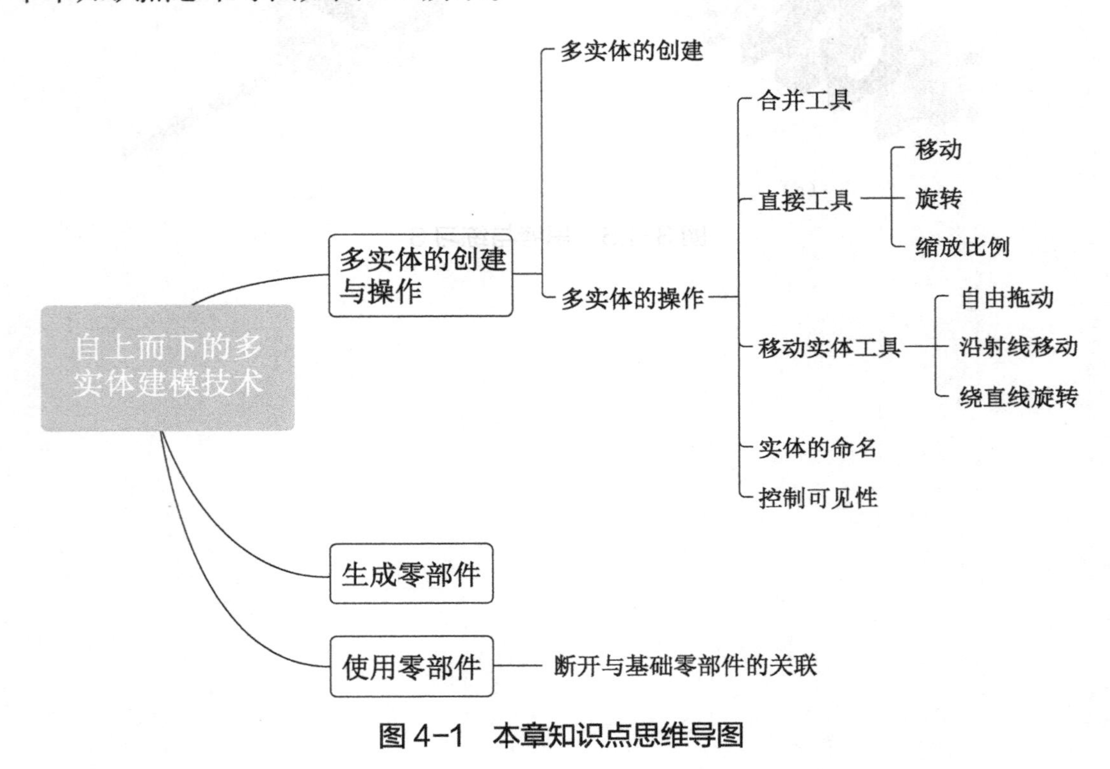

图 4-1　本章知识点思维导图

任务　齿轮轴的多实体设计

学习目标

- 理解多实体自上而下的设计思想。
- 掌握基于多实体的零件设计方法。
- 能够利用多实体设计齿轮轴模型。

任务导入

齿轮轴模型如图 4-2 所示，模型文件及零件图纸见资源包“模块 1\第 4 章\任务 1\齿轮轴\”。

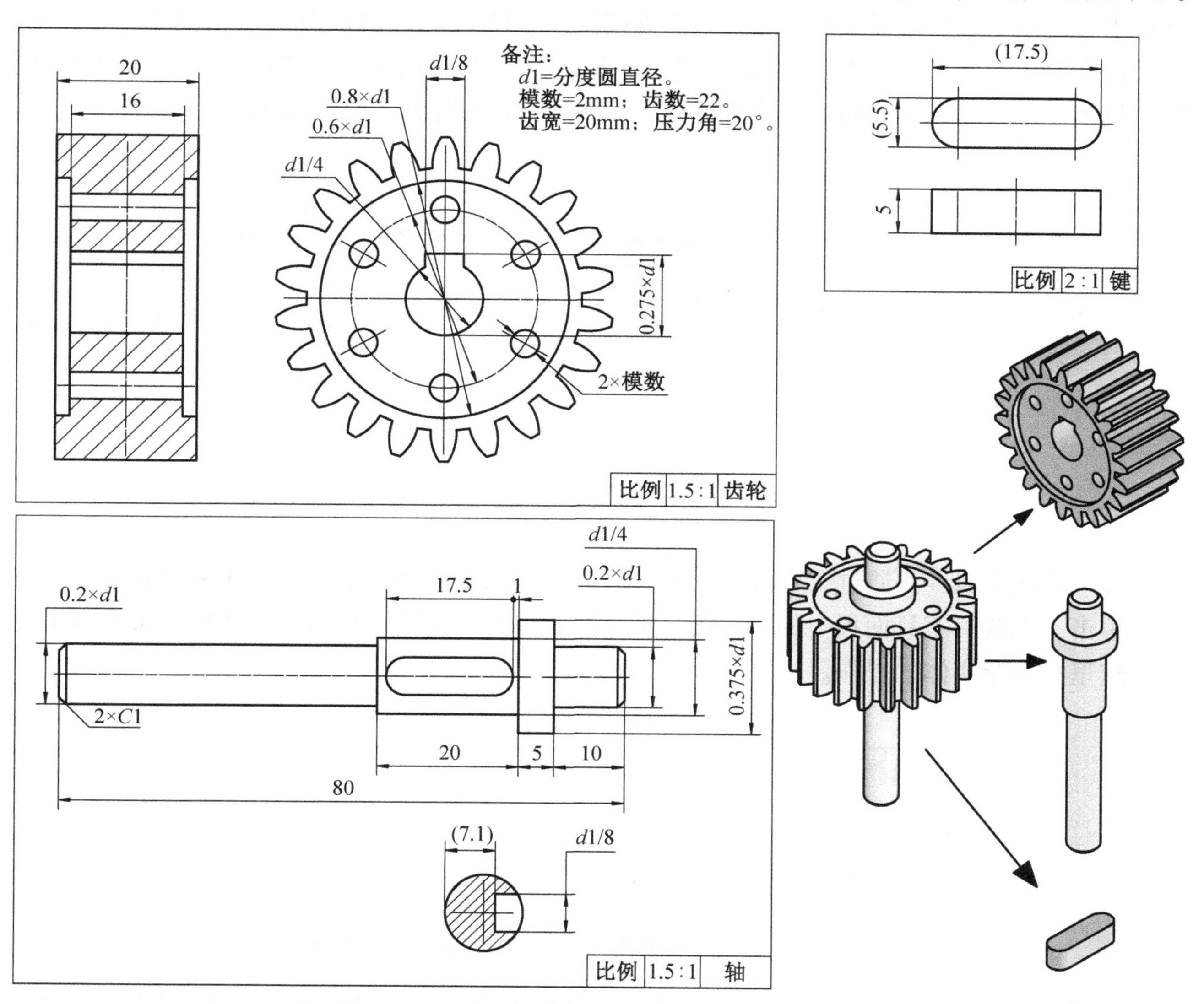

图 4-2　齿轮轴模型

在齿轮轴模型的制作过程中，需要用到实体的命名、生成零部件工具等知识。关于齿轮的参数化设计，我们会在中级教程里面进行学习，本章不做介绍。

知识准备

1. 多实体的创建与操作

1）多实体的创建

在 Inventor 中，可以创建多实体的特征有很多，如拉伸、旋转、分割、阵列等。在第 1 章中，已经对它们进行了详细介绍，这里不再赘述。

2）多实体的操作

在 Inventor 中，多实体的操作包含合并、移动、旋转、缩放、命名、控制可见性等相关操作。

（1）合并工具：合并其实就是实体间的布尔运算，若零件中已具有两个以上的实体，则单击“修改”工具面板上的“合并”工具按钮，会打开合并特性面板，如图 4-3 所示。

特性面板中的“基本体”其实就是进行布尔运算的基础实体。在特性面板中，若勾选“保留工具体”复选框，则在两个实体进行布尔运算后，仍然保留工具体实体。

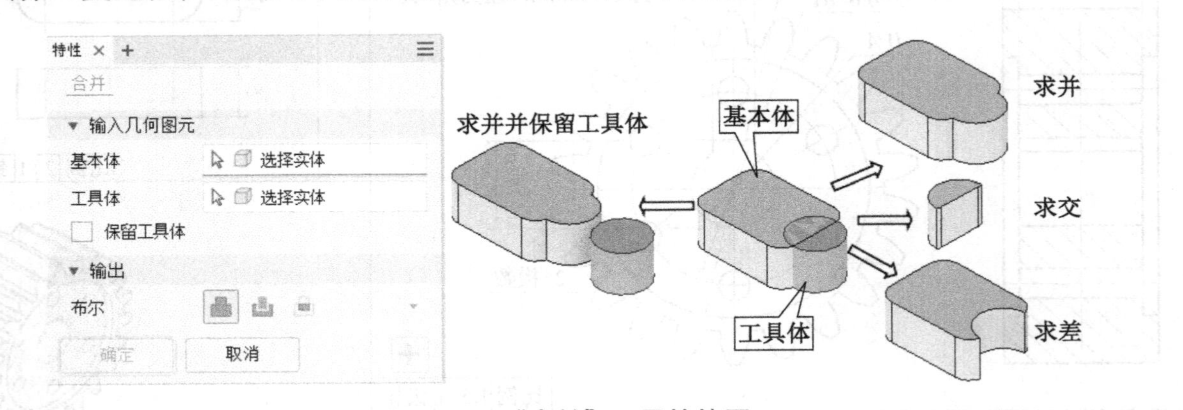

图 4-3 “合并”工具的使用

（2）直接工具：通过“直接”工具，可以直接操纵实体、面，以此来调整其大小、位置。单击“修改”工具面板上的“直接”工具按钮，打开直接工具的小工具栏，如图 4-4 所示。这里只介绍实体的操作。

图 4-4 直接工具的小工具栏

① 移动：单击要移动的对象后，会在选择的对象上出现操纵器，拖动操纵器的箭头，

即可移动选择的对象，如图 4-5 所示。

现以图 4-5 所示为例介绍“直接”工具移动实体的操作步骤。

单击“直接”工具按钮，在小工具栏中单击“移动”按钮，并选择“实体”选项，在图形区选择要移动的实体（圆柱体），拖动操纵器的方向箭头，或者在数值框中输入精确数值，以此来指定移动距离。单击“应用”按钮，完成移动实体的操作；单击“取消命令”按钮，关闭小工具栏。

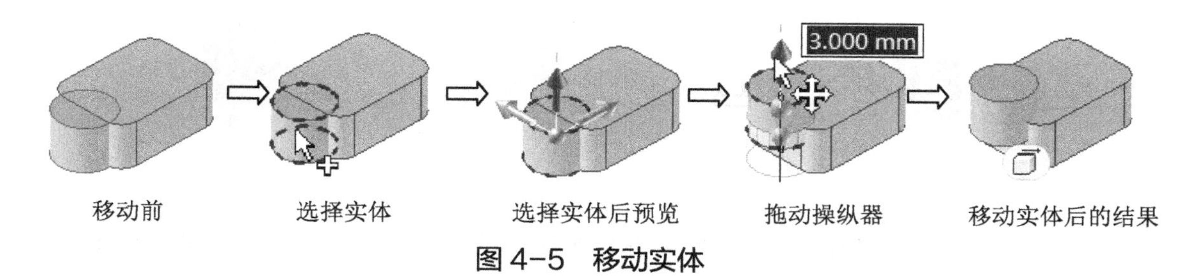

图 4-5 移动实体

② 缩放比例：在小工具栏中选择“缩放比例”选项，结果如图 4-6 所示。现以图 4-7 所示为例介绍按比例缩放实体的操作步骤。

图 4-6 缩放比例

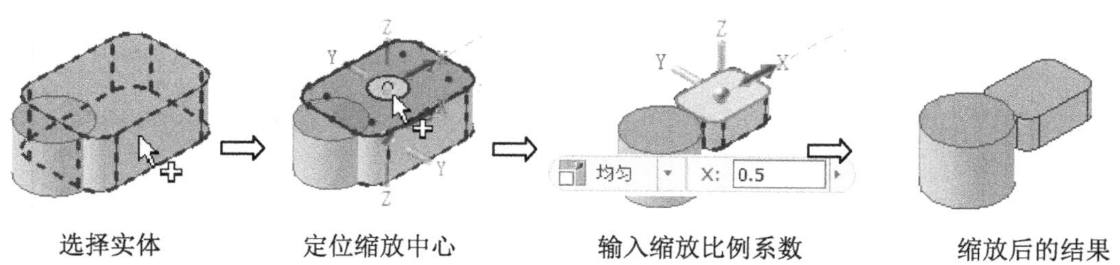

图 4-7 缩放比例操作示例

单击“直接”工具按钮，在小工具栏中选择“缩放比例”选项，在图形区选择要进行比例缩放的实体，在小工具栏中单击“定位”按钮，将缩放中心定位在实体上表面的中心，输入均匀缩放比例系数 0.5。单击“应用”按钮，完成实体按比例缩放的操作；单击“取消命令”按钮，关闭小工具栏。

③ 旋转：现以图 4-8 所示为例介绍旋转实体的操作步骤。

单击“直接”工具按钮，在小工具栏中选择“旋转”选项，并选择“实体”为旋转对象，在图形区选择要旋转的实体，调整实体的旋转中心至底面圆心处，在小工具栏中单击“平行捕捉”按钮；在要旋转的实体上单击平行捕捉面。单击“应用”按钮，完成实体的旋转操作；单击“取消命令”按钮，关闭小工具栏。

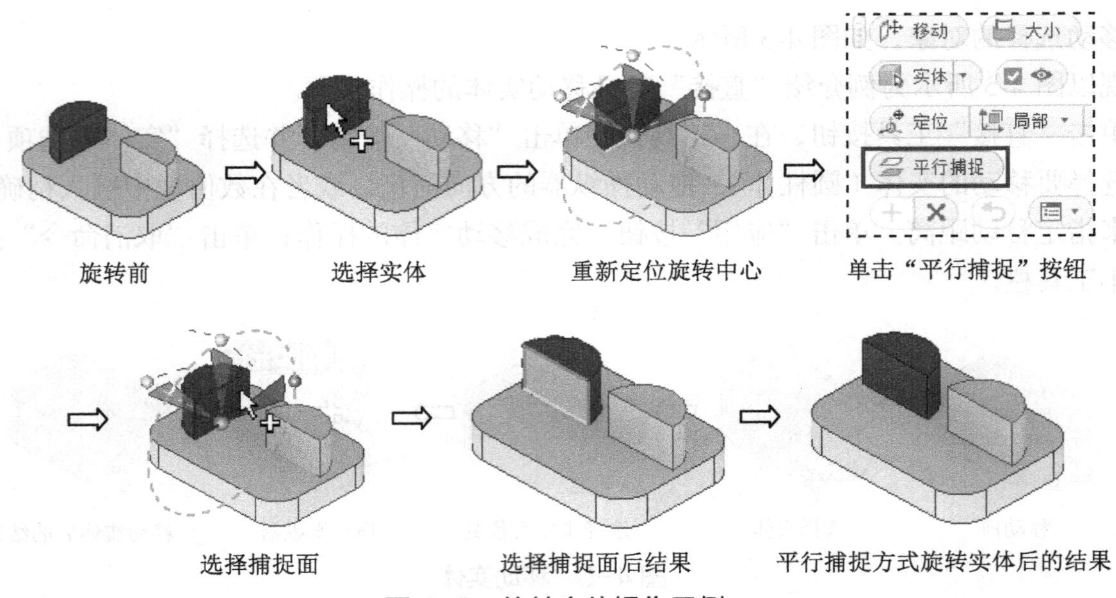

图 4-8　旋转实体操作示例

（3）移动实体工具：可以改变实体的位置，其工具位于展开的“修改”工具面板上，如图 4-9 所示。

单击“移动实体”工具按钮，打开“移动实体”对话框，如图 4-10 所示。在对话框中，单击“实体”选择箭头下面的图标，可以看到移动实体有三种方式，分别是“自由拖动”“沿射线移动”“绕直线旋转”，其中“自由拖动”是默认方式。

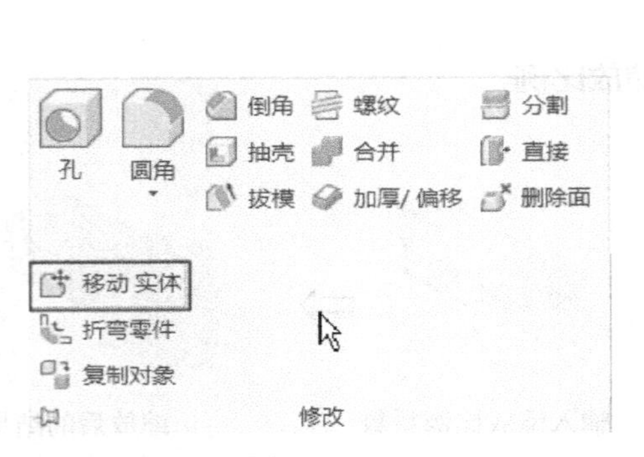

图 4-9　“移动实体”工具的位置

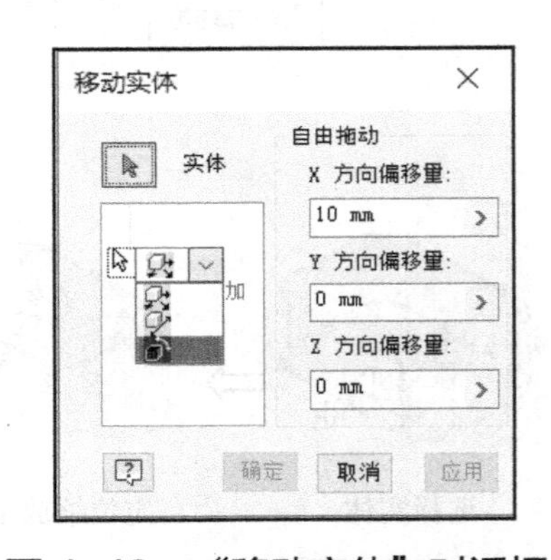

图 4-10　“移动实体”对话框

① 自由拖动：如图 4-10 所示，为了便于拖动，Inventor 在选择实体后，会在 X 方向自动偏移 10mm。偏移后的实体以绿色的线框显示，拖动线框，可以将实体放置在任意位置，如图 4-11 所示。也可以在“X 方向偏移量”数值框中输入距离值，进行精准移动。

② 沿射线移动：如图 4-12 所示，先选择实体，再选择边或轴来指定移动的方向，单击“反向”按钮，可调整移动方向。

③ 绕直线旋转：如图 4-13 所示，先选择实体，再选择边或轴来指定旋转轴。

【说明】在使用移动工具的过程中，若在对话框中选择“单击以添加”链接，则可以添加移动方式，将多种移动方式合并使用，如图 4-14 所示。

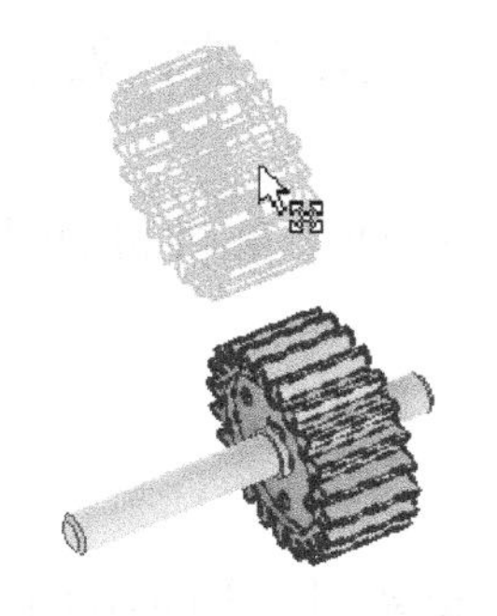

图 4-11 自由拖动实体

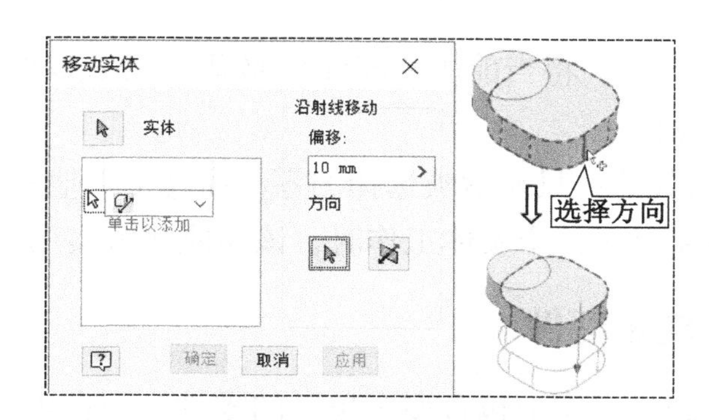

图 4-12 沿射线移动实体

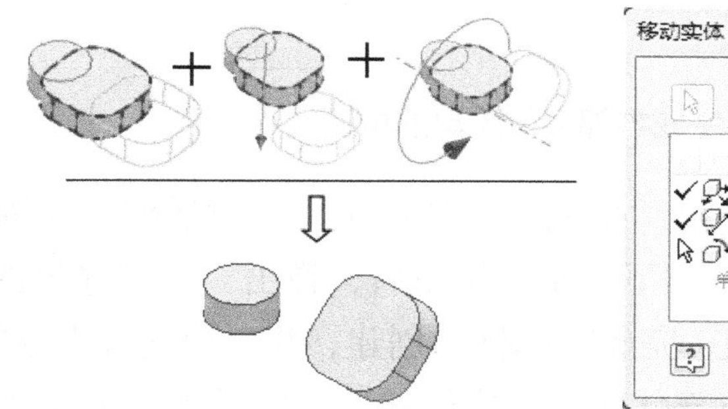

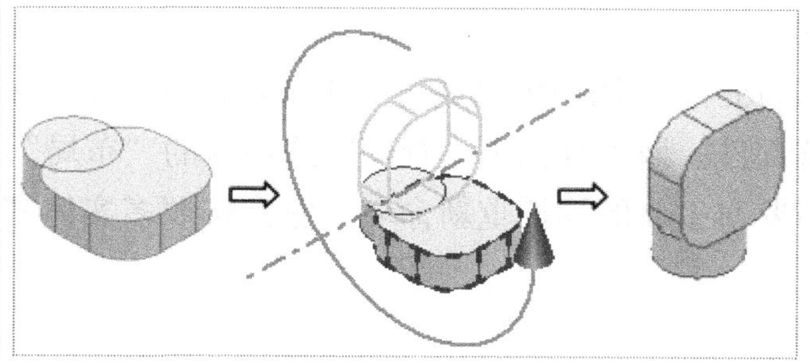

图 4-13 绕直线旋转实体

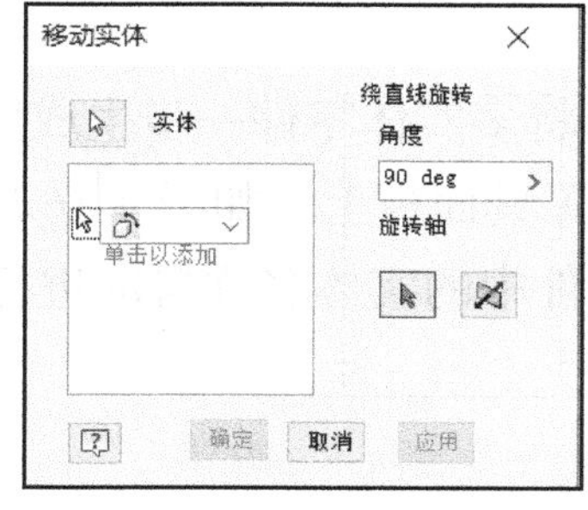

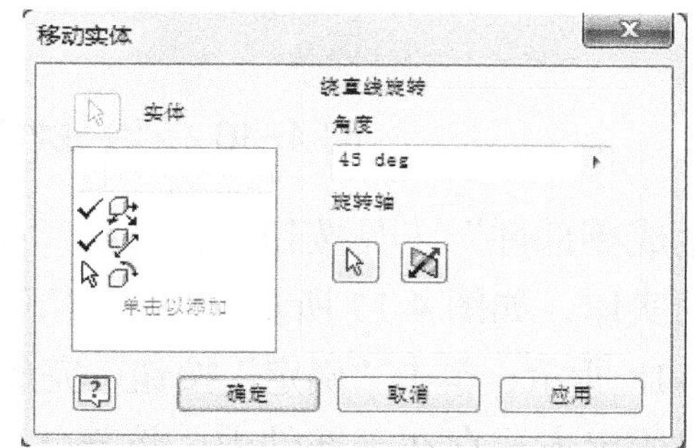

图 4-14 多种移动方式合并使用

（4）实体的命名：在多实体环境中，根据实体创建的顺序，实体的默认名称是实体 1、实体 2、实体 3 等。但往往在设计中，我们需要每个实体都有比较明确的名字。实体名字的修改方法与在 Windows 中修改文件名称的方法一样，在浏览器中找到需要修改名称的实体，两次单击实体名称，输入新实体名称即可。

（5）可见性控制：在多实体设计过程中，在选择需要的点、线或面时，可能会在实体之间造成干扰，使设计变得非常困难。Inventor 提供了实体可见性控制，可以很好地解决这个问题。

在任一实体的右键菜单中，控制实体可见性的有三个选项："可见性""全部显示""隐藏其他"，如图 4-15 所示。

① 可见性：设置所选零件是否可见。

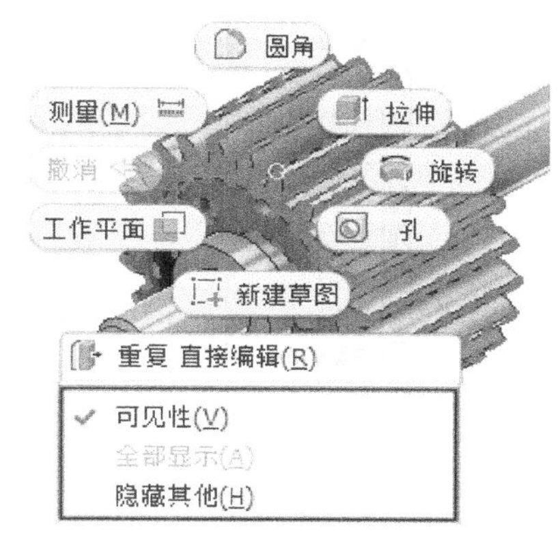

图 4-15 实体右键菜单

② 显示全部：将当前所有零件全部显示，该选项只有在一个或几个实体处于不可见的状态时才会被激活。

③ 隐藏其他：只显示被选择的零件而隐藏其他所有零件，类似于部件设计中的“隔离”工具。在只需针对某个实体工作时，该功能非常实用。

2. 生成零部件

在设计的多实体中包含多个单一的零件，而在生产加工和安装时，所需的工程图纸是需要根据单一零件，以及由它们组装的部件文件来组织的。因此，需要将多实体零件生成单一零件和部件文件。

在 Inventor 中，用户可以通过“生成零部件”工具，将多实体零件一步生成所有的单一零件和完整部件。该工具位于“管理”选项卡的“布局”工具面板上，如图 4-16 所示。使用该方法不需要对生成的零件重新命名，它会按照多实体零件中的实体名称自动进行命名。

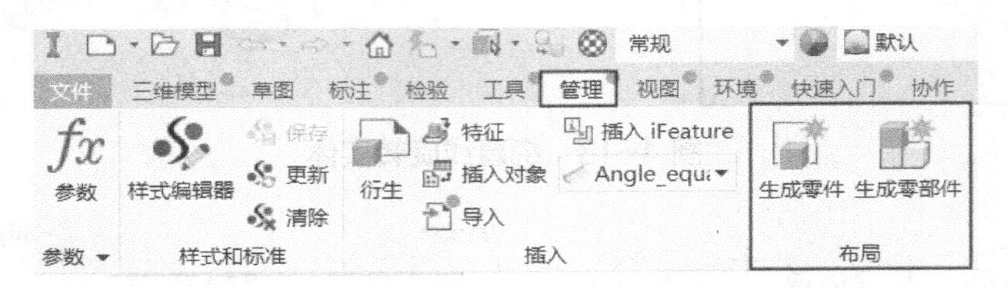

图 4-16 “生成零部件”工具的位置

单击“生成零部件”工具按钮后，弹出“生成零部件：选择”对话框。在浏览器中选择要生成零件的实体，如图 4-17 所示；单击“下一步”按钮后，弹出“生成零部件：实体”对话框，如图 4-18 所示；单击“确定”按钮，完成零部件的创建，并自动进入生成的部件环境，各个零件都以固定方式存在于部件中。将部件保存，这样就一次生成了多个零件和部件。

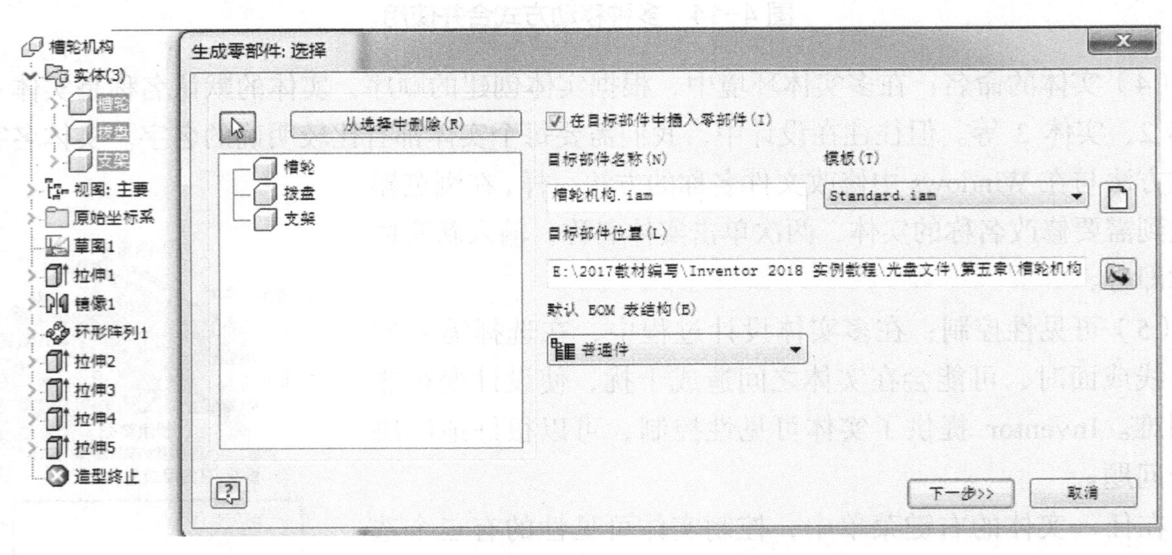

图 4-17 “生成零部件：选择”对话框

生成零部件：实体

所有实体作为曲面(A)

选定的实体	零部件名称	模板	BOM 表结构	文件位置
槽轮	槽轮.ipt	Standard.ipt	普通件	[源路径]
拨盘	拨盘.ipt	Standard.ipt	普通件	[源路径]
支架	支架.ipt	Standard.ipt	普通件	[源路径]

衍生选项
使用源零部件的颜色替代
链接钣金样式(L)
比例系数(F) 1.0000
镜像零件(M) XY 平面
包括参数(I)...
<< 重新选择(R)
确定 取消 应用

图 4-18 “生成零部件：实体”对话框

【说明】 由多实体生成零件和部件后，必须将部件保存后才能生成单个零件；修改多实体零件源文件中的参数及特征结构，这些变化都将映射到拆分的实体零件上。而在拆分的实体零件上，后期发生的变化不会映射到源文件上。

3. 使用零部件

使用由多实体生成的零部件与多实体源文件一般同时存在于一个项目文件中。但设计者有时由于某种原因，会把多实体源文件删除，这时如果不进行一些设置，则由多实体生成的零部件是不能在装配文件中使用的，下面举例说明。

打开资源包中的“模块 1\第 4 章\槽轮机构\拨盘.ipt”文件，弹出“读取链接”对话框，在该对话框中提示找不到基础部件，如图 4-19 所示。如果源文件在其他项目中，则可以通过“查找”按钮在其他项目文件中查找；或者通过“跳过”按钮跳过源文件的读取，若一次读取多个零部件，则可以单击“全部跳过”按钮。打开零部件后，可以看到，在浏览器中，零部件的名称前有⍰标签。

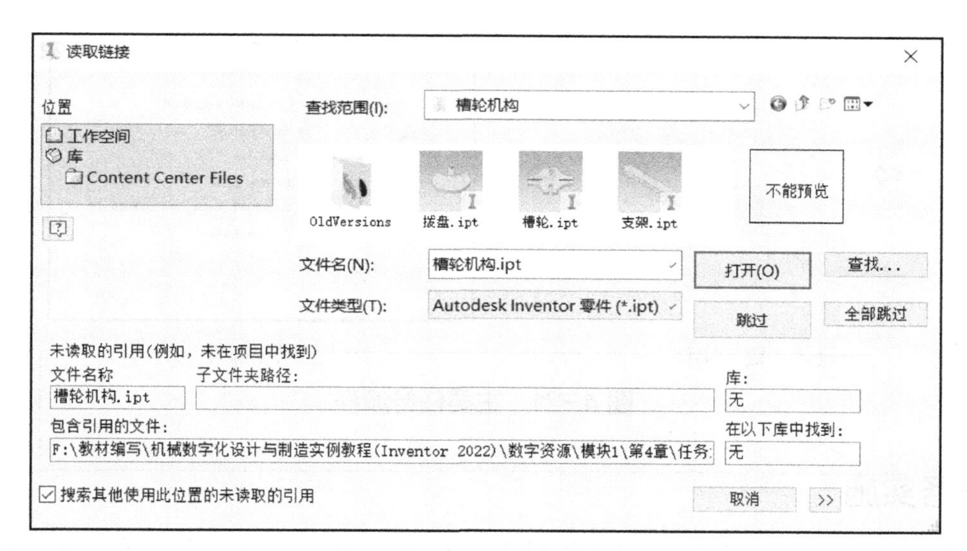

图 4-19 “读取链接”对话框

为了避免上述情况，可以在打开零部件后，在浏览器的多实体源文件名称上单击鼠标右键，在右键菜单中选择“断开与基础零部件的关联”选项，如图 4-20（a）所示。断开关联后，可以发现，在多实体文件名称前添加了断开标签，且零部件名称前的?标签也没有了，如图 4-20（b）所示。设置完成后，将文件保存。

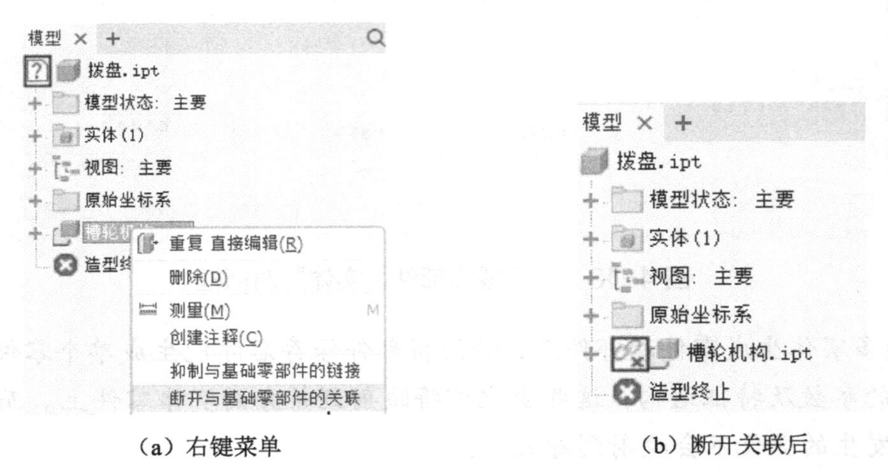

（a）右键菜单　　（b）断开关联后

图 4-20　断开与基础零部件的关联

任务流程

主要任务流程如图 4-21 所示。

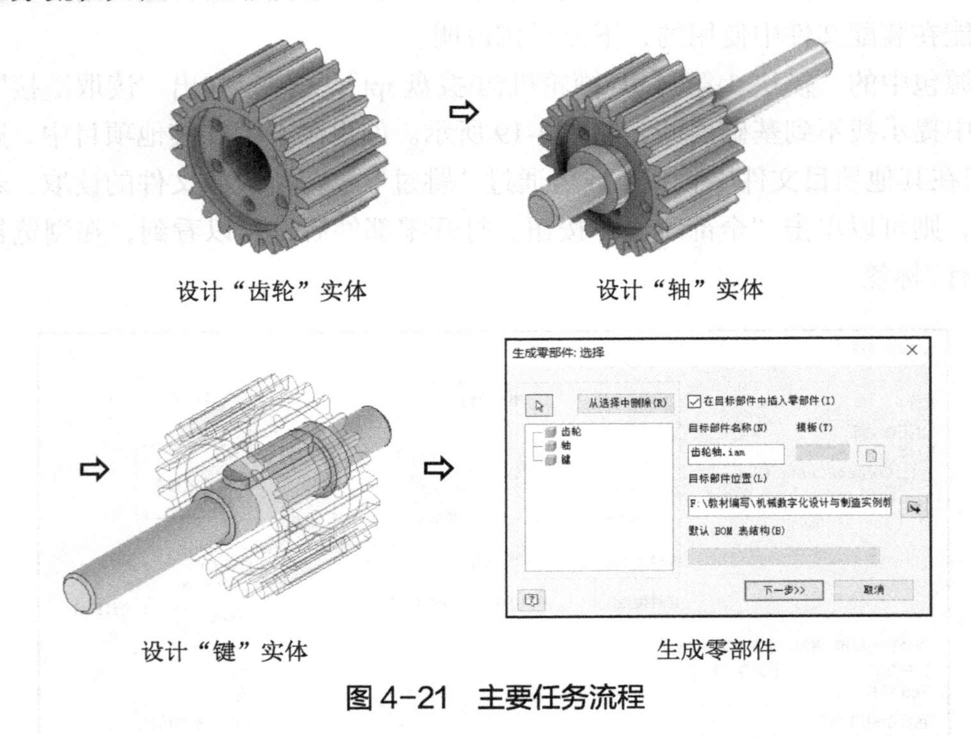

设计“齿轮”实体　　设计“轴”实体

设计“键”实体　　生成零部件

图 4-21　主要任务流程

任务实施

（1）新建项目文件：首先新建“齿轮轴”文件夹，然后为该文件夹创建项目文件。

（2）新建零件：利用标准零件模板新建零件文件。

（3）创建齿轮基础草图：根据图 4-22（a）所示的齿轮设计参数，在草图 1 中绘制齿轮的基础图形（只绘制一个齿即可），如图 4-22（b）所示。

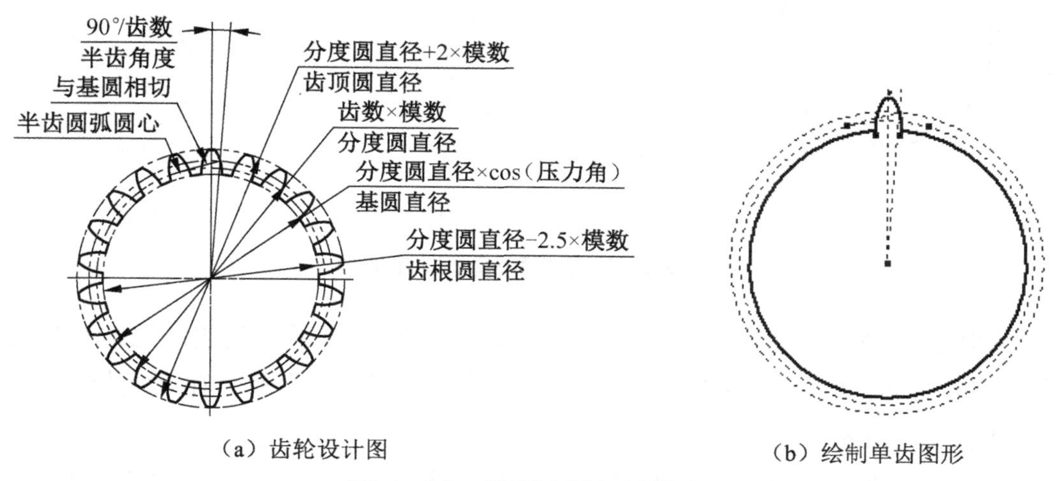

（a）齿轮设计图　　（b）绘制单齿图形

图 4-22　绘制齿轮设计草图

（4）创建齿轮基础模型：首先将图 4-22（b）所示的图形进行双向拉伸，拉伸距离为 20mm，如图 4-23（a）所示；然后将其环形阵列，得到齿轮基础模型，如图 4-23（b）、（c）所示。

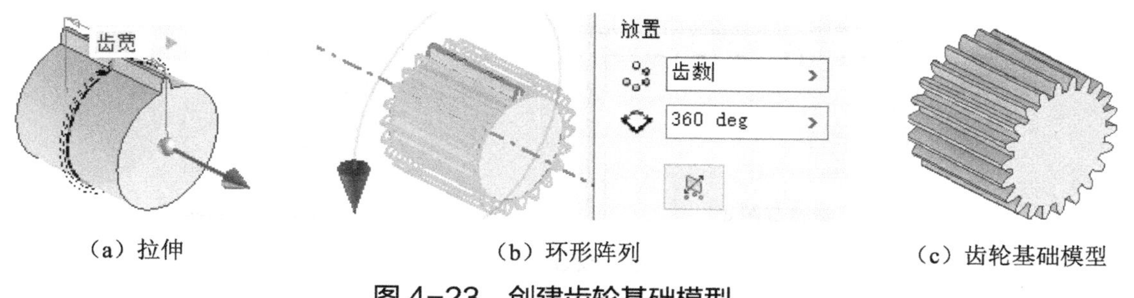

（a）拉伸　　（b）环形阵列　　（c）齿轮基础模型

图 4-23　创建齿轮基础模型

（5）完善齿轮模型设计：在齿轮端面上新建草图 2，绘制如图 4-24（a）所示的图形，完成草图后，将其贯通拉伸，如图 4-24（b）所示。

在齿轮端面上继续新建草图 3，绘制如图 4-24（c）所示的圆，完成后将其去除材料拉伸，拉伸距离为 2mm，如图 4-24（d）所示；将拉伸特征镜像，如图 4-24（e）所示。

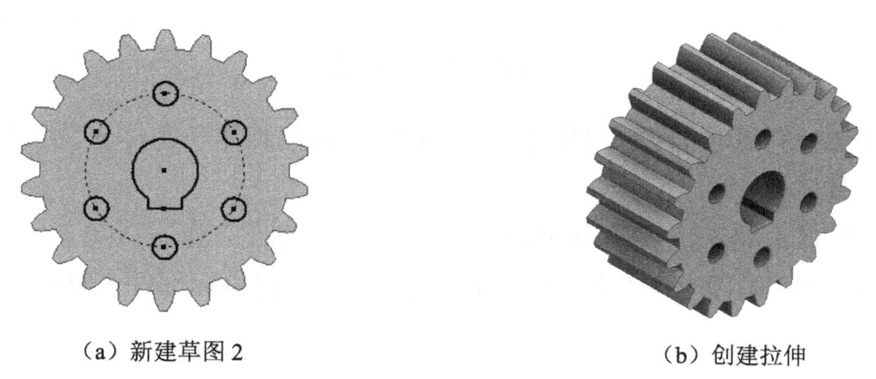

（a）新建草图 2　　（b）创建拉伸

图 4-24　完善齿轮模型设计

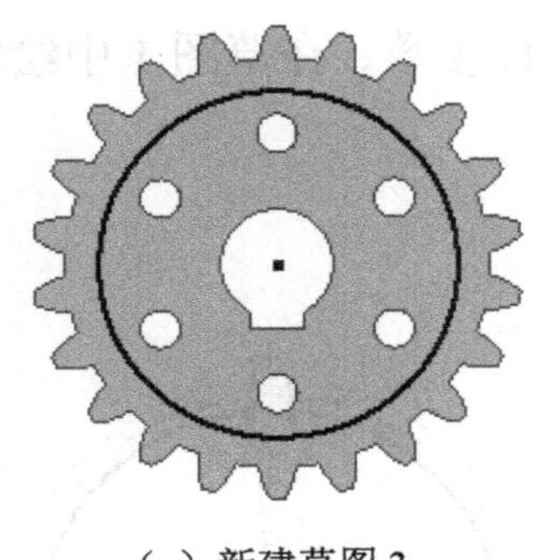
（c）新建草图 3

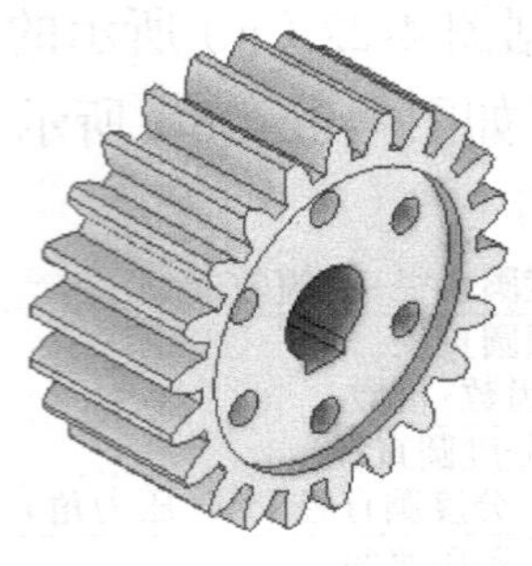
（d）创建拉伸

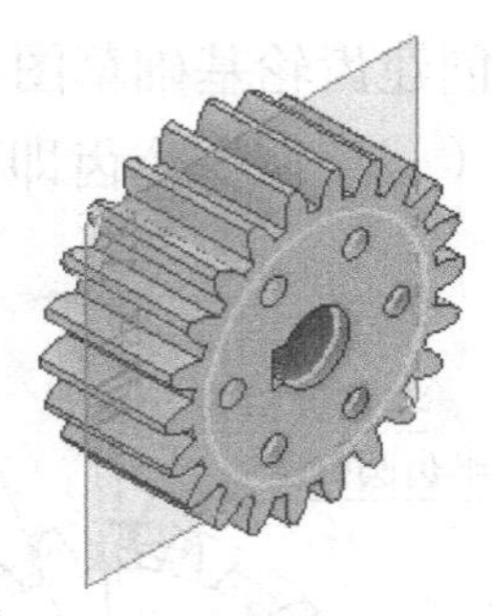
（e）镜像拉伸特征

图 4-24　完善齿轮模型设计（续）

（6）设计轴：在 YZ 基准面上新建草图 4，切片观察，投影切割边。绘制如图 4-25（a）所示的图形。完成草图后，旋转生成新实体，如图 4-25（b）所示。在新实体两端进行 45°倒角，倒角距离为 1mm。

（7）设计键：在如图 4-26（a）所示的平面上新建草图 5，绘制如图 4-26（b）所示的槽；完成草图后，将图形拉伸 5mm，并创建新实体，如图 4-26（c）所示。

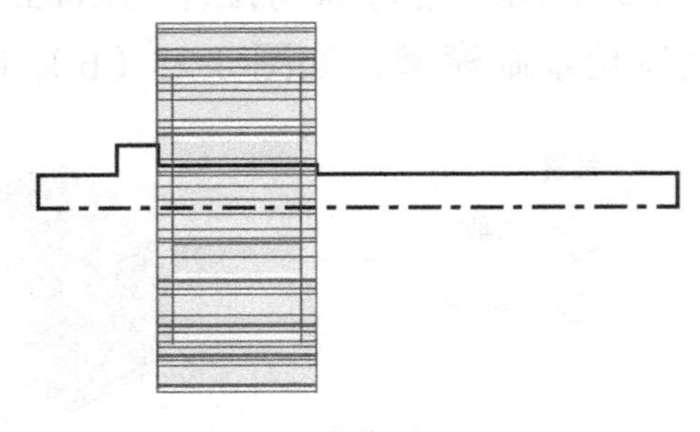
（a）新建草图 4

（b）旋转生成新实体

图 4-25　设计轴

（a）选择平面

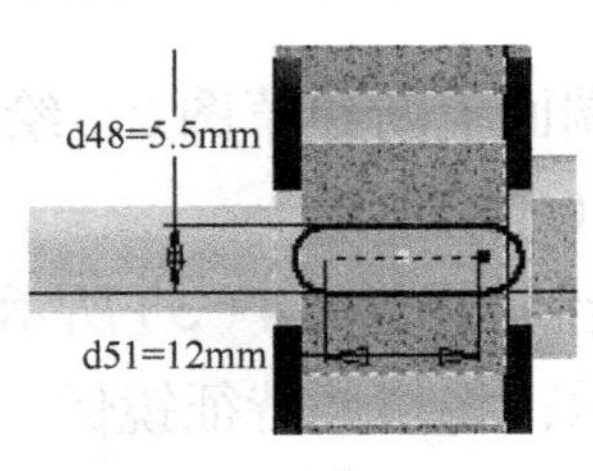

（b）绘制键槽图形

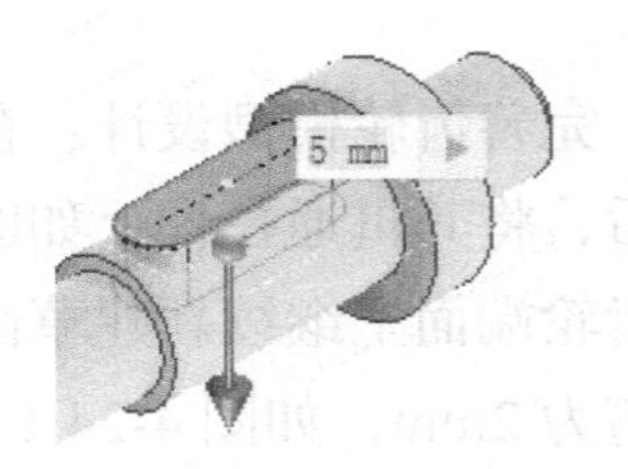

（c）创建新实体

图 4-26　设计键

（8）合并实体：打开“合并”对话框，以实体 2 为基础体、实体 3 为工具体，进行求差合并，并保留工具体。

（9）重命名实体：将三个实体分别命名为“齿轮”“轴”“键”。

（10）生成零部件：选择三个实体，将其生成零部件，并把目标部件名称改为“齿轮轴.iam”，将部件文件保存。

思考与练习 4

利用多实体创建如图 4-27 所示的四杆机构及槽轮机构模型。模型及图纸文件参见数字资源包中的“模块 1\第 4 章\思考与练习\”。

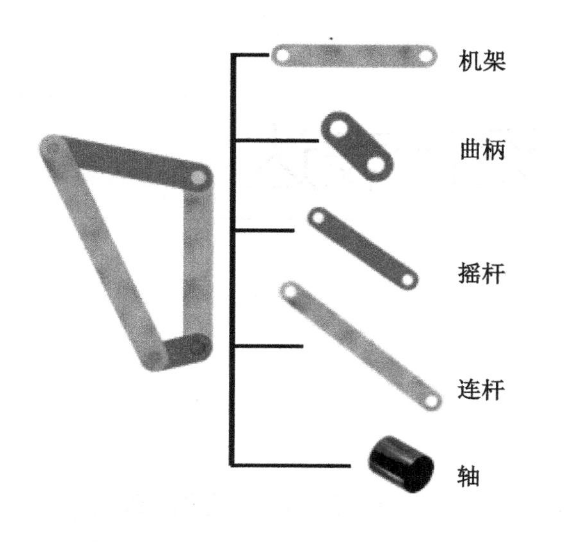

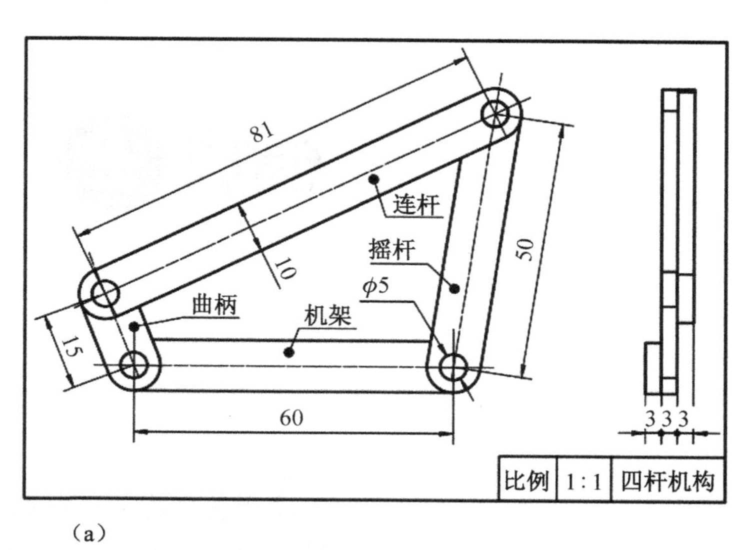

(a)

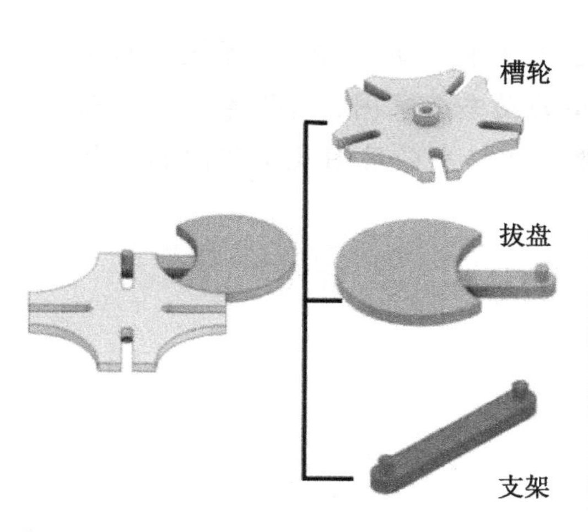

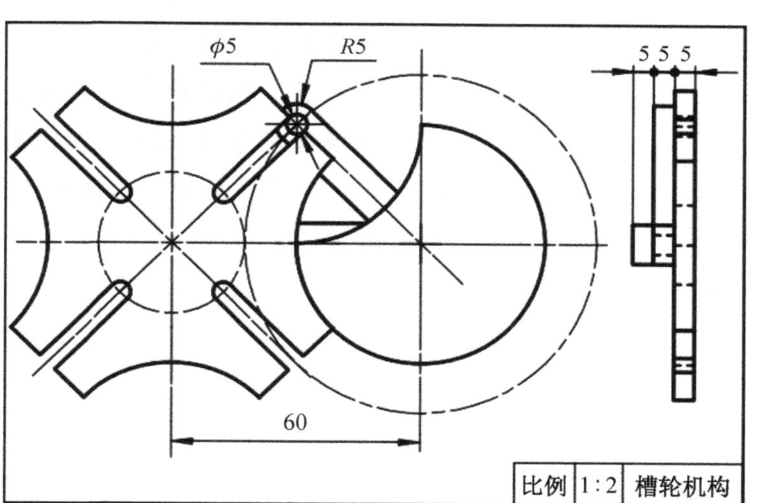

(b)

图 4-27 思考与练习 4

模块 2 设计表达

设计表达是工程技术人员之间表达与交流设计意图、设计结果的重要手段,也是工程技术人员为客户和受众展现设计成果的重要表达方式。

数字化设计表达的方式主要有模型的工程图、可视化的二维模型静态效果图、三维模型的动态效果图、工作原理展示动画、拆装动画等。本模块主要介绍静态效果图及工程图的制作方法。

第 5 章 效果图设计

在设计过程中，为了达到更好的设计效果，让客户满意，往往需要对设计的产品进行效果图输出，生成具有真实效果的图片。在 Inventor 中，用户可以通过两种方法获得产品的效果图：一种是通过视图的选择与输出获得效果图；另一种就是使用 Inventor Studio 模块，通过场景、灯光、材质等设置渲染效果图。本章通过一个实例介绍效果图设计的相关知识。本章知识点思维导图如图 5-1 所示。

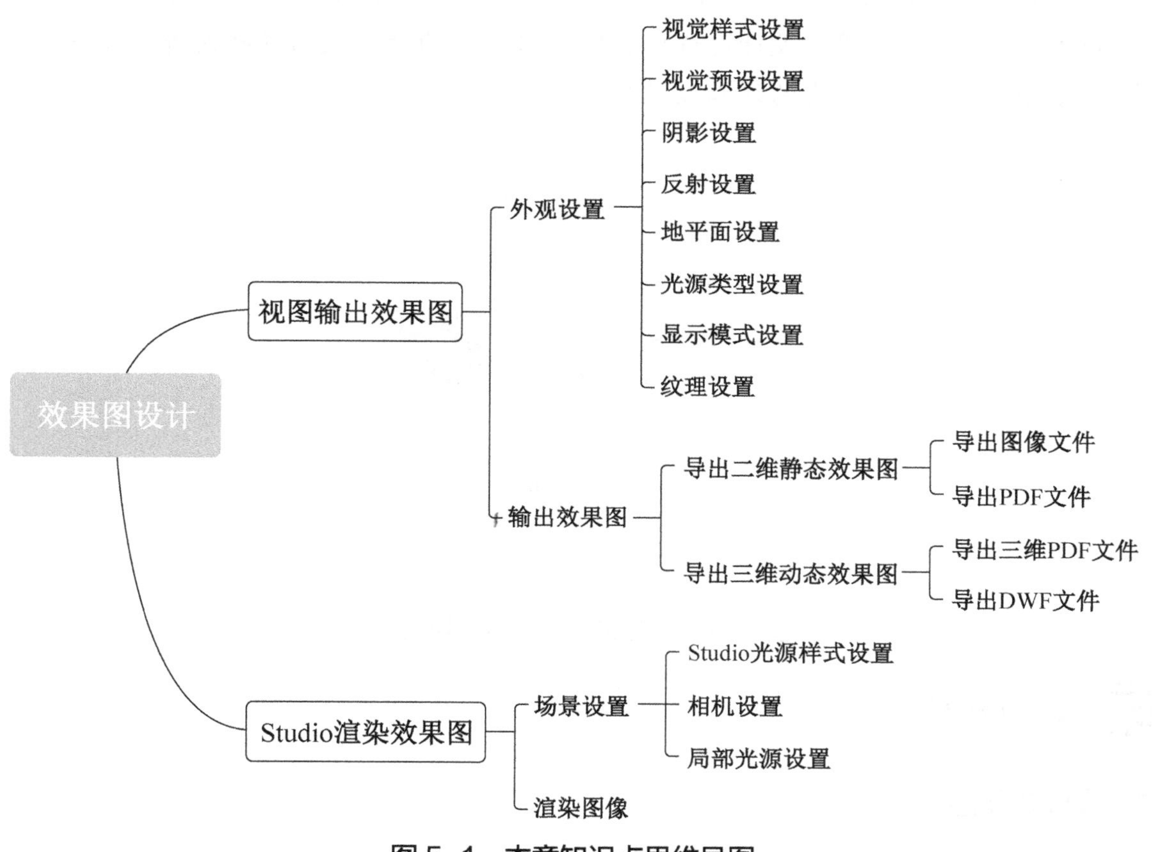

图 5-1 本章知识点思维导图

任务　自卸车斗模型的效果图设计

学习目标

◆ 掌握外观设置及视图输出效果图的方法。
◆ 掌握 Inventor Studio 的场景设置方法。
◆ 能够利用 Inventor Studio 渲染效果图。
◆ 能够对自卸车斗模型进行效果图渲染。

任务导入

自卸车斗模型渲染效果图如图 5-2 所示，模型文件见资源包中的“模块 2\第 5 章\”。

在自卸车斗模型效果图的设计过程中，需要对视图的外观及场景样式进行设置，通过视图输出或 Studio 渲染得到所需的逼真效果。

图 5-2　自卸车斗模型渲染效果图

知识准备

1. 外观设置

外观设置工具位于“视图”选项卡下的“外观”工具面板上，如图 5-3 所示，现对工具面板上的常用工具进行简单介绍。

1）视觉样式

单击“视觉样式”下拉按钮，可以看到 Inventor 提供了 11 种视觉样式，各种视觉样式的效果如图 5-4 所示。

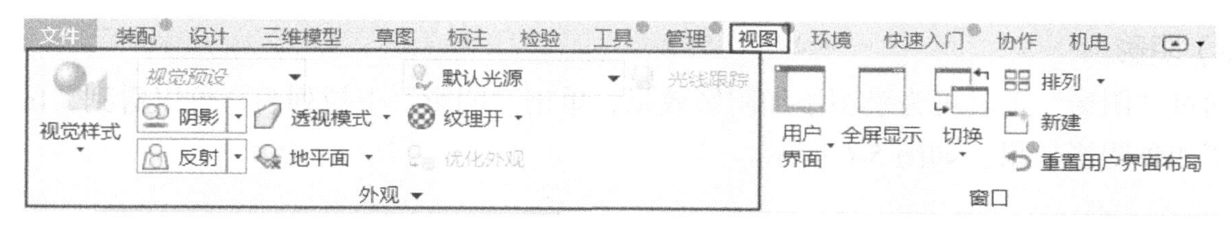

图 5-3　“外观”工具面板

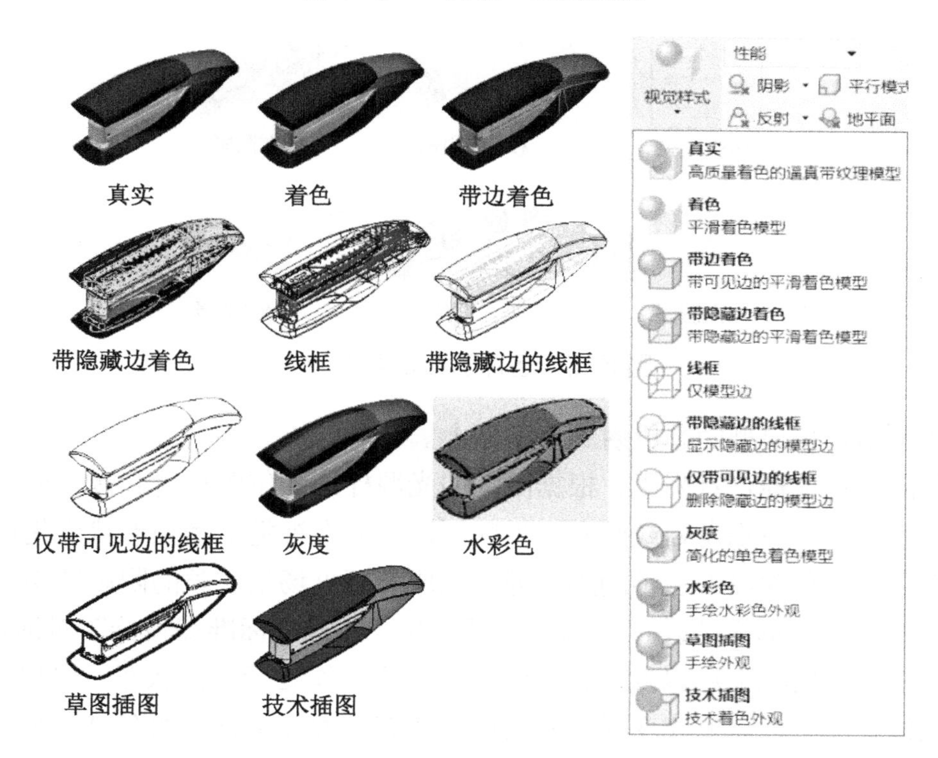

图 5-4　各种视觉样式的效果

2）视觉预设

单击“视觉预设”下拉列表，可以看到，Inventor 提供了渲染质量、高质量、性能三种视觉预设效果，如图 5-5 所示。

（1）渲染质量：该选项会调整图形设置，以提供更令人满意的视觉场景。

（2）高质量：该选项会调整图形设置，以提供优良的视觉外观。

（3）性能：该选项会调整图形设置以优化性能，以便用户处理零部件。

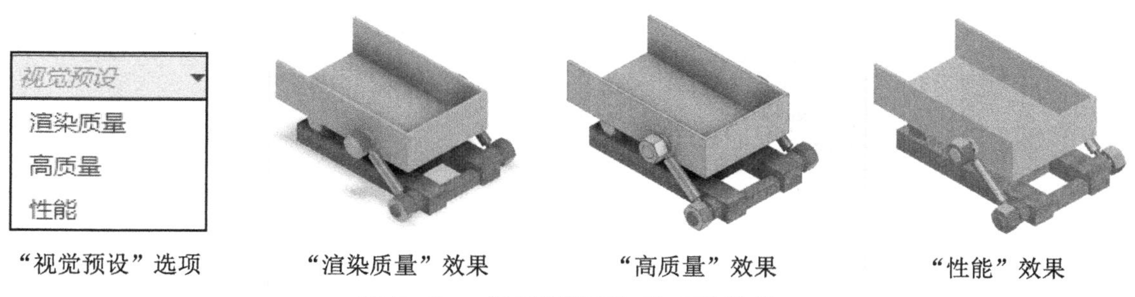

图 5-5　“视觉预设”选项的比较

3）阴影

通过“阴影”工具可为模型添加阴影效果，单击“阴影”下拉列表，可以看到，Inventor 提供了四种阴影效果，如图 5-6 所示。

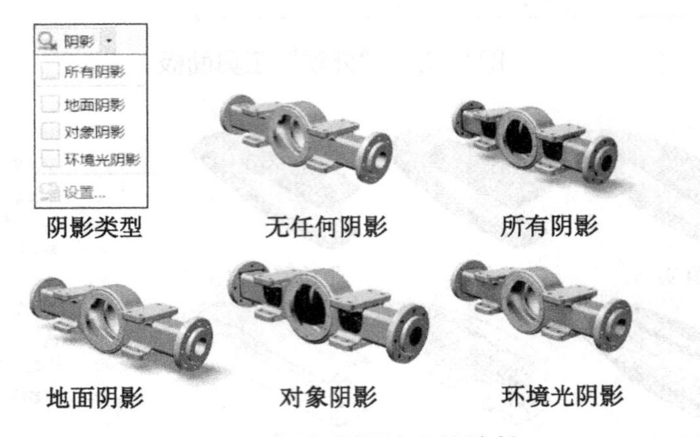

图 5-6　各种阴影效果的比较

（1）地面阴影：将模型阴影投射到地平面上。

（2）对象阴影：也称自身阴影，根据激活的光源样式的位置投射和接受模型阴影。

（3）环境光阴影：在拐角处或腔穴中投射阴影，以在视觉上增强形状变化过渡。

（4）所有阴影：包含以上三种阴影，即显示所有可见场景对象的阴影效果。

选择阴影效果后，选择“设置”选项，可打开“样式和标准编辑器”对话框，如图 5-7 所示。在对话框的标题栏上可以发现，该编辑器的样式库处于只读状态，要想我们设置的参数能够保存到样式库中，需要改变样式库的读写状态。方法是打开如图 2-4 所示的“项目”对话框，在“使用样式库”选项的右键菜单中选择“读-写”选项，即可更改样式库的读写状态，如图 5-8 所示。

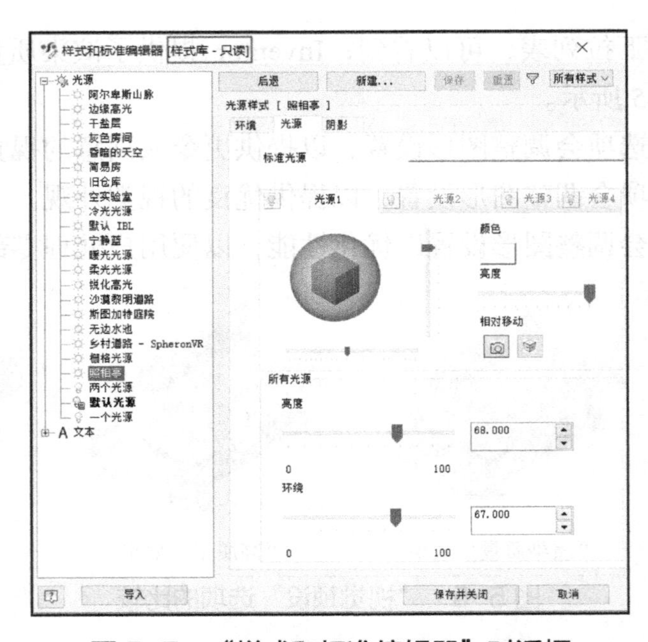

图 5-7　“样式和标准编辑器”对话框

在“样式和标准编辑器”对话框中，可对光源样式的环境、光源、阴影等进行调节，这里不做介绍。

4）反射

在地平面上显示模型的反射，使用反射可形成场景的深度和维度感，反射效果使用的比较如图 5-9 所示。选择“设置”选项，可打开“地平面设置”对话框，如图 5-10 所示。在 Inventor 中，地平面默认是 XZ 基准面，通过“高度偏移”数值框，可以调节地平面与 XZ 基准面之间的距离。另外，也可在对话框中对地平面的位置、高度、颜色、透明度、反射程度等进行设置，这里不做介绍。

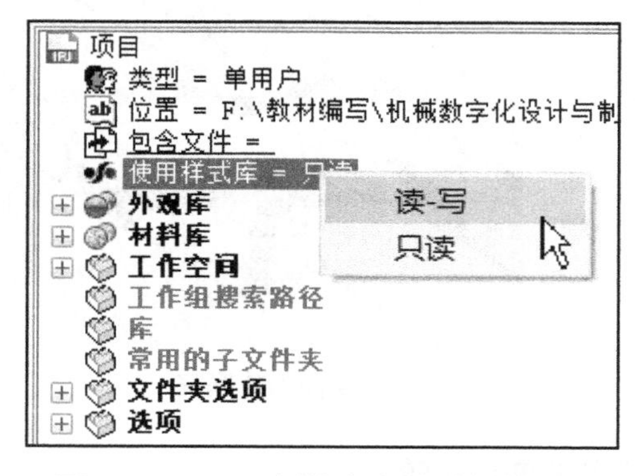

图 5-8 更改样式库的读写状态

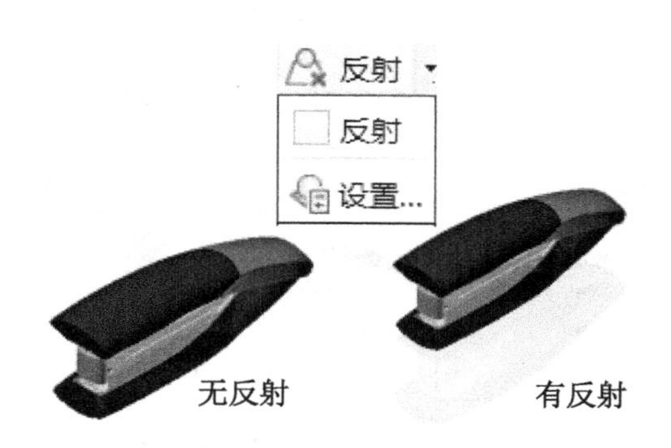

图 5-9 反射效果使用的比较

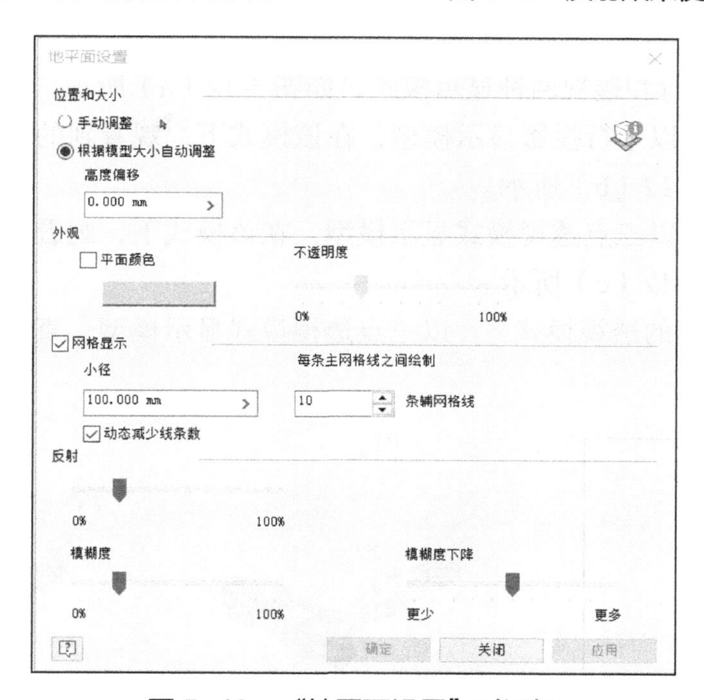

图 5-10 “地平面设置”对话框

5）光源类型

通过“光源类型”下拉列表，可对光源进行选择，如图 5-11 所示。在图 5-11 中，列举了四种光源类型下的效果图。选择“设置”选项，同样可打开“样式和标准编辑器”对话框。

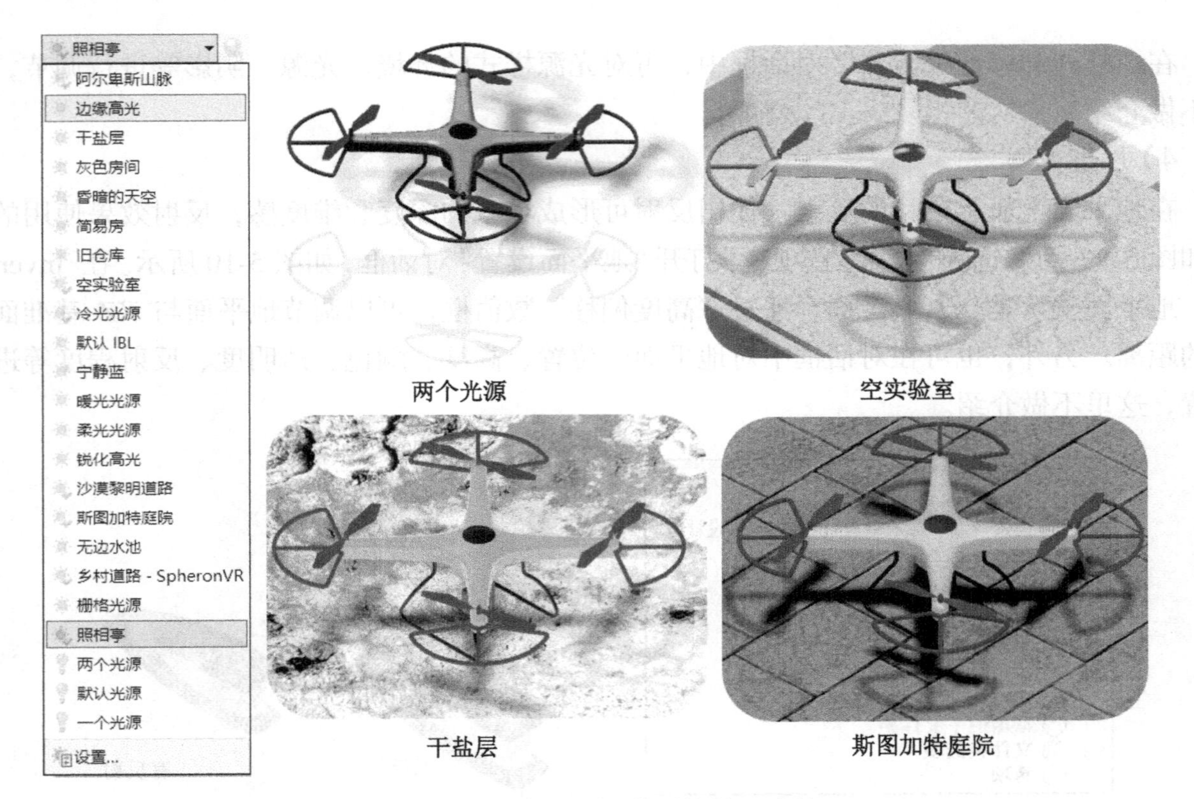

图 5-11　不同光源类型的使用比较

6）显示模式

Inventor 提供了平行和透视两种显示模式，如图 5-12（a）所示。

（1）平行模式：以平行投影显示模型，在该模式下，观看到的模型不像在真实世界中观察到的对象，如图 5-12（b）所示。

（2）透视模式：以三点透视模式显示模型，在该模式下，观看到的模型符合现实中近大远小的特点，如图 5-12（c）所示。

（3）带平行视图面的透视模式：以三点透视模式显示模型，直到视图相机朝向标准正交视图之一。

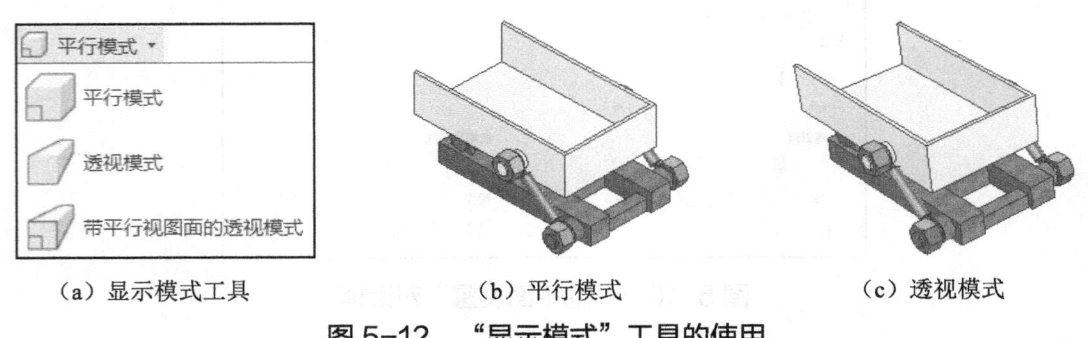

（a）显示模式工具　（b）平行模式　（c）透视模式

图 5-12　“显示模式”工具的使用

7）地平面

“地平面”选项用来切换图形场景中的地平面显示。使用“地平面”工具可帮助定向模型，并在视觉上形成向上的方向感，如图 5-13 所示。选择“设置”选项，也可打开“地平面设置”

对话框。

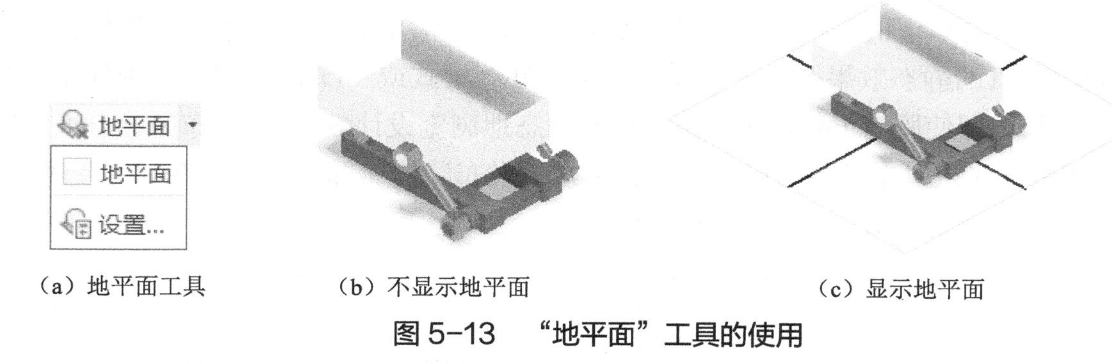

（a）地平面工具　（b）不显示地平面　（c）显示地平面

图 5-13 “地平面”工具的使用

8）纹理

当模型使用某种材质后，通过纹理切换工具，可在对象上显示指定的纹理，增强视觉体验，让图像更加具有真实感，如图 5-14 所示。

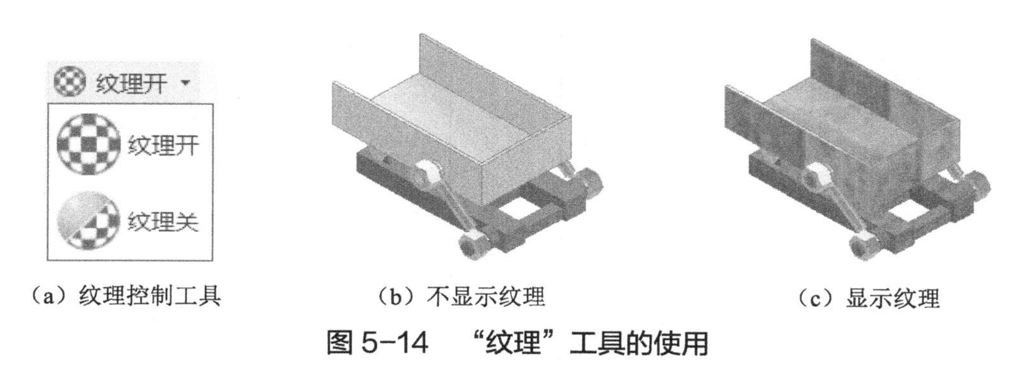

（a）纹理控制工具　（b）不显示纹理　（c）显示纹理

图 5-14 “纹理”工具的使用

9）光线追踪

选择“光线追踪”选项后，对光线和阴影进行了增强，可以提供更真实的视觉体验。单击该工具按钮后，在图形区的右下角弹出“光线追踪”控件窗口，如图 5-15（a）所示。

在该窗口中，“光源和材料精度”选区有三个选项可供选择，以光源为例，三种精度的比较如图 5-15（b）～（d）所示。进度条上光线追踪的耗时也取决于光源和材料精度的选择。

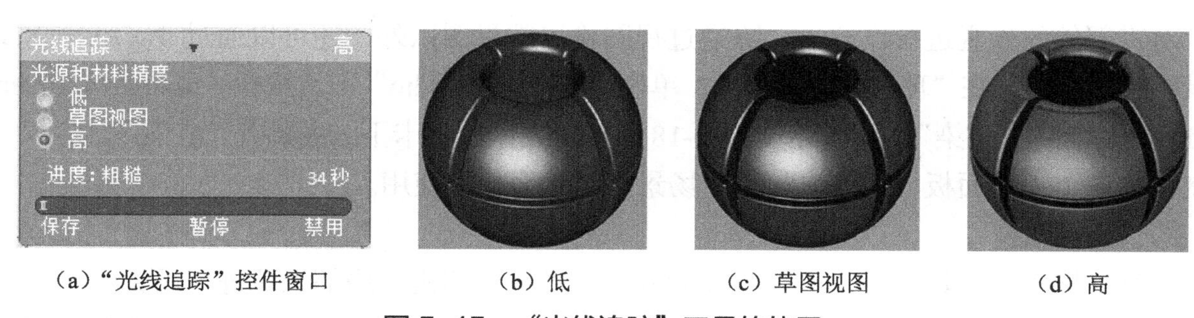

（a）“光线追踪”控件窗口　（b）低　（c）草图视图　（d）高

图 5-15 “光线追踪”工具的使用

2. 输出效果图

通过外观设置后，就可以将效果图输出了。Inventor 在输出效果图时，若输出二维静态效果图，则前面的外观设置效果就能一并输出，从而得到逼真的效果图；若输出三维动态效果图，则前面的外观设置将不能一并输出。

通过“文件”菜单下的“导出”选项，可以导出效果图，如图 5-16 所示。若选择“图像”模式，则导出逼真的静态效果图；若选择“三维 PDF”模式或“DWF”模式，则导出三维动态效果图，这样，即使脱离 Inventor 环境，也能动态地浏览设计效果。“发布三维 PDF”窗口如图 5-17 所示，在窗口中进行简单设置后，单击“发布”按钮即可发布。在三维 PDF 文件中也可进行简单的光源设置，这里不做介绍。

图 5-16　导出效果图

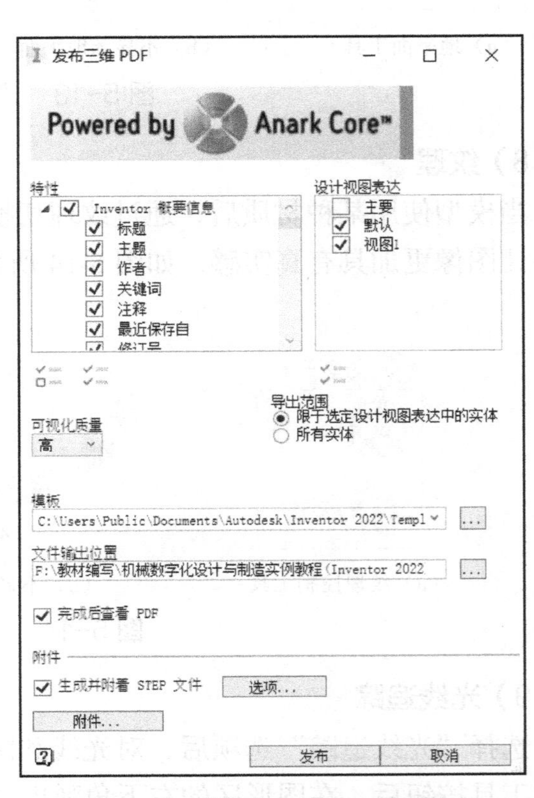

图 5-17　“发布三维 PDF”窗口

3. Inventor Studio

对零部件的外观进行设置后，除通过视图输出效果图以外，还可以通过 Inventor Studio 工具渲染效果图。在“环境”选项卡下，单击“Inventor Studio”工具按钮，即可进入 Inventor Studio 环境下的“渲染”选项卡，如图 5-18 所示。在该选项卡下，主要有“渲染”“场景”“动画制作”三个工具面板，下面先学习“场景”工具面板的使用。

1）场景设置

通过“场景”工具面板，可以对 Studio 光源样式、相机、局部光源进行设置。

（1）Studio 光源样式 ：采用光源样式可增强场景的照明度。单击该工具按钮，可打开“Studio 光源样式”对话框，如图 5-19 所示。在对话框中，用户可从 Inventor 提供的全局光源样式、局部光源样式中进行选择，也可自己新建局部光源，为了使采用的光源样式更具有真实感，可勾选对话框右下角的“显示场景图像”复选框。通过全局光源样式的右键菜单，可将其激活为局部光源样式，只有在激活状态下，才能对其环境、阴影等进行设置。

（a）“Inventor Studio”工具的位置

（b）“渲染”选项卡

图 5-18 Inventor Studio 环境下的工具面板

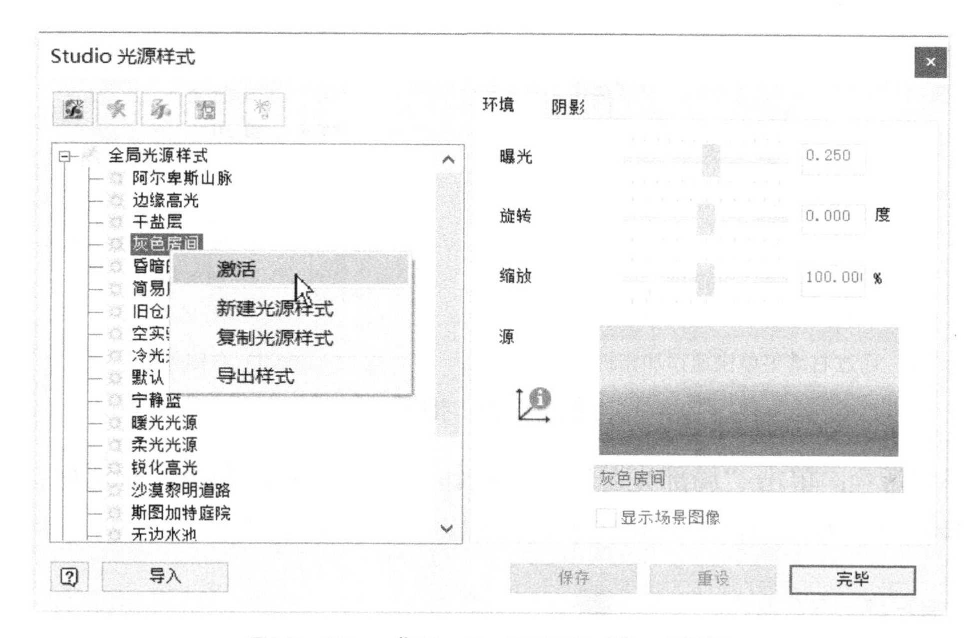

图 5-19 “Studio 光源样式”对话框

（2）相机：添加照相机就是添加一个观察视角。单击“相机”工具按钮，可打开“相机”对话框，如图 5-20（a）所示。首先在模型上单击以确定目标，然后向外移动光标至适当位置，单击以指定位置，完成相机的添加，如图 5-20（b）所示。在“相机”对话框中，可对添加的相机进行缩放、旋转角度等调整。

另外，还有一种更简单的添加相机的方法，就是在视图区调整模型视角后，在空白处单击鼠标右键，在右键菜单中选择“从视图创建照相机”选项，即可快速添加相机，如图 5-20（c）所示。

要编辑或删除相机，只需在浏览器的相机名称上单击鼠标右键，从右键菜单中选择相应选项即可，如图 5-20（d）所示。

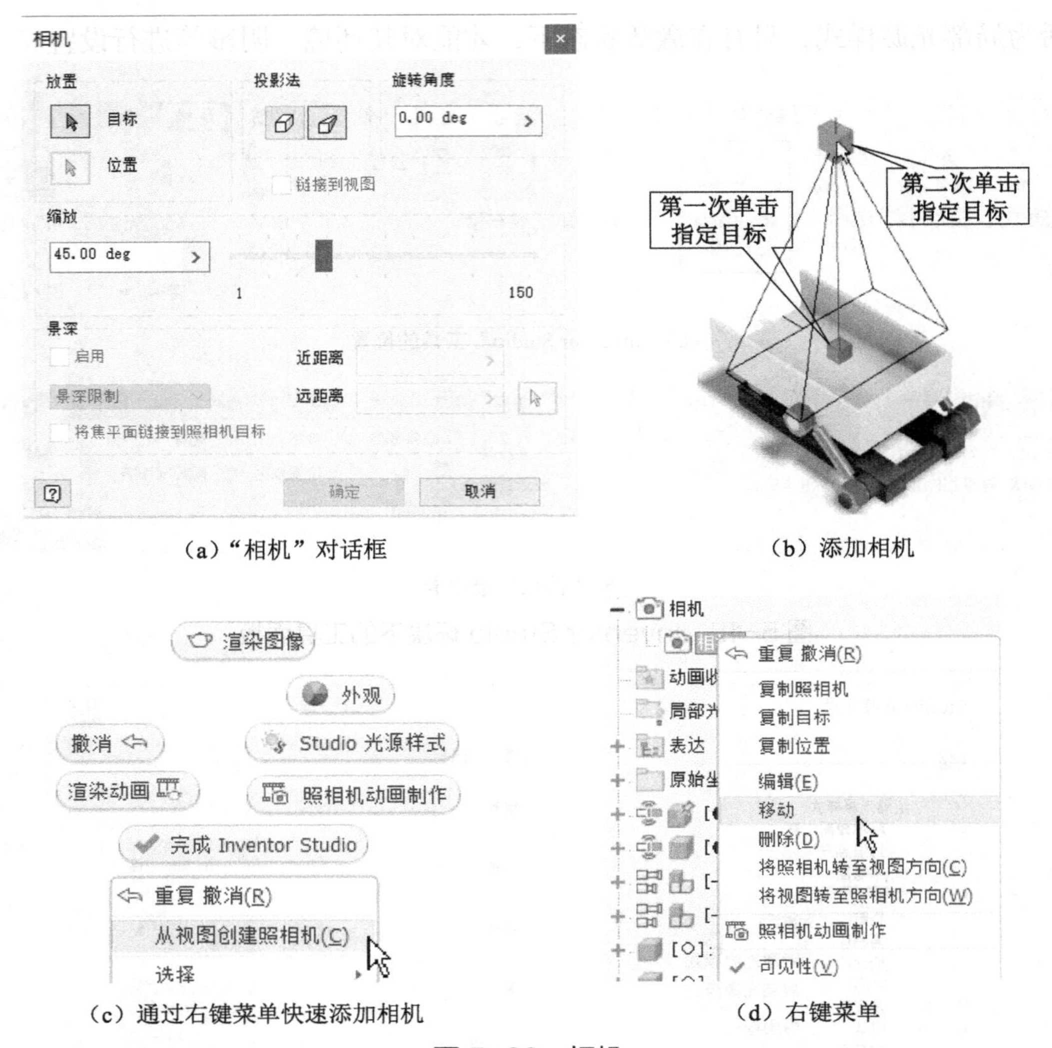

（a）“相机”对话框　（b）添加相机

（c）通过右键菜单快速添加相机　（d）右键菜单

图 5-20　相机

（3）局部光源：单击“局部光源”工具按钮，弹出“局部光源”对话框，如图 5-21 所示。添加局部光源的方法与添加相机的方法类似，这里不再赘述。

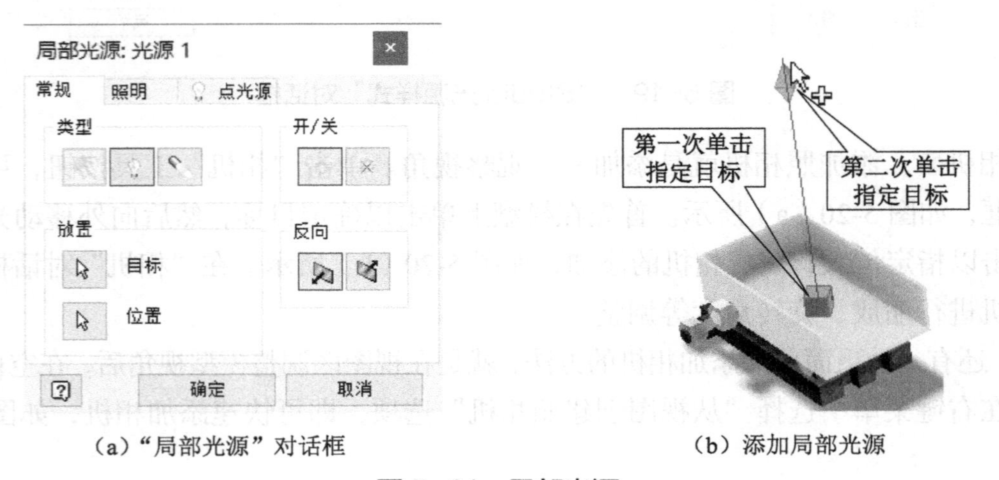

（a）“局部光源”对话框　（b）添加局部光源

图 5-21　局部光源

2）渲染图像

在以上设置完成后，就可对模型进行渲染了，从而得到一个逼真的图像。单击“渲染”工具面板上的“渲染图像”工具按钮，弹出“渲染图像”对话框。在该对话框中有三个选项卡。

（1）“常规”选项卡：在该选项卡下，可以选择输出图像的大小，也可进行照相机、光源样式的选择，如图 5-22（a）所示。

（2）“输出”选项卡：在该选项卡下，勾选“保存渲染的图像”复选框，如图 5-22（b）所示。会弹出“保存”窗口，在窗口中选择保存的路径、文件类型，并输入文件名。

（3）“渲染器”选项卡：在该选项卡下，可对渲染时间及渲染质量等进行设置，如图 5-22（c）所示。

完成设置后，将模型调整到合适大小，单击“渲染”按钮，弹出“渲染输出”窗口，开始渲染，如图 5-22（d）所示。

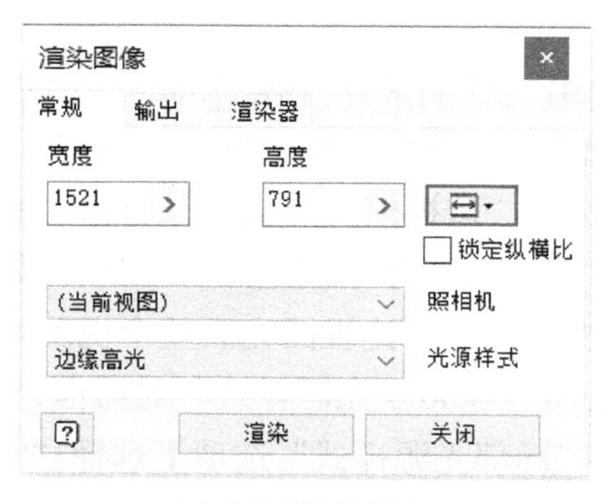

（a）“常规”选项卡

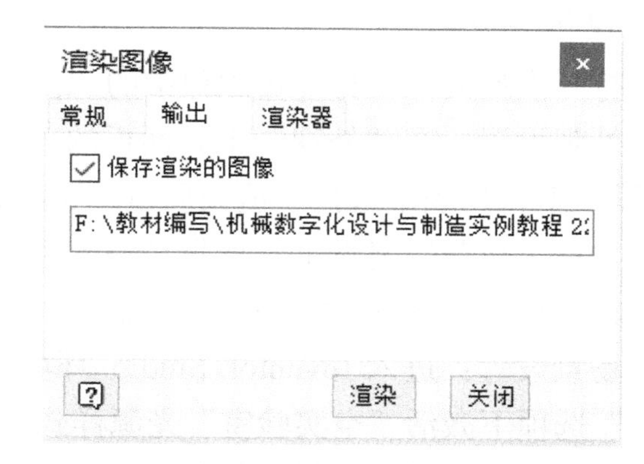

（b）“输出”选项卡

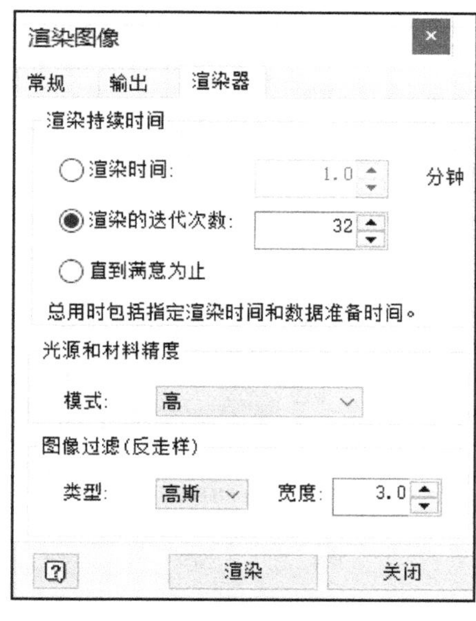

（c）“渲染器”选项卡

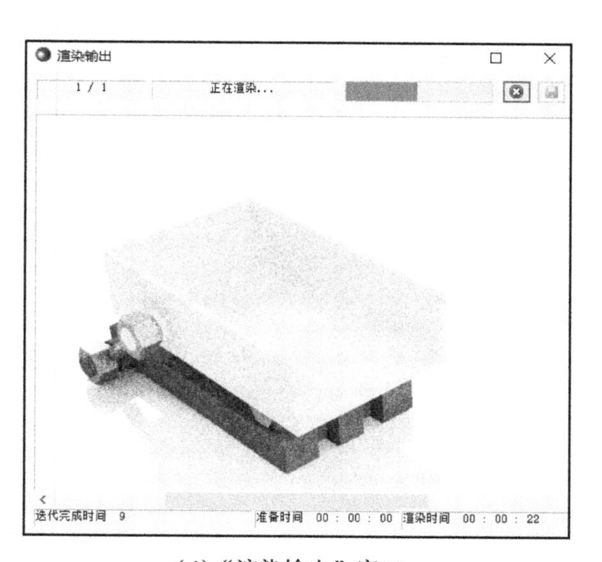

（d）“渲染输出”窗口

图 5-22 渲染图像

任务流程

主要任务流程如图 5-23 所示。

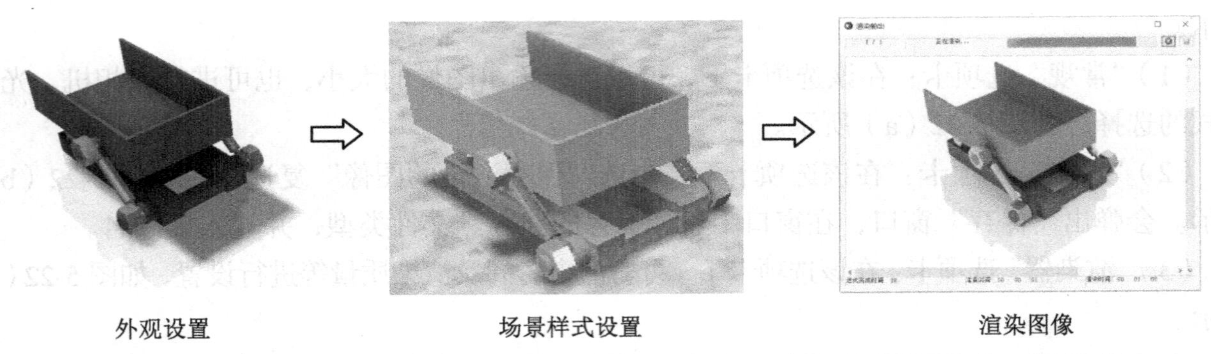

图 5-23　主要任务流程

任务实施

（1）打开模型文件：打开资源包中的“模块 2\第 5 章\自卸车斗模型.iam”文件。

（2）外观设置：在“外观”工具面板的“视觉样式”下拉菜单中选择“真实”选项；在“视觉预设”下拉列表中选择“渲染质量”选项；选择“透视模式”选项；勾选“地面阴影”复选框；勾选“反射”复选框；选择“空实验室”光源；选择“纹理开”工具，激活“光线追踪”工具，结果如图 5-24 所示。完成后，调整视图大小，让视图充满整个视图区。

（3）场景设置：进入 Inventor Studio 环境，打开“Studio 光源样式”对话框，在“全局光源样式”选项下激活“空实验室”光源样式；在“局部光源样式”选项下选择“空实验室”光源样式，并勾选“显示场景图像”复选框，如图 5-25 所示，完成后单击“保存”按钮。

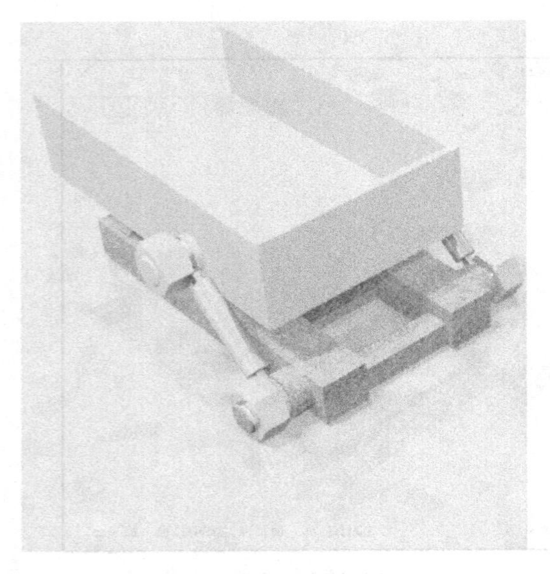

图 5-24　外观设置

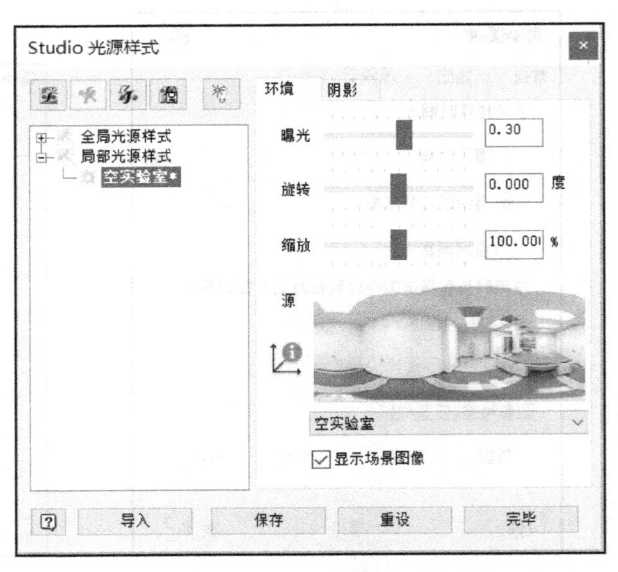

图 5-25　光源样式设置

（4）渲染图像：打开“渲染图像”对话框，在“常规”选项卡下的“照相机”下拉列表中选择“(当前视图)”选项；在“光源样式”下拉列表中选择“空实验室”选项；输出图像大小选择 1280×1024（单位为像素），如图 5-26（a）所示。

在“输出”选项卡下，勾选“保存渲染的图像”复选框，如图 5-26（b）所示，并在弹出的“保存”对话框中设置保存路径和保存类型，文件名保存为“自卸车斗模型.png”。

单击“渲染”按钮，开始渲染图像，渲染完成后自动保存到指定位置，关闭“渲染输出”窗口，完成渲染。

（a）常规设置

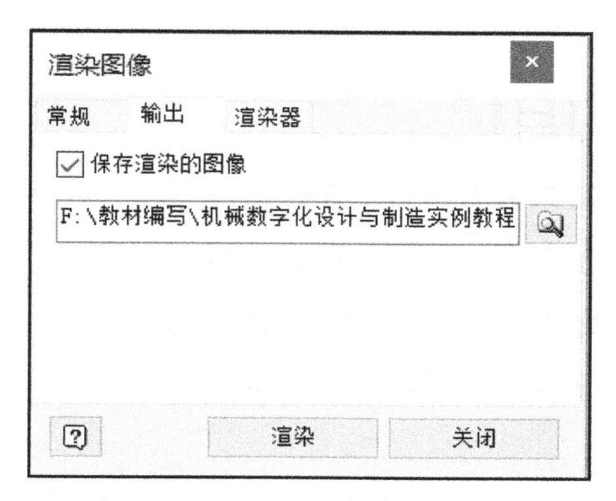

（b）输出设置

图 5-26　渲染图像

思考与练习 5

渲染完成如图 5-27 所示的效果图，模型及效果参见资源包中的“模块 2\第 5 章\思考与练习\”。

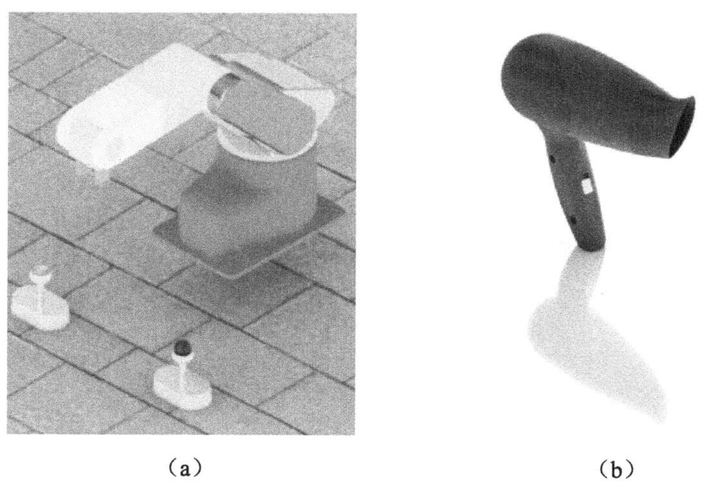

（a）　（b）

图 5-27　思考与练习 5

第 6 章　工程图设计

学习目标

- ◆ 掌握工程图的基本设置方法。
- ◆ 掌握各种视图的创建方法。
- ◆ 掌握工程图尺寸的标注方法。
- ◆ 掌握各种工程图注释的标注方法。

工程图是将设计者的设计意图及设计结果细化的图纸，是设计者与具体生产制造者交流的载体。因此，零部件在设计完后，设计者还需要将三维的零件模型转换成二维的工程图样，以阐明设计意图。目前，国内的加工制造还不能完全达到无图化生产加工的程度，在这种条件下，工程图依然是表达产品信息的主要媒介，是表达零部件信息的重要方式。

Inventor 为用户提供了丰富的工程图处理功能，可以实现二维工程图与三维实体模型之间的关联更新，方便了设计过程中的修改。

完成工程图需要包含以下步骤：设置和使用工程图模板，创建、标注与注释工程视图，输出和打印工程视图。本章知识点思维导图如图 6-1 所示。

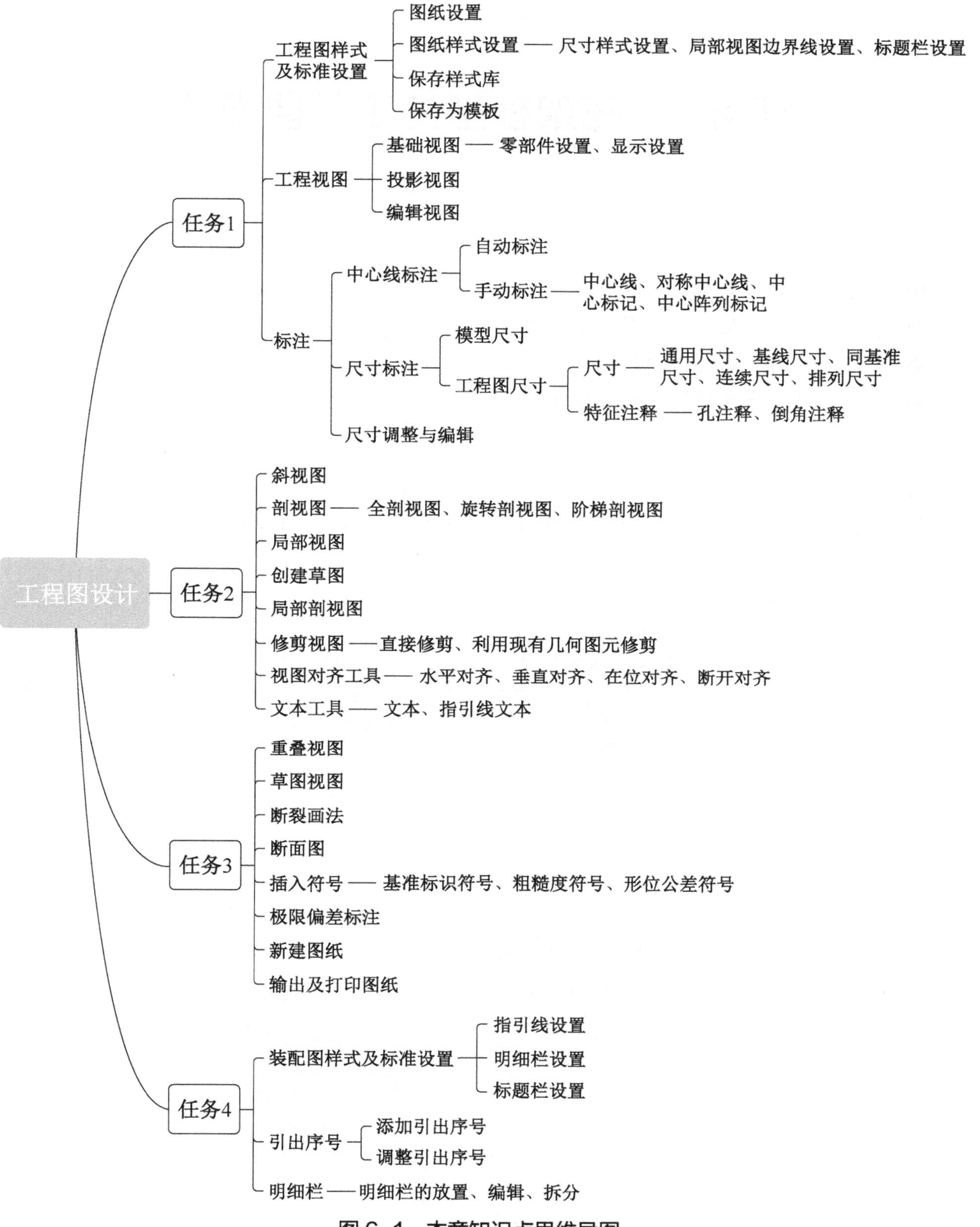

图 6-1　本章知识点思维导图

任务1　托架模型的工程图设计

学习目标

◆ 熟悉工程图的基本设置方法。

◆ 掌握基础视图及投影视图的创建方法。

◆ 掌握工程图尺寸和中心线的标注方法。

◆ 能够熟练设计托架模型的工程图。

任务导入

托架模型工程图如图 6-2 所示，数字模型及图纸见资源包“模块 2\第 6 章\任务 1\”。

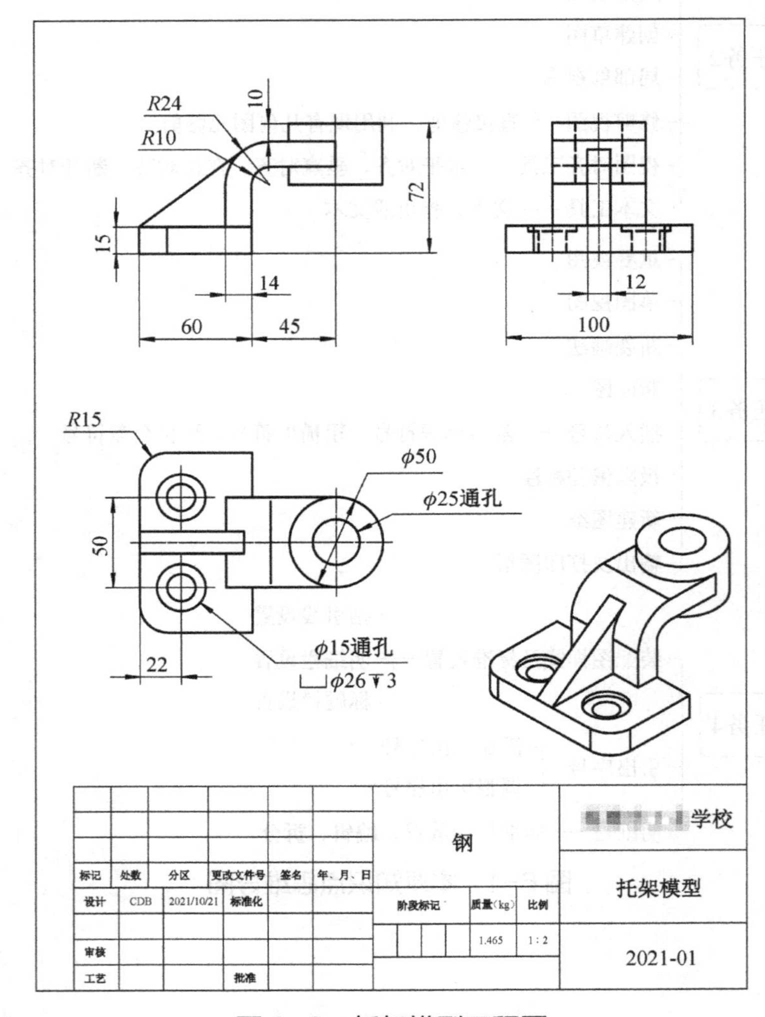

图 6-2　托架模型工程图

在托架模型工程图的设计过程中，需要用到的知识有工程图样式及标准的设置，基础视图、投影视图的创建、工程图的尺寸标注等相关知识。

知识准备

1. 工程图环境

在“新建文件”对话框中，选择“Standard.idw”或“Standard.dwg”工程图模板文件，即可进入工程图环境，如图 6-3 所示。

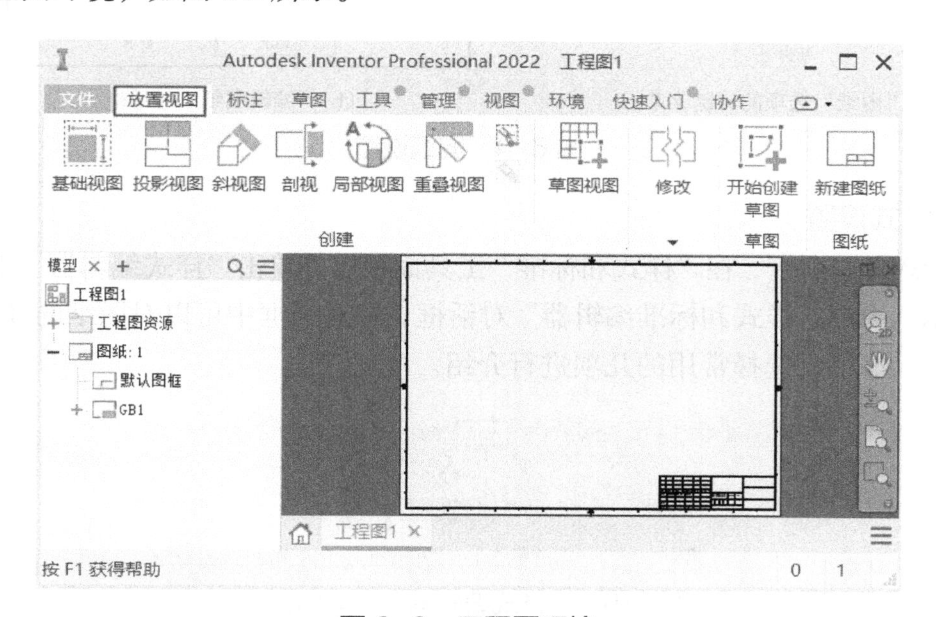

图 6-3 工程图环境

2. 工程图样式及标准设置

Inventor 默认的工程图模板样式与国家标准的工程图样式基本符合，但当用户需要对绘图标准、标题栏、标注样式等做个性修改时，也可以更改设置，并且可以将这些更改设置保存为模板。

【说明】只有使用样式库在“读-写”状态下，才能将修改的个性化设置保存为模板。使用样式库状态的设置在第 5 章已经介绍过了，这里不再赘述。

1）图纸设置

进入工程图环境后，Inventor 默认的图纸是横向的 A2 图纸，可根据个性化需求对其进行编辑。

在浏览器的“图纸”选项的右键菜单中，选择“编辑图纸”选项，如图 6-4（a）所示。弹出“编辑图纸”对话框，在该对话框中，可以更改图纸的名称、大小及方向，如图 6-4（b）所示。

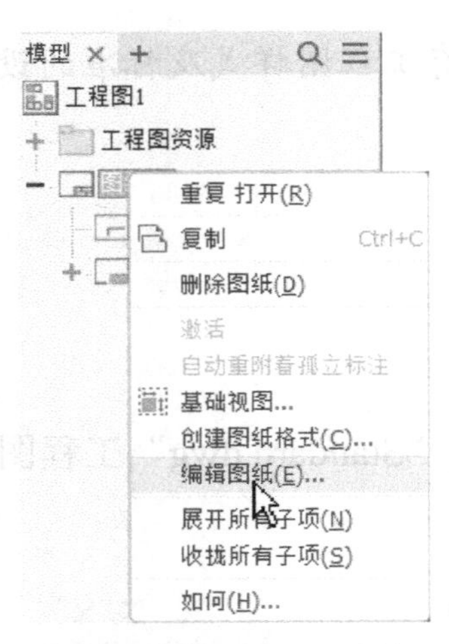

（a）“图纸”选项的右键菜单

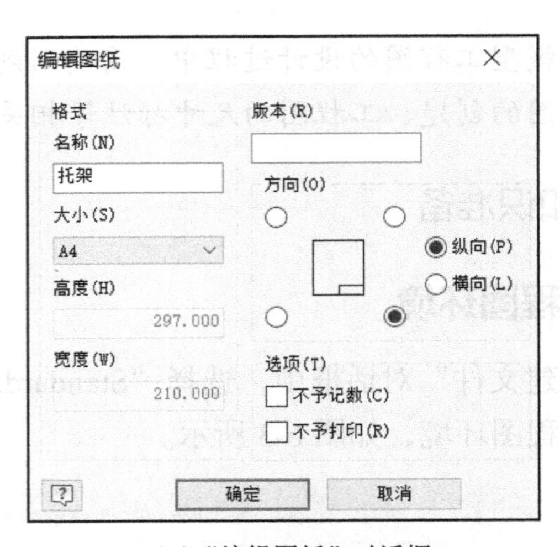

（b）“编辑图纸”对话框

图 6-4　图纸设置

2）图纸样式设置

进入“管理”选项卡，在“样式和标准”工具面板上，单击“样式编辑器”工具按钮，如图 6-5 所示。弹出“样式和标准编辑器”对话框，在对话框中可以对图纸的样式进行设置，如图 6-6 所示。这里只选择常用的几项进行介绍。

图 6-5　“样式编辑器”工具的位置

（1）尺寸样式设置：在浏览器中，选择“尺寸”→“默认（GB）”选项。

① 在“单位”选项卡下，将“线性”选区中的“精度”设置为小数点后 3 位；将“角度”选区中的“格式”设置为“十进制度数”，将“精度”设置为整数，如图 6-6 所示。

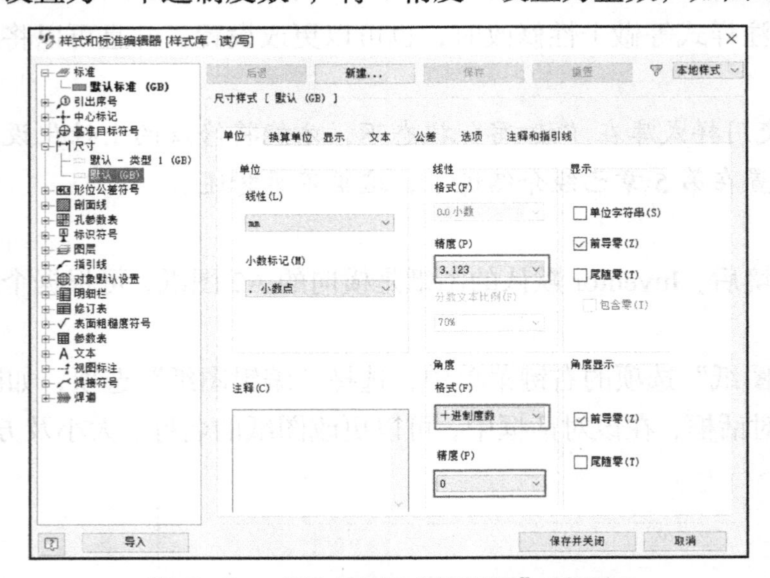

图 6-6　“样式和标准编辑器”对话框

② 在“显示”选项卡下，将“A:延伸”选项的数值设置为 2mm，如图 6-7（a）所示。

③ 在“文本”选项卡下，将“基本文本样式”设置为“标签文本”，将“公差文本样式”设置为“注释文本”，将“角度尺寸”样式设置为“平行-水平”，将“直径”“半径”的标注样式设置为“水平”，如图 6-7（b）所示。

④ 在“公差”选项卡下，选择“偏差”公差方式；显示方式为“无尾随零-无符号”“隐藏圆弧的分秒”，取消选中“基本单位”选区的“尾随零”复选框，如图 6-7（c）所示。

⑤ 在“注释和指引线”选项卡下，将“指引线文本方向”设置为“水平”，如图 6-7（d）所示。

完成以上设置后，单击图 6-6 中的“保存并关闭”按钮，将以上设置保存。

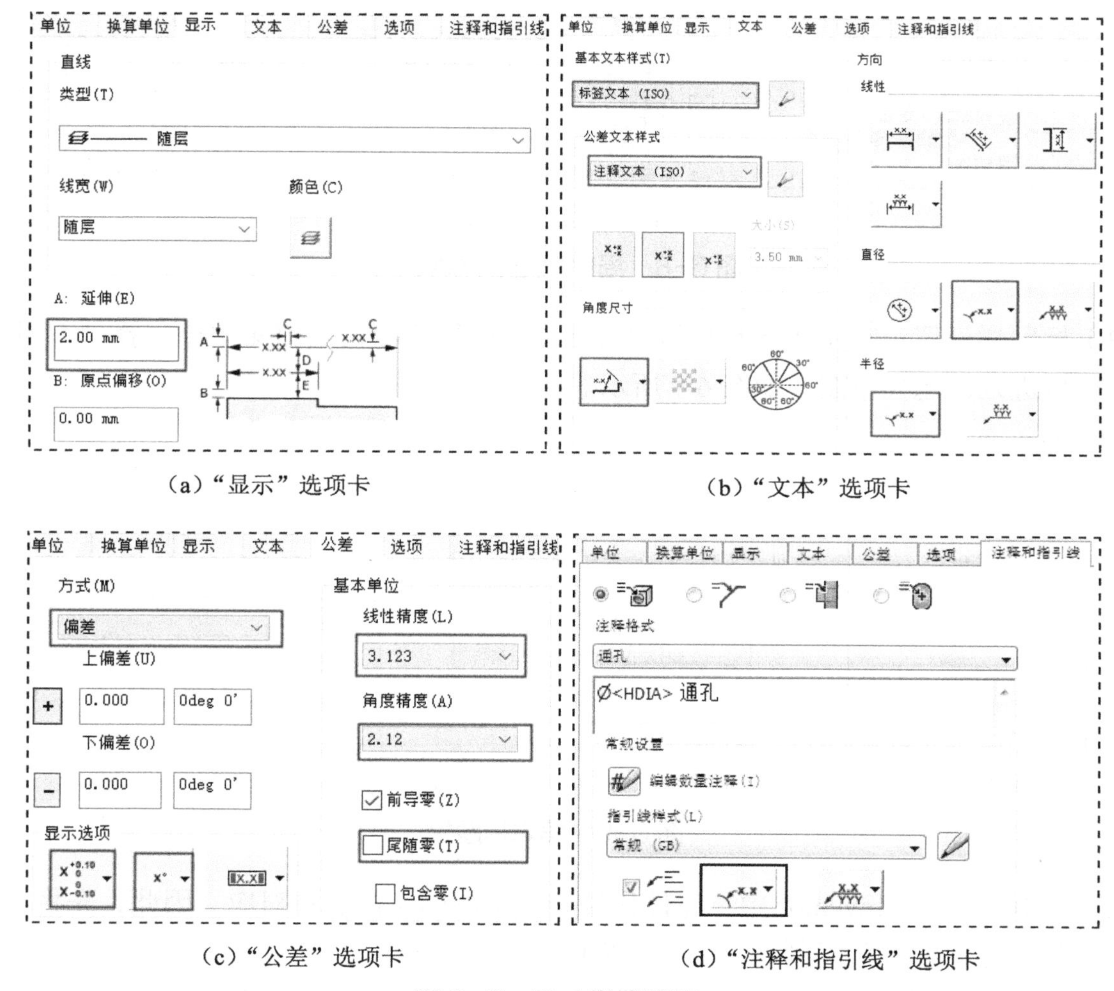

(a)“显示”选项卡　　(b)“文本”选项卡

(c)“公差”选项卡　　(d)“注释和指引线”选项卡

图 6-7　尺寸样式设置

（2）局部视图边界线设置：在 Inventor 中，局部视图边界线与轮廓线使用同一图层，都是 5mm 的粗实线，与 GB 标准不符，需要做出调整。

首先，在“样式和标准编辑器”对话框的浏览器中选择“图层”选项下的“折线（ISO）”选项，在对话框右边的“图层名”列，找到“折线（ISO）”，将其线宽改为 0.25 mm，如图 6-8（a）所示。单击“保存”按钮，将对折线图层进行的设置保存。

其次，在对话框右侧选择“对象默认设置（GB）”选项，在对话框右边的“对象类型”列中选中“局部剖线”选项，将其所属图层由“可见（ISO）”改为“折线（ISO）”，如图 6-8（b）所示。

完成以上设置后，单击窗口下方的“保存并关闭”按钮，将窗口关闭。

（a）折线图层线宽设置

（b）局部剖线图层设置

图 6-8　局部视图边界线设置

（3）标题栏设置：在工程图环境浏览器的“GB1”选项的右键菜单中选择“编辑定义”选项，即可进入标题栏草图，如图 6-9 所示。

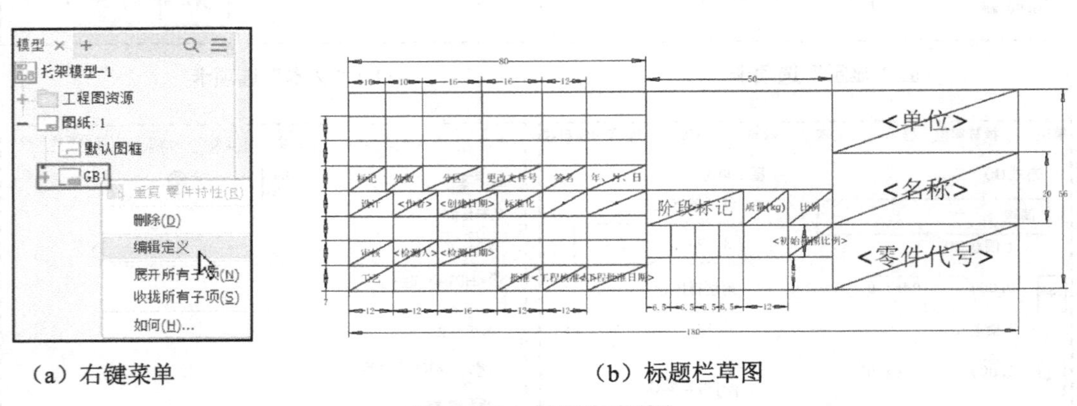

（a）右键菜单　　　　（b）标题栏草图

图 6-9　编辑标题栏

① 添加名称：在 Inventor 中，零件代号与工程图的文件名称对应，因此，先将“名称”删除，再将“零件代号”复制到“名称”栏内。

② 添加代号：在 Inventor 中，代号没有对应的关联项，这里用零件的“库存编号”进行关联，添加步骤如下。

首先双击原“零件代号”栏中的文本，弹出“文本格式”对话框，在对话框的文本区，将“零件代号”删除；其次按照图 6-10 进行设置；最后单击“添加文本参数”工具按钮 ，将“库存编号”添加到文本区。完成设置后，关闭“文本格式”对话框。

③ 添加材料：再次打开“文本格式”对话框，按照图 6-11（a）进行设置后，将其添加到文本区，并关闭对话框。

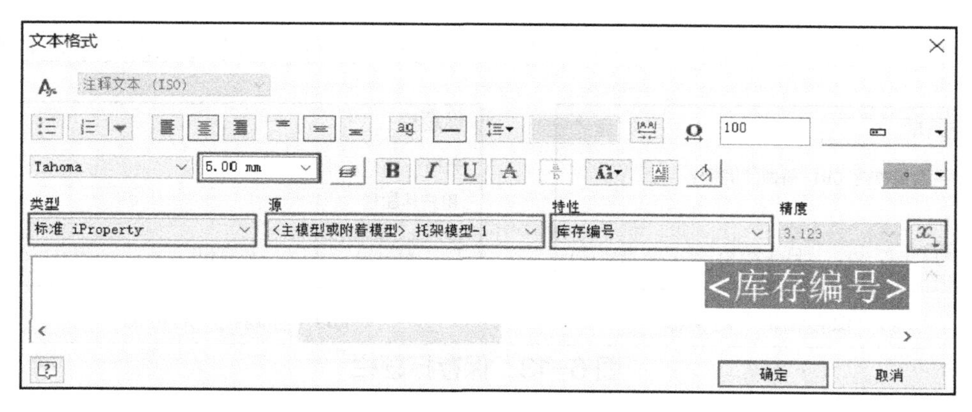

图 6-10　添加零件代号

为了将“材料”文本置于该栏中心，还需要在栏内绘制一条对角线，首先将文本拖至对角线中点，如图 6-11（b）所示；然后选择该对角线，单击“格式”工具面板上的“仅草图”工具按钮 ，让该对角线在工程图中不可见。

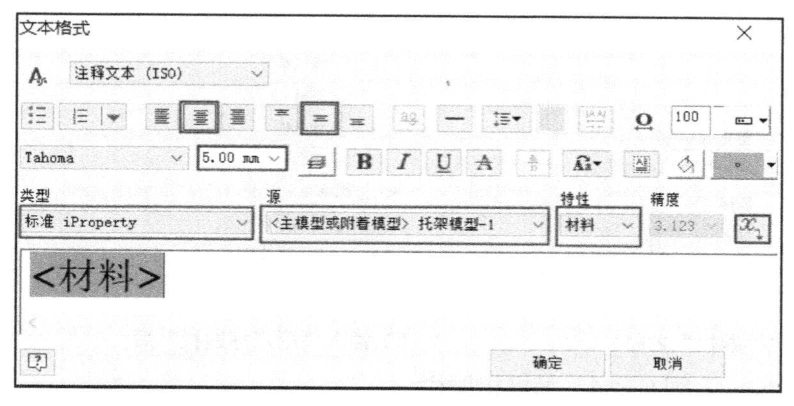

（a）设置文本格式

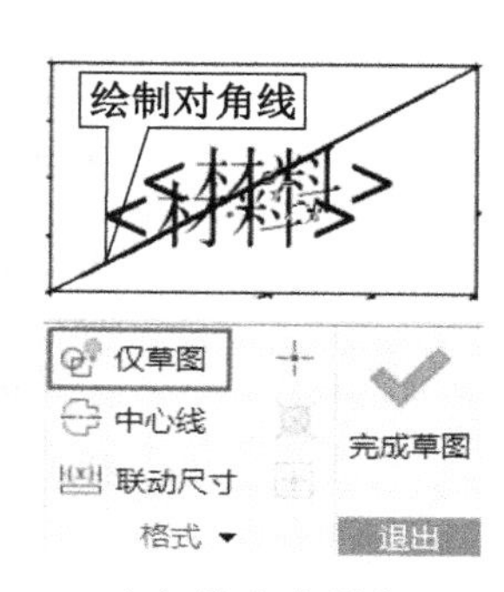

（b）让文本居中

图 6-11　添加材料

④ 添加质量：在“质量”栏中添加文本，设置结果如图 6-12 所示。

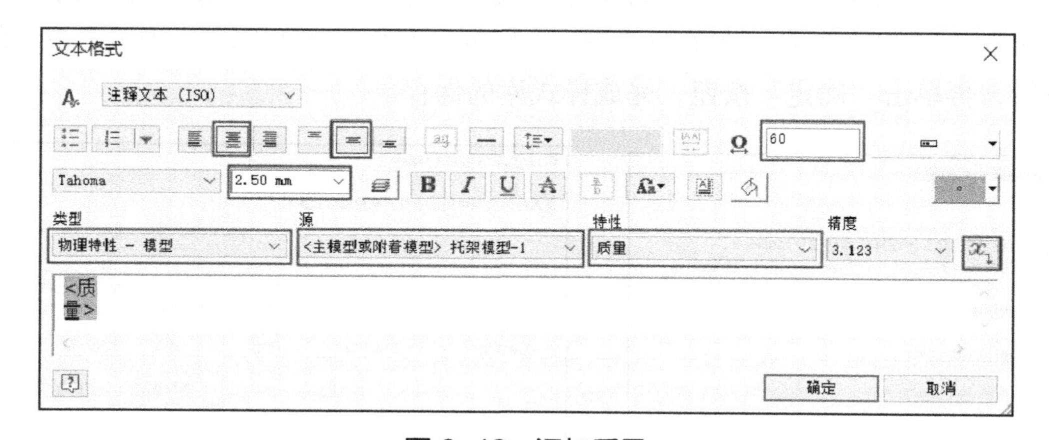

图 6-12　添加质量

完成所有设置后，单击“退出”工具面板上的“完成草图”工具按钮，弹出“保存编辑”对话框，如图 6-13（a）所示，单击“另存为”按钮；弹出“标题栏”对话框，将设置的标题栏命名为“用户标题栏”，如图 6-13（b）所示。单击“保存”按钮，完成标题栏的设置。

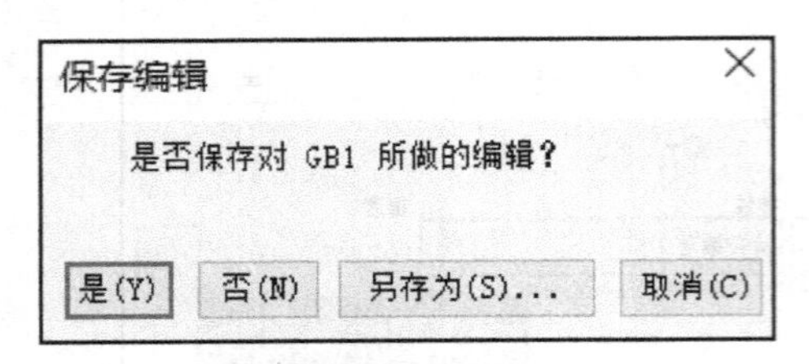

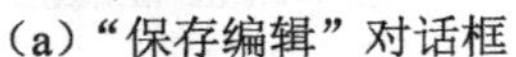
（a）“保存编辑”对话框

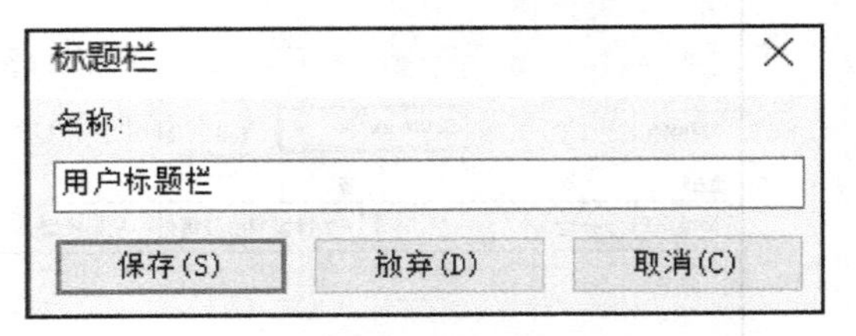

（b）“标题栏”对话框

图 6-13　保存标题栏

此时，在浏览器中增加了刚才设置的“用户标题栏”，先将图纸原来的 GB1 标题栏删除，然后在“用户标题栏”的右键菜单中选择“插入”选项，将其插入图纸中并激活，如图 6-14 所示。

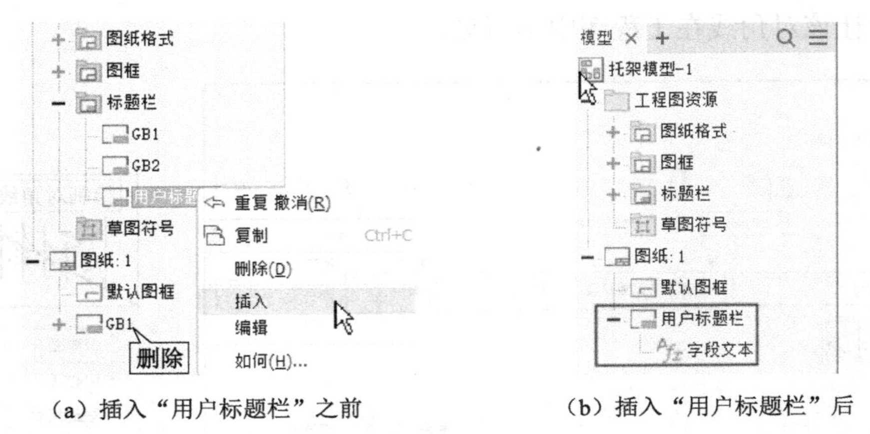

（a）插入“用户标题栏”之前　　（b）插入“用户标题栏”后

图 6-14　替换标题栏

3）保存样式库

完成上述设置后，单击如图 6-6 所示的“保存并关闭”按钮，弹出“是否要覆盖样式库信息？”提示框，如图 6-15（a）所示；单击“是”按钮后，弹出“将样式保存到样式库中”对话框，如图 6-15（b）所示；在该对话框中，罗列了我们设置的选项，先单击下面的“所有均是”按钮，再单击“确定”按钮，完成样式库的保存。

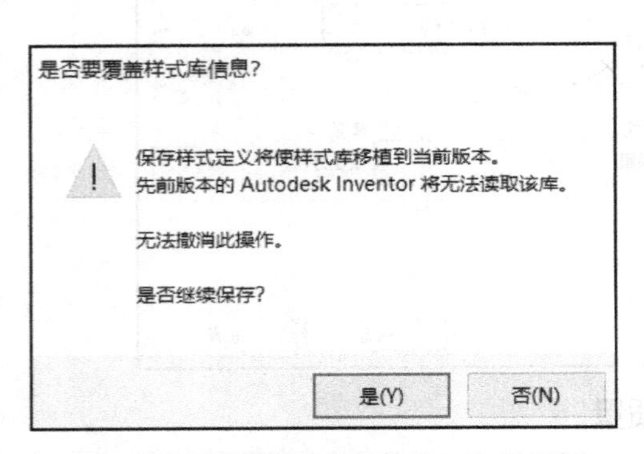

（a）“是否要覆盖样式库信息？”提示框

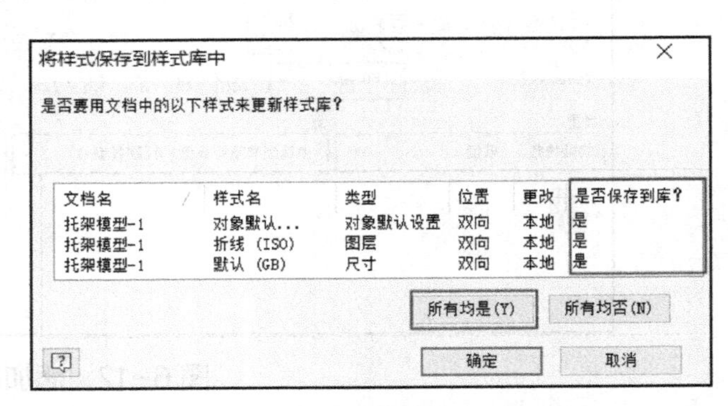

（b）“将样式保存到样式库中”对话框

图 6-15　样式库的保存

4）保存为模板

首先选择“文件”下拉菜单中的“另存为”选项，然后选择“保存副本为模板”选项，如图 6-16（a）所示。将模板保存为“用户模板.idw”，完成模板的创建。这时打开“新建文件”对话框，可以发现，对话框中的工程图选区中增加了“用户模板.idw”文件，如图 6-16（b）所示。

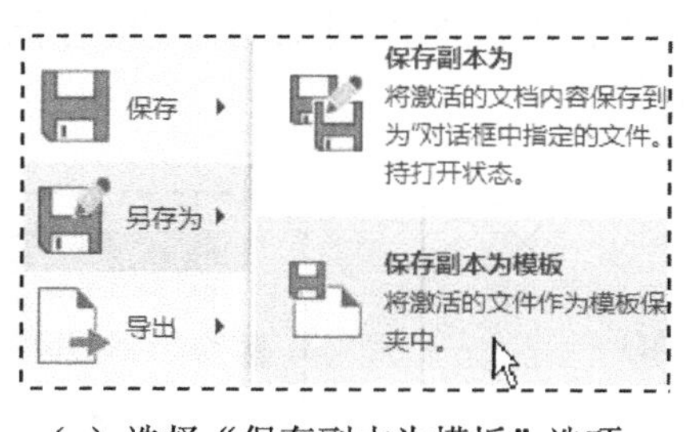

（a）选择“保存副本为模板”选项

（b）添加的用户模板

图 6-16 保存模板

3. 基础视图

基础视图是工程视图中的第一个视图，是其他视图创建的基础。单击“创建”工具面板上的“基础视图”工具按钮，弹出“工程视图”对话框及 View Cube。通过 View Cube，可调整基础视图的投影方向。此时在其他方向上移动光标可创建投影视图，如图 6-17 所示。

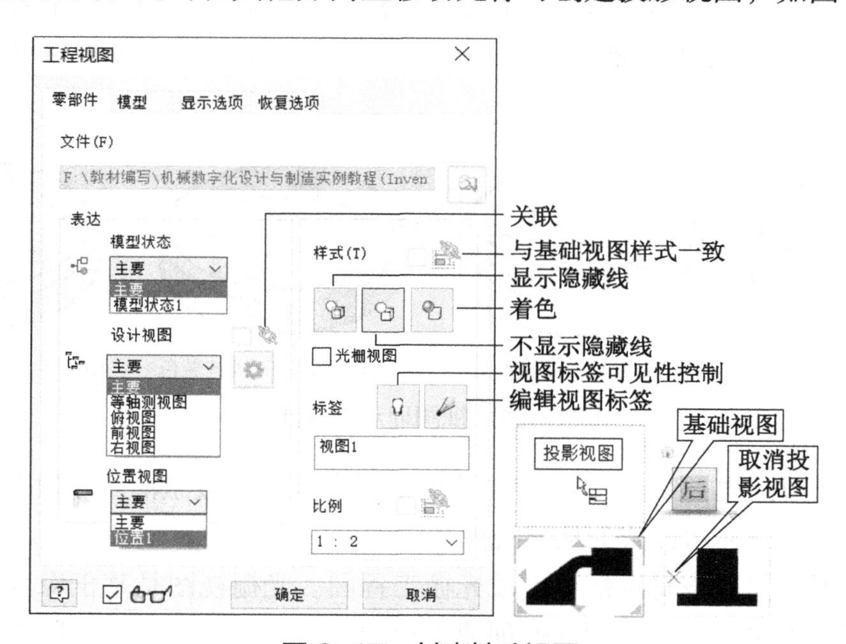

图 6-17 创建基础视图

在“工程视图”对话框中，有四个选项卡，下面介绍常用的两项。

1）“零部件”选项卡

“零部件”选项卡是最常用的基本选项卡，该选项卡中的各项含义如下。

（1）文件：选择用于生成基础视图的零部件文件。

（2）模型状态：选择要在视图中显示的模型状态，如图 6-18 所示。

（3）设计视图：选择不同的视图方向来创建工程图。

① 关联：该选项只有在选择非主要设计视图时才被激活，勾选此复选框以更新工程图。

② 设置：该选项只有在选择非主要设计视图时才被激活，单击该按钮，打开“视图表达选项”对话框，如图 6-19 所示。若勾选“照相机视图”复选框，则创建的工程视图与模型中的对应视图一致，此时不能再通过 View Cube 调整工程视图的方向。

（4）位置视图：该选项只有在为部件文件创建工程视图时才显示。通过该选项可以选择不同的位置视图来创建工程视图，如图 6-20 所示。

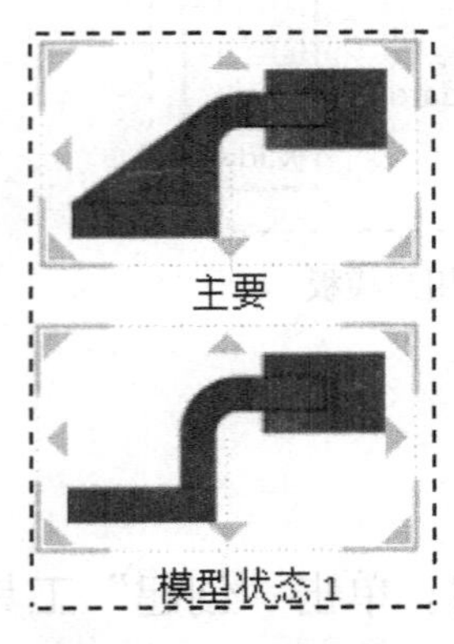

图 6-18　模型状态

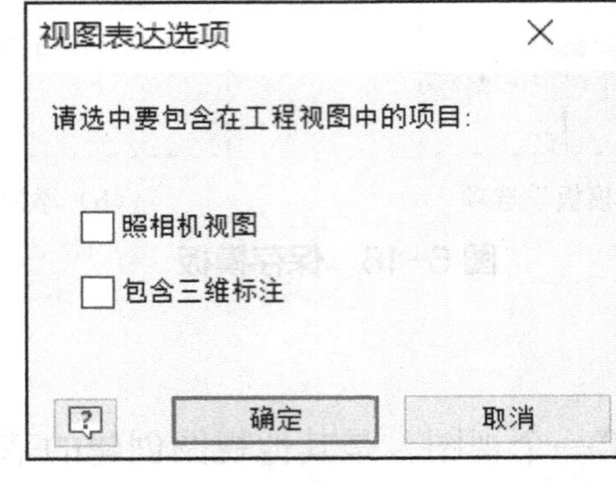

图 6-19　“视图表达选项”对话框

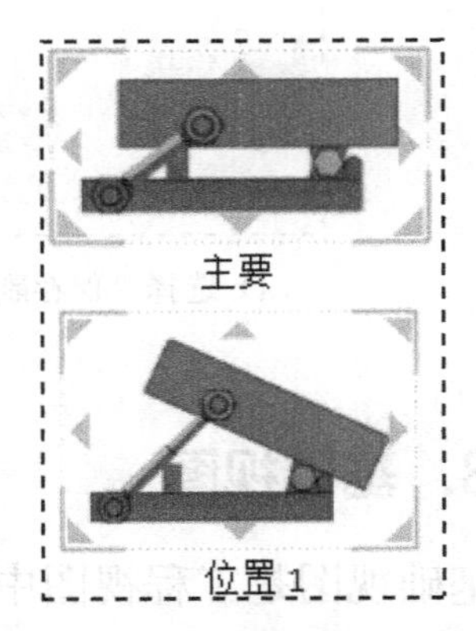

图 6-20　位置视图选项

（5）样式：对于视图的显示样式，Inventor 提供了三种，分别为“显示隐藏线”“不显示隐藏线”“着色”。前两种只能选择一种，当选择着色方式时，必须与前两种结合使用，如图 6-21 所示。

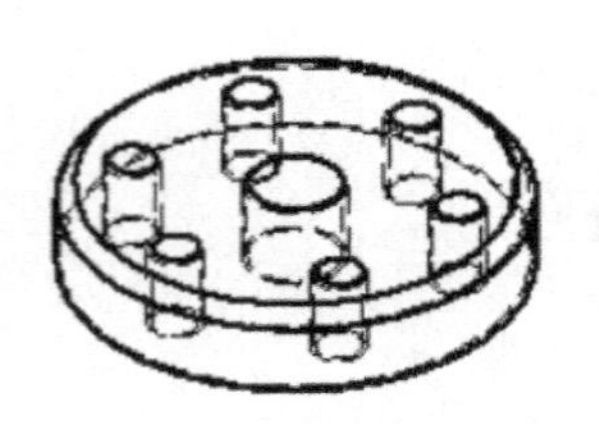

（a）显示隐藏线

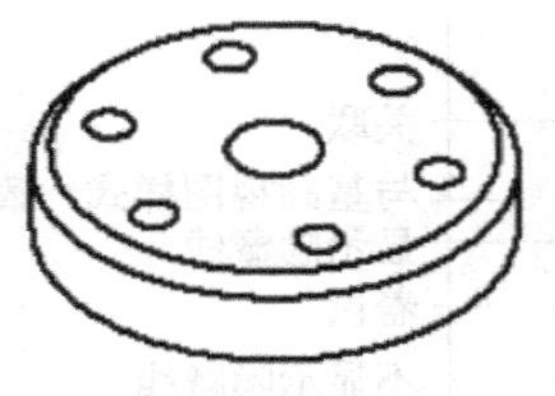

（b）不显示隐藏线

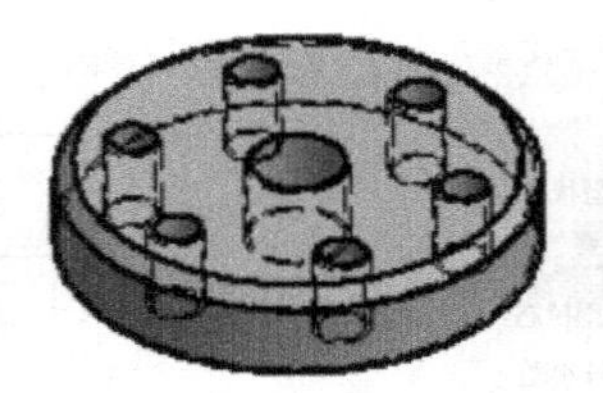

（c）显示隐藏线且着色

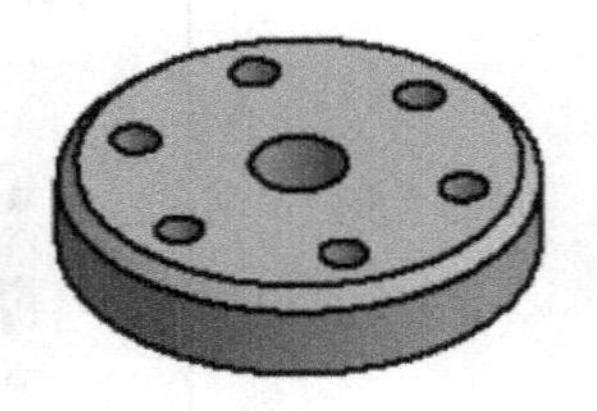

（d）不显示隐藏线且着色

图 6-21　视图显示样式比较

（6）与基础视图样式一致：只有在从属视图中该项才被激活。若勾选该复选框，则创建与基础视图具有相同显示样式的从属视图。

（7）光栅视图：勾选该复选框可生成光栅工程图。光栅视图是基于像素的视图，其生成速度比精确视图快得多，当为大型部件创建工程图时，它非常有用。使用该选项，可在光栅视图与精确视图之间进行相互转换。在工程视图中，光栅视图具有绿色的角框标识，如图 6-22 所示。

（8）标签：视图的标识符号。

① 视图标签可见性控制：当该标签亮显时，表示标签可见；反之视图标签隐藏，如图 6-23 所示。

② 编辑视图标签：单击该工具按钮，打开“文本格式”对话框，在该对话框中，可对

视图标签进行编辑。

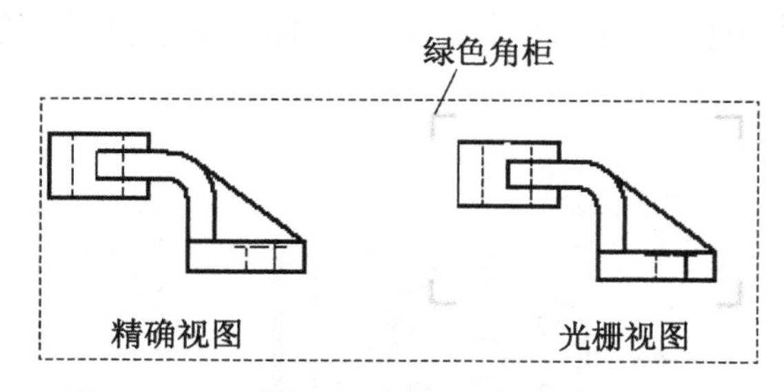

图 6-22 光栅视图与精确视图的比较

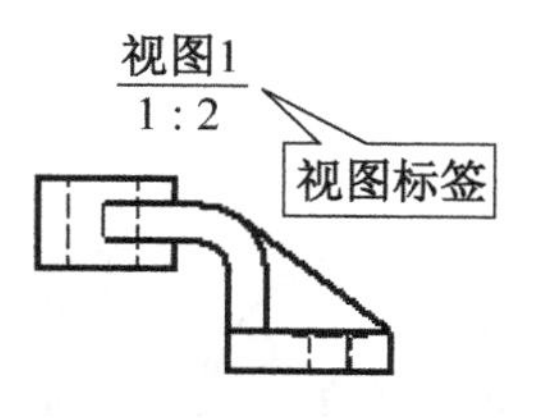

图 6-23 视图标签

（9）比例：设置基础视图相对于模型的比例；在编辑从属视图时，用来设置从属视图相对于父视图的比例。

2）“显示选项”选项卡

“显示选项”选项卡如图 6-24 所示，这里只介绍常用的几项。

（1）螺纹特征：勾选该复选框，将在视图中使螺纹特征可见，如图 6-25 所示。

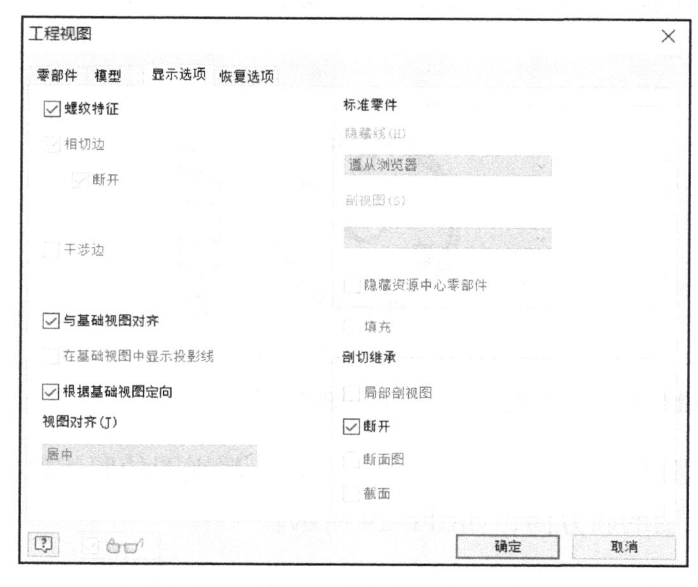

图 6-24 “显示选项”选项卡

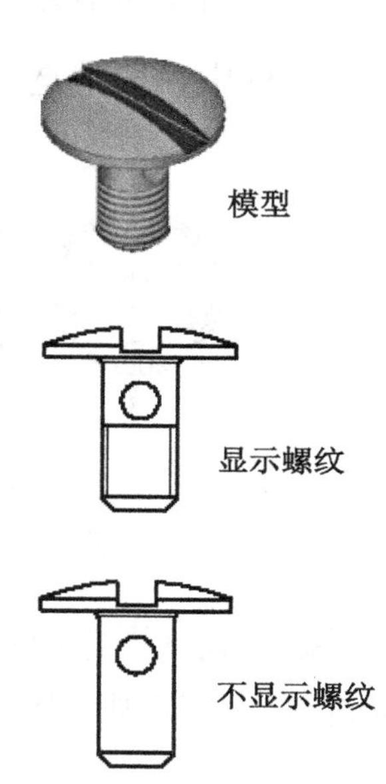

图 6-25 “螺纹特征”复选框的应用

（2）相切边：勾选该复选框，在视图中将显示模型中的相切边；若勾选“断开”复选框，则相切边将在交点处断开，如图 6-26 所示。

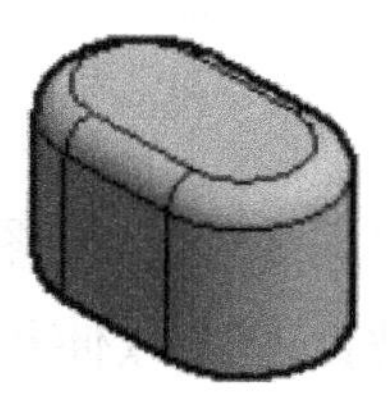

（a）模型

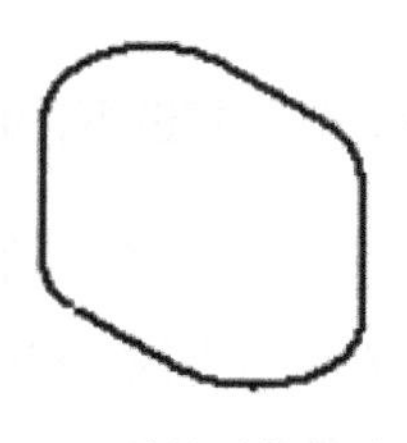

（b）不显示相切边

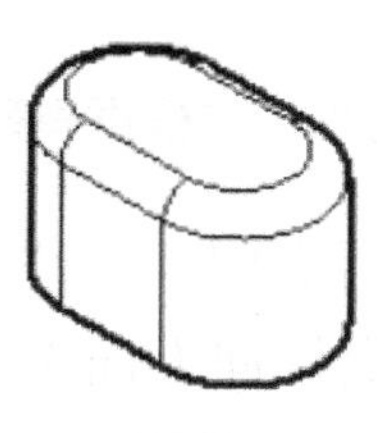

（c）显示相切边

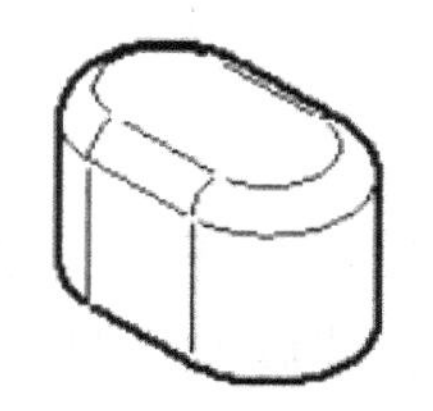

（d）显示相切边且断开

图 6-26 “相切边”复选框的应用

（3）与基础视图对齐：设置所选视图与基础视图的对齐约束，该复选框默认是被勾选状态。若取消选中，则在取消对齐约束的同时，会在基础视图旁边添加视图标签及投影方向箭头，如图 6-27 所示，这时视图可放置在任意位置。

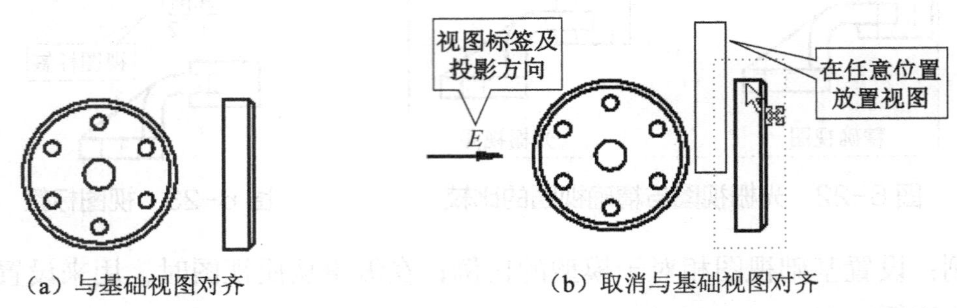

（a）与基础视图对齐　（b）取消与基础视图对齐

图 6-27　“与基础视图对齐”复选框的应用

（4）在基础视图中显示投影线：控制投影视图、局部视图边界圆、剖切线及其关联文本的显示，该复选框默认是被勾选状态。例如，在图 6-28 中，根据工程图标准，若单一基本对称面剖切，则可以不在基础视图中显示剖切符号。因此，用户可双击剖视图，在弹出的“工程视图”对话框中，取消选中该复选框即可。

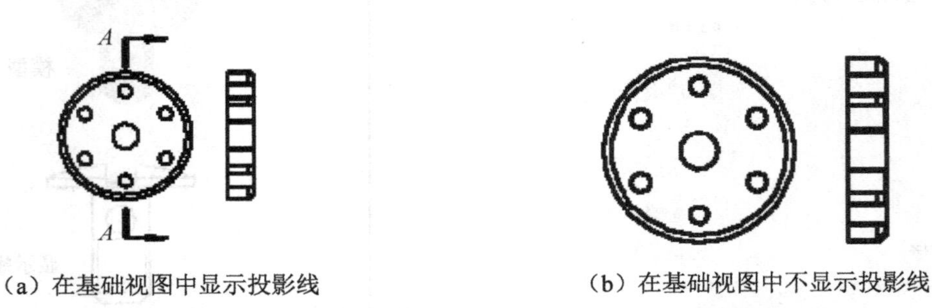

（a）在基础视图中显示投影线　（b）在基础视图中不显示投影线

图 6-28　“在基础视图中显示投影线”复选框的应用

（5）根据基础视图定向：当基础视图旋转或重定向时，用来指定从属视图的照相机方向。勾选该复选框，从属视图将继承基础视图的新方向，如图 6-29 所示。

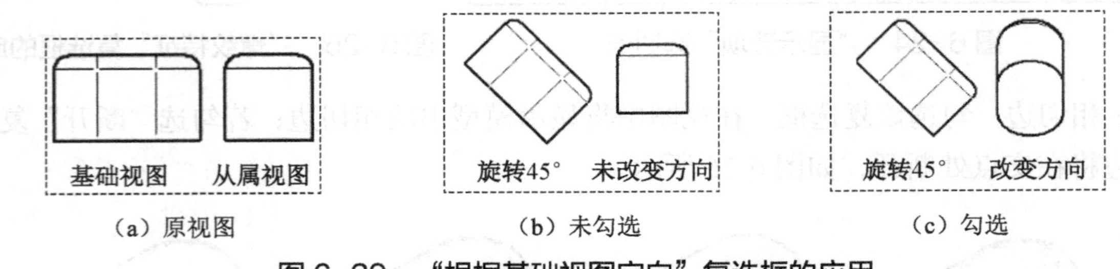

（a）原视图　（b）未勾选　（c）勾选

图 6-29　“根据基础视图定向”复选框的应用

（6）视图对齐：在此下拉列表中，有“居中”和“固定”两项，“居中”使视图围绕原始位置居中，若修改模型（如改变拉伸方向），则视图将在所有方向上被调整，以使得视图在原始位置附近保持居中；而“固定”则使视图在原位置保持不变，如图 6-30 所示。

（7）填充：用来设置所选剖视图中剖面线的可见性。若勾选该复选框，则在剖视图中显示剖面线。

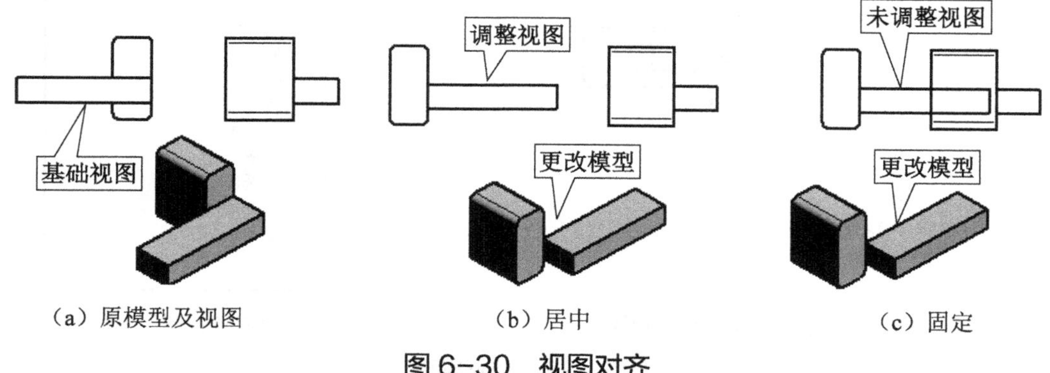

（a）原模型及视图　　（b）居中　　（c）固定

图 6-30　视图对齐

4. 投影视图

除了在创建基础视图时可以直接创建投影视图，还可以通过投影视图工具创建投影视图。现举例说明创建投影视图的步骤。

单击“投影视图”工具按钮，选择父视图，在需要投影的方向上引导光标，在适当位置单击以确定视图位置，单击鼠标右键，在右键菜单中选择“确定”选项，即可完成投影视图的创建，如图 6-31 所示。

5. 编辑视图

双击需要编辑的视图，或者在其右键菜单中选择“编辑视图”选项，如图 6-32 所示，即可打开“工程视图”对话框，根据需要进行编辑。从视图的右键菜单中可以看到，除能够编辑视图以外，还可以创建各种视图。

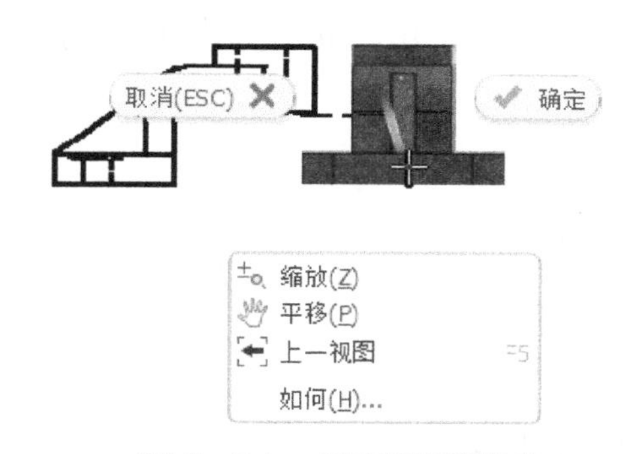

图 6-31　创建投影视图

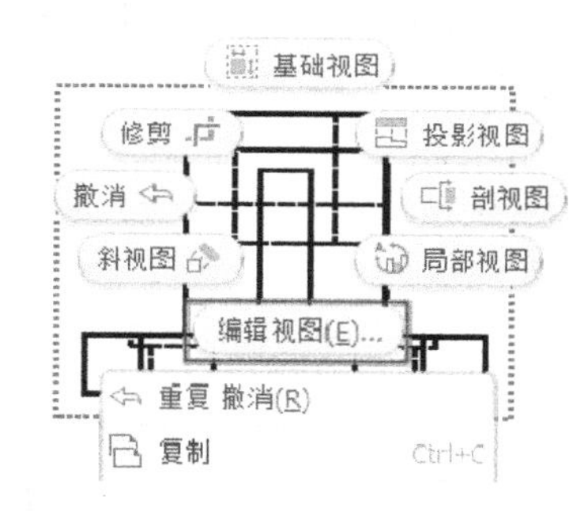

图 6-32　通过右键菜单编辑视图

在工程图中，有时为了看图方便，需要将视图进行旋转。方法是在需要旋转的视图上单击鼠标右键，在右键菜单中选择“旋转”选项，如图 6-33（a）所示。在弹出的“旋转视图”对话框中，可依据边、绝对角度、相对角度旋转照相机或视图，如图 6-33（b）所示。

现以图 6-34 所示为例介绍旋转视图的步骤。

在视图上单击鼠标右键，选择“旋转”选项，在视图上选择参考边，在“旋转视图”对话框中选中“竖直”单选按钮和“逆时针”选项，单击“确定”按钮，完成视图的旋转。

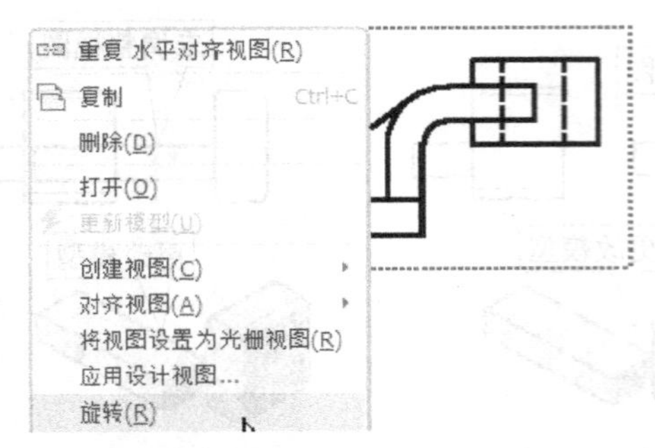

（a）通过视图的右键菜单旋转视图

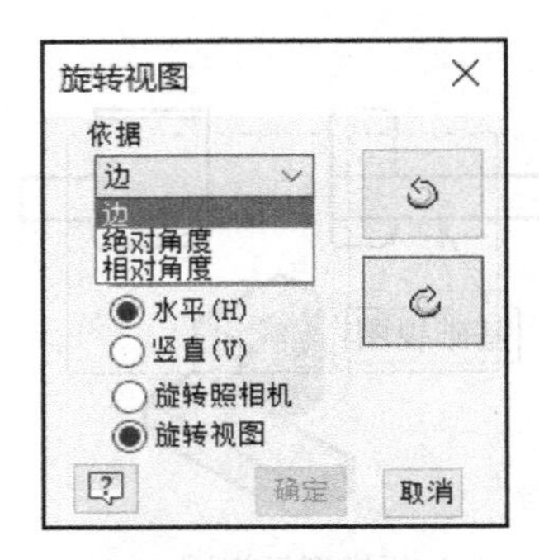

（b）“旋转视图”对话框

图 6-33　旋转视图

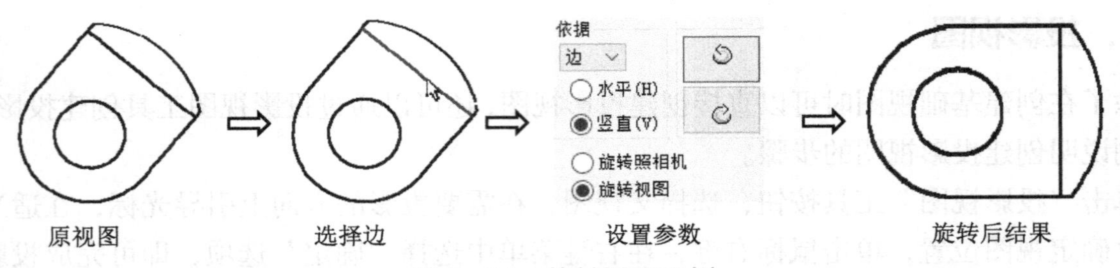

图 6-34　旋转视图示例

对于使用投影工具创建的正交视图，其视图样式、视图比例默认与父视图保持一致，也可根据需要进行更改，更改方法前面已经介绍过，这里不再赘述。

6. 中心线标注

在工程图中，零件的轴线、对称中心线、孔心等位置都应标注中心线。中心线工具位于“标注”选项卡下的“符号”工具面板上，如图 6-35 所示。Inventor 提供了自动和手动两种添加中心线的方式。

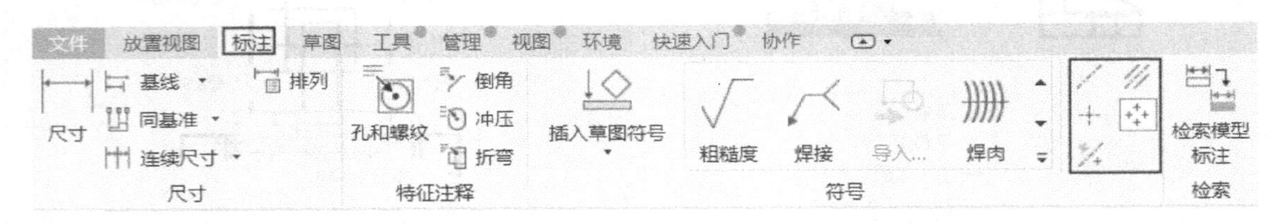

图 6-35　中心线工具

1）手动添加中心线

Inventor 提供了四个工具来手动添加中心线。

（1）中心线：单击“中心线”工具按钮后，首先在需要注释中心线的位置，用光标感应中心线的第一个点（绿色）后单击；然后感应第二个点后单击，将光标引导到合适位置，单击鼠标右键，选择“创建”选项，完成中心线的绘制，如图 6-36 所示。

（2）对称中心线：单击“对称中心线”工具按钮，在视图上先后单击需要添加对称中心线的两条边，完成对称中心线的添加，如图 6-37 所示。

（3）中心标记：单击“中心标记”工具按钮，在视图上单击需要注释中心标记的圆或圆弧，即可添加中心标记，如图 6-38 所示。

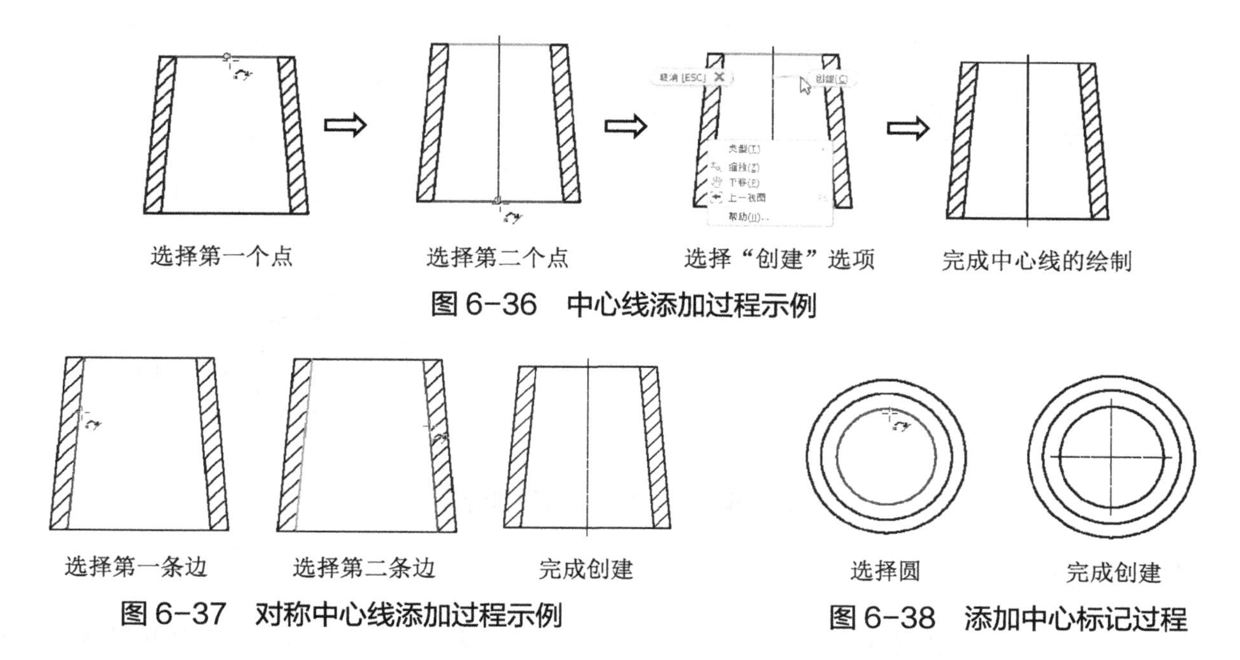

图 6-36　中心线添加过程示例

图 6-37　对称中心线添加过程示例

图 6-38　添加中心标记过程

（4）中心阵列标记：单击“中心阵列标记”工具按钮后，先单击阵列中心圆；再依次单击阵列对象；最后单击鼠标右键，选择“创建”选项，完成中心阵列标记的注释，如图 6-39 所示。

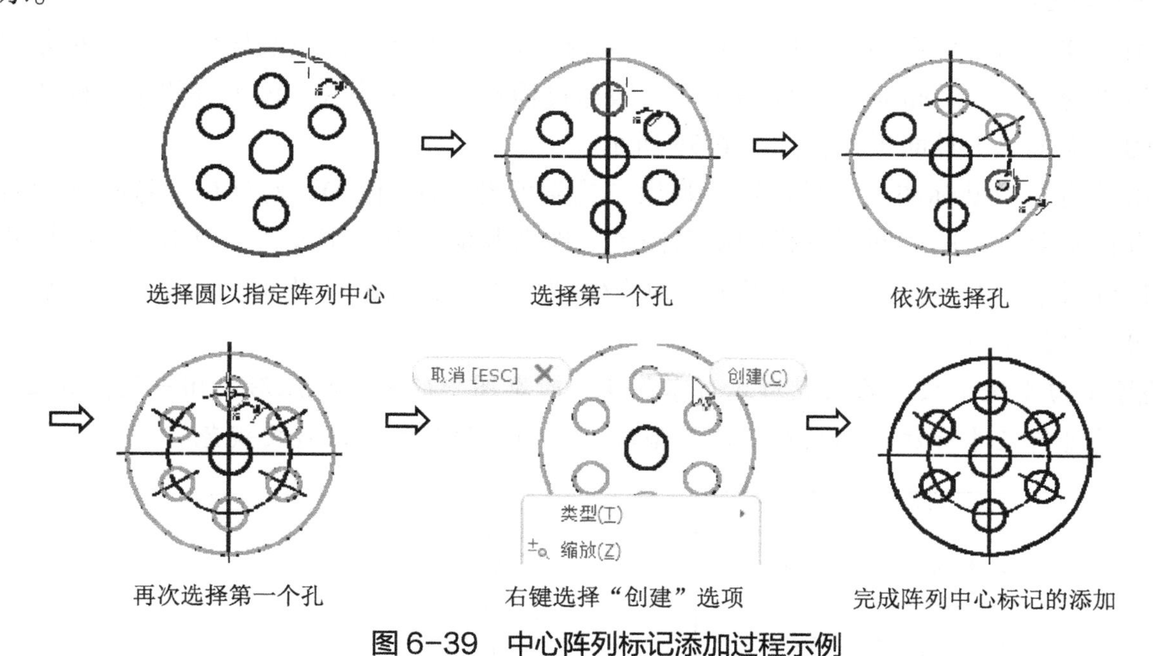

图 6-39　中心阵列标记添加过程示例

2）自动添加中心线

单击“自动中心线”工具按钮，选择要添加中心线的工程视图后，弹出如图 6-40 所示的“自动中心线”对话框，在对话框中，可以选择要添加的对象类型、使用范围、应用自动中心线的对象和投影方向等。完成设置后，单击“确定”按钮，完成自动中心线的添加。最后拖动中心线的控制点，调整中心线至合适长度。

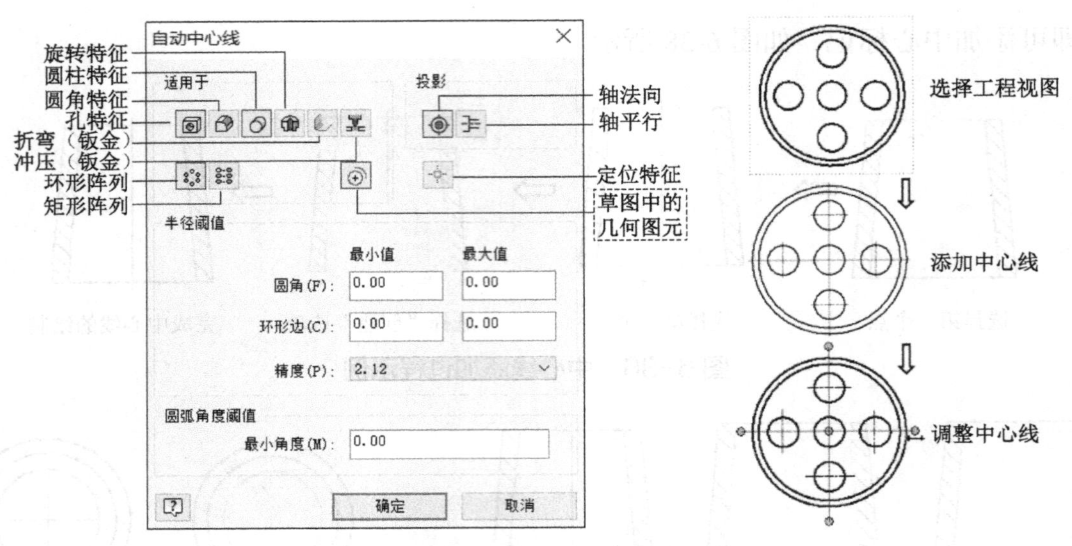

图 6-40　自动中心线添加示例

7. 尺寸标注

在 Inventor 中，工程图的尺寸有“模型尺寸”和“工程图尺寸”两种。“模型尺寸”是用来控制零件特征大小的，即零件建模时在创建草图和添加特征的过程中添加的尺寸；“工程图尺寸”是设计者在工程图中新标注的尺寸。

1）模型尺寸

模型尺寸是与零件模型紧密联系的，与零件模型双向关联，即更改任何一方，对方都会随之发生改变。在 Inventor 中，模型尺寸一般通过检索的方式获取，该工具位于“标注”选项卡下的“检索”工具面板上，如图 6-35 所示。

单击“检索模型标注”工具按钮，弹出“检索模型标注(正交)”对话框。选择视图后，激活“选择来源”选区，同时选择的视图按照零件来源检索出模型尺寸。单击“选择尺寸来源”工具按钮，可重新选择尺寸来源以检索模型尺寸，如图 6-41 所示。尺寸添加完后，拖动尺寸可调整其位置。

【说明】由于模型尺寸的放置形式与零件建模时草图中的尺寸标注形式相一致，因此，若采用该方式进行尺寸标注，那么在创建模型时，草图中的尺寸标注就要规范。

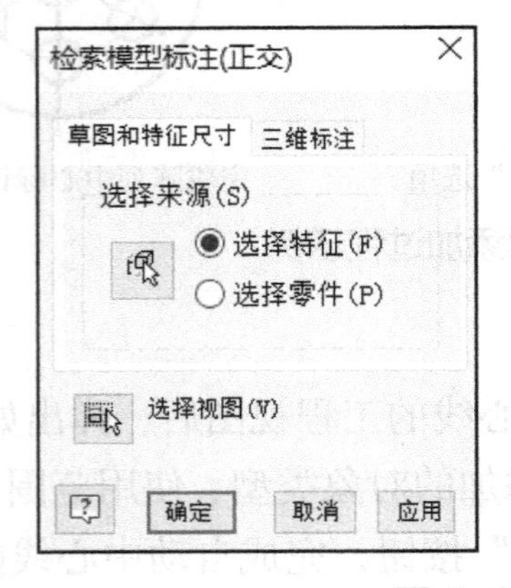

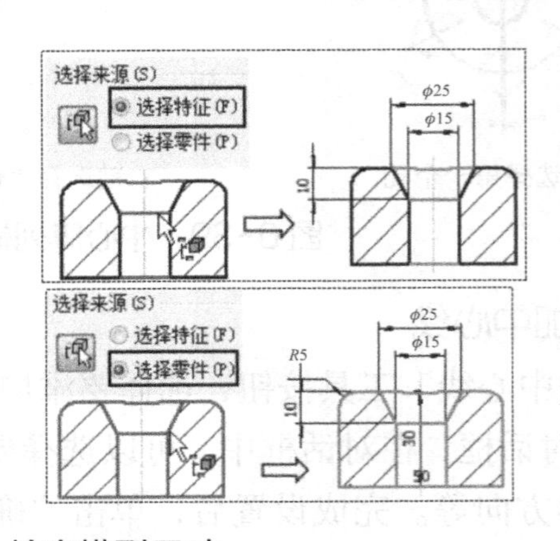

图 6-41　检索模型尺寸

2）工程图尺寸

工程图尺寸是由用户自行添加的，工程图尺寸与模型单向关联，即当零件模型尺寸发生变化时，工程图尺寸会自动发生变化，但对工程图尺寸做出修改，不会对模型产生影响。

在“标注”选项卡下，Inventor 提供了“尺寸”和“特征注释”两个工具面板，如图 6-35 所示，下面分别进行介绍。

（1）尺寸：在该工具面板上，提供了“通用尺寸”“基线”“同基准”“连续尺寸”“排列”几个工具按钮。

① 通用尺寸 ：是最常用的尺寸标注工具，可用来进行线性尺寸标注、圆弧标注、角度标注等。这里以图 6-42 所示为例介绍捕捉交点的标注方式。

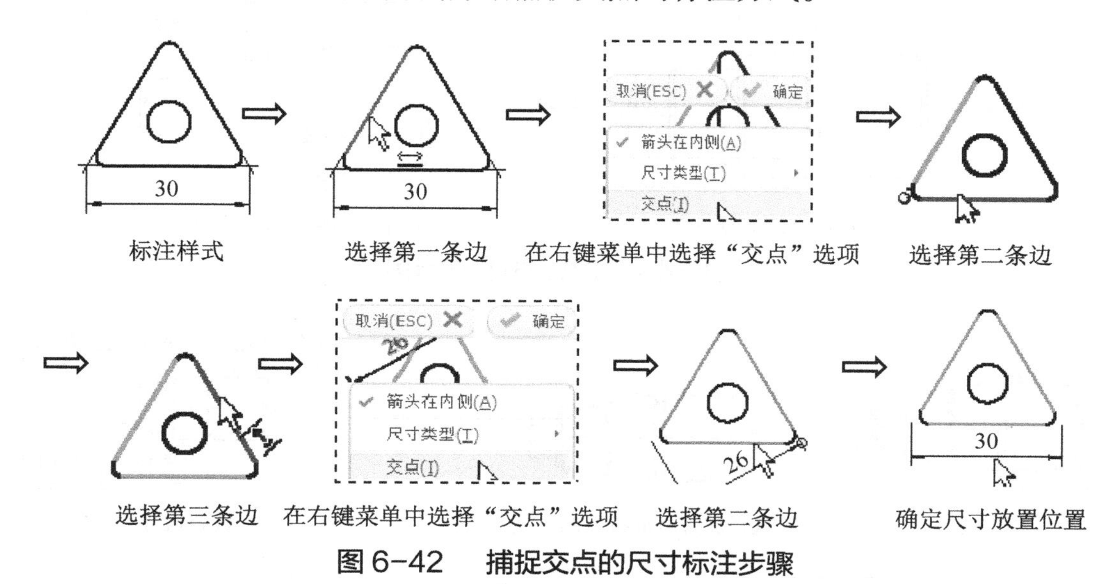

图 6-42 捕捉交点的尺寸标注步骤

单击“通用尺寸”标注工具，单击第一条边，在空白处单击鼠标右键，在右键菜单中选择“交点”选项；单击第二条边，找到第一个交点；单击第三条边，在空白处单击鼠标右键，在右键菜单中选择“交点”选项，单击第二条边，找到第三个交点，向下引导光标至合适位置并单击，以确定标注尺寸的放置位置。

② 基线尺寸：使用该工具可一次创建一个或多个单独的基线尺寸。下面以图 6-43 所示为例介绍标注基线尺寸的步骤。

单击“基线尺寸”工具按钮，依次选择创建基线尺寸的边界，其中选择的第一条边为基线；单击鼠标右键，选择“继续”选项，引导光标至合适位置并单击，指定尺寸的放置位置；单击鼠标右键，选择“创建基准”选项，完成基线尺寸的标注。

③ 同基准尺寸：使用该工具可一次创建一个或多个单独的同基准尺寸。下面以图 6-44 所示为例介绍标注同基准尺寸的步骤。

单击“同基准尺寸”工具按钮，选择视图，指定放置基准符号的位置，单击以确定；依次选择创建同基准尺寸的边界，单击鼠标右键，选择“继续”选项，引导光标至合适位置并单击，指定尺寸的放置位置；单击鼠标右键，选择“确定”选项，完成同基准尺寸的标注。

④ 连续尺寸：使用该工具可一次创建一个或多个单独的连续尺寸。下面以图 6-45 所示

示为例介绍标注连续尺寸的步骤。

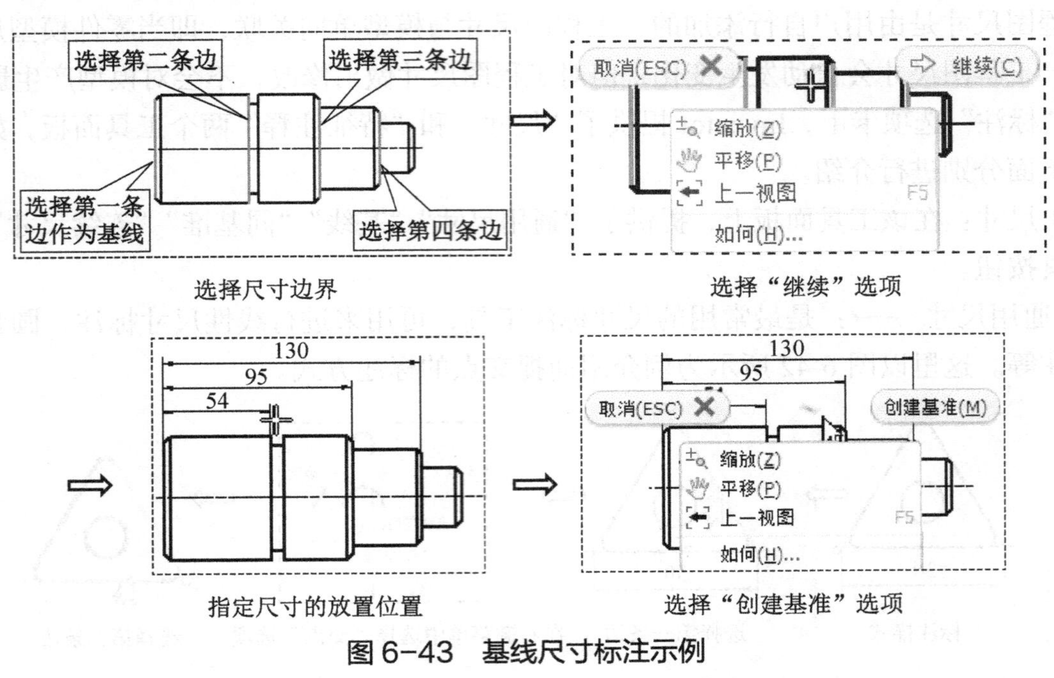

图 6-43　基线尺寸标注示例

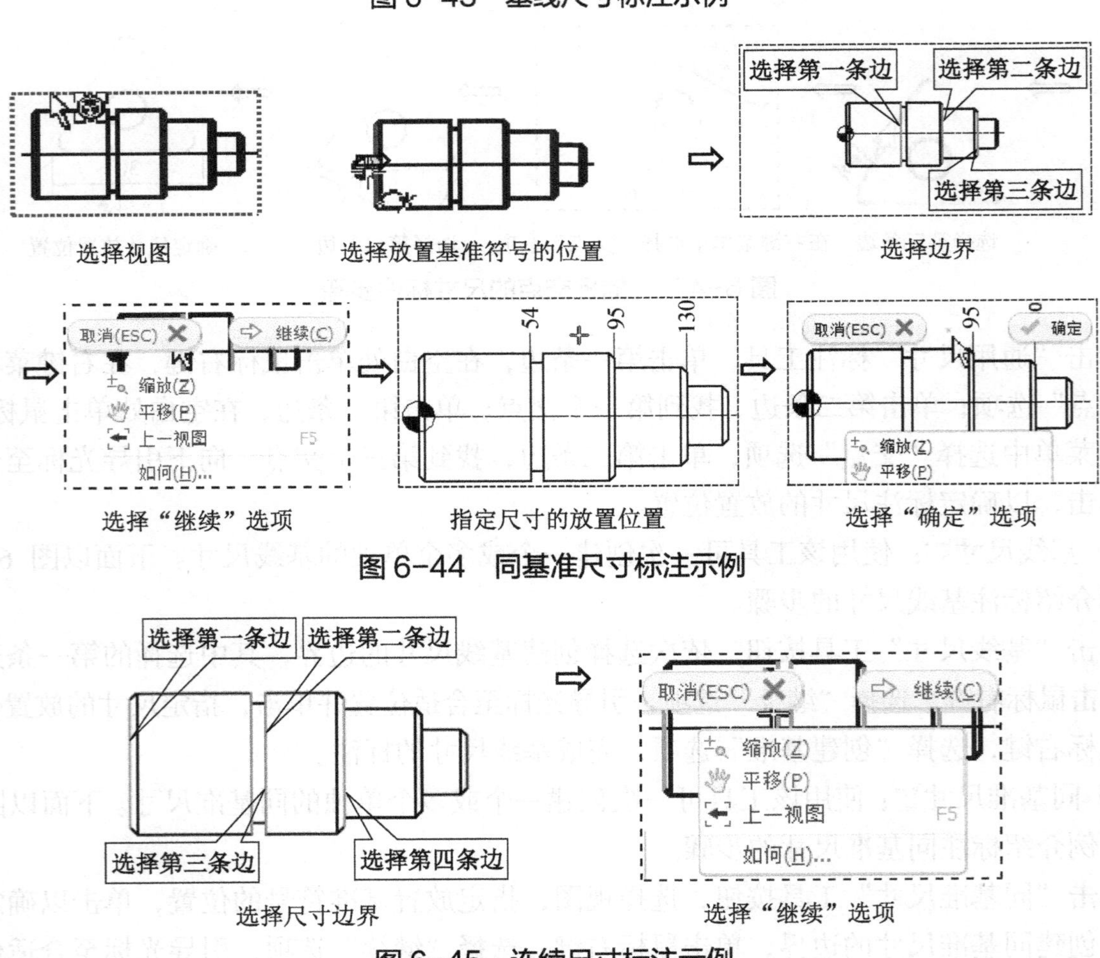

图 6-44　同基准尺寸标注示例

图 6-45　连续尺寸标注示例

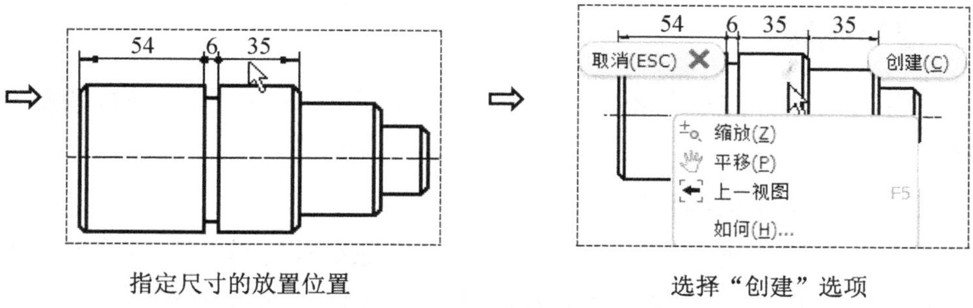

指定尺寸的放置位置　　　　选择“创建”选项

图 6-45　连续尺寸标注示例（续）

单击“连续尺寸”工具按钮，依次选择创建连续尺寸标注的尺寸边界；单击鼠标右键，选择“继续”选项，引导光标至合适位置并单击，指定尺寸的放置位置；单击鼠标右键，选择“确定”选项，完成连续尺寸的标注。

⑤ 排列尺寸：使用该工具可以一次选择多个尺寸进行排列。现以图 6-46 所示为例介绍“排列尺寸”工具的使用步骤。

单击“排列尺寸”工具按钮，选择需要排列的尺寸，单击鼠标右键，在右键菜单中选择“确定”选项，完成尺寸排列。

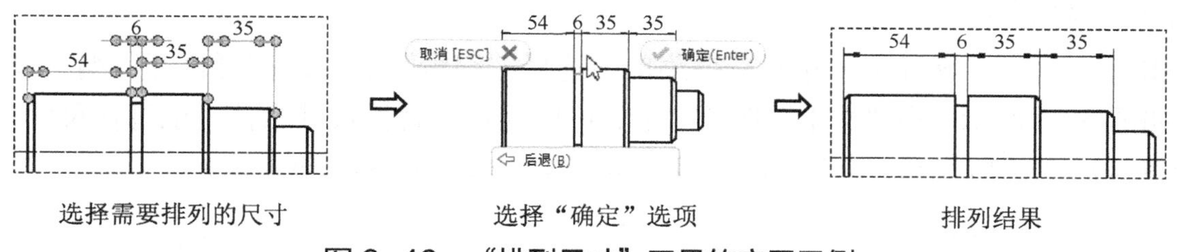

选择需要排列的尺寸　　　　选择“确定”选项　　　　排列结果

图 6-46　“排列尺寸”工具的应用示例

（2）特征注释：在该工具面板上，提供了“孔和螺纹”“倒角”“冲压”“折弯”四个工具，后两个工具主要用于钣金件中，这里不做介绍。

① 孔和螺纹：用以添加具有指引线的孔和螺纹注释。

a. 孔注释：单击“孔和螺纹”工具按钮，引导光标至合适位置单击，完成孔的注释，如图 6-47 所示。

b. 螺纹注释：单击“孔和螺纹”工具按钮，分两次单击螺纹线，引导光标至合适位置单击，完成螺纹的注释，如图 6-47 所示。

② 倒角：在选定的模型边缘或草图线上放置倒角注释。单击“倒角”工具按钮，分别选择两条倒角边，引导光标至合适位置单击，完成倒角，如图 6-48 所示。

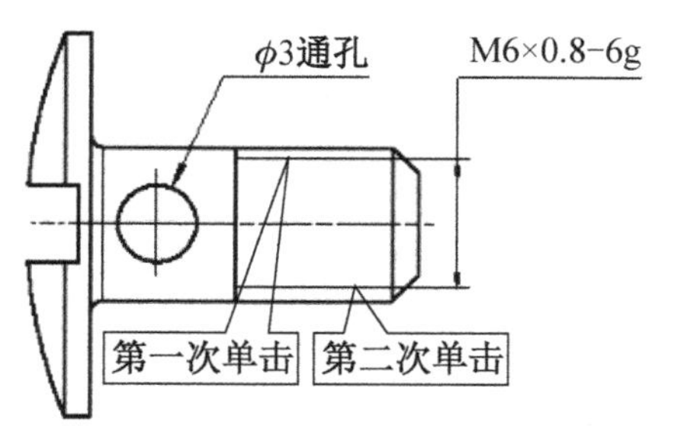

图 6-47　孔/螺纹注释

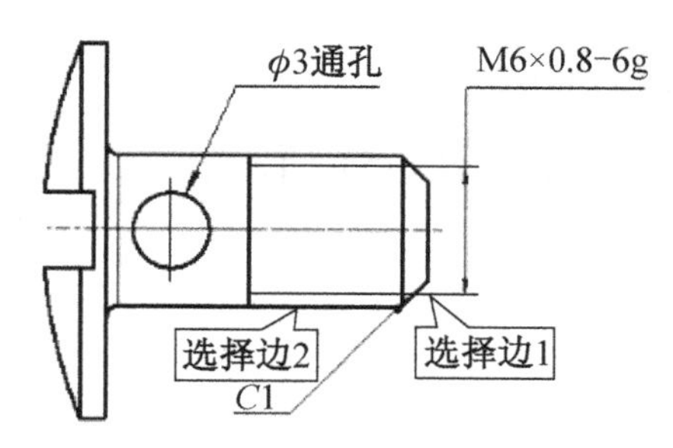

图 6-48　倒角注释

8. 尺寸调整与编辑

在工程图中，有时尺寸标注后并不能一次满足图样要求，往往需要进行调整和修改。

1）尺寸调整

尺寸调整有位置调整和样式调整两种。

（1）位置调整：尺寸的位置调整比较简单，可直接拖动尺寸线、尺寸界线、尺寸数字进行调整。当拖动尺寸界线时，尺寸数字会随着尺寸界线的移动而发生变化。

（2）样式调整：通过尺寸右键菜单，可对其样式进行调整，如图 6-49 所示。

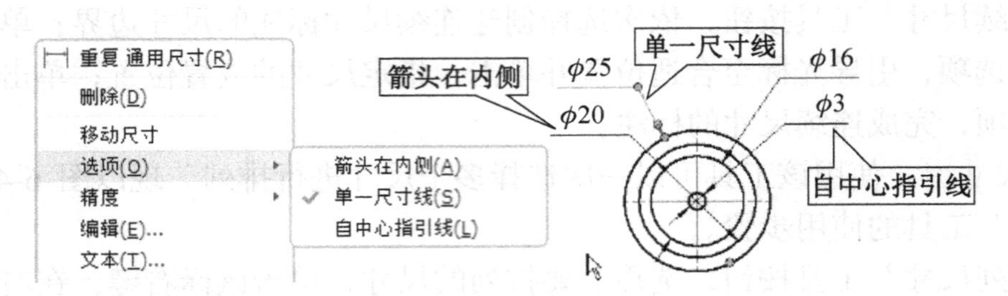

图 6-49　样式调整

2）尺寸编辑

双击尺寸数字，或者在尺寸的右键菜单中选择“编辑”选项，都可打开“编辑尺寸”对话框，如图 6-50 所示。在“文本”选项卡下，可以编辑或替换尺寸数值，也可在尺寸数值前、后添加符号；在“精度和公差”选项卡下，可选择公差方式和精度要求。

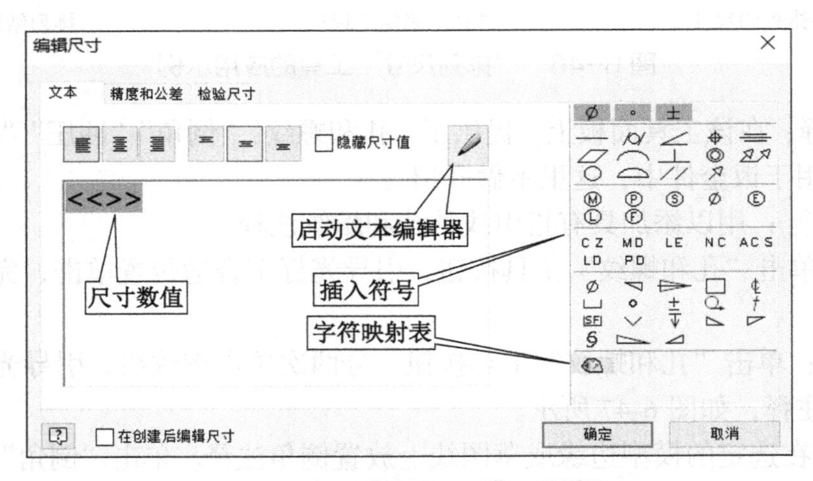

图 6-50　“编辑尺寸”对话框

任务流程

主要任务流程如图 6-51 所示。

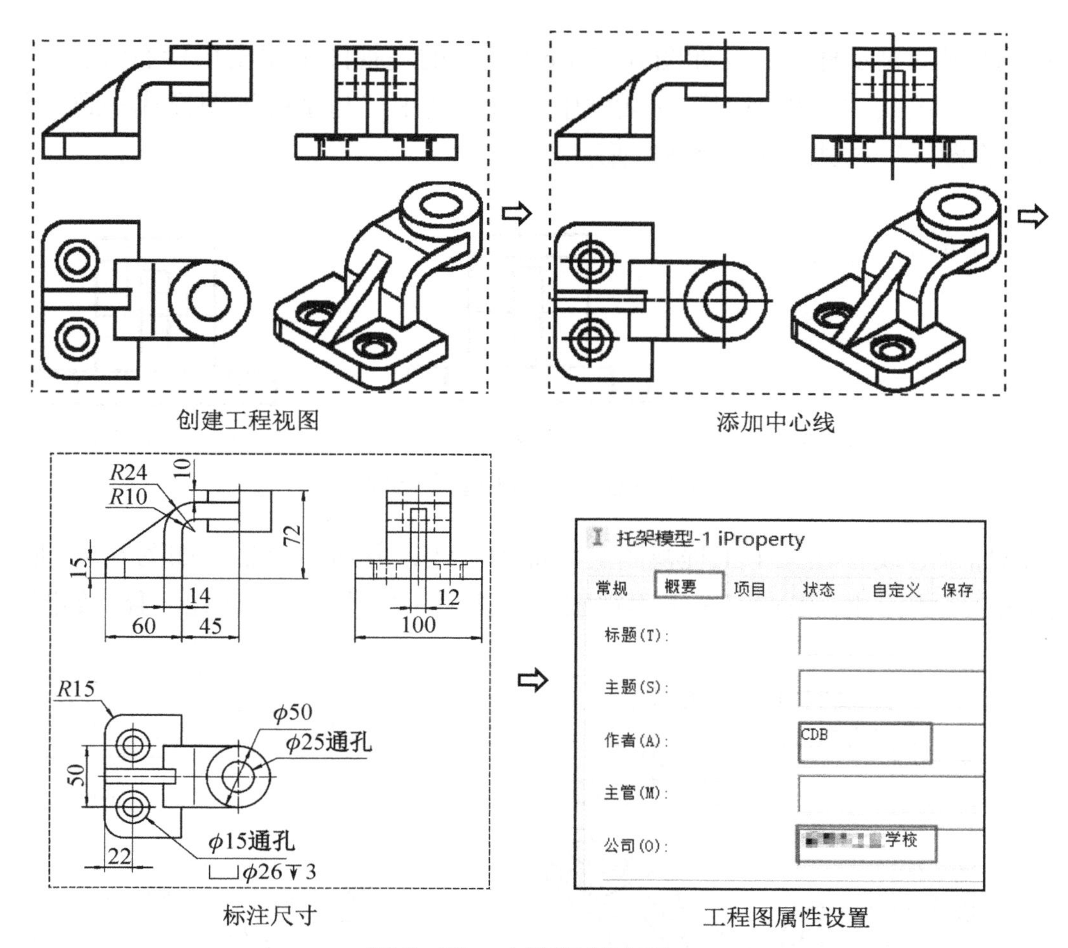

图 6-51　主要任务流程

任务实施

（1）新建工程图文件：打开“新建文件”对话框，选择刚创建的工程图模板文件“用户模板.idw”。

（2）创建工程视图：为资源包中的“模块 2\第 6 章\任务 1\托架.ipt”创建基础视图，在“工程视图”对话框中做如图 6-52 所示的设置。

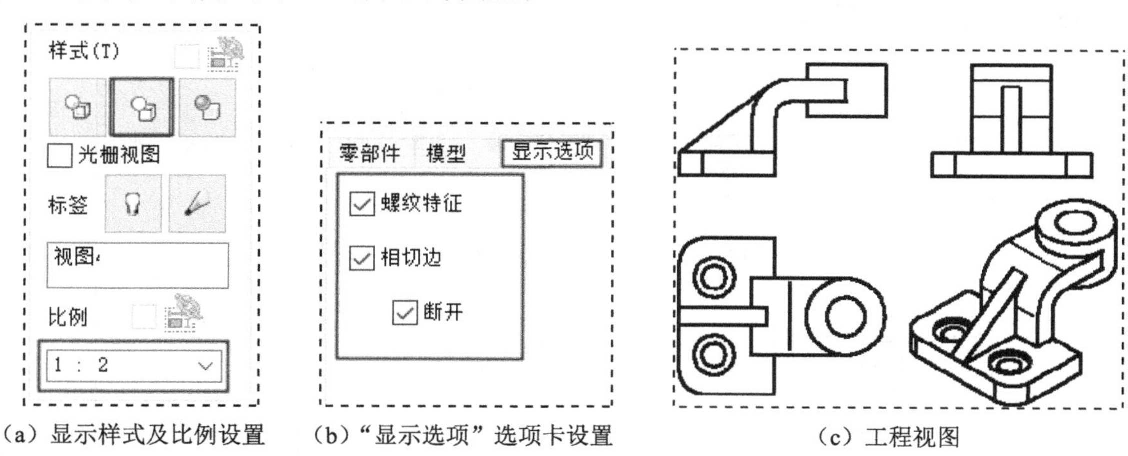

（a）显示样式及比例设置　（b）“显示选项”选项卡设置　（c）工程视图

图 6-52　创建基础视图与投影视图

（3）更改视图显示样式：在如图 6-52（c）所示的左视图上单击鼠标右键，选择“编辑视图”选项，在弹出的“工程视图”对话框中，取消选中“与基础视图样式一致”复选框，并选择“显示隐藏线”样式，如图 6-53 所示。

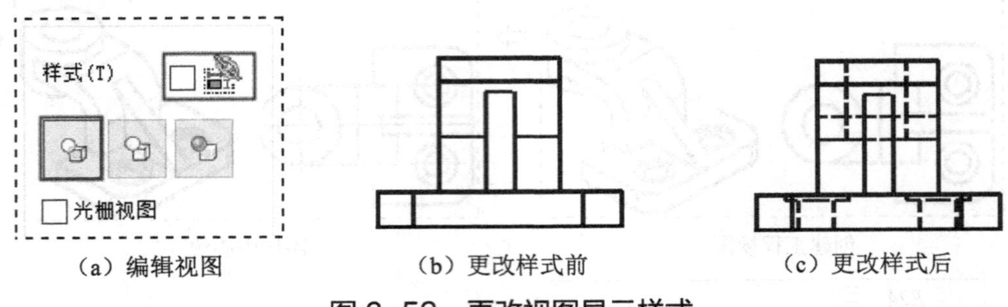

（a）编辑视图　（b）更改样式前　（c）更改样式后

图 6-53　更改视图显示样式

（4）添加中心线：在三个工程视图上添加中心线，并适当调整，如图 6-54 所示。

（5）添加尺寸标注：先在三个工程视图上标注通用尺寸，再添加孔注释，如图 6-55 所示。

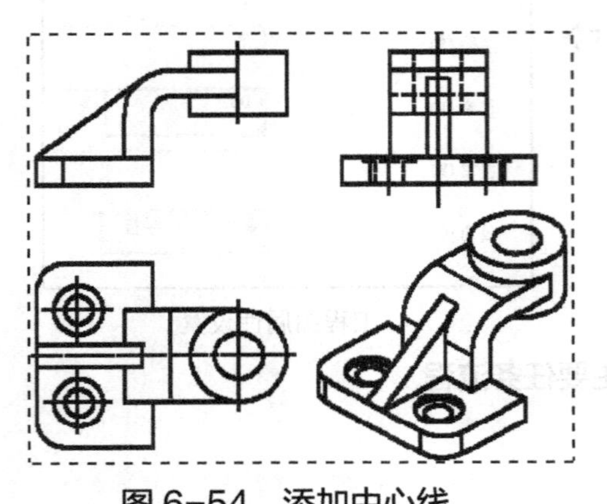
图 6-54　添加中心线

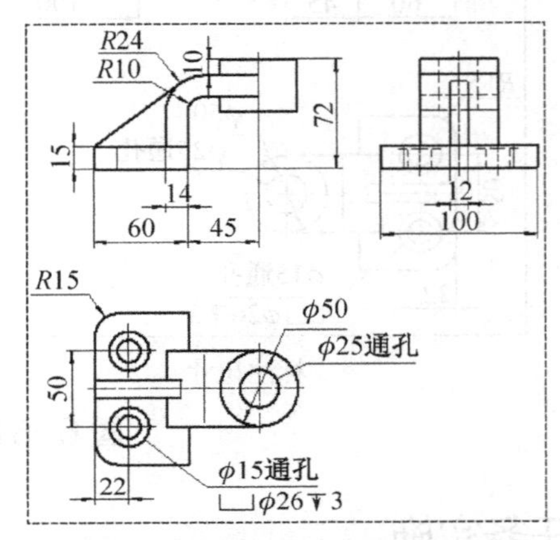

图 6-55　添加尺寸标注

（6）编辑尺寸标注：调整部分尺寸数值的位置；将 *R*24、*R*10 两个尺寸的标注方式改为“自中心指引线”，结果如图 6-56 所示。

（7）工程图属性设置：打开工程图的 iProperty 属性窗口，在“概要”选项卡下，添加“作者”和“公司”名称，如图 6-57 所示。

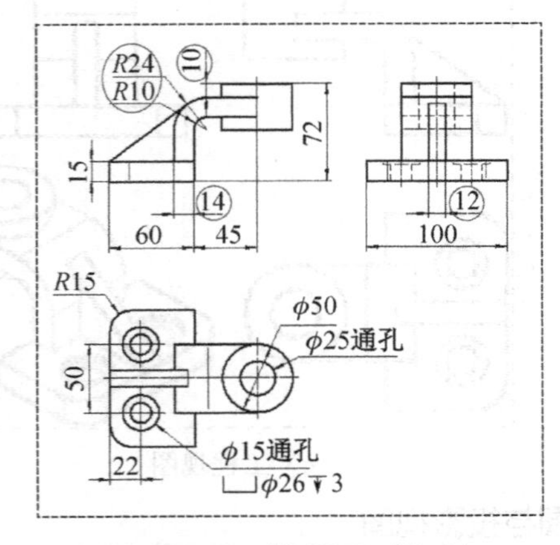

图 6-56　编辑尺寸标注

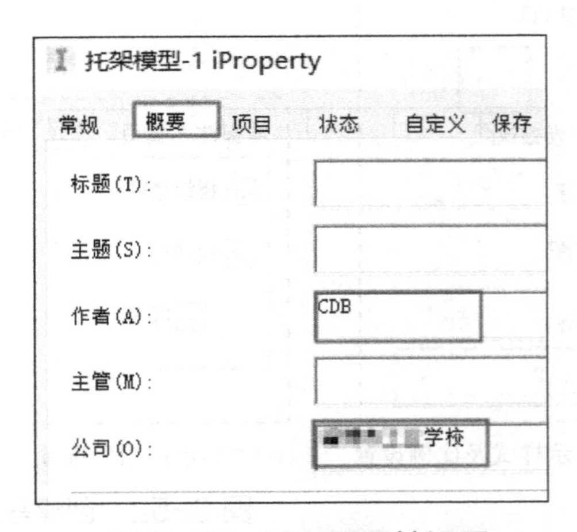

图 6-57　工程图属性设置

（8）保存文件：将文件保存为“托架模型.idw”，最后结果如图 6-2 所示。

拓展练习 6-1

利用本任务学习的知识完成如图 6-58 所示的工程图设计。模型及详细的工程图参见资源包中的“模块 2\第 6 章\任务 1\拓展练习\”。

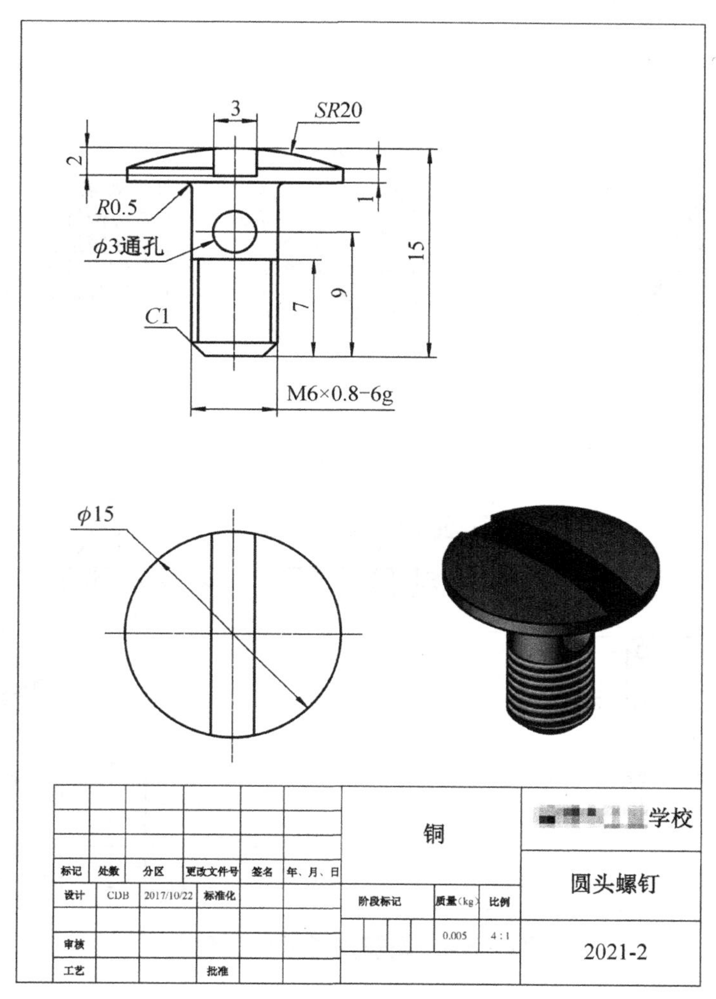

图 6-58　拓展练习 6-1

任务 2　弯管法兰模型的工程图设计

学习目标

◆ 掌握剖视图、斜视图、局部视图、局部剖视图的创建方法。

◆ 能够对视图进行修剪。

◆ 掌握工程图中的文本标注方法。

◆ 能够熟练设计弯管法兰的工程图。

任务导入

弯管法兰模型工程图如图 6-59 所示，其数字模型及详细图纸见资源包“模块 2\第 6 章\任务 2\”。

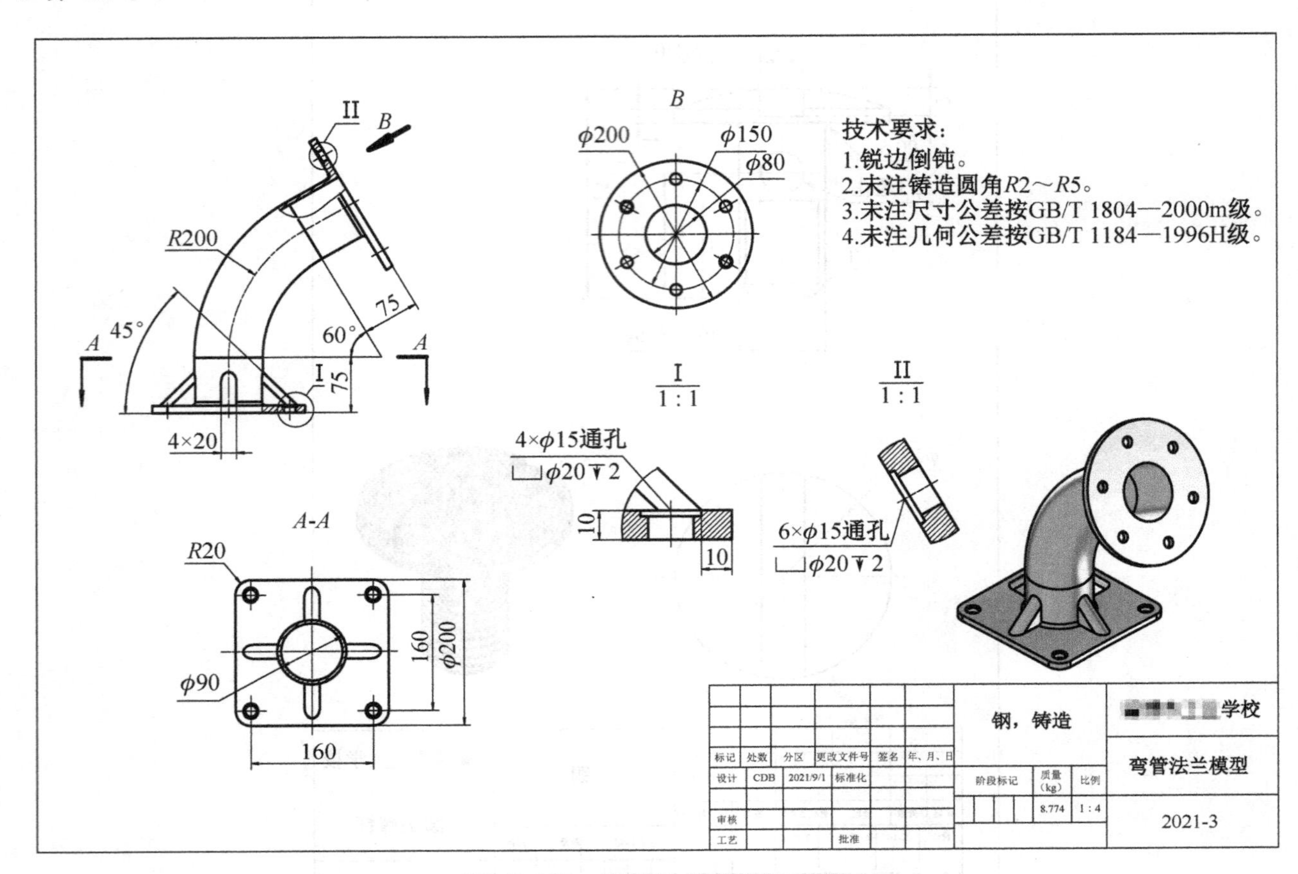

图 6-59　弯管法兰模型工程图

在弯管法兰模型工程图的设计过程中，除了用到前面学习的知识，还需要用到斜视图、剖视图、局部视图、局部剖视图、修剪视图及文本注释工具等。

知识准备

1. 斜视图

斜视图一般常用于表达零部件上不平行于基本投影面的结构，适合表达零部件上的斜表面的实形，也可以用来制作某一方向上的向视图，如图 6-60（a）所示。

选择要创建斜视图的工程视图后，单击“斜视图”工具按钮，便弹出“斜视图”对话框，在此可以设置视图标识符、缩放比例、显示样式等，如图 6-60（b）所示。

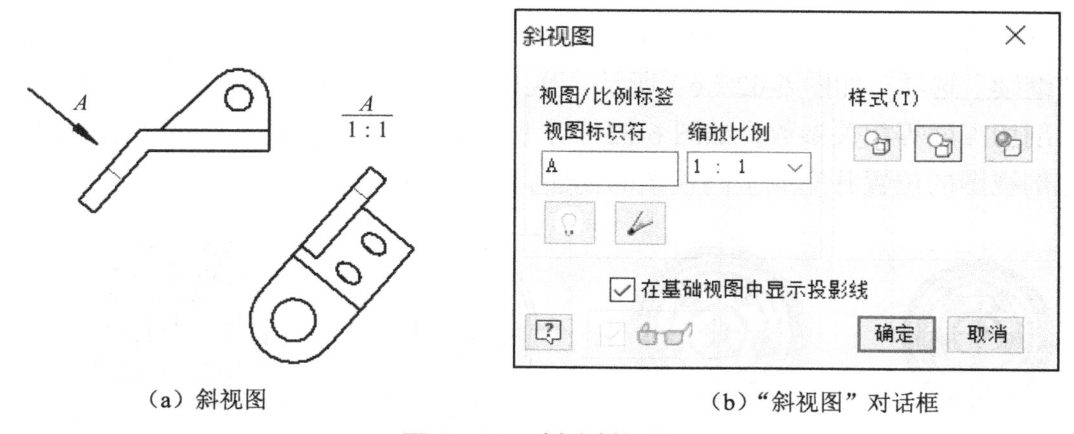

（a）斜视图　　（b）“斜视图”对话框

图 6-60　创建斜视图

下面以图 6-60（a）所示的斜视图为例说明制作斜视图的操作步骤。

单击“斜视图”工具按钮，单击视图，设置斜视图的标识符等参数，在视图上选择并单击一条边来定义斜视图的投影方向；在垂直于或平行于选择边的方向上移动光标，创建斜视图的投影方向；在合适位置单击，确定斜视图的位置并完成斜视图的创建，如图 6-61 所示。

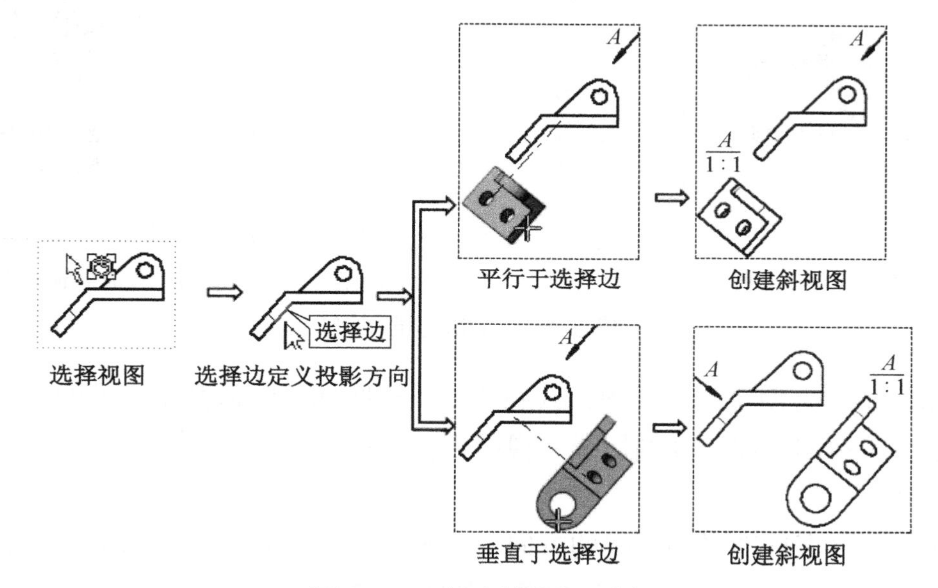

图 6-61　创建斜视图示例

父视图中的投影线及斜视图中的标签都可用拖动的方式来调整其位置。

2. 剖视图

剖视图用来表达零部件的内部形状结构。在工程图标准中，剖切面有单一剖切面、多个平行剖切面和多个相交剖切面三种，分别对应全剖、阶梯剖和旋转剖，下面分别进行介绍。

1）全剖视图

单击“剖视”工具按钮，在视图区选择并单击视图，如图 6-62（a）所示；用光标感应如图 6-62（b）所示的边线中点，此时不要单击，将光标向左水平移动，此时会出现一条过中点的虚线，移动光标到合适位置并单击，得到剖切面的第一个点，如图 6-62（c）所示；向右水平移动光标至合适位置并单击，得到剖切面的第二个点，如图 6-62（d）所示；单击鼠标右键并选择“继续”选项，如图 6-62（e）所示；弹出“剖视图”对话框，在对话框中可设置视图标识符、剖切深度等相关参数，如图 6-62（f）所示；完成设置后，引导光标至适当位置并单击，确定剖视图的位置并完成全剖视图的创建，如图 6-62（g）所示。

（a）选择视图

（b）剖切面位置

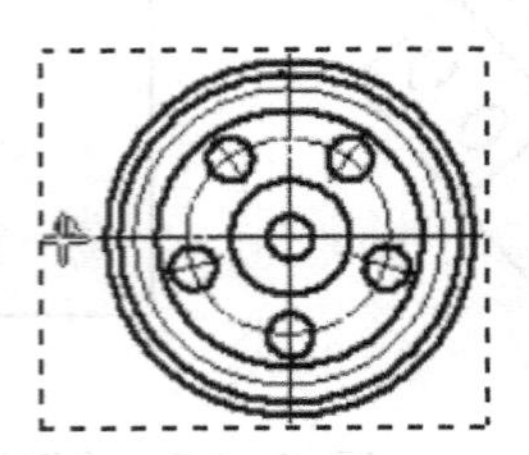

（c）指定剖切面的第一个点

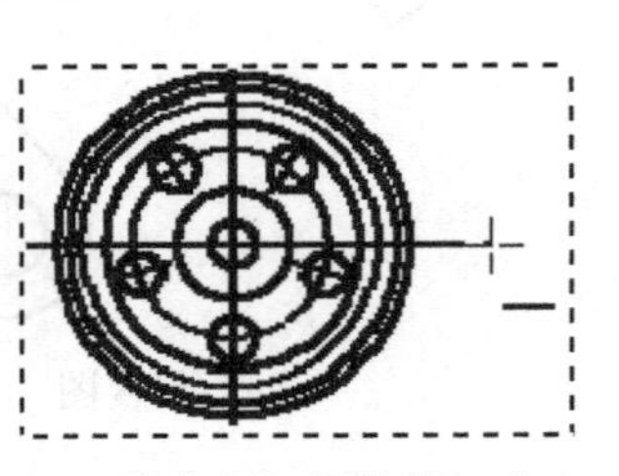

（d）指定剖切面的第二个点

（e）选择“继续”选项

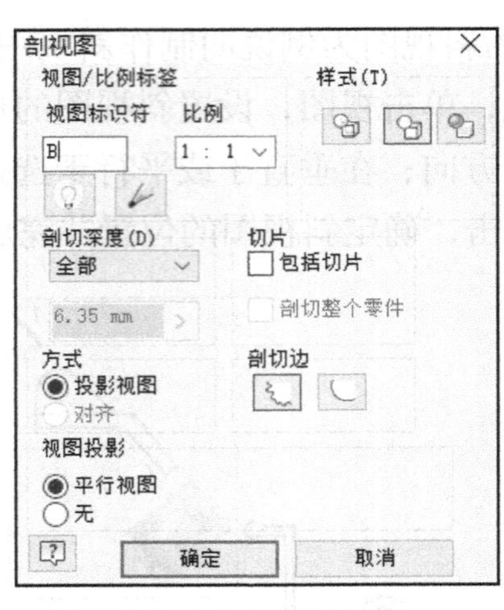

（f）“剖视图”对话框

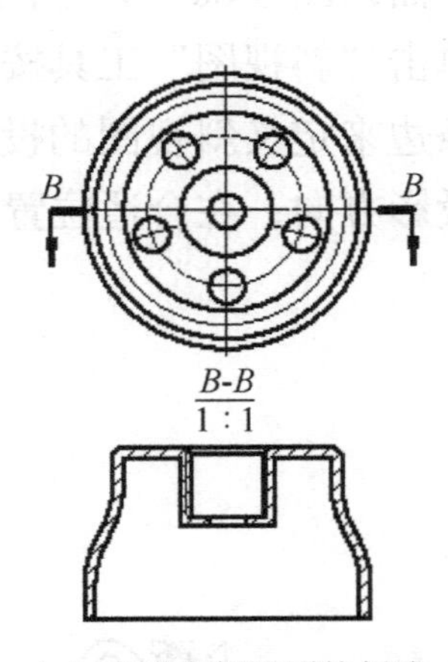

（g）完成全剖视图的创建

图 6-62　创建全剖视图

对于在 Inventor 中创建的剖视图，其剖切线、视图标签默认都是可见的。而在工程图标准中，对于单一对称剖切面，其剖切线、视图标签均可省略。因此，这里还需要将剖切线、视图标签不可见。

在工程图中，国家标准对剖切线的方向、疏密、显示都有一定的标准，若需要修改，则可在剖面线的右键菜单中选择“编辑”选项，如图 6-63（a）所示。在打开的“编辑剖面线图案”对话框中，可对剖面线的图案、比例、倾斜角度、颜色等进行修改，如图 6-63（b）所示。同样，通过右键菜单也可控制剖面线的可见性。

【说明】在工程图标准中，有些结构是不参与剖切的，如加强筋等。但是在 Inventor 中，加强筋是参与剖切的。我们可以将剖切线隐藏，在剖视图中绘制关联草图，补画加强筋的轮廓线，重新填充剖面线。

2）旋转剖视图

旋转剖视图的创建步骤与全剖视图的创建步骤差不多，区别是剖切面的引导。旋转剖视图的剖切面引导如图 6-64（a）所示。在如图 6-62（f）所示的“剖视图”对话框中，可以看到，在“方式”选区中，有“投影视图”和“对齐”两种方式，其中，“对齐”方式没有激活，但在创建旋转剖视图时，该项会被激活。

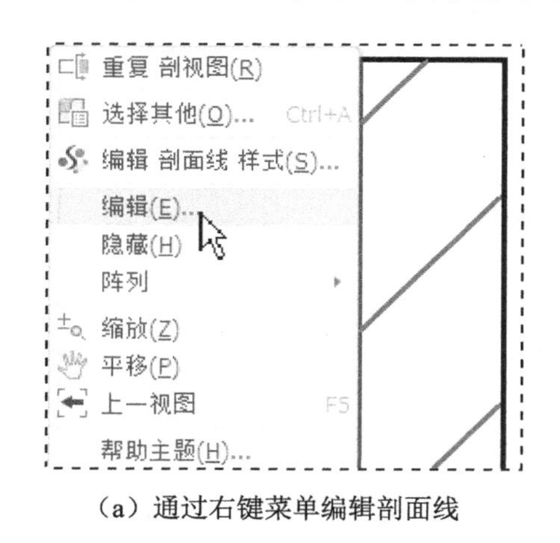

（a）通过右键菜单编辑剖面线

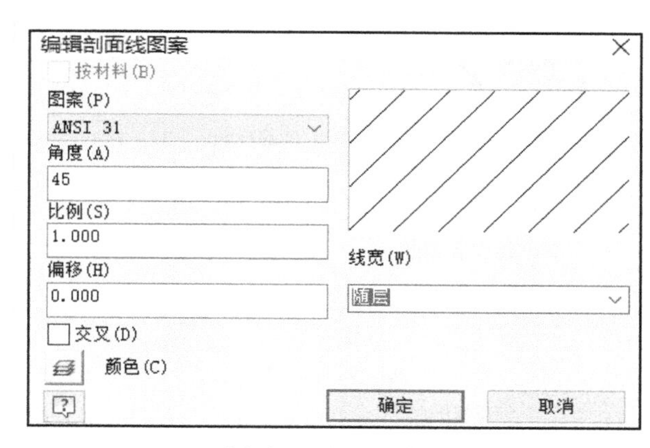

（b）“编辑剖面线图案”对话框

图 6-63 编辑剖面线

（1）“投影视图”方式表示将剖切的部分在原来位置投影，视图与父视图之间仍然满足投影关系，如图 6-64（b）所示。

（2）“对齐”方式表示使剖切部分旋转至与投影面平行后投影，此时剖切后的结构与原始图形不再保持投影关系，如图 6-64（c）所示。Inventor 在采用该方式创建旋转剖视图时，在剖切面改变的位置会出现一条可见轮廓线，用户可利用该轮廓线的右键菜单将其隐藏。

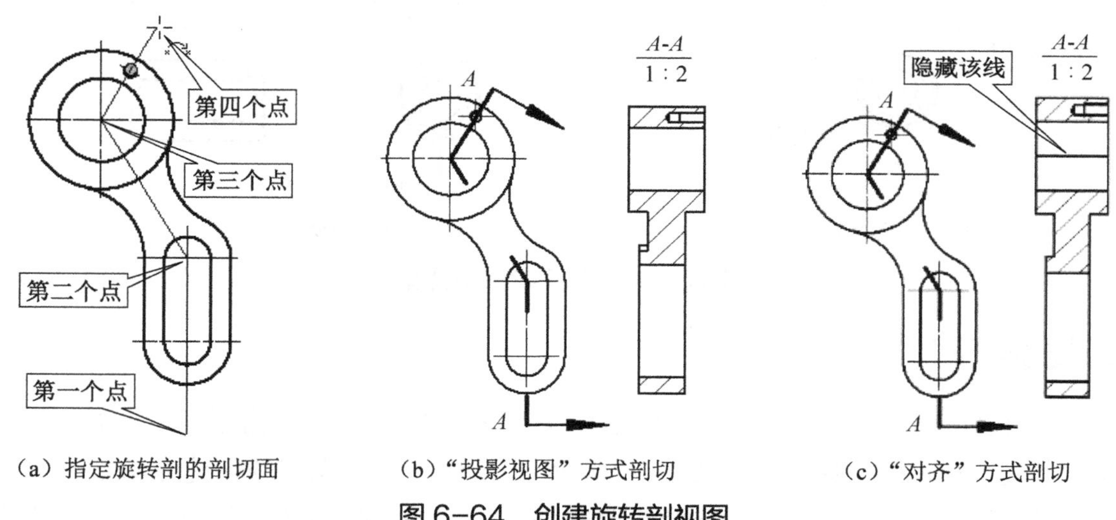

（a）指定旋转剖的剖切面 （b）“投影视图”方式剖切 （c）“对齐”方式剖切

图 6-64 创建旋转剖视图

在工程图中，若从属视图与父视图的比例一致，那么从属视图的比例可以不用标注。因此，在如图 6-64 所示的剖视图中，还需要修改视图标签，将比例删除。

若要更改剖视图的投影方式，则可在剖视图上单击鼠标右键，在右键菜单中选择“编辑截面特性”选项，如图 6-65（a）所示。在弹出的“编辑截面特性”对话框中，可对剖视图的投影方式、剖切边样式等进行修改，如图 6-65（b）所示。

3）阶梯剖视图

阶梯剖视图的剖切面引导如图 6-66（a）所示，阶梯剖结果如图 6-66（b）所示。

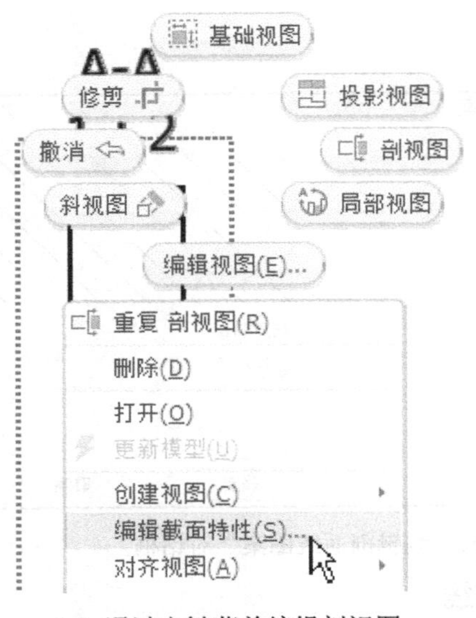

(a) 通过右键菜单编辑剖视图

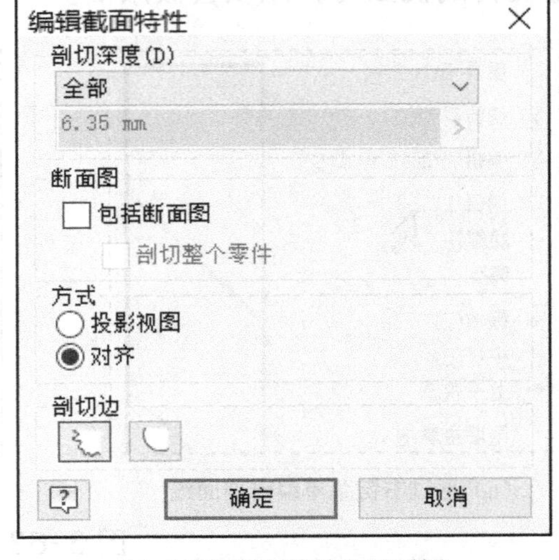

(b)“编辑截面特性”对话框

图 6-65　编辑剖视图的截面特性

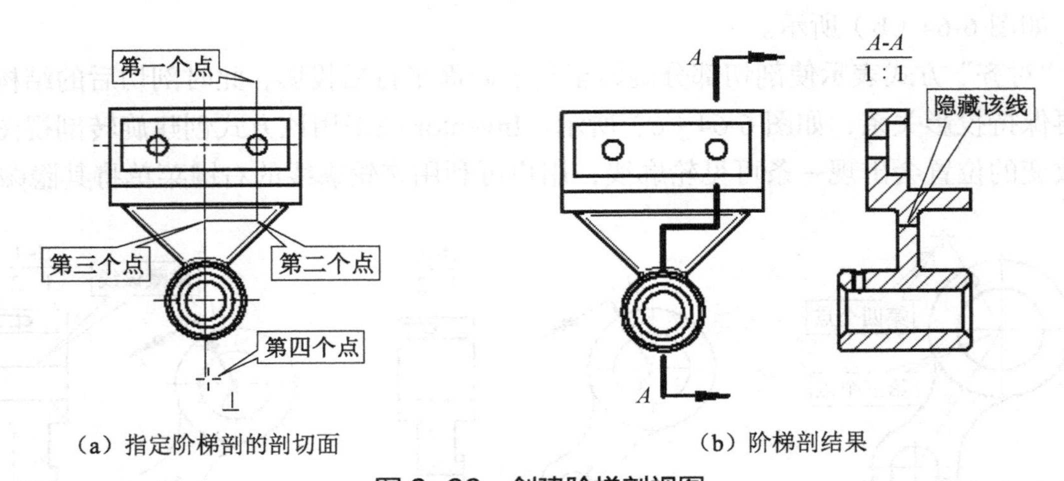

(a) 指定阶梯剖的剖切面　　(b) 阶梯剖结果

图 6-66　创建阶梯剖视图

3. 局部视图

Inventor 中的局部视图就是局部放大视图，它将零部件的部分结构用大于原始图形采用的比例绘出，以更好地表达零部件上尺寸相对较小的结构。局部视图的创建方法如下。

单击“局部视图”工具按钮后选择并单击需要局部放大的视图，弹出“局部视图”对话框。在对话框中，将视图标识符改为“I”、缩放比例为“2∶1”、轮廓形状选择“圆形”、镂空形状选择“平滑过渡”，如图 6-67（a）所示。完成设置后，在视图中需要放大的位置单击以指定圆心，向外移动光标，再次单击以确定半径，继续移动光标至合适位置并单击，完成局部视图的创建，如图 6-67（b）所示。

视图创建完成后，根据需要，可在父视图中拖动视图标识符的位置，也可拖动控制点调整放大区域的圆心及半径。

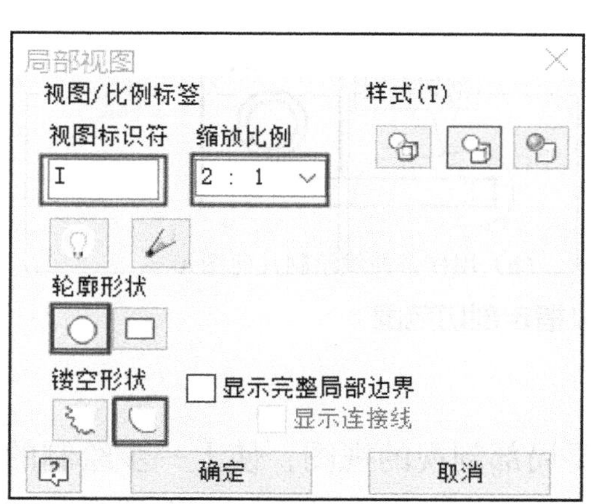

(a)"局部视图"对话框

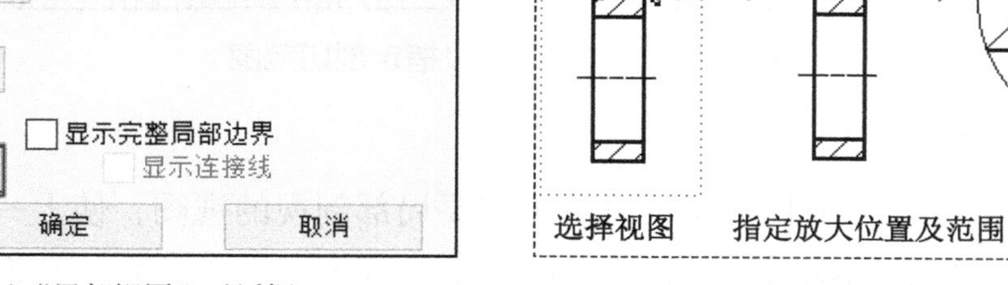

(b)局部视图的创建过程

图 6-67　创建局部视图

4. 创建草图

在绘制局部剖视图及修剪视图时，都会用到草图。另外，为了更好地表达设计意图或方便标注尺寸，有时也需要在视图中补画部分轮廓，如图 6-68 所示。为满足上述要求，Inventor 在工程图环境中提供了"开始创建草图"工具，如图 6-69 所示。利用该工具，可以在视图中新建草图并绘制几何图元。这里的草图环境与第 2 章中的草图环境是一样的，此处不再赘述。

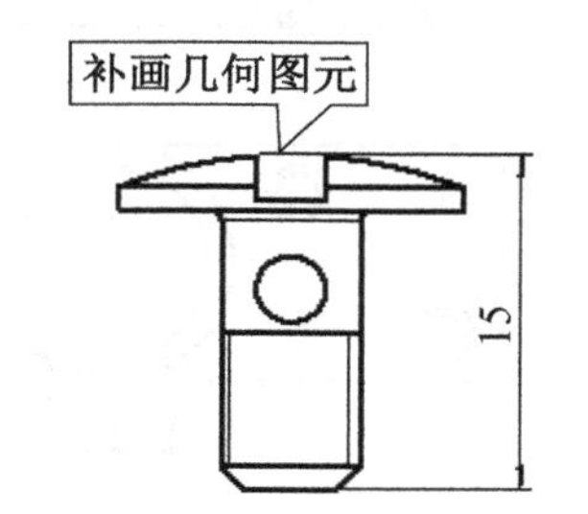

(a)为标注尺寸方便而补画几何图元

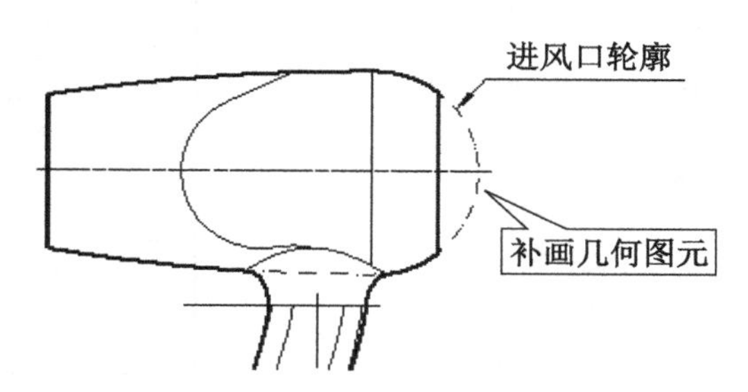

(b)为表达设计意图而补画几何图元

图 6-68　补画几何图元

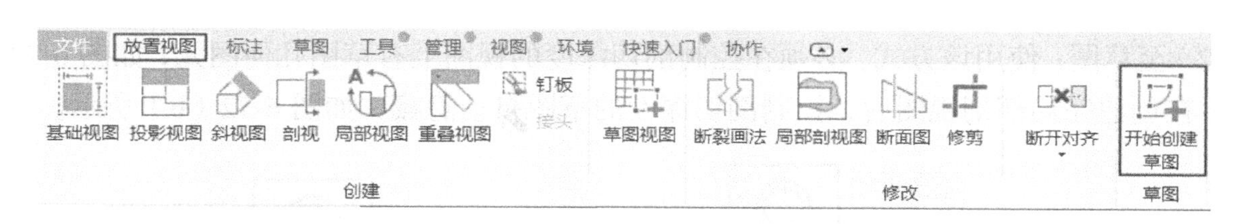

图 6-69　"开始创建草图"工具

5. 局部剖视图

局部剖视图是指用剖切面局部地剖开零部件所得到的视图，用来表达指定区域的内部结构。制作局部剖视图需要两步。

1）绘制草图

在需要局部剖视的视图上创建草图，如图 6-70（a）所示；用样条曲线绘制如图 6-70（b）所示的草图，完成草图后退出草图环境。

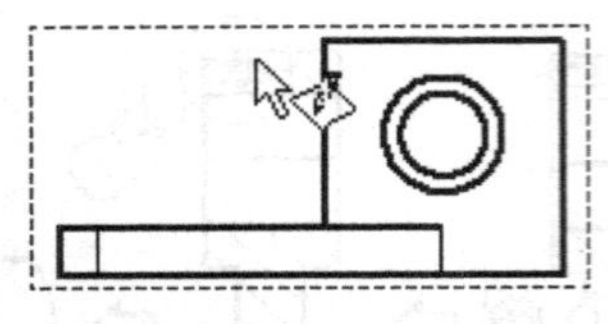

（a）选择视图以创建草图

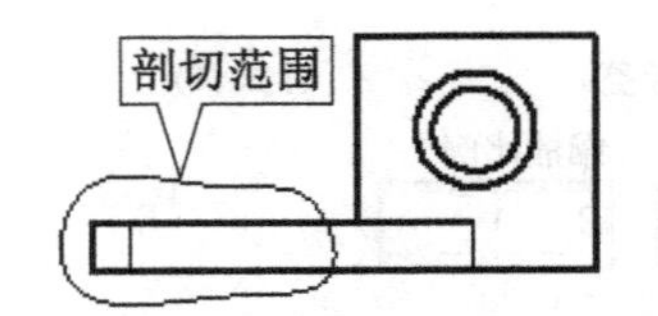

（b）用样条曲线绘制几何图元

图 6-70　绘制草图以指定剖切范围

2）制作局部剖视图

先单击“局部剖视图”工具按钮，再单击需要局部剖视的视图，使上一步绘制的草图加粗亮显，同时弹出“局部剖视图”对话框，如图 6-71（a）、（b）所示。在对话框的“深度”选区中，有四种方式，下面分别进行介绍。

（1）自点：是 Inventor 的默认方式，首先在控制剖切深度的视图上选取一个点来指定剖切终止面所在的位置；然后在俯视图中找到一点并单击，以此来指定剖切面所在的位置；最后单击对话框中的“确定”按钮，完成局部剖视图的创建，结果如图 6-71（c）所示。

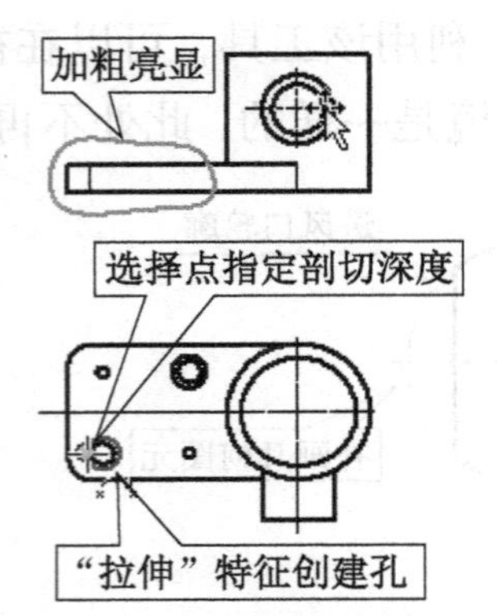

（a）选择视图并指定剖切深度

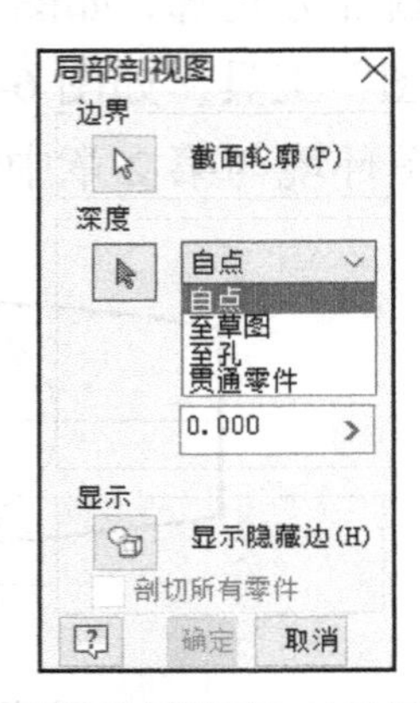

（b）“局部剖视图”对话框

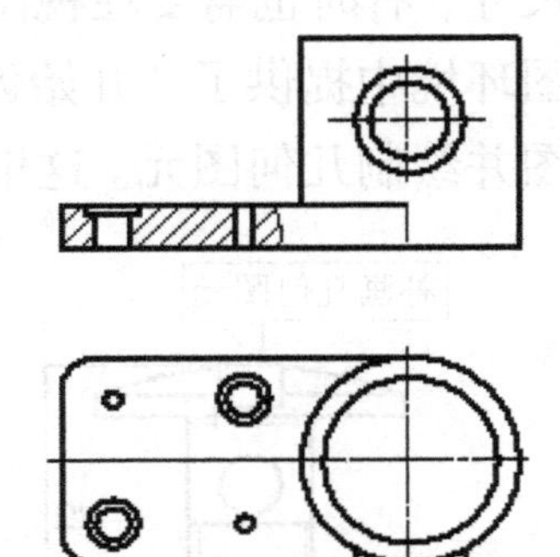

（c）完成局部剖视图的创建

图 6-71　以“自点”方式创建局部剖视图

（2）至草图：使用该方式，必须在控制剖切深度的视图上有草图几何图元，如图 6-72（a）所示。在创建完局部剖视图后，控制剖切深度的草图自动隐藏，如图 6-72（b）所示。

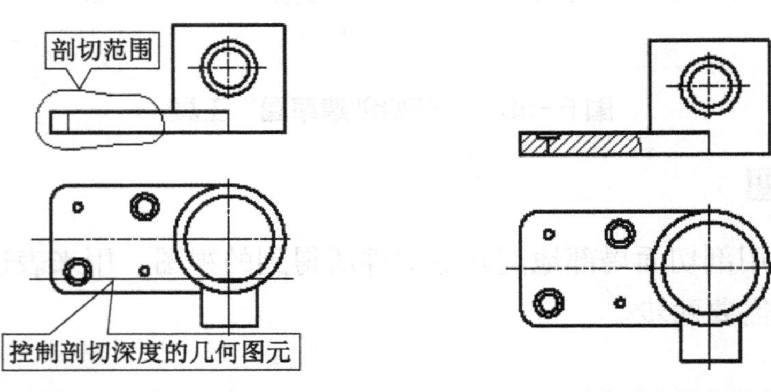

（a）选择视图并指定剖切深度　　（b）完成局部剖视图的创建

图 6-72　以“至草图”方式创建局部剖视图

（3）至孔：在控制剖切深度的视图上，只能选择利用“孔”特征创建的孔，才能使用该项来指定剖切深度。例如，在如图 6-71（a）所示的视图上，用“拉伸”特征创建的孔就不能选择“至孔”方式来确定剖切深度。

（4）贯通零件：在生成基础视图的源零件模型必须是装配部件，或者需要观察内部零部件的时候可以采用该方式。如图 6-73 所示，在创建局部剖视图的时候，选择将零件 1 贯通。

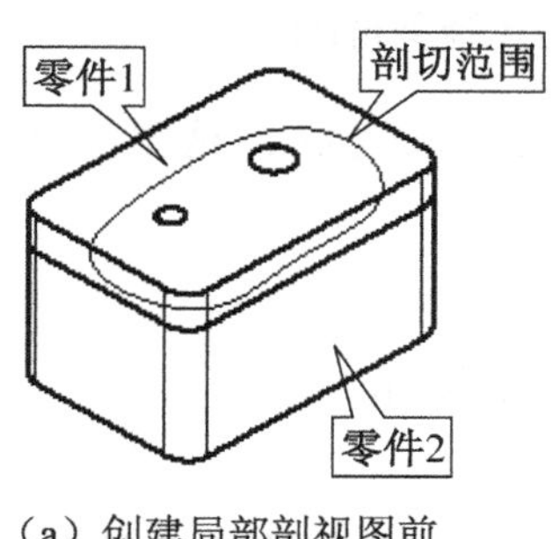

（a）创建局部剖视图前　　（b）创建局部剖视图后

图 6-73　以“贯通零件”方式创建局部剖视图

【说明】由于 Inventor 没有提供专门的半剖视图工具，所以用户可以利用“剖视”“局部剖视图”工具创建半剖视图，读者可自行练习，这里不再赘述。

6. 修剪视图

在创建工程图时，个别情况下不需要显示整个投影，只需显示视图的一部分，这时可以用“修改”工具面板上的“修剪”工具来对工程图的边界进行定制。Inventor 提供了两种修剪视图的方法。

1）直接修剪视图

单击“修剪”工具按钮后，在需要修剪的视图的右键菜单中选择修剪视图的形状（圆形或矩形），如图 6-74 所示。

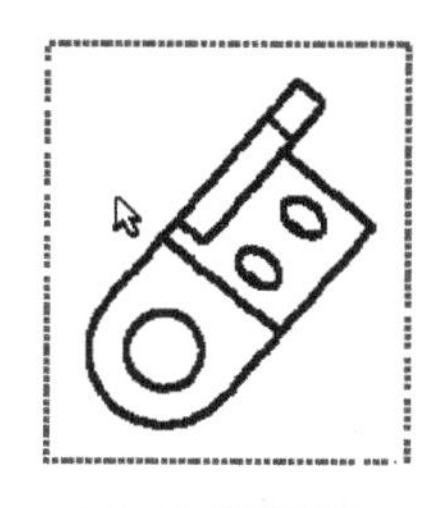

（a）选择视图

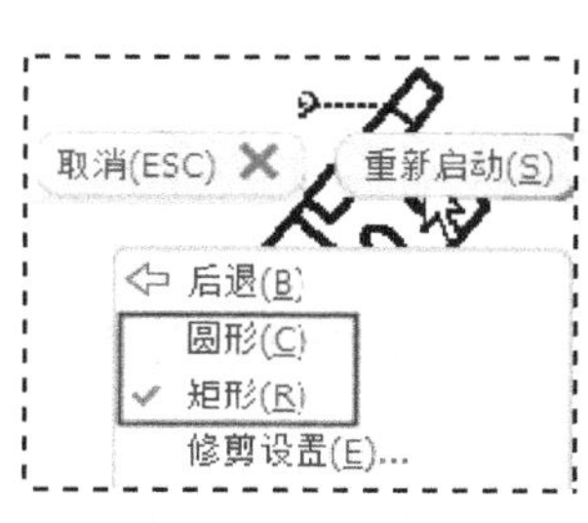

（b）右键菜单

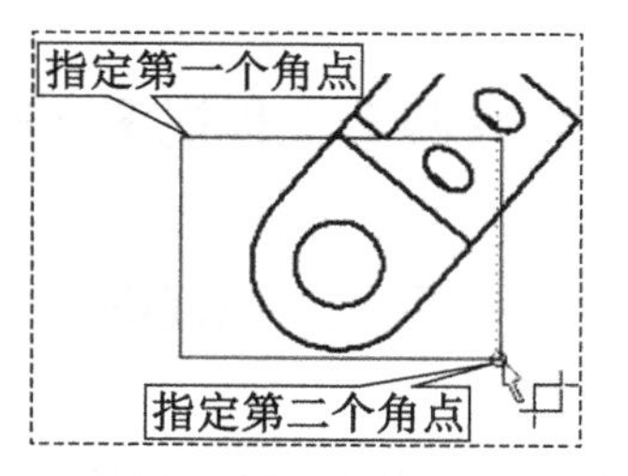

（c）用矩形修剪

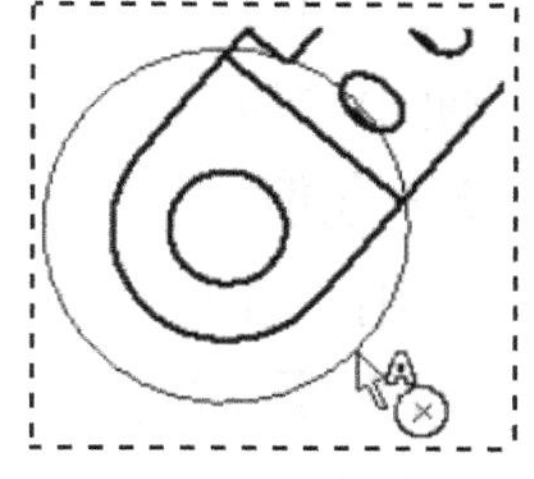

（d）用圆形修剪

图 6-74　直接修剪视图

2）利用现有几何图元修剪视图

当利用现有几何图元修剪视图时，所需的草图必须包含单个非自交封闭图形，如图 6-75（a）所示。单击“修剪”工具按钮后，将光标置于封闭图形上，待图形变为红色后单击，如图 6-75（b）所示，修剪结果如图 6-75（c）所示。

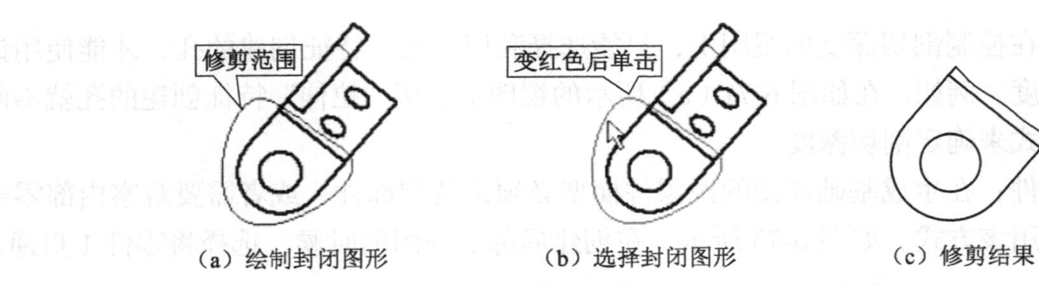

（a）绘制封闭图形　（b）选择封闭图形　（c）修剪结果

图 6-75　利用现有几何图元修剪视图

【说明】视图的修剪也可通过设置视图图元的可见性来完成，这里不再介绍。

7. 视图对齐工具

Inventor 提供了四种视图对齐工具，如图 6-76（a）所示。

1）水平

使用“水平”工具，可在两个工程视图之间创建水平约束关系。执行“水平”命令后，先单击视图 1，作为要执行水平约束的视图；再单击视图 2，作为基础视图，如图 6-76（b）所示。完成水平对齐后，结果如图 6-76（c）所示。

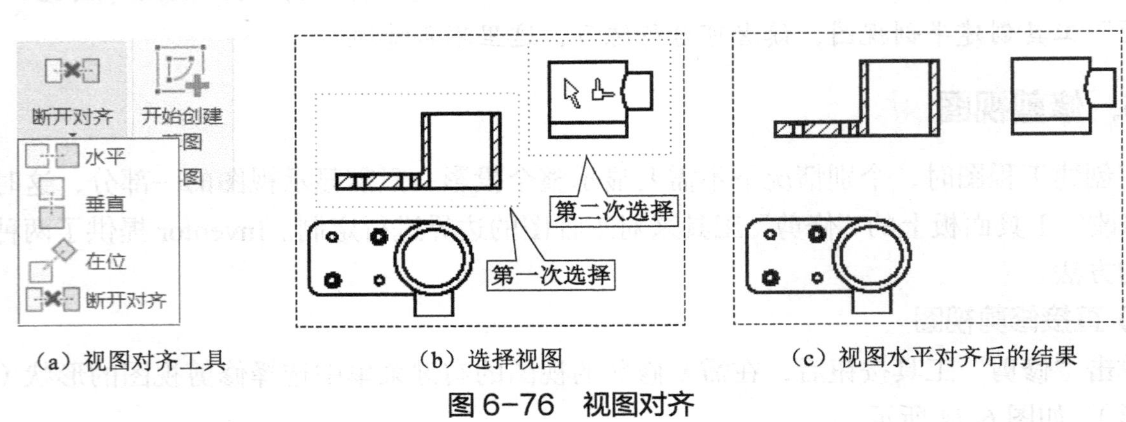

（a）视图对齐工具　（b）选择视图　（c）视图水平对齐后的结果

图 6-76　视图对齐

2）垂直

使用“垂直”工具，可在两个工程视图之间创建垂直约束关系。

3）在位

使用“在位”工具，可将两个工程视图在当前位置创建约束关系。

4）断开对齐

“断开对齐”表示删除两个视图之间的约束关系，在删除两个视图之间的约束关系后，会自动在父视图上添加视图投影方向和视图标识符，如图 6-77 所示。

8. 文本工具

Inventor 提供了“文本”和“指引线文本”两个文本工具，如图 6-78 所示。

1）文本

“文本”工具常用来填写标题栏、书写技术要求等，与在草图中的用法一致。

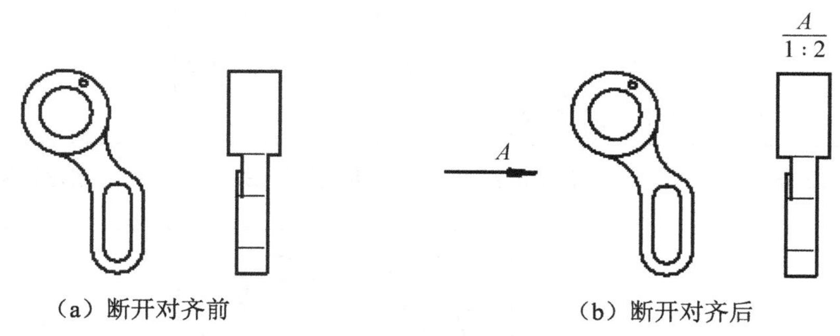

（a）断开对齐前　　（b）断开对齐后

图 6-77　视图“断开对齐”工具的应用

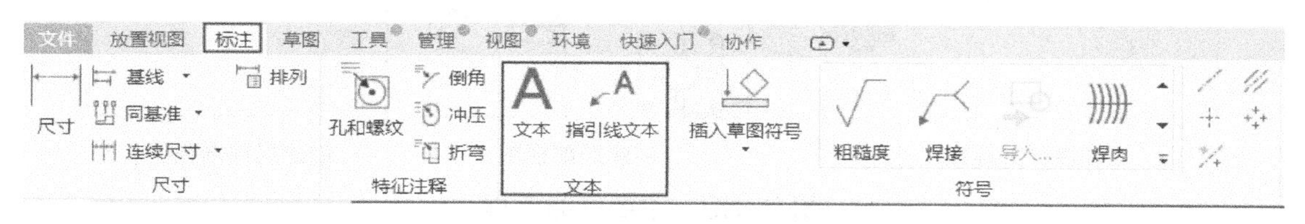

图 6-78　文本工具

2）指引线文本

“指引线文本”工具用来创建带有指引线的注释。单击“指引线文本”工具按钮后，在需要注释的位置单击，确定指引线箭头位置；引导光标至合适位置并再次单击，确定指引线折线位置；按 Enter 键，在弹出的“文本格式”对话框中输入文本；单击“确定”按钮，完成指引线文本的标注，如图 6-79（a）所示。通过指引线文本的右键菜单，可以对指引线文本进行编辑，如图 6-79（b）所示。

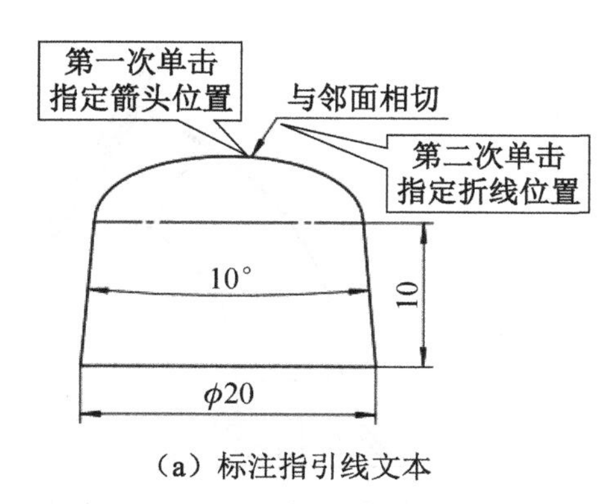

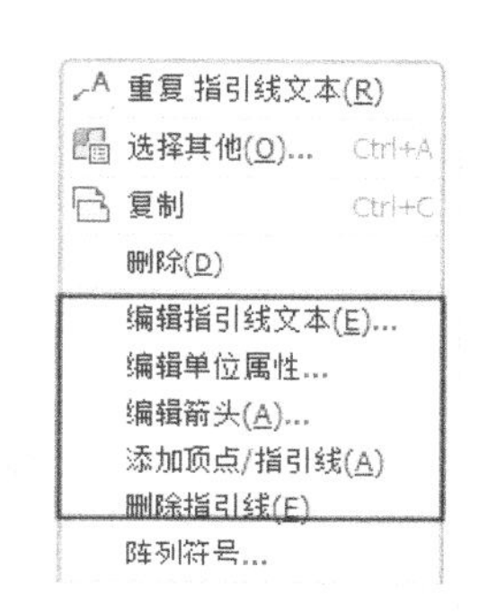

（a）标注指引线文本　　（b）指引线文本右键菜单

图 6-79　指引线文本

任务流程

主要任务流程如图 6-80 所示。

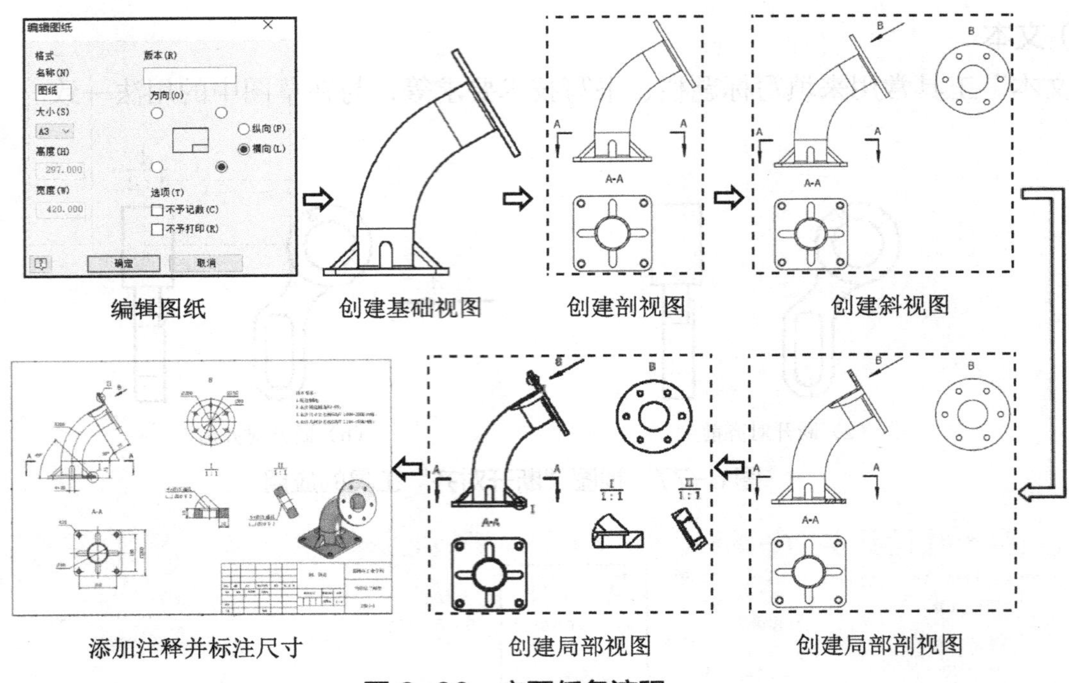

图 6-80　主要任务流程

任务实施

（1）编辑新建工程图文件：打开“新建文件”对话框，选择工程图模板文件“用户模板.idw”。

（2）编辑图纸：将图纸大小设置为 A3、横向，如图 6-81 所示。

（3）创建基础视图：为资源包中的“模块 2\第 6 章\任务 2\弯管法兰模型.ipt”文件创建基础视图，如图 6-82 所示。

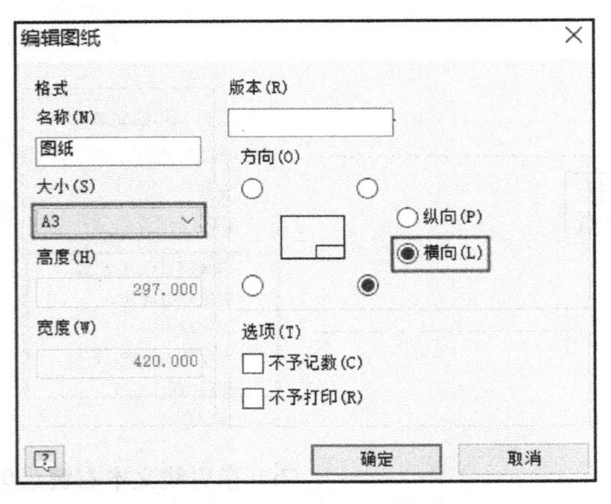

图 6-81　编辑图纸

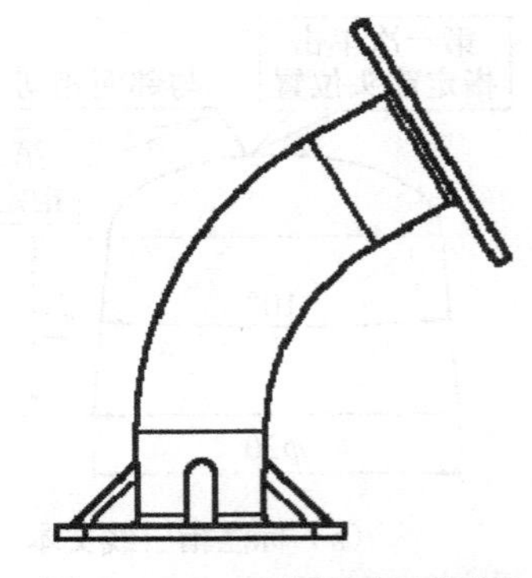

图 6-82　创建基础视图

（4）创建剖视图：创建基础视图的剖视图，并修改剖视图标签，双击剖视图的剖面线，将剖面线的比例修改为 0.5，如图 6-83 所示。

（5）创建斜视图：首先创建基础视图的斜视图，并修改视图标签；然后断开斜视图与基础视图的对齐关系，调整斜视图的位置，如图 6-84 所示。

（6）修剪并旋转视图：将斜视图按照图 6-85（a）进行修剪；修剪完成后，将视图顺时针旋转 30°，如图 6-85（b）所示；修剪结果如图 6-85（c）所示。

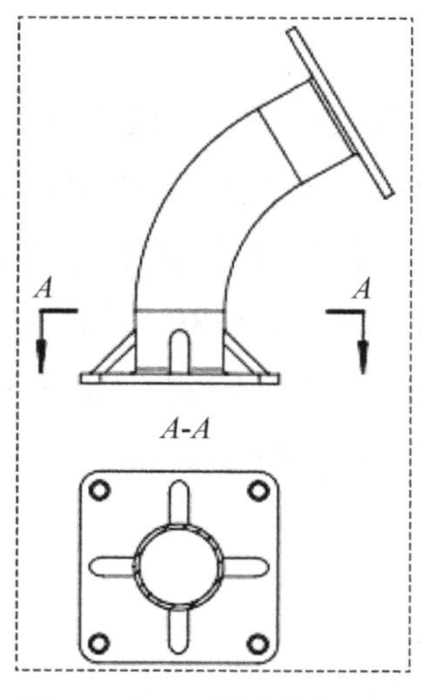

图 6-83　创建剖视图

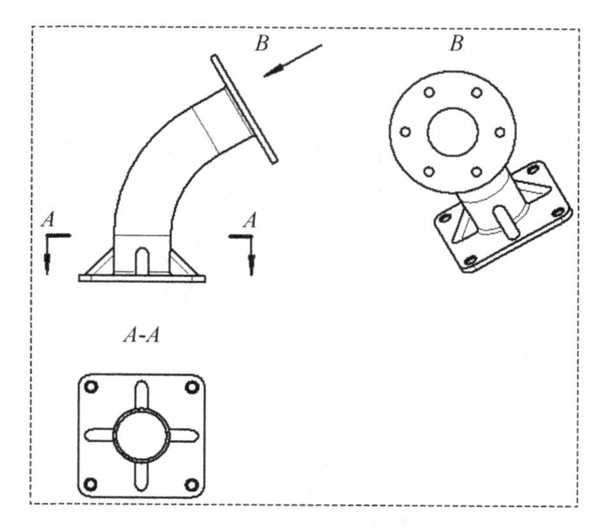

图 6-84　创建斜视图

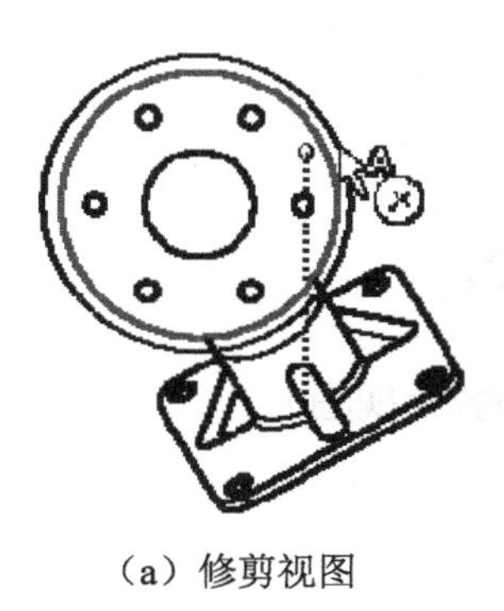

（a）修剪视图

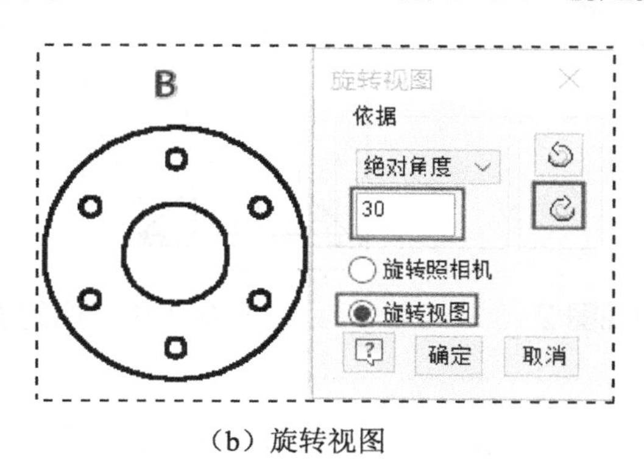

（b）旋转视图

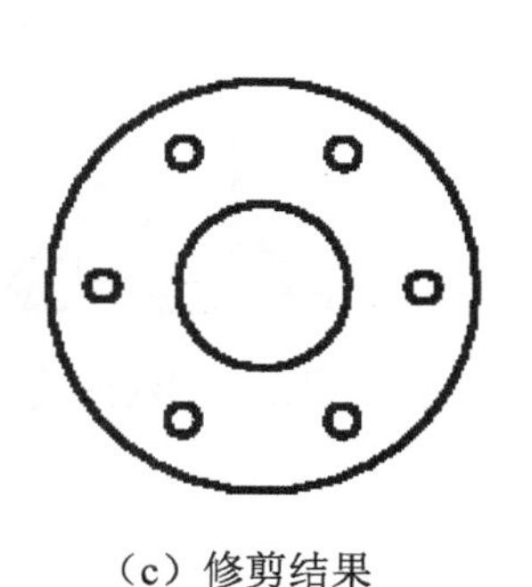

（c）修剪结果

图 6-85　修剪并旋转视图

（7）创建草图：在基础视图上分别创建两个草图，绘制如图 6-86 所示的几何图元。

（8）创建局部剖视图：在如图 6-86 所示的草图 1 位置创建局部剖视图 1，剖切深度选择“至孔”，并将局部剖视图的剖面线的显示比例也改为 0.5，如图 6-87 所示。

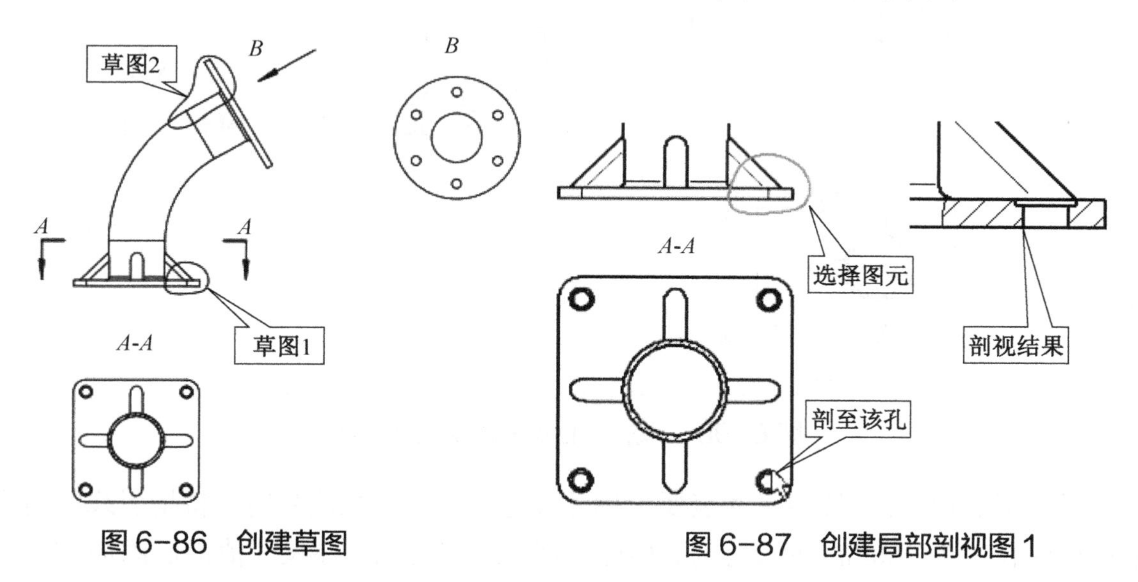

图 6-86　创建草图

图 6-87　创建局部剖视图 1

重复操作，在如图 6-86 所示的草图 2 位置创建局部剖视图 2，剖切至斜视图最上端的孔处，结果如图 6-88 所示。

（9）创建局部放大视图：在局部剖视图 1 位置创建局部放大视图 I，放大比例为 1∶1，如图 6-89 所示，在 Inventor 中，父视图中的局部视图的标识符没有用指引线引出，这与我国机械绘图标准不符，因此还需要修改。首先双击标识符，在打开的文本框中将其删除；重新添加指引线注释的标识符；将指引线的箭头修改为“无”，结果如图 6-89 所示。重复操作，在局部剖视图 2 位置创建局部放大视图 II。完成后调整各视图至适当位置，如图 6-90 所示。

（10）添加中心线注释：为各视图添加中心线注释，如图 6-90 所示。

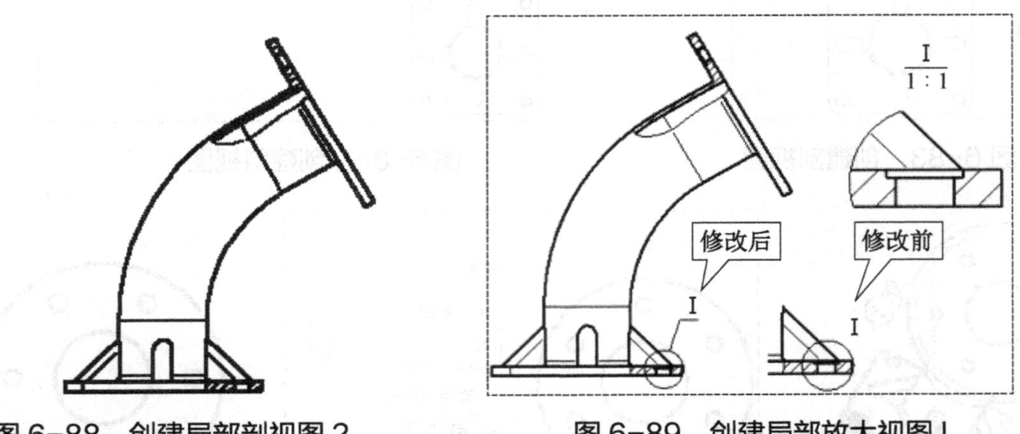

图 6-88　创建局部剖视图 2　　　　图 6-89　创建局部放大视图 I

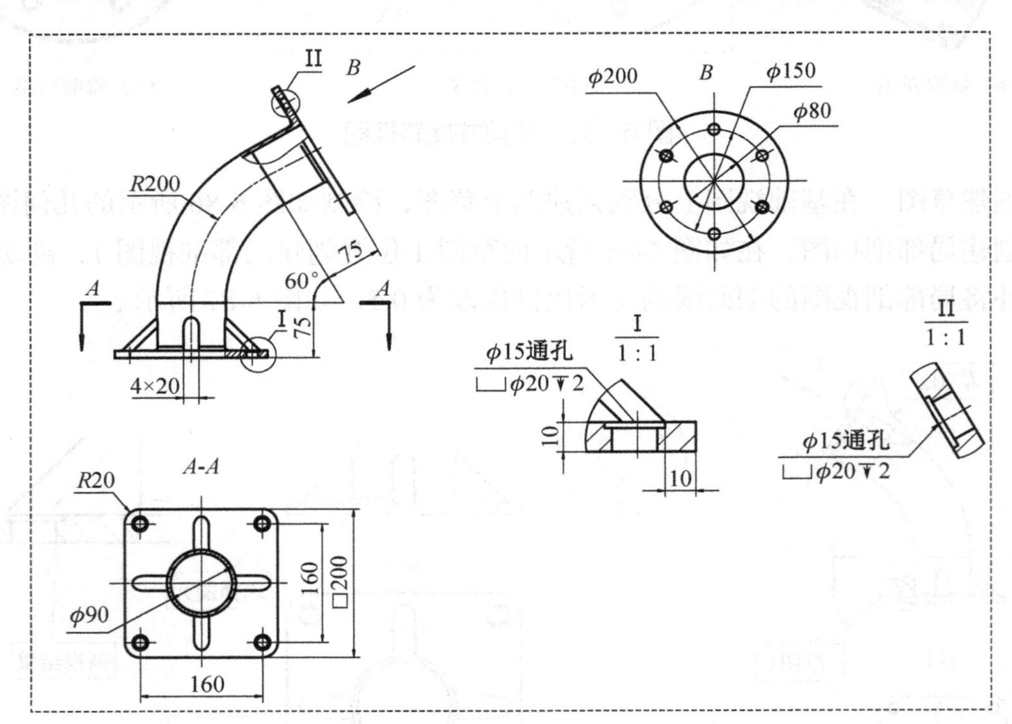

图 6-90　添加中心线注释及尺寸标注

（11）添加尺寸标注：按照尺寸表要求标注尺寸。在标注孔注释时，将指引线的箭头改为“无”；在标注长度为 200mm 的尺寸时，标注完后双击尺寸值，在尺寸值前面添加“□”符号。

（12）添加文本注释：按照图样要求添加文本注释。

（13）投影轴侧图：投影源零件的轴侧视图，并置于右下角，最后结果如图 6-59 所示。

（14）保存文件：完成工程图设计后，将文件保存为“弯管法兰模型.idw”。

拓展练习 6-2

利用本任务学习的知识完成如图 6-91 所示的工程图设计。模型及工程图见数字资源包“模块 2\第 6 章\任务 2\拓展练习\”。

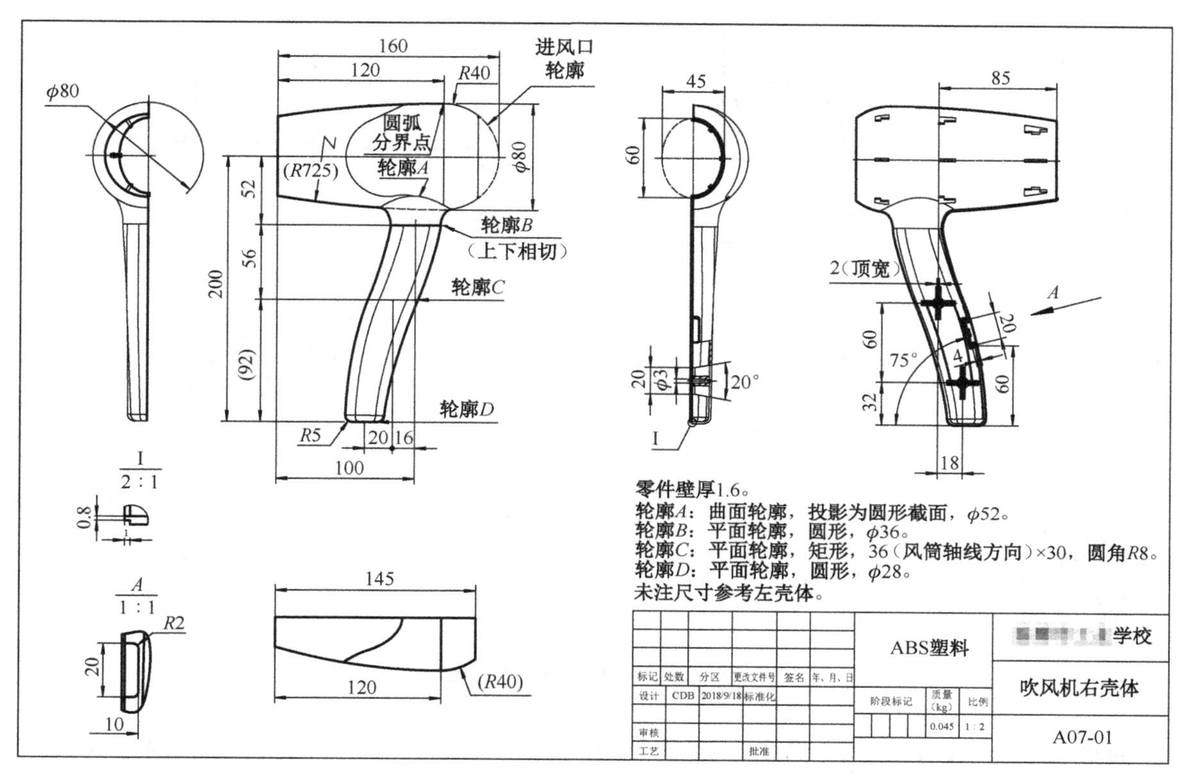

图 6-91 拓展练习 6-2

任务 3 轴模型的工程图设计

学习目标

- ◆ 掌握重叠视图、草图视图、断面图的创建方法。
- ◆ 掌握视图的断裂画法。
- ◆ 掌握工程图中常用机械符号的注释方法。
- ◆ 能够熟练设计轴模型的工程图。

任务导入

轴模型工程图如图 6-92 所示，其数字模型及详细图纸见资源包“模块 2\第 6 章\任务 3\”。

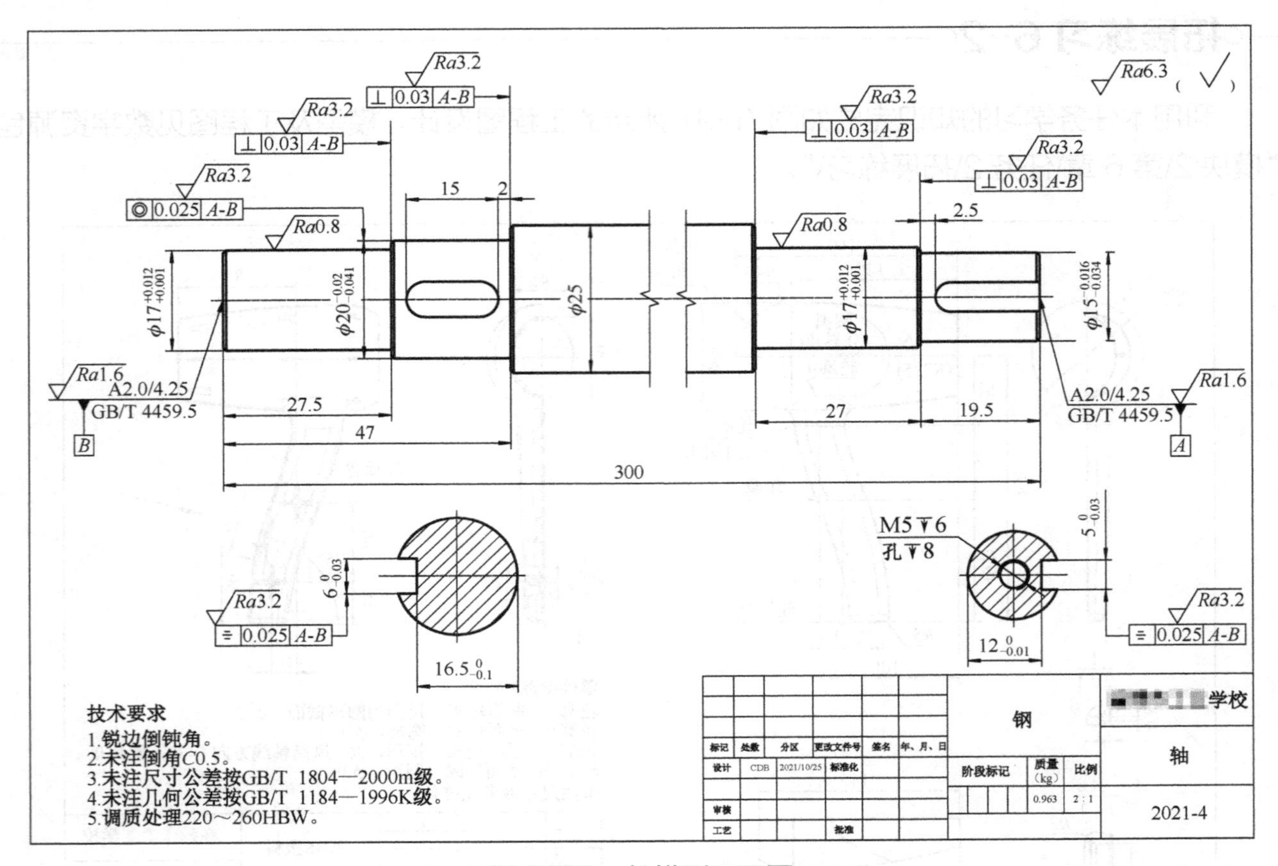
技术要求
1.锐边倒钝角。
2.未注倒角C0.5。
3.未注尺寸公差按GB/T 1804—2000m级。
4.未注几何公差按GB/T 1184—1996K级。
5.调质处理220～260HBW。
钢
学校
轴
2021-4

图 6-92　轴模型工程图

在轴模型工程图的设计过程中，除了会用到前面学习的知识，还需要用到断面图、视图断裂画法、机械符号的注释等知识。

知识准备

1. 重叠视图

在创建工程图的过程中，若源文件是部件模型，且有多个位置需要在一个工程图中进行表达，则可用“重叠视图”工具来实现，该工具位于如图 6-69 所示的“创建”工具面板上。下面以图 6-93（a）所示为例介绍重叠视图的创建步骤。

单击“重叠视图”工具按钮，选择要创建重叠视图的基础视图，在弹出的“重叠视图”对话框的“位置表达”选区中选择“位置 1”选项，如图 6-93（b）所示。单击“确定”按钮后，完成位置 1 的视图表达。

2. 草图视图

在 Inventor 中，利用“草图视图”工具可以创建不依托三维实体模型的二维工程图。单击

“草图视图”工具按钮，弹出“草图视图”对话框，如图 6-94（a）所示。在该对话框中，可以进行视图标识符、缩放比例等的设置。单击“确定”按钮后，即可进入草图环境绘制视图。

【说明】在如图 6-94（a）所示的对话框中，输入的缩放比例就是在草图视图中绘制图形时使用的比例，Inventor 接受用户输入数据时使用的换算系数，如图 6-94（b）所示。

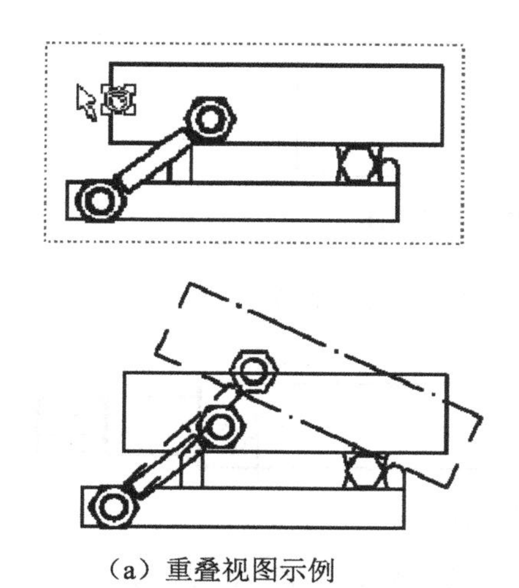

（a）重叠视图示例

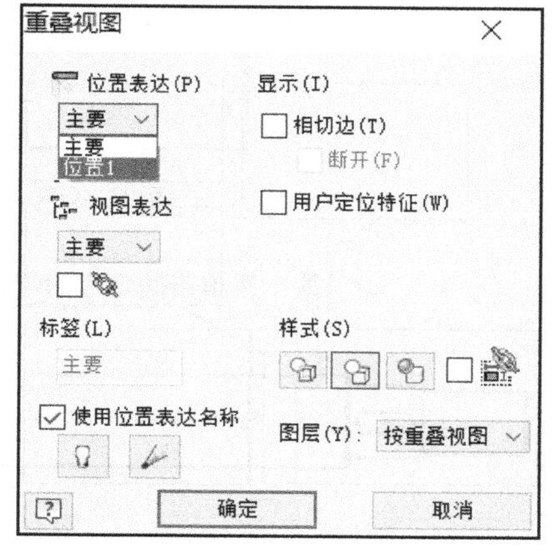

（b）“重叠视图”对话框

图 6-93　创建重叠视图

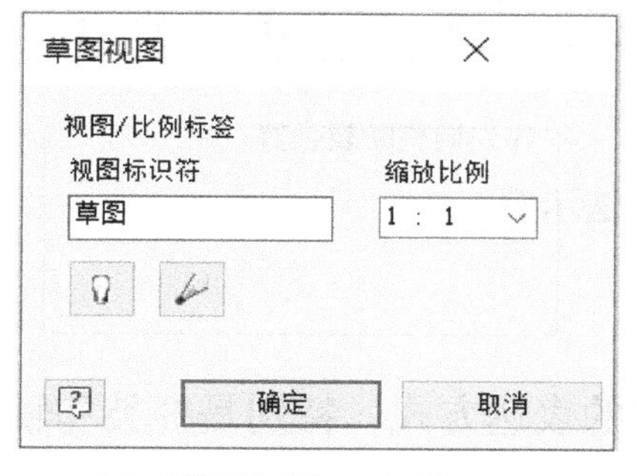

（a）“草图视图”对话框

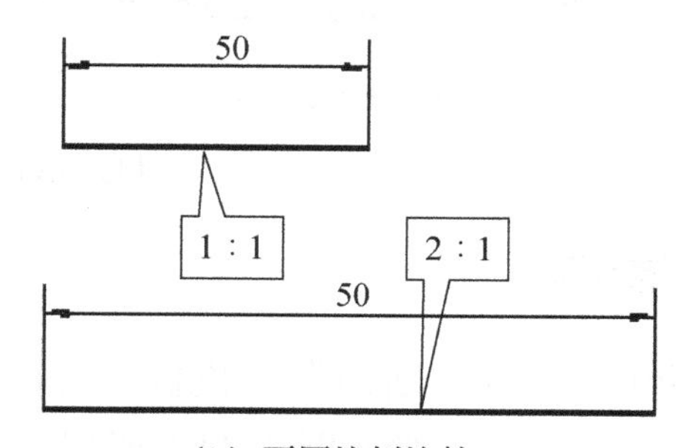

（b）不同比例比较

图 6-94　创建草图视图

3. 断裂画法

当零部件视图超出工程图图幅的长度时，若调整比例以适合图幅，则会使工程视图变得过小，影响其他部分的表达。在这种情况下，可在工程图中将零件结构相同部分的某一段删除，以符合图幅大小，这种方法就是工程图表达中的断裂画法。

单击“断裂画法”工具按钮，在视图区单击需要使用断裂画法的视图后，弹出“断开”对话框，各项均保持默认设置，如图 6-95 所示。首先在视图上合适的位置单击，指定起始位置；然后移动光标到合适位置再次单击，指定结束位置，如图 6-96（a）所示。完成断裂画法［见图 6-96（b）］后，可根据图幅大小再次调整视图比例。

在断裂画法视图中，将光标置于断裂画法符号处，在符号中心会出现绿色的圆点，拖动该圆点，可调整断裂位置，如图 6-96（c）所示。

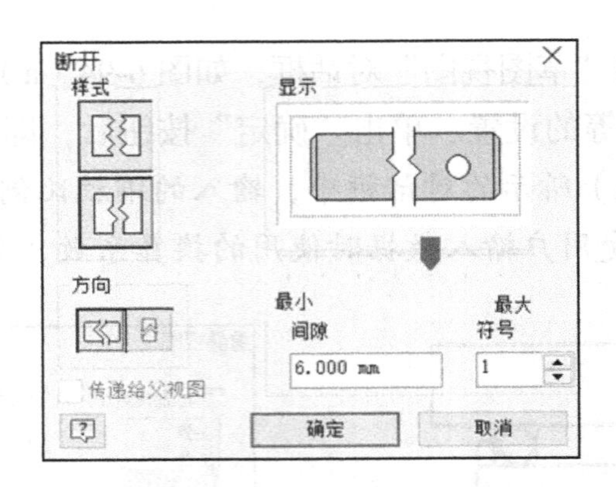

图 6-95 “断开”对话框

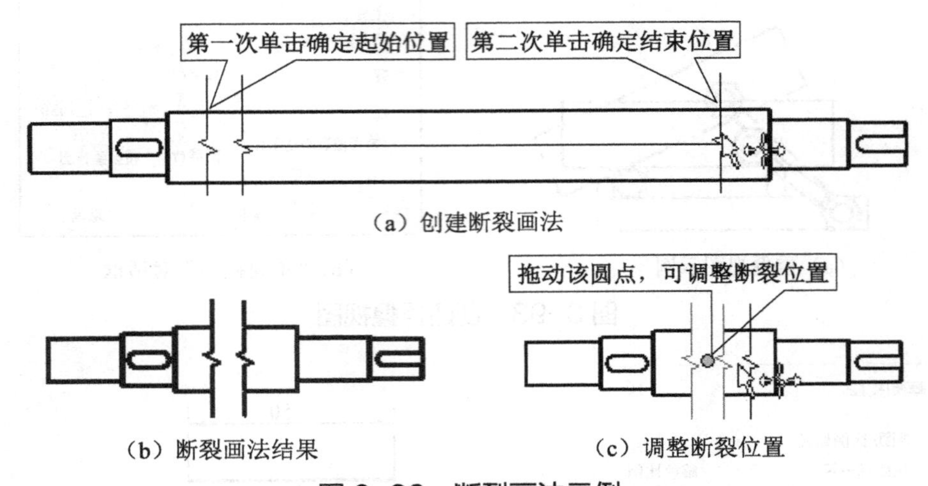

（a）创建断裂画法

（b）断裂画法结果

（c）调整断裂位置

图 6-96 断裂画法示例

4. 断面图

创建零件某一点的断面图是机械工程图中常见的表达方式，特别是杆类和轴类零件的工程图。在 Inventor 中，制作断面图需要以下两步。

1）创建草图

选择非目标视图创建草图。例如，在图 6-97 中，若在左视图上创建断面图，就需要在主视图上创建草图（绘制三条直线段）。

2）制作断面图

单击“断面图”工具按钮，选择目标视图，弹出“断面图”对话框，勾选“剖切整个零件”复选框，单击绘制的草图，最后单击“确定”按钮，完成断面图的创建，如图 6-97 所示。

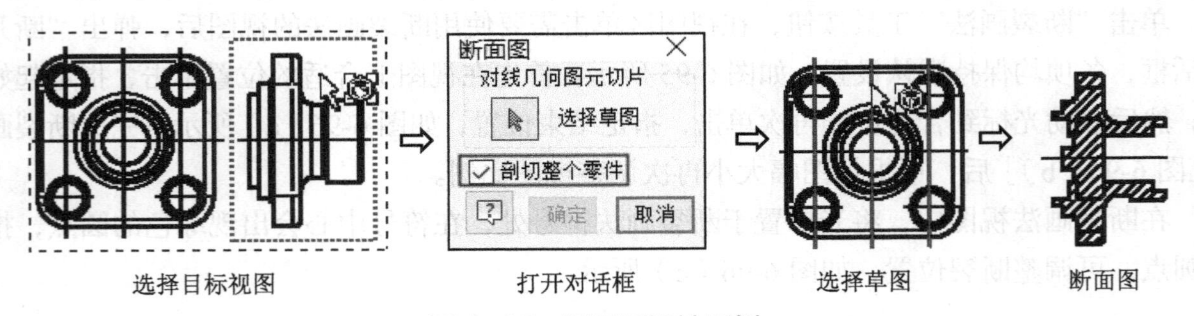

图 6-97 断面图设计示例

5. 插入符号

在机械工程图中，常常需要标注一些标准符号，如粗糙度、形位公差、基准标识符号等。这些符号位于“标注”选项卡下的“符号”工具面板上，如图 6-98 所示。下面举例介绍几个常用符号的标注方法。

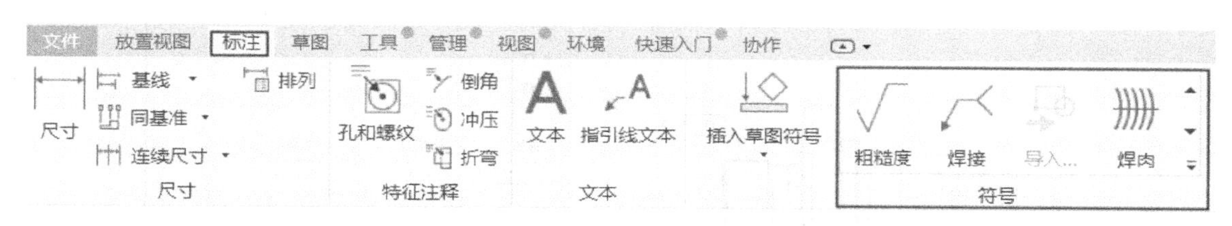

图 6-98 标准符号工具位置

1）粗糙度

粗糙度是描述零件表面光滑程度的参数，下面以图 6-99 所示为例介绍其操作步骤。

单击“粗糙度”符号按钮，选择并单击待标注的几何要素，按 Enter 键或在右键菜单中选择“继续”选项，弹出“表面粗糙度”对话框，按表面粗糙度要求进行设置，单击“确定”按钮，完成标注。单击其他待标注的几何要素，可继续标注。

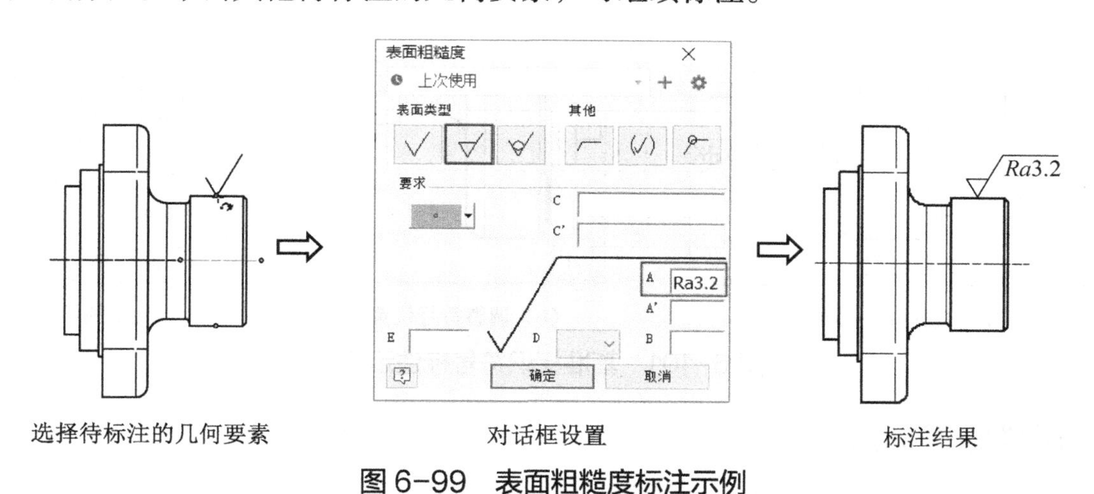

图 6-99 表面粗糙度标注示例

2）形位公差

任何零件都是由点、线、面等要素构成的。形位公差就是加工后零件的要素与理想零件的要素之间的误差，包含形状误差和位置误差。

形位公差标注与表面粗糙度标注基本一致，标注时，单击“形位公差”符号按钮；在箭头位置第一次单击；在折线位置第二次单击；引导光标，第三次单击，确定方向；按 Enter 键，打开“形位公差符号”对话框，按相应要求输入数值；单击“确定”按钮，完成标注，如图 6-100 所示。

3）基准标识

基准标识符号是确定形位公差的参考对象。标注时，先单击“基准标识”符号按钮，在待标注的几何要素处单击，确定符号位置；然后引导光标至合适位置再次单击，确定符号方向，如图 6-101（a）所示。在弹出的“文本格式”对话框中，按照相应要求输入基准代号，单击“确定”按钮，完成标注。拖动基准代号处的圆点，可调整符号位置，如图 6-101（b）所示。在 Inventor 中，默认的基准符号与 GB 标准不符，可通过右键菜单更改箭头来修改，如图 6-101（c）所示。

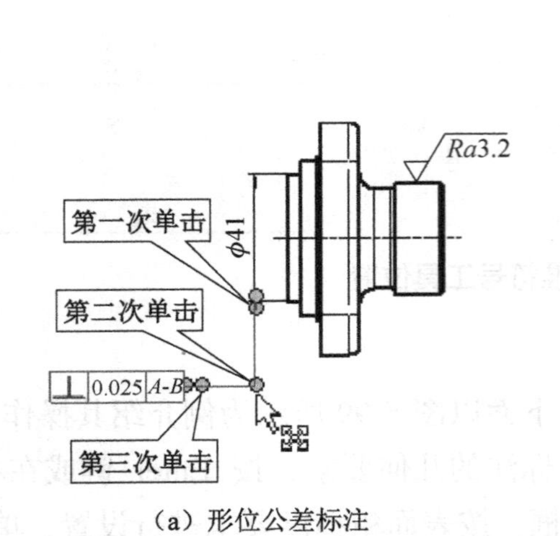

（a）形位公差标注　　（b）“形位公差符号”对话框

图 6-100　形位公差标注示例

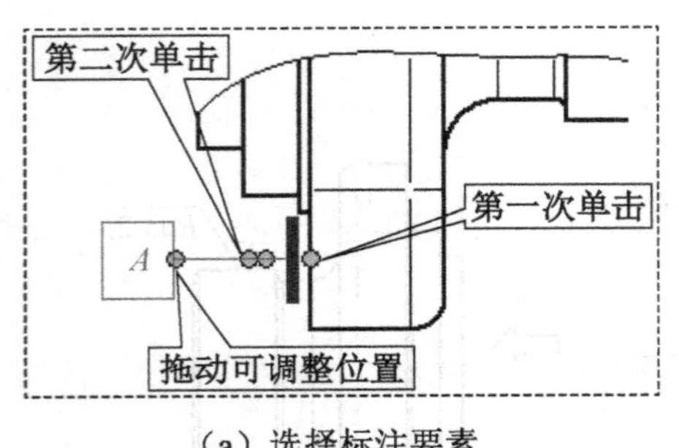

（a）选择标注要素

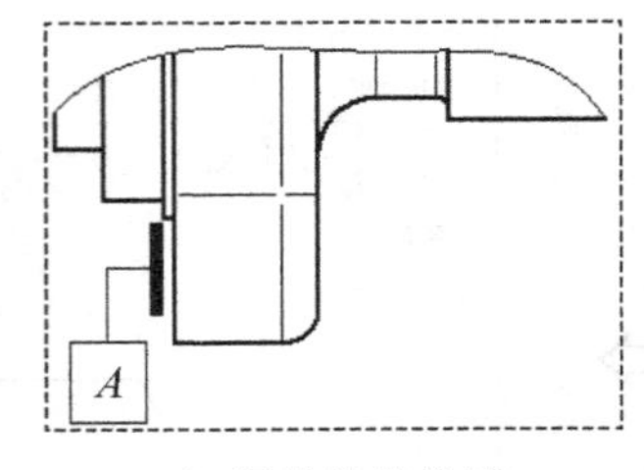

（b）调整符号位置

（c）更改符号

图 6-101　基准标识符号标注示例

6. 尺寸偏差标注

在机械工程图的标注中，尺寸偏差标注也是常用的标注方式，下面以图 6-102 所示为例，介绍尺寸偏差标注的操作步骤。

双击要添加尺寸偏差的尺寸，打开“编辑尺寸”对话框，在“公差方式”选区的列表框中选择“偏差”选项，输入相应的偏差值，单击“确定”按钮，完成尺寸偏差的标注。

7. 新建图纸

在设计复杂零件工程图的时候，有时可能在一张图纸上已经不能完全表达零件的形状和大小了，这个时候就需要通过“新建图纸”工具来添加图纸。

在“放置视图”选项卡下，单击“图纸”工具面板上的“新建图纸”工具按钮，即可在当前工程图文件中添加一张新图纸。新图纸的图幅、方向默认与第一张图纸一样。

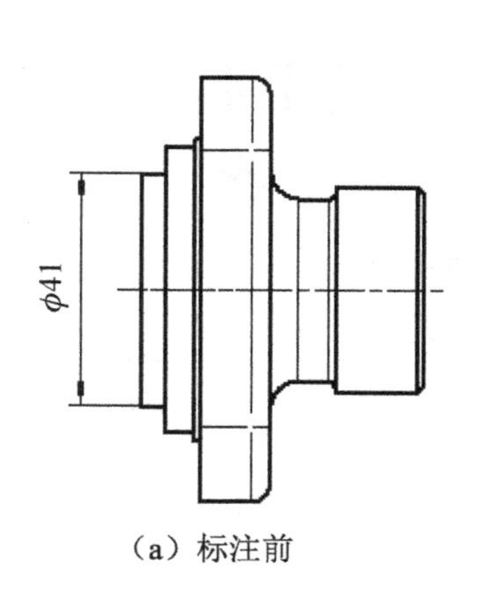

（a）标注前

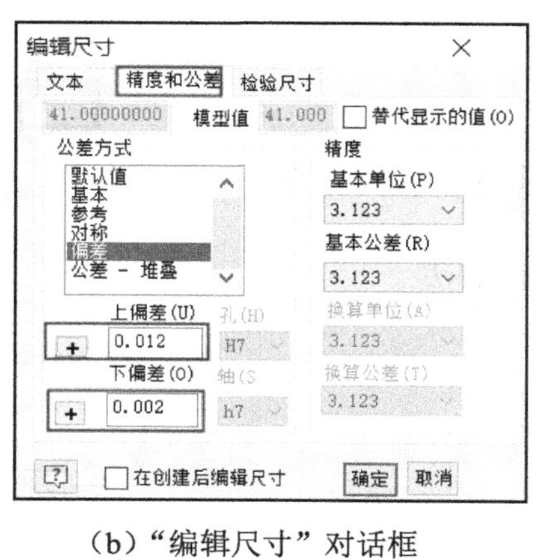

（b）“编辑尺寸”对话框

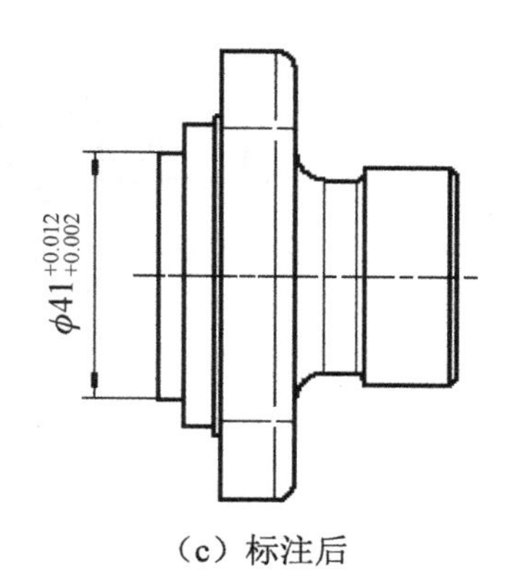

（c）标注后

图 6-102　尺寸偏差标注

添加新图纸后，可以在浏览器的图纸上单击鼠标右键，在其右键菜单中选择“重复新建图纸”选项，继续添加新图纸。同样，也可通过右键菜单删除、编辑图纸。

8. 输出及打印图纸

图纸设计完成后，若需要脱离 Inventor 环境浏览或打印，则可将图纸输出为 PDF 格式或 DWF 格式，输出方法与效果图的输出方法一样，这里不再赘述。

若需要对工程图进行打印服务，则可通过快速工具条或“文件”菜单中的“打印”工具将图纸打印。在弹出的“打印工程图”对话框中，可进行相应的设置。建议在“缩放比例”选区中选择“最佳比例”单选按钮，如图 6-103 所示。这样，Inventor 就可以根据用户打印机情况自动地将图纸进行缩放了。

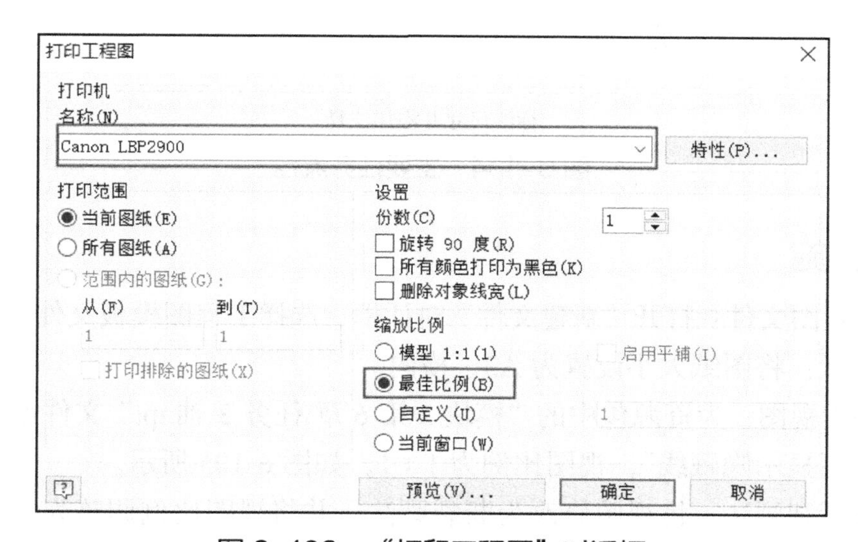

图 6-103　“打印工程图”对话框

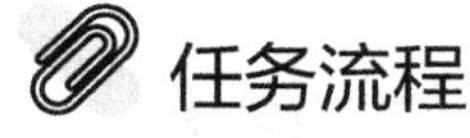

任务流程

主要任务流程如图 6-104 所示。

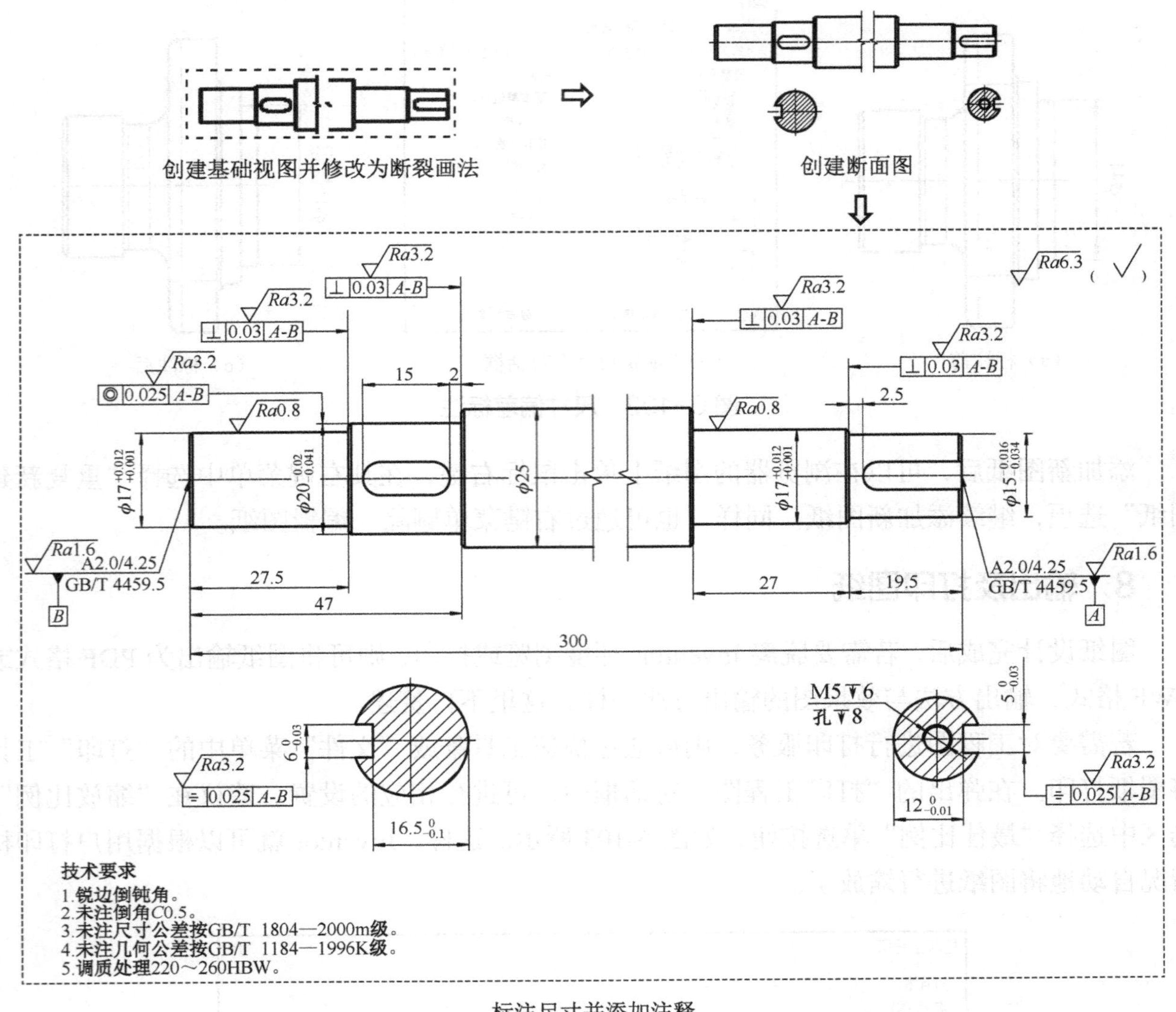

图 6-104　主要任务流程

任务实施

（1）新建工程图文件：打开“新建文件”对话框，选择工程图模板文件“用户模板.idw”。

（2）编辑图纸：将图纸大小设置为 A3、横向。

（3）创建基础视图：为资源包中的“模块 2\第 6 章\任务 3\轴.ipt”文件创建基础视图。视图显示样式为“不显示隐藏线”，视图比例为 1∶1，如图 6-105 所示。

（4）修改为断裂画法：将视图修改为断裂画法，并将视图比例调整为 2∶1，如图 6-106 所示。

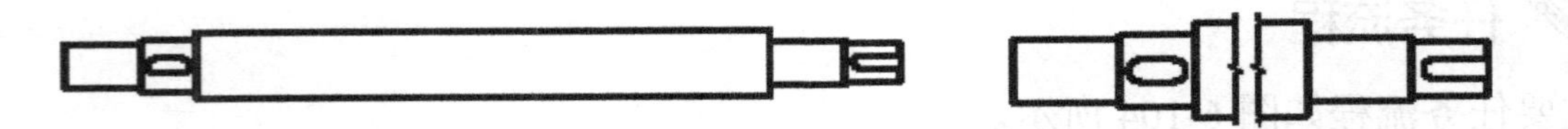

图 6-105　创建基础视图　　图 6-106　将基础视图修改为断裂画法

（5）创建断面图 1：首先投影右视图；然后在基础视图的槽位置绘制一条直线段，如图 6-107（a）所示；最后制作断面图，并断开断面图与基础视图的对齐，隐藏断面图的视图标签及其在基础视图中的投影线，将其放置于如图 6-107（b）所示的位置。

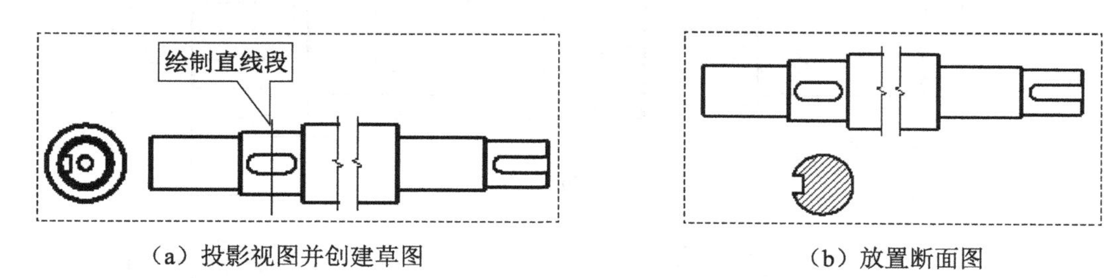

（a）投影视图并创建草图　　（b）放置断面图

图 6-107　创建断面图 1

（6）创建断面图 2：由于在 Inventor 中，轴心的螺纹孔在断面图中不显示螺纹，因此右侧的断面图用剖视工具绘制。首先创建剖视图，如图 6-108（a）所示；然后断开剖视图与基础视图的对齐，隐藏剖视图的视图标签及其在基础视图的投影线，将其放置于如图 6-108（b）所示的位置。

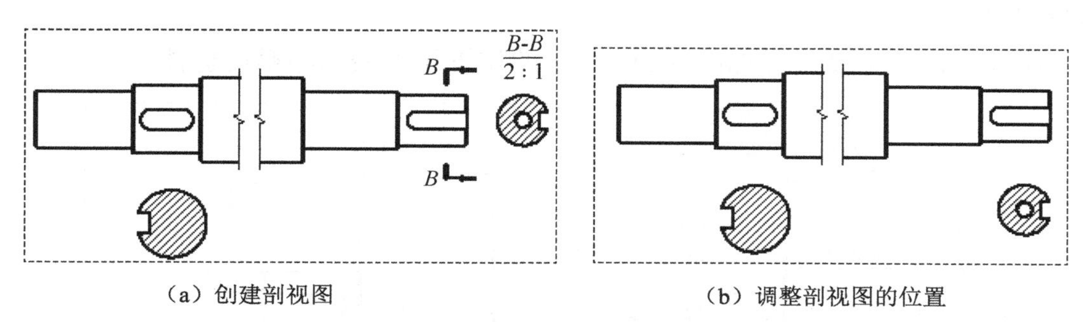

（a）创建剖视图　　（b）调整剖视图的位置

图 6-108　创建断面图 2

（7）添加中心线注释：给基础视图及断面图添加中心线注释，如图 6-109 所示。

（8）标注基本尺寸：在如图 6-109 所示的位置添加基本的尺寸标注。

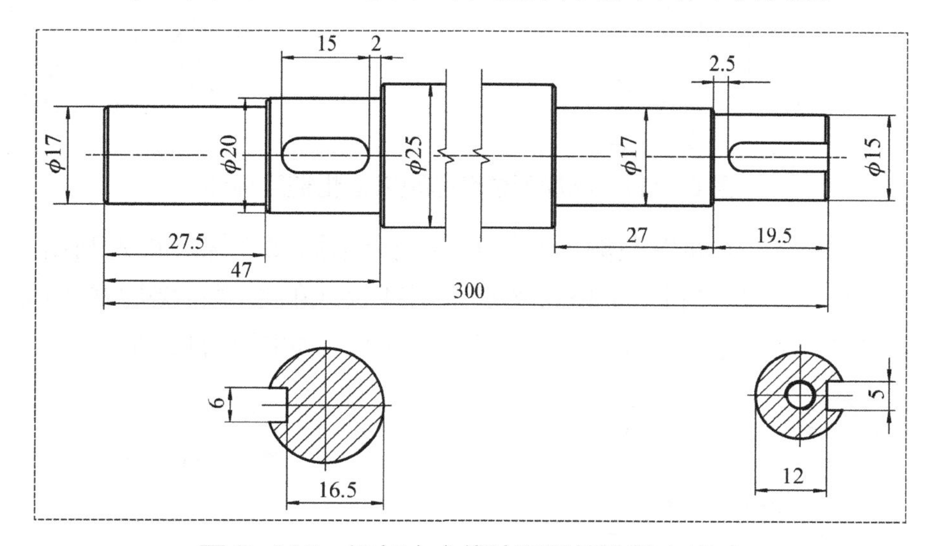

图 6-109　添加中心线注释及标注基本尺寸

（9）添加尺寸偏差：根据图样编辑尺寸，添加尺寸偏差标注，如图 6-110 所示。

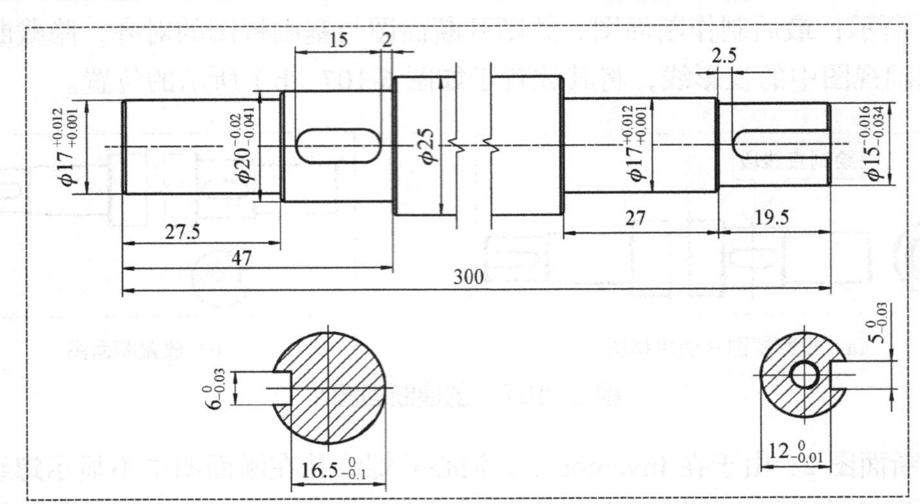

图 6-110　添加尺寸偏差标注

（10）添加形位公差：首先在基础视图的几个端面位置绘制辅助线，然后添加形位公差，如图 6-111 所示。

（11）添加表面粗糙度：在如图 6-111 所示的位置添加表面粗糙度标注。

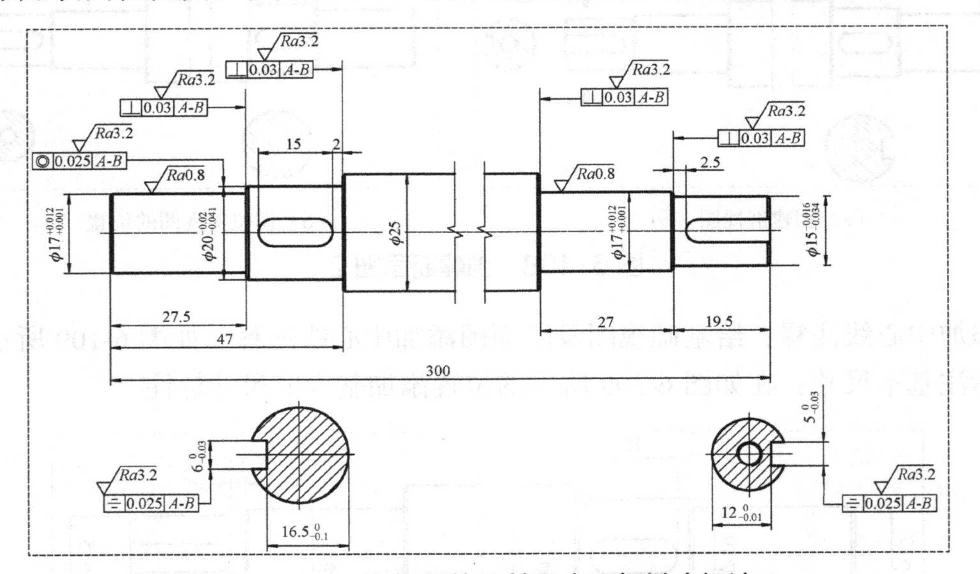

图 6-111　添加形位公差及表面粗糙度标注

（12）添加轴心注释：下面以左侧轴心注释为例介绍添加步骤。首先利用“指引线文本”工具从轴心引出，在文本框中利用空格符增加指引线折线的长度；然后在折线上添加表面粗糙度和基准标识符号。重复操作，添加轴右端轴心注释，如图 6-112 所示。

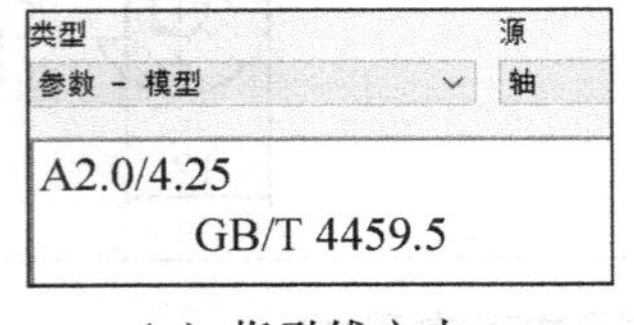

（a）指引线文本

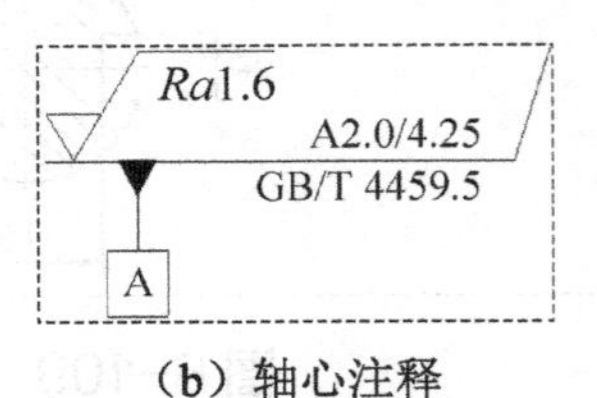

（b）轴心注释

图 6-112　添加轴心注释

（13）添加文本注释：按照图样要求添加文本注释。

（14）添加工程图属性：在工程图的 iProperty 属性对话框中添加公司及作者等属性。

（15）保存文件：完成工程图设计后，将工程图文件保存为“轴.idw”。最终的结果如图 6-92 所示。

拓展练习 6-3

利用本任务学习的知识，完成如图 6-113 所示的工程图设计。模型及工程图见资源包“模块 2\第 6 章\任务 3\拓展练习\”。

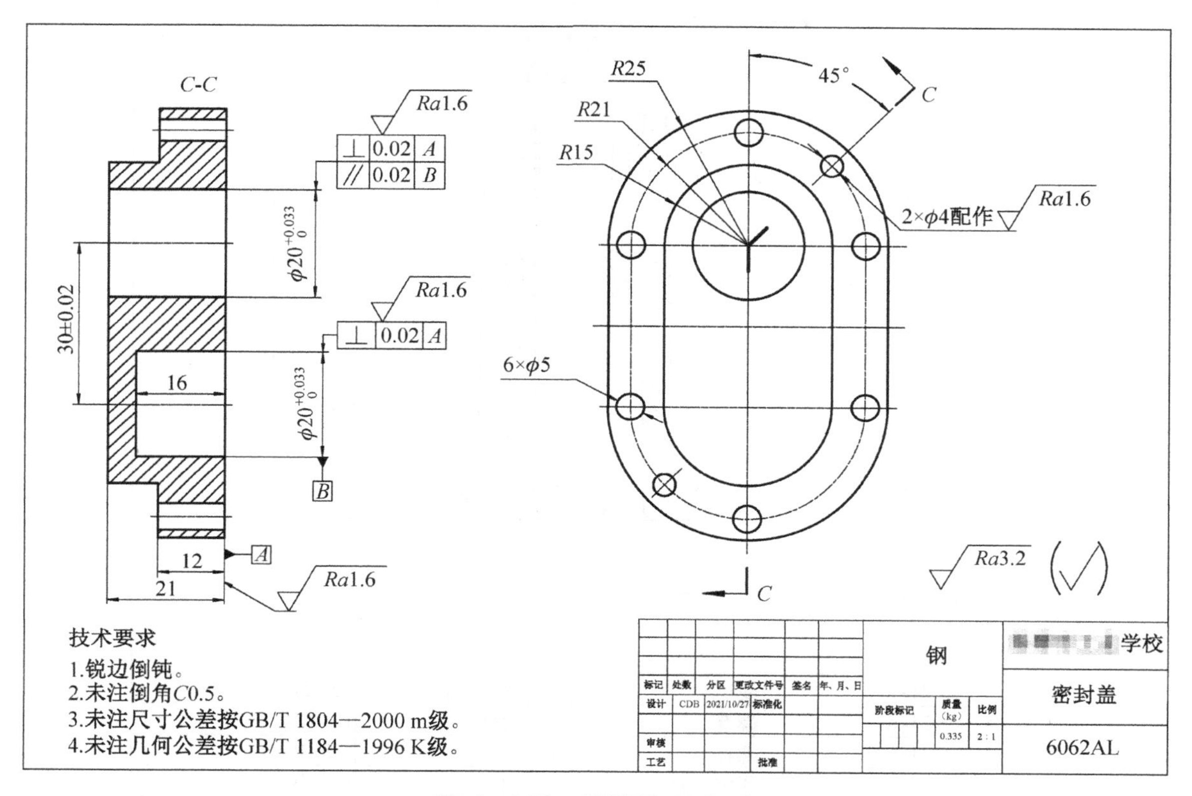

图 6-113 拓展练习 6-3

任务 4 千斤顶模型的装配图设计

学习目标

◆ 掌握装配图的基本设置方法。

◆ 掌握装配图中引出序号的创建与编辑方法。

◆ 掌握装配图中明细栏的创建与编辑方法。

◆ 能够熟练制作千斤顶模型的装配图。

任务导入

千斤顶模型装配图如图 6-114 所示，其数字模型及详细图纸见资源包“模块 2\第 6 章\任务 4\千斤顶\”。

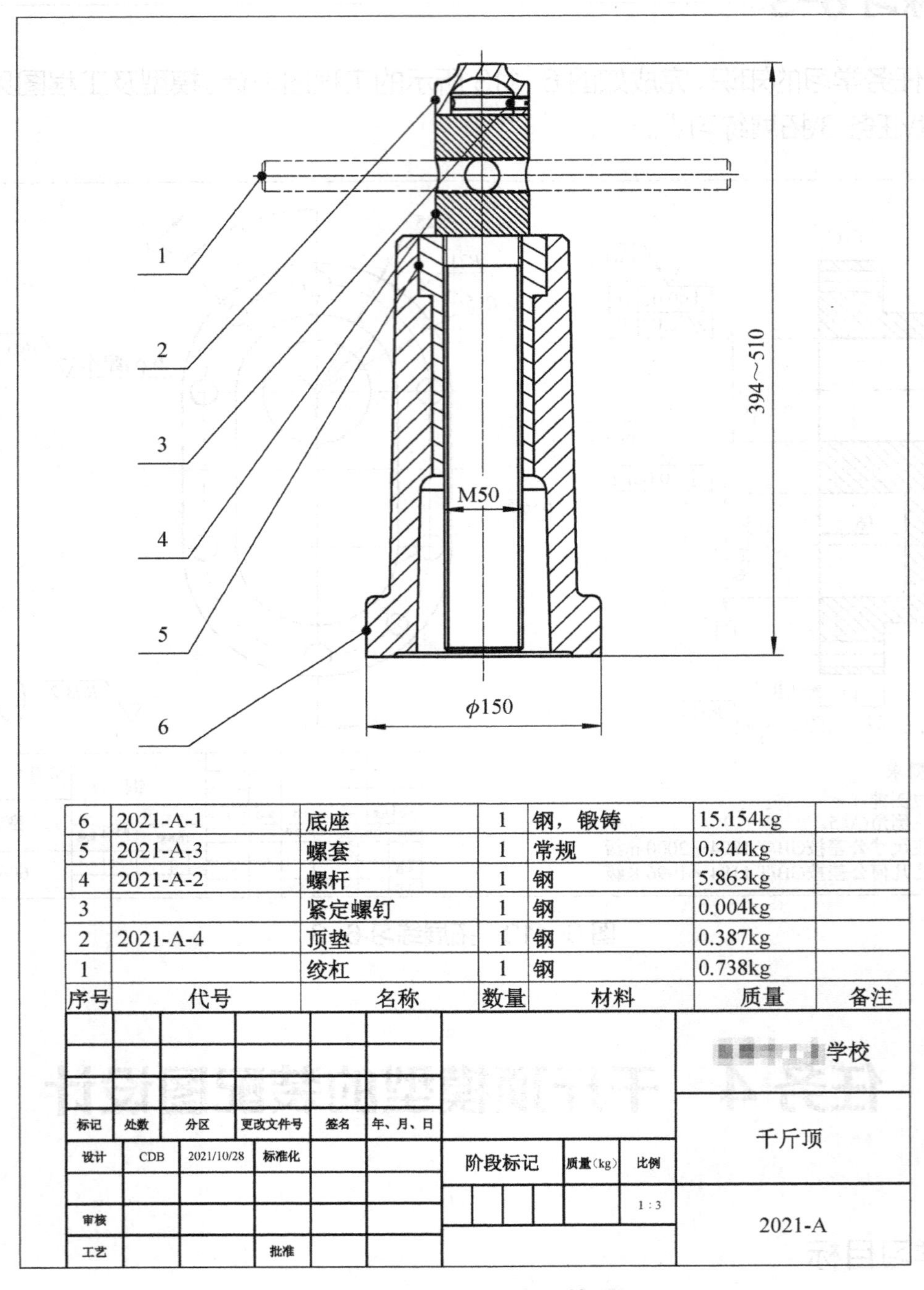

序号	代号	名称	数量	材料	质量	备注
6	2021-A-1	底座	1	钢，锻铸	15.154kg	
5	2021-A-3	螺套	1	常规	0.344kg	
4	2021-A-2	螺杆	1	钢	5.863kg	
3		紧定螺钉	1	钢	0.004kg	
2	2021-A-4	顶垫	1	钢	0.387kg	
1		绞杠	1	钢	0.738kg	

图 6-114　千斤顶模型装配图

在设计中，装配图能准确表达零部件装配的信息。在装配图中，除了包含各零部件之间的装配关系，还包含零部件的引出序号、明细栏。

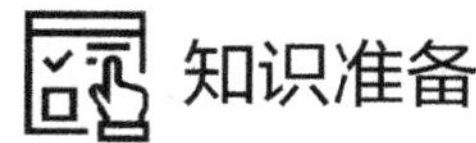

知识准备

1. 装配图样式及标准设置

装配图中的样式及标准设置除了任务 1 中学习的相关内容，还包括指引线和明细栏的设置两部分内容。

1）图纸设置

利用前面建立的模板创建工程图文件，并把图纸设置为 A3、横向。

2）指引线设置

在装配图中，指引线的箭头一般是“小点”样式；而在 Inventor 中，默认的箭头形状是“填充的”箭头样式，因此需要修改。

打开“样式和标准编辑器”对话框，选择“指引线”下的“常规（GB）”选项，在右侧的“箭头”下拉列表中选择“小点”选项，如图 6-115 所示，其他保持默认设置，将以上设置保存。

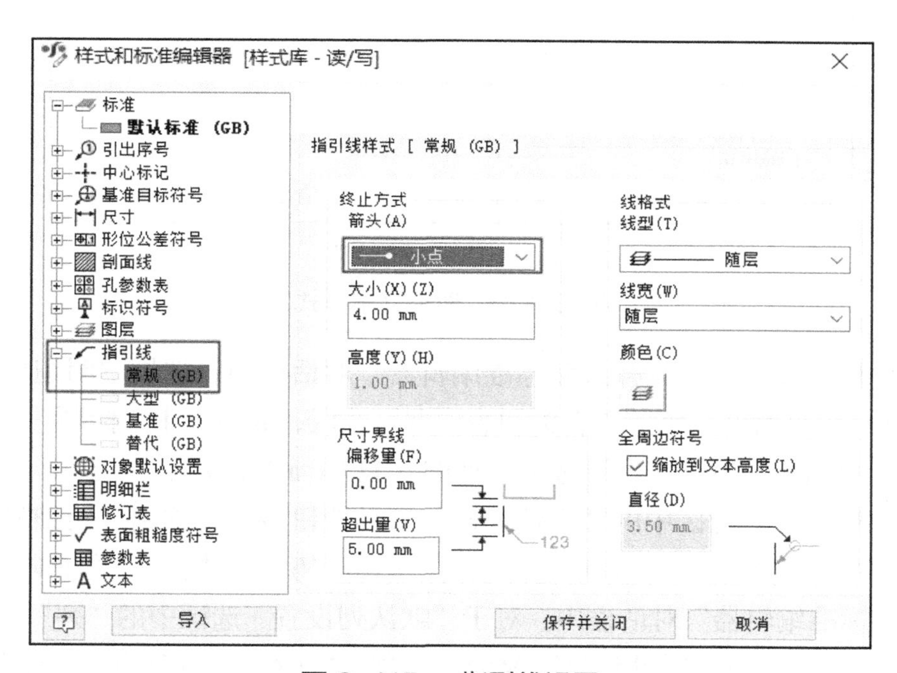

图 6-115　指引线设置

3）明细栏设置

在装配图的明细栏中，由于受列宽限制，为了能够将列标题完整地显示在表格中，需要将列标题的文本进行拉伸幅度的调整。在这里，用户可单独对列标题新建一个文本样式。

（1）新建文本样式：在“样式和标准编辑器”对话框的“标签文本”选项上单击鼠标右键，在右键菜单中选择“新建样式”选项，如图 6-116（a）所示。在弹出的“新建本地样式”对话框的“名称”文本框中输入“标题文本”，如图 6-116（b）所示。单击“确定”按钮，完成新建文本样式的创建。

选择新创建的“标题文本”选项，将其拉伸幅度设置为 60、字体设置为仿宋、字号设置为 3.50mm，如图 6-116（c）所示。单击“保存”按钮，将以上设置保存。

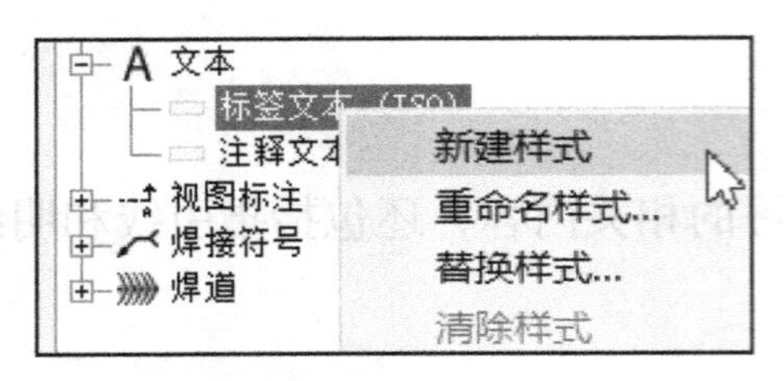

（a）通过右键菜单新建文本样式

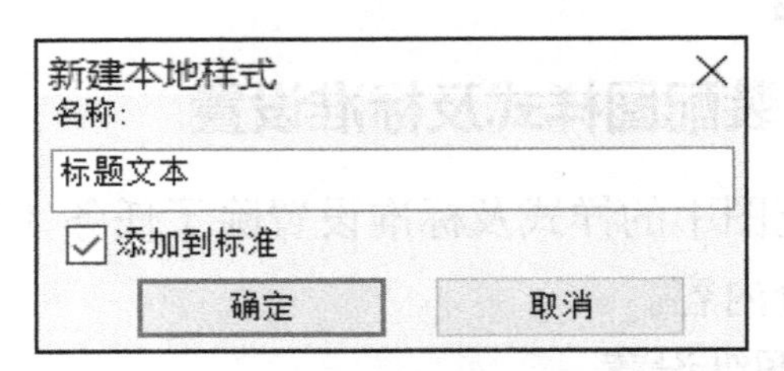

（b）“新建本地样式”对话框

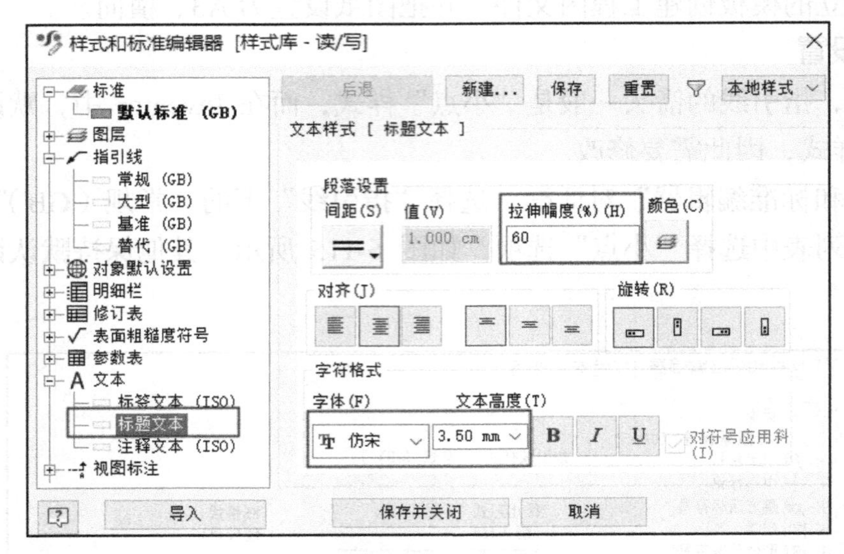

（c）标题文本样式设置

图 6-116　新建文本样式

（2）明细栏样式设置：在“样式和标准编辑器”对话框中，选择“明细栏”下的“明细栏（GB）”选项，在对话框右侧的“表头和表设置”选区，取消选中“标题”复选框，在“列标题”下拉列表中选择“标题文本”选项，如图 6-117（a）所示。

单击“默认列设置”选区中的“列选择器”工具按钮，弹出“明细栏列选择器”对话框。将所选特性按照图 6-117（b）进行编辑，单击“确定”按钮，关闭对话框。

在“样式和标准编辑器”对话框中，对于“默认列设置”选区中的“列”名称栏，将“库存编号”改为“代号”，将“零件代号”改为“名称”“注释”，将改为“备注”；并将各列的宽度从上到下按照 8mm、40mm、44mm、8mm、38mm、22mm、20mm 进行设置，如图 6-117（c）所示。最后单击下方的“保存并关闭”按钮，完成明细栏的设置。

4）设置标题栏

前面学习了标题栏的设置，但是在装配图中，由于参加装配的各零部件材料可能不尽相同，所以在装配图中是不显示材料、质量的。因此，需要将标题栏中的“材料”和“质量”两项删除。

5）保存模板

将设置好的工程图文件保存为模板，名称为“装配图.idw”。

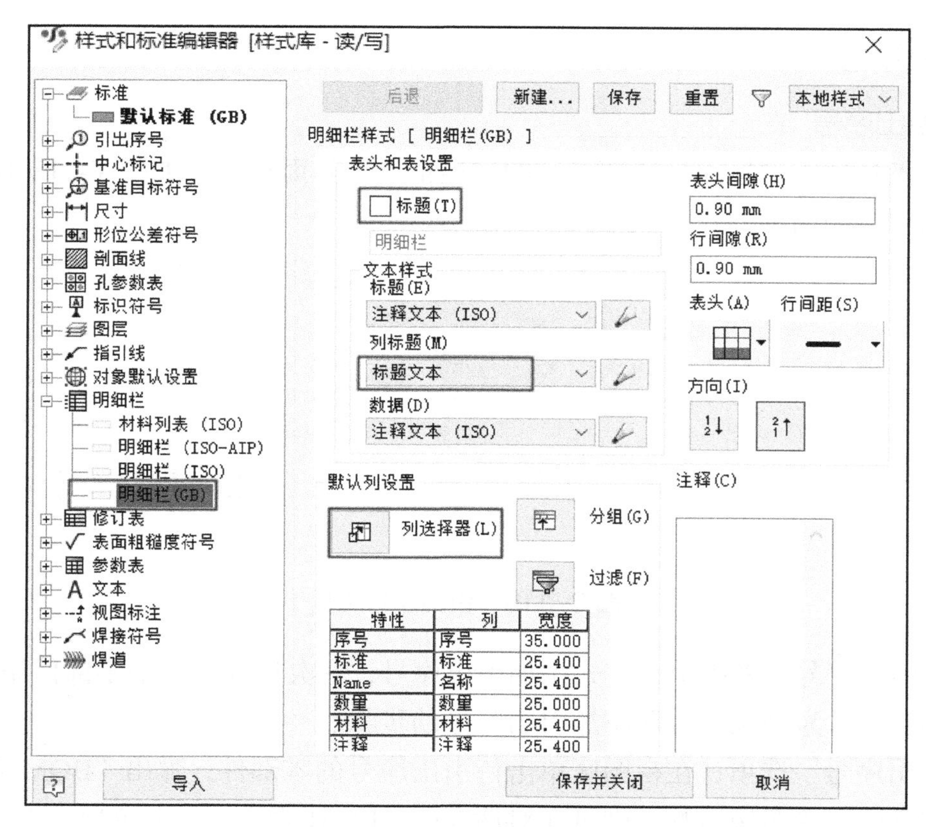

（a）明细栏

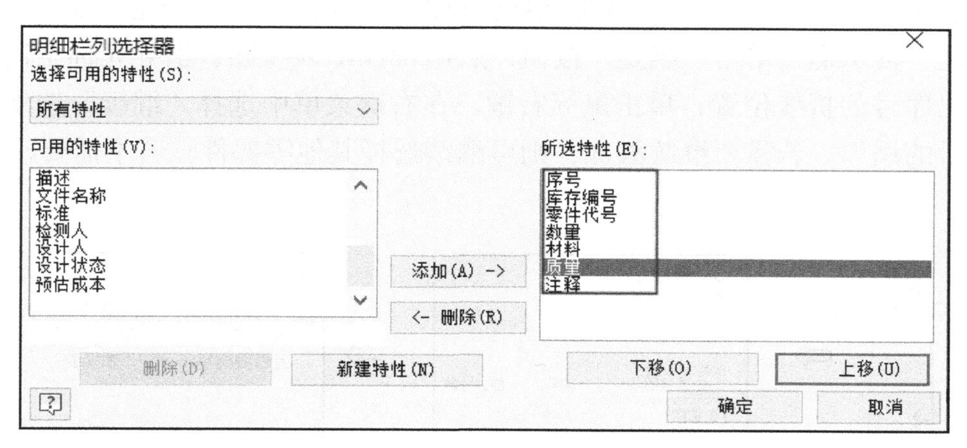

（b）“明细栏列选择器”对话框

特性	列	宽度
序号	序号	35.000
库存编号	库存编号	25.400
零件代号	零件代号	25.400
数量	数量	25.000
材料	材料	25.400
质量	质量	25.400
注释	注释	25.400

特性	列	宽度
序号	序号	8.000
库存编号	代号	40.000
零件代号	名称	44.000
数量	数量	8.000
材料	材料	38.000
质量	质量	22.000
注释	备注	20.000

（c）“列”名称栏修改前后对比

图 6-117 明细栏设置

2. 引出序号

1）添加引出序号

引出序号工具位于“标注”选项卡下的“表格”工具面板上，如图 6-118 所示。添加引出序号有手动和自动两种方式。

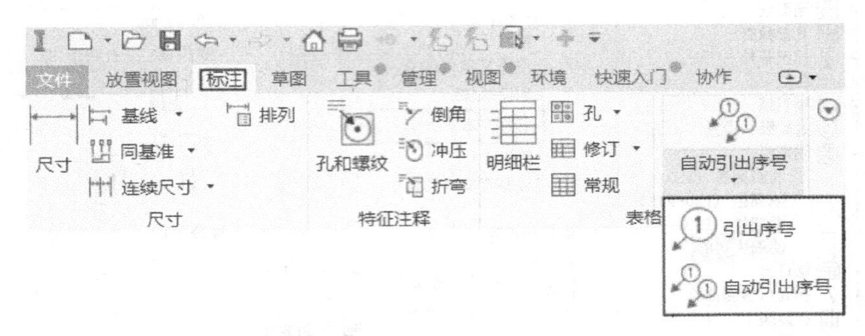

图 6-118　引出序号工具

（1）手动引出序号：采用手动方式添加引出序号，一次只能给一个零部件添加引出序号。下面以图 6-119 所示为例说明手动添加引出序号的步骤。

选择“引出序号”选项；在视图区单击待引出序号的零部件，弹出“BOM 表特性”对话框，若装配文件中包含多级装配，则可在对话框的“BOM 表视图”下拉列表中选择引出序号的级别，这里选择“仅零件”选项，其他选项保持默认设置；单击“确定”按钮，弹出“BOM 表视图已禁用”提示框；单击“确定”按钮，启用 BOM 表视图；引导光标至适当位置，单击以指定引出序号的折线位置；单击鼠标右键，在右键菜单中选择“继续”选项，完成该零部件引出序号的添加。若需要继续添加，则可继续选择其他零部件；若不需要，则按 Esc 键取消即可。

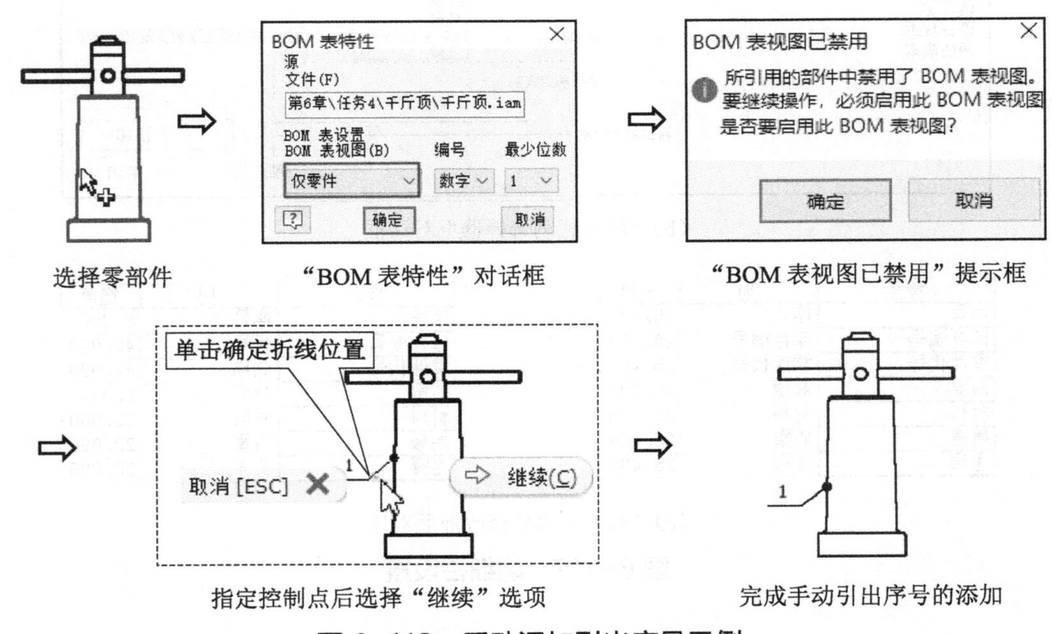

选择零部件　“BOM 表特性”对话框　“BOM 表视图已禁用”提示框

指定控制点后选择“继续”选项　完成手动引出序号的添加

图 6-119　手动添加引出序号示例

（2）自动引出序号 ：使用该工具，可一次性为所有零部件一起添加引出序号。下面以图 6-120 所示为例说明自动添加引出序号的步骤。

选择"自动引出序号"选项，弹出"自动引出序号"对话框；单击"选择视图集"选项；框选已选视图中的所有零部件；在对话框的"BOM 表视图"下拉列表中选择"仅零件"选项；在"放置"选区中，选择"竖直"单选按钮；单击"选择放置方式"工具按钮；在视图区适当位置单击，以指定引出序号的折线位置；单击"确定"按钮，完成引出序号的自动添加。

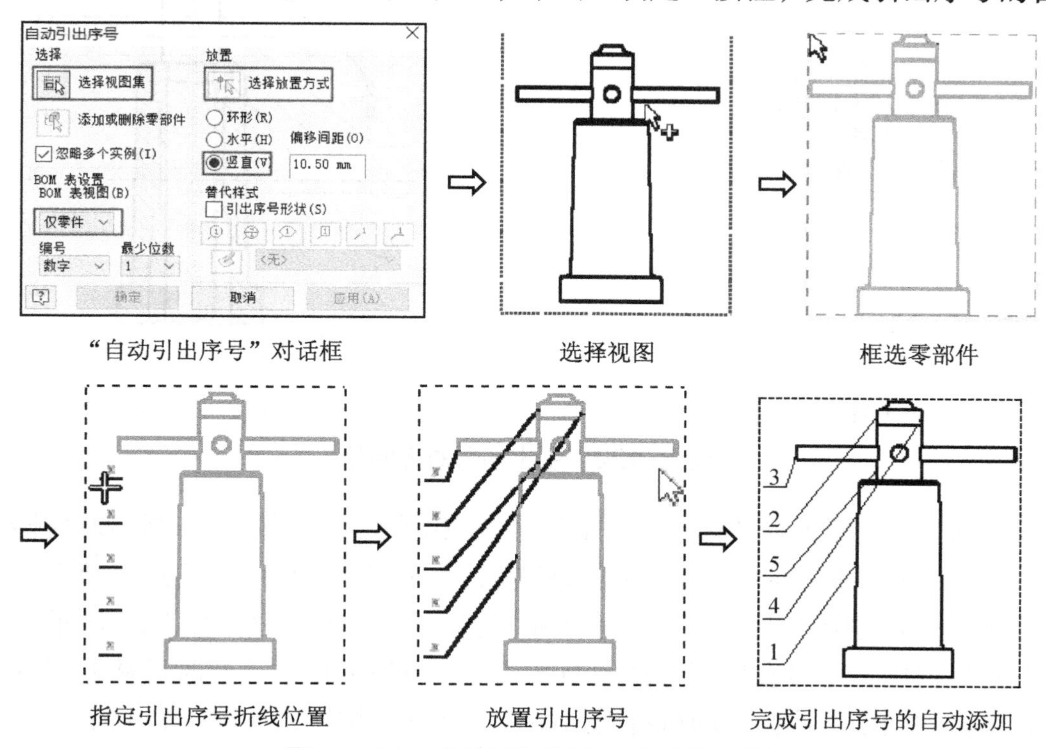

图 6-120 自动添加添加引出序号示例

2）调整引出序号

调整引出序号包括引出序号的位置调整和顺序调整两部分。

（1）位置调整：将光标悬停于引出序号上，会显示三个绿色的控制点，拖动控制点可调整引出序号的位置，拖动箭头可调整引出序号在零部件上的指引位置。

【说明】在 Inventor 中，引出序号的箭头一般定位在零部件的轮廓线处，若拖动引出序号的箭头至零部件内部，则引出序号的箭头会变为大点。可通过引出序号的右键菜单更改箭头形状，如图 6-121 所示。

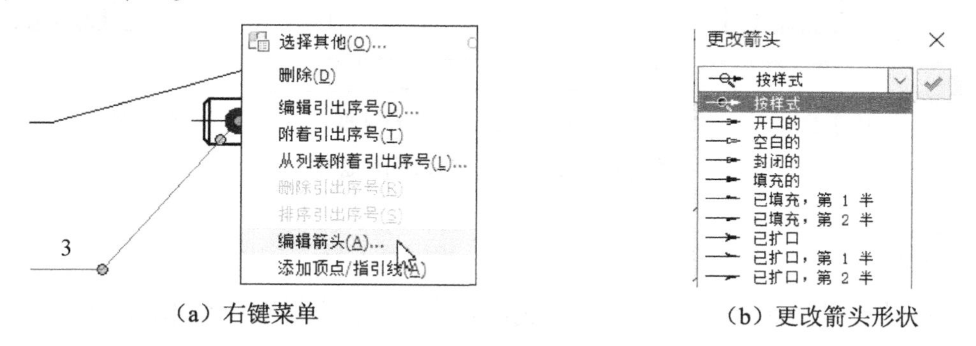

图 6-121 更改引出序号箭头形状

若引出序号的位置排布比较乱，则可使用对齐工具将其重新排布。方法就是首先选择需要重新排布的引出序号，单击鼠标右键，在右键菜单的“对齐”选项中选择需要对齐的方式，如图 6-122（a）所示；然后在视图区移动光标至合适的位置并单击，重新指定引出序号的控制点位置，如图 6-122（b）所示。

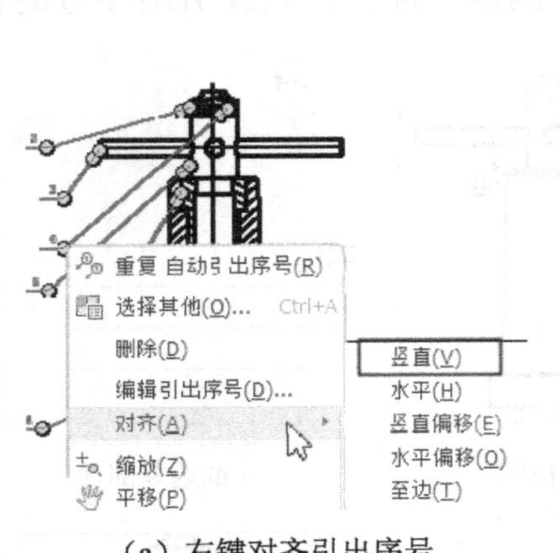

（a）右键对齐引出序号

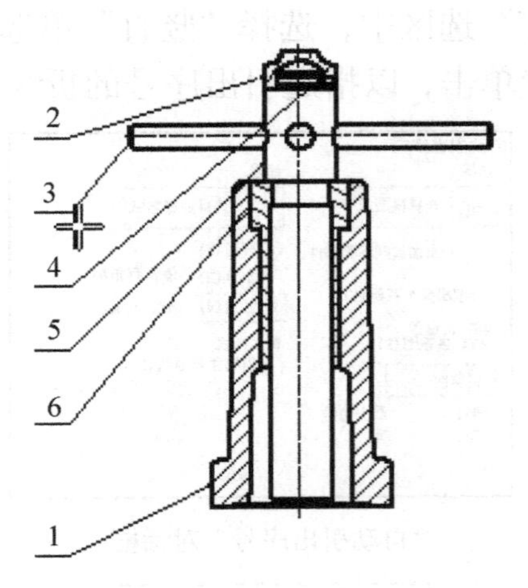

（b）重新指定引出序号位置

图 6-122　引出序号对齐调整

（2）顺序调整：按照工程图标准，引出序号应该围绕零部件按照逆时针顺序排列，因此，需要对引出序号的顺序进行调整。调整的方法就是首先按照引出序号的排列顺序，依次选择引出序号；然后在右键菜单中选择“编辑引出序号”选项，如图 6-122（a）所示。在“编辑引出序号”对话框中，序号会按照选择的顺序从上到下罗列出来。此时可从上到下更改序号值，完成后单击“确定”按钮，即可将引出序号重新进行排序，如图 6-123 所示。

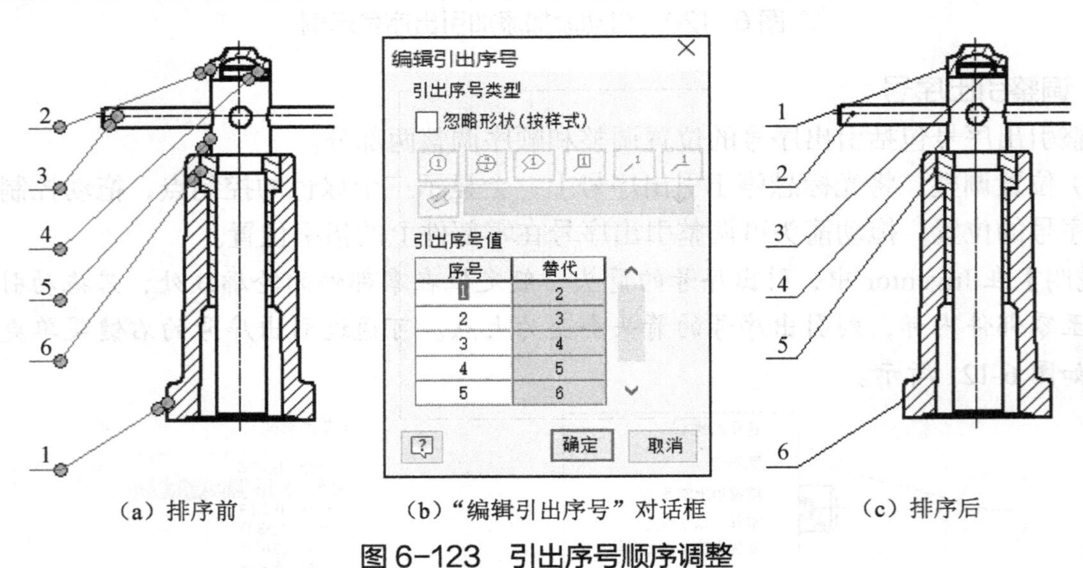

（a）排序前　（b）“编辑引出序号”对话框　（c）排序后

图 6-123　引出序号顺序调整

3. 明细栏

在 Inventor 的工程图中，可以自动生成明细栏，并且明细栏的信息与零部件的信息相关联。

1）放置明细栏

现以图 6-124 所示为例介绍放置明细栏的操作步骤。

单击“表格”工具面板上的“明细栏”工具按钮，弹出“明细栏”对话框，若装配文件中包含子装配，则可在对话框的“BOM 表视图”下拉列表中选择“仅零件”选项；在视图区选择视图；单击“确定”按钮；在标题栏的右上角位置单击以指定明细栏的放置位置，创建明细栏。

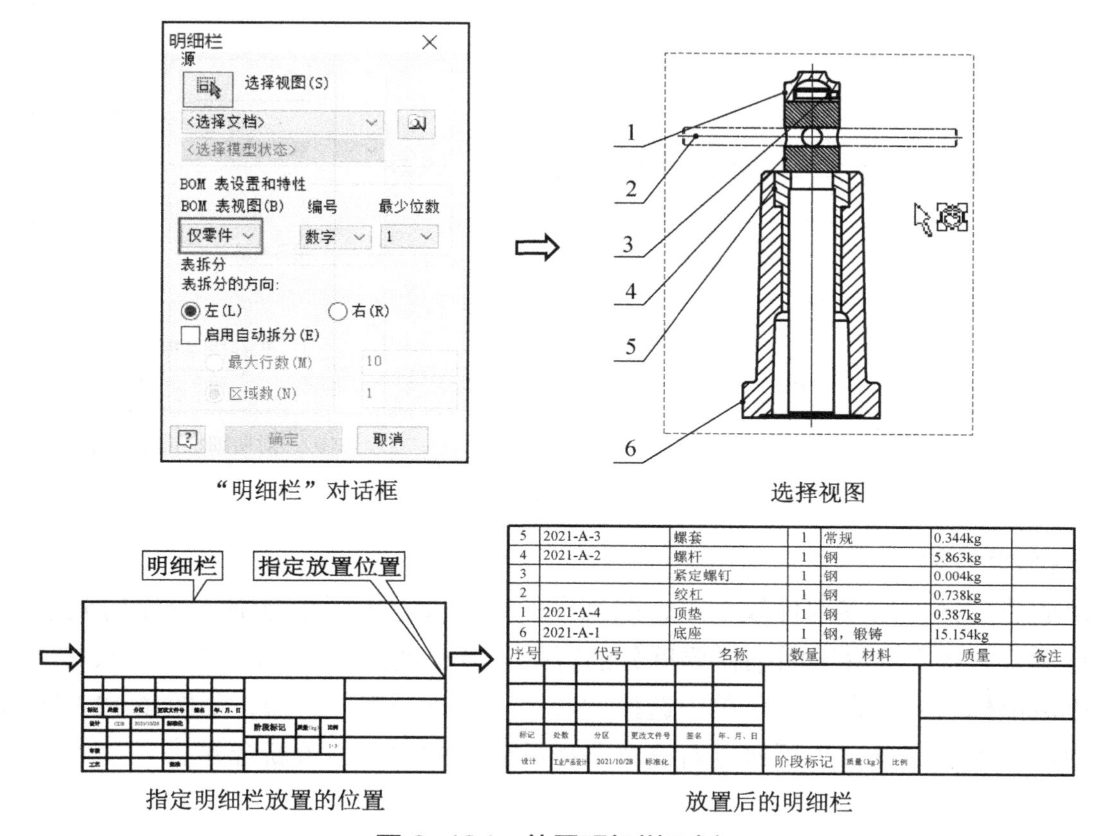

“明细栏”对话框　　选择视图

指定明细栏放置的位置　　放置后的明细栏

图 6-124　放置明细栏示例

2）编辑明细栏

对于放置后的明细栏，往往还需要对其进行位置调整或编辑。当将光标置于明细栏上时，明细栏四周会出现夹点，如图 6-125 所示，拖动夹点可以调整明细栏的大小；当将光标置于明细栏的列间、行间且光标变为双箭头形状时，可以调整列宽或行高；当将光标置于明细栏中的文本上时，光标变为⊠形状，拖动可调整明细栏的位置。

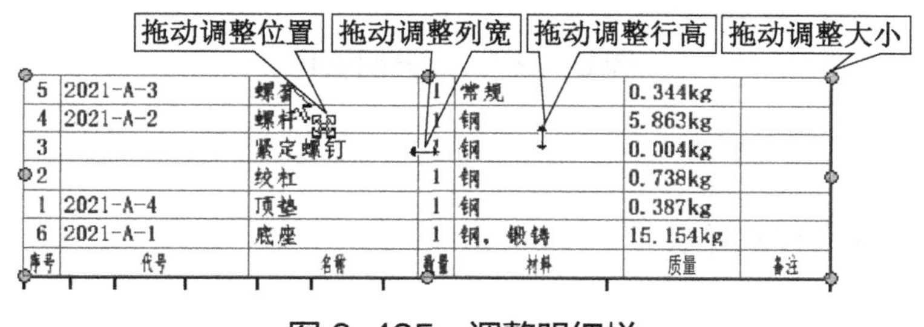

图 6-125　调整明细栏

双击明细栏或在其右键菜单中选择“编辑明细栏”选项，即可打开“明细栏”对话框，如图 6-126（a）所示。选择“序号”列，单击“排序”按钮 ，弹出“对明细栏排序”对话框，在“第一关键字”下拉列表中选择“序号”选项并选中“升序”单选按钮，如图 6-126（b）所示。单击“确定”按钮，即可将序号进行升序排列。另外，通过如图 6-126（a）所示的对话框还可对明细栏进行其他操作，这里不再介绍。

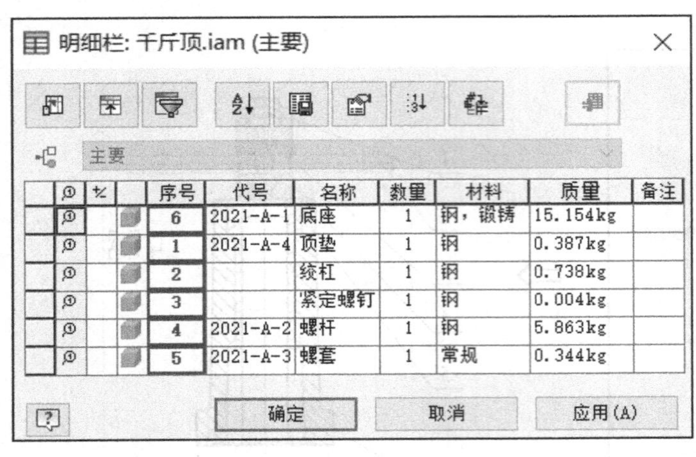

序号	代号	名称	数量	材料	质量	备注
6	2021-A-1	底座	1	钢，锻铸	15.154kg	
1	2021-A-4	顶垫	1	钢	0.387kg	
2		绞杠	1	钢	0.738kg	
3		紧定螺钉	1	钢	0.004kg	
4	2021-A-2	螺杆	1	钢	5.863kg	
5	2021-A-3	螺套	1	常规	0.344kg	

（a）“明细栏”对话框

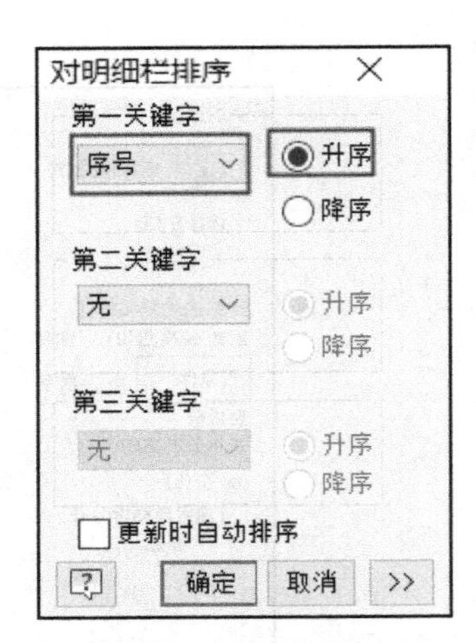

（b）“对明细栏排序”对话框

图 6-126　编辑明细栏

3）拆分明细栏

当组成装配部件的零部件较多时，明细栏的高度会超出图纸范围，这个时候就需要对明细栏进行拆分。将光标移至明细栏要拆分的行处，当将光标置于行内文本上时，光标变为 形状，单击鼠标右键，在右键菜单中选择“表”→“拆分表”选项，如图 6-127 所示，即可将明细栏拆分为两部分，也可通过右键菜单将拆分后的明细栏重新合并。

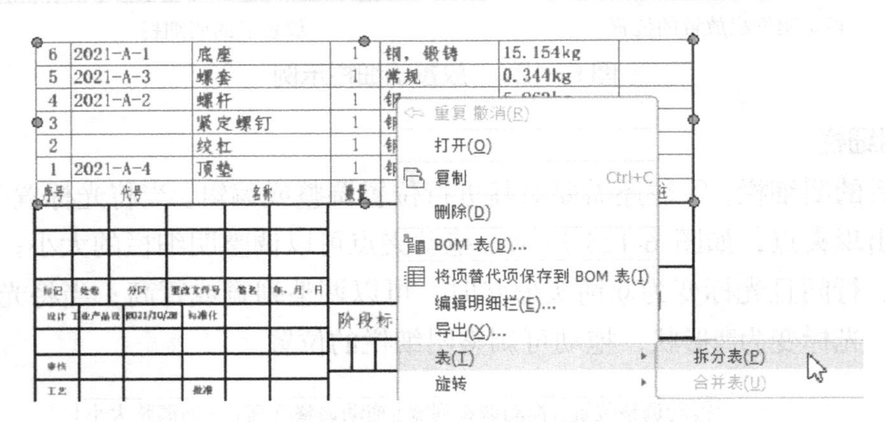

图 6-127　拆分明细栏

任务流程

主要任务流程如图 6-128 所示。

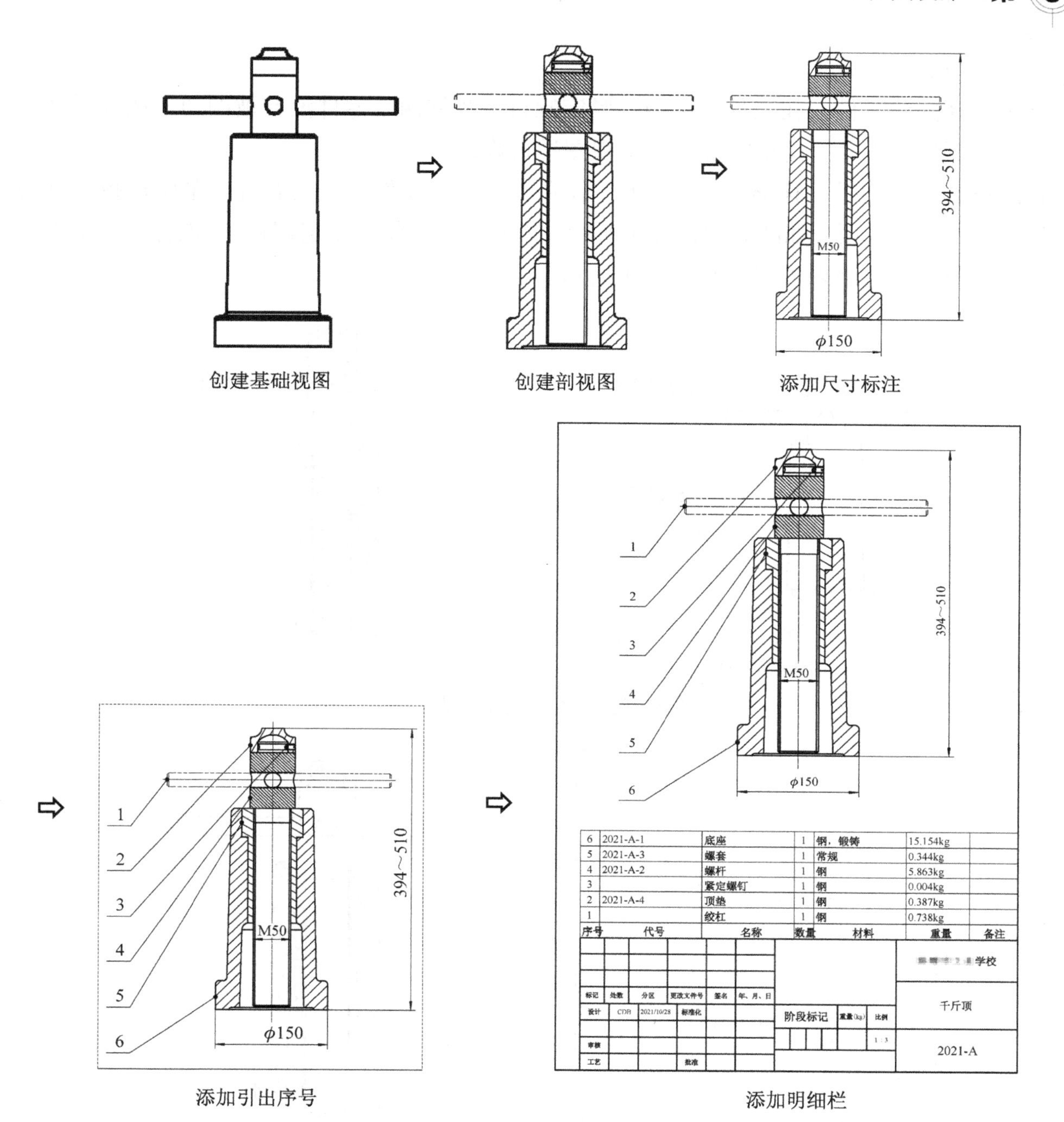

图 6-128 主要任务流程

任务实施

（1）新建工程图文件：在“新建文件”对话框中选择前面创建的工程图模板文件“装配图.idw”。

（2）编辑图纸：将图纸大小设置为 A4、纵向。

（3）创建基础视图：为资源包中的“模块 2\第 6 章\任务 4\千斤顶\千斤顶.iam”文件创建基础视图。视图显示样式为“不显示隐藏线”、视图比例为 1：3。

（4）创建全剖视图：由于只有一个基础视图，所以这里采用局部剖创建全剖视图。在基础视图上新建草图，绘制一个矩形，以矩形为局部边界创建局部剖视图，剖切深度至底座底部中点，如图 6-129 所示。

（5）选择剖切零件：在工程图样中，紧定螺钉、绞杠两个零件没有被剖切，螺杆零件采用的是局部剖切，因此，这里需要对全剖视图进行修改。

在浏览器中的“千斤顶.iam”模型下，找到“绞杠”零件，在其右键菜单中选择“剖切参与件”→“无”选项，如图 6-130（a）所示；重复操作，将“紧定螺钉”“螺杆”两个零件选择为不参与剖切，结果如图 6-130（b）所示。

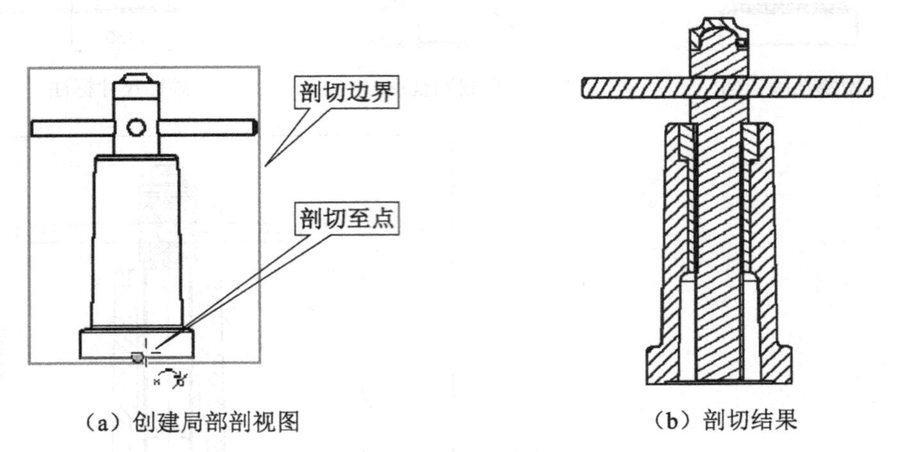

（a）创建局部剖视图　　（b）剖切结果

图 6-129　创建全剖视图

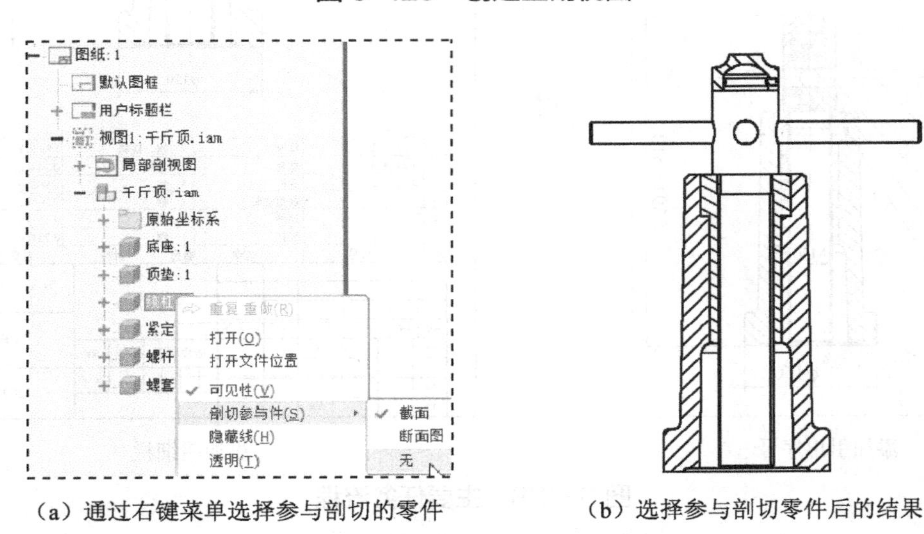

（a）通过右键菜单选择参与剖切的零件　　（b）选择参与剖切零件后的结果

图 6-130　选择参与剖切的零件

（6）螺杆局部剖效果：由于视图已经全剖，所以不能再采用局部剖了。这里采用补画几何图元并用剖面线填充的办法来达到局部剖效果。在视图上创建草图，投影部分轮廓，绘制两条直线段，并将绘制的直线段的线宽设置为 0.5mm，如图 6-131（a）所示；单击“创建”工具面板上的“用剖面线填充面域”工具按钮，打开“剖面线”对话框，在对话框中，可以选择剖面线的图案、比例、角度、颜色、线宽等，如图 6-131（b）所示；设置完成后，单击“确定”按钮，完成剖面线的填充，如图 6-131（c）所示。

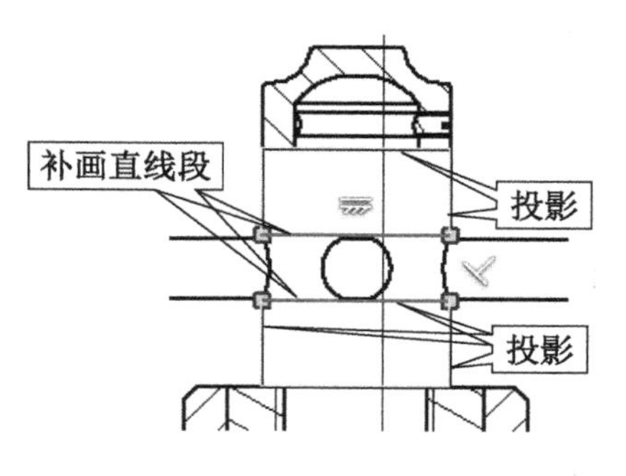

（a）投影轮廓线及补画几何图元

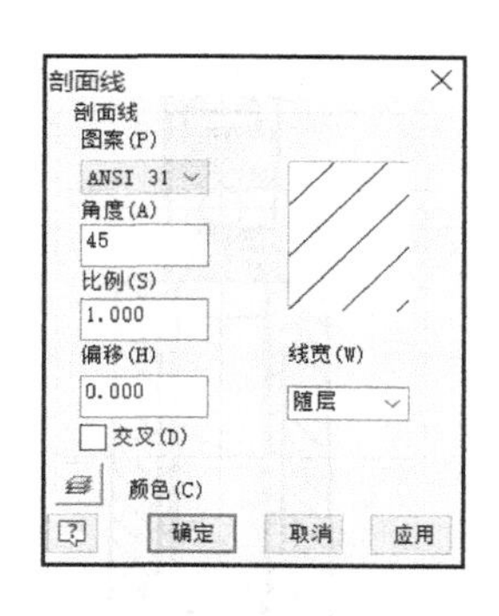

（b）“剖面线”对话框

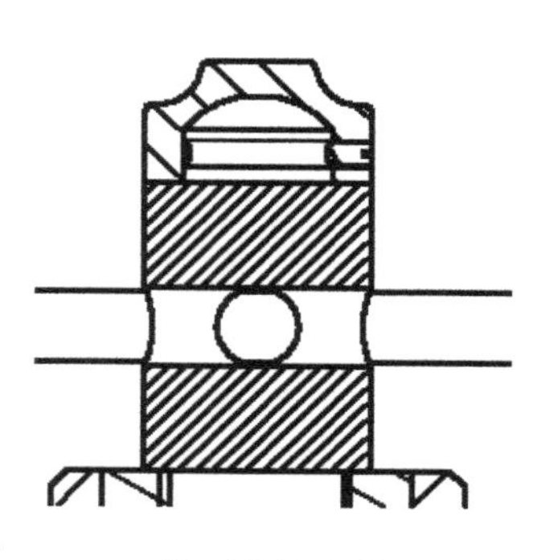
（c）剖面线填充结果

图 6-131 填充剖面线

（7）修改零件的线性：为了便于标注整体尺寸，把绞杠调整为千斤顶的相邻辅助零件。选择绞杠零件的所有轮廓线并单击鼠标右键，在右键菜单中选择“特性”选项，如图 6-132（a）所示。在弹出的“边特性”对话框中，进行如图 6-132（b）所示的设置。完成设置后，单击“确定”按钮，完成零件的线性修改。

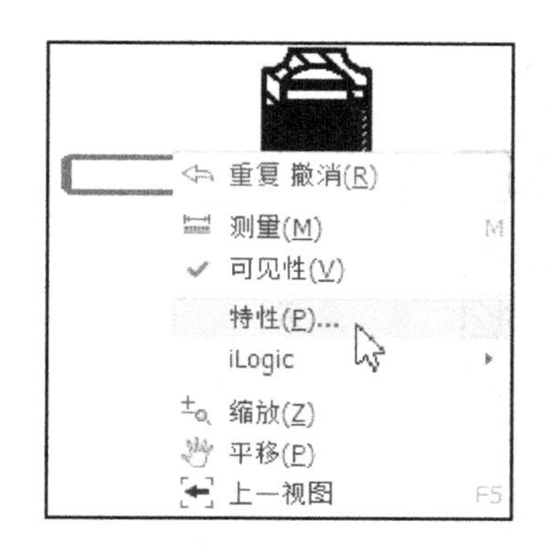

（a）通过右键菜单修改线性

（b）“边特性”对话框

图 6-132 修改零件的线性

在视图上创建草图，补画相同线性的几何图元，如图 6-133 所示。

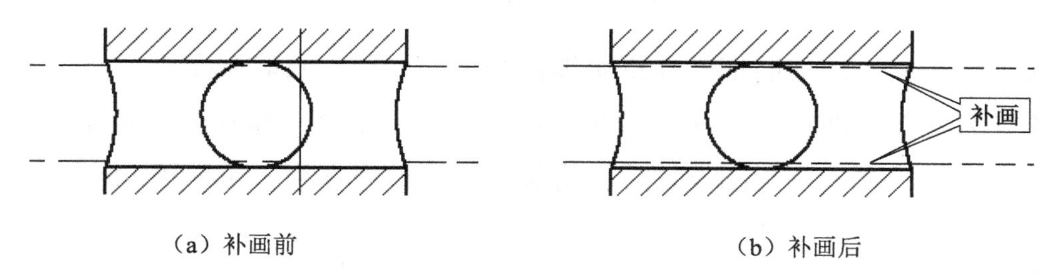

（a）补画前 （b）补画后

图 6-133 补画几何图元

（8）添加中心线注释及尺寸标注：按照图样要求添加中心线注释，并标注整体尺寸，如图 6-134 所示。

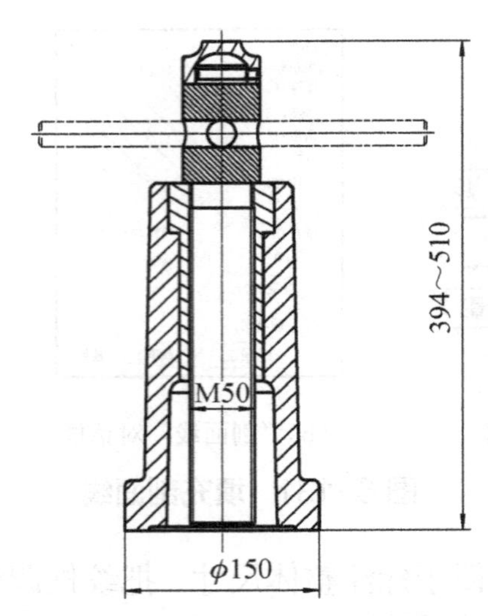

图 6-134　添加中心线注释及尺寸标注

（9）添加引出序号：自动添加引出序号，并将引出序号按照逆时针顺序排序，如图 6-135 所示。

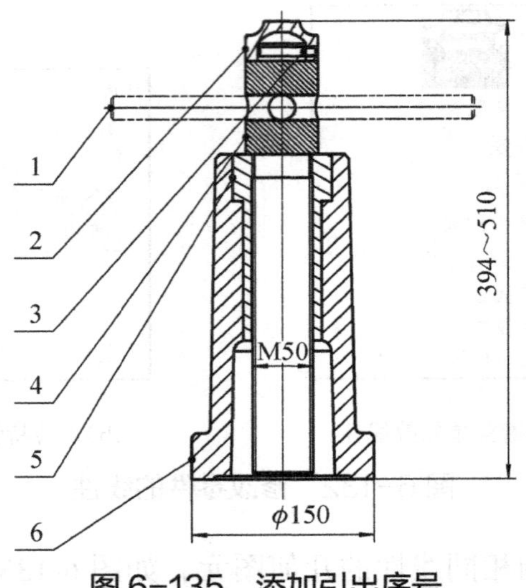

图 6-135　添加引出序号

（10）添加明细栏：添加明细栏并将明细栏排序，如图 6-114 所示。

（11）添加装配图属性：在工程图的 iProperty 属性对话框中添加公司及作者等属性。

（12）保存文件：完成装配图设计后，将装配图文件保存为“千斤顶.idw”。

拓展练习 6-4

利用本任务学习的知识完成如图 6-136 所示的装配图设计。模型及装配图见资源包“模块 2\第 6 章\任务 4\拓展练习\”。

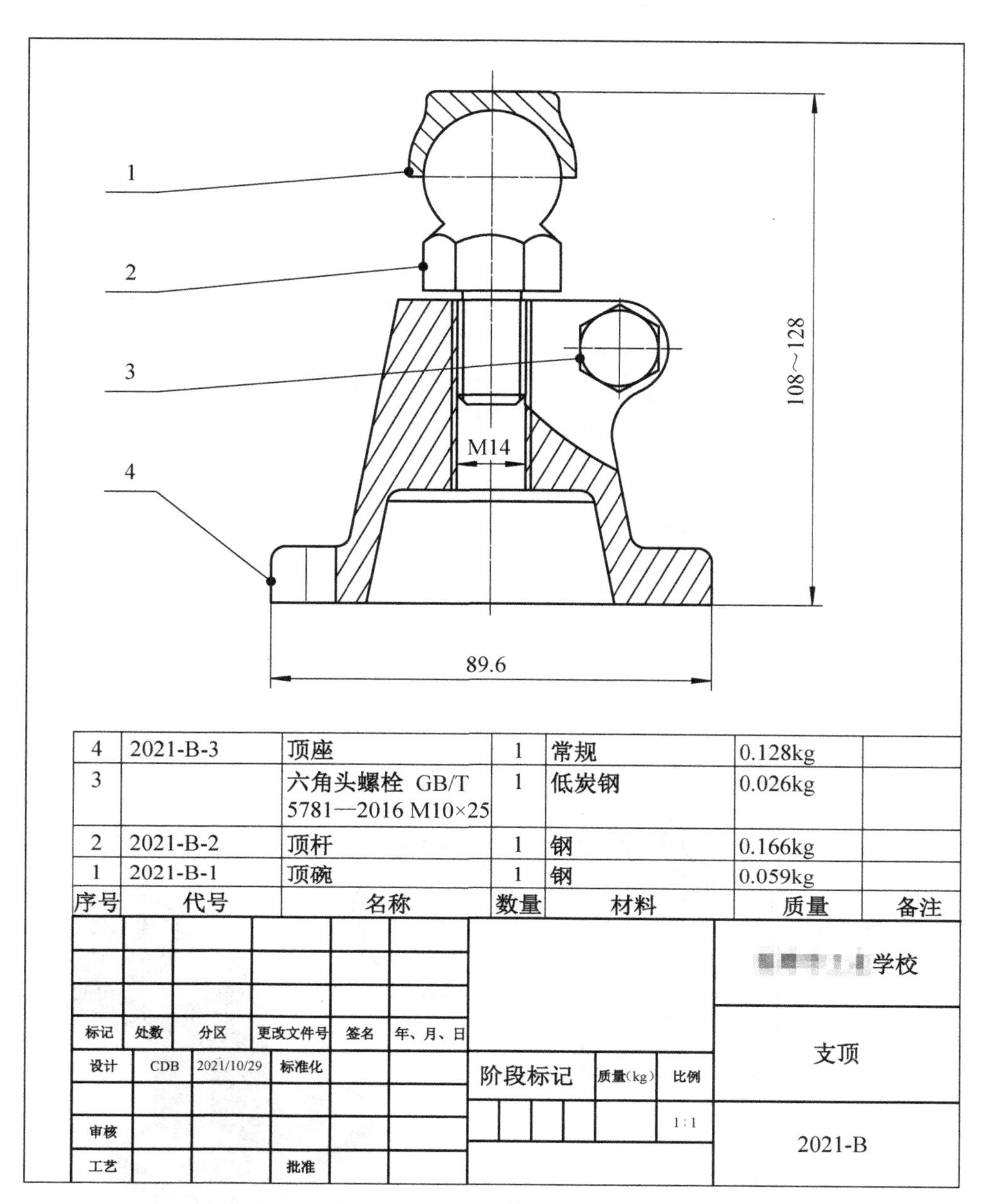

4	2021-B-3	顶座	1	常规	0.128kg	
3		六角头螺栓 GB/T 5781—2016 M10×25	1	低炭钢	0.026kg	
2	2021-B-2	顶杆	1	钢	0.166kg	
1	2021-B-1	顶碗	1	钢	0.059kg	
序号	代号	名称	数量	材料	质量	备注

图 6-136 拓展练习 6-4

思考与练习 6

完成如图 6-137 所示的工程图设计。所有模型及工程图纸见资源包“模块 2\第 6 章\思考与练习 6\”。

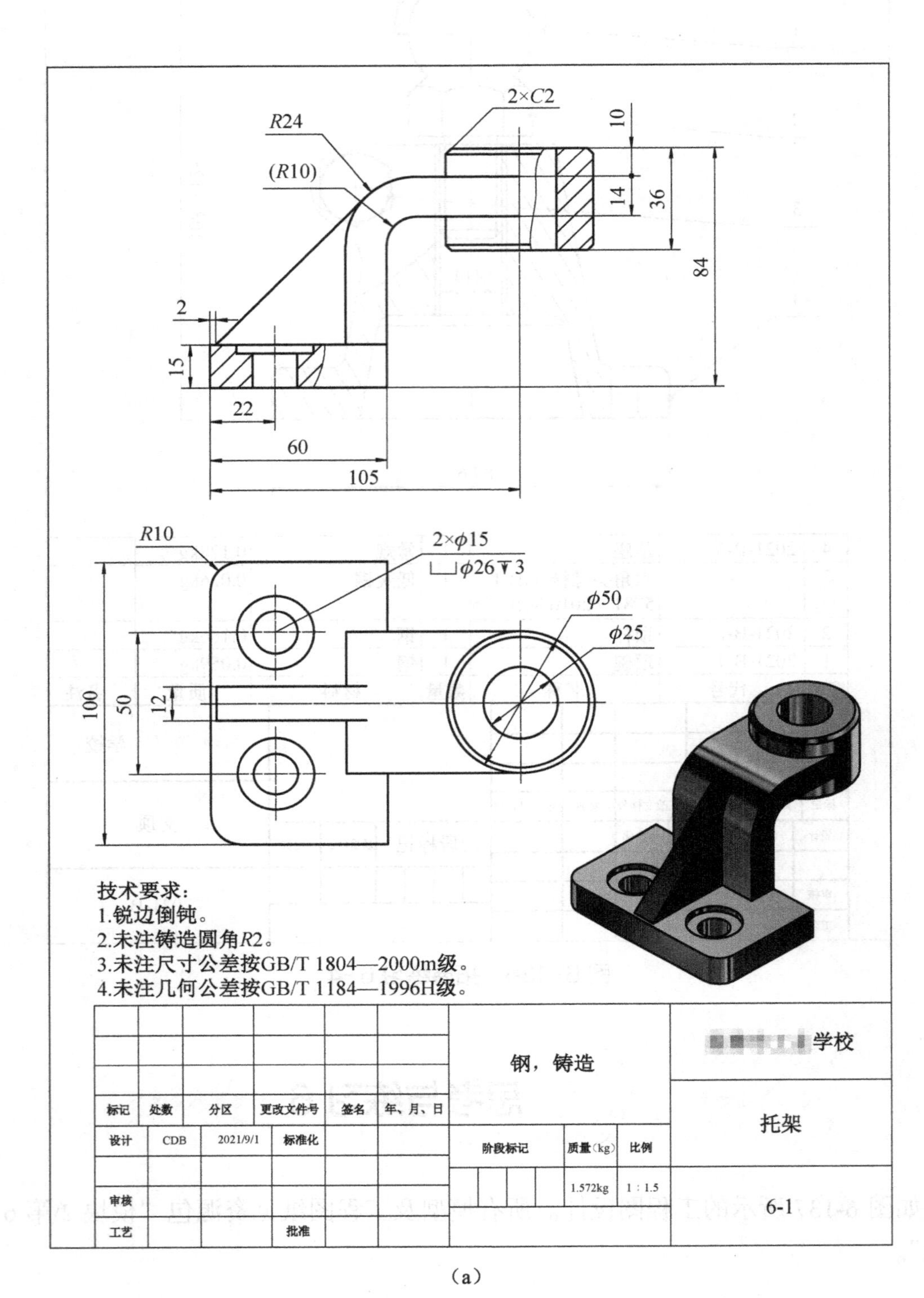
2×C2
R24
(R10)
10
14
36
84
2
15
22
60
105
R10
2×ϕ15
ϕ26▼3
ϕ50
ϕ25
100
50
12
技术要求：
1.锐边倒钝。
2.未注铸造圆角R2。
3.未注尺寸公差按GB/T 1804—2000m级。
4.未注几何公差按GB/T 1184—1996H级。
钢，铸造
学校
托架
标记
处数
分区
更改文件号
签名
年、月、日
设计
CDB
2021/9/1
标准化
阶段标记
质量（kg）
比例
1.572kg
1 : 1.5
6-1
审核
工艺
批准

（a）

图 6-137　思考与练习 6

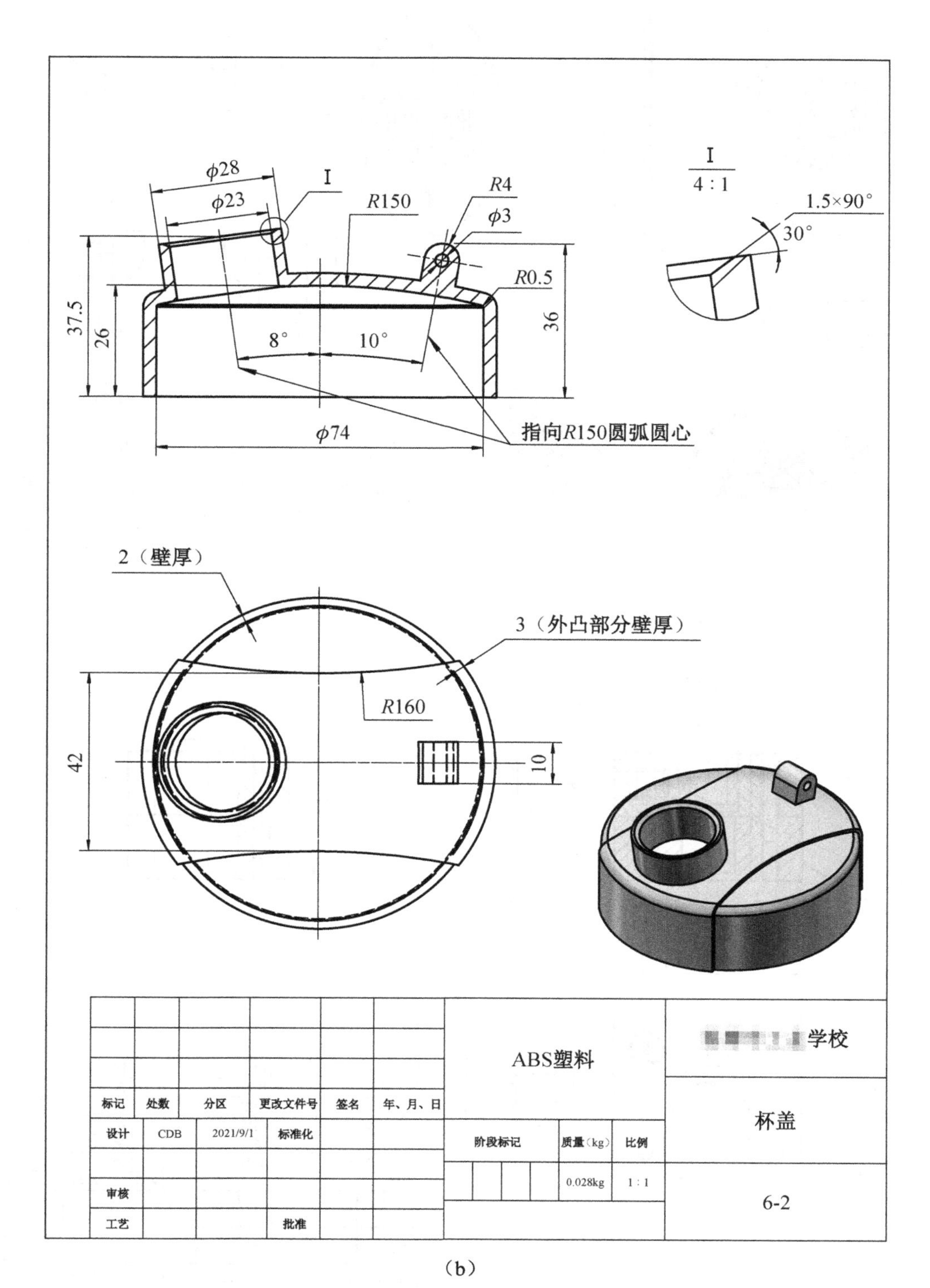

（b）

图 6-137 思考与练习 6（续）

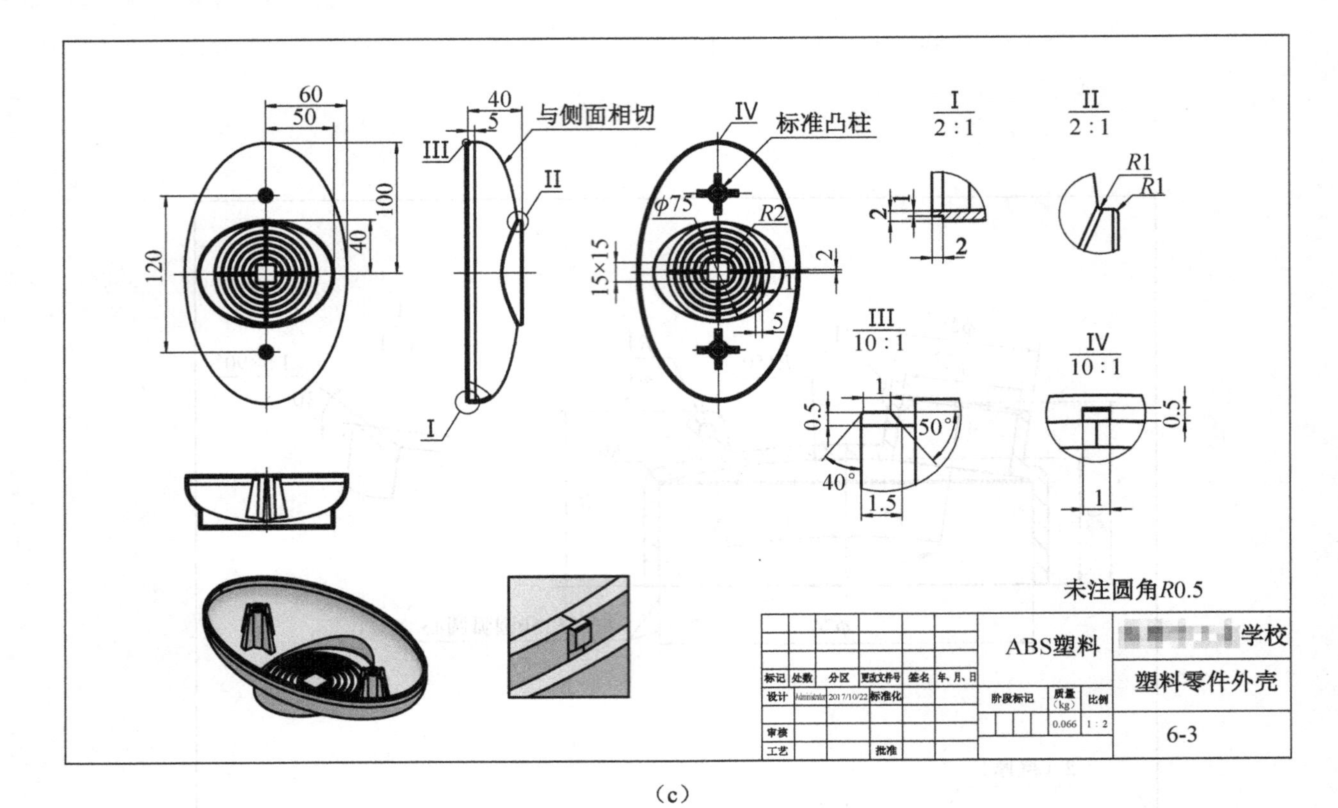

（c）

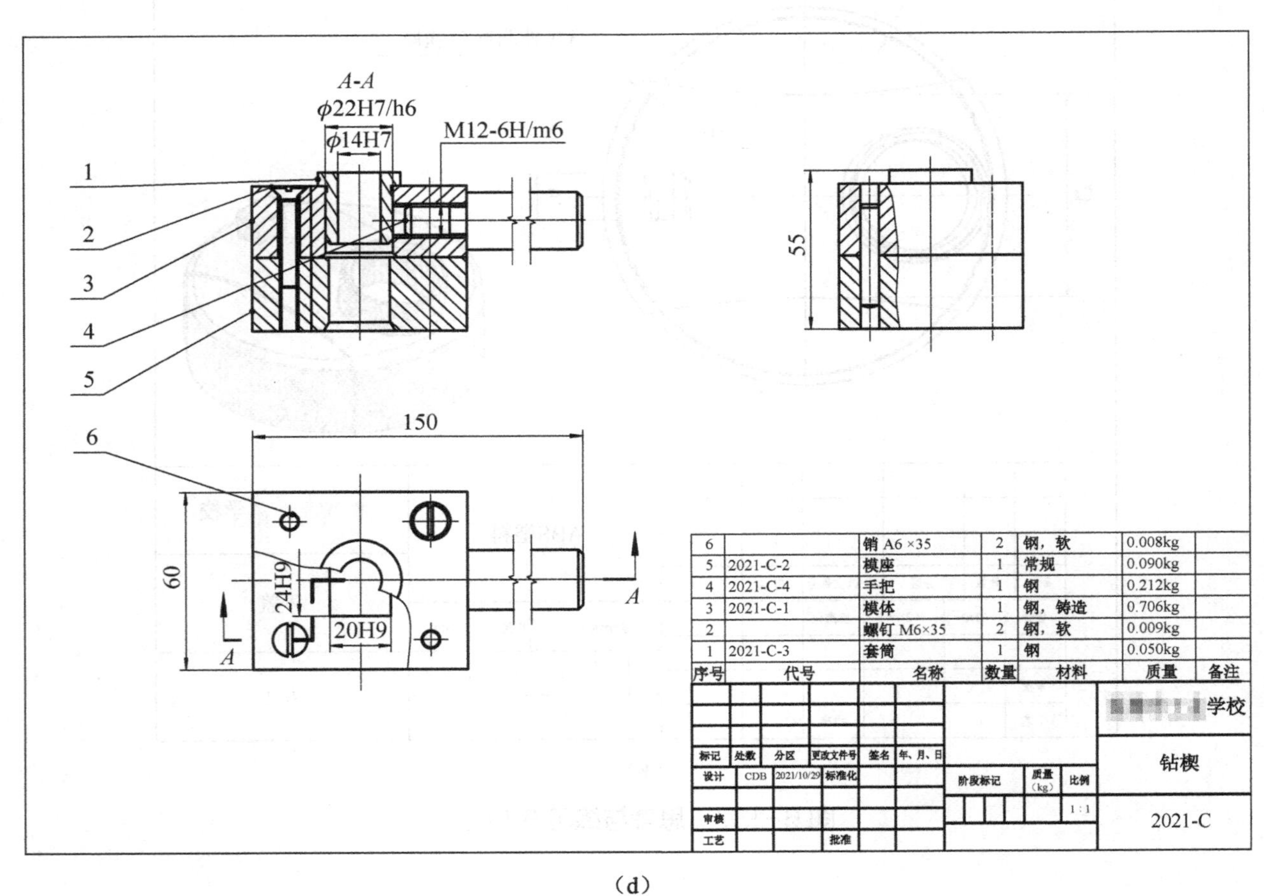

（d）

图 6-137　思考与练习 6（续）

模块3 数字制造

制造技术是工程技术中最复杂、最重要的技术之一，也是衡量一个国家科学技术发展水平的重要标志。在信息技术与制造业融合的背景下，制造技术也在向数字化和自动化方向发展。3D 打印、数控加工等数字化制造技术已经成为提高生产效率的有效手段。

本模块只介绍 3D 打印技术。3D 打印技术也被称为增材制造技术。近年来，随着 3D 打印技术的发展，其已经广泛应用于航空航天、汽车、生物医疗、文化创意和教育领域。

第 7 章 增材制造准备

我们所说的增材制造即 3D 打印技术，3D 打印技术在专业领域也叫作快速成型技术，诞生于 20 世纪 80 年代后期，是基于材料堆积法的一种高新制造技术，其实质就是利用三维数据，通过快速成型机，将一层一层的材料堆积成实体原型。

3D 打印技术集机械工程、CAD、逆向工程技术、分层制造技术、数控技术、材料科学、激光技术于一身，可以自动、直接、快速、精确地将设计思想转变为现实，为“大众创业、万众创新”提供了很好的技术支持。

本章知识点思维导图如图 7-1 所示。

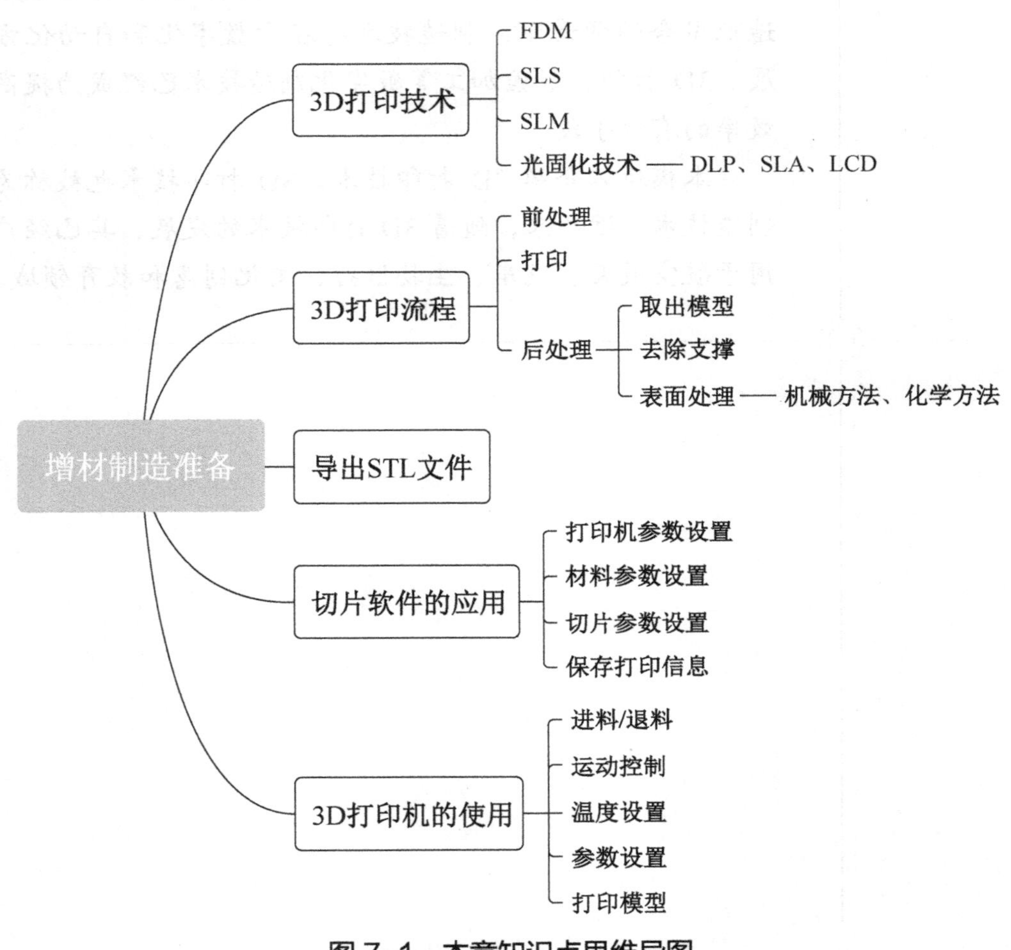

图 7-1 本章知识点思维导图

任务　轻量化支架的 3D 打印

学习目标

◆ 了解 3D 打印的基本技术。
◆ 熟悉 3D 打印的基本流程。
◆ 能够使用切片软件完成 3D 打印前的准备工作。
◆ 能够 3D 打印雾炮机的轻量化支架。

任务导入

雾炮机轻量化支架如图 7-2 所示，模型及切片文件见资源包“模块 3\第 7 章\”。

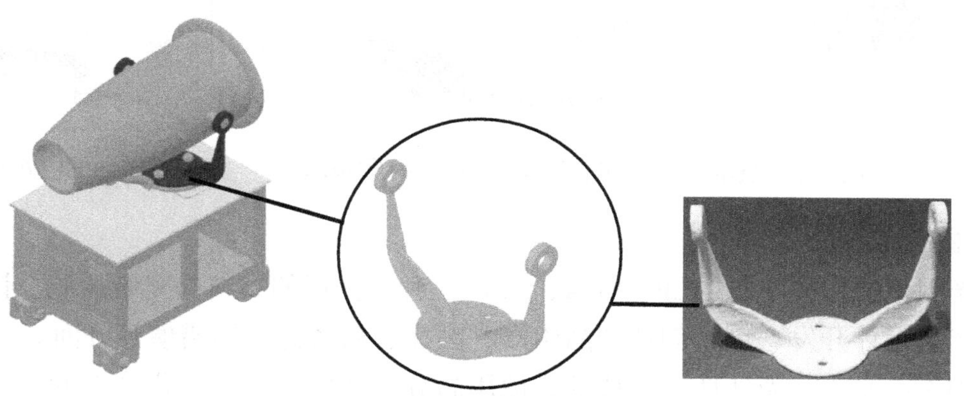

图 7-2　雾炮机轻量化支架

本任务通过雾炮机轻量化支架的 3D 打印过程来学习 3D 打印的基础知识、打印前处理及 3D 打印机的使用。

知识准备

1. 3D 打印技术

3D 打印技术是一种采用逐点或逐层成型方法制造物理模型的制造技术，按照成型工艺划分，主要有熔融沉积技术、激光选区烧结技术、激光选区融化技术、光固化成型技术等。

1）熔融沉积技术

熔融沉积技术即 FDM 打印技术，使用的打印材料为工程塑料 ABS、PLA 等。这种技术通过将丝状材料，如热性塑料、蜡等从加热的喷头挤出，按照零件每层的预定轨迹，以固定的速率进行熔体沉积，如图 7-3 所示。该技术主要应用在工业产品设计开发、创新创意产品的生产等领域。

2）激光选区烧结技术

激光选区烧结技术即 SLS 打印技术，使用的材料是尼龙、金属等粉末状材料，通过烧结，将粉末变成紧密结合的整体，如图 7-4 所示。该技术主要应用在航空航天领域的工程塑料零部件、汽车家电等领域的铸造用砂芯、医用手术导板与骨科植入物中。

3）激光选区融化技术

激光选区融化技术即 SLM 打印技术，与激光选区烧结技术相似，但 SLM 技术成型件在力学性能和精度上更胜一筹。它使用的材料为钛合金、钴铬合金等，利用高能激光束将金属粉末融化，形成多用途三维零件，如图 7-5 所示。该技术主要应用在复杂小型金属精密零件、金属牙冠、医用植入物中。

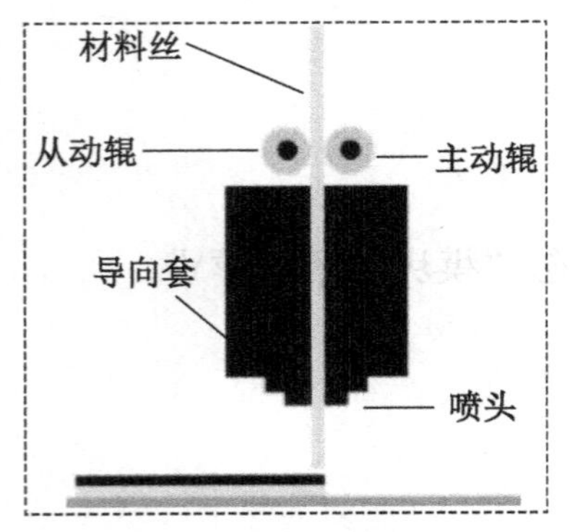

图 7-3　FDM 打印技术

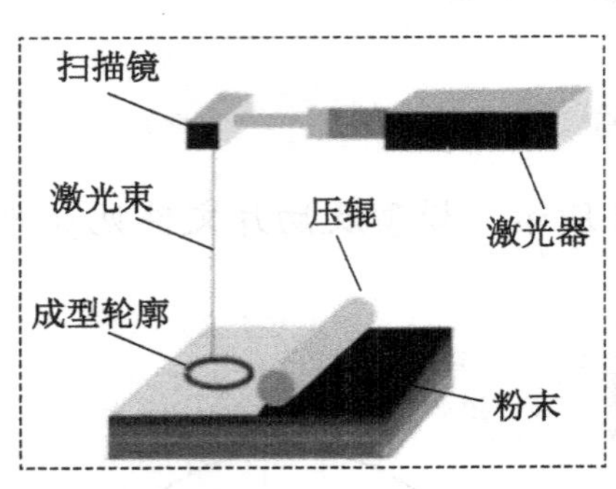

图 7-4　SLS 打印技术

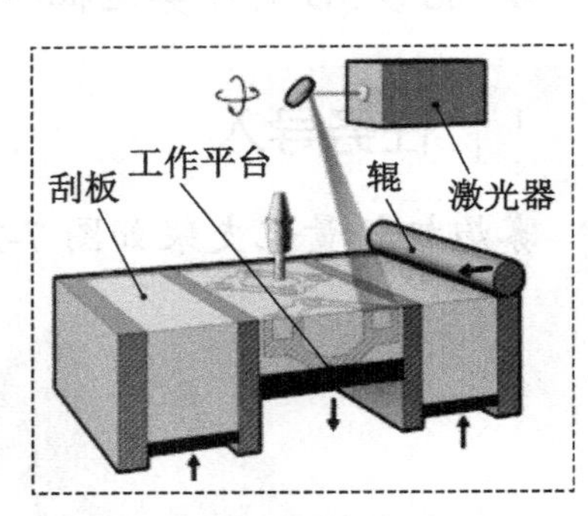

图 7-5　SLM 打印技术

4）光固化成型技术

现在光固化成型技术有 DLP、SLA、LCD 三种，使用的材料是光敏树脂。该技术主要应用于工业产品设计开发、创新创意产品生产、医疗、精密铸造用蜡模等方面。

（1）DLP：即数字光处理打印技术，使用高分辨率的投影仪固化液态的光敏聚合物，逐层进行光固化，如图 7-6（a）所示。

（2）SLA：即立体平版印刷打印技术，用特定波长与强度的激光聚焦到光固化材料表面，使之按由点到线、由线到面的顺序凝固，完成一个层面的绘图作业；升降台在垂直方向移动一个层面的高度，再固化另一个层面，这样层层叠加构成一个三维实体，如图 7-6（b）所示。

（3）LCD：即选择性区域透光原理打印技术，光源透过聚光镜，使光源分布均匀，利用 LCD 液晶屏成像原理，由计算机程序提供图像信号，在 LCD 液晶屏上出现选择性的透明区域，对产品的每一层进行固化，如图 7-6（c）所示。

2. 3D 打印流程

3D 打印流程一般包括产品的前处理、打印、后处理三个阶段，如图 7-7 所示。

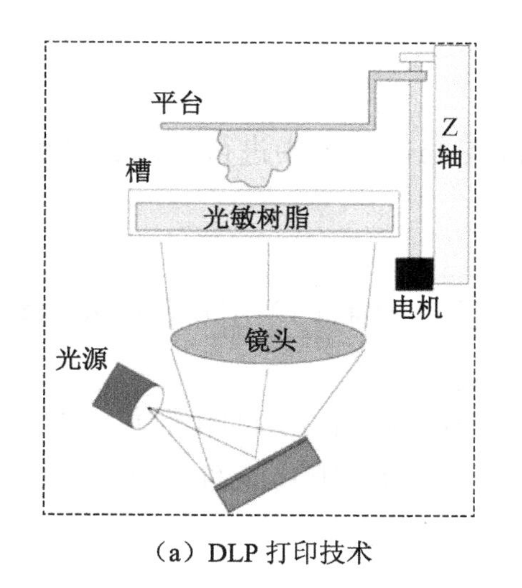

（a）DLP 打印技术

（b）SLA 打印技术

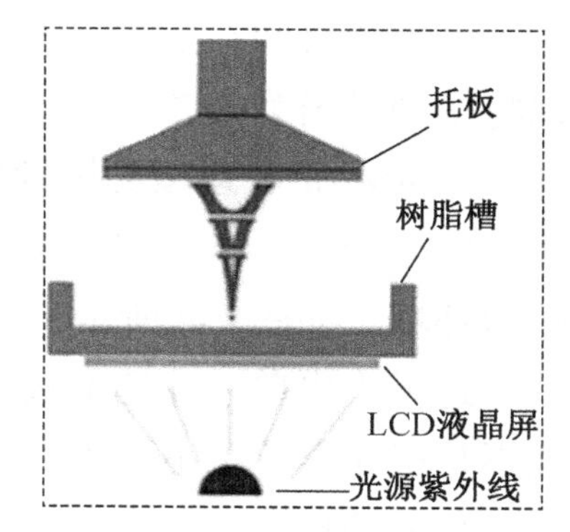

（c）LCD 打印技术

图 7-6　光固化成型技术

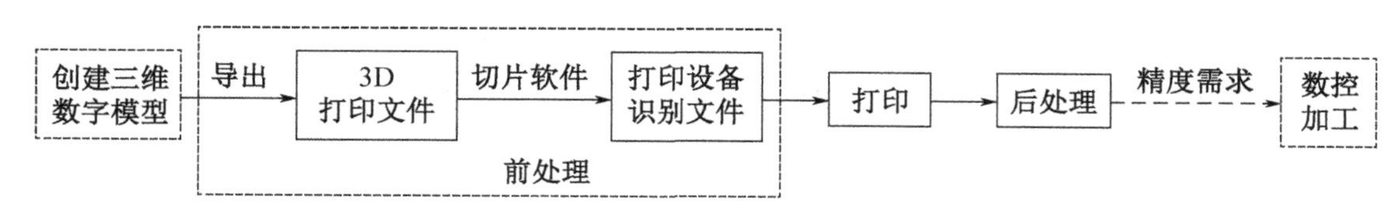

图 7-7　3D 打印流程

1）前处理

首先需要将创建的三维数字模型转换文件格式（目前比较通用的 3D 打印文件格式为 STL 格式），然后将 STL 格式的文件用相应的切片软件进行打印方向、添加支撑、打印比例、填充率等参数的设置，最后保存为 3D 打印设备可以识别的文件。

2）打印

由 3D 打印设备进行打印，现在比较常见的为 FDM 型 3D 打印机，通过打印机的逐层打印、分层堆积，完成零部件的制造。

3）后处理

打印结束后，需要对其进行后处理，后处理一般包括如下几个步骤。

（1）拾取模型：将模型从打印机平台上取下，一般用的工具有漆刀、平铲等。

（2）处理支撑：如果在打印模型时采用了边缘型或基座型的方式与平台粘连，或者说打印的模型有支撑，就需要对其进行清除。在去除模型的支撑时，若选用工具不当，则支撑物会有残留，并且有可能损坏模型，因此，在去除支撑时，一定要小心，避免损坏模型而前功尽弃。去除支撑常用的工具有斜口钳、尖嘴钳等。

（3）表面处理：FDM 型 3D 打印机打印的模型会有纹理，在对模型表面要求较高的情况下，需要对模型表面进行进一步的处理，可以采用机械方法，也可以采用化学方法。

① 机械方法：可用锉刀打磨模型表面，更方便的打磨工具是电动砂轮。若要求的表面精度比较高，则可考虑在数控机床上进行铣削加工。

② 化学方法：由于丙酮可溶解 ABS 和 PLA 材料，因此，使用适量的丙酮可溶解模型表面的细小瑕疵，使用时一定要注意丙酮的用量，过度使用会导致模型尺寸变化较大。

3. 导出 STL 文件

若需要打印在 Inventor 中设计的三维模型，则既可以直接在 Inventor 中进行打印，又可以将模型导出为 STL 文件，用其他切片软件设置后进行打印。

1）Inventor 直接切片处理

Inventor 自 2016 版就已经加入了 3D 打印模块，用户可通过"3D 打印"工具进入 3D 打印环境，如图 7-8 所示。

这里不再单独介绍 Inventor 的 3D 打印环境，尽管 Inventor 2022 具有 3D 打印模块，但功能不是很完善，也不是很好用，建议读者还是将模型生成 STL 文件后，用其他的专门切片软件进行前处理。

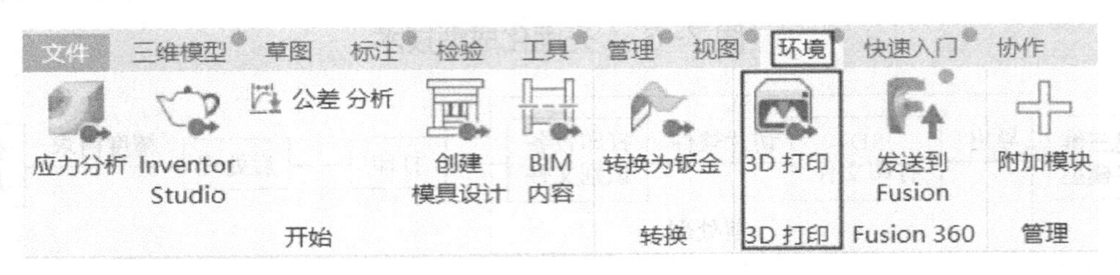

（a）"3D 打印"工具的位置

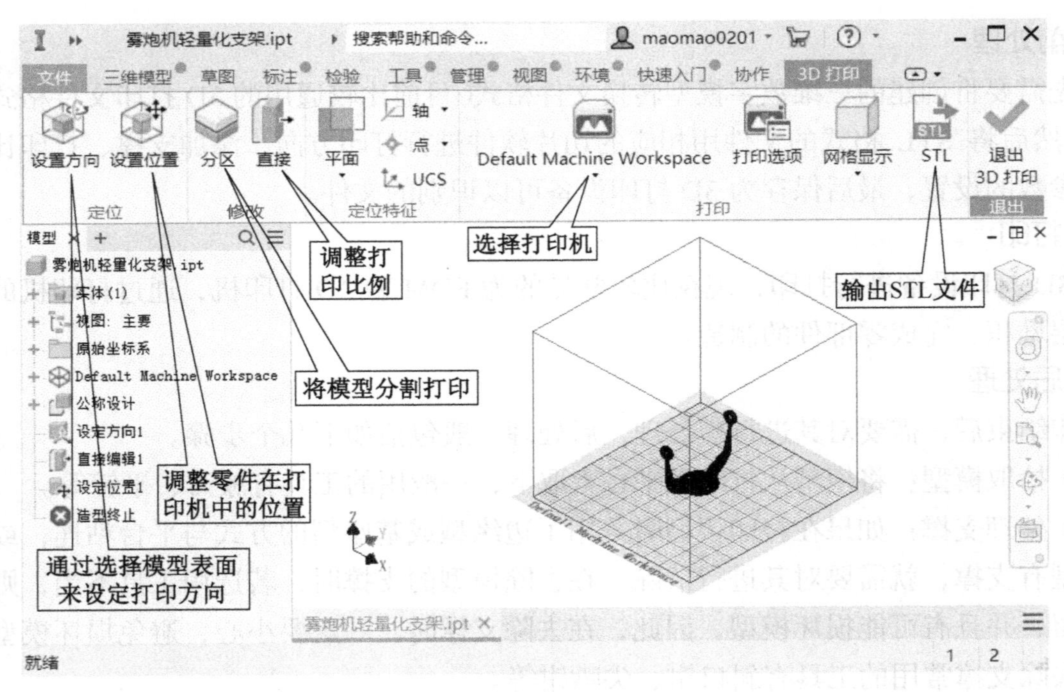

（b）3D 打印环境

图 7-8 进入 3D 打印环境

2）输出 STL 文件

在 Inventor 的 3D 打印环境下，单击"STL"工具按钮，可打开"保存副本为"对话框，即可导出 STL 文件。另外，即使不进入 3D 打印环境，也可先选择"文件"菜单中的"打印"选项，然后选择"发送到 3D 打印服务"选项，弹出"发送到 3D 打印服务"对话框，在该对话框中，可以进行打印范围及模型缩放等设置，如图 7-9 所示。单击“确定”按钮后，在弹出的“保存副本为”对话框中，选择保存路径、文件名，即可输出 STL 文件。

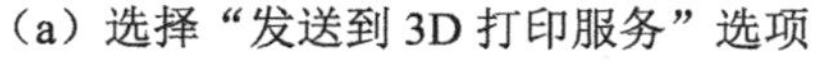
（a）选择“发送到 3D 打印服务”选项

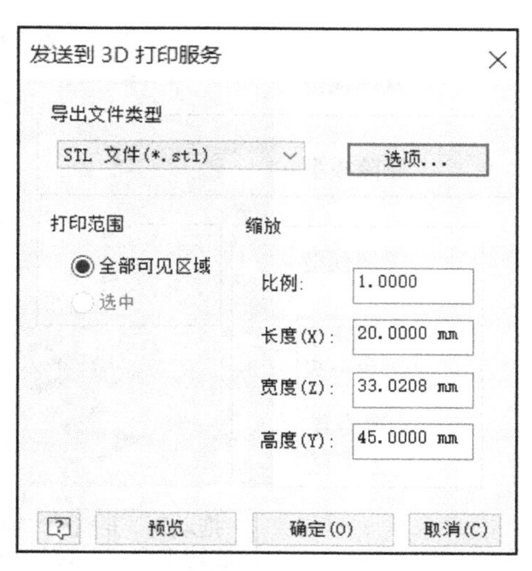

（b）“发送到 3D 打印服务”对话框

图 7-9 输出 STL 文件

4. 切片软件的应用

下面以 Pango 软件为例介绍切片软件的应用。打开软件后，既可以直接将 3D 模型文件拖入，又可以通过“添加模型”工具按钮 导入 3D 模型。导入模型后，Pango 切片软件环境界面如图 7-10 所示，在界面中滑动滚轮可缩放视图，拖动可任意旋转视图，同时按住鼠标右键并拖动可任意移动视图。其他操作工具都比较直接明了，这里不再介绍，只介绍“设置”下列菜单中的几个参数，如图 7-11 所示。

1）打印机参数设置

在“打印机参数”对话框中，选择匹配的 3D 打印机，这里选择“F3 Pro”，如图 7-12 所示。

2）材料参数设置

“材料参数”对话框如图 7-13 所示。在该对话框中，有下列几项需要设置。

（1）材料名称：打印机默认给出 PLA 和 ABS 两种材料，用户可根据打印机配备的材料选择相应的材料名称，这里选择 ABS 材料。

（2）材料直径：默认的材料直径是 1.75mm，这是一个评估值，由于有工艺误差，所以这个值可能与材料的实际值有差别，若对模型尺寸的精度要求比较高，则建议使用卡尺或千分尺对材料直径进行测量，如图 7-14 所示，可将测量值 1.72mm 填入该数值框内。

（3）喷头温度：F3CL Pro 3D 打印机支持的打印温度为 180 ~ 260℃，默认为 200℃，适合 PLA 材料的打印。若选用 ABS 材料，则打印温度可选择为 230 ~ 250℃。

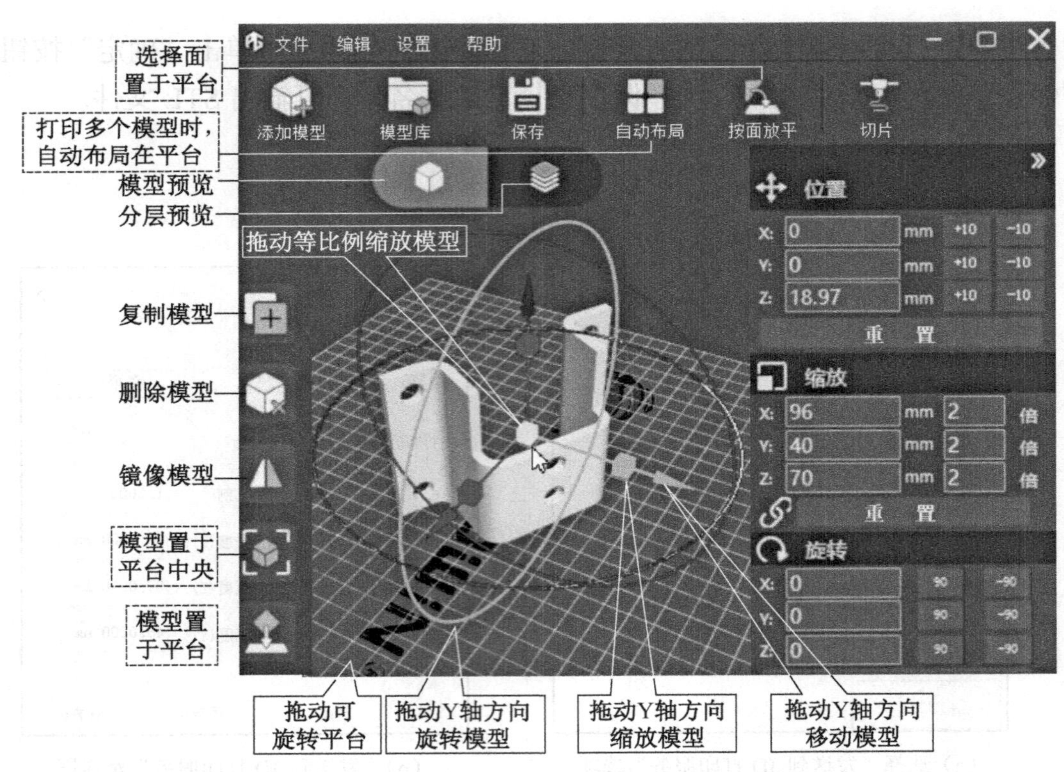

图 7-10　Pango 切片软件环境界面

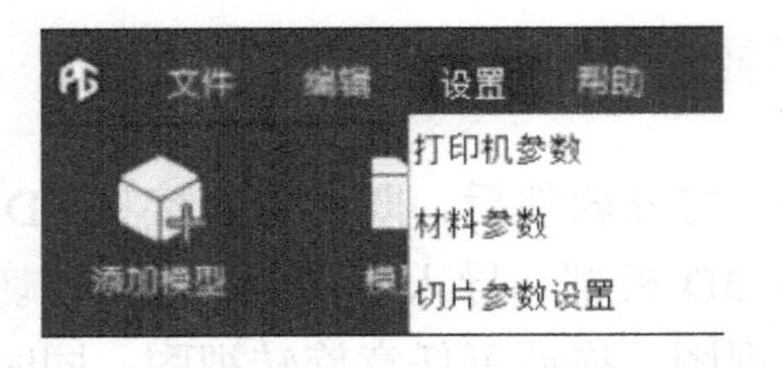

图 7-11　“设置”下拉菜单

图 7-12　“打印机参数”对话框

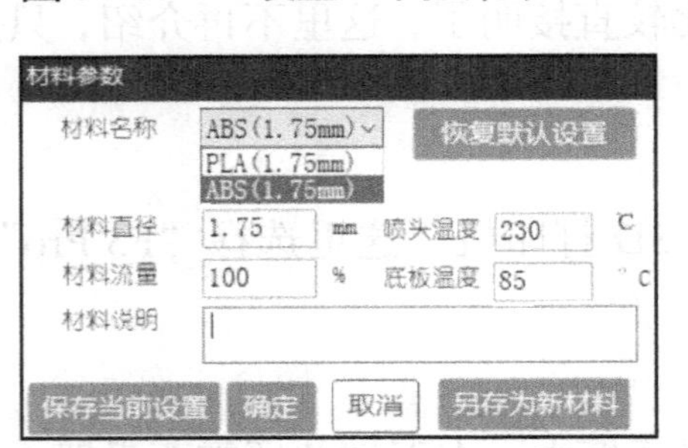

图 7-13　“材料参数”对话框

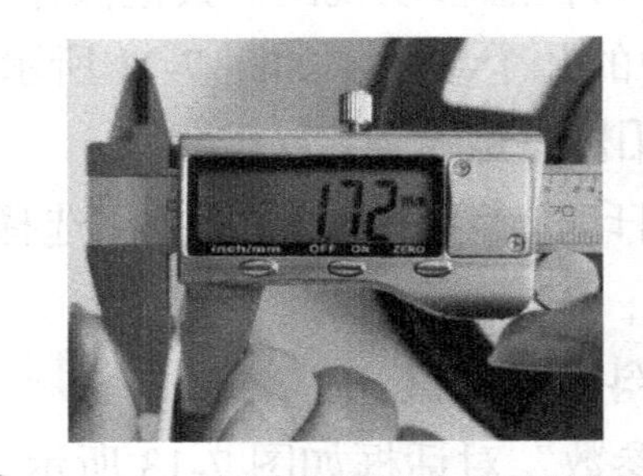

图 7-14　材料直径的实际测量值

（4）材料流量：即打印材料融化后的挤出量，取默认值 100%即可。

（5）底板温度：即平台温度，合适的温度能使模型底部与打印平台良好附着，避免出现翘边、脱离现象，保证模型顺利完成打印。通常，PLA 材料适合的温度为 50 ~ 60℃，ABS 材料适合的温度为 85 ~ 110℃。

设置完成后，可将当前设置参数进行保存，或者直接单击“确定”按钮，完成当前设置。

3）切片参数设置

单击界面中的“切片”工具按钮，也可打开“切片参数”对话框。在该对话框中，默认的参数模板是 0.15 标准，如图 7-15 所示。若要对模板参数重新进行设置，则可单击“高级设置”按钮，打开“常见参数设置”对话框，如图 7-16 所示。

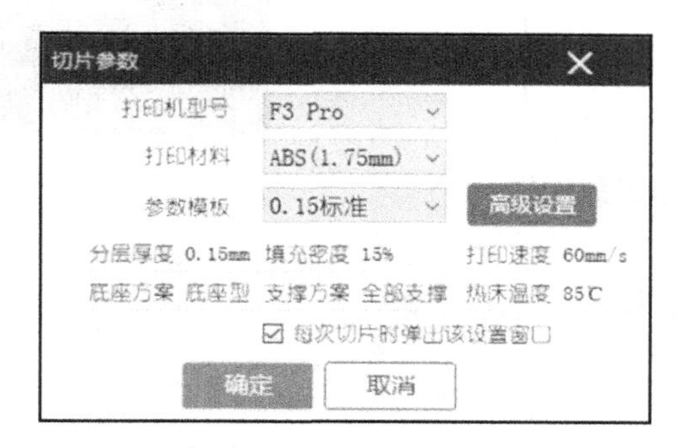

图 7-15 “切片参数”对话框

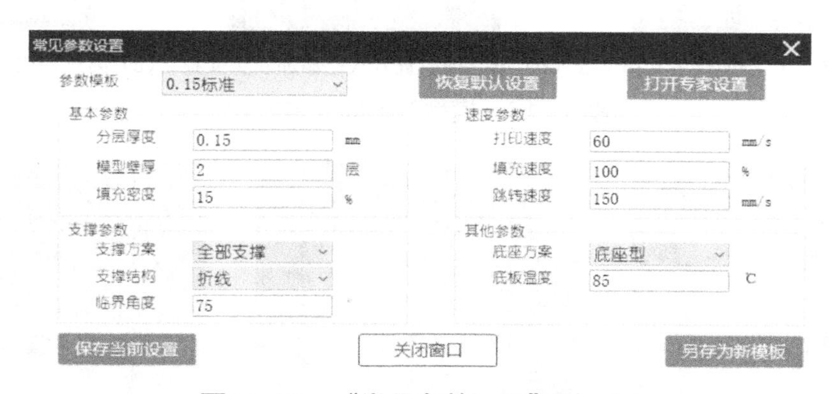

图 7-16 “常见参数设置”对话框

（1）参数模板：Pango 切片软件根据分层厚度设置了几种参数模板供用户选用，如图 7-17 所示。

（2）基本参数：在“基本参数”选区中，有“分层厚度”“模型壁厚”“填充密度”三项可供设置。

① 分层厚度：F3CL Pro 3D 打印机支持 0.05mm、0.1mm、0.15mm、0.2mm 四种分层厚度，分层厚度越小，打印物体的表面越光滑，但耗时会越长。

② 模型壁厚：这里的模型壁厚不是我们理解的壳体类模型的壁厚，而是填充物外表皮的厚度。

③ 填充密度：即填充率，影响模型内部强度，填充率越高，模型打印耗时越长。在 0.15 标准方案中，默认填充率为 15%。

（3）支撑参数：根据 FDM 成型原理，物品在打印过程中是由低到高沿着 Z 轴逐层堆积起来的，当模型悬垂的角度低于某个临界值时，就需要借助支撑结构来避免模型塌陷，如图 7-18 所示。因此，在打印模型时，必须选择最佳的放置方式，以便少加支撑甚至不加支撑。如图 7-19 所示，若选择第三种放置方式，就可以只在孔的位置添加极少的支撑。

① 支撑方案：Pango 切片软件提供了全部支撑、局部支撑、无支撑三种方案可供选择，如图 7-20 所示。

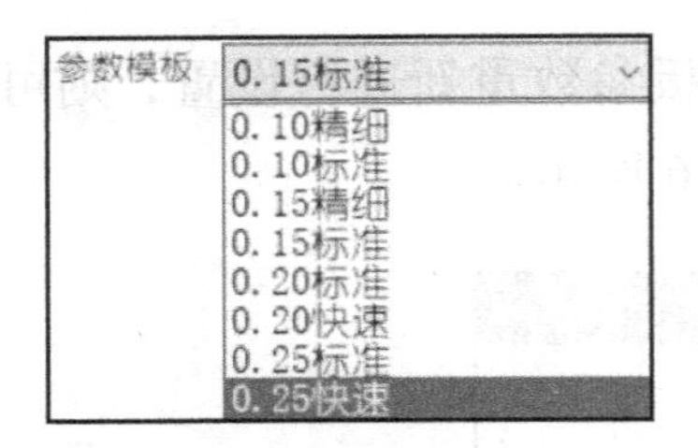

图 7-17　可选择的参数模板

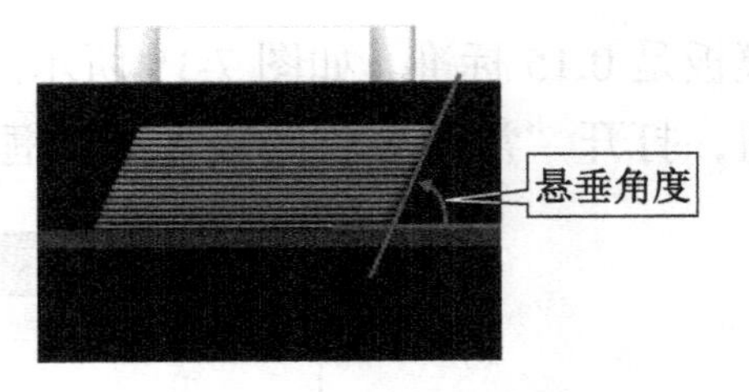

图 7-18　悬垂角度

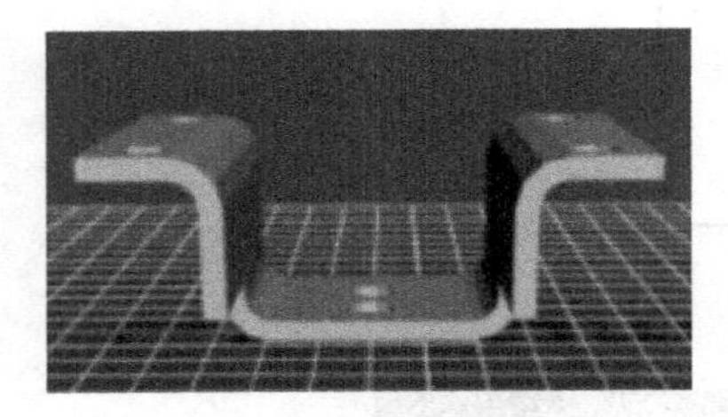

（a）第一种放置方式：添加较多支撑

（b）第二种放置方式：添加较少支撑

（c）第三种放置方式：添加极少支撑

图 7-19　模型的不同放置方式

（a）全部支撑

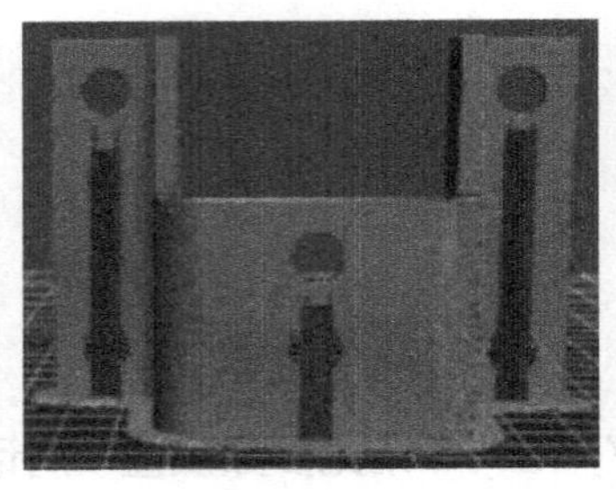

（b）局部支撑

（c）无支撑

图 7-20　支撑方案选择

② 支撑结构：Pango 切片软件提供了折线、线型等八种支撑结构，默认是折线结构。支撑结构与模型之间是一种弱粘连，这样，打印完后方便手工去除。

③ 临界角度：默认是 75°，即当悬垂角度小于 75° 时，就自动添加支撑。

（4）速度参数：Pango 切片软件提供了打印速度、填充速度、跳转速度三种参数设置。

① 打印速度：影响模型的成型时间，随着速度的升高，模型表面质量会下降，应在成型时间与打印质量之间寻求平衡。Pango 切片软件在 0.15 标准方案中默认的打印速度是 60mm/s。

② 填充速度：在打印填充时，喷头移动的速度默认是打印速度的 100%。

③ 跳转速度：即空运行速度，高速的空走会对模型打印效果产生影响，一是拉扯出细丝，即拉丝情况；二是细丝假若挂在模型上或横贯出模型外表面，则会影响后续的打印，产生缝隙。

（5）底座方案：模型底面的作用是使模型底部能够更牢固地附着在打印平台上，防止打印过程中模型脱落。底座方案主要有三种，如图 7-21 所示。

① 底座型：在模型底部增加一个竹筏状的底座，如图 7-21（a）所示。它的好处就是通过多层材料的堆积，产生一个相对平整的附着面，在上面打印模型，可以得到较好的模型底部。在喷头能挤出丝料并附着在平台上时，使用此项无须调整平台。

② 裙边型：以模型最底层的边缘向外扩展若干圈绕线，并直接在打印平台上进行打印，如图 7-21（b）所示。采用该类型，需要将平台调整到较为水平的状态。

③ 边缘型：打印时会在模型外缘生成一定圈数的参考线，在打印完成后，也不与模型黏合，如图 7-21（c）所示。该类型具有速度快、模型底部完整的特点，是最常用的一种底座方案，能快速预览平台平整度，从而进行平台调节。

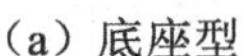
（a）底座型

（b）裙边型

（c）边缘型

图 7-21　底座方案

若单击“打开专家设置”按钮，则可以对更多的打印参数进行设置，这里不再介绍。

设置完切片参数后，单击“保存当前设置”按钮，关闭对话框并返回“切片参数”对话框，单击“确定”按钮后，软件会自动进行切片处理。

4）切片预览

单击“切片预览”工具按钮，即可进行切片预览，模型中两种不同的颜色分别代表模型与支撑结构，如图 7-22 所示。从左下角的切片结果中还可以看到预估打印时间及耗材。通过右侧的滑动条可以进行打印过程的分层预览。单击分层预览滑动条上端的按钮，可在多层预览和单层预览之间切换，当切换为单层预览时，窗口底端会出现水平滑动条，拖动滑块可预览单层切片情况。

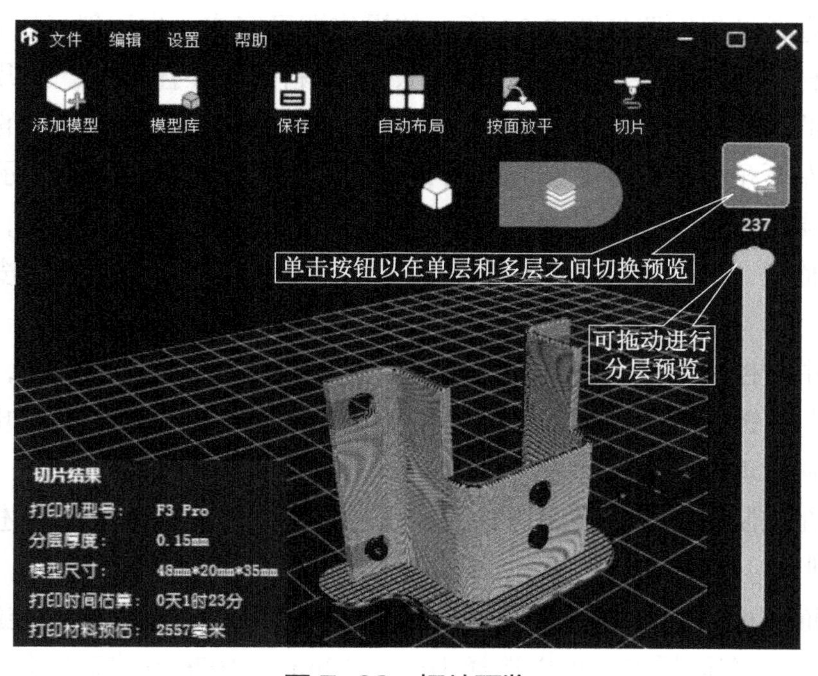

图 7-22　切片预览

5）保存打印信息

完成所有设置后，单击“保存”按钮，即可将用于 3D 打印的加工信息进行保存，并将其拷入 U 盘进行下一步的打印工作。

5. 3D 打印机的使用

这里以 Panowin F3 Pro 3D 打印机为例介绍模型的 3D 打印过程，打印机外形如图 7-23 所示。

1）坐标系

根据熔融沉积技术成型原理，模型是逐层堆积的，3D 打印的空间结构就由喷头的 *X*、*Y* 向运动和平台的 *Z* 向运动组成，其运动方向遵循右手笛卡儿坐标系。站在打印机正前方，伸出右手，如图 7-24 所示，大拇指方向，即喷头向右运动为正方向；食指方向，即喷头向里运动为正方向；中指方向，即喷头相对向上运动（实际是平台向下运动）为正方向。

图 7-23　Panowin F3 Pro 3D 打印机外形

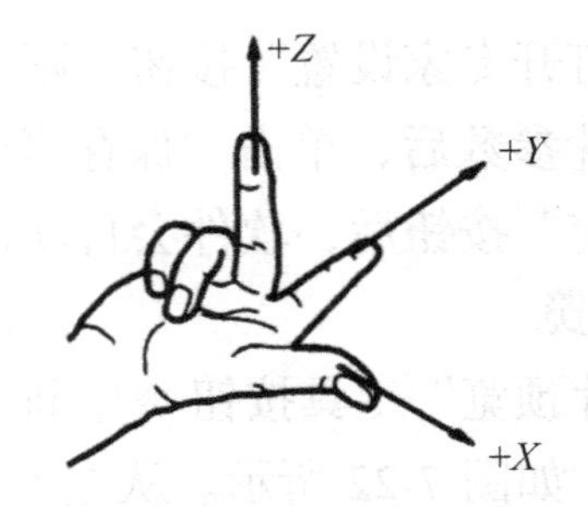

图 7-24　右手笛卡儿坐标系示意

2）进料/退料

进料/退料操作是 3D 打印机使用过程中最基本的操作，下面举例说明。

（1）进料：进料过程按照如图 7-25 所示的操作即可完成。先用斜口钳将 ABS 材料剪为斜口状态，以便材料通过导料管；打开左侧门，将材料盘挂在挂架上；打开右侧门，将材料向上插入挤出机的小孔内，在插入过程中，向上掰动弹簧夹，确保送丝机的齿轮能够咬合材料；开启打印机左下角的电源开关，开机后，打印机的液晶控制面板将显示待机状态；依次触击“设置”“机器控制”“进料/退料”按键；在“进料/退料”控制面板中，拖动温度条，将喷头预设温度调整至 225℃，待当前温度达到预设温度后，触击“确认”按键，便开始自动进料。

在进料过程中，控制面板上偶尔会有“旋转圆盘控制进/退料”的提示，此时转动圆盘后触击“自动进料”按键可继续进料。自动进料过程大约持续 1min，待喷头吐丝后，用镊子将喷头处多余的材料清理干净。

（2）退料：在控制面板中，控制退料的步骤与进料一样，这里不再赘述。

3）运动控制

在机器控制面板中，除了可以进行进料/退料控制，还可以进行运动控制。“运动控制”面板如图 7-26 所示，在面板中，可以选择 1mm、10mm、100mm 来确定移动速度。

4）温度设置

在“温度设置”面板中，可以对喷头、平台进行温度设置，如图 7-27 所示。

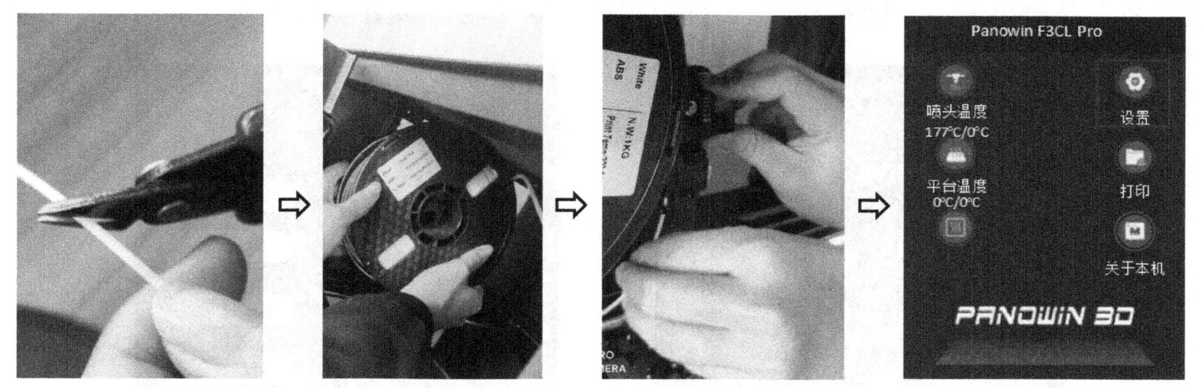

修剪斜口 将材料盘挂在挂架上 将材料向上插入挤出机的小孔内 触击“设置”按键

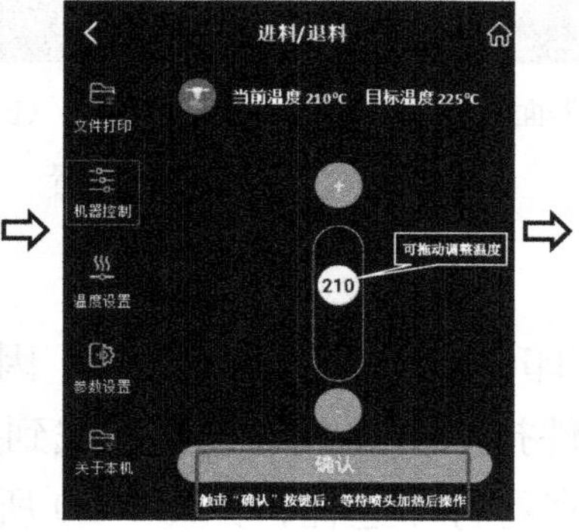

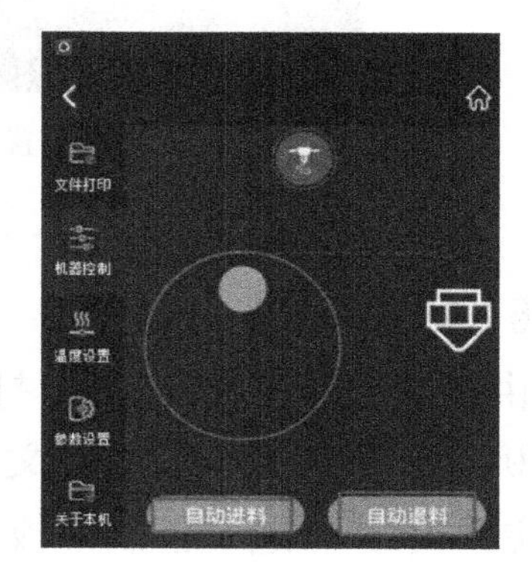

触击“进料/退料”按键 调整喷头预设温度 开始进料

图 7-25 进料过程示例

图 7-26 “运动控制”面板

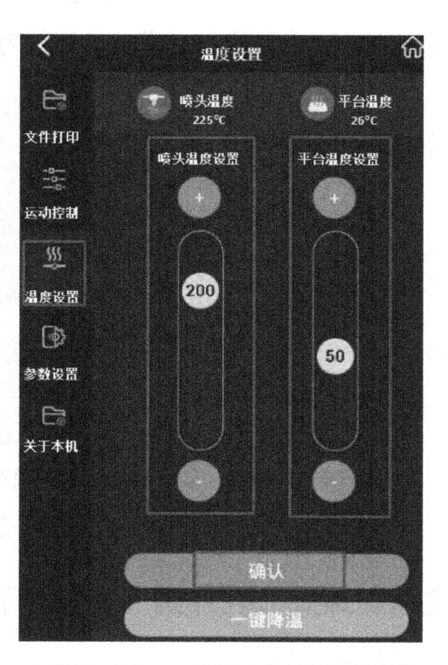

图 7-27 “温度设置”面板

5）参数设置

在“参数设置”面板中，可以对灯光、摄像头、无线网络连接等进行设置，触击“高级功能设置”按键可开启“断料检测”“自动调平”等功能，如图 7-28 所示。

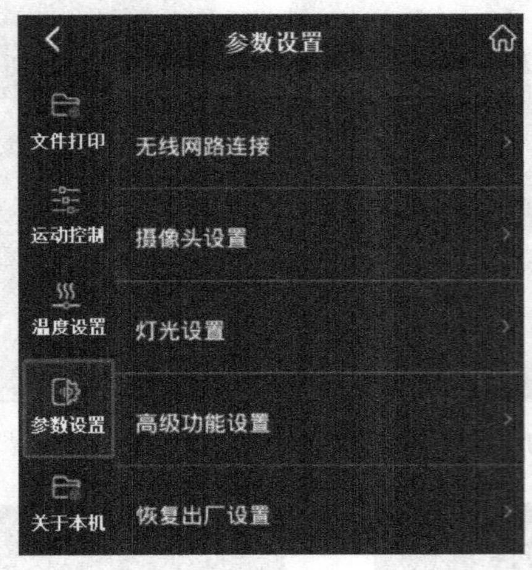

（a）“参数设置”面板

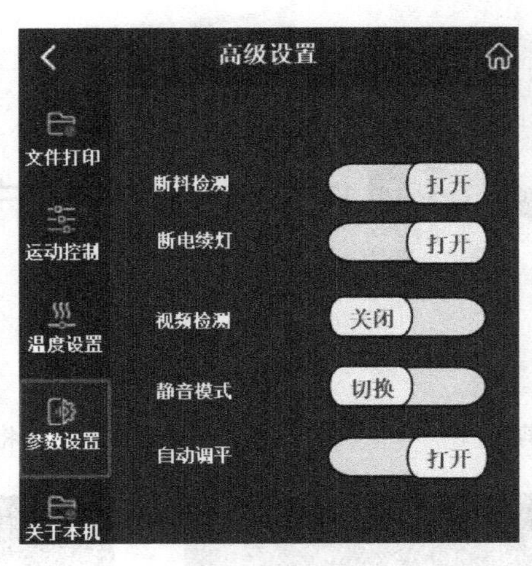

（b）高级参数设置选项

图 7-28　参数设置

6）打印

由于 Panowin F3 Pro 3D 打印机具有自动调平功能，因此无须调平，在打印之前，只需将打印机喷头复位即可。在“文件打印”控制面板中，找到要打印的模型，即可开始打印。在打印过程中，可通过控制面板查看打印进程，如图 7-29 所示。

【说明】打印机在出厂之前，工程师已经将喷头的高度调整好，在特殊情况下，若需要重新调整，则只需长按“设置”按键，打开“解锁调试功能”窗口，输入密码后进入“系统调试控制”窗口，选择“零位校准”选项即可调整喷头的高度。

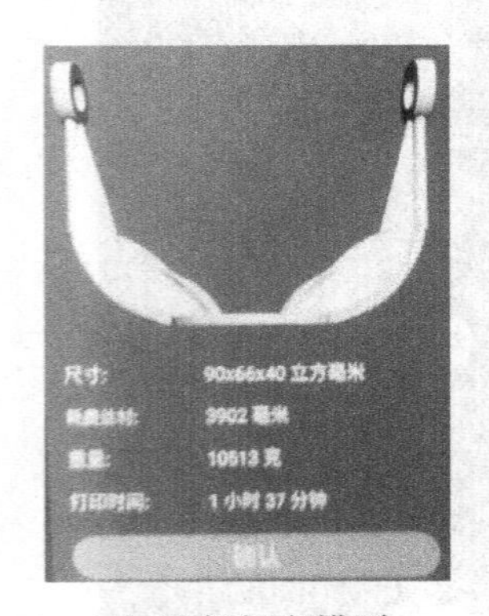

（a）选择打印模型

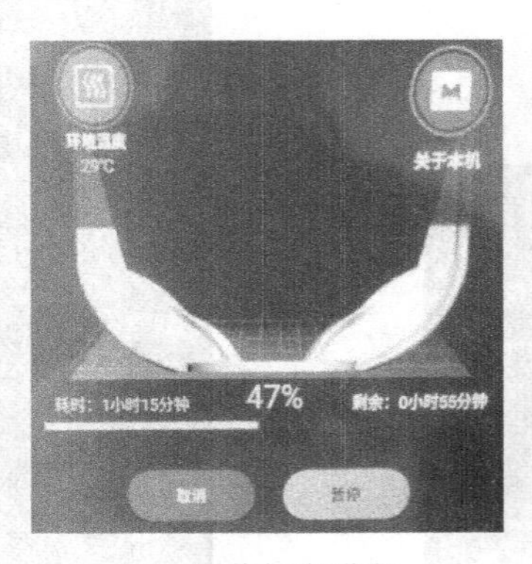

（b）预览打印进程

（c）打印过程

图 7-29　打印模型

在打印之初，最好先观察模型底座与平台的粘连情况，若发现有翘边、脱离等现象，就要暂停打印并进行处理。

任务流程

主要任务流程如图 7-30 所示。

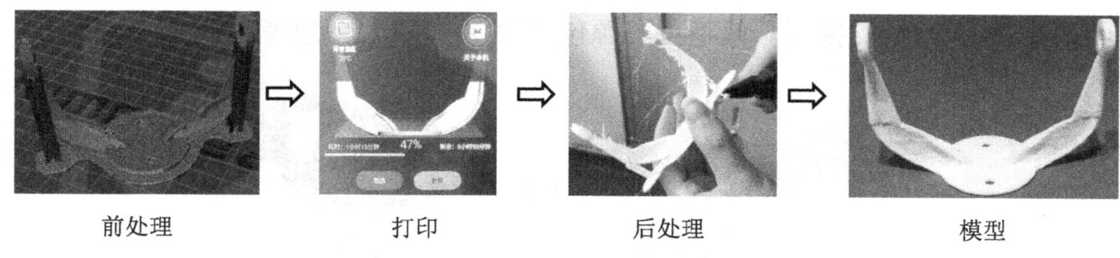

图 7-30 主要任务流程

任务实施

（1）导出 STL 文件：打开资源包中的“模块 3\第 7 章\雾炮机轻量化支架.ipt”文件，将其导出为 STL 文件，文件名保持不变。

（2）导入切片软件：打开 Pango 切片软件，导入“雾炮机轻量化支架.stl”文件。

（3）设置打印机参数：将打印机设置为“F3 Pro”。

（4）设置打印材料：材料选择“ABS（1.75mm）”，其他参数按照图 7-13 进行设置。

（5）设置切片参数：切片参数按照图 7-15 进行设置。

（6）保存打印代码信息：所有参数设置完成后，保存为“雾炮机轻量化支架.gcode”文件，并拷入 U 盘。

（7）3D 打印：将 U 盘插入 Panowin F3 Pro 3D 打印机的 USB 口，首先将打印机复位，然后设置喷头温度为 235℃、平台温度为 85℃。待温度升至预设温度后，选择“雾炮机轻量化支架.gcode”文件，打印初期留意观察底座与平台的粘连情况，打印过程如图 7-29（c）所示。

（8）取出模型：打印完成后，平台自动运动到底端，便于取出模型，采用平铲将模型取下，如图 7-31 所示。

（9）后处理：采用尖嘴钳等工具将支撑去除，用圆锉将孔内的支撑锉去，如图 7-32 所示。去除支撑是个很枯燥的过程，很需要耐心。

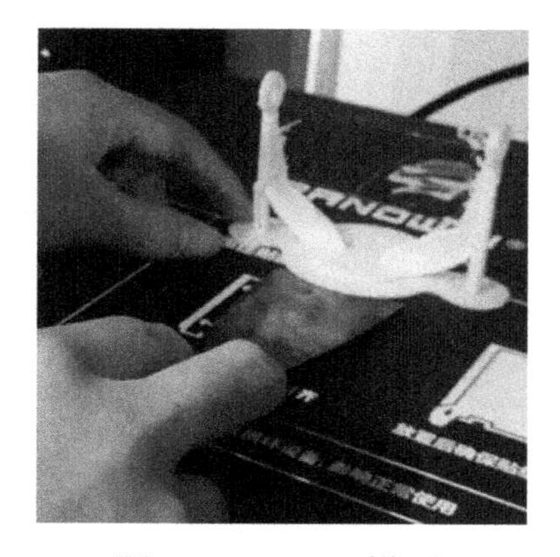

图 7-31 取下模型

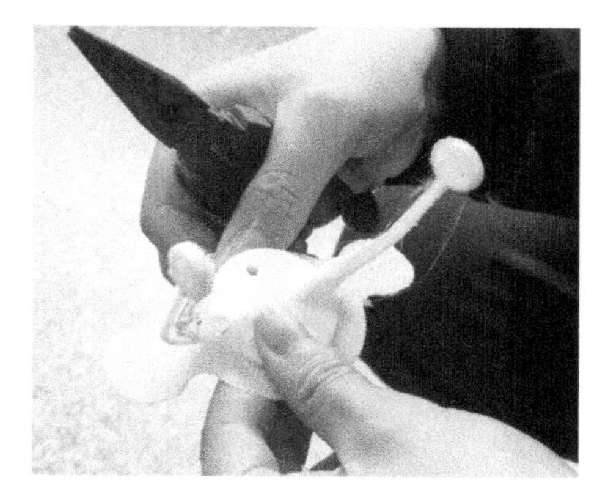

图 7-32 去除支撑

思考与练习 7

打印如图 7-33 所示的模型。模型见资源包“模块 3\第 7 章\思考与练习 7\”。

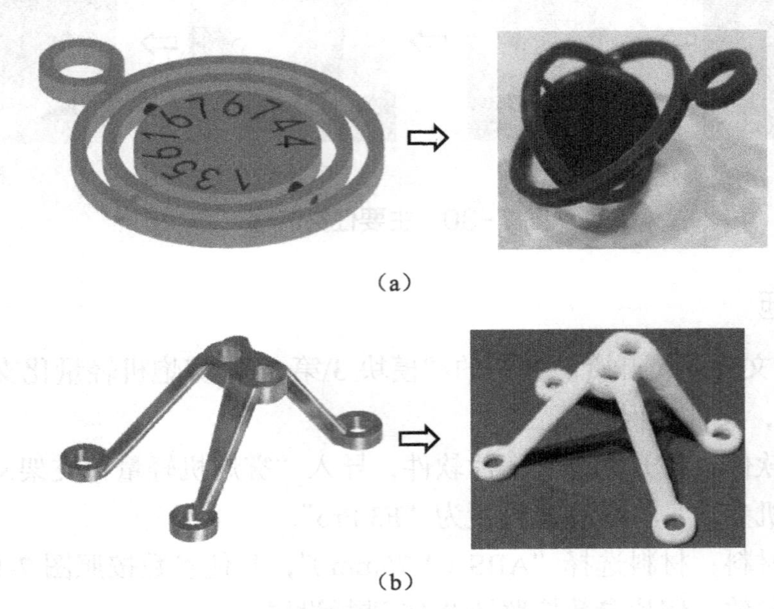

（a）

（b）

图 7-33　思考与练习 7

附录 A　机械数字化设计与制造技术职业技能等级证书考核方案

为贯彻落实《国家职业教育改革实施方案》《关于在院校实施“学历证书＋若干职业技能等级证书”制度试点方案》等文件精神，为做好机械数字化设计与制造技术职业技能等级证书实施工作，特制定机械数字化设计与制造职业技能等级证书考核方案。

一、考核报名

考生按照发布的考核通知自愿报名。

二、考核方式

机械数字化设计与制造技能等级考试分为理论知识考试和技能操作考试两部分。机械数字化设计与制造理论知识考试合格后，方可参加技能操作考试。

机械数字化设计与制造技能等级理论知识考试合格有效期为 6 个月，有效期内未进行机械数字化设计与制造技能操作考试或考试不合格者，再次申请技能操作考试时，应重新参加并通过理论知识考试。报考机械数字化设计与制造技能高级考试的考生必须先获得机械数字化设计与制造职业技能中级证书。

理论知识考试和技能操作考试均采用上机考试方式。理论知识考试以闭卷方式进行，考生需要在计算机上完成相应的理论知识考试题目，并由系统判定成绩；技能操作考试也采用闭卷方式进行，考生在安装工业软件的设备上完成相应的操作，并由系统及考评员评定成绩。

理论知识考试时长为 60 分钟，技能操作考试时长为 120 分钟。

三、考核内容

机械数字化设计与制造（初级）：具备数字化建模，效果图、工程图输出，增材制造加工准备的工作能力。

机械数字化设计与制造（中级）：完成数字化建模并满足重用性要求、零件结构优化、工作原理动画输出、减材制造加工准备的工作能力。

机械数字化设计与制造（高级）：完成数字化建模并满足高效参数化要求、部件结构优化与分析验证、增减材制造加工准备的工作能力。

四、考核成绩评定

理论知识考试分值为 100 分，技能操作考试分值为 100 分，权重各为 50%。理论知识考试合格标准为单项分数大于或等于 60 分；技能操作考试合格标准为单项分数大于或等于 75 分。两项成绩均合格的学员可以获得相应级别的职业技能等级证书。

五、考核组织

考核站点负责考生报名、考试组织等工作，每场考试考生数量原则上不少于 30 人。

考核站点需要在不晚于考试开始前的 7 天内将考生信息上报培训评价组织，评价组织将根据报考等级从题库中抽取考试题目，并在考试当日发送至考核站点进行考试。

考试结束后，考核站点需要将考生的电子答卷收集、备份并发送至评价组织，并由评价组织通过考试系统，或者抽取考评员对考生答卷进行评分，统计考生成绩，确定通过名单并发放证书。

六、其他

机械数字化设计与制造职业技能等级证书为电子证书。

若考生未能一次通过考试，则可在考试结束后的一个月内申请补考。

北京机械工业自动化研究所有限公司

2021 年 2 月 5 日

附录 B　机械数字化设计与制造职业技能等级证书考核样题（初级）

机械数字化设计与制造职业技能等级证书考核样题

一、机械数字化设计与制造职业技能等级证书（初级理论知识）

（一）初级理论知识考核内容

初级理论知识考核内容如表 B-1 所示。

表 B-1　初级理论知识考核内容

<table>
<tr><th>项目</th><th>考核范围</th><th>考核内容</th><th>分值</th></tr>
<tr><td rowspan="2">职业素养</td><td>职业知识</td><td>职业认知、职业道德与职业守则</td><td>5</td></tr>
<tr><td>综合表现</td><td>操作、纪律等</td><td>5</td></tr>
<tr><td rowspan="11">数字样机</td><td rowspan="5">零件建模</td><td>产品零件图识图</td><td rowspan="5">30</td></tr>
<tr><td>实体材质与外观选择方法</td></tr>
<tr><td>形体分析方法与建模规划方法</td></tr>
<tr><td>各草图工具的作用与应用场合</td></tr>
<tr><td>各建模工具的作用与应用场合</td></tr>
<tr><td rowspan="3">部件装配</td><td>产品装配图识图</td><td rowspan="3">10</td></tr>
<tr><td>零部件约束工具的作用与应用场合</td></tr>
<tr><td>零部件运动关系定义方法</td></tr>
<tr><td rowspan="2">表达视图</td><td>产品爆炸图识图</td><td rowspan="2">5</td></tr>
<tr><td>零件拆解方式与拆解工具</td></tr>
<tr><td>自上而下</td><td>多实体造型方式的概念与应用场合</td><td>5</td></tr>
<tr><td rowspan="5">设计表达</td><td rowspan="2">效果图</td><td>效果图的作用</td><td rowspan="2">5</td></tr>
<tr><td>控制效果图质量的要素</td></tr>
<tr><td rowspan="3">工程图</td><td>制图常识与投影基本原理</td><td rowspan="3">15</td></tr>
<tr><td>零件、部件的视图表达方式</td></tr>
<tr><td>工程图标注方式</td></tr>
<tr><td rowspan="4">数字制造</td><td rowspan="4">增材制造准备</td><td>增材制造的基本原理</td><td rowspan="4">20</td></tr>
<tr><td>增材制造的常用方式与应用场合</td></tr>
<tr><td>3D 打印数据处理方式</td></tr>
<tr><td>支撑的作用与设置、去除方式</td></tr>
</table>

（二）初级理论知识考核样题

〔职业素养模块样题〕以下对机械数字化设计工作过程的描述中，符合职业素养规范的是_____。

A. 为提高设计效率，可对机械数字化设计过程中的部分过程文件进行快速命名，如采用“零件 1”“零件 2”或“1”“111”等方式命名文件。

B. 为提高建模速度，可选择认为最为快捷的方式创建零部件，而无须考虑零部件加工工艺，也无须考虑后续设计变更需要。

C. 建模过程中应考虑设计数据的重用性，如通过参数表设置关键参数，以实现通过参数表驱动模型尺寸，快速实现设计变更需要。

D. 数字化设计阶段创建零件模型，只需定义零件的形状、尺寸信息即可，而零件材料等属性信息可在数字化制造阶段进一步指定。

〔数字样机模块样题〕以下选项中，对建模工具描述错误的选项是_____。

A. 拉伸通过为截面轮廓添加深度创建特征或实体。

B. 旋转通过绕轴旋转一个或多个草图截面轮廓创建特征或实体。

C. 可以旋转截面轮廓的最大角度为360°。

D. 拉伸只可以创建实体。

〔设计表达模块样题〕以下哪张图是产品爆炸图_____。

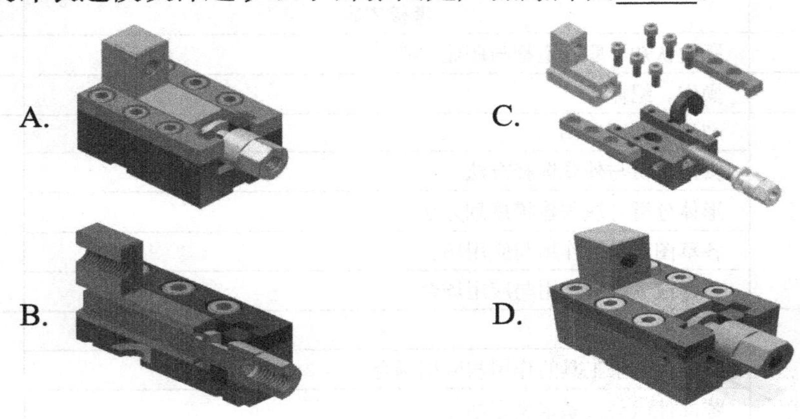

〔数字制造模块样题〕图 B-1 所示的工艺原理图是哪种增材制造技术_____。

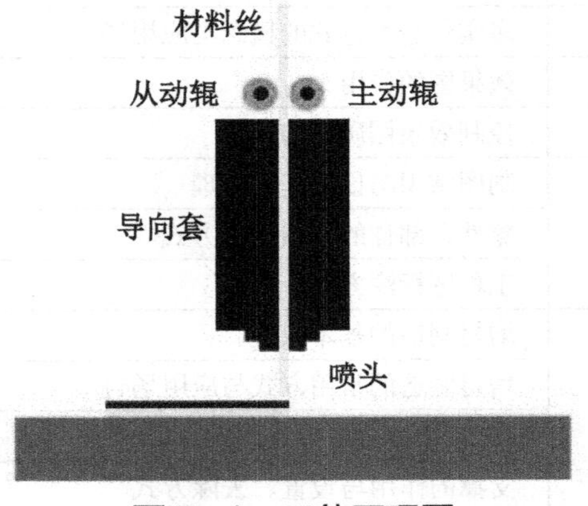

图 B-1　工艺原理图

A. 光固化成型（SLA） B. 熔融沉积成型（FDM）
C. 选择性激光烧结（SLS） D. 叠层实体制造法（LOM）

二、机械数字化设计与制造职业技能等级证书（初级技能操作）

（一）初级技能操作考核内容

初级技能操作考核内容如表 B-2 所示。

表 B-2 初级技能操作考核内容

项目	考核范围	考核内容	分值
产品建模	零件建模	准确绘制建模所需的二维草图	35
		选择恰当的建模工具进行零件简单实体造型	
		根据要求指定零件材质与样式	
	部件装配	在部件环境中装入零部件，并根据部件特点合理设置零部件固定约束	10
		使用部件环境中的零部件移动与旋转工具调整零部件位置或放置角度	
		通过位置约束工具限制部件中零部件的自由度	
		通过运动约束工具指定零部件运动方式	
		通过联接工具指定零部件的位置关系及运动关系	
		通过驱动约束或联接关系的方法进行运动演示	
	表达视图	在表达视图中载入部件文件	5
		通过直线运动方式调整零部件位置以完成零部件的拆解	
		创建产品零部件装配图或拆解视图	
	自上而下	在造型过程中灵活使用新建实体工具创建新的实体	7
		对各实体进行重命名操作	
		使用零部件生成工具由基础件生成零部件文件	
设计表达	效果图	在渲染模块中选择恰当的场景样式与光源样式	5
		设置恰当的渲染参数，输出产品效果图	
	工程图	设置工程图模板，使其符合国家标准要求	18
		使用工程图模块基础视图、投影视图等工具创建基本视图	
		使用剖视图、局部剖视图、斜视图等工具创建并完善工程图	
		使用中心线工具添加视图中心线或孔标记	
		使用尺寸工具添加视图尺寸标注	
		使用表面粗糙度、几何公差工具添加视图标注	
		使用引出序号工具添加装配图、爆炸图零部件序号，并按国家标准要求对序号进行排序	
		选择所需信息并生成工程图明细栏	

续表

项目	考核范围	考核内容	分值
数字制造	增材制造准备	进行 3D 打印的数据处理，包括输出正确的 3D 打印数据格式、设置模型层厚/壁厚/填充率等打印参数、添加模型支撑、切片分层输出等	20
		在 3D 打印机上选择正确的打印数据，校对相应的打印参数设置并执行 3D 打印操作	
		在打印完成后正确取下打印好的实物模型，并使用合理的工具去除模型表面的支撑	

（二）初级技能操作考核样题

〔产品建模模块样题〕建立如图 B-2 所示零件的模型。设定零件材质为“钢，锻铸”，问该 零件的质量为多少？（单位：kg）______。

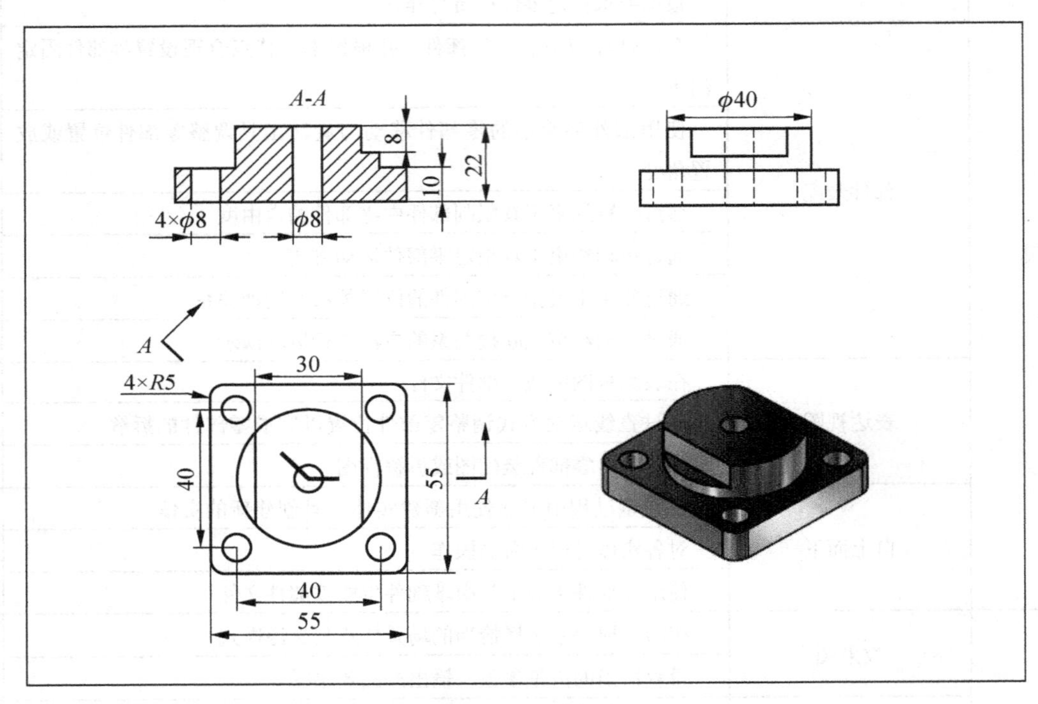

图 B-2　模型

A. 0.315　　B. 0.316　　C. 0.317　　D. 0.318

〔设计表达模块样题〕使用提供的模型，创建与图 B-3 相同的工程图，包括工程图视图与标注等，输出 PDF 格式工程图文件“工程图.pdf”。

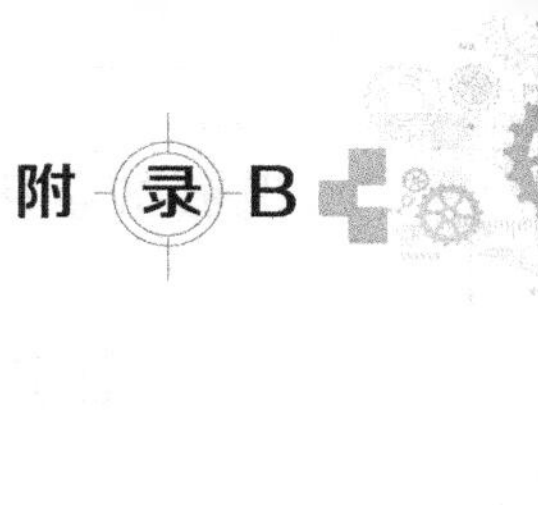

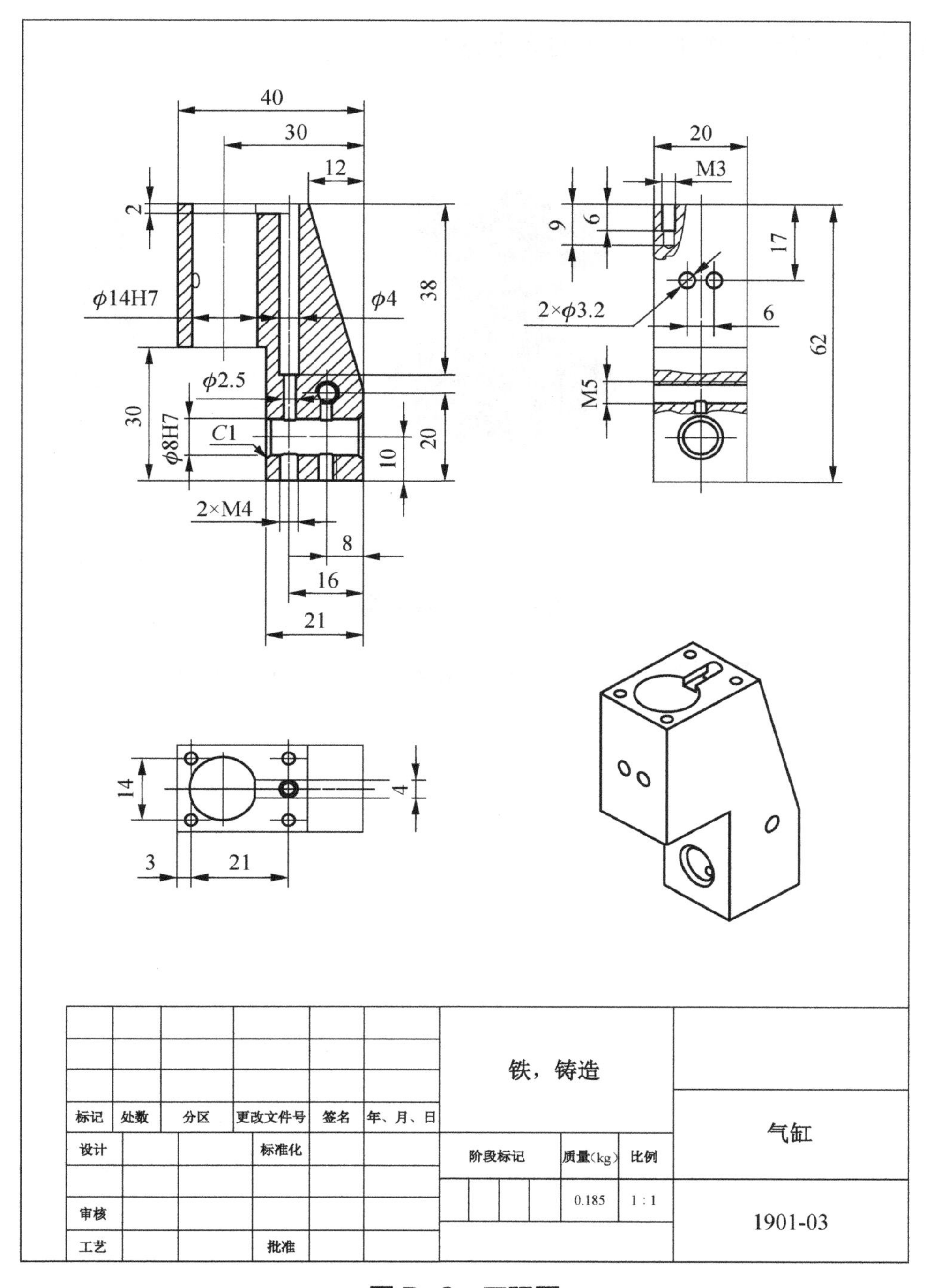
40
30
12
2
ϕ14H7
ϕ4
38
ϕ2.5
30
ϕ8H7
C1
20
10
2×M4
8
16
21
20
M3
9
6
17
2×ϕ3.2
6
62
M5
14
4
3
21
铁，铸造
标记
处数
分区
更改文件号
签名
年、月、日
设计
标准化
阶段标记
质量(kg)
比例
气缸
0.185
1:1
审核
1901-03
工艺
批准

图 B-3 工程图

〔数字制造模块样题〕图 B-4 所示的底座方案是_____。

图 B-4　底座方案

A. 无　　　　B. 线圈　　　　C. 裙边　　　　D. 底座

参考文献

[1] 赵卫东. 工业产品设计（Inventor 2012 进阶教程）[M]. 上海：同济大学出版社，2012.
[2] 许睦旬，肖尧. 数字化设计与制造技术应用基础[M]. 北京：高等教育出版社，2021.
[3] 张吉沅，贾原荣，陈道斌. 工业产品设计实例教程（Inventor 2018）[M]. 北京：电子工业出版社，2019.
[4] 陈丽华，刘江. 3D 打印制造[M]. 北京：电子工业出版社，2020.

反侵权盗版声明

举报电话：（010）88254396；（010）88258888

传　　真：（010）88254397

E-mail：　dbqq@phei.com.cn

通信地址：北京市万寿路 173 信箱

电子工业出版社总编办公室

邮　　编：100036